欧洲投资银行贷款山东沿海防护林工程项目实施总结

刘正臣　王 强　主编

中国环境出版集团 · 北京

图书在版编目（CIP）数据

欧洲投资银行贷款山东沿海防护林工程项目实施总结/刘正臣，王强主编．—北京：中国环境出版集团，2022.1
ISBN 978-7-5111-4452-2

Ⅰ．①欧…　Ⅱ．①刘…②王…　Ⅲ．①海岸防护林—工程项目管理—总结—山东　Ⅳ．①S759.2

中国版本图书馆 CIP 数据核字（2020）第 184959 号

出 版 人　武德凯
责任编辑　周　煜　林双双
责任校对　任　丽
封面设计　宋　瑞

出版发行　中国环境出版集团
（100062　北京市东城区广渠门内大街 16 号）
网　　址：http://www.cesp.com.cn
电子邮箱：bjgl@cesp.com.cn
联系电话：010-67112765（编辑管理部）
010-67138929（第六分社）
发行热线：010-67125803，010-67113405（传真）

印　　刷　北京中科印刷有限公司
经　　销　各地新华书店
版　　次　2022 年 1 月第 1 版
印　　次　2022 年 1 月第 1 次印刷
开　　本　787×1092　1/16
印　　张　30.25
字　　数　610 千字
定　　价　89.00 元

【版权所有。未经许可，请勿翻印、转载，违者必究。】
如有缺页、破损、倒装等印装质量问题，请寄回本集团更换

中国环境出版集团郑重承诺：

中国环境出版集团合作的印刷单位、材料单位均具有中国环境标志产品认证；

中国环境出版集团所有图书“禁塑”。

编写领导小组

组　长：闫金明

副组长：李月瑞　施　军　薛诏玮　刘正臣

成　员：程立萍　邓　洁　董守城　董志军　盖文杰　郭安营
韩卫生　贾经清　姜　波　李景山　刘炳刚　刘传利
刘国光　刘希刚　曲振波　孙兴涛　王　强　徐永贵
许常县　于连家　于智洲　张德民　赵松宁　周德新

编委会

主　　编：刘正臣　王　强

副 主 编：于连家　魏红军　董　智　房　用　张永涛　王延平
梁　玉　范小莉　韩克冰　张起利　赵　鹏　邹红阳
迟燕荣

编　　委：卜凡春　曹栋栋　迟燕荣　丁　彬　董　智　杜庆松
范小莉　房　用　房振东　高　晴　高　娅　杲承荣
公茂华　弓鹏娟　郭　刚　郭佳佳　郭建曜　韩冠苒
韩克冰　扈兴强　黄晓霖　姜喜军　李　璐　李红丽
李金玉　李希捷　梁　玉　林海礼　刘斌杰　刘　红
刘金龙　刘　琳　刘　婷　刘正臣　卢　燕　吕传进
马胜国　毛连举　孟晓烨　宁延顺　亓文英　盛　升
施　展　宋　强　宋莎莎　孙淑霞　孙元华　孙兆楠
田　勇　王　臣　王焕玲　王　惠　王　娟　王明晓
王萍萍　王　强　王瑞雪　王延平　王　勇　王　媛
魏红军　徐金华　杨德利　杨　帆　杨立民　杨龙飞
尹若波　于　江　于连家　袁义福　张彩彩　张凤友
张靖川　张刘东　张起利　张森森　张文馨　张　琰
张永涛　张　玉　赵春周　赵　鹏　赵文太　周继磊
周晓莹　朱利超　邹红阳

序 言

山东省林业利用外资项目始于20世纪80年代。自1982年以来，山东林业努力扩大对外开放，已成功利用世界粮食计划署、世界银行、小渊基金等政府间或国际金融组织贷款、赠款1.5亿美元，实施了10多个造林绿化和森林保护项目，全省14个市70多个县（市、区）参与了项目实施，累计完成造林26万hm^2。

山东省于1980年成立了林业外资项目管理办公室，2012年更名为山东省林业外资与工程项目管理站。2021年1月，山东省整合林业外资与工程项目管理站、林场管理站、林业基金管理站、林木种苗和花卉站、经济林管理站等单位组建山东省林业保护和发展服务中心，继续承担林业利用外资与对外合作相关工作。山东省1982年起实施世界粮食计划署中国“2606—1”粮食援助造林项目。1985年，山东省成功申请加入国家“打捆”实施的林业发展项目，开始了与世界银行的合作。之后陆续实施了“山东生态造林项目”等多个世行贷款项目。在保持和世界银行密切合作的基础上，2015年首次与欧洲投资银行开展合作，实施“山东沿海防护林工程项目”，并顺利完成计划任务，外资来源和项目建设内容不断拓宽。项目完成投资4.86亿元人民币，造林31 991.7 hm^2，涉及东营、潍坊、威海、滨州4个市、15个县（市、区）。项目规划尊重群众意愿、设计科学合理、可执行性强；在执行过程中以小班数据库为抓手进行精准管理，确保项目建设质量；科研、监测、推广和森林认证工作契合项目实施需求，提高了项目科技含量和示范作用。通过项目的实施，有效缓解了当地林业建设资金紧张状况，增加了山东沿海地区森林资源，提高了项目区森林覆盖率，引进了先进的经营管理理念，为我省经济社会发展提供了生态支撑。2021 年，山东沿海防护林工程项目被欧洲投资银行选入“在华业务 25 周年成功案例”。

为总结推广欧洲投资银行贷款山东沿海防护林工程项目实施经验，我们将项目竣工总结、科研、监测、森林认证等方面工作进行了整理并汇编成册，希望相关经验做法能对今后林业及生态建设项目实施起到借鉴作用。水平所限，书中谬误在所难免，请广大读者、专家提出宝贵意见，以便我们进一步做好林业外资项目工作。

山东省林业保护和发展服务中心 主任

2021 年 11 月

目 录

第一篇 山东沿海防护林工程项目竣工报告

第二篇 山东沿海防护林工程项目监测与评估报告

第三篇 森林认证工作报告

第四篇　菌根对提高主要造林树种耐盐碱能力研究技术报告

第五篇　不同立地类型沿海防护林群落结构优化模式研究报告

第六篇　低山丘陵海防林植被恢复技术研究报告

第一篇

山东沿海防护林工程项目竣工报告

摘要

项目名称：

欧洲投资银行贷款“山东沿海防护林工程项目”（SCSFP）。

实施期：

2015—2019 年。

建设任务：

在山东省东营市（河口区、垦利区、利津县、广饶县）、潍坊市（安丘市、青州市、诸城市、昌乐县、寿光市、临朐县）、威海市（乳山市、文登区、环翠区）、滨州市（滨城区、沾化区）4 市 15 县（市、区）造林 31 369 hm^2，并进行技术支持和项目管理建设。

借款人：

本项目借款人分为四级。第一级为中华人民共和国财政部（代表中国政府）；第二级为山东省人民政府；第三级为 4 市人民政府；第四级为 15 县（市、区）人民政府。

总投资：

计划总投资 4.800 亿元人民币（其中贷款 3 300 万欧元）。

贷款条件：

转贷期为 25 年，含宽限期 5 年。利率计算采用付款之日的有效利率，按欧投行与财政部的气候变化框架贷款财务合同［CCCFL（FI No. 24.213）］执行。

投资完成：

实际完成 4.863 亿元人民币（其中贷款 3 047.4 万欧元），为计划投资的 101.31%。由于欧元汇率变化折合人民币额度增加，且项目任务已完成，经与欧洲投资银行商定，计划贷款中剩余 252.6 万欧元不再请款。

任务完成：

截至 2019 年年底，项目完成造林 31 991.7 hm^2，为计划总任务（31 369.38 hm^2）的 101.98%，增加了项目区的人工林资源，提高了项目区的森林覆盖率，引进了先进的经营管理理念，示范及推动了生态建设；技术服务与项目管理子项目进展顺利，对项目执行起到了积极的支撑作用。

主要经验：

规划尊重群众意愿，强化参与式磋商，项目设计科学合理、可执行性强；项目组认真履行项目协定，确保按照项目标准实施；强化监督检查，以小班数据库为抓手对项目进行精准管理，确保了项目建设质量；创新运营机制，提升项目科学化管理水平，开展科研、监测、推广和森林认证工作，提高了项目科技含量。

改进建议：

建议欧洲投资银行增加对科研课题和管理培训等领域的支持力度。

1　项目背景与计划任务

1.1　项目背景

1.1.1　项目由来

山东省位于中国东部沿海、黄河下游，总面积为 15.8 万 km^2，大陆海岸线总长度为 3 216 km，占全国海岸线总长度的 1/6，其中泥质海岸线长 1 482 km，砂质海岸线长 920 km，基岩海岸线长 814 km。全省林地面积为 331.3 万 hm^2，活立木总蓄积量为 12 360.7 万 m^3，居全国 20 位之后。

山东省也是海洋灾害多发的省份，沿海防护林在防灾减灾方面担负着重要角色。山东省沿海防护林建设始于 20 世纪 50 年代，特别是 1988 年国家实施沿海防护林体系建设工程以来，取得了长足发展，初步构筑起以基干林带为主的沿海防护林体系，为促进经济社会发展、防灾减灾发挥了不可替代的重要作用。

近年来，随着沿海地区经济的迅速发展，国家对沿海防护林建设的标准和要求也越来越高，改善沿海地区生态环境的任务越来越艰巨。目前山东省沿海防护林建设存在诸多问题：一是森林覆盖率低。山东省森林资源发展不平衡，尤其是黄河三角洲地区森林覆盖率不足 10%。二是林分质量差。目前山东省的沿海防护林主要以黑松为主，混交林少，部分林分已进入成熟、过熟阶段，林木蓄积量年增长量仅为 1.4 m^3/hm^2，为全省平均水平的 45%，并且树种单一、结构简单。三是部分地段基干林带建设标准低。全省海岸基干林带达标率仅为 40%，还有 1 165.36 km 的基干林带需要加宽和修复，特别是黄河三角洲地区盐碱涝洼严重，立地条件差，耐盐碱的树种少，海岸基干林带建设难度较大。四是综合防护功能弱。山东省沿海地区水土流失面积占该地区面积的 40%以上，盐渍化土地总面积达 39.6 万 hm^2，森林综合防护功能低，风、暴、潮等自然灾害时有发生。上述问题严重影响了沿海防护林正常防护功能的发挥，与沿海地区社会经济发展现状极不相称。

为此，山东省委、省政府高度重视沿海防护林体系建设，根据《全国沿海防护林体系建设工程规划》，把沿海防护林体系建设工程纳入了《山东省林业发展“十二五”规划》，涉及滨州、东营、潍坊、烟台、威海、青岛、日照、临沂共 8 个市的 47 个县（市、区），旨在完善沿海防护林体系，提高综合防护功能，构筑山东省沿海绿色生态屏障。

2010 年 6 月，欧洲投资银行（EIB，简称欧投行）表示，鉴于林业在生态环境保护和应对气候变化中的重要地位，愿意向我国提供优惠贷款支持中国林业发展，支持包括新造防护林、用材林、经济林、森林抚育和低效林改造、森林生态系统可持续发展和生物质能源林基地建设等方面的项目。

2013 年 5 月，根据我国《林业发展“十二五”规划》和《山东省林业发展“十二五”规划》，山东省选取了沿海地区典型的 4 市 15 县（市、区），申请实施欧洲投资银行贷款山东沿海防护林工程项目，计划造林 31 369 hm^2。项目的实施对借鉴吸收国际先进造林营林技术及管理理念、提升山东沿海生态防护林建设水平及工程项目管理水平、改善沿海地区生态环境、增加森林碳汇、促进区域经济发展具有积极作用。

1.1.2 项目申请主要节点

2013 年 8 月，山东省林业厅向山东省发展和改革委提报了《欧洲投资银行贷款山东沿海防护林工程建设项目建议书》。

2013 年 10 月，山东省发展和改革委向国家发展和改革委提报了《欧洲投资银行贷款山东沿海防护林工程建设项目建议书》。

2014 年 2 月，财政部、国家发展和改革委审核通过了“欧洲投资银行贷款山东沿海防护林工程建设项目”。

2014 年 2 月，山东省林业厅分别向国家发展和改革委和欧投行提交了《山东沿海防护林工程建设项目简介》。

2014 年 4 月，欧投行将“山东沿海防护林工程建设项目”和其他 5 省共 6 个项目纳入欧投行项目评估。

2014 年 4 月 20 日，山东省项目站召开了欧洲投资银行贷款山东沿海防护林工程建设项目准备会议，部署了任务，积极应对欧投行项目评估。

2014 年 4—6 月，项目组在实地调研，准备项目材料。

2014 年 7 月 16—17 日，项目组在江西南昌组织会议。国家林业局计财司、世行中心、中国科学技术交流中心对项目相关情况进行了解读和讲解，各省交流了经验。

2014 年 7 月 28—29 日，项目组在北京召开项目汇报会。欧投行、国家发展和改革委、财政部共同确定了项目评估时间表。初步确定山东、山西为第一批，江西、湖北为第二批，贵州、黑龙江为第三批迎接欧投行实地评估的省份。

2014 年 7 月 30 日—8 月 1 日，项目组做评估迎接准备工作，成立领导小组和工作小组，倒排工期，分解工作。

2014 年 8 月 2—8 日，项目组分别到威海、潍坊、滨州召开 4 个地市的项目培训班，讲解数据库、磋商、作图等准备工作。

2014 年 8 月 11 日，项目组与山东省林业监测规划院、山东省林业科学研究院对接，介绍项目情况，分配任务。

2014 年 8 月 21 日，项目组召开欧洲投资银行贷款山东沿海防护林工程建设项目前期准备工作会；2014 年 8 月 24—25 日，项目组召开欧洲投资银行贷款山东沿海防护林工程建设项目前期准备业务培训班，进一步布置和落实工作任务。

2014 年 8 月 26—31 日，在项目组有关人员的陪同下，中国农业大学社评调研组分 5 组对该项目进行了社评工作。

2014 年 9—10 月，项目组汇集整理数据资料，编制项目可行性研究报告（欧投行 60 条）、电子地图、数据库等材料。

2014 年 10 月 21—22 日，项目组在北京召开项目报账支付培训会。

2014 年 10 月 30 日，项目组发布欧投行评估材料（中英文对照版）。

2014 年 12 月 2—7 日，欧投行项目评估团到山东省评估山东沿海防护林工程项目。成员如下：

Jean-Jacques SOULACROUP

欧洲投资银行（以下简称欧投行）中国常驻代表。

Ari Tapio

欧投行亚洲区贷款部副部长。

Kyosti Pietola

欧投行资深经济学家、林业专家。

Hanna Nikinmaa

高级顾问，英得弗公司。

Bill Zongbao Lu

高级顾问，英得弗亚太公司。

Zhao Lu

林业顾问兼欧投行联系人，英得弗公司。

Wang Xiaoying

王晓颖女士，翻译。

项目组在济南向评估团介绍了项目。评估团到河口区、寿光市、环翠区进行了实地检查，并对项目的准备工作作出了高度评价。

2015 年 1—3 月，项目组按欧投行要求补充有关材料及信息。

2015 年 7 月 21 日，项目组向欧投行发送项目协议草稿。

2015 年 9 月 8 日，项目组向欧投行发送修改后的协议初稿。

2015 年起，各项目单位开始按照项目协议内容开展造林工作。

2016 年 4 月 1 日，山东省发展和改革委委托山东省工程咨询院对项目可行性研究报告进行评审。

2016 年 10 月，山东省发展和改革委批复项目可行性研究报告。

2017 年 3 月，项目组向国家发展和改革委报送资金申请报告。

2017 年 3 月，项目组召开项目启动会，明确报账时间可追溯至 2015 年。

2017 年 7 月，国家发展和改革委批复资金申请报告。

至此，项目申请、启动程序正式完成。

1.2 项目计划任务

按照项目协议规定，项目建设任务主要有防护林营造和改培、技术支持与项目管理两个部分。

1.2.1 防护林营造和改培

本项目设计营造和改培防护林总面积 31 369.38 hm^2。其中，新造林 31 124.41 hm^2（生态型防护林 17 321.5 hm^2、经济型防护林 6 773.63 hm^2、用材型防护林 7 029.28 hm^2），占 99.22%；低效林改培 244.97 hm^2，占 0.78%。项目涉及 4 个市、15 个县（市、区）、132 个乡（镇、林场）、714 个行政村、1 997 个小班。2015—2017 年各项目市、县（市、区）计划造林规模见表 1-1-1。

表 1-1-1 2015—2017 年项目市、县（市、区）计划造林规模 单位：hm^2

项目市、县（区、市）	2015 年	2016 年	2017 年	总计
滨州市	**1 186.63**	**1 270.84**	**351.01**	**2 808.48**
滨城区	698.34	845.13	0.00	1 543.47
沾化区	488.29	425.71	351.01	1 265.01
东营市	**3 843.07**	**2 570.09**	**2 211.10**	**8 624.26**
广饶县	560.50	323.66	299.53	1 183.69
河口区	686.22	788.58	925.80	2 400.60
垦利区	1 573.54	662.46	187.09	2 423.09
利津县	1 022.81	795.39	798.68	2 616.88
威海市	**3 700.39**	**2 615.22**	**1 701.68**	**8 017.29**
环翠区	775.99	1 166.68	580.74	2 523.41
乳山市	1 886.33	393.29	365.47	2 645.09
文登区	1 038.07	1 055.25	755.47	2 848.79
潍坊市	**6 885.57**	**2 676.32**	**2 357.46**	**11 919.35**
安丘市	1 256.19	102.90	88.29	1 447.38
昌乐县	1 217.22	574.10	192.07	1 983.39
临朐县	1 171.47	767.53	1 057.80	2 996.80
青州市	802.42	599.06	419.59	1 821.07
寿光市	1 426.17	80.99	192.48	1 699.64
诸城市	1 012.10	551.74	407.23	1 971.07
总计	**15 615.66**	**9 132.47**	**6 621.25**	**31 369.38**

各市不同造林类型计划造林面积见表 1-1-2。

表 1-1-2　各市不同造林类型计划造林面积　单位：hm^2

单位	造林类型	面积
滨州市	经济型防护林	338.28
	生态型防护林	992.13
	低效林改培	244.97
	用材型防护林	1 233.10
东营市	经济型防护林	381.11
	生态型防护林	5 373.67
	用材型防护林	2 869.48
威海市	经济型防护林	2 689.39
	生态型防护林	4 232.41
	用材型防护林	1 095.49
潍坊市	经济型防护林	3 364.85
	生态型防护林	6 723.29
	用材型防护林	1 831.21

1.2.2　技术支持与项目管理

1.2.2.1　科研与推广

科研与推广包括项目科研课题研究、科技示范县的建立和示范林营建、新技术推广等。

科研课题包括：①菌根对提高主要造林树种耐盐碱能力的研究；②不同立地类型沿海防护林群落结构优化模式研究；③低山丘陵海防林植被恢复技术研究。

在造林任务大、人才储备多、科技力量强、经营水平高、具有典型代表性的项目县建立了项目省级示范林，同时各项目县建立了自己的高标准示范林，增加了科技含量，对一般项目的建设起到了示范和带动作用。

项目计划推广应用的新技术、新成果包括菌根应用新技术、近自然林业经营技术、海水磁化治理技术、沿海防护林营建技术等 13 项。

1.2.2.2　培训与技术咨询

国内外考察培训与技术咨询的内容包括以下四大类：①项目管理；②项目规划设计；③苗圃改进与种植材料开发技术；④造林、营林关键技术。

培训分为省、市、县三个层次，其中省级培训 18 期次，456 人次；市级培训 73 期次，846 人次；县级培训 184 期次，4 440 人次。培训方法包括举办培训班、专家现场技术指导和咨询、座谈会、发放“明白纸”等多种形式。

1.2.2.3 森林认证

通过森林认证，可以进一步提升森林经营规范化水平，有效促进边际效益的增长，保证项目的可持续发展。

项目统一采用与泛欧森林认证体系（PEFC）互认的中国森林认证体系（CFCC），在3个地点分别对白蜡、核桃和白榆等树种开展森林认证，计划认证面积约占总造林面积的1%。

1.2.2.4 项目监测评价

为保证与本项目有关的环境和社会保障措施落实到位，项目组对项目的实施情况进行监测和评估，及时发现问题，指出必要的改进或补充措施，确保项目能够达到预期的发展目标。

监测的主要内容包括：项目发展目标、防护林年度进展情况及造林质量、技术服务及项目管理、财务管理及资金运转、生态环境影响及社会经济影响。其中的重点是生态环境影响监测，包括生物多样性、植被盖度、土壤理化性状和盐分、水源涵养与土壤侵蚀、防风效果和森林病虫害的监测等。

一般项目的监测与评估工作分省、市、县三级开展。另外设立项目监测评价课题组，对项目的生态效益、社会效益、经济效益进行深入的监测评价。

1.2.2.5 管理与机构能力建设

主要包括办公设备升级采购，使用国内配套资金。采购品种和数量需由地级市财政局和林业局共同确认，采购内容包括台式计算机、笔记本电脑、打印机、复印机、扫描仪、照相机、摄像机、平板GPS、投影仪，数量及型号按采购当年需求确定。

1.2.2.6 苗圃改进

包括苗圃土建工程和苗圃设备升级，采购概算金额为680.00万元人民币。设施设备采购由欧投行支付（360.00万元人民币），土建工程由欧投行和国内配套资金共同支付（共320.00万元人民币，其中欧投行支付200.00万元人民币，国内配套资金支付120.00万元人民币），项目单位组织实施。

设施设备采购包括灌溉设备、喷灌设备、塑料大棚、打药机、喷雾设备、办公设备等；土建工程建设包括苗圃管理用房、苗圃道路、围墙等。

1.3 计划投资

项目计划总投资48 180.00万元人民币，其中欧投行贷款3 300.00万欧元（按1∶7.3汇率折算为24 090.00万元人民币），占项目计划总投资的50%；国内配套和劳务折抵资金24 090.00万元人民币，占项目计划总投资的50%。项目投资类别及国内外资金使用计划见表 1-1-3。

表 1-1-3　项目投资类别及国内外资金使用计划

类别	总投资		EIB 贷款		配套资金		EIB 贷款占比/%
	万欧元	万元人民币	万欧元	万元人民币	万欧元	万元人民币	
总投资	6 600.00	48 180.00	3 300.00	24 090.00	3 300.00	24 090.00	50
1 直接投资	5 949.00	43 432.00	3 300.00	24 090.00	2 650.00	19 342.00	55
1.1 植树造林费用	5 669.00	41 387.00	3 155.00	23 030.00	2 515.00	18 357.00	56
材料	2 274.00	16 601.00	1 267.00	9 249.00	1 007.00	7 352.00	56
劳务	3 395.00	24 786.00	1 888.00	13 781.00	1 508.00	11 005.00	56
1.2 技术支持与项目管理	280.00	2 045.00	145.00	1 060.00	135.00	985	52
科研和推广	33.00	240.00	26.00	190.00	7.00	50.00	79
培训和咨询	80.00	590.00	—	—	86.00	590.00	—
监测	17.80	130.00	17.80	130.00	—	—	100
苗圃改造	93.20	680.00	76.20	560.00	17.00	120.00	82
设备采购	31.00	225.00	—	—	31.00	225.00	—
森林认证	25.00	180.00	25.00	180.00	—	—	100
2 管理费用	60.00	435.00	—	—	60.00	435.00	—
3 不可预见费	472.00	3 443.00	—	—	472.00	3 443.00	—
4 建设期利息	119.00	870.00	—	—	119.00	870.00	—

2 项目执行情况

项目实施以来，项目单位各级党委、政府都把本项目作为加快造林绿化步伐、促进农村生态环境改善、提高林业科技和管理水平的重点工程来抓。省项目站克服了启动时间长、国内林业机构调整等不利因素，保质保量地完成了计划任务。项目执行过程中，省项目站及时向欧投行提交项目进展报告，并配合财政厅完成了资金申请。欧投行检查团于 2018 年到访山东，对项目执行情况表示满意。

截至 2019 年年底，项目已完成投资 4.863 亿元人民币，其中欧投行贷款 3 047.4 万欧元（折合 2.39 亿元人民币）；完成造林 31 991.7 hm^2，技术服务与项目管理子项目进展顺利。

2.1 防护林营造和改培

2.1.1 各市防护林营造和改培

由于项目从评估到正式启动时间较长，造林模型及面积有所调整，各市计划造林面积和实际完成面积见表 1-2-1。调整后总面积为 31 991.7 hm^2，为原计划面积（31 369.38 hm^2）的 101.98%。

表 1-2-1 各市造林面积调整及完成情况 单位：hm^2

市	分年度造林面积						总计	
	2015—2016 年		2016—2017 年		2017—2018 年			
	计划	完成	计划	完成	计划	完成	计划	完成
滨州市	1 187	1 103	1 271	565	351	1 323	2 809	2 991
东营市	3 843	1 441	2 570	2 565	2 211	6 404	8 624	10 410
威海市	3 700	3 446	2 615	2 628	1 702	2 130	8 017	8 204
潍坊市	6 887	3 740	2 676	2 637	2 357	4 010	11 920	10 387
合计	15 617	9 730	9 132	8 395	6 621	13 867	31 370	31 992

2.1.2　不同造林主体类型造林面积调整及完成情况

造林主体也有所调整，不同造林主体类型统计的计划面积、调整后面积及完成情况见表 1-2-2。

表 1-2-2　不同造林主体造林面积调整及完成情况

造林主体	计划		实际完成	
	面积/hm^2	占比/%	面积/hm^2	占比/%
国有林场	7 260	23.14	5 212.74	16.29
集体林场（含乡镇林场）	12 166	38.78	14 943.89	46.71
林业合作社	1 949	6.21	322.51	1.01
农林大户	6 707	21.38	8 329.21	26.04
股份制公司	3 288	10.49	3 183.35	9.95
总计	31 370	100.00	31 991.70	100.00

2.1.3　不同造林类型造林面积调整及完成情况

不同造林类型造林面积调整及完成情况见表 1-2-3。其中生态型防护林改培几乎全部完成，生态型防护林较计划面积增加，经济型防护林略有减少，用材型防护林基本持平。

表 1-2-3　不同造林类型造林面积调整及完成情况

造林类型	计划		实际完成	
	面积/hm^2	占比/%	面积/hm^2	占比/%
生态型防护林	17 322	55.22	18 748.09	58.60
经济型防护林	6 774	21.59	6 023.92	18.83
用材型防护林	7 029	22.41	6 974.72	21.80
生态型防护林改培	245	0.78	244.97	0.77
总计	31 370	100.00	31 991.70	100.00

2.1.4　技术指标执行情况

项目组在项目的执行过程中，充分落实多树种混交理念，主要技术指标计划及执行情况见表 1-2-4。栽植密度按计划要求执行，实际存活率大于计划要求（85%），详见项目监测部分。

表 1-2-4 主要技术指标计划及执行情况

<table>
<tr><th colspan="2">技术指标</th><th>计划</th><th>实际</th></tr>
<tr><td rowspan="3">造林类型</td><td>用材林（主要位于黄河三角洲）</td><td>白蜡、杂交杨、白榆、刺槐、柽柳、柳树</td><td>白蜡、杂交杨、白榆、刺槐、柽柳、柳树、皂荚、臭椿、悬铃木、国槐</td></tr>
<tr><td>经济林</td><td>核桃、板栗、杏、枣、梨、柿子、桃、无花果、苹果</td><td>核桃、板栗、杏、枣、梨、柿子、桃、无花果、苹果、榛子、茶</td></tr>
<tr><td>生态林</td><td>黑松、赤松、麻栎、杂交杨、侧柏</td><td>黑松、赤松、麻栎、杂交杨、侧柏、黄栌、刺槐、五角枫、臭椿、黄连木</td></tr>
<tr><td rowspan="5">栽植密度/（株/hm^2）</td><td>白蜡、柳树、白榆</td><td>600～1 500</td><td>600～1 500</td></tr>
<tr><td>经济林</td><td>333～400</td><td>333～400</td></tr>
<tr><td>侧柏</td><td>2 000～2 800</td><td>2 000～2 800</td></tr>
<tr><td>黑松</td><td>1 200～2 000</td><td>1 200～2 000</td></tr>
<tr><td>其他</td><td>600～1 500</td><td>600～1 500</td></tr>
<tr><td rowspan="2">周期/年</td><td>用材林（杨树）</td><td>12</td><td>12</td></tr>
<tr><td>其他</td><td>25</td><td>25</td></tr>
<tr><td colspan="2">存活率/%</td><td>85</td><td>>85</td></tr>
</table>

2.2 技术支持与项目管理进展情况

2.2.1 科研与推广

（1）科研课题进展情况

① 菌根对提高主要造林树种耐盐碱能力的研究。

通过招标确认各科研课题组，课题组完成了黑松、核桃耐盐优良菌种筛选。通过对黑松、核桃菌根苗的培育、盐胁迫处理及生长指标和生理指标的测定，发现接种内生真菌印度梨形孢、外生真菌双色蜡蘑、绒粘盖牛肝菌和大毒滑锈伞均能不同程度地促进黑松与核桃幼苗的生长，促进地上植株、地下根系的生长及其生物量的积累，并增加植株的株高、地径等，表现出明显的促进作用。接种处理还能一定程度上增加植株在盐胁迫下的生长量，其中印度梨形孢和双色蜡蘑促生效果较好。

课题组进行了菌根苗耐盐机理初探。通过对盐胁迫下黑松与核桃苗的渗透调节物质、抗氧化酶活性等的测定，初步发现真菌侵入植物并与植物形成共生关系后，能在盐胁迫条件下一定程度地增加脯氨酸、可溶性糖、可溶性蛋白等植物渗透调节物质的含量，并通过提高渗透调节物质维持细胞膜的稳定性，保障细胞的正常生理活动；并且可以提高植株在盐胁迫下的抗氧化酶含量，增强植株细胞对有害物质的清除作用，从而保证植物细胞的正常生理活动，提高植株耐盐性。

② 不同立地类型的沿海防护林群落结构优化模式研究。

课题组划分了不同立地类型下的海防林群落类型，弄清了不同海防林类型的物种组成特点及优势物种，完成了任务大纲规定的沿海地区土壤及植被类型特征、海防林群落类型划分等相关内容。

课题组筛选确定了海防林群落构建的典型植物种类，获得了不同立地类型海防林群落物种组成的第一手资料，为全面按规定筛选适宜植物种类奠定了基础。

课题组确定了影响海防林群落结构优化的关键环境因子（水分和盐分），初步确定了水分限制下海防林建设树种选择的基本策略，为完成海防林群落结构优化技术及优化模式研究奠定了良好基础。

③ 低山丘陵海防林植被恢复技术研究。

课题组对沿海植被不同恢复模式进行了初步调研，并结合项目林不同立地类型进行了立地类型划分，在此基础上开展了不同恢复技术的效果研究；开展了低山丘陵海防林树种选择和植被恢复条件下植物特性的初步研究；选择了 20 种树种对其进行木质部解剖研究，内容包括植物木质部解剖特征、树种间叶片属性适应环境的差异等。

课题组开展了低山丘陵海防林树种选择和植被恢复条件下植物抗旱性的水力策略分析，以及不同林分结构下树种的适应特征研究；完成了低山丘陵海防林项目区立地类型划分工作。

（2）推广工作情况

① 推广的主要乔木和灌木树种：麻栎、黄连木、五角枫、白蜡、黄栌、黄荆、黑松、刺槐、侧柏、板栗、榆树、枣树、柿树、石榴、花椒、紫穗槐、木槿、紫荆、牡丹、海棠、紫叶李、连翘等。

② 推广的主要技术：各项技术成果 16 项、技术规程 26 项，主要包括松树良种选育技术、果树改土养根技术、盐碱地综合治理技术、黄河三角洲重盐碱地植被恢复技术、沿海防护林营建技术、耐盐碱光兆 1 号杨的选育技术、鲁北冬枣快速繁育技术、榆树组培苗木产业化开发技术、周氏啮小蜂及生物制剂综合治理林木害虫技术、耐盐碱白榆优良无性系选育及组培快繁技术、退化山地立地分类体系构建及造林模型研究应用等。

③ 课题组在 5 个科技示范县（环翠、沾化、河口、寿光、临朐）建立了科技示范林 40 片，面积为 350 hm^2；强化了“科研队伍、推广队伍、施工队伍”的建设，开展了技术推广、培训和课题攻关等活动。

2.2.2 培训与技术咨询

2015—2019年，根据项目实施要求，省、市、县各级培训体系均按照年度培训计划和实际情况，采取举办培训班、座谈会、现场指导、专家授课等形式，针对工程管理、科研支撑以及现场实践等方面进行培训，培训内容包括项目管理、技术培训等。培训提高了项目管理、财务和技术人员的项目实施水平，保障了项目顺利实施，取得了显著效果。

2015—2019年，项目组织国外考察与培训3次共计6人次。项目通过邀请专家、现场咨询等方式开展了国际、国内技术咨询，共开展国际咨询3人次、国内咨询21人次。省项目办组织3个课题负责人及相关人员在济南、泰安开展交流8次，合计50人次。2015—2019年，各市分别按照项目要求，结合自身实际对下辖县（市、区）级项目管理和技术人员进行了培训，达到了掌握、组织和培训乡镇管理人员、林场管理人员和基层技术人员的目的。项目共举办培训班81次，培训1 000余人次，分别是计划的102.53%和104.17%。

山东省项目站下设立了SCSFP省级科研推广与培训支持组，主要由山东省项目站、山东省林业科学研究院和山东农业大学等单位的有关专家和管理人员组成。项目共举办培训25次，是计划数的131.58%，约培训700余人次。培训由各县级林业局对乡镇级项目管理、林场项目管理和造林实体技术人员实施，使其掌握如何组织培训或指导施工管理人员和作业人员。项目共举办造林实体培训730期次，为计划的102.82%；共培训相关工作人员超17.5万人次，发放技术“明白纸”10万余份，为计划的103.8%。

培训的主要内容有：“欧投行项目执行标准和要求”“混交林营建技术”“生态林造营林技术”“财务管理”“项目物资采购与管理”“项目检查验收”“病虫害防治与农药安全使用”“种植材料与苗木标准”“育苗技术与苗圃管理”等。主要采取发放技术“明白纸”、现场培训与集中培训相结合的方式，对项目管理技术人员和林农进行了培训。

通过培训，保证了项目执行质量，及时解决了影响项目顺利实施的问题，加快了项目实施进度，培养壮大了林业人才队伍。一些欧投行项目先进理念，如参与式磋商、小班信息数据库、森林认证等，随着培训的开展逐渐深入人心，在其他林业工作的开展中也逐渐发挥作用。

2.2.3 森林认证

森林认证包括盐碱地平原区森林认证和山地丘陵区森林认证两个部分。

项目启动以来，为保证认证工作的顺利实施，项目组成立了省级和市级工作小组，明确分工，统筹推进。

“白榆、白蜡森林认证”在滨州市沾化区、东营市利津县进行，“茶叶森林认证”和“板栗森林认证”在威海市乳山市进行，认证总面积为14 816亩（1亩=1/15 hm^2）。项目已编制完成认证树种森林经营方案，开展了白蜡、白榆、板栗和茶叶经营外业调查。目前乳山茶叶认证已经基本完成，板栗认证已经开展；沾化白蜡、利津白榆认证工作已经开展。工作小组完成了项目任务安排培训，对森林认证进行了详细解读，并结合实例讲解了人工林森林认证和非木质林产品认证。主要进展见表 1-2-5。

表 1-2-5　森林认证课题进展情况

时间	工作内容	责任方	完成情况
前期时间：一个月	成立省级专项小组：省级项目领导小组和技术小组（乳山、沾化、利津）	省项目管理站	已完成
前期时间：8 周	成立市级专项小组	市项目办	已完成
前期时间：6 周	对拟开展森林认证单位的森林经营标准进行分析，对照 CFCC 的要求进行修正和完善	森林认证组、市项目办	已完成
前期时间：8 周	对拟开展森林认证的项目县相关人员进行《中国森林认证　森林经营》（GB/T 28951—2012）标准、非木质林森林认证操作指南培训和指导	森林认证组、省项目办、市项目办	已完成 2 次培训
前期时间：12 周	对相关技术人员进行《中国森林认证　森林经营》（GB/T 28951—2012）标准培训和指导	森林认证组、县项目办	已完成 2 次培训
前期时间：12 周	对经营实体进行《中国森林认证　森林经营》（GB/T 28951—2012）标准培训和指导	森林认证组、县项目办	已完成 3 次培训
项目开始	按照《中国森林认证　森林经营》（GB/T 28951—2012）标准对项目所在林地的森林经营标准逐一进行改进和完善	受益方	已完成
需要时间：2～3 年	认证的选择——CFCC 的指导和支持	省项目办、市项目办、县项目办	已完成
需要时间：2 个月	进行森林经营认证审核导则培训，准备实施模拟认证	森林认证组、市项目办、县项目办	已完成
需要时间：5 个月	开展模拟认证	森林认证组、县项目办	已完成
需要时间：4 个月	联系认证机构，确定认证时间、地点、人员等，准备认证所需材料	市项目办、森林认证组	乳山茶叶已完成、板栗已经开展，利津、沾化已经开始
需要时间：2 个月	同项目实施主体交换意见，并对可认证原材料的需求展开讨论	市项目办、县项目办、森林认证组	已经完成
	决定认证的申请方：公司、林场、林业局	最终受益人（县项目办）	乳山、沾化、利津已完成
	向认证机构提交申请，协调认证时间等	最终受益人（县项目办）	乳山茶叶已完成，沾化、利津进行中
	评估，不通过则继续改进	最终受益人、认证机构	乳山已完成
	年审	最终受益人、认证机构	已完成

截至 2019 年年底，项目开展了 7 次不同规模、针对不同培训对象的技术培训和 2 次交流学习，培训 360 余人次，主要培训《中国森林认证 森林经营》（GB/T 28951—2012）、《中国森林认证 产销监管链》（GB/T 28952—2012）、《中国森林认证 非木质林产品认证审核导则》（LY/T 2274—2014）、森林认证流程及可能产生的效益等内容，培训交流效果显著。

项目组结合认证工作，撰写出版了《山东森林认证理论与实践》一书，并在项目区进行了宣传推广，对森林规范化经营起到了积极的促进作用。

2.2.4 项目监测评价

2.2.4.1 造林质量监测

项目造林质量检查按照造林实体自查、县级林业局全查、市级林业局抽查、省级委托第三方抽查的方式进行。另外，省项目办和省项目科技支撑办公室结合科技示范县建设、科技示范林（点）营建以及科研课题等工作，采取现场指导、督促抽查、定点监测等方式对各项目县（市、区）的项目新造林和幼林抚育情况进行了监测。

监测表明，各项目县（市、区）在造林过程中能够严格把关，注重提高造林和营林质量。在造林地选择、苗木供应、整地施工、苗木栽植等环节上，各项目县（市、区）严格按照项目质量要求进行，项目造林一级苗使用率达 100%，幼林生长达标率为 96% 以上。

2.2.4.2 环境、社会影响监测

环保方面，各项目县（市、区）在造林过程中普遍注意了整地挖穴预留生态位、保持水土和减少化肥、农药污染等问题，造林环保措施合格率达 100%。

社会影响方面，各项目县（市、区）在项目实施中全面采取参与式磋商、年度造林前深入社区的方式，坚持“自愿、平等、公平、公正”的原则，广泛听取各方面群众自觉参与项目建设的意见和建议，在制定规划、组织施工、抚育管理等各个环节，始终注重与林农座谈、讨论、磋商，并根据农民意愿进行适当调整，既兼顾了项目建设的标准和要求，又最大限度地满足了农民的愿望，保证了农民的知情权、参与权、监督权。据统计，农民对项目服务满意度达 100%。

2.2.4.3 项目监测与评估课题

为更好地完成项目生态效益、经济效益及社会效益的监测评估，项目组设立了项目监测与评估课题。项目实施过程中，在充分考虑科研、管理、项目实施单位、农户需求的基础上，兼顾实用性、可操作性、易获得性的原则，项目组构建了山东沿海防护林工程项目监测与评估指标体系，并对监测指标进行分类，共计包括项目发展、生态效益、社会经济效益 3 个目标层、9 个控制层和 61 个指标，对项目进行了全面监测，及时反馈了项目实施动态，保证了项目建设的质量和进度，确保了项目预期目标的顺利实现。

项目组对 SCSFP 的 4 个市 15 个县（市、区）上报和县级自查、市级复查的造林面积、造林模型应用与示范面积、防护林造林进展、造林质量等数据进行了抽查检查，核实了造林任务完成情况、造林质量检查情况；在县级项目单位典型监测点开展了年度植物多样性与植被盖度、土壤理化性质与盐分含量、水源涵养与土壤侵蚀量、森林病虫害发生、滨海盐碱地防风效果等监测任务。鉴于 2018 年、2019 年夏季降水多、降水集中等情况，项目组调查了降水量、洪涝积水对林木生长情况的影响。

项目组通过收集项目实施区与农户签订的造林经营管护合同或意向性协议，了解和监测各年度项目实施区群众参与的积极性以及与群众的讨论与磋商结果。通过入户调查、发放问卷等形式监测了项目实施区的参与单位数、参与农户数量、创造的就业机会、农户对项目的满意度、人均收入等。

项目组通过定位监测、实地调查、巡查和查阅项目实施报告等形式监测项目实施区的环境保护措施实施情况及实施效果；在野外调查工作的基础上，进行室内土壤样品预处理及物理化学性质的测试、病虫害种类鉴定等工作，并将数据分类型按照监测要求进行汇总、整理，形成各监测指标报告表，完成监测报告。

2.2.5　管理与机构能力建设

管理与机构能力建设主要涉及办公设备采购，使用国内资金完成。项目开展以来，省、市、县各项目办均进行了必要的办公设备采购，保证了项目机构的管理能力建设。

2.2.6　苗圃建设情况

由于项目启动时间较晚，涉及苗圃升级的单位大多已经通过其他方式准备了苗木，因此各单位均将苗圃建设资金调整到造林中。项目主要造林树种共需苗木约 3 000 万株，各项目单位均通过自己的中心苗圃解决了苗木需求，项目当地苗圃的苗木使用率达到 90%以上。

2.3　项目资金使用

项目建设已完成投资 4.863 亿元人民币，其中欧投行贷款 3 047.4 万欧元（折合 2.39 亿元人民币），总投资分类别计划及完成情况见表 1-2-6，总投资、欧投行贷款及国内配套完成情况见表 1-2-7。除苗圃建设由于启动时间太长没有完成，相关资金转入造林，其他部分均按计划完成或超额完成。

由于欧元汇率变化，已报账的 3 047.4 万欧元折合人民币数额增加，达到 2.395 亿元人民币，已完成项目内容建设工作；经与欧投行商定，剩余部分欧元不再报账，按实际报账额度还款。

表 1-2-6 总投资分类别计划及完成情况

类别	总投资计划及完成				
	计划		完成		完成比例（按人民币）/%
	万欧元	万元人民币	万欧元	万元人民币	
总投资	6 600.000	48 180.000	6 155.299	48 626.862	100.93
1 直接费用	5 949.000	43 432.000	5 459.718	43 131.766	99.31
1.1 造林费用	5 669.000	41 387.000	5 271.616	41 645.766	100.63
材料	2 274.000	16 601.000	2 114.531	16 704.795	100.63
人工	3 395.000	24 786.000	3 157.085	24 940.971	100.63
1.2 技术支撑	280.000	2 045.000	188.102	1 486.000	72.67
科研推广	33.000	240.000	36.709	290.000	120.83
培训咨询	80.000	590.000	78.481	620.000	105.08
监测	17.800	130.000	16.456	130.000	100.00
苗圃升级	93.200	680.000	—	—	0.00
办公设备采购	31.000	225.000	33.671	266.000	118.22
森林认证	25.000	180.000	22.785	180.000	100.00
2 管理费	60.000	435.000	55.063	435.000	100.00
3 不可预见费	472.000	3 443.000	582.278	4 600.000	133.60
4 建设期利息	119.000	870.000	58.240	460.096	52.88

注：计划期间欧元汇率约为 1∶7.3，完成期间欧元汇率约为 1∶7.9。

表 1-2-7 总投资、欧投行贷款及国内配套完成情况

类别	总投资		欧投行贷款		国内配套		欧投比例（按人民币）/%
	万欧元	万元人民币	万欧元	万元人民币	万欧元	万元人民币	
总投资	6 155.300	48 626.900	3 047.400	23 950.000	3 107.900	24 676.800	49.25
1 直接费用	5 459.700	43 131.800	3 047.400	23 950.000	2 412.300	19 181.700	49.25
1.1 造林费用	5 271.600	41 645.800	2 983.500	23 450.000	2 288.200	18 195.700	48.22
材料	2 114.500	16 704.800	1 197.000	9 408.300	917.500	7 296.500	19.35
人工	3 157.100	24 941.000	1 786.500	14 041.700	1 370.600	10 899.300	28.55
1.2 技术支撑	188.100	1 486.000	64.000	500.000	124.200	986.000	1.03
科研推广	36.700	290.000	24.700	190.000	12.000	100.000	0.39
培训咨询	78.500	620.000	—	—	78.500	620.000	—
监测	16.500	130.000	16.500	130.000	—	—	0.27
苗圃升级	—	—	—	—	—	—	—
办公设备采购	33.700	266.000	—	—	33.700	266.000	—
森林认证	22.800	180.000	22.800	180.000	—	—	0.37
2 管理费	55.100	435.000	—	—	55.100	435.000	—
3 不可预见费	582.300	4 600.000	—	—	582.300	4 600.000	—
4 建设期利息	58.200	460.100	—	—	58.200	460.100	—

注：欧元汇率为 1∶7.9。

3　实施成效

3.1　超额完成造林任务，增加项目区植物多样性

经检查验收合格的项目造营林面积为 31 992 hm^2，为计划任务的 101.98%，其中滨州 2 991 hm^2、东营 10 410 hm^2、威海 8 204 hm^2、潍坊 10 387 hm^2。项目区森林覆盖率平均提高 1.5%～3%，植被盖度大幅度提高，植物多样性显著增加。

由于引进了新的树种，乔灌木种类及数量有所增加，草本种类及数量也有所变化。滨海盐碱地物种丰富度为 9～17 种，非项目区的丰富度为 5～7 种，项目区较非项目区多 4～10 种；项目区的植被总覆盖度为 75%～88%，平均覆盖度为 80.3%，对照区的植被盖度为 25%～46%，平均为 35.6%，前者的盖度是后者的 2.26 倍。低山丘陵物种丰富度为 7～29 种，非项目区为 5～11 种，项目区较非项目区多；项目区平均植被盖度为 87.2%，而非项目区平均为 32.4%，前者的盖度是后者的 2.69 倍。2015—2019 年的调查结果表明，低山丘陵的植被盖度由原来的 10%～16%提高到了 76%～92%，滨海盐碱地的植被盖度由 2015 年的 2%～10%增加到了 75%～88%。

3.2　项目建设内容合理，投资收益稳健

由于项目实施周期较长，物价发生了变化。经调研，造林树种、肥料以及用工价格均有不同程度的上涨，生态型防护林平均实际投入约为 16 365 元/hm^2、经济型防护林平均实际投入约为 13 830 元/hm^2、用材型防护林平均实际投入约为 16 421 元/hm^2、低效林改培平均实际投入约为 9420 元/hm^2。但同时，预期产品价格也有不同幅度的增加，如侧柏木材单价上涨到 650 元/m^3，白榆、白蜡木材单价上涨到 850 元/m^3，水果平均单价上涨到 4.5 元/kg，干果平均单价上涨到 5 元/kg。

由于项目协议规定，本项目在报账过程中按协议单价进行，没有增加，实际费用中增加的部分由项目单位及造林实体解决。项目产品价格也有上涨，经测算，本项目内部收益率与可行性研究报告时相比有所上升，经济收益率由 14.8%上升为 16%，财务收益率由 14.4%上升为 15.7%。各模型收益率变化见表 1-3-1。由于项目造林建设内容合理，投资收益没有随价格变化受到负面影响，而是相对稳健向好，不含生态效益的财务净现值达 8.07 亿元。

表 1-3-1 项目经济和财务分析内部收益率

模型		经济分析/%		财务分析/%	
		可研	竣工	可研	竣工
生态型防护林		9.4	10.10	8.9	9.60
	Model E1	1.7	3.00	0.9	2.50
	Model E2	5.3	6.40	4.7	5.90
	Model E3	7.2	7.10	6.6	6.50
	Model E4	9.5	9.10	8.9	8.60
	Model E5	11.0	11.40	10.4	11.00
经济型防护林		26.6	28.00	26.6	28.00
	Model C1	28.4	30.70	28.4	30.70
	Model C2	22.1	14.30	22.1	14.30
用材型防护林		12.6	16.30	10.8	15.40
	Model T1	13.0	19.30	10.5	17.40
	Model T2	11.8	14.70	11.3	14.30
生态型改培		12.3	11.80	11.7	11.20
	Model S	12.3	11.80	11.7	11.20
项目平均		14.8	16.00	14.4	15.70

3.3 克服不利条件，严格执行项目造林标准

2018 年和 2019 年，项目区连续遭受了多个台风影响（特别是台风“温比亚”的影响），降水明显多于历年同期水平。连续降水导致土壤完全饱和，地面积水。项目区树木遭受洪水浸泡，部分苗木发生倾倒、倒伏、折断等现象，使得苗木生长不良。对此，各项目区增加投入，采取了排水、扶正、培土、补植、清除等抚育管理措施，加强对项目林的修复与管理工作，取得了较好的效果，保证了项目林的营建质量。

各项目县（市、区）在造林过程中能够严格把关，注重提高造营林质量。在造林地选择、苗木供应、整地施工、苗木栽植等环节上，严格按照项目质量要求进行，项目造林穴合格率达 100%，一级苗使用率达 100%，山地丘陵区造林成活率达到 95%以上，滨海盐碱地造林成活率在 86%以上，各年度造林保存率均在 96%以上。项目区无森林火灾及重大病虫害发生，达到了预期目标。

3.4 推广造林模型、优选树种，积累绿化美化经验

在低山丘陵区，项目采用了预留生态位、科学清理造林地与整地的方式，保留了原生植被，促进了项目区灌草的自然修复，并能与造林树种形成混交林效果。应尽量使用混交模型，并增加彩叶与常绿、针叶与阔叶、乔木与灌木树种的混交配置，以突出生态经济与景观效益。特别是生长旺盛、可与造林树种形成自然混交模式的树种应纳入今后的造林树种中，如山槐、山合欢、荆条、美丽胡枝子、吉氏木兰、杠柳、小叶鼠李、皂荚、杜梨、野花椒等。

项目进一步明确了山地和滨海盐碱地各类型防护林的混交适用树种，山区应增加黄栌、连翘、扶芳藤、紫穗槐等观花、观叶树种的搭配，使之形成“春观花海夏纳荫，秋赏彩叶冬映雪”的效果。盐碱地可加强白蜡、白榆、柽柳、紫穗槐的使用，将之应用于高含盐量地块造林。特别发现，白榆的耐盐性可达 0.7%，可在含盐量高的盐碱地推广应用。

3.5 培训强化技术技能，磋商调动参与者积极性

项目实施期间，共举办各类培训 1 000 余期（次），培训各类人员 17.5 万人次。通过培训，各级项目管理人员学习了先进的项目管理理念和造林技术，如基于小班数据库的管理方式、参与式磋商项目设计理念、混交造林、盐碱地树种选择等内容。各类造林实体也掌握了更多切合实际的造林技术与管理方法，如覆膜、覆草、覆盖石板保墒提高造林成活率技术，冬枣修剪技术，刺槐直播造林技术，耐盐碱白榆离体组培技术，混交林修枝抚育管理技术，周氏啮小蜂培育及林间释放技术等。通过技术技能培训，切实影响带动了一批人，提高了项目的管理和实施水平。

所有造林活动的敲定均通过磋商方式完成，并与造林实体签订造林经营管护合同。在项目执行过程中，充分保证了造林实体的诉求渠道畅通，保证了知情权、参与权与监督权。监测结果显示，造林实体对项目服务满意率达 100%，群众参与项目的积极性明显提高。

4 取得经验

4.1 规划尊重群众意愿，科学设计严格执行

4.1.1 强化参与式磋商，项目设计尊重群众意愿

为确保高质量、高标准完成项目建设任务，在项目规划设计时，项目管理部门和设计单位始终把群众利益放在首位，深入一线乡镇和村庄，认真征求群众的意见，把群众的参与真正落到了实处。项目组在充分听取农民意见的基础上，多次邀请科研院所专家教授和省发展和改革委、省财政相关人员，对项目建设的造林模型和树种选择、造林施工设计工作方法、物资采购与工程招标、财务管理、环境管理、监测评估、科研与推广培训等方面进行科学的研讨、论证。同时，项目组与欧投行专家就造林技术、项目管理等方面进行了多轮探讨、磋商，汇集国内外专家智慧，形成了项目规划设计方案，不仅保证了广大群众的利益，落实了欧投行对项目的要求，而且做到了项目设计科学合理，能够在执行中严格遵循，为项目的顺利实施打下了坚实的基础。

4.1.2 认真履行项目协定，确保按照项目标准实施

我国政府与欧投行签订的《项目协定》，是项目实施必须遵守的基本准则。为确保《项目协定》的履行和项目的顺利实施，省项目办制定并印发了《项目管理办法》《检查验收办法》《科研推广计划》《环境管理计划》《监测评估方案》等多个管理办法和规定，对项目实施的宗旨、目标、组织管理、工程管理、资金管理、科研推广、环保规程与信息管理等均作了具体的规定和要求。这些办法和规定，各地都认真地履行，确保了项目的顺利实施。

4.1.3 严格执行造林总体设计，确保按照项目设计施工

造林总体设计是开展造林活动、抚育管理和检查验收的主要依据。项目实施前，山东省各项目县（市、区）在全面调查研究、科学分析的基础上，按照欧投行和国家有关规定，全部完成了造林总体设计，为项目的顺利实施创造了条件。在项目实施中，要求严格执行造林总体设计，不得随意更改和调整。一是不得随意变动项目实施范围。由于

外部条件发生变化确需调整的，必须由项目县（市、区）向省项目办提出变更申请，经审查同意后才能进行调整。二是严格执行造营林技术标准。对设计中提出的各项造营林技术标准，要严格执行，不得降低标准，确保造林高标准、高质量完成。三是严格作业设计标准与程序，通过科学的设计和严格的执行程序，获得预期的目标。

4.2　创新运营机制，提升项目科学化管理水平

4.2.1　以小班数据库为抓手对项目进行精准管理

小班数据库的使用是欧投行项目的一大创新，改变了以往省级单位仅统计总体面积的传统，能够以较低的成本，大幅度提高对项目的精准管理，随时掌握小班的项目实施动态。这种管理方式随之带来了效率的提升，只要确定了最基础的小班信息和与之对应的项目整体进度以及不同模型、不同造林主体、不同年份的造林情况都随之准确确定。这种准确性不仅对造林工作本身有显著促进，对相关的报账、宣传等工作也有帮助。

4.2.2　创新运行管理保障体系

在应用数据库的同时，山东省结合山东沿海防护林工程项目建设的特点，建立了与欧投行林业项目运行机制相适应的“组织协调、计划调控、财务管理、质量监督、种苗供应、科研推广、环境监测、物资管理、信息系统、技术培训”十大运行管理保障体系，并制定了相应的管理办法和运行措施，使项目实施的各个方面、各项内容、各个环节都有具体的规定和明确的要求，为项目的顺利实施打下了坚实的基础。

4.3　强化科研推广，提高项目科技含量

项目的建设过程中，遵循“科研—推广—生产”三位一体、“培训—示范—咨询”三到位、“政策—规定—制度”三落实等多种形式并存的科技运行机制，为项目的顺利实施奠定了坚实的基础。

4.3.1　建立了科技运行管理组织

根据项目特点和山东省实际情况，省、市、县相继建立健全了“科研—推广—生产”三位一体的项目科技运行管理支持和保障组织。一是科研队伍，由山东农业大学、山东省林业科学研究院成立项目中心课题组，相关的市、县林科所或项目办成立面向生产的课题组。该队伍主要负责科研规划的制定，开展遗传改良、育种技术、土壤营养和森林保护等关键技术的科研攻关、技术创新、新品种的试验示范等方面的研究。二是新技术、

新成果推广队伍，由省、市、县、乡的项目管理部门、科技推广单位、种苗生产和管理部门参加。该队伍主要负责科技推广计划和实施方案的制定，指导科技推广工作的开展，推广组装配套的新技术、新成果，建立示范林、样板林网络，提供技术咨询，培训各级技术人员。三是技术施工队伍，由生产第一线的林业技术工人或林农组成。该队伍主要负责整地、育苗、造林、营林等环节的施工。据统计，目前全省已经建立了省、市、县、乡（镇、林场）“科研—推广—生产”三位一体的运行管理支持和保障组织，人员 22 000 多人，其中科研队伍 200 多人，科技推广队伍 800 多人，技术施工队伍 21 000 多人，这三支队伍协调有序地运作，确保了项目的顺利实施。

4.3.2 开展了科研、监测、推广和森林认证工作

有了科技运行管理组织，如果没有针对项目的具体研究工作，仍旧没有有效的科技支持切入点。因此项目组重点开展了欧投行林业项目的科研、监测、推广和森林认证工作。这是一项规模庞大的系统工程，是实现项目战略目标的重要保证。结合项目的特点，项目组设立了 3 个科研课题、1 个监测课题、2 个森林认证课题，切实提高项目科技含量，打造精品林业外资项目。

项目推广方面，为把新成果组装配套应用于生产，提高项目林的科技含量，在项目实施之前，省项目办会同科研、推广等部门研究制订了《项目科研推广计划》，印发了 160 多条育苗、选地、整地、造林、营林、病虫害防治的技术规定、技术规程、技术意见等，明确了项目科研推广的任务、实施程序、经费来源、总结上报等内容。

4.3.3 强化了相关技术培训

项目的建设不仅要求高标准、高质量、高科技含量，而且项目单位和基层林农群众对科技的需求强烈，始终高度重视技术培训工作。一是建立分级培训制度。从工程项目建设与管理的实际需要出发，建立健全自上而下的培训体系，合理确定培训的重点与内容，加大培训力度。二是创新培训形式。加强对重点工作和关键环节的指导，通过以会代训、交流经验、印发资料、开展专题讲座等形式，对项目建设的重点和难点给予及时指导。三是全方位地提供技术指导和服务。造营林季节，要求项目单位及时组织技术人员深入田间地头进行指导，示范和普及关键技术，做给农民看、带领农民干。

4.4 强化监督检查，确保项目建设质量

4.4.1 完善办法和标准，加强检查验收

及时有效的监督检查是保证项目建设质量的重要措施。省项目办制定了《山东沿海

防护林工程项目检查验收办法》及相关标准。项目年度造林结束后，省项目办对自查、抽查、全面检查的范围、内容、规模、比例等方面进行了明确的规范。首先由造林实体进行自查，后由县林业局项目办全查并按检查结果填写验收单作为报账依据，同时向市级项目办提交验收报告；市级项目办进行不少于30%的抽查，并在汇总报账材料后报省项目办；省项目办委托第三方进行不少于10%的抽查，保证项目质量。项目实施按照“事前培训、事中指导、事后逐级检查验收”的原则，对不符合项目建设要求、达不到标准的造林地块坚决剔除，做到面积实、质量高。真正做到了重落实、重督促、重检查，保证了项目的规范、有序、高效运行，确保项目建设质量达到了规定的标准。

4.4.2 建立基于小班数据库的抽查机制

基于小班数据库，项目报账实行县级全查、市级抽查、省级随机监测的制度。县级对造林小班全查后填写验收单作为报账依据，市级、省级的抽查和监测均为基于小班数据库的随机抽查和监测。这种随机性保证了项目实施的整体质量，避免了以往打造亮点应付检查的弊端。

为保证对项目实施的整体质量能够准确有效地监测，省项目办基于项目课题，聘请山东农业大学、山东省林业科学研究院专家作为第三方对项目进展进行监测，包括造林进度、造林质量、环保措施等相关内容，并出具监测报告，找出执行中需要解决的问题。这种方式进一步保证了监测结果的客观准确以及应对问题的有效性和及时性。

5 后续工作安排

项目任务已经完成，下一步，项目组将结合各地实际做好项目林管理工作，并继续结合科研、监测评估、认证课题的开展，发挥项目的科技示范及经验推广效益。

5.1 做好项目林抚育及管理工作

项目造林任务已超额完成，下一步，项目组要围绕“巩固成果、提高效益、科学经营、持续发展”的原则，巩固和发展项目造林成果，以县级项目单位为主、项目造林实体为辅，将项目林纳入地方管理体系，采取加强管理、技术指导、市场引导等综合措施，保证项目设计的经济效益、生态效益和社会效益目标如期实现。

5.2 继续开展项目科研、监测评估及森林认证工作

项目虽然已经竣工，但为了更好地发挥项目生态效益，保证项目质量，在项目竣工后两年内继续实施科研课题研究、项目监测与评价、森林认证等工作。通过这些工作的开展，进一步提高林业项目科技含量，阐明项目实施的生态效益、经济效益及社会效益，扩大项目影响。

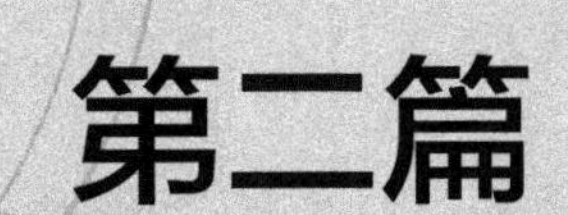

第二篇

山东沿海防护林工程项目监测与评估报告

1　监测与评估的意义和目标

1.1　监测与评估的意义

欧洲投资银行贷款“山东沿海防护林工程项目”（SCSFP）是在山东省沿海地区森林覆盖率低、林分质量差、综合防护功能弱的地段营造人工防护林（生态型防护林、经济型防护林、用材型防护林）和改造低效林，突出森林生态效益，兼顾社会效益和经济效益，以提供社会公共产品为目的的社会公益活动的造营林项目。为了对项目涉及的因素和产生的效果（包括生态效果、环境效果、社会效果、技术效果、经济效果等）与影响（环境影响和社会影响）进行全面分析评估，保证项目建设的质量和进度，确保项目预期目标顺利实现，并尽可能避免或减少项目的技术、生态、环境、经济和社会的风险，特制定本项目的监测和评估方案。

1.2　监测与评估的目标

监测与评估计划将达到以下目标：

评估监测记录的数值和数据，判断采取的安全保障措施是否能充分起作用（包括实施期/建设期阶段和运营期阶段），指出必要的改进或补充措施，确保项目对自然资源的可持续利用和社会公平。

建立一套监测和评估项目产出及社会经济影响的系统，为动态、实时、远程控制项目提供量化标准，为项目管理层和决策者对项目进行控制、调整、管理、决策提供充分而有效的信息。对项目监测中发现的实施难题，要及时采取措施加以解决。

从项目实施以来，项目组主要进行了项目发展资料收集、防护林营建年度进展和质量监测、技术服务和项目管理监测（技术咨询与培训、物资采购）、财务管理和资金运转监测、社会经济及生态效益监测与评估，以期对项目产生的生态效果、环境效果、社会经济效果进行评估，总结项目实施过程中的经验与问题，为项目的顺利实施提供科学依据，为同类项目的实施提供参考。

2 监测与评估的主要内容

2.1 项目监测内容

（1）项目发展目标监测

采用自查、复查、抽查的方法，监测沿海防护林造林模型的开发应用和示范、项目区树种多样性、森林覆盖率、防护林面积及造林模型应用示范情况等。

（2）防护林营建年度进展和造林质量监测

采用全面检查验收、市级抽查报账提款表的方法，监测年度造林计划、实际完成面积和造林质量，包括苗木规格和质量、栽植、幼林抚育管护、森林防火、幼林生长等。

（3）技术服务与项目管理监测

主要监测苗圃升级、国际和国内的考察及培训、技术咨询、森林认证、科研与推广等。

（4）财务管理和资金运转监测

主要监测各项目单位的资金管理、投资是否到位、资金使用等情况，监测项目执行期的劳动力、生产资料、产品价格，监测项目需要采购的物资设备。

（5）生态环境影响监测

① 植物多样性和盖度监测。

采用固定样地、固定样方定位监测的方法，对乔木、灌木和草本的种类、数量、郁闭度（盖度）和生长量进行监测。

② 土壤理化性状和电导率测定。

采用固定样地和固定样方定位取样、室内分析测试监测的方法，对土壤容重、总孔隙度、毛管孔隙度、非毛管孔隙度、毛管最大持水量、饱和含水量、有机质、全磷、全钾、速效磷、速效钾、pH、电导率进行监测；对滨海盐碱地各造林小班的 pH、电导率指标进行全面监测。

③ 低山丘陵区水源涵养与土壤侵蚀监测。

结合气象站数据，采用径流小区与测钎法等观测方法，对降雨量、土壤侵蚀强度、土壤侵蚀量、地表径流量进行监测。

④ 滨海盐碱地防护林的防护效果监测。

采用小气候自动观测的方法，对固定样地的风速、空气温度、空气湿度、林分密度、冠幅、林分生长情况进行监测。

⑤ 森林病虫害监测。

采用抽样调查和固定标准样地定点观测的调查与分析方法，对虫害种类、虫株率、病害种类、感病指数、农药种类、使用数量进行监测。

（6）社会经济影响监测

采用资料收集、入户调查、问卷调查的方法，对创造就业机会、参与项目的单位数量、参与的农户数量、农户对项目的满意度、人均收入等进行监测。

（7）环境保护措施及效果监测

主要监测沿海防护林实施过程中环境保护措施的落实情况，及其对水土保护、环境污染、生物防控、减施化肥和农药等的效果。

2.2 项目评估内容

依据监测数据与结果，主要对项目产生的生态环境影响、社会经济影响进行评估。

（1）生态环境影响评估

包括项目实施前后植物种类的分布和多样性的变化及其影响、水源涵养和土壤侵蚀量、防风能力、土壤理化性质和含盐量、病虫害发生和预防影响等。阐明其固碳释氧、涵养水源、改良土壤、防止土壤流失、改善区域微气候、提高生物多样性等效应。

（2）社会经济影响评估

主要是评估项目实施后，对项目区经济（项目区居民就业、经济收入、生活水平和生活质量）产生的影响和效果进行客观评估；对所在地区居民（主要是农户）参与的积极性、对项目的满意度、农户和乡镇干部林业和生态环境知识的变化情况进行客观评价。

3 监测与评估的过程和进展

根据项目投标结果、监测与评估大纲，2017 年 4 月 1 日项目组与山东省林业外资与工程项目管理站签订监测与评估合同，同步编制项目监测与评估实施计划，明确监测与评估的内容、方法、指标、频率等。

3.1 监测点选择与确定

在 SCSFP 的 4 个市 15 个县（市、区）开展项目发展目标、防护林年度进展与质量监测。选择低山丘陵区的临朐县、环翠区 2 个县级项目单位和滨海盐碱地的沾化区、河口区和寿光市 3 个项目单位，开展生态环境影响监测与评估。在野外系统踏勘的基础上，共选择了 31 个低山丘陵区监测点和 37 个滨海盐碱地监测点的造林模型作为项目监测与评估的监测点。2019 年在各项目区根据情况增设临时监测点，完成了所有监测任务。

3.2 造林任务和质量监测

汇总 4 个市 15 个县（市、区）上报的造林面积、造林模型应用与示范面积、防护林造林进展、造林质量等数据，通过县级自查、市级复查、省级抽查等方式监测造林年度进展，核实造林任务的完成情况。

3.3 技术服务与项目管理监测

主要监测苗圃升级、国际和国内的考察及培训、技术咨询、森林认证、科研与推广等。

3.4 财务管理和资金运转监测

主要监测各项目单位的资金管理、投资是否到位、资金使用等情况，监测项目执行期的劳动力、生产资料、产品价格，监测项目需要采购的物资设备。

3.5　生态效益监测

在确定的典型监测点上，开展植物多样性与植被盖度、土壤理化性质与盐分含量、水源涵养与土壤侵蚀量、森林病虫害发生、滨海盐碱地防风效果等监测。

3.6　社会经济影响监测

通过入户调查、发放问卷等形式监测项目实施区的参与单位数、参与农户数量、创造就业机会、农户对项目的满意度、人均收入等。

3.7　环境保护实施及效果监测

通过定位监测、实地调查、巡查和查阅项目实施报告等形式监测项目实施区的环境保护措施实施情况及实施效果。

3.8　室内测试分析与数据整理

在野外调查的基础上，进行室内土壤样品预处理及物理化学性质的测试、病虫害种类鉴定等工作，并将数据分类型按照监测要求进行汇总、整理，形成各监测指标报告表，完成监测数据。

3.9　监测与评估内容的完成情况

项目组按计划全部完成或超额完成了监测与评估的内容，具体见表 2-3-1。

表 2-3-1　监测与评估任务完成情况

项目	计划任务	完成情况
项目发展目标监测	15 个县（市、区）	完成
防护林营建年度进展和造林质量监测	15 个县（市、区）	完成
技术服务与项目管理监测	15 个县（市、区）	完成
财务管理和资金运转监测	15 个县（市、区）	完成
生态环境影响监测与评估	2 个退化山地项目县和 3 个滨海盐碱地项目县	共建设了 68 个监测点，2019 年又增加了新的临时监测点，对项目实行监测，全部完成
社会经济影响监测与评估	15 个县（市、区）	完成

4 监测与评估结果

4.1 项目发展目标监测评估

SCSFP 项目 4 个市原计划造林任务为 31 369.38 hm^2，截至 2019 年 12 月，4 个市累计完成造林面积 31 991.68 hm^2，完成造林总任务的 101.98%，各市及各县（市、区）的造林面积任务及已完成的造林面积见表 2-4-1。

表 2-4-1 各市总造林面积汇总

项目市、县（市、区）		原计划造林面积/hm^2	已完成造林面积/hm^2	完成面积占计划面积百分比/%
滨州市	滨城区	1 543.47	1 543.24	99.99
	沾化区	1 265.01	1 446.83	114.37
	总计	2 808.48	2 990.07	106.47
东营市	广饶县	1 183.69	1 183.69	100.00
	河口区	2 400.60	2 400.58	100.00
	垦利区	2 423.09	3 959.43	163.40
	利津县	2 616.88	2 866.60	109.54
	总计	8 624.26	10 410.30	120.71
威海市	环翠区	2 523.41	1 638.56	64.93
	乳山市	2 645.09	3 696.77	139.76
	文登区	2 848.79	2 868.88	100.71
	总计	8 017.29	8 204.21	102.33
潍坊市	安丘市	1 447.38	1 299.05	89.75
	昌乐县	1 983.39	1 934.90	97.56
	临朐县	2 996.80	2 996.80	100.00
	青州市	1 821.07	364.21	20.00
	寿光市	1 699.64	1 821.07	107.14
	诸城市	1 971.07	1 971.07	100.00
	总计	11 919.35	10 387.10	87.14
总计		31 369.38	31 991.68	101.98

4.2　年度进展和造林质量监测与评估

4.2.1　年度进展

截至 2019 年 12 月，各市累计造林 31 991.68 hm^2，完成计划造林总任务的 101.98%（表 2-4-1），但不同县（市、区）的造林完成任务量不同。滨州市总造林面积为 2 990.07 hm^2，完成造林任务的 106.47%，滨城区与沾化区分别完成造林面积 1 543.24 hm^2 和 1 446.83 hm^2，完成率分别为 99.99%和 114.37%。东营市造林总面积为 10 410.3 hm^2，完成总任务量的 120.71%，其中广饶县和河口区完成了全部造林任务，利津县和垦利区分别完成了造林任务的 109.54%和 163.40%。威海市造林面积为 8 204.21 hm^2，完成了任务的 102.33%，其中环翠区总造林面积为 1 638.56 hm^2，完成率为 64.93%；乳山市和文登区分别完成计划造林任务的 139.76%和 100.71%。潍坊市完成造林面积 10 387.10 hm^2，完成率为 87.14%，其中寿光市完成造林任务的 107.14%，临朐县和诸城市完成全部造林任务，安丘市、昌乐县分别完成造林任务的 89.75%、97.56%，而青州市仅完成计划造林面积的 20.00%。此次造林任务调整按各县（市、区）最终报账面积进行，为各县（市、区）最终调整面积。从各县（市、区）实际完成任务来看，总体任务完成率良好，但有一些县（市、区）存在面积大量调减的现象。究其原因，主要是项目国内运行、省内运行程序缓慢，导致项目资金到位较晚，一些县（市、区）的造林主体对项目是否能够启动心存疑虑；部分县（市、区）项目区土地调整，导致造林区土地准备不足；还有部分造林主体缺乏资金，这些原因致使项目未启动或完成率较低，大多数项目县（市、区）较好地完成了任务。还有部分县（市、区）只重视前期项目的申请，对项目执行重视程度不够，加之土地利用的变化调整，使得一些项目区出现了大面积调减的现象，这也使得其他县（市、区）的面积有所增加。整体上看，滨海盐碱地区域全部完成或超额完成任务，除乳山市、文登区和临朐县外，山丘区县（市、区）的造林任务均有所调减。

4.2.2　各模型造林面积完成情况

表 2-4-2 的监测结果表明，经济型防护林完成造林面积 6 023.91 hm^2，完成任务的 88.93%，在总造林面积中的比例由原计划的 21.59%下降到 18.83%；生态型防护林完成造林面积 18 748.08 hm^2，占计划任务的 108.24%，在总造林面积中的比例由原计划的 55.22%提高到 58.60%；生态型防护林改培完成 244.97 hm^2，全部按计划完成任务；用材型防护林完成 6 974.72 hm^2，完成计划任务的 99.22%，在总造林面积中的比例由原计划的 22.41%下调到 21.80%。

表 2-4-2 不同造林模型的造林面积汇总

造林模型	原计划		已完成		
	面积/hm²	占比/%	面积/hm²	占比/%	占计划面积比例/%
经济型防护林	6 773.63	21.59	6 023.91	18.83	88.93
生态型防护林	17 321.50	55.22	18 748.08	58.60	108.24
生态型防护林改培	244.97	0.78	244.97	0.77	100.00
用材型防护林	7 029.28	22.41	6 974.72	21.80	99.22
总计	31 369.38	100.00	31 991.68	100.00	101.98

从不同造林面积的变化情况看，沿海防护林工程项目更加突出了生态型防护林的建设，建设规模与面积增大，更好地反映了山东省林业发展与沿海防护林发展的理念，以生态建设为主体，为沿海地区提供了更多优质生态林业及森林环境，以此不断增强沿海地区防灾御灾的林业防护体系，满足人民日益增长的对优美生态环境的需求，也更加符合“绿水青山就是金山银山”的发展理念。

各地市、县（市、区）不同造林模型的造林任务完成情况不同（表 2-4-3）。总体来看，滨州市超额完成了 4 种模型的全部造林任务，但不同造林模型完成的情况不同，生态型防护林完成的面积占计划造林面积的比例为 136.49%，生态型防护林改培全部完成，相应地调减了经济型防护林与用材型防护林的面积。东营市超额完成了 3 种模型的全部造林任务，完成率达到了 120.71%，经济型防护林与生态型防护林分别完成了 108.21%和 136.24%，形成了生态、经济共同发展的趋势。威海市经济型、生态型和用材型防护林造林任务完成率分别为 100.08%、104.76%和 98.49%，因地制宜地调减了用材型防护林的面积，增大了生态型防护林的面积，提升了区域森林的生态防护功能。潍坊市经济型、生态型和用材型防护林造林任务完成率分别为 79.93%、83.87%和 112.41%，造林任务的变化是将整体的造林任务进行了调整，改由其他市来完成。

表 2-4-3 各市、县（市、区）造林模型的造林面积汇总

城市	造林模型	计划造林面积/hm²	实际完成面积/hm²	完成百分比/%
滨州市	经济型防护林	338.28	230.55	68.15
	生态型防护林	992.13	1 354.11	136.49
	生态型防护林改培	244.97	244.97	100.00
	用材型防护林	1 233.10	1 160.44	94.11
	合计	2 808.48	2 990.07	106.47
东营市	经济型防护林	381.11	412.40	108.21
	生态型防护林	5 373.67	7 321.06	136.24
	用材型防护林	2 869.48	2 676.84	93.29
	合计	8 624.26	10 410.30	120.71

城市	造林模型	计划造林面积/hm^2	实际完成面积/hm^2	完成百分比/%
威海市	经济型防护林	2 689.39	2 691.44	100.08
	生态型防护林	4 232.41	4 433.81	104.76
	用材型防护林	1 095.49	1 078.96	98.49
	合计	8 017.29	8 204.21	102.33
潍坊市	经济型防护林	3 364.85	2 689.52	79.93
	生态型防护林	6 723.29	5 639.10	83.87
	用材型防护林	1 831.21	2 058.48	112.41
	合计	11 919.35	10 387.10	87.14
合计		31 369.38	31 991.68	101.98

注：各市不同模型计划造林面积见“山东沿海防护林工程项目”（SCSFP）文件资料汇编附表5。

按不同造林主体类型统计的计划面积、调整后面积及完成情况见表2-4-4。根据项目实施的实际情况，新增乡镇林场造林主体。从整体来看，集体林场、农林大户在所有造林单位与造林主体中所占的面积与比例最高，反映了农林大户与集体林场在生态建设中的积极性高，他们对项目的认识度较高，且愿意进行造林，造林项目的目标与他们的发展密切相关，因而他们的积极性高，完成任务进度快，造林质量较高，这也从另一方面反映了各项目县（市、区）对项目的宣传力度较高，使广大农林大户认识到项目的益处。此外，股份制公司基本完成了造林任务，国有林场有所调减，但新增的乡镇林场对沿海防护林项目是一种很好的补充。在所有造林主体中，专业合作社完成任务的情况最差，这与其对项目运作程序和项目发展心存疑虑、造林资金不足及合作社内部意见不统一有关。

表2-4-4　各造林主体的造林面积汇总

单位	原计划		已完成		
	面积/hm^2	比例/%	面积/hm^2	比例/%	完成百分比/%
股份制公司	3 288.38	10.48	3 183.35	9.95	96.81
国有林场	7 259.46	23.14	5 212.74	16.29	71.81
集体林场	12 165.56	38.78	9 860.18	30.82	81.05
农林大户	6 707.30	21.38	8 329.21	26.04	124.18
专业合作社	1 948.68	6.22	322.51	1.01	16.55
乡镇林场	0.00	0.00	5 083.71	15.89	—
总计	31 369.38	100.00	31 991.70	100.00	101.98

4.2.3 造林质量

监测表明（表 2-4-5），各项目县（市、区）在造林过程中能够严格把关，注重提高造营林质量，在造林地选择、苗木供应、整地施工、苗木栽植等环节，严格按照项目质量要求进行。项目造林穴合格率达 100%，一级苗使用率达 100%，退化山地区造林成活率达到 92%，滨海盐碱地造林成活率达到 95%，各年度林木保存率均为 96%。项目区均无森林火灾发生，达到了预期目标。

表 2-4-5 沿海防护林工程项目造林质量监测指标

项目			计划	实际	完成百分比/%
造林面积/hm^2	经济型防护林		5 564.90	6 023.91	88.93
	生态型防护林		20 540.63	18 748.08	108.23
	生态型防护林改培		244.97	244.97	100.00
	用材型防护林		5 045.30	6 974.72	99.22
	合计		31 395.80	31 991.68	101.98
造林质量/%	造林穴合格率		100.00	100.00	100.00
	一级苗使用率		100.00	100.00	100.00
	造林成活率	退化山地	—	92.00	—
		滨海盐碱地	—	95.00	—
	林木保存率		—	96.00	—
森林火灾发生频率/%			—	0.00	—

但 2018 年 8 月各项目区遭受了多个台风的轮番影响（特别是台风“温比亚”的影响），各项目区的降水都明显多于历年同期水平（图 2-4-1）。2018 年 8 月，东营市平均降水量为 420.5 mm，比历年同期（126.8 mm）多 231.6%，其中河口区降水量最大，为 483.5 mm（义和站为 748.5 mm），垦利区最小，为 356.7 mm。连续降水导致项目区土壤完全饱和，地面积水，树木遭受洪水浸泡，影响了林木的生长，甚至引起项目区造林苗木的死亡。

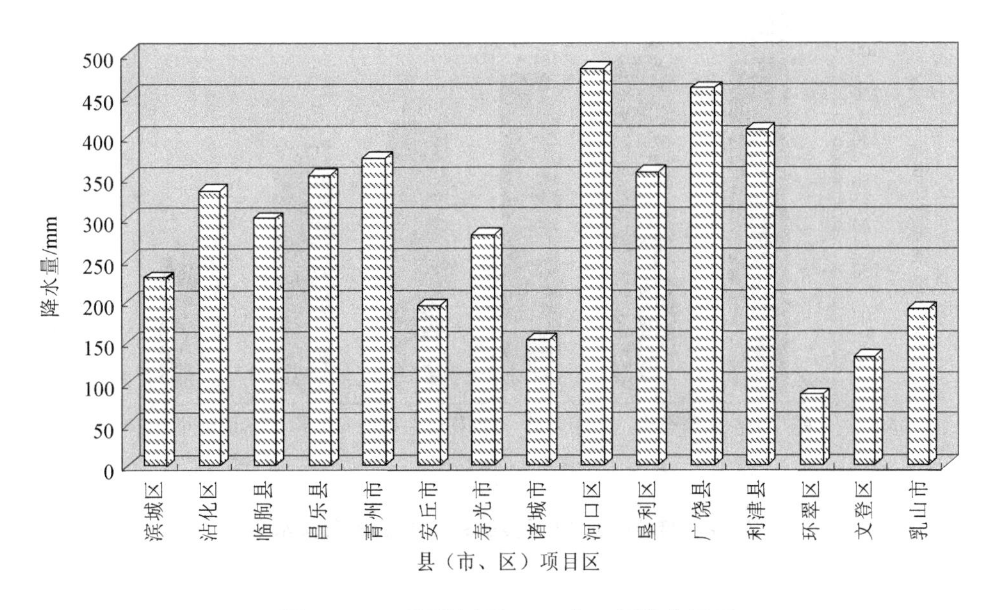

图 2-4-1　项目监测区 2018 年 8 月降水情况

潍坊市项目区 8 月降水量也明显多于往年，各项目区 8 月降水量为 153.4～374 mm，寿光市为 280.4 mm，加上上游青州市、临朐县泄洪，项目林全部遭受洪水浸泡。由于林场及时采取了排水保苗措施，大部分苗木得以保存，但部分苗木受到了影响，出现了死亡或生长不良的现象。

滨州市滨城区与沾化区 8 月降水量分别为 228.5 mm 和 335.0 mm，明显多于往年，特别是沾化区，项目区林木遭受水淹，地面积水 30～40 cm，造成部分项目林出现生长不良和死亡的现象。出现洪情后，项目区紧急排水，避免了更大的损失。

2019 年 8 月 10—13 日，山东地区遭受台风“利奇马”侵袭，仅 8 月 10 日一天潍坊地区的平均降水量就达到了 247.1 mm，各县（市）的降水量见图 2-4-2。8 月 10 日 9 时至 13 日 10 时，东营市全市平均降水量为 352.8 mm（折合水量 29.0 亿 m^3），各县（区）平均降水量如下：东营区 341.8 mm、垦利区 311.4 mm、河口区 346.2 mm、利津县 375.1 mm、广饶县 393.4 mm（图 2-4-3）。最大点降水量为利津县明集雨量站（545.5 mm）。部分项目区的苗木遭受袭击，发生倾倒、倒伏、折断等现象，造成苗木生长不良。对此，各项目区采取了排水、扶正、培土、补植、清除等抚育管理措施，加强了对项目林的修复与管理工作，取得了较好的效果。

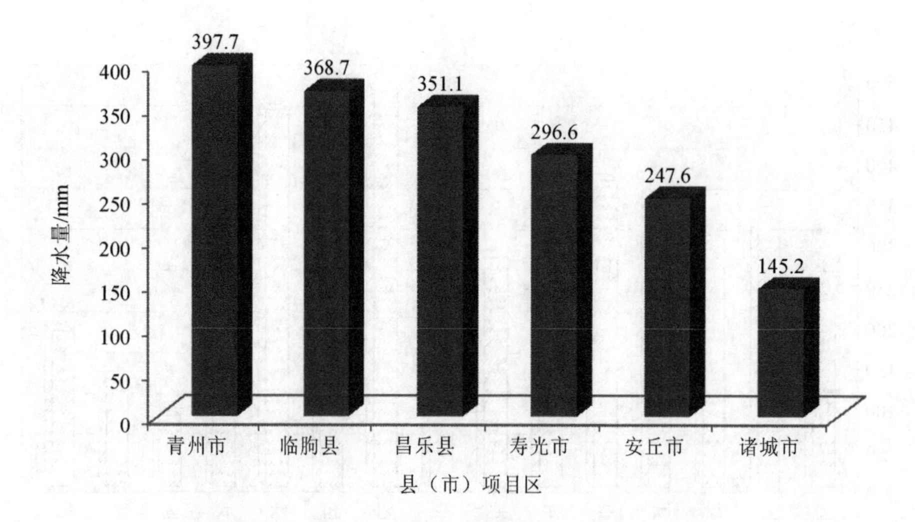

图 2-4-2 潍坊市各项目区 2019 年 8 月 10 日降水情况

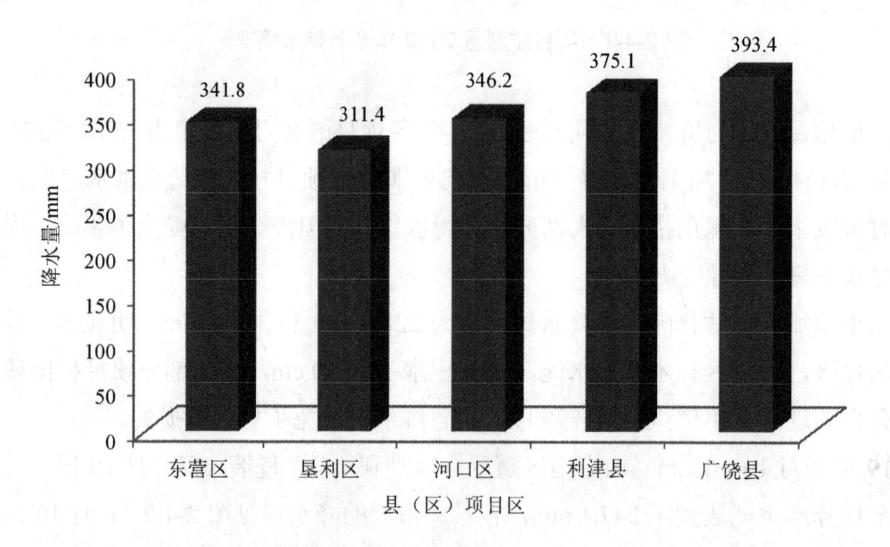

图 2-4-3 东营市各项目区 2019 年 8 月 10—13 日降水情况

4.3 技术服务与项目管理监测

项目推广的 26 项技术标准和技术规程在项目实施过程中得到了贯彻实施，部分标准和规程的实际推广范围超过了计划面积。

项目在实施过程中，不仅推广了原计划的 13 项新技术和新成果，同时还将适用于项目实施过程的 3 项新技术和新成果进行了推广，即杨树优质种质资源开发利用、耐盐碱白榆优良无性系选育及组培快繁技术应用研究、退化山地立地分类体系构建及造林模型研究与应用，新技术和新成果的推广应用取得了良好效果。项目在实施过程中实际推广的科技成果数量为计划的 123.08%。

为了促进科技示范县的建设，项目成立了科技支撑办公室和课题攻关小组，强化了“科研队伍、推广队伍、施工队伍”的建设，开展了技术推广、培训和课题攻关等活动。项目实施以来，4 个造林模型在项目区得到了普遍推广，科技示范县共建立科技示范林 40 片，面积 350 hm^2；4 个造林模型在各项目区的造林面积达到了 31 991.7 hm^2。由于其显著的生态效益、社会效益和经济效益，这些造林模型也在非项目区得以推广，目前 4 个造林模型在非项目区的推广面积达 3 450 hm^2。

截至 2019 年年底，项目推广各项技术成果 16 项，推广各项技术规程 26 项，组织国外考察与培训 3 次共计 6 人次；举办各种形式的培训 1 023 期（次），培训各类人员 17.5 万多人次。

苗圃土建工程和苗圃设备升级采购概算金额为 680.00 万元人民币。设备采购由欧投行支付（360.00 万元人民币），土建工程由欧投行和国内配套资金共同支付（共 320.00 万元人民币，其中欧投行支付 200.00 万元人民币，国内配套支付 120.00 万元人民币），项目单位组织实施。设施设备采购包括灌溉设备、喷灌设备、塑料大棚、打药机、喷雾设备、办公设备等；土建工程建设包括苗圃管理用房、苗圃道路、围墙等。由于项目启动时间较晚，涉及苗圃升级的单位大多已经通过其他方式准备了苗木，因此各单位均将苗圃建设资金调整到造林中。项目主要造林树种共需苗木约 3 000 万株，各项目单位均通过自己的中心苗圃解决了苗木需求，项目当地苗圃苗木使用率达到 90%以上。

森林认证方面，共举办培训班 2 次，培训相关人员 360 余人次，主要培训《中国森林认证　森林经营》（GB/T 28951—2012）、《中国森林认证　产销监管链》（GB/T 28952—2012）、《中国森林认证 非木质林产品 总则》、森林认证流程及可能产生的效益等内容。截至 2019 年，开展的乳山茶叶森林认证，已初步确定认证范围包括乳山市的南黄镇、寨镇、徐家镇及海阳所镇等 9 个镇、17 个村，涉及山东北宗茶业有限公司、威海威茗茶业有限公司、乳山市凤凰山茶业有限公司等 11 家公司，乳山市爱母茶叶专业合作社、乳山市虎山飘香茶叶专业合作社共 2 家合作社，乳山市禾香缘茶厂等 3 家茶厂，共 16 家单位，面积 3 459 亩。此外，沾化区和利津县的森林认证相关工作正在开展中。

4.4　财务管理和资金运转监测

项目建设已完成投资 4.8 亿元人民币，其中已完成欧投行贷款报账 2.39 亿元人民币（折合 3 041.3 万欧元）。2018 年首次完成欧投行贷款报账 2 588.48 万欧元，占总贷款额度（3 300 万欧元）的 78.44%，折合人民币约 1.9 亿元，本次报账的剩余贷款为 711.52 万欧元。项目采取先垫资再报账的模式，造林已经完成，技术服务进展顺利。

4.5 植物多样性和盖度监测与评估

从监测数据来看（表 2-4-6），造林对各项目区植物多样性的影响增大，由于引进了新的树种，乔灌木种类及数量有所增加，草本种类及数量也有所变化。

表 2-4-6 欧投行贷款山东沿海防护林工程项目样地生物多样性调查汇总（部分）

监测点	立地类型	土壤类型	灌木优势种	灌木树种数量/种	灌木层盖度/%	草本优势种	草本植物数量/种	草本层盖度/%	物种丰富度	植被覆盖度/%
寿光市机械化林场 1	滨海盐碱地	潮土	—	—	—	魁蒿、灰菜、猪毛菜、牵牛	14	26	16	88
寿光市机械化林场 2	滨海盐碱地	潮土	—	—	—	猪毛蒿、苣荬菜、猪毛菜	11	18	13	84
寿光市机械化林场 3	滨海盐碱地	潮土	—	—	—	苣荬菜、猪毛菜、反枝苋	7	12	9	85
寿光市机械化林场 4	滨海盐碱地	潮土	柽柳	1	8	鹅绒藤、魁蒿、芦苇	8	12	10	83
寿光市机械化林场 5	滨海盐碱地	潮土	—	—	—	牛筋草、稗草、鹅绒藤	9	18	11	78
沾化区思源湖林场 1	滨海盐碱地	潮土	—	—	—	芦苇、茅草、狗尾草、猪毛菜	8	18	11	75
沾化区思源湖林场 2	滨海盐碱地	潮土	—	—	—	芦苇、苣荬菜、猪毛菜	10	22	12	76
沾化区思源湖林场 3	滨海盐碱地	潮土	—	—	—	芦苇、狗尾草、小蓟	12	25	15	78
沾化区思源湖林场 4	滨海盐碱地	潮土	—	—	—	碱蓬、芦苇、蒲公英	13	24	15	82
东营市河口区 1	滨海盐碱地	潮土	罗布麻	—	—	芦苇、狗尾草、碱蓬	14	16	17	78
东营市河口区 2	滨海盐碱地	潮土	—	—	—	芦苇、狗尾草、小獐毛	9	10	11	77
东营市河口区 3	滨海盐碱地	潮土	罗布麻	—	—	芦苇、稗草、小獐毛	15	18	17	82
东营市河口区 4	滨海盐碱地	潮土	—	—	—	反枝苋、狗尾草、苣荬菜	8	8	9	78

监测点	立地类型	土壤类型	灌木优势种	灌木树种数量/种	灌木层盖度/%	草本优势种	草本植物数量/种	草本层盖度/%	物种丰富度	植被覆盖度/%
潍坊市临朐县1	山地丘陵区	棕壤	胡枝子、达乌里胡枝子、杠柳、荆条、小叶鼠李	5	30	黄背草、矛叶荩草、鸦葱、白莲蒿	21	35	29	92
潍坊市临朐县2	山地丘陵区	棕壤	胡枝子、杠柳、荆条、小叶鼠李	4	30	黄背草、鸦葱、白莲蒿、茜草、荩草	21	34	27	90
潍坊市临朐县6	山地丘陵区	褐土	胡枝子	1	10	狗尾草、青蒿、鬼针草	14	26	16	78
潍坊市临朐县7	山地丘陵区	褐土	酸枣、胡枝子	2	14	白莲蒿、艾蒿、狗尾草、矛叶荩草	18	38	21	92
潍坊市临朐县8	山地丘陵区	褐土	胡枝子、荆条	2	22	黄背草、白莲蒿、卷柏、矛叶荩草	16	35	19	86
威海市环翠区1	山地丘陵区	棕壤	—	—	—	牛筋草、莎草、狗尾草、马齿苋	6	8	7	76
威海市环翠区9	山地丘陵区	棕壤	美丽胡枝子、山合欢	4	22	金鸡菊、稗草、小蓟、芒、羊胡子草	19	26	27	90
威海市环翠区10	山地丘陵区	棕壤	山合欢、美丽胡枝子、吉氏木兰	3	24	白酒草、黄背草、狗尾草、艾蒿	15	22	21	86
威海市环翠区12	山地丘陵区	棕壤	小叶鼠李、山合欢、胡枝子、吉氏木兰	4	32	羊胡子草、蹄盖蕨、狭叶珍珠菜、黄背草	17	26	26	90
威海市环翠区13	山地丘陵区	棕壤	山合欢、胡枝子、吉氏木兰	3	24	羊胡子草、狗尾草、小白酒草、狭叶珍珠菜	18	28	28	92

结合项目样地整体监测数据可知，滨海盐碱地物种丰富度为9～17种，非项目区的丰富度为5～7种，项目区较非项目区多4～10种。项目区的植被覆盖度为75%～88%，平均覆盖度为80.3%；对照区的植被覆盖度为25%～46%，平均覆盖度为35.6%；项目区的平均覆盖度是对照区的2.26倍。

低山丘陵物种丰富度为7～29种，非项目区为5～11种，项目区较非项目区多2～

18 种，物种数较少的为经济型防护林，由于人为除草导致地面草本植物减少。项目区的植被覆盖度为 76%～92%，非项目区为 15%～40%；项目区的平均植被覆盖度为 87.2%，而非项目区为 32.4%，前者的覆盖度是后者的 2.69 倍。

追溯至 2015 年，低山丘陵区的植被覆盖度由 2015 年的 10%～16%提高到现在的 76%～92%，滨海盐碱地的植被覆盖度由 2015 年的 2%～10%增加到现在的 75%～88%。

4.6 土壤理化性状监测与评估

4.6.1 滨海盐碱地植被恢复区土壤理化性状变化

滨海盐碱地不同监测点的土壤物理性状见表 2-4-7。由监测数据可知，项目的实施使得土壤孔隙度有所增加，土壤结构改善，蓄水功能增强。

表 2-4-7 滨海盐碱地监测点土壤物理性状监测数据

监测点	土层厚度/cm	土壤含水量/%	容重/（g/cm^3）	毛管孔隙度/%	非毛管孔隙度/%	总孔隙度/%	毛管最大持水量/%	土壤饱和含水量/%
寿光市机械化林场1	0～20	6.20	1.28	37.24	5.77	43.01	29.19	33.71
	20～40	9.06	1.39	36.24	4.80	41.04	26.07	29.53
	40～60	8.95	1.37	33.63	4.67	38.30	24.55	27.96
	0～60	8.07	1.35	35.70	5.08	40.78	26.60	30.40
寿光市机械化林场2	0～20	9.31	1.31	35.64	5.77	41.41	27.21	31.61
	20～40	10.31	1.40	33.24	6.16	39.40	23.74	28.14
	40～60	10.98	1.37	32.50	5.99	38.49	23.72	28.09
	0～60	10.20	1.36	33.79	5.97	39.76	24.89	29.28
寿光市机械化林场3	0～20	12.23	1.33	39.12	3.39	42.51	29.38	31.92
	20～40	11.97	1.37	35.48	3.87	39.35	25.90	28.72
	40～60	18.96	1.40	32.29	4.50	36.79	23.06	26.28
	0～60	14.39	1.37	35.63	3.92	39.55	26.11	28.98
寿光市机械化林场4	0～20	9.22	1.30	34.01	5.48	39.49	26.16	30.38
	20～40	10.17	1.37	32.56	5.89	38.45	23.77	28.07
	40～60	10.79	1.38	30.82	6.01	36.83	22.33	26.69
	0～60	10.06	1.35	32.46	5.79	38.25	24.09	28.38
寿光市机械化林场5	0～20	2.76	1.29	35.04	4.94	39.98	27.16	30.99
	20～40	4.52	1.43	32.95	4.62	37.57	23.04	26.27
	40～60	5.82	1.46	34.46	5.06	39.52	23.60	27.07
	0～60	4.37	1.39	34.15	4.87	39.02	24.60	28.11

监测点	土层厚度/cm	土壤含水量/%	容重/（g/cm^3）	毛管孔隙度/%	非毛管孔隙度/%	总孔隙度/%	毛管最大持水量/%	土壤饱和含水量/%
寿光市机械化林场对照	0～20	6.54	1.40	35.02	3.78	38.80	25.01	27.71
	20～40	6.89	1.42	33.01	2.76	35.77	23.25	25.19
	40～60	7.94	1.46	31.41	2.73	34.14	21.59	23.46
	0～60	7.12	1.43	33.15	3.09	36.24	23.28	25.45
沾化区 1	0～20	18.14	1.17	41.87	2.94	44.81	35.91	38.43
	20～40	22.37	1.21	40.72	2.78	43.50	33.72	36.03
	40～60	18.96	1.33	37.60	2.88	40.48	28.23	30.39
	0～60	19.83	1.24	40.06	2.87	42.93	32.62	34.95
沾化区 2	0～20	11.22	1.29	41.34	3.06	44.40	31.98	34.35
	20～40	15.39	1.38	39.70	3.10	42.80	28.83	31.08
	40～60	22.02	1.34	40.28	2.87	43.15	30.12	32.27
	0～60	16.21	1.34	40.44	3.01	43.45	30.31	32.56
沾化区 3	0～20	16.92	1.32	37.73	3.92	41.65	28.55	31.52
	20～40	19.40	1.44	36.82	3.46	40.28	25.57	27.97
	40～60	21.65	1.42	35.64	3.08	38.72	25.18	27.36
	0～60	19.32	1.39	36.73	3.49	40.22	26.44	28.95
沾化区 4	0～20	17.79	1.25	40.81	2.10	42.91	32.54	34.22
	20～40	18.04	1.32	37.79	2.14	39.93	28.63	30.25
	40～60	20.61	1.43	36.08	2.24	38.32	25.24	26.81
	0～60	18.81	1.33	38.22	2.16	40.38	28.80	30.42
沾化区对照	0～20	14.33	1.45	35.87	2.87	38.74	24.74	26.72
	20～40	19.28	1.51	34.22	2.90	37.12	22.66	24.58
	40～60	18.75	1.48	35.46	2.43	37.89	24.00	25.64
	0～60	17.45	1.48	35.18	2.73	37.91	23.80	25.65
河口区 1	0～20	14.68	1.35	38.42	2.96	41.38	28.50	30.69
	20～40	32.48	1.28	37.58	2.52	40.10	29.36	31.33
	40～60	25.69	1.29	37.22	3.56	40.78	28.88	31.64
	0～60	24.28	1.31	37.74	3.01	40.75	28.91	31.22
河口区 2	0～20	6.49	1.30	38.34	3.44	41.78	29.44	32.08
	20～40	13.13	1.44	35.76	3.48	39.24	24.92	27.34
	40～60	21.75	1.36	37.44	3.40	40.84	27.53	30.03
	0～60	13.79	1.37	37.18	3.44	40.62	27.29	29.82
河口区 3	0～20	7.90	1.29	37.84	4.64	42.48	29.30	32.89
	20～40	3.89	1.40	36.05	4.58	40.63	25.77	29.04
	40～60	4.80	1.36	35.47	3.74	39.21	25.99	28.73
	0～60	5.53	1.35	36.45	4.32	40.77	27.02	30.22

监测点	土层厚度/cm	土壤含水量/%	容重/（g/cm³）	毛管孔隙度/%	非毛管孔隙度/%	总孔隙度/%	毛管最大持水量/%	土壤饱和含水量/%
河口区 4	0～20	20.18	1.32	38.61	2.86	41.47	29.33	31.50
	20～40	16.06	1.41	36.04	2.34	38.38	25.49	27.15
	40～60	17.16	1.45	35.86	2.12	37.98	24.66	26.12
	0～60	17.80	1.39	36.84	2.44	39.28	26.49	28.26
河口区对照	0～20	14.21	1.44	35.65	2.48	38.13	24.73	26.45
	20～40	14.50	1.51	34.79	2.30	37.09	23.04	24.56
	40～60	15.61	1.56	33.24	2.72	35.96	21.31	23.05
	0～60	14.77	1.50	34.56	2.50	37.06	23.03	24.69

寿光项目区平均土壤含水量为 9.42%，相对于非项目区增加了 32.3%；项目区平均土壤容重为 1.36 g/cm³，相对于非项目区降低了 4.9%，总孔隙度、毛管孔隙度和非毛管孔隙度平均值分别为39.48%、34.35%和5.13%，较非项目区分别增大了8.93%、3.62%和66.02%，改善了土壤孔隙状况，增加了土壤的通气性能。项目区土壤毛管最大持水量和饱和含水量平均分别为 25.26%和 29.03%，较非项目区分别增加了 8.51%和 14.07%，提高了的土壤持水能力。

沾化项目区平均土壤含水量、土壤容重分别为 18.54%、1.33 g/cm³，相对于非项目区对照区，土壤含水量增加了 6.26%，土壤容重降低了 10.47%。项目区总孔隙度、毛管孔隙度和非毛管孔隙度平均值分别为 41.75%、38.86%和 2.88%，较非项目区分别增大了10.12%、10.47%和 5.54%，改善了土壤孔隙状况，增加了土壤的通气性能。土壤毛管最大持水量和饱和含水量平均分别为 29.54%和 31.72%，较造林前分别增加了 24.13%和23.67%。

河口项目区平均土壤含水量、土壤容重分别为 15.35%、1.35 g/cm³，相对于非项目区，土壤含水量增加了 3.93%，土壤容重降低了 9.71%，总孔隙度、毛管孔隙度和非毛管孔隙度平均值分别为 40.36%、37.05%和 3.30%，较非项目区对照分别增大了 8.89%、7.21%和 32.13%，改善了土壤孔隙状况。土壤毛管最大持水量和饱和含水量平均分别为 27.43%和 29.88%，较非项目区对照分别增加了 19.11%和 21.02%。盐碱地项目区土壤物理性状的改善反映了人工造林后，植物的生长特别是根系的生长使得盐碱土的结构发生改变，总孔隙度、毛管孔隙度和非毛管孔隙度均有所变化，另外也反映了挖穴和抚育使得土壤结构有所变化，有助于降水淋洗土壤盐分。

由表 2-4-8 可知，滨海盐碱地土壤为碱性，造林后土壤的 pH 为 7.70～8.38，平均为8.05，较非项目区对照的 pH（8.41）降低了 4.28%。项目区有机质含量为 2.26～15.22 g/kg，平均为 5.46 g/kg，较非项目区提高了 59.04%。项目区土壤全氮、全磷、全钾的范围分别为1.09～1.72 g/kg、0.33～0.49 g/kg、10.10～12.24 g/kg，平均分别为 1.38 g/kg、0.40 g/kg、

11.29 g/kg，较非项目区分别提高了 43.37%、26.44%、9.09%。项目区土壤速效氮、速效磷、速效钾含量范围分别为 22.2～39.64 mg/kg、0.54～6.68 mg/kg、62.9～351 mg/kg，平均分别为 30.77 mg/kg、2.98 mg/kg 和 125.32 mg/kg，较非项目区分别提高了 31.85%、83.68% 和 27.47%。造林后土壤化学性质得到了明显改善，这可能是由于造林后产生了较多的枯枝落叶，经微生物分解后枯落物中的养分释放到土壤中，增加了土壤有机质及其他养分的含量。

表 2-4-8　滨海盐碱地监测点土壤化学性状监测数据（部分）

监测点	土层厚度/cm	有机质/(g/kg)	全氮/(g/kg)	全磷/(g/kg)	全钾/(g/kg)	速效氮/(mg/kg)	速效磷/(mg/kg)	速效钾/(mg/kg)	pH
寿光市机械化林场 1	0～20	5.25	1.66	0.45	12.24	24.25	0.68	287.00	8.32
	20～40	8.94	1.28	0.41	11.67	28.12	0.70	192.00	8.26
	40～60	8.12	1.47	0.37	11.40	25.85	0.55	179.00	8.28
	0～60	7.44	1.47	0.41	11.77	26.07	0.64	219.33	8.29
寿光市机械化林场 2	0～20	12.31	1.43	0.45	11.50	31.16	4.03	280.00	8.29
	20～40	9.23	1.25	0.41	11.10	27.05	1.19	148.00	8.31
	40～60	8.14	1.09	0.40	10.90	25.05	0.54	145.00	8.30
	0～60	9.89	1.26	0.42	11.17	27.75	1.92	191.00	8.30
寿光市机械化林场 3	0～20	8.98	1.28	0.42	10.50	32.28	5.57	245.00	8.18
	20～40	10.38	1.42	0.40	10.20	29.32	0.76	122.00	8.24
	40～60	8.33	1.18	0.39	10.10	27.93	0.98	117.00	8.25
	0～60	9.23	1.30	0.40	10.27	29.84	2.44	161.33	8.22
寿光市机械化林场 4	0～20	15.22	1.28	0.42	11.24	32.71	6.68	351.00	8.25
	20～40	11.14	1.15	0.43	11.40	30.52	0.86	224.00	8.32
	40～60	9.67	1.21	0.40	11.35	30.81	0.98	222.00	8.38
	0～60	12.01	1.21	0.42	11.33	31.35	2.84	265.67	8.32
寿光市机械化林场 5	0～20	4.23	1.47	0.35	11.80	32.52	1.57	148.00	8.14
	20～40	2.45	1.52	0.33	11.50	31.87	1.52	145.00	8.23
	40～60	2.26	1.28	0.35	11.20	31.22	1.46	163.00	8.30
	0～60	2.98	1.43	0.34	11.50	31.87	1.52	152.00	8.22
寿光市机械化林场对照	0～20	5.78	1.22	0.52	11.75	23.32	1.51	152.30	8.21
	20～40	5.55	1.24	0.40	11.20	22.82	0.83	157.35	8.52
	40～60	6.09	1.21	0.38	10.60	21.24	1.29	150.70	8.53
	0～60	5.81	1.22	0.43	11.18	22.46	1.21	153.45	8.42
沾化区 1	0～20	4.11	1.52	0.41	11.52	34.70	4.10	88.76	7.70
	20～40	3.82	1.45	0.40	10.72	32.50	3.90	89.20	7.90
	40～60	3.57	1.34	0.37	10.86	28.60	3.38	81.20	7.90
	0～60	3.83	1.44	0.39	11.03	31.93	3.79	86.39	7.83

监测点	土层厚度/cm	有机质/(g/kg)	全氮/(g/kg)	全磷/(g/kg)	全钾/(g/kg)	速效氮/(mg/kg)	速效磷/(mg/kg)	速效钾/(mg/kg)	pH
沾化区2	0～20	3.62	1.37	0.44	11.84	30.40	3.77	85.20	7.90
	20～40	3.16	1.31	0.40	11.54	28.20	3.24	71.50	8.00
	40～60	3.05	1.14	0.35	11.71	25.50	3.12	67.30	8.10
	0～60	3.28	1.27	0.40	11.70	28.03	3.38	74.67	8.00
沾化区3	0～20	4.06	1.65	0.43	11.62	35.30	4.24	89.50	7.90
	20～40	3.85	1.48	0.42	11.18	33.60	3.92	87.20	7.80
	40～60	3.58	1.44	0.40	10.86	29.10	3.46	81.80	8.00
	0～60	3.83	1.52	0.42	11.22	32.67	3.87	86.17	7.90
沾化区4	0～20	4.14	1.63	0.45	11.76	35.20	4.22	89.10	7.80
	20～40	3.87	1.50	0.42	11.15	33.10	3.95	90.30	7.90
	40～60	3.60	1.43	0.39	10.87	29.40	3.40	82.10	8.00
	0～60	3.87	1.52	0.42	11.26	32.57	3.86	87.17	7.90
沾化区对照	0～20	2.59	0.86	0.30	10.02	25.18	2.72	73.10	8.70
	20～40	2.55	0.85	0.26	10.87	22.65	2.42	72.50	8.50
	40～60	2.15	0.80	0.22	10.09	21.74	2.17	62.80	8.30
	0～60	2.43	0.84	0.26	10.33	23.19	2.44	69.47	8.50
河口区1	0～20	4.56	1.72	0.45	12.12	38.34	4.12	82.60	7.70
	20～40	4.24	1.58	0.38	11.67	34.82	4.02	80.10	7.80
	40～60	3.87	1.24	0.37	11.21	29.28	3.55	73.60	7.90
	0～60	4.22	1.51	0.40	11.67	34.15	3.90	78.77	7.80
河口区2	0～20	3.88	1.32	0.42	11.85	39.64	4.22	80.40	7.80
	20～40	3.69	1.42	0.38	11.53	35.20	3.95	77.20	7.90
	40～60	3.35	1.21	0.36	11.02	30.70	3.36	70.60	8.10
	0～60	3.64	1.32	0.39	11.47	35.18	3.84	76.07	7.93
河口区3	0～20	4.11	1.32	0.42	11.71	37.20	4.05	82.30	7.80
	20～40	3.84	1.41	0.45	11.46	33.80	3.82	78.50	7.80
	40～60	3.48	1.15	0.37	11.01	29.10	3.25	70.70	7.90
	0～60	3.81	1.29	0.41	11.39	33.37	3.71	77.17	7.83
河口区4	0～20	3.56	1.43	0.49	10.87	28.20	3.28	81.20	7.80
	20～40	2.91	1.32	0.42	10.54	25.40	3.02	76.30	8.10
	40～60	2.54	1.28	0.41	11.63	22.20	2.63	62.90	8.30
	0～60	3.00	1.34	0.44	11.01	25.27	2.98	73.47	8.07
河口区对照	0～20	2.06	0.80	0.27	9.81	26.70	1.45	79.20	8.40
	20～40	2.11	0.85	0.29	9.56	24.60	1.22	74.80	8.20
	40～60	2.04	0.80	0.24	9.25	21.80	0.97	62.10	8.30
	0～60	2.07	0.82	0.27	9.54	24.37	1.21	72.03	8.30

4.6.2　低山丘陵改良区土壤理化性状变化

低山丘陵改良区的土壤物理性状如表 2-4-9 所示。

表 2-4-9　低山丘陵监测区土壤物理性状监测数据

监测点编号	土层厚度/cm	土壤含水量/%	容重/（g/cm^3）	毛管孔隙度/%	非毛管孔隙度/%	总孔隙度/%	毛管最大持水量/%	土壤饱和含水量/%
临朐县 1 嵩山侧柏荆条黄栌混交林	0～20	9.65	1.24	34.54	6.96	41.50	27.85	33.47
	20～40	9.12	1.32	33.78	6.48	40.26	25.59	30.50
	0～40	9.39	1.28	34.16	6.72	40.88	26.72	31.98
临朐县 2 嵩山侧柏黄栌混交林	0～20	8.35	1.24	35.82	8.98	44.80	28.89	36.13
临朐县 6 嵩山桃树林地	0～20	10.16	1.24	33.89	10.12	44.01	27.33	35.49
	20～40	9.53	1.27	34.12	9.68	43.80	26.87	34.49
	0～40	9.85	1.26	34.01	9.90	43.91	27.10	34.99
临朐县 7 嵩山柿树纯林	0～20	16.75	1.27	34.65	8.30	42.95	27.28	33.82
	20～40	14.39	1.31	33.58	7.29	40.87	25.63	31.20
	0～40	15.57	1.29	34.12	7.80	41.91	26.46	32.51
临朐县 8 嵩山山楂纯林	0～20	14.76	1.40	33.82	6.64	40.46	24.16	28.90
非项目区对照	0～20	8.48	1.48	30.58	6.37	36.95	20.66	24.97
环翠区 1 徐家疃杏树纯林	0～20	3.04	1.35	31.85	10.90	42.75	23.59	31.67
	20～40	4.48	1.44	34.92	7.46	42.38	24.25	29.43
	40～60	4.52	1.48	33.83	7.01	40.84	22.86	27.59
	0～60	4.01	1.42	33.53	8.46	41.99	23.57	29.56
环翠区 9 威海仙姑顶黑松麻栎刺槐混交林	0～20	4.00	1.25	37.75	7.72	45.47	30.20	36.38
	20～40	3.85	1.42	30.78	8.46	39.24	21.68	27.63
	0～40	3.93	1.34	34.27	8.09	42.36	25.94	32.00
环翠区 10 威海仙姑顶黑松麻栎五角枫混交林	0～20	2.52	1.32	34.56	9.64	44.20	26.18	33.48
	20～40	2.53	1.39	31.07	9.52	40.59	22.35	29.20
	0～40	2.53	1.36	32.82	9.58	42.40	24.27	31.34
环翠区 12 威海仙姑顶黑松麻栎臭椿混交林	0～20	2.37	1.24	33.32	7.72	41.04	26.87	33.10
	20～40	3.22	1.27	33.60	6.67	40.27	26.46	31.71
	0～40	2.80	1.25	33.46	7.20	40.66	26.67	32.41
环翠区 13 威海陶家夼黑松麻栎黄栌刺槐混交林	0～20	2.27	1.33	32.95	8.12	41.07	24.77	30.88
	20～40	3.55	1.34	32.39	8.46	40.85	24.17	30.49
	0～40	2.91	1.34	32.67	8.29	40.96	24.47	30.68
非项目区对照	0～20	2.12	1.43	29.24	7.90	37.14	20.45	25.98
	20～40	2.61	1.49	27.77	8.01	35.77	18.64	24.01
	0～40	2.36	1.46	28.50	7.70	36.46	19.54	24.99

由表 2-4-9 可知，临朐项目监测区土壤含水量为 8.35%～16.75%，平均为 11.59%，较造林前提高了 36.71%。土壤总孔隙度为 40.26%～44.80%，平均为 42.30%，毛管孔隙度范围为 33.58%～35.82%，非毛管孔隙度范围为 6.48%～10.12%，毛管孔隙度和非毛管孔隙度平均为 34.23%、8.08%，较非项目区对照土壤总孔隙度、毛管孔隙度、非毛管孔隙度分别提高了 14.49%、11.92%和 26.83%。人工造林后，土壤容重也发生了显著变化，造林后土壤容重平均为 1.28 g/cm^3，较非项目区对照降低了 13.27%。土壤毛管最大持水量为 24.16%～28.89%，土壤饱和含水量为 28.90%～36.13%，平均分别为 26.72%、33.04%，较非项目区对照分别增大了 29.31%、32.33%，表明造林增加了土壤的蓄水性。

环翠项目监测区土壤含水量为 2.27%～4.52%，平均为 3.28%，较非项目区对照提高了 38.92%；土壤总孔隙度为 39.24%～45.47%，平均为 41.69%；毛管孔隙度范围为 30.78%～37.75%；非毛管孔隙度范围为 6.67%～10.90%，毛管孔隙度和非毛管孔隙度平均为 33.36%、8.33%，较非项目区对照的土壤总孔隙度、毛管孔隙度、非毛管孔隙度分别提高了 14.36%、17.04%和 5.86%。人工造林后，土壤容重也发生了显著变化，造林后土壤容重平均为 1.35 g/cm^3，结构良好，较非项目区对照下降了 7.79%。土壤毛管最大持水量为 21.68%～30.20%，土壤饱和含水量为 27.59%～36.38%，平均分别为 24.89%、31.10%，较造林前分别增大了 27.38%、24.42%，表明造林增加了土壤的蓄水性。造林后，植物的生长特别是植物根系的生长使得低山丘陵区土壤结构发生改变，土壤容重有所下降，孔隙度有所增大；另一方面也反映了挖穴和抚育使得土壤结构发生变化，土壤容重减少，土质更为疏松，蓄水持水的有效性更高。

由表 2-4-10 可知，临朐项目区监测点土壤 pH 为 7.84～8.27，平均为 8.13，土壤为弱碱性，较非项目区对照降低 2.68%；有机质含量为 25.71～33.39 g/kg，平均为 28.51 g/kg，较非项目区对照的有机质含量有明显的提高，前者较后者增加了 44.15%；土壤全氮、全磷、全钾的范围分别为 3.02～3.74 g/kg、0.44～0.68 g/kg、10.40～18.24 g/kg，平均值 3.38 g/kg、0.53 g/kg 和 13.89 g/kg，较非项目区对照分别增大 40.17%、71.36%和 39.20%。土壤速效氮、速效磷、速效钾范围分别为 25.75～32.35 mg/kg、0.87～6.90 mg/kg、155～236 mg/kg，平均值分别为 13.89 mg/kg、2.55 mg/kg 和 188.77 mg/kg，较非项目区对照分别增大了 39.21%、200.00%和 33.88%。

由表 2-4-10 可知，威海项目区监测点土壤 pH 在 6.19～6.88 之间，平均为 6.53，土壤呈酸性，非项目区对照土壤 pH 为 6.12，由此可以看出造林可以防止土壤酸化，提高酸性土壤 pH。项目区有机质含量为 8.87～37.22 g/kg，平均为 22.15 g/kg，较非项目区对照的有机质含量增加了 3.08 倍；土壤全氮、全磷、全钾的范围分别为 2.86～4.16 g/kg、0.23～0.43 g/kg、13.50～20.80 g/kg，平均值分别为 3.37 g/kg、0.32 g/kg 和 16.41 g/kg，较非项目区对照分别增加 653.93%、93.48%和 24.81%。土壤速效氮、速效磷、速效钾范围分别为 26.81～32.81 mg/kg、0.60～12.86 mg/kg、48～190 mg/kg，平均值分别为 29.73 mg/kg、

2.91 mg/kg 和 104.72 mg/kg，较非项目区对照分别增加了 453.94%、118.96%和 6.69%。

表 2-4-10 低山丘陵监测区土壤化学性状监测数据

监测点编号	土层厚度/cm	有机质/(g/kg)	全氮/(g/kg)	全磷/(g/kg)	全钾/(g/kg)	速效氮/(mg/kg)	速效磷/(mg/kg)	速效钾/(mg/kg)	pH
临朐县 1 嵩山侧柏荆条黄栌混交林	0～20	31.02	3.73	0.53	13.10	31.76	1.39	160	7.84
	20～40	31.88	3.68	0.46	12.50	30.27	1.46	155	8.06
	0～40	31.45	3.71	0.49	12.80	31.02	1.43	157.50	7.95
临朐县 2 嵩山侧柏黄栌混交林	0～20	26.82	3.23	0.63	18.24	30.28	6.90	186	8.12
临朐县 6 嵩山桃树林地	0～20	27.22	3.73	0.58	11.60	32.35	3.47	197	8.23
	20～40	26.89	2.32	0.45	10.40	27.43	1.81	172	8.27
	0～40	27.06	3.02	0.51	11.00	29.89	2.64	184.45	8.25
临朐县 7 嵩山柿树纯林	0～20	33.39	3.24	0.68	14.43	31.02	0.90	187	8.15
	20～40	29.66	3.14	0.50	13.22	25.75	0.87	172	8.20
	0～40	31.53	3.19	0.59	13.83	28.39	0.88	179.50	8.18
临朐县 8 嵩山山楂纯林	0～20	25.71	3.74	0.44	13.6	27.15	0.90	236	8.14
非项目区对照	0～20	19.78	2.41	0.31	9.98	21.2	0.85	141	8.35
环翠区 1 徐家疃杏树纯林	0～20	14.46	4.16	0.43	13.70	27.65	8.83	91	6.72
	20～40	10.97	3.36	0.35	13.90	30.92	8.65	65	6.48
	40～60	8.87	3.04	0.34	13.50	29.85	12.86	48	6.88
	0～60	11.43	3.52	0.37	13.70	29.47	10.11	68	6.69
环翠区 9 威海仙姑顶黑松麻栎刺槐混交林	0～20	10.45	3.70	0.29	15.63	30.05	0.72	81	6.74
	20～40	10.03	3.30	0.23	13.86	26.81	0.89	52	6.72
	0～40	10.24	3.50	0.26	14.75	28.43	0.80	66.8	6.73
环翠区 10 威海仙姑顶黑松麻栎五角枫混交林	0～20	28.82	3.49	0.33	20.80	31.12	1.26	173	6.74
	20～40	23.74	3.14	0.30	20.10	27.68	0.84	111	6.48
	0～40	26.28	3.32	0.32	20.45	29.40	1.05	142.1	6.61
环翠区 12 威海仙姑顶黑松麻栎臭椿混交林	0～20	29.43	3.16	0.34	18.30	28.04	1.81	190	6.28
	20～40	21.85	2.86	0.36	16.74	32.81	0.60	92	6.19
	0～40	25.64	3.01	0.35	17.52	30.43	1.20	141.30	6.24
环翠区 13 威海陶家夼黑松麻栎黄栌刺槐混交林	0～20	37.22	2.86	0.31	15.60	30.82	1.44	151	6.47
	20～40	37.14	4.15	0.30	15.70	31.02	1.30	60	6.26
	0～40	37.18	3.51	0.31	15.65	30.92	1.37	105.40	6.37
非项目区对照	0～20	8.70	0.52	0.15	12.95	25.40	0.56	53.25	6.09
	20～40	5.67	0.37	0.18	13.35	18.64	0.49	42.40	6.15
	0～40	7.19	0.45	0.17	13.15	22.02	0.53	47.83	6.12

通过监测表明，低山丘陵区造林后土壤化学性质得到了明显改善，这可能是由于造林后产生了较多的枯枝落叶，经微生物分解后枯落物中的养分释放到土壤中增加了有机质及其他养分的含量。而且经济型防护林的农户可能均有施肥，造成了部分监测点磷肥含量较高。

4.7 滨海盐碱地土壤电导率变化

对滨海盐碱地造林地的监测表明，造林后土壤的 pH 为 7.70～8.38，平均为 8.04，较非项目区对照的 pH（8.41）降低 4.28%；非项目区为 0～20 cm、20～40 cm、40～60 cm 土层的 pH 平均分别为 8.1、8.3 和 8.4，而项目区土壤 pH 为 7.96、8.03 和 8.17。由此可知土壤 pH 随土层深度的增加而增加，但经过造林后均可在一定范围内降低 pH。

寿光市监测区滨海盐碱地土壤电导率的变化较大（图 2-4-4），最小值为 151 μS/cm，最大值为 316 μS/cm，平均为 224.2 μS/cm，而非项目区对照土壤 0～60 cm 土壤的电导率平均值为 1 290.3 μS/cm，造林后土壤的电导率平均降低了 82.63%。

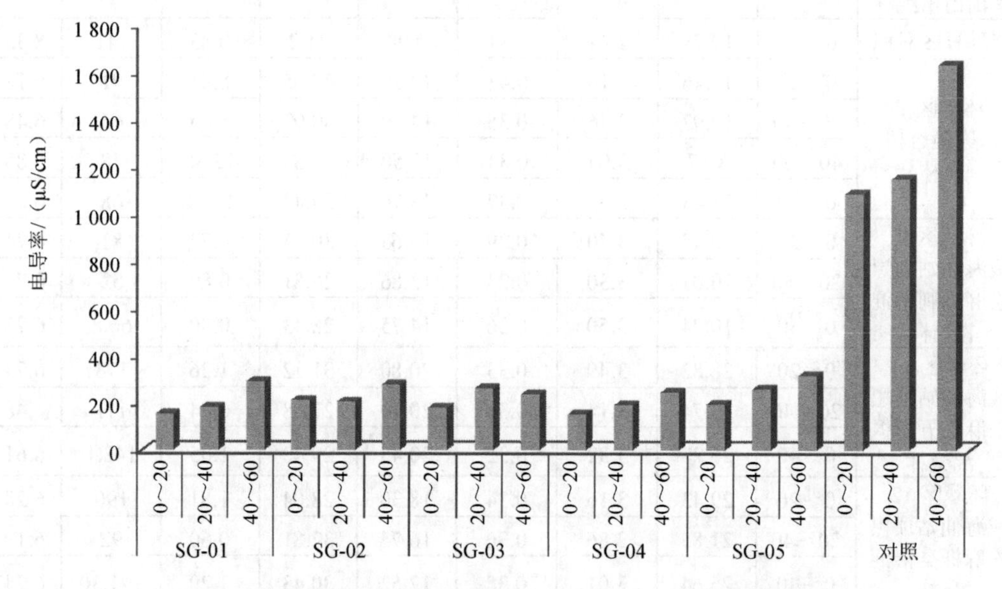

图 2-4-4 寿光市监测区不同造林模型 0～60 cm 土层土壤电导率变化

沾化区监测区滨海盐碱地壤电导率最小值为 142.8 μS/cm，最大值为 172.7 μS/cm，平均为 161.6 μS/cm，而非项目区对照土壤 0～60 cm 土壤的电导率平均值为 1 693.1 μS/cm，造林后土壤的电导率平均降低了 90.46%（图 2-4-5）。

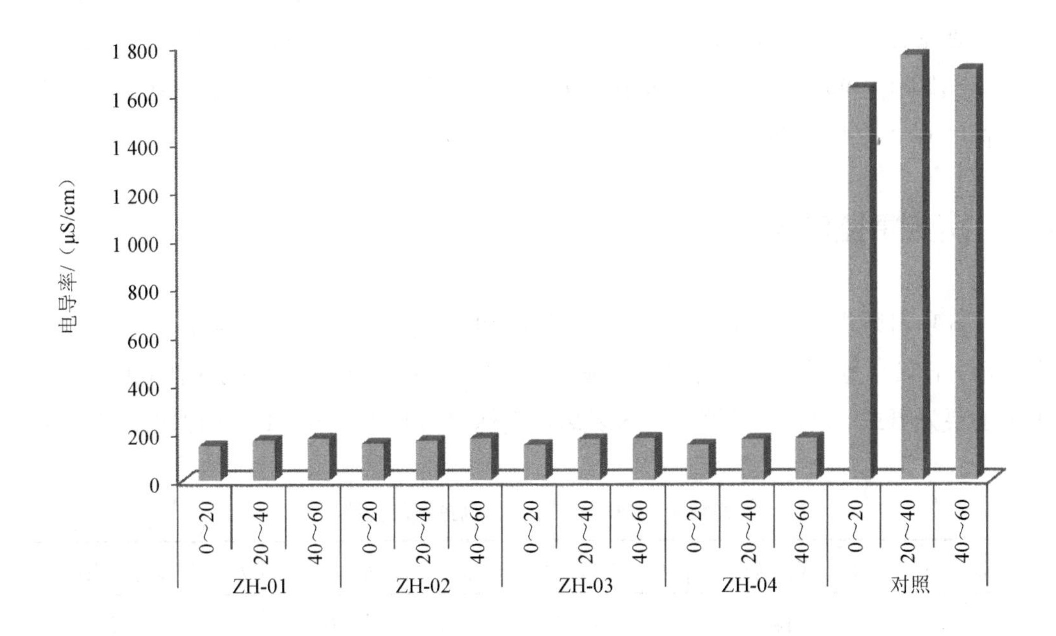

图 2-4-5　沾化区监测区不同造林模型 0～60 cm 土层土壤电导率变化

东营市河口区监测区滨海盐碱地壤电导率最小值为 118.6 μS/cm，最大值为 645 μS/cm，平均为 258.1 μS/cm，而非项目区对照土壤 0～60 cm 土壤的电导率平均值为 1 644.43 μS/cm，造林后土壤的电导率平均降低了 84.30%（图 2-4-6）。

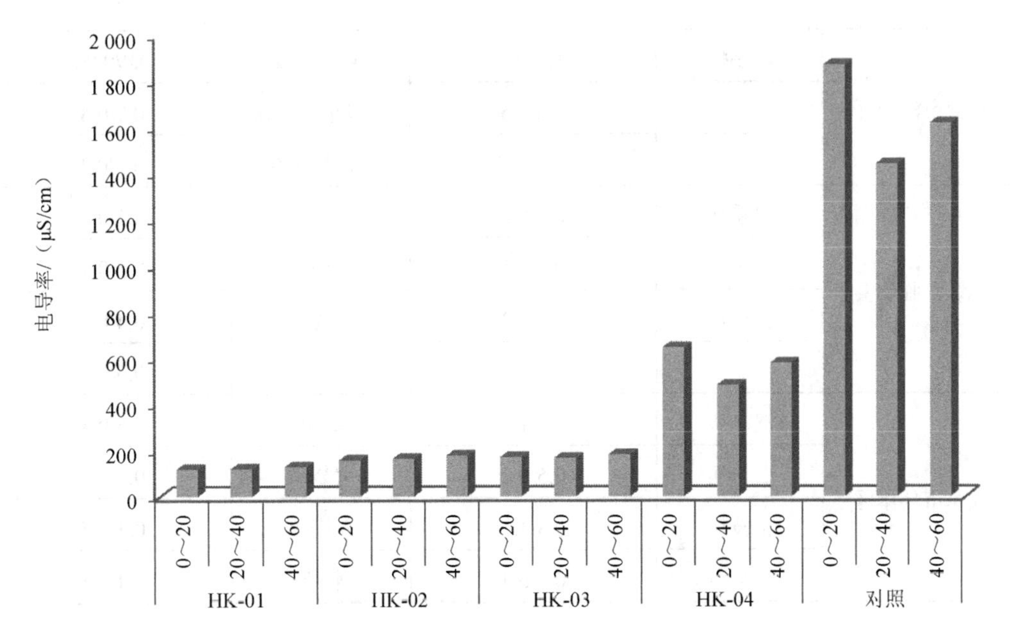

图 2-4-6　河口区监测区不同造林模型 0～60 cm 土层土壤电导率变化

各项目区造林后，可有效地降低土壤 pH 和土壤电导率，改良盐碱土。整体上，滨海盐碱地各造林小班的 pH 最低为 7.5，最高为 9.0，平均为 8.2±0.5，各小班的电导率最小值为 118.6 μS/cm，最大值为 862 μS/cm，平均为 512±178.4 μS/cm。较非项目区土壤平均 pH 8.6 下降了 4.7%，较造林前平均电导率（1 992 μS/cm）下降了 74.3%。

4.8 病虫害监测与评估

对各项目区进行了主要造林树种有害生物的调查，结果见表 2-4-11，项目区病虫害较轻。丘陵山地项目区主要病害有溃疡病、枯枝病、白粉病，发病率在 0.6%以下；虫害主要为蚜虫、刺蛾、球坚蚧、大袋蛾，虫株率为 0.3%～0.6%，其他病虫害较少。

表 2-4-11 2019 年项目区病虫害危害情况

调查县	病害种类	发生率%/每棵病斑数	虫害	发生率%/每棵虫口数
潍坊市寿光机械化林场	白粉病	0.5/0.5	美国白蛾	0.4/0.05
	溃疡病	0.5/0.6	小线角木蠹蛾	0.7/0.8
			槐尺蠖	0.5/0.6
滨州市沾化区	溃疡病	0.7/0.6	球坚蚧	0.5/0.3
			小线角木蠹蛾	0.6/0.6
			光肩星天牛	0.4/0.5
东营市河口区	溃疡病	1.1/0.7	美国白蛾	0.4/0.06
	白粉病	0.8/0.5	小线角木蠹蛾	0.7/0.8
			光肩星天牛	0.5/0.2
潍坊市临朐县	白粉病	0.4/0.2	蚜虫	0.5/0.2
	溃疡病	0.5/1.5	球坚蚧	0.5/0.1
	枯枝病	0.3/1.3	介壳虫	0.4/0.5
			刺蛾	0.5/0.3
威海市环翠区	溃疡病	0.3/1.4	蚜虫	0.6/0.4
	白粉病	0.5/0.3	大袋蛾	0.5/0.2
	枯枝病	0.3/1.1	介壳虫	0.3/0.5
	核桃黑斑病	0.4/0.4	刺蛾	0.4/0.5

在滨海盐碱地项目区，项目区主要病害为溃疡病，发病率在 0.5%～1.1%；虫害主要有小线角木蠹蛾、球坚蚧、美国白蛾、槐尺蠖、光肩星天牛等，虫株率在 0.4%～0.7%，其他虫害较少。

监测表明，项目区首先加大了植物检疫，预防病虫害进入项目区；其次在树种选择上，选择抗病虫害强的树种进行造林，并在后期加强幼林抚育管理，特别是病枝、虫枝的伐除，避免了病虫害的进一步传播。当发生病虫害时，采用周氏啮小蜂、花绒寄甲放养的生物防治进行防治美国白蛾和光肩星天牛；对于危害较重相对密集分布的项目区，采用项目《病虫害防治管理计划》上推荐的药物进行防治及带黏性的塑料纸等物理方法进行防治；对于经济型防护林，大多采用了悬挂引诱剂、太阳能杀虫灯、黏虫板、诱捕器等方法进行灭杀。以上综合防治方法取得了良好的效果，使得项目区的病虫害少、危害小。

4.9 山地丘陵项目区水源涵养与土壤侵蚀监测与评估

由表 2-4-12 可知，对临朐与环翠两个项目区的监测结果表明，监测期间临朐县嵩山项目区 2019 年各观测径流小区径流量较 2015 年同部位径流量减少 38.42%～42.82%，土壤侵蚀量减少 48.53%～53.70%；环翠区项目区 2019 年各径流小区径流量较 2015 年同部位径流量减少 38.73%～41.64%，土壤侵蚀量减少 46.13%～53.50%。

表 2-4-12　项目区径流小区径流与土壤侵蚀监测

项目区	部位	项目区径流量/（m^3/hm^2）			项目区土壤侵蚀量/（t/hm^2）		
		2019 年	2015 年	较 2015 年变化量/%	2019 年	2015 年	较 2015 年变化量/%
临朐县嵩山项目区	上部	1 926.6	3 128.4	−38.42	14.86	28.87	−48.53
	中部	1 658.4	2 776.8	−40.28	10.28	20.29	−49.33
	下部	1 388.5	2 428.3	−42.82	7.25	15.66	−53.70
环翠区陶家夼项目区	上部	1 608.6	2 625.6	−38.73	16.28	30.22	−46.13
	中部	1 338.4	2 268.4	−41.00	14.32	27.69	−48.28
	下部	1 101.7	1 887.8	−41.64	11.28	24.26	−53.50

4.10 滨海盐碱地项目区防护效果监测与评估

据沾化区与河口区气象站资料，沾化区的年均风速为 2.6 m/s，春夏秋季均以南风出现频率为最高，冬季则以西风出现频率为最高。河口区的年均风速为 3.2 m/s，全年主导风向西南风。寿光市的年均风速为 3.5 m/s，4 月最大，平均 4.5 m/s，最大风速达 22.3 m/s；冬春季盛行西北偏北风，夏秋季盛行东南风。2019 年 4 月的风速监测结果见图 2-4-7～图 2-4-9。由图可知，三个项目区风速变化趋势一致，呈早上风速低，13：00 达到最大的变化趋势，而后逐渐下降，至傍晚降低至 1 m/s 左右。

从三个项目区风速的变化特征来看，与林外旷野风速相比，沾化项目区林内 2 m 处的风速较林外同高度处平均降低 75.25%，林外 5 倍树高（5H）、10 倍树高（10H）处风速较对照平均降低了 60.36%和 41.24%。河口项目区的情况类似，林内 2 m 高处风速较林外旷野同一高度处风速下降了 75.56%，林外 5H、10H 处风速较对照平均降低了 59.32%和 41.32%。寿光项目区林内 2 m 高处风速较林外旷野同一高度处风速下降了 76.50%，林外 5H、10H 处风速较对照平均降低了 60.56%和 41.20%。各项目区树木生长良好，林带郁闭度增大，因而能够较大程度地削弱风速，使风速明显下降；而林外随着距林带距离的延伸，风速逐渐恢复，到 10H 时，风速基本恢复到旷野风速的 58%左右。

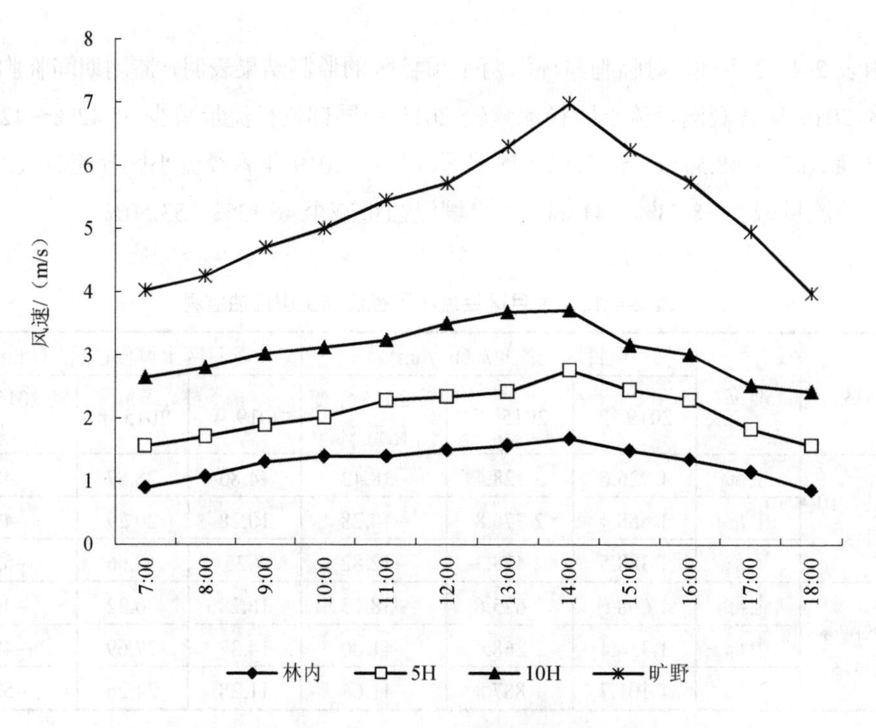

图 2-4-7 2019 年 4 月沾化项目区风速监测

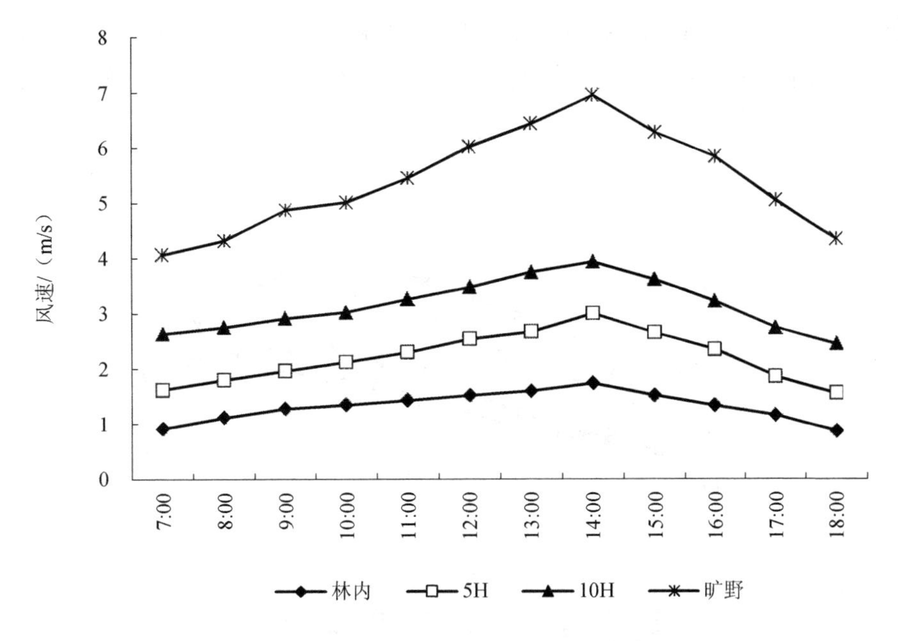

图 2-4-8　2019 年 4 月河口项目区风速监测

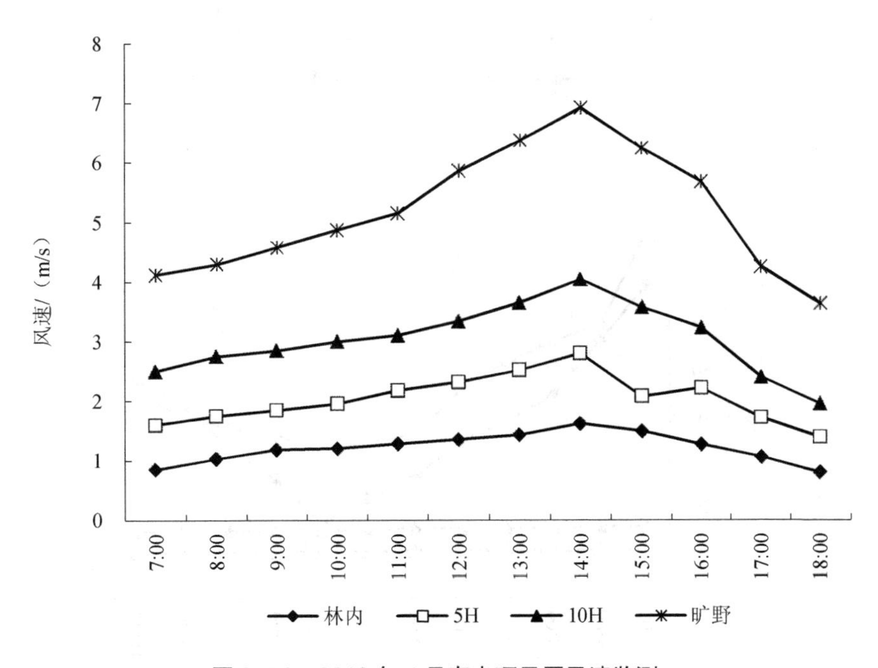

图 2-4-9　2019 年 4 月寿光项目区风速监测

图 2-4-10～图 2-4-12 为各项目区气温、大气相对湿度、10 cm 土层的温湿度变化情况。由图可知，2019 年 4 月，沾化项目区林内气温较裸地气温平均低 2.8℃，大气相对湿度平均高 8.2%；10 cm 处土壤温度林内较林外裸地低 1.3℃，土壤湿度低 4.9%。河口项目区林内气温较裸地气温平均低 3.3℃，大气相对湿度平均高 9.1%；10 cm 处土壤温度林内较林

外裸地低 1.1℃，土壤湿度低 4.2%。寿光项目区林内气温较裸地气温平均低 3.4℃，大气相对湿度平均高 12.5%；10 cm 处土壤温度林内较林外裸地低 1.6℃，土壤湿度低 3.7%。

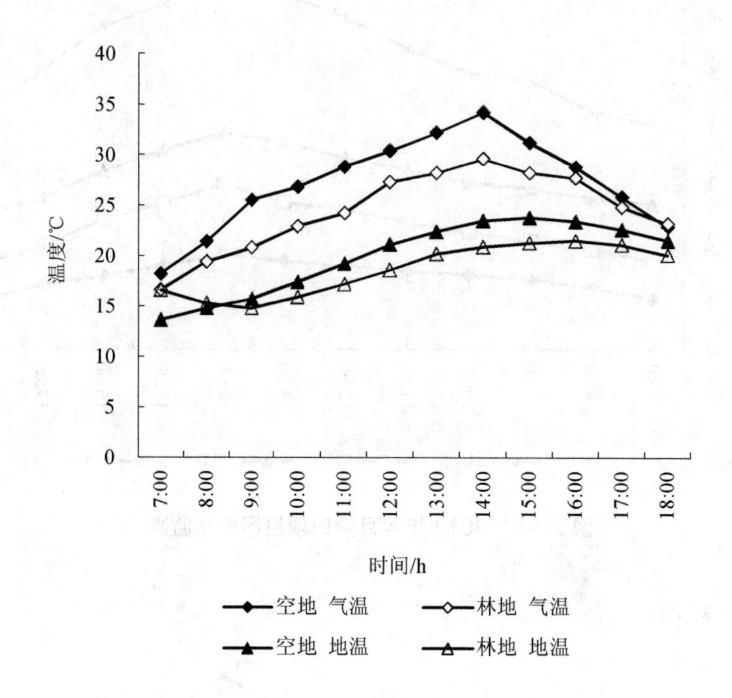

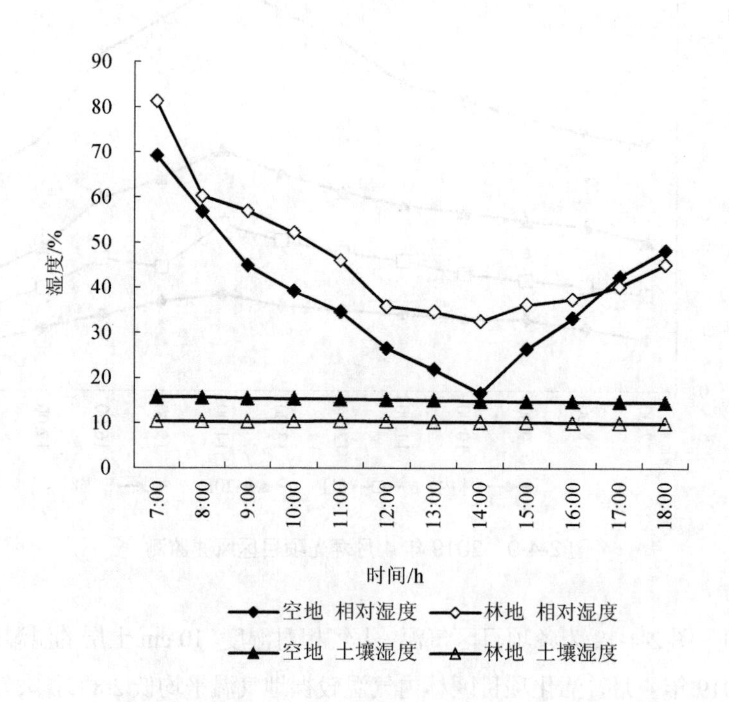

图 2-4-10　2019 年 4 月沾化项目区气温、大气相对湿度、土壤温湿度监测

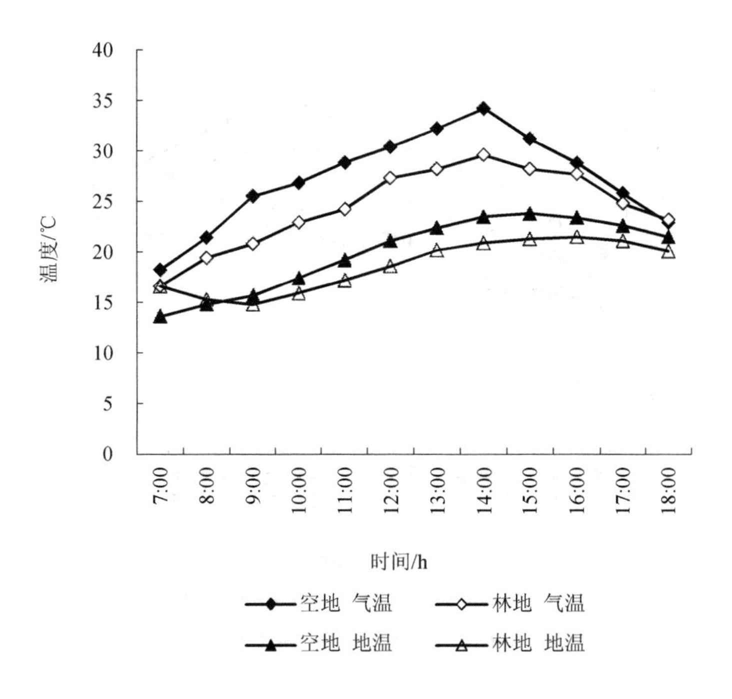

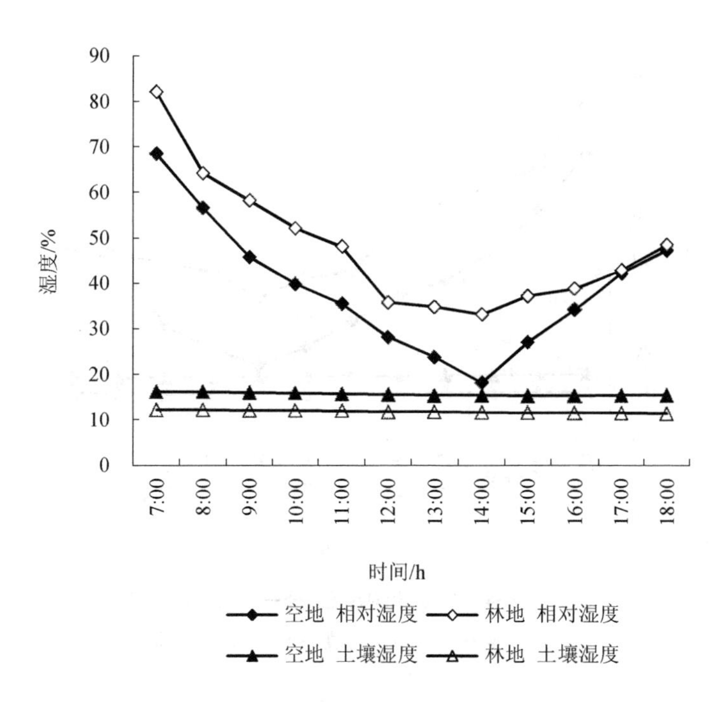

图 2-4-11　2019 年 4 月河口项目区气温、大气相对湿度、土壤温湿度监测

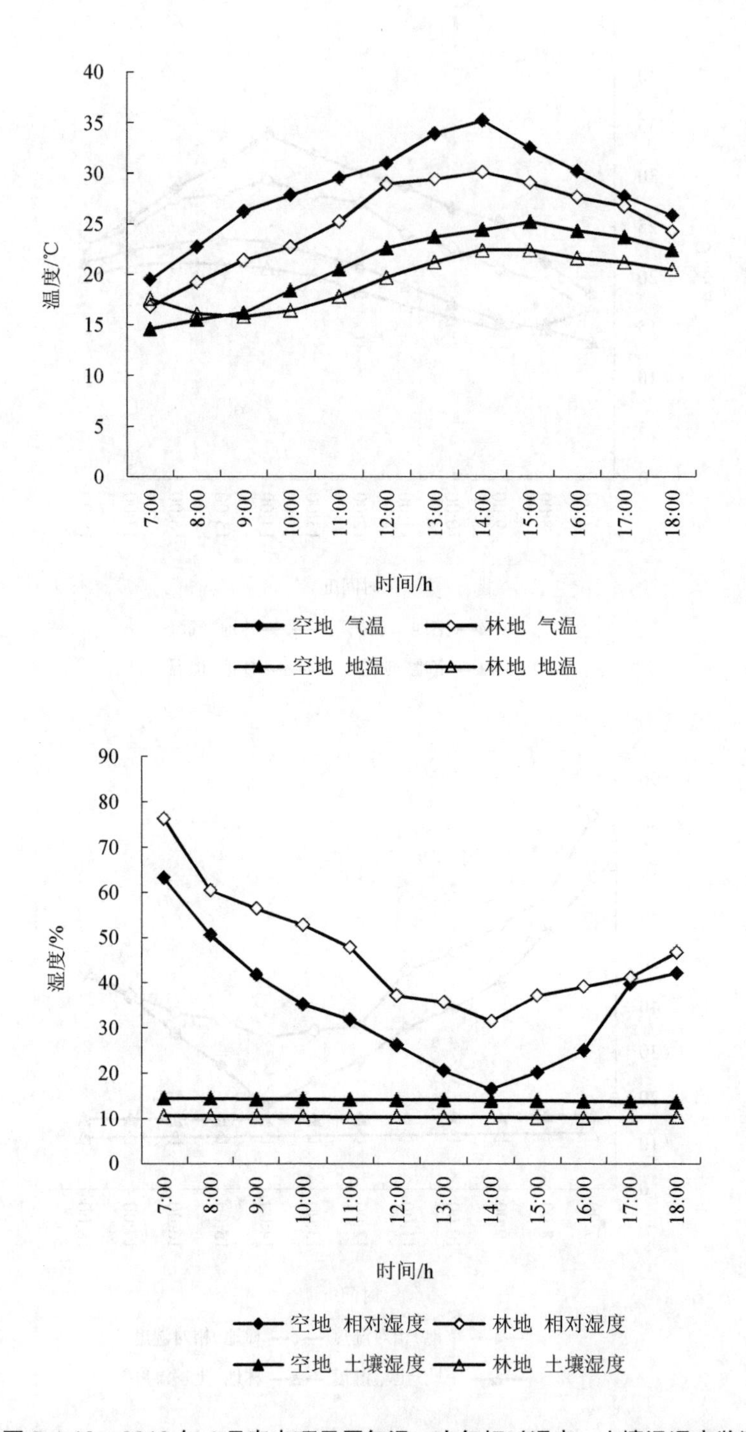

图 2-4-12 2019 年 4 月寿光项目区气温、大气相对湿度、土壤温湿度监测

4.11　不同造林模型生态效益价值

根据《中国森林生态系统服务功能评估规范》，结合项目特点与生态效益指标选取的可操作性、科学性和可接受性，构建欧洲投资银行沿海防护林建设项目不同造林模型生态效益计量指标体系如图 2-4-13 所示。

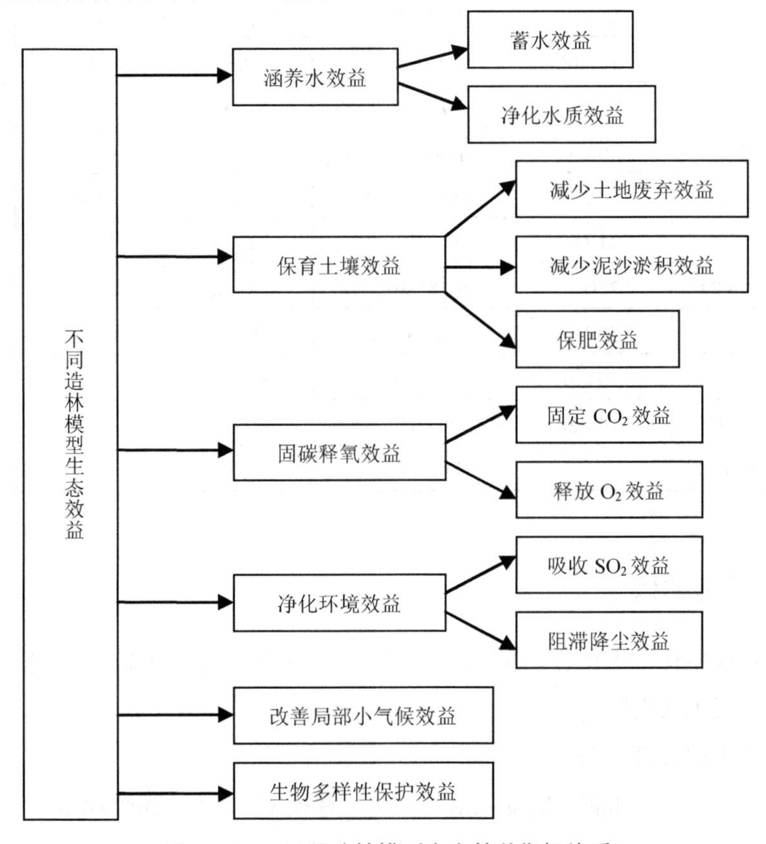

图 2-4-13　不同造林模型生态效益指标体系

4.11.1　涵养水源效益

对 5 年生项目林采用环刀浸水法测定不同造林模型与对照的土壤饱和贮水量，计算不同造林模型较对照增加的蓄水量，蓄水量的价值核算采用市场供水价格确定，水的价格为 1.7 元/m^3。于志民（1999）的研究表明，森林对拦截的降水有良好的过滤作用，一般均能达到饮用水标准。本项目不同造林模型林分生长良好，也没有大的工业污染源，模型内水质均达到良好水平，因此不同造林模型净化水质量可用增加的蓄水量来表示，即净化水质量=增加的蓄水量，山东省污水处理平均费为 0.8 元/t。不同造林模型每年涵养水源与净化水质的数量为 3 796.94 万 m^3，价值为 9 492.35 万元（表 2-4-13）。

表 2-4-13 不同造林模型涵养水源效益

造林模型	面积/hm^2	土壤增加的蓄水量/（m^3/hm^2）	年增加蓄水量/m^3	蓄水价值/万元	净化水质价值/万元	水分效益/万元
E1	890.24	168.53	750 160.74	127.53	60.01	187.54
E2	642.57	294.26	945 413.24	160.72	75.63	236.35
E3	339.12	219.95	372 947.22	63.40	29.84	93.24
E4	7 551.17	253.88	9 585 455.20	1 629.53	766.84	2 396.36
E5	9 324.99	172.06	8 022 288.90	1 363.79	641.78	2 005.57
T1	3 360.53	226.13	3 799 583.24	645.93	303.97	949.90
T2-1	3 013.54	305.31	4 600 319.49	782.05	368.03	1 150.08
T2-2	600.65	274.70	824 992.78	140.25	66.00	206.25
C1-1	527.13	319.91	843 170.79	143.34	67.45	210.79
C1-2	4 125.84	280.30	5 782 364.76	983.00	462.59	1 445.59
C2-1	115.82	529.46	306 610.29	52.12	24.53	76.65
C2-2	1 255.13	301.70	1 893 363.61	321.87	151.47	473.34
R	244.97	198.20	242 765.27	41.27	19.42	60.69
小计	31 991.70		37 969 435.51	6 454.80	3 037.55	9 492.35

4.11.2 保育土壤效益

不同造林模型保育土壤作用是通过营造的人工林生态系统来减少土壤侵蚀、泥沙淤积和土壤肥力流失实现的。

（1）减少土地废弃效益

各模型保土量为造林前土壤侵蚀量与不同造林模型土壤侵蚀量的差值，依据各区的土壤平均厚度作为不同模型土层厚度，估算不同模型减少土地资源损失量并折算成保土面积，采用土地机会成本法计算出不同造林模型减少土地废弃的效益价值，不同造林模型的土地机会成本，取 9 000 元/hm^2。不同造林模型减少土地废弃效益为 84.68 万元。

（2）减少泥沙淤积效益

按照我国主要江河泥沙运动规律，一般因土壤侵蚀流失的泥沙有 24%淤积于水库、江河、湖泊，造成水库、江河、湖泊蓄水量下降。不同造林模型中林分能就地拦蓄泥沙和工程拦蓄泥沙，减少水库、塘坝、沟道、河流、湖泊的泥沙淤积，相当于减少清淤费用，按挖取 1.5 元/t 泥沙的费用计算得出不同造林模型每年减少泥沙淤积的效益为 13.76 万元（表 2-4-14）。

（3）保肥效益

不同造林模型减少土壤养分流失的价值核算可以采用同等肥力的化肥市场价值来

估算。有机质按草炭（折算比例 62.5%）的市场价格 320 元计算，氮（N）、磷（P）的折算比例按磷酸二铵折算为 14%和 15.01%，氯化钾的折算比例为 50%，按 2019 年市场价格，磷酸二铵、氯化钾市场价格分别为 2 400 元/t、1 900 元/t，则不同造林模型每年减少土壤流失 38.23 万 t，每年减少土壤养分流失的价值为 4 190.57 万元（表 2-4-15）。

表 2-4-14 不同造林模型减少土地废弃效益及减淤价值

模型	面积/hm²	单位面积减蚀量/（t/hm²）	林地减蚀量/t	土壤容重/（t/m³）	减少土地废弃面积/hm²	减少土地废弃价值/万元	减淤价值/万元
E1	890.24	14.01	12 472.26	1.40	2.97	2.67	0.45
E2	642.57	12.84	8 250.60	1.29	2.13	1.92	0.30
E3	339.12	13.94	4 727.33	1.34	1.18	1.06	0.17
E4	7 551.17	13.65	103 073.47	1.36	25.26	22.74	3.71
E5	9 324.99	9.74	90 825.40	1.41	21.47	19.32	3.27
T1	3 360.53	14.28	47 988.37	1.37	11.68	10.51	1.73
T2-1	3 013.54	9.12	27 483.48	1.36	6.74	6.06	0.99
T2-2	600.65	10.01	6 012.51	1.34	1.50	1.35	0.22
C1-1	527.13	10.66	5 619.21	1.34	1.40	1.26	0.20
C1-2	4 125.84	13.37	55 162.48	1.27	14.48	13.03	1.99
C2-1	115.82	10.28	1 190.63	1.26	0.31	0.28	0.04
C2-2	1 255.13	12.98	16 291.59	1.29	4.21	3.79	0.59
R	244.97	13.13	3 216.46	1.39	0.77	0.69	0.12
小计	31 991.70		382 313.79		94.1	84.68	13.76

表 2-4-15 不同造林模型土壤保肥效益

模型	面积/hm²	单位减蚀量/（t/hm²）	有机质含量/%	全氮含量/%	全磷含量/%	全钾含量/%	有机质价值/万元	全氮价值/万元	全磷价值/万元	全钾价值/万元	合计/万元
E1	890.24	14.01	3.53	0.27	0.05	1.53	22.52	58.34	10.42	72.49	163.77
E2	642.57	12.84	3.19	0.30	0.05	1.58	13.46	42.79	6.69	49.63	112.57
E3	339.12	13.94	3.64	0.32	0.03	1.64	8.80	26.00	2.35	29.42	66.58
E4	7 551.17	13.65	3.35	0.34	0.03	1.85	176.69	596.78	50.03	723.43	1 546.93
E5	9 324.99	9.74	0.50	0.14	0.04	1.12	23.39	212.35	62.39	387.37	685.50
T1	3 360.53	14.28	0.77	0.13	0.04	1.11	19.02	104.49	31.83	202.23	357.57
T2-1	3 013.54	9.12	0.36	0.14	0.04	1.13	5.13	63.66	18.10	118.20	205.09
T2-2	600.65	10.01	1.19	0.30	0.02	1.64	3.66	30.94	1.99	37.42	74.03
C1-1	527.13	10.66	0.86	0.14	0.05	1.15	2.46	13.09	4.57	24.55	44.67
C1-2	4 125.84	13.37	2.93	0.31	0.06	1.24	82.73	293.73	48.71	260.19	685.35
C2-1	115.82	10.28	0.37	0.14	0.04	1.12	0.23	2.81	0.74	5.06	8.83
C2-2	1 255.13	12.98	3.15	0.32	0.06	1.38	26.30	89.10	15.38	85.59	216.36
R	244.97	13.13	0.30	0.13	0.04	1.12	0.50	7.02	2.16	13.65	23.33
小计	31 991.7	158.01						1 541.10	255.35	2 009.24	4 190.57

综上所述，不同造林模型每年保育土壤效益=减少土地废弃效益+减少泥沙淤泥滞留效益+保肥效益=84.68+13.76+4 190.57=4 289.01 万元。

4.11.3 固碳制氧效益计量

根据植物光合作用化学方程式可知，植物每生产 1 g 干物质需 1.63 gCO_2，同时释放 1.19 gO_2，使用市场替代法分别计算固定 CO_2 和释放 O_2 的效益。本书采用欧洲碳交易价格 150 美元/t（汇率 1∶7，即 1 050 元/t）计算不同模型固碳价值，用市场平均制氧价格 400 元/t 计算不同模型释氧价值。不同造林模型蓄积量采用单株蓄积量与密度的高乘积计算，且平均每立方米蓄积量按照 0.5 t 干物质计算出不同造林模型干物质量（王晶海等，2011）。同时采用年蓄积量增加量估算了项目期项目区的总蓄积量，则在项目区不同造林模型总计固碳 127.64 万 t，释放氧气 341.72 万 t，项目期不同造林模型的固碳释氧量为 27.07 亿元（表 2-4-16）。

表 2-4-16 不同造林模型固碳释氧效益

造林模型	面积/hm^2	5 年蓄积量/(m^3/hm^2)	蓄积量年增长量/[$m^3/(hm^2·a)$]	项目期干物质/t	项目期固定 CO_2/t	项目期释放 O_2/t	项目期固碳价值/万元	项目期释氧价值/万元	固碳释氧价值/万元
E1	890.24	5.18	10.01	91 433.13	40 642.12	108 805.42	4 267.42	4 352.22	8 619.64
E2	642.57	7.28	12.29	81 303.07	36 139.29	96 750.65	3 794.63	3 870.03	7 664.65
E3	339.12	8.77	10.32	36 480.46	16 215.60	43 411.75	1 702.64	1 736.47	3 439.11
E4	7 551.17	8.85	6.29	508 100.12	225 851.01	604 639.14	23 714.36	24 185.57	47 899.92
E5	9 324.99	18.86	8.33	864 319.01	384 190.67	1 028 539.63	40 340.02	41 141.59	81 481.61
T1	3 360.53	40.22	10.84	431 987.97	192 019.08	514 065.68	20 162.00	20 562.63	40 724.63
T2-1	3 013.54	22.57	15.15	490 574.15	218 060.70	583 783.23	22 896.37	23 351.33	46 247.70
T2-2	600.65	7.75	6.05	38 678.32	17 192.55	46 027.20	1 805.22	1 841.09	3 646.31
C1-1	527.13	2.69	4.90	26 545.40	11 799.46	31 589.02	1 238.94	1 263.56	2 502.50
C1-2	4 125.84	2.93	5.89	249 251.30	110 792.45	296 609.04	11 633.21	11 864.36	23 497.57
C2-1	115.82	1.21	0.90	1 112.66	494.58	1 324.06	51.93	52.96	104.89
C2-2	1 255.13	4.04	0.79	12 482.50	5 548.48	14 854.17	582.59	594.17	1 176.76
R	244.97	10.11	15.54	39 295.08	17 466.70	46 761.15	1 834.00	1 870.45	3 704.45
小计	31 991.7			2 871 563.16	1 276 412.70	3 417 160.16	134 023.33	136 686.41	270 709.74

4.11.4 净化环境效益

（1）吸收 SO_2 效益

根据国家环境保护局主持的《中国生物多样性国情研究报告》可知，阔叶林对 SO_2 的吸收能力为 88.65 kg/hm^2，针叶林为 215.6 kg/hm^2（柏类 411.6 kg/hm^2，杉类 117.6 kg/hm^2，松类 117.6 kg/hm^2），针阔混交林取针叶林和阔叶林的均值 152.13 kg/hm^2，乔灌混交林取阔叶林和灌丛的均值 48.78 kg/hm^2，削减 SO_2 成本价为 600 元/t。综上所述，不同造林模型每年吸收 SO_2 为 363.53 t，效益为 219.21 万元（表 2-4-17）。

（2）阻滞降尘效益

据《中国生物多样性国情研究报告》可知，针叶林的滞尘能力为 33.2 t/hm^2，阔叶林为 10.11 t/hm^2，针阔混交林取针叶林和阔叶林的均值 21.66 t/hm^2，乔灌混交林取阔叶林和灌丛的均值 5.81 t/hm^2，削减粉尘成本为 170 元/t。因此，不同造林模型阻滞降尘量为 44.64 万 t，效益为 7 589.82 万元（表 2-4-17）。

综上所述，不同造林模型年净化环境效益为 7 809.03 万元。

表 2-4-17　不同造林模型净化环境、改善小气候和保护生物多样性价值

造林模型	面积/hm^2	SO_2 吸收能力/（kg/hm^2）	吸收 SO_2 量/t	吸收 SO_2 价值/万元	阻滞降尘能力/（t/hm^2）	阻降滞尘量/t	阻滞降尘价值/万元	改善小气候效益/万元	生物多样性保护价值/万元
E1	890.24	411.6	366.42	21.99	33.2	29 555.97	502.45	212.69	180.31
E2	642.57	152.13	97.75	5.87	21.66	13 918.07	236.61	153.52	130.15
E3	339.12	117.6	39.88	2.39	33.2	11 258.78	191.40	81.02	68.69
E4	7 551.17	152.13	1 148.76	68.93	21.66	163 558.34	2 780.49	1 804.05	1 529.44
E5	9 324.99	88.65	826.66	49.60	10.11	94 275.65	1 602.69	2 227.83	1 888.72
T1	3 360.53	88.65	297.91	17.87	10.11	33 974.96	577.57	802.86	680.66
T2-1	3 013.54	88.65	267.15	16.03	10.11	30 466.89	517.94	719.96	610.37
T2-2	600.65	88.65	53.25	3.19	10.11	6 072.57	103.23	143.50	121.66
C1-1	527.13	88.65	46.73	2.80	10.11	5 329.28	90.60	125.94	106.77
C1-2	4 125.84	88.65	365.76	21.95	10.11	41 712.24	709.11	985.70	835.66
C2-1	115.82	88.65	10.27	0.62	10.11	1 170.94	19.91	27.67	23.46
C2-2	1 255.13	88.65	111.27	6.68	10.11	12 689.36	215.72	299.86	254.22
S1	244.97	88.65	21.72	1.30	10.11	2 476.65	42.10	58.53	49.62
小计	31 991.7		3 653.53	219.21		446 459.7	7 589.82	7 643.14	6 479.73

4.11.5 改善局部小气候效益

据研究，中国陆地生态系统中森林对气候的调节值为 2 389.1 元/hm^2（张永利，2010），则不同造林模型每年改善局部小气候效益为 7 643.14 万元（表 2-4-17）。

4.11.6 生物多样性保护效益

根据谢高地（2008）的研究成果，中国生态系统中森林的生物多样性保护价值为 2 025.44 元/hm^2，则不同造林模型每年生物多样性保护效益为 6 479.73 万元（表 2-4-17）。

4.11.7 项目期造林的生态效益

根据不同造林模型年涵养水源、保育土壤、固碳释氧、净化环境、改善局部小气候、生物多样性保护效益，计算获得项目期不同造林模型的生态效益总计为 116.35 亿元，其中涵养水源效益为 23.73 亿元，保育土壤效益 10.72 亿元，固碳释氧效益 27.07 亿元，净化环境效益 19.52 亿元，改善局部小气候效益为 19.11 亿元，生物多样性保护效益为 16.20 亿元。涵养水源效益中，蓄水效益 16.14 亿元，净化水质效益为 7.59 亿元；保育土壤效益中减少土地废弃效益为 2 117.08 万元，减少泥沙淤积效益为 344.08 万元，保肥效益为 10.48 亿元；固碳释氧效益中，固碳效益 13.40 亿元，释氧效益 13.67 亿元；净化环境效益中，吸收 SO_2 效益为 5 480.29 万元，阻滞降尘效益为 18.97 亿元（表 2-4-18）。

本次生态效益评价以项目林造林 5 年的效益为基础，随着林龄的增长和林分的郁闭、林分的水土保持功能不断完善，该项目所产生的生态效益将更为显著。

4.12 社会经济影响监测与评估

4.12.1 社会经济影响监测

采用入户调查访问，了解掌握农户对项目的看法和建议。2015—2019 年参加参与磋商的农户达 82 360 户，其中富裕户 18 450 户，中等户 48 760 户，贫困户 15 150 户；参与磋商的达 99 300 人，其中妇女参与磋商活动达 28 410 人（次），占参与磋商总人数的 28.6%。农民对项目参与热情很高，满意率达 100%。各年度参与磋商式农户及总人数见表 2-4-19。在制定规划、组织施工、抚育管理等各个环节，始终注重与林农座谈、讨论、磋商。通过参与式磋商，广泛听取各方面群众自觉参与项目建设的意见和建议，并根据群众意愿进行适当调整，既兼顾了项目建设标准和要求，又最大限度地满足了群众愿望，保证了农民对项目的知情权、参与权、监督权。

表 2-4-18　项目期不同造林模型生态效益评估

单位：万元

造林模型	水分效益		保育土壤效益			固碳制氧效益		净化环境效益		改善局部小气候效益	生物多样性保护效益	总计
	蓄水效益	净化水质效益	减少土地废弃效益	减少泥沙淤积效益	保肥效益	固碳效益	释氧效益	吸收 SO_2 效益	阻滞降尘效益			
E1	3 188.18	1 500.32	66.82	11.23	4 094.21	4 267.42	4 352.22	549.63	12 561.29	5 317.18	4 507.82	40 416.32
E2	4 018.01	1 890.83	47.97	7.43	2 814.31	3 794.63	3 870.03	146.63	5 915.18	3 837.91	3 253.72	29 596.63
E3	1 585.03	745.89	26.46	4.25	1 664.45	1 702.64	1 736.47	59.82	4 784.98	2 025.48	1 717.17	16 052.64
E4	40 738.18	19 170.91	568.42	92.77	38 673.21	23 714.36	24 185.57	1 723.14	69 512.30	45 101.25	38 236.10	301 716.20
E5	34 094.73	16 044.58	483.11	81.74	17 137.44	40 340.02	41 141.59	1 239.99	40 067.15	55 695.83	47 218.02	293 544.21
T1	16 148.23	7 599.17	262.71	43.19	8 939.31	20 162.00	20 562.63	446.87	14 439.36	20 071.61	17 016.38	125 691.44
T2-1	19 551.36	9 200.64	151.56	24.74	5 127.26	22 896.37	23 351.33	400.73	12 948.43	17 999.12	15 259.36	126 910.90
T2-2	3 506.22	1 649.99	33.65	5.41	1 850.63	1 805.22	1 841.09	79.87	2 580.84	3 587.53	3 041.45	19 981.91
C1-1	3 583.48	1 686.34	31.45	5.06	1 116.77	1 238.94	1 263.56	70.10	2 264.95	3 148.42	2 669.18	17 078.23
C1-2	24 575.05	11 564.73	325.76	49.65	17 133.74	11 633.21	11 864.36	548.63	17 727.70	24 642.61	20 891.60	140 957.05
C2-1	1 303.09	613.22	7.09	1.07	220.76	51.93	52.96	15.40	497.65	691.76	586.47	4 041.40
C2-2	8 046.80	3 786.73	94.72	14.66	5 408.99	582.59	594.17	166.90	5 392.98	7 496.58	6 355.48	37 940.58
S1	1 031.75	485.53	17.35	2.89	583.16	1 834.00	1 870.45	32.57	1 052.57	1 463.14	1 240.43	9 613.87
总计	161 370.10	75 938.87	2 117.08	344.08	104 764.24	134 023.33	136 686.41	5 480.29	189 745.38	191 078.43	161 993.17	1 163 541.37

表 2-4-19　参与磋商式农户调查数

年份	富裕户	中等户	贫困户	总户数	总人数
2015	5 600	13 800	3 700	23 100	28 870
2016	5 320	16 500	5 410	27 230	32 260
2017	4 650	13 650	4 120	22 420	25 600
2018	2 400	4 100	1 650	8 150	10 320
2019	480	710	270	1 460	2 250
总计	18 450	48 760	15 150	82 360	99 300

4.12.2 社会经济效果评估

项目区内随着社区参与式磋商工作的深入开展，干部、群众逐渐认识到自愿、平等、公平、公正地参与项目是保证农民知情权、参与权、监督权的具体体现，项目的社区参与式磋商已得到广大林农的普遍认可。

项目实施后，为项目区居民日均提供就业岗位 25 个，项目区内人均增收 400 元，参与项目的农户人均增加收入 2100 元/人，远高于其他农户收入，生活质量得到提高。

项目实施使项目区的生态环境得到显著改善，滨海项目区植物多样性提高 4～10 种，滨海盐碱地植被盖度由 2015 年的 2%～10%增加到现在的 75%～88%；丘陵山地植物多样性提高 2～18 种，植被覆盖率由原来的 10%～16%提高到现在的 76%～92%。水土流失量减少，两个项目区地表径流量较 2015 年分别减少了 1 039.8～1 201.8 m^3/hm^2 和 786.1～1 017 m^3/hm^2，分别降低了 38.42%～42.82%和 38.73%～41.64%；两个项目区土壤侵蚀量每年分别减少了 8.41～14.01 t/hm^2 和 12.98～13.94 t/hm^2，分别减少了 48.53%～53.70%和 46.13%～53.50%；有效改善了当地居民的生活环境。各造林模型得到项目区及周边地区居民的认可，并以项目区为基点，辐射带动周边地区造林。项目区森林覆盖率提高 1.5%～3%，寿光机械化林场、环翠区仙姑顶等项目区通过营造林，使得原有区域生态环境进一步提升，成为居民出行的游憩区。河口、寿光、垦利、环翠、临朐、乳山等项目区成为科研试验区和森林认证区，引入了新的造林树种，培育了速生白榆、雷登柏、刺槐等苗木培育基地和试验区，进行了茶叶、冬枣等森林认证，提高了项目区的科技支撑率和贡献率，也辐射带动了周边区域的产业发展。

同时，带动了苗木专业户用组培公司的发展，项目区附近形成了育苗大户、育苗合作社，加快了优良苗木的繁育，为项目区社会经济的发展注入了活力。

4.13 环境保护措施实施及效果监测与评估

项目实施期间，各级培训主体注重对项目区居民及当地乡镇干部的培训，内容包括项目管理、实施关键技术、环境保护等方面，丰富了其相关林业和生态环境保护知识，严格按照项目要求使用相应的农药，取得了满意的效果。

项目实施期间，不采用全面清理的方式进行造林地的清理，而是采用带状或块状方式进行杂灌的清除，保留原生植被，加强对原有植被的保护，促进天然植物群落的保护、恢复和更新；造林整地视造林地的坡度大小选择穴垦、带垦，在平原上采用带垦或全垦，在具体操作过程中，尽可能减小破土面，注意预留植被保护带，既降低了整地的经济成本，又可防止因造林地清理或整地造成新的水土流失。在 15°以上的坡地上营建生态型经济树种时要采用梯级整地（反角梯田），拦蓄径流，避免水土流失；在滨海盐碱地区，采用筑台田的方法进行整地配套排水设施，以便拦截天然降水淋洗盐分和通过排水设施排走盐分，尽可能降低土壤含盐量。

在幼林抚育过程中，低山丘陵项目区采用局部抚育法，围绕幼树进行扩穴、松土、除草，最大程度保留幼林地的天然植被；盐碱地项目区则采用带状抚育，对行间进行松土、除草，有的地区采用以耕代抚的方式，取得了良好的效果，增加了地表覆盖，减少了地表蒸发，避免了返盐。抚育后所剩的植被剩余物留在地里作为覆盖物，保留林下枯落物，严禁收集枯落物，有效地提高了林地水源涵养的能力和保持土壤肥力。

在病虫害防治上贯彻预防为主的原则，抓好植物检验检疫关，杜绝携带病虫害的苗木进入项目区；抓好病虫害的预测预报关，及时监测病虫害的发生与危害；抓好宣传与培训关，采用综合治理（IPM）的方法防治病虫害，尽可能使用生物防治与物理防治，在进行化学药物防治时，使用符合世界卫生组织和欧盟划定的三类以上要求的杀虫剂，并且必须遵守有关规定，防止环境污染，确保人畜安全，尽量减少杀伤有益生物，最大限度地降低病、虫所造成的损失。

在日常管理方面，加强项目宣传，让项目区人民认识到项目的意义，禁止到项目区割草、放牧，加强防火管理，防止火灾发生。

对于破土面和死亡的树种，项目区加强了造林补植或进行新地植树造林，并采用了乔、灌、草、花一体的生态修复方式，提高了地面有效覆盖。

对于因防火道路建设中其他原因导致的项目区破土面，因破土面处于山坡坡腰位置，开挖道路后造成边坡，项目区采用了边坡干砌石挡墙拦挡的方式，在挡墙内填土进行造林绿化，避免出现新的更大的水土流失。

5 监测与评估成果的应用

5.1 造林模型

在低山丘陵区，采用了预留生态位、科学清理造林地与整地的方式，保留了原生植被，促进了项目区灌草的自然修复，并能与造林树种形成混交林效果。如项目区的荆条、酸枣、胡枝子、美丽胡枝子、吉氏木兰、山合欢、小叶鼠李等，在原生状态下生长良好，可与侧柏、黑松、麻栎等形成造林目标树种与自然灌草的混交。

从对林木生长量的监测来看，混交林的生长量、植物多样性、景观美化等效果良好，因此，低山丘陵造林推荐在土层厚度适宜的条件下尽量使用混交模型，并增加彩叶与常绿、针叶与阔叶、乔木与灌木树种的混交配置，以突出生态经济与景观效益。

5.2 造林树种

监测表明，在项目区存在较多的可供选择的乡土树种、灌木树种，除项目造林目前推广使用的树种外，建议将生长旺盛，可与造林树种形成自然混交模式的树种纳入今后的造林树种中。如山槐、山合欢、荆条、美丽胡枝子、吉氏木兰、杠柳、小叶鼠李、皂荚、杜梨、野花椒等。

在树种使用方面，山地生态型防护林可使用黑松、赤松、侧柏、黄栌、苦楝、臭椿、五角枫、皂荚、刺槐、麻栎、黄栌、紫穗槐、连翘、扶芳藤、山合欢、美丽胡枝子、吉氏木兰、杠柳等，经济型防护林可使用核桃、板栗、桃、杏、樱桃、苹果、梨、柿子、花椒、金银花等；用材型防护林杨树（欧美杨、美洲黑杨、毛白杨）、刺槐、国槐、银杏、楸树等。滨海盐碱地生态型防护林可用白蜡、白榆、柽柳、杨树、紫穗槐、皂荚，用材型防护林可使用杨树（欧美杨、美洲黑杨、毛白杨）、白榆、白蜡、柳树（旱柳、垂柳、竹柳）、刺槐、法桐、楸树等，经济型防护林可使用枣、冬枣、苹果、梨。在山地混交树种的选择上，应增加黄栌、连翘、扶芳藤、紫穗槐等观花、观叶等树种的搭配，使之形成“春观花海夏纳荫，秋赏彩叶冬映雪”的防护林。在盐碱地，可加强白蜡、白榆、柽柳、紫穗槐的使用，将之应用于高含盐量地块造林。特别值得一提的是，监测与研究结果显示，白榆的耐盐性可达 0.7%，因此是今后含盐量高的盐碱地造林值得推广的树种之一。

5.3 造林方式

监测表明，在盐碱地造林过程中，发现林苗间作、林农间作、林药间作的造林模式，这三种方式对于盐碱地防治可发挥 5 个作用：

1）可有效提高盐碱地造林的成活率与保存率，尤其对于盐碱含量高的地段；

2）可有效减少补植，减少重复投资，节约成本；

3）可促进林分郁闭，增加地表覆盖，减少地表蒸发，防止土壤返盐；

4）可在苗木成活后进入抚育阶段，根据生长状况进行间伐或移栽，是合理利用盐碱地，提高经济收益的一种途径。

5）在幼林阶段，以耕代抚可减少单独在造林抚育上的投资，通过农业耕作实现松土、除草、灌溉、施肥等过程，起到覆盖地面，破除土壤板结，增加土壤水肥管理的效果。

因此，在滨海盐碱地，可通过加大初植密度或采用林苗间作、林农间作的方式有效地防止土壤返盐。

监测表明，在威海环翠区仙姑顶、陶家夼等项目区，对于过火和新造林地，乔木主要种植了黑松、麻栎、刺槐、臭椿、苦楝等树种，灌木则一方面利用地面尚未清除的胡枝子、吉氏木兰、黄荆等树种，另一方面种植了黄栌、山合欢等灌木种，草种上保留了原有草种，花则栽植了金鸡菊、酢浆草等，形成了以乔乔混交、乔灌混交、乔灌草花为一体的防护林体系，有效地加快了地面植被的恢复，减少了水土流失的进一步发生与发展，同时促进了裸露过火地的生态修复。因此，在山地丘陵区一些立地较好或急需恢复的造林地，可采用立体混交造林方式加快植被恢复进程。

5.4 抚育管理

监测发现，造林过程中及时浇水非常重要，有助于提高造林成活率与林木保存率。在后期的抚育管理过程中，对于山地造林林地的抚育，除草应在穴内进行，以减少杂草对幼苗生长的影响，同时保护周边植被，避免水土流失发生。对于盐碱地造林林地，在幼树期间，除草应在树穴内进行，尽量减少行间大面积除草，以免造成幼林下植物多样性下降和植被覆盖减少，加大土壤蒸发，影响改良盐碱的效果。对于修枝，应加强技术培训，以免造成过度修枝，影响树木生长。

6 经验与建议

6.1 主要经验

（1）构建并丰富了监测指标体系

项目实施过程中，在充分考虑科研、管理、项目实施单位、农户需求的基础上，兼顾实用性、可操作性、易获得性原则，构建了山东沿海防护林工程项目监测与评估指标体系，并对监测指标进行分类，包括项目发展、生态效益、社会经济效益 3 个目标层、9 个控制层和 61 个指标（表 2-6-1），对项目进行了全面的监测，及时反馈项目实施动态、保证项目建设质量和进度，确保项目预期目标的顺利实现。

表 2-6-1 山东沿海防护林工程项目监测指标体系

目标层	控制层	指标构成
项目发展目标	年度进展	造林面积；抚育完成情况；模型使用情况；模型调整情况
	造林质量	造林穴合格率；Ⅰ级苗使用率；成活率；保存率；火灾发生率
生态效益	植物多样性	植物种类/组成；总覆盖度；植被高度、地径；植被密度；乔木丰富度；乔木郁闭度；乔木生长量；灌木丰富度；灌木覆盖率；草本丰富度；草本盖度；重要值
	土壤理化性质指标	土壤含水量；土壤容重；总孔隙度；毛管孔隙度；非毛管孔隙度；毛管持水量；饱和持水量；pH；有机质；全盐含量；速效氮；速效磷；速效钾
	病虫害监测指标	虫害种类；虫株率；病害种类；感病指数；农药种类；使用数量
	小气候监测指标	风速（林内、5H、10H）；风速降低值；大气相对湿度；气温；地温
	土壤侵蚀	降雨量；单位面积径流量；单位面积土壤侵蚀量；径流减少值；侵蚀减少量
社会经济效益	社会效果	磋商式农户数量/人数；农户满意率；农民参与度；农民环保意识；技术培训人数；技术培训效果；技术推广情况；市场带动情况
	经济效益	创造就业机会；就业人数；农民人均收入；增加收益机会

（2）创建了多级联合监测联动机制

项目实施过程中，通过理论培训、实地指导，按照各类指标的监测频率与时间及可操作性，发展并培育了科研单位、各级项目办、农户参与的联运监测机制。其中，生态效益采用科研单位定位监测为主、县级项目巡查监测为辅、农户直接反馈监测的复合监测机制，造林面积、质量与模型运用、推广、社会经济效益等监测建立了由省项目办、省林科院、山东农业大学指导的县、市和省级三级监测检查制，县级自测、市级复测、省级复核。联合监测机制极大地推动了监测实效，省时省力。

（3）建立了农户参与和专家指导相结合的监测报告制度

随着监测过程的进行，项目监测组发现，关于径流量、土壤侵蚀量的监测可以采用监测组与农户相结合的方式进行，产流情况、侵蚀情况可委托农户监测报告，由项目组派人监测。关于项目区林木生长情况、是否有病虫害，何种病虫害、是否使用农药等指标的情况，可依靠农户直接观测并向项目监测组汇报，由专家组织监测、鉴定，并给出防治措施。这种农户参与式的监测汇报制度既增加了一些指标的动态实时监测，又保证了监测的效果，值得推广。

（4）培养了基层与科研单位的监测队伍

项目实施过程中，培养了一批县级与基层监测人员、科研单位研究生与青年科研骨干人员，建立起一支联合监测队伍。监测工作加深了各级监测人员对项目的认识，提高了项目的影响力与监测的科学性。

（5）建立了一支既有技术指导能力又有宣讲培训能力的“双技型”队伍

项目实施之初，通过宣讲，让农户认识到项目的重要性与实施的意义，详细讲解项目的流程与报账手续，增强对农户对项目本身及环保的认识。项目实施之中，加强技术指导与培训，特别是田间地头的技术指导，包括对造林整地、造林树种、造林方式、抚育管理、新技术的应用等，促进新技术的应用，加速造林模型的推广。在实施过程中，需要继续加大宣传，打消农户与其他造林主体对项目的疑虑，保障项目的顺利实施。因此，建立一支能指导、能培训、能宣讲的懂技术、懂政策、会宣传的能文能武的技术“双技型”队伍非常重要。

（6）一支队伍干到成、一张蓝图绘到底

沿海防护林建设项目从项目调研、可研、设计到实施、验收，项目周期较长，需持续地投入人力、物力、财力、精力，特别需要一支对项目运作程序熟悉、对项目可研设计熟悉、对项目实施验收熟悉、对项目提款报账熟悉的队伍。绝大多数项目区从地市领导到项目县（市、区）领导都十分重视，从项目运作伊始，就组建了一支人员相对稳定的技术队伍，参与到项目各项工作中，无论是造林、技术推广、监测、检查验收、提款报账都有条不紊，做到了造林地块“六个有”，即有卡片、有图纸、有设计、有合同、有磋商、有数据，久久为功，一支队伍干到成，效果十分显著，在 2018 年的欧洲投资银行检查过程中获得了较好的成效。此外，对于中间有人员调整、甚至领导更换的项目区，绝大多数项目区基本上能做到一张蓝图绘到底，将可研与设计贯穿于项目实施过程，较为圆满地完成了沿海防护林工程项目的建设。

6.2 问题与建议

监测显示，在低山丘陵经济型防护林建设过程中，加强对造林地梯级整地（反角梯田）的质量与管理，尽可能保留地坎的原生植被或在地坎上种植草被，提高其抗冲刷能力。如果在梯级整地过程中，不注意地坎的整地质量或在后期耕作过程中经常性的踩踏，会导致径流的冲刷，地坎出现破口，加大水土流失。在环翠区的梯级整地板栗、桃、核桃等混交林中，发现有地坎冲刷现象。

监测发现，在盐碱地造林项目区，由于土壤较为黏重，除加强干旱天气下的抗旱工作，还应注意极端降雨事件造成的洪涝浸渍对苗木生长与保存的影响，加强排水的应急管理措施。2018 年和 2019 年受台风天气影响，两年的 8 月份降水明显高于往年，平均降水量高于往年 200%以上，造成造林项目区受淹，致使苗木生长受损，甚至出现倒伏、折断、死亡等现象，需于后期跟进监测，进一步加强补植。由此，各项目区应在项目设计中加强对干旱、洪涝、台风等自然灾害防御的应急方案。

监测表明，由于项目区管理的需要进行的生产建设，会导致项目区造林的树种被损坏、项目区出现占压、受损等现象的发生，对于此类问题建议今后及早谋划、在设计阶段尽量予以解决。如果确实发生于项目建设期，一方面合理规划，应尽量避免出现大面积的占压与损坏，另一方面，加强占压区、损坏区的植被补植、水土流失的防治，对于已验收的地段，应及时调整造林计划，在新的造林地进行造林以补充面积的不足。

监测表明，项目正常实施过程中，资金的投入数量和供给时间，是项目运作与顺利实施的先决条件，资金不能及时到位，就保证不了项目的正常实施。欧投行项目在国内、省内运行程序缓慢，资金难以及时到位，导致一些项目区造林主体对项目是否正在运行心存疑虑，影响了项目的正常运行。

监测显示，项目的建设周期从调研、可研报告、初步设计到实施、验收等周期长，项目主体在不同阶段表现出的积极性会有变化。有的项目县或项目主体在项目调研、可研、初设阶段表现十分热心，但在实施时漫不经心，检查验收结果不理想，会给项目整体实施进度、项目调整等造成较大的压力，影响项目的实施效果。

监测表明，项目区的生态效益与社会经济效益初步显现，但随着项目的结束，造林生态效益与社会经济效益的后续持续监测成为值得关注的一个问题。由于造林项目周期长、见效慢，因而需要继续对项目的生态效益与社会经济效益进行动态跟踪研究，以便为项目的效益计量及后评价提供依据，提高项目的有效性与可持续性。

监测与评估是一项复杂的任务，建立合理而简便易行的监测指标体系是基础，建立一支监测队伍是关键，在今后的持续监测及同类项目的监测中，需首要考虑这两个问题，以保障监测与评估的顺利实施。

欧洲投资银行贷款项目管理的电子小班管理方式十分便捷，建议今后在造林项目管理全程推行电子小班管理常态化，将原初设计数据库上图，便于动态监测与检查验收。

7 附表

附表 1 山东沿海防护林工程项目监测区林木生长量

监测点	树种	根径/cm	胸径/cm	树高/m	冠幅/m	
					东西向	南北向
寿光 1	臭椿		11.08	6.68	2.20	2.40
	皂荚		8.76	6.06	2.10	2.40
寿光 2	白蜡		5.42	6.90	2.70	2.90
	臭椿		8.53	7.25	1.90	2.10
寿光 3	国槐		5.85	5.78	3.30	3.60
	臭椿		7.20	7.20	2.80	3.30
寿光 4	杨树		10.14	10.26	3.32	3.58
寿光 5	柽柳	4.26		2.58	1.60	1.76
寿光 6	白榆		5.96	5.92	1.96	2.14
寿光 7	白蜡		4.28	4.86	1.70	1.90
寿光 8	白蜡		5.26	5.87	2.10	2.40
	柽柳	3.28		1.89	1.65	1.94
寿光 9	柽柳	3.67		2.22	1.80	1.80
寿光 10	旱柳		8.25	9.16	2.80	3.40
寿光 11	法桐		10.85	11.48	2.60	2.60
寿光 12	冬枣		5.25	3.5	3.90	3.70
寿光 13	桃树		5.83	2.86	2.85	3.10
寿光 14	梨树		7.06	3.50	3.20	3.60
沾化 1	白蜡		7.05	7.25	2.75	2.50
沾化 2	冬枣		2.86	1.92	2.43	2.62
沾化 3	白蜡		6.85	6.70	2.59	2.35
	白榆		7.28	6.75	2.76	2.34
沾化 4	杨树		9.25	11.22	3.68	4.16
河口 1	旱柳		9.56	8.65	4.68	4.15
河口 2	白榆		7.65	6.82	2.58	2.45
	柽柳	3.52		2.85	2.68	2.55
河口 3	杨树		10.35	13.57	4.28	4.32
河口 4	白榆		6.28	6.40	2.36	2.72

监测点	树种	根径/cm	胸径/cm	树高/m	冠幅/m	
					东西向	南北向
临朐 1	侧柏		2.14	2.50	1.30	1.40
临朐 2	荆条	2.54		1.59	1.30	1.30
	杠柳	0.78		0.65	1.25	1.40
临朐 3	黄栌	2.96		1.80	1.90	1.85
	侧柏		1.68	1.85	1.20	1.40
临朐 4	桃树	2.19		0.86	1.60	1.50
	山楂	2.25		1.25	1.90	2.00
临朐 5	榆树	3.59		2.25	2.63	2.30
临朐 6	桃树	3.28		1.42	1.50	1.68
临朐 7	柿树		1.84	1.58	2.70	2.70
临朐 8	山楂	2.80		1.63	2.13	2.20
威海 1	杏树	4.06		1.9	1.60	1.65
威海 2	柿树	3.31		1.72	1.27	1.60
威海 3	桑树		3.88	1.65	3.55	4.43
威海 4	樱桃		2.87	1.62	2.50	2.37
威海 5	苹果		3.84	2.23	4.52	4.85
威海 6	桃树		2.96	1.54	3.15	2.94
威海 7	板栗		3.02	1.88	1.60	1.30
	桑树		2.88	1.45	2.20	3.30
	桃树		2.28	1.49	2.20	2.10
威海 8	桃树		2.80	1.60	3.10	3.50
	板栗		3.86	1.87	2.10	1.80
威海 9	黑松		3.28	2.64	1.96	2.20
	樱花		2.78	1.48	2.20	1.90
	麻栎		3.45	3.2	2.10	1.80
	刺槐		2.56	2.80	1.65	1.60
威海 10	黑松		3.06	2.7	1.90	2.00
	麻栎		3.36	2.70	1.78	1.75
	五角枫		2.85	2.51	1.60	1.55
威海 11	黑松		2.96	2.35	2.20	1.95
	麻栎		3.28	2.78	2.30	2.20
	黄栌	2.18		1.45	1.65	1.90
威海 12	黑松		2.85	2.72	2.00	1.80
	麻栎		2.40	2.30	3.10	2.50
	臭椿		3.29	3.42	1.96	1.85
	黄栌	1.89		1.28	1.80	2.13

监测点	树种	根径/cm	胸径/cm	树高/m	冠幅/m	
					东西向	南北向
威海 13	黑松		2.57	2.63	1.9	2.10
	麻栎		3.74	3.23	2.80	2.65
	刺槐		2.24	3.26	1.75	1.80
	黄栌	1.70		1.26	1.80	1.96
威海 14	黑松		2.88	2.73	2.20	2.35
	麻栎		2.28	2.23	2.85	2.90
	黄栌	1.82		1.57	1.96	1.80
威海 15	赤松		7.7	7.40	3.8	3.70
	麻栎		6.0	8.3	3.85	3.90
威海 16	黑松		5.84	5.6	3.56	2.60
威海 17	麻栎		2.3	2.52	2.23	2.30
	黑松		2.4	2.37	2.66	2.51
	刺槐		3.0	2.44	2.15	2.20
威海 18	赤松		9.2	7.7	4.28	3.70
	刺槐		12.8	10.5	3.22	3.80
威海 19	刺槐		11.1	9.8	3.70	3.50
威海 20	黑松		2.89	2.32	2.15	2.25

附表 2　山东沿海防护林工程项目样地植物多样性调查汇总（部分）

监测点	立地类型	土壤类型	灌木优势种	灌木树种数量	灌木层盖度/%	草本优势种	草本植物数量	草本层盖度/%	物种丰富度	植被覆盖度/%
寿光机械化林场 6	滨海盐碱地	潮土	田菁	1	25	苣荬菜、芦苇、猪毛菜	8	28	11	84
寿光机械化林场 7	滨海盐碱地	潮土	田菁	1	22	苣荬菜、稗草、狗尾草	6	16	9	85
寿光机械化林场 8	滨海盐碱地	潮土	柽柳	1	25	马齿苋、黄须菜、狗尾草	9	20	11	88
寿光机械化林场 9	滨海盐碱地	潮土	柽柳	1	18	稗草、苣荬菜、猪毛菜	8	12	10	86
寿光机械化林场 10	滨海盐碱地	潮土				稗草、猪毛菜、苣荬菜	9	10	11	83
寿光机械化林场 11	滨海盐碱地	潮土				猪毛菜、铁苋菜、苦菜	6	14	7	82
寿光机械化林场 12	滨海盐碱地	潮土				小藜、狗尾草、茜草	8	15	9	84

监测点	立地类型	土壤类型	灌木优势种	灌木树种数量	灌木层盖度/%	草本优势种	草本植物数量	草本层盖度/%	物种丰富度	植被覆盖度/%
寿光机械化林场 13	滨海盐碱地	潮土				铁苋菜、马齿苋、牛筋草	5	25	6	88
寿光机械化林场 14	滨海盐碱地	潮土				野韭、铁苋菜、马齿苋	6	18	7	81
临朐 3	山地丘陵区	棕壤	杠柳、荆条、胡枝子	3	28	荩草、阴行草、黄背草	11	18	15	87
临朐 4	山地丘陵区	棕壤	胡枝子、荆条	2	14	阴行草、荩草、黄背草	13	20	16	88
临朐 5	山地丘陵区	棕壤	荆条、杠柳、胡枝子	3	26	荩草、阴行草、鸦葱	13	24	18	90
环翠 2	山地丘陵区	棕壤				马齿苋、苋、萝藦	7	10	8	78
环翠 3	山地丘陵区	棕壤				马唐、三裂牵牛、萝藦	8	15	9	82
环翠 4	山地丘陵区	棕壤				马唐、小藜、牛筋草	5	10	7	77
环翠 5	山地丘陵区	棕壤				牛筋草、马唐、莎草	7	12	8	81
环翠 6	山地丘陵区	棕壤				莎草、马唐、小藜	6	10	7	82
环翠 7	山地丘陵区	棕壤				马唐、狗尾草、三裂牵牛	17	25	20	88
环翠 8	山地丘陵区	棕壤	酸枣	1	12	三裂牵牛、野大豆、茅莓	11	25	14	86
环翠 11	山地丘陵区	棕壤	胡枝子、山合欢、美丽胡枝子、吉氏木兰	4	32	稗草、地锦、霞草、委陵菊	12	20	19	92
环翠 14	山地丘陵区	棕壤	胡枝子、山合欢、吉氏木兰	3	25	狭叶珍珠菜、金鸡菊、稗草	12	18	18	86
环翠 15	山地丘陵区	棕壤	胡枝子、山合欢	2	18	小白酒草、圆叶牵牛、狗尾草	14	20	18	88
环翠 16	山地丘陵区	棕壤	胡枝子、吉氏木兰	2	18	羊胡子草、鸭跖草、小白酒草	14	22	17	87
环翠 17	山地丘陵区	棕壤	胡枝子	1	15	狗尾草、猪毛菜、马唐	16	18	20	82
环翠 18	山地丘陵区	棕壤	胡枝子	1	12	圆叶牵牛、狗尾草、猪毛菜	12	18	15	86
环翠 19	山地丘陵区	棕壤				金鸡菊、猪毛菜、酢浆草	10	20	12	84

附表 3 山东沿海防护林工程项目土壤物理性状汇总（部分）

模型	经纬度	土层厚度/cm	土壤含水量/%	容重/（g/cm³）	毛管孔隙度/%	非毛管孔隙度/%	总孔隙度/%	毛管最大持水量/%	土壤饱和含水量/%
寿光机械化林场白榆纯林	N：37°9′39″ E：118°44′54″	0～20	12.13	1.27	39.66	4.12	43.78	31.23	34.47
		20～40	15.16	1.44	35.69	4.18	39.87	24.78	27.69
		40～60	14.31	1.48	33.33	4.72	38.05	22.52	25.71
		0～60	13.87	1.40	36.23	4.34	40.57	26.18	29.29
寿光机械化林场白蜡纯林	N：37°9′39″ E：118°44′54″	0～20	8.65	1.31	38.72	4.01	42.73	29.56	32.62
		20～40	10.04	1.44	34.22	4.24	38.46	23.76	26.71
		40～60	13.49	1.46	33.46	5.04	38.50	22.92	26.37
		0～60	10.73	1.40	35.47	6.22	39.90	25.41	28.57
寿光机械化林场白蜡柽柳混交林	N：37°9′39″ E：118°44′54″	0～20	11.61	1.26	36.75	5.24	41.99	29.17	33.33
		20～40	16.65	1.43	33.65	4.90	38.55	23.53	26.96
		40～60	15.02	1.47	32.82	4.43	37.25	22.33	25.34
		0～60	14.43	1.39	34.41	4.86	39.26	25.01	28.54
寿光机械化林场柽柳纯林	N：37°7′2″ E：118°43′20″	0～20	13.23	1.35	36.38	3.98	40.36	26.95	29.90
		20～40	14.03	1.52	33.85	4.02	37.87	22.27	24.91
		40～60	15.48	1.45	34.23	3.87	38.10	23.61	26.28
		0～60	14.25	1.44	34.82	3.96	38.78	24.27	27.03
寿光机械化林场旱柳纯林	N：37°7′2″ E：118°43′20″	0～20	14.01	1.33	37.59	3.80	41.39	28.26	31.12
		20～40	15.29	1.43	36.89	3.92	40.81	25.80	28.54
		40～60	14.58	1.46	34.67	4.24	38.91	23.75	26.65
		0～60	14.63	1.41	36.38	3.99	40.37	25.94	28.77
寿光机械化林场法桐纯林	N：37°9′25″ E：118°42′28″	0～20	14.19	1.39	36.26	4.26	40.52	26.09	29.15
		20～40	12.98	1.43	34.98	3.27	38.25	24.46	26.75
		40～60	16.41	1.43	35.24	2.73	37.97	24.64	26.55
		0～60	14.53	1.42	35.49	3.42	38.91	25.06	27.48
寿光机械化林场冬枣纯林	N：37°8′58″ E：118°43′57″	0～20	5.42	1.38	36.56	4.25	40.81	26.49	29.57
		20～40	7.28	1.47	34.42	4.93	39.35	23.41	26.77
		40～60	6.31	1.38	36.77	4.20	40.97	26.72	29.74
		0～60	6.01	1.25	37.13	4.38	41.51	29.70	33.21
寿光机械化林场桃树纯林	N：37°8′60″ E：118°43′57″	0～20	9.46	1.38	35.81	5.12	40.93	25.95	29.66
		20～40	11.31	1.42	34.28	4.84	39.12	24.14	27.55
		40～60	8.93	1.35	35.74	4.78	40.52	26.60	30.14
		0～60	5.86	1.32	36.32	3.87	40.19	27.52	30.45

模型	经纬度	土层厚度/cm	土壤含水量/%	容重/（g/cm³）	毛管孔隙度/%	非毛管孔隙度/%	总孔隙度/%	毛管最大持水量/%	土壤饱和含水量/%
寿光机械化林场梨树纯林	N：37°9′3″ E：118°43′54″	0～20	9.54	1.43	33.12	4.66	37.78	23.16	26.42
		20～40	17.30	1.40	34.42	5.20	39.62	24.59	28.30
		40～60	10.90	1.38	34.62	4.58	39.20	25.09	28.39
		0～60	6.26	1.40	35.27	3.82	39.09	25.19	27.92
对照 1	N：37°10′15″ E：118°42′49″	0～20	6.83	1.42	32.28	3.04	35.32	22.73	24.87
		20～40	8.23	1.45	30.64	3.31	33.95	21.13	23.41
		40～60	7.11	1.42	32.73	3.39	36.12	23.02	25.40
		0～60	6.82	1.40	34.76	3.73	38.49	24.83	27.49
对照 2	N：37°9′39″ E：118°44′54″	0～20	6.95	1.42	33.74	2.47	36.21	23.76	25.50
		20～40	7.65	1.46	32.18	2.14	34.32	22.04	23.51
		40～60	7.14	1.43	33.56	2.78	36.34	23.54	25.50
		0～60	5.42	1.38	36.56	4.25	40.81	26.49	29.57
河口区白蜡、旱柳混交林	—	0～20	14.19	1.29	38.68	4.18	42.86	30.09	33.34
		20～40	17.86	1.45	35.48	4.02	39.50	24.46	27.24
		40～60	16.97	1.42	36.84	3.26	40.10	25.94	28.24
		0～60	16.34	1.39	37.00	3.82	40.82	26.83	29.61
河口区柽柳纯林	—	0～20	14.43	1.41	35.81	3.14	38.95	25.40	27.63
		20～40	16.23	1.46	35.12	3.20	38.32	23.99	26.18
		40～60	20.24	1.44	35.52	3.08	38.60	24.67	26.81
		0～60	16.97	1.44	35.48	3.14	38.62	24.69	26.87
河口区紫叶李纯林	—	0～20	15.50	1.23	38.69	5.00	43.69	31.43	35.49
		20～40	15.60	1.37	37.27	2.90	40.17	27.29	29.41
		40～60	14.40	1.25	38.41	4.32	42.73	30.75	34.20
		0～60	15.17	1.28	38.12	4.07	42.20	29.82	33.03
河口区梨树纯林	—	0～20	11.00	1.34	38.32	1.92	40.24	28.60	30.03
		20～40	28.36	1.25	39.74	1.62	41.36	31.79	33.09
		40～60	20.41	1.35	38.87	1.54	40.41	28.88	30.02
		0～60	19.92	1.31	38.98	1.69	40.67	29.76	31.05
对照	—	0～20	14.21	1.44	35.65	2.48	38.13	24.73	26.45
		20～40	14.50	1.51	34.79	2.30	37.09	23.04	24.56
		40～60	15.61	1.56	33.24	2.72	35.96	21.31	23.05
		0～60	14.77	1.50	34.56	2.50	37.06	23.03	24.69
沾化区杨树纯林	—	0～20	19.58	1.34	40.25	3.14	43.39	30.02	32.36
		20～40	20.25	1.40	38.46	3.34	41.80	27.47	29.86
		40～60	27.57	1.45	37.65	3.76	41.41	25.97	28.56
		0～60	22.47	1.40	38.79	3.41	42.20	27.82	30.26

模型	经纬度	土层厚度/cm	土壤含水量/%	容重/(g/cm^3)	毛管孔隙度/%	非毛管孔隙度/%	总孔隙度/%	毛管最大持水量/%	土壤饱和含水量/%
沾化区柽柳纯林	—	0～20	17.87	1.42	38.28	4.66	42.94	26.92	30.20
		20～40	19.75	1.47	35.65	4.50	40.15	24.25	27.31
		40～60	20.38	1.47	35.72	4.35	40.07	24.36	27.33
		0～60	19.33	1.45	36.55	4.50	41.05	25.18	28.28
沾化区紫穗槐纯林	—	0～20	10.91	1.29	38.64	2.51	41.15	29.95	31.90
		20～40	11.44	1.45	35.73	2.22	37.95	24.64	26.17
		40～60	11.48	1.38	36.54	2.52	39.06	26.48	28.30
		0～60	11.27	1.37	36.97	2.42	39.39	27.02	28.79
对照	—	0～20	14.33	1.45	35.87	2.87	38.74	24.74	26.72
		20～40	19.28	1.51	34.22	2.90	37.12	22.66	24.58
		40～60	18.75	1.48	35.46	2.43	37.89	24.00	25.64
		0～60	17.45	1.48	35.18	2.73	37.92	23.80	25.65
临朐嵩山荆条杠柳混交林	N：36°23′27″ E：118°18′08″	0～20	6.85	1.36	31.76	8.24	40.00	23.35	29.41
		20～40	6.51	1.43	30.72	7.98	38.70	21.48	27.06
		0～40	6.68	1.40	31.24	8.11	39.35	22.42	28.24
临朐嵩山桃树山楂混交林	N：36°23′25″ E：118°18′10″	0～20	14.76	1.30	35.82	6.64	42.46	27.55	32.66
临朐嵩山榆树纯林	N：36°23′27″ E：118°18′04″	0～20	7.93	1.40	33.67	8.50	42.17	24.05	30.12
威海徐家疃柿树纯林	N：37°23′21″ E：122°7′19″	0～20	4.60	1.30	31.02	9.68	40.70	23.86	31.31
		20～40	3.20	1.44	30.28	9.80	40.08	21.03	27.83
		40～60	3.06	1.41	29.18	9.62	38.80	20.70	27.52
		0～60	3.62	1.38	30.16	9.70	39.86	21.86	28.89
威海徐家疃桑树纯林	N：37°23′15″ E：122°6′45″	0～20	3.55	1.41	31.03	9.70	40.73	22.01	28.89
		20～40	4.29	1.42	30.62	9.50	40.12	21.56	28.25
		40～60	4.32	1.46	30.08	9.61	39.69	20.60	27.18
		0～60	4.05	1.43	30.58	9.60	40.18	21.39	28.11
威海徐家疃樱桃纯林	N：37°23′56″ E：122°7′28″	0～20	2.20	1.30	34.49	6.35	40.84	26.53	31.42
		20～40	3.15	1.36	32.41	7.66	40.07	23.83	29.46
		40～60	3.52	1.42	30.05	9.88	39.93	21.16	28.12
		0～60	2.96	1.36	32.32	7.96	40.28	23.84	29.67
威海徐家疃苹果纯林	N：37°23′5″ E：122°7′31″	0～20	4.66	1.40	33.98	7.01	40.99	24.27	29.28
		20～40	6.31	1.33	29.87	10.32	40.19	22.46	30.22
		40～60	6.92	1.46	28.57	9.35	37.92	19.57	25.97
		0～60	5.96	1.40	30.81	8.89	39.70	22.10	28.49

模型	经纬度	土层厚度/cm	土壤含水量/%	容重/（g/cm³）	毛管孔隙度/%	非毛管孔隙度/%	总孔隙度/%	毛管最大持水量/%	土壤饱和含水量/%
威海徐家疃桃树纯林	N：37°23′10″ E：122°7′33″	0～20	5.69	1.37	32.88	7.47	40.35	24.00	29.45
		20～40	6.06	1.45	29.26	9.46	38.72	20.18	26.70
		40～60	6.43	1.44	29.01	9.66	38.67	20.15	26.85
		0～60	6.06	1.42	30.38	8.86	39.25	21.44	27.67
威海徐家疃桃桑树板栗混交林	N：37°23′5″ E：122°7′34″	0～20	5.09	1.42	33.02	7.52	40.54	23.25	28.55
		20～40	6.01	1.40	30.57	8.84	39.41	21.84	28.15
		40～60	5.87	1.46	30.12	7.68	37.80	20.63	25.89
		0～60	5.66	1.43	31.24	8.01	39.25	21.91	27.53
威海徐家疃板栗桃树混交林	N：37°22′25″ E：122°7′35″	0～20	5.93	1.32	34.48	7.02	41.50	26.12	31.44
		20～40	6.25	1.45	28.92	9.87	38.79	19.94	26.75
		0～40	6.09	1.39	31.70	8.45	40.15	23.03	29.10
威海仙姑顶黑松麻栎黄栌混交林	N：37°27′51″ E：122°6′20″	0～20	3.67	1.27	36.74	4.54	41.28	28.93	32.50
		20～40	3.84	1.36	32.35	5.48	37.83	23.79	27.82
		0～40	3.76	1.32	34.55	5.01	39.56	26.36	30.16
威海陶家夼黑松麻栎黄栌混交林	N：37°28′27″ E：122°6′28″	0～20	2.27	1.33	32.95	8.12	41.07	24.77	30.88
		20～40	3.55	1.34	32.39	8.46	40.85	24.17	30.49
		0～40	2.91	1.34	32.67	8.29	40.96	24.47	30.68
威海陶家夼麻栎赤松混交林	N：37°28′26″ E：122°6′28″	0～20	3.15	1.25	32.28	7.89	40.17	25.82	32.14
		20～40	3.80	1.32	31.63	6.87	38.50	23.96	29.17
		0～40	3.48	1.29	31.96	7.38	39.34	24.89	30.65
威海陶家夼黑松纯林	N：37°28′39″ E：122°6′42″	0～20	2.37	1.45	31.29	7.39	38.68	21.58	26.68
		20～40	3.22	1.47	29.56	7.82	37.38	20.11	25.43
		0～40	2.80	1.46	30.43	7.61	38.03	20.84	26.05
威海森防中队黑松刺槐麻栎混交林	N：37°27′58″ E：122°6′54″	0～20	3.97	1.28	34.88	6.77	41.65	27.25	32.54
		20～40	3.51	1.41	29.87	8.23	38.10	21.18	27.02
		0～40	3.74	1.35	32.38	7.50	39.88	24.22	29.78
威海森防中队赤松刺槐混交林	N：37°28′9″ E：122°7′9″	0～20	3.15	1.25	32.28	7.89	40.17	25.82	32.14
		20～40	3.80	1.32	31.63	6.87	38.50	23.96	29.17
		0～40	3.48	1.29	31.96	7.38	39.34	24.89	30.65
威海森防中队黑松纯林	N：37°28′5″ E：122°6′52″	0～20	3.41	1.43	33.89	5.58	39.47	23.70	27.60
		20～40	4.23	1.47	28.63	8.96	37.59	19.48	25.57
		0～40	3.82	1.45	31.26	7.27	38.53	21.59	26.59

模型	经纬度	土层厚度/cm	土壤含水量/%	容重/（g/cm^3）	毛管孔隙度/%	非毛管孔隙度/%	总孔隙度/%	毛管最大持水量/%	土壤饱和含水量/%
对照 3	N：37°27′30″ E：122°6′30″	0～20	2.05	1.39	28.64	7.84	36.48	20.60	26.24
		20～40	2.38	1.50	27.14	8.23	35.37	18.09	23.58
		0～40	2.22	1.45	27.89	8.04	35.93	19.35	24.91
对照 4	N：37°28′40″ E：122°6′40″	0～20	2.18	1.47	29.84	7.96	37.80	20.30	25.71
		20～40	2.83	1.48	28.39	7.78	36.17	19.18	24.44
		0～40	2.51	1.48	29.12	7.37	36.99	19.74	25.08

附表 4　山东沿海防护林工程项目土壤化学性状汇总（部分）

模型	经纬度	土层厚度/cm	有机质/（g/kg）	全氮/（g/kg）	全磷/（g/kg）	全钾/（g/kg）	速效氮/（mg/kg）	速效磷/（mg/kg）	速效钾/（mg/kg）	pH
寿光机械化林场白榆纯林	N：37°9′39″ E：118°44′54″	0～20	7.62	1.31	0.39	11.85	24.67	2.94	437.00	7.92
		20～40	4.36	1.26	0.34	10.28	22.12	1.18	145.00	7.85
		40～60	4.75	1.24	0.32	9.88	22.36	0.43	172.00	8.10
		0～60	5.58	1.27	0.35	10.67	23.05	1.52	251.33	7.96
寿光机械化林场白蜡纯林	N：37°9′39″ E：118°44′54″	0～20	8.37	1.47	0.37	12.20	31.63	2.65	231.00	7.89
		20～40	5.96	1.38	0.34	11.48	26.48	0.76	154.00	8.25
		40～60	4.40	1.26	0.32	10.30	24.37	0.97	132.00	8.04
		0～60	6.24	1.37	0.35	11.33	27.49	1.46	172.33	8.06
寿光机械化林场白蜡柽柳混交林	N：37°9′39″ E：118°44′54″	0～20	9.86	1.49	0.36	12.56	32.39	3.73	426.60	8.53
		20～40	5.70	1.30	0.37	11.50	29.54	0.82	286.40	8.54
		40～60	5.21	1.26	0.36	9.80	28.26	1.34	172.60	8.62
		0～60	6.92	1.35	0.36	11.29	30.06	1.96	295.20	8.56
寿光机械化林场柽柳纯林	N：37°7′2″ E：118°43′20″	0～20	11.82	1.54	0.84	10.54	33.12	5.80	467.00	8.05
		20～40	11.25	1.40	0.70	11.67	30.71	2.86	288.00	8.32
		40～60	8.62	1.30	0.87	12.84	29.14	3.26	225.00	8.58
		0～60	10.56	1.41	0.80	11.68	30.99	3.97	326.67	8.32
寿光机械化林场旱柳纯林	N：37°7′2″ E：118°43′20″	0～20	10.03	1.50	0.39	12.20	31.18	4.99	183.20	8.24
		20～40	5.77	1.32	0.33	11.40	28.26	0.32	100.40	8.57
		40～60	3.88	1.17	0.32	10.10	27.94	0.29	112.00	8.45
		0～60	6.56	1.33	0.35	11.23	29.13	1.87	131.87	8.42
寿光机械化林场法桐纯林	N：37°9′25″ E：118°42′28″	0～20	18.23	1.67	0.90	13.20	33.27	102.48	612.00	7.92
		20～40	11.85	1.48	0.35	13.92	30.62	15.03	443.60	8.29
		40～60	9.82	1.36	0.39	13.80	28.72	12.45	365.70	8.45
		0～60	13.30	1.50	0.55	13.64	30.87	43.32	473.77	8.22

模型	经纬度	土层厚度/cm	有机质/(g/kg)	全氮/(g/kg)	全磷/(g/kg)	全钾/(g/kg)	速效氮/(mg/kg)	速效磷/(mg/kg)	速效钾/(mg/kg)	pH
寿光机械化林场冬枣纯林	N：37°8′58″ E：118°43′57″	0～20	13.22	1.49	0.59	11.20	31.28	28.24	402.00	8.02
		20～40	8.62	1.31	0.51	10.35	28.35	24.47	174.00	8.48
		40～60	8.52	1.32	0.42	10.82	28.46	16.10	148.00	8.95
		0～60	10.12	1.37	0.51	10.79	29.36	22.94	241.33	8.48
寿光机械化林场桃树纯林	N：37°8′60″ E：118°43′57″	0～20	18.36	1.64	0.82	12.10	35.17	27.74	578.30	7.98
		20～40	12.05	1.46	0.63	12.50	33.22	57.38	322.30	8.12
		40～60	11.72	1.37	0.58	12.30	28.61	48.65	284.50	8.45
		0～60	14.04	1.49	0.68	12.30	32.33	44.59	395.03	8.18
寿光机械化林场梨树纯林	N：37°9′3″ E：118°43′54″	0～20	17.48	1.63	0.77	11.40	34.52	88.16	482.20	8.07
		20～40	8.34	1.36	0.50	11.90	30.14	19.21	356.60	8.22
		40～60	7.48	1.26	0.60	11.20	28.65	24.38	326.50	8.36
		0～60	11.10	1.41	0.63	11.50	31.10	43.91	388.43	8.22
对照 1	N：37°10′15″ E：118°42′49″	0～20	7.78	1.238	0.467	11.70	23.23	0.814 5	168	8.14
		20～40	8.66	1.314	0.407	11.20	22.87	0.793 5	138	8.69
		40～60	7.53	1.243	0.392	10.80	21.13	0.754 6	118	8.65
		0～60	7.99	1.26	0.42	11.23	22.41	0.79	141.53	8.49
对照 2	N：37°9′39″ E：118°44′54″	0～20	3.78	1.198	0.578 7	11.80	23.41	2.213 4	137	8.28
		20～40	2.45	1.158	0.394	11.20	22.76	0.871 6	176	8.35
		40～60	4.65	1.167	0.367	10.40	21.34	1.834 3	183	8.41
		0～60	3.63	1.17	0.45	11.13	22.50	1.64	165.37	8.35
河口区白蜡旱柳混交林		0～20	4.01	1.51	0.44	11.82	35.70	4.01	81.80	7.70
		20～40	3.88	1.42	0.40	11.56	32.10	3.89	775.00	7.80
		40～60	3.52	1.25	0.42	11.01	27.85	3.35	69.40	8.00
		0～60	3.80	1.39	0.42	11.46	31.88	3.75	308.73	7.83
河口区柽柳纯林		0～20	3.26	1.39	0.45	10.22	27.80	3.26	75.24	8.54
		20～40	2.87	1.37	0.36	10.42	25.70	3.02	74.33	8.24
		40～60	2.96	1.26	0.42	10.56	24.30	2.83	72.83	8.20
		0～60	3.03	1.34	0.41	10.40	25.93	3.04	74.13	8.33
河口区紫叶李纯林		0～20	3.82	1.32	0.41	11.45	38.50	4.02	82.50	7.90
		20～40	3.71	1.38	0.38	11.54	32.70	3.83	78.20	8.10
		40～60	3.32	1.24	0.35	11.02	28.50	3.30	70.20	8.00
		0～60	3.62	1.31	0.38	11.34	33.23	3.72	76.97	8.00
河口区梨树纯林		0～20	3.86	1.18	0.37	12.01	39.27	4.05	83.70	7.80
		20～40	3.76	1.36	0.35	11.64	35.73	3.88	80.20	7.80
		40～60	3.25	0.97	0.33	11.18	30.28	3.32	71.20	8.00
		0～60	3.62	1.17	0.35	11.61	35.09	3.75	78.37	7.87

模型	经纬度	土层厚度/cm	有机质/(g/kg)	全氮/(g/kg)	全磷/(g/kg)	全钾/(g/kg)	速效氮/(mg/kg)	速效磷/(mg/kg)	速效钾/(mg/kg)	pH
对照		0～20	2.06	0.80	0.27	9.81	26.70	1.45	79.20	8.40
		20～40	2.11	0.85	0.29	9.56	24.60	1.22	74.80	8.20
		40～60	2.04	0.80	0.24	9.25	21.80	0.97	62.10	8.30
		0～60	2.07	0.82	0.27	9.54	24.37	1.21	72.03	8.30
沾化区杨树纯林		0～20	3.67	1.36	0.42	10.80	36.10	3.95	81.20	7.80
		20～40	3.43	1.28	0.39	11.15	33.10	3.64	80.50	7.80
		40～60	3.32	1.34	0.43	10.60	29.60	3.52	78.40	7.90
		0～60	3.47	1.33	0.41	10.85	32.93	3.70	80.03	7.83
沾化区柽柳纯林		0～20	3.24	1.23	0.45	12.10	30.50	3.52	84.20	8.00
		20～40	3.11	1.32	0.39	11.67	28.30	3.14	74.50	8.00
		40～60	2.86	1.18	0.35	11.85	25.40	2.82	70.70	8.10
		0～60	3.07	1.24	0.40	11.87	28.07	3.16	76.47	8.03
沾化区紫穗槐纯林		0～20	4.14	1.63	0.45	11.76	35.20	4.22	89.10	7.80
		20～40	3.87	1.50	0.42	11.15	33.10	3.95	90.30	7.90
		40～60	3.60	1.43	0.39	10.87	29.40	3.40	82.10	8.00
		0～60	3.87	1.52	0.42	11.26	32.57	3.86	87.17	7.90
对照		0～20	2.59	0.86	0.3	10.02	25.18	2.72	73.1	8.70
		20～40	2.55	0.85	0.26	10.87	22.65	2.42	72.5	8.50
		40～60	2.15	0.8	0.22	10.09	21.74	2.17	62.8	8.30
		0～60	2.43	0.84	0.26	10.33	23.19	2.44	69.47	8.50
临朐嵩山荆条杠柳混交林	N：36°23′27″ E：118°18′08″	0～20	39.81	2.52	0.46	12.10	30.23	2.28	264	7.98
		20～40	38.76	2.28	0.46	12.10	28.62	2.01	242	8.06
		0～40	39.29	2.40	0.46	12.10	29.43	2.14	253.00	8.02
临朐嵩山桃山楂混交林	N：36°23′25″ E：118°18′10″	0～20	32.28	2.34	0.52	18.86	28.52	1.94	205	8.13
临朐嵩山榆树纯林	N：36°23′27″ E：118°18′04″	0～20	31.24	3.06	0.58	18.49	29.17	2.56	247	8.17
威海徐家疃柿树纯林	N：37°23′21″ E：122°7′19″	0～20	20.58	3.04	1.08	13.84	28.16	74.09	373	7.57
		20～40	20.35	3.16	1.22	12.73	29.38	78.47	251	7.03
		40～60	20.82	2.88	1.36	12.80	27.75	6.75	172	6.88
		0～60	20.58	3.03	1.22	13.12	28.43	53.10	265.63	7.16

模型	经纬度	土层厚度/cm	有机质/(g/kg)	全氮/(g/kg)	全磷/(g/kg)	全钾/(g/kg)	速效氮/(mg/kg)	速效磷/(mg/kg)	速效钾/(mg/kg)	pH
威海徐家疃桑树纯林	N：37°23′15″ E：122°6′45″	0～20	16.48	3.14	0.57	12.80	29.18	41.20	295	6.79
		20～40	13.79	2.70	0.60	11.20	28.03	44.06	121	6.82
		40～60	13.02	2.62	0.58	12.70	26.64	61.07	153	6.28
		0～60	14.43	2.82	0.58	12.23	27.95	48.78	189.27	6.63
威海徐家疃樱桃纯林	N：37°23′56″ E：122°7′28″	0～20	14.28	2.94	0.76	12.70	30.13	60.29	190	6.53
		20～40	13.96	2.79	0.68	12.12	28.92	55.48	186	6.62
		40～60	8.75	2.59	1.77	12.78	27.45	147.98	221	6.29
		0～60	12.33	2.77	1.07	12.53	28.83	87.91	198.87	6.48
威海徐家疃苹果纯林	N：37°23′5″ E：122°7′31″	0～20	23.20	3.13	0.77	13.20	28.06	41.15	240	7.18
		20～40	43.25	2.73	0.67	12.89	29.27	35.07	129	6.91
		40～60	45.64	2.83	0.49	13.74	27.63	35.81	171	6.84
		0～60	37.36	2.90	0.64	13.28	28.32	37.34	180.07	6.98
威海徐家疃桃树纯林	N：37°23′10″ E：122°7′33″	0～20	26.12	3.02	0.42	14.23	30.28	13.24	89	5.76
		20～40	13.44	2.75	0.44	13.82	29.17	8.29	56	5.15
		40～60	9.02	2.72	0.35	12.74	28.65	7.02	71	5.64
		0～60	16.19	2.83	0.41	13.60	29.37	9.52	72.00	6.02
威海徐家疃桃桑树板栗混交林	N：37°23′5″ E：122°7′34″	0～20	18.28	2.85	0.58	13.84	29.54	31.92	153	6.65
		20～40	14.26	2.76	0.49	13.62	28.69	30.64	64	6.82
		40～60	11.98	2.58	0.39	13.12	28.53	8.36	59	6.71
		0～60	14.84	2.73	0.54	13.53	28.92	23.64	92.02	6.73
威海徐家疃板栗桃树混交林	N：37°22′25″ E：122°7′35″	0～20	10.05	3.12	0.13	11.72	30.02	0.98	104	6.12
		20～40	3.12	2.82	0.07	11.21	27.75	0.73	99	6.26
		0～40	6.59	2.97	0.10	11.47	28.89	0.86	101.40	6.19
威海仙姑顶黑松麻栎黄栌混交林	N：37°27′51″ E：122°6′20″	0～20	58.16	3.76	0.39	18.26	31.22	5.73	181	6.22
		20～40	43.22	3.61	0.30	16.84	29.87	2.70	77	6.36
		0～40	50.69	3.69	0.35	17.55	30.55	4.21	128.80	6.29
威海陶家夼黑松麻栎黄栌混交林	N：37°28′27″ E：122°6′28″	0～20	26.35	3.34	0.33	16.10	28.33	2.98	86	6.35
		20～40	23.06	3.13	0.26	16.30	30.74	0.67	48	6.19
		0～40	24.71	3.23	0.30	16.20	29.54	1.83	66.90	6.27

模型	经纬度	土层厚度/cm	有机质/(g/kg)	全氮/(g/kg)	全磷/(g/kg)	全钾/(g/kg)	速效氮/(mg/kg)	速效磷/(mg/kg)	速效钾/(mg/kg)	pH
威海陶家夼麻栎赤松混交林	N：37°28′26″ E：122°6′28″	0～20	31.02	3.63	0.45	14.20	30.44	6.43	92	6.28
		20～40	10.24	3.61	0.32	13.80	30.68	2.94	70	6.22
		0～40	20.63	3.62	0.39	14.00	30.56	4.68	81.10	6.25
威海陶家夼黑松纯林	N：37°28′39″ E：122°6′42″	0～20	15.63	2.94	0.23	15.70	28.79	0.58	53	6.17
		20～40	10.36	2.83	0.21	17.90	29.35	0.50	42	6.19
		0～40	12.99	2.88	0.22	16.80	29.07	0.54	47.15	6.18
威海森防中队黑松刺槐麻栎混交林	N：37°27′58″ E：122°6′54″	0～20	12.04	3.14	0.23	18.40	31.74	0.25	83	6.33
		20～40	13.78	2.71	0.19	18.90	30.58	0.35	57	6.44
		0～40	12.91	2.92	0.21	18.65	31.16	0.30	69.65	6.39
威海森防中队赤松刺槐混交林	N：37°28′9″ E：122°7′9″	0～20	83.17	3.24	0.34	15.20	30.27	2.76	187	6.25
		20～40	43.08	2.71	0.31	17.00	30.42	0.92	137	6.43
		0～40	63.13	2.97	0.32	16.10	30.35	1.84	162.10	6.34
威海森防中队黑松纯林	N：37°28′5″ E：122°6′52″	0～20	8.24	3.01	0.23	19.50	28.65	0.61	72	6.46
		20～40	12.87	2.82	0.19	21.20	27.81	0.50	65	6.34
		0～40	10.56	2.92	0.21	20.35	28.23	0.55	68.25	6.40
对照3	N：37°27′30″ E：122°6′30″	0～20	4.54	0.48	0.11	10.2	26.3	0.55	55.3	6.01
		20～40	2.48	0.26	0.13	8.8	19.43	0.49	44.2	6.23
		0～40	3.51	0.37	0.12	9.50	22.87	0.52	49.75	6.12
对照4	N：37°28′40″ E：122°6′40″	0～20	12.86	0.57	0.20	15.7	24.5	0.57	51.2	6.17
		20～40	8.87	0.48	0.23	17.9	17.84	0.48	40.6	6.06
		0～40	10.86	0.53	0.21	16.80	21.17	0.53	45.90	6.12

第三篇

森林认证工作报告

森林认证在环境非政府组织和民间组织推动下，作为促进森林可持续经营的一种市场机制，于 20 世纪 90 年代初发起并逐步发展壮大。目前已得到了全球大多数国家和非政府组织的认同，在促进森林可持续经营、维护世界林产品贸易正常化和生态化方面发挥着重要作用。在中国，森林认证也受到政府的高度重视，国家林业和草原局已建立了国家森林认证体系，而中国越来越多的企业根据国际市场需求，开展了国际体系森林管理委员会的认证。2014 年 2 月 5 日，中国林业发生了一件具有里程碑意义的重要事件——中国森林认证体系（CFCC）与森林认证体系认可计划（PEFC）实现互认。森林认证是提升可持续发展能力的重要手段，是服务于生态文明与美丽中国建设的重要内容。欧投行森林认证项目正是在森林认证国际发展大趋势下确立的，对提升山东省森林可持续发展能力至关重要，项目期为 2017—2023 年。

1 项目概况

1.1 研究内容

（1）确定项目试点县（市、区）森林认证林分，根据不同试点单位情况编制试点实施方案，开展试点示范

根据项目试点县（市、区）森林分布与林产品经营交易状况，选择具有典型代表意义的、有一定面积的林分作为试点单位森林认证林分，开展森林认证试点工作，从试点的背景、实施过程到认证结果，做好认证试点示范。

（2）开展森林认证培训与宣传工作

在确定森林认证试点县（市、区）及认证林分的基础上，组织专家对项目市、试点县（市、区）及实施主体进行森林认证相关内容的培训。重点培训 CFCS 的指标体系、认证流程、能力建设及实地操作等内容，详细分解细化资料准备、宣传培训、基地建设、体系建立、审核认证等各阶段。同时，加强森林认证项目的宣传工作，从领导、技术以及合作社具体人员层面加大宣传力度，使项目能够得到领导的高度重视，能够给予技术以及具体参与人员的清晰认识。

（3）森林认证管理体系文件的建立

根据森林认证项目实施以及认证审核的要求，建立森林认证管理体系，主要包括法律法规文件、制度、计划文件、记录管理、权属、森林经营方案编制以及国家森林认证标准要求的其他重要内容。

（4）有序组织各实施主体进行模拟认证

项目组将根据各实施主体实际情况与项目实施情况，有序组织各实施主体开展模拟认证，撰写申报材料，指导如何进行开展森林认证申请，使其及时掌握申请认证的技术要求、流程要求等，为开展正式认证奠定基础。

（5）开展板栗、茶叶、白蜡、白榆林森林认证工作

项目林通过森林认证，模拟认证结束，在基础工作完备的条件下，项目组根据森林认证的具体流程，指导安排森林经营机构向森林认证机构正式提出认证申请，开始板栗、茶叶、白蜡、白榆林森林认证工作，使其最终通过森林认证。

1.2 研究方法

（1）成立领导小组及技术小组

为保证项目的顺利实施和各项工作的有序安排，成立项目领导小组与技术小组。领导小组由山东省林业厅、省林科院、基地市政府、基地市林业局、镇政府领导组成，领导小组的主要职能是：立足职能，积极协调，密切配合，认真组织项目实施。一是研究解决项目实施遇到的各种问题；二是指导、协调、监督、检查项目工作。技术小组由上述单位林业科研、生产的技术骨干组成，负责项目方案的制定、实施，切实项目的顺利开展。

（2）试点县（市、区）实地调研与基础材料的收集

组织森林认证方面的专家对各项目地进行林业经营现状和经营类型调研，专家组由大专院校、科研院所等相关专业的专家组成，调研内容包括拟开展森林认证单位其森林经营现状、管理技术和理念、对森林认证的认识等内容。

对试点县（市、区）有关森林认证的资料进行了收集和整理，主要包括以下几个方面：自然概况，包括地理位置、地形地势、气候水文、土壤状况、植被特点等；社会经济情况，包括土地与人口、劳力、国民经济状况、交通、通信、邮电等；林业资源情况，包括林业用地面积与布局、森林类型分布、立地条件等；经营效益评价与预测，包括森林分类经营现状、发展规划、未来需求定位等。

（3）多方向、多层级、多次数开展森林认证培训工作

森林认证培训工作是项目实施中非常重要的方面，项目组将加大力度着力开展此项工作。培训方式采取逐级培训、重点突出、方式多样、理论与实际操作相结合的原则进行。培训对象涉及不同层级主要的管理人员、技术人员以及项目区的相关合作社人员。培训内容主要包括森林认证标准指标分解、管理体系文件如何建立、森林认证流程、森林认证审核原则、森林认证指标文件的整改等。

（4）根据标准逐条建立森林认证管理体系文件并分类归档

项目组根据森林经营认证标准的9个原则（国家法律法规和国际公约、森林权属、当地社区和劳动者权利、森林经营方案、森林资源培育和利用、生物多样性保护、环境影响、森林保护、森林检测和档案管理）、46条标准、148个指标的具体要求分别收集、撰写相关要求的文件资料，建立一整套完备的管理体系文件材料，并且分类归档管理。

（5）学习相关国内外森林认证经验和理念

组织参加项目试点人员及时学习国内外森林认证的先进经营技术和理念；组织试点人员参加国内外举办的各类森林认证研讨会议，让试点人员及时了解森林认证国内外进展以及最新理念；组织试点人员到国内已开展森林认证的省市实地学习森林认证的管理技术、森林认证经验、森林认证申请注意事项等多项内容；组织试点人员到国外学习，引

进国际最新的科技信息、能力提升、督查生态管理体系的运行状况、国际认证的申报等。

（6）组织森林认证专家开展项目认证内部审核

开展项目内审是试点单位模拟认证的主要方法。项目组将组织森林认证专家按照正式森林认证流程开展模拟认证，按照 CFCS 体系标准的原则指标要求与森林认证管理体系文件进行逐条比对，查找是否存在不符合项，并按照比对结果，指导各实施主体对不符合项进行整改。在审核内部文件材料的同时，对森林经营现场进行实地审核，检查是否存在不符合标准指标要求的情况。

（7）开展项目林森林认证工作

模拟审核结束之后，根据森林认证实施的具体流程，由项目承担单位知道森林经营机构正式向森林认证机构提出认证申请，开始项目林的森林认证工作，认证过程中，项目组根据认证机构审核专家提出的意见，修改完善不符合项，使项目林并最终通过森林认证。

1.3　技术路线

项目实施过程技术路线和认证过程流程如图 3-1-1 和图 3-1-2 所示。

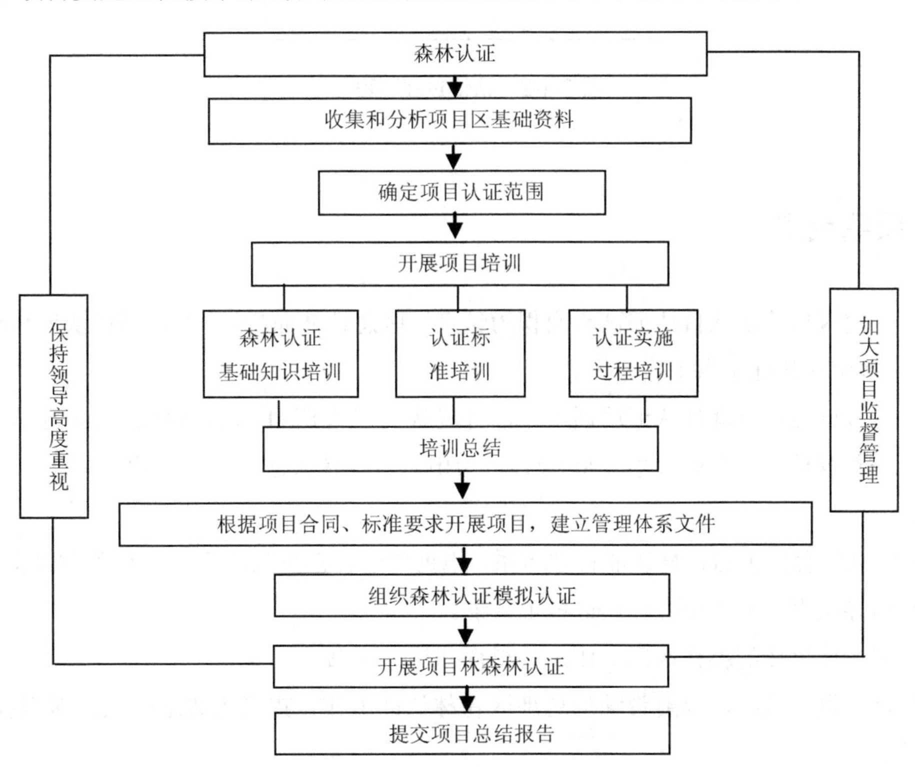

图 3-1-1　项目实施过程技术路线

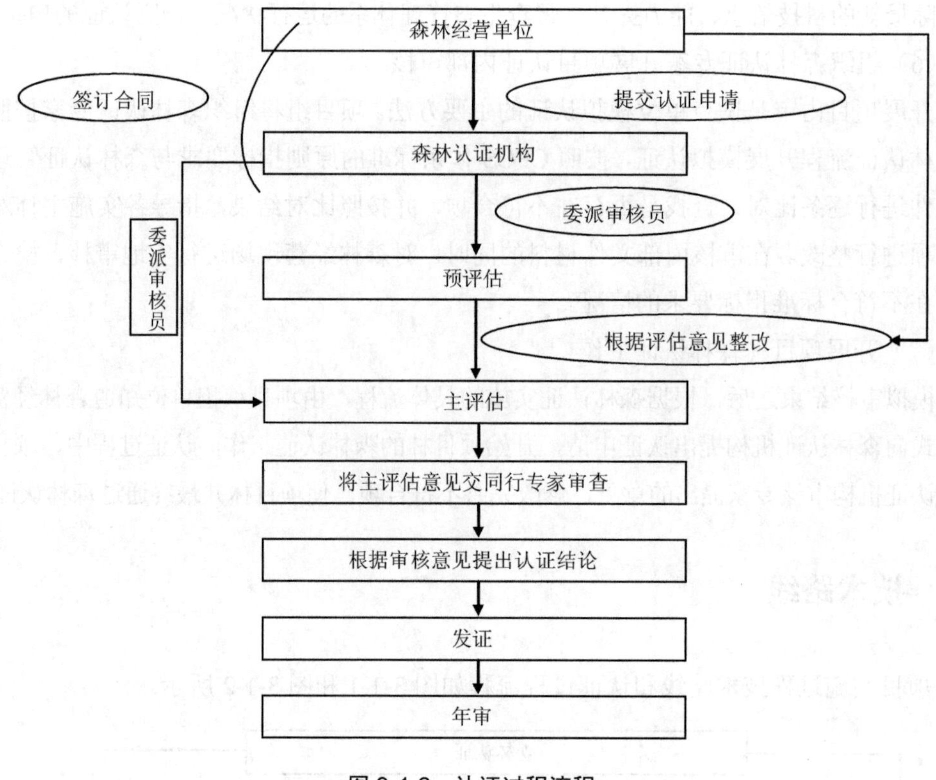

图 3-1-2 认证过程流程

1.4 预期成果

1）确定森林认证项目认证试点面积为试点地区总造林面积的 1%，确认认证林种，制定试点单位的认证试点工作方案。

2）进行试点单位森林认证培训工作，开展认证培训 8～10 次，培训 1 200 余人次。

3）培养森林认证专业人才 100 余人，为山东省森林认证打造一支业务素质过硬的人才队伍。

4）建立整套完善的森林认证管理体系，根据所建体系条款收集归档相关体系文件。

5）指导试点单位完成森林认证模拟认证。

6）完成项目林的森林认证工作，获得森林认证证书。

7）以项目为核心，辐射带动周边地区森林认证工作，提高周边地区人员对森林认证的认识。

8）发表论文 2～3 篇，出版著作 1 部。

9）提交项目年度工作总结与项目整体工作总结。

2　项目进展情况

2.1　项目总体进展情况

本项目自立项开始，严格按照项目合同的要求有序进行，项目确定认证总面积 14 816 亩；开展技术培训 7 次，培训人数 360 人次；开展经验交流学习 2 次；开展了可持续经营方案的编写工作与森林认证管理体系文件的建立工作，撰写书籍一本，茶叶于 2019 年 7 月通过森林认证和非木质林产品认证。项目正按照合同要求与进度安排有序开展。

2.2　项目具体进展情况

2.2.1　成立省级、市级专项小组

为保证项目高效、高质、有序、按时实施，成立省级和市级项目专项小组，专项小组分为领导小组和技术小组，明确分工，各负其责。专项小组系统的对森林认证的知识体系、标准文件以及实施要求进行了全面了解，根据全省防护林工程项目分布区域和各项目区实际情况，确认了森林认证项目的实施区域乳山市、沾化区和利津县，认证对象分别为茶叶、板栗、白蜡、白榆。森林认证项目实施市县（区）对认证的具体地点、范围、权属、面积、认证主体类型和数量进行了确认。根据项目实施的总体时间路线框架，制定了项目实施方案。

2.2.2　开展标准适应性测试

对照标准，根据认证体系的要求，测试标准适应性。认证项目主要为森林认证中的森林经营认证，其认证标准为森林经营认证标准，即 FM 标准，为保证项目的顺利开展，从基础着手，首先根据项目实施区域的实际情况和参与认证的树种情况，对照认证标准逐条比对，查看标准在项目区域针对项目树种的适应性，根据标准的适应程度，进行适当的调整，以保证顺利通过最后的认证。

目前主要开展了非木质林产品认证标准与茶叶认证的适应性测试，项目组根据茶园实际经营情况，比照《中国森林认证　非木质林产品经营》（LY/T 2273—2014），对标准

进行逐条测试，检验标准指标在茶园经营及茶叶非木质林产品认证过程的适应性。通过对标准的逐条评估，认为茶叶非木质林经营活动基本满足《中国森林认证 非木质林产品经营》（GB/T 39358—2020）的要求，茶叶非木质林经营活动能够比较严格地按照标准中指标要求开展，但也存在个别指标适应性差、部分指标包含内容不全面等问题。通过比对检验发现问题，找出原因，提出建议，完成适应性测试报告（表 3-2-1）。

表 3-2-1 标准测评统计表

标准内容	实际经营状况	测评与修改意见	修改结果
4 遵守国家法律法规、规章和相关国际公约			
4.1 遵守国家相关法律法规			
4.1.1 非木质林产品生产经营者应备有现行的国家法律法规文本（参见附录 A）	已经收集整理了相关的国家法律法规、规章和相关国际公约文件	无具体意见	
4.1.2 非木质林产品经营应符合国家相关法律法规的要求	未发现违法行为	无具体意见	
4.1.3 非木质林产品生产经营管理和作业人员应了解国家和地方相关法律法规要求	管理和作业人员了解了国家和地方法律法规关于非木质林产品经营的相关要求	无具体意见	
4.1.4 非木质林产品经营者已依法采取措施及时纠正其违法行为，并记录在案	未发现违法行为	无具体意见	

2.2.3 确定认证范围面积

欧投行森林认证项目主要包括“白榆、白蜡森林认证”“茶叶森林认证”和“板栗森林认证”三个子项目。其中“白榆、白蜡森林认证”项目区主要位于滨州沾化区、东营利津县，“茶叶森林认证”和“板栗森林认证”项目区位于威海乳山市。

项目区认证总面积 14 816 亩，其中沾化区白蜡 860 亩，位于沾化区冯家镇票家村；利津白榆白蜡 6 819 亩，主要分布在北宋、陈庄、利津、盐窝、明集、汀罗等镇；乳山茶叶 3 459 亩，主要分布在南黄镇、乳山寨镇、徐家镇、海阳所镇、白沙滩镇、下初镇、育黎镇、乳山口镇和大孤山镇 9 个乡镇，涉及山东北宗茶业有限公司、威海威茗茶业有限公司、乳山市凤凰山茶业有限公司、乳山市爱母茶叶专业合作社、乳山市禾香缘茶厂等 18 家单位；乳山板栗 3 678 亩，主要分布在崖子镇台上村、转山头村和矫家泊村。项目认证试点位置、参与认证试点项目范围如图 3-2-1 所示。图 3-2-2 为项目确界现场。

图 3-2-1　项目认证试点位置、参与认证试点项目范围

图 3-2-2　项目确界现场

2.2.4　制定管理规定

为保证造林成活率，提高认证树种的经济效益，在造林技术、抚育技术、农药施用、化肥施用等方面制定了一系列的管理规定，如《白榆经营技术要点》《板栗栽培技术要

点》《板栗病虫害防治》《白蜡经营技术要点》《板栗的修剪与采摘》《茶园的耕锄和水土保持》《春季茶管理的技术要点》《种植无公害茶叶的技术要点》《茶园的施肥》《茶树病虫害及防治》《茶树的修剪》《茶叶采摘》等，规范化、科学化认证树种及其生长环境和日常生产管理。

2.2.5 编制认证树种森林经营方案

项目区现有相关数据材料收集。对沾化区、利津县、乳山市有关基础性资料进行了收集和整理，主要包括以下几个方面：自然概况，包括地理位置、地形地势、气候水文、土壤状况、植被特点等；社会经济情况，包括土地与人口、劳力、国民经济状况、交通、通信、邮电等；林业资源情况，包括林业用地面积与布局、白蜡和白榆的种植面积与分布情况、茶园和板栗的面积与分布情况、立地条件类型等；经营效益评价与预测，包括白榆和白蜡目前的种植现状、木材市场供求情况以及未来发展前景等，茶叶和板栗目前种植现状、市场供应状况、未来市场需求预测、发展茶叶生产经营产业链的有利条件等。

白蜡、白榆、板栗和茶叶经营外业调查。针对现有材料中缺乏部分，进行外业调查，包括：白榆和白蜡经营管理调查，调查不同立地下白榆、白蜡的生长情况，经营管理技术等。不同茶园及茶叶经营加工企业情况调查，调查不同茶园茶叶种类、数量、种植面积、经营条件等。板栗实际经营情况调查，调查种植板栗的种类，不同品种的种植面积，选择品种的标准、管护技术以及板栗的销售价格和市场需求等，对所选取标准地的经营主体进行调查，询问经营状况，同时宣传森林认证的相关知识和可持续经营技术与重要性。

可持续经营方案的论证与编写。编写白榆、白蜡、板栗、茶叶经营方案。现状分析：首先对沾化区、利津县、乳山市现有认证树种资源及其经营进行分析，对比森林认证所要求的可持续经营寻找差距，为编制森林经营方案做准备。确定编制经营方案的整体框架：根据沾化区、利津县、乳山市认证树种的经营现状，经过反复讨论，并借鉴其他地区类似成功经验，确定经营方案的编制框架，根据实际情况确定经营布局、规模和区划，按照经营方案编制的指导思想、基本原则和主要依据，开展经营方案的编制工作。

2.2.6 开展技术培训与交流

项目自实施以来，先后开展了 7 次不同规模、针对不同培训对象的技术培训和 2 次交流学习，培训 360 余人次，培训交流效果显著。

2018 年 6 月 4 日，项目组赴乳山市开展项目培训工作，培训对象主要是威海市林业局、乳山市林业局和茶园的管理和技术人员。培训内容包括项目实施意义、项目实施计划、项目地的选择、项目实施方案的制定、项目相关资料的收集等，发放并讲解了相关的森林认证文件资料（图 3-2-3）。通过与相关单位管理和技术人员的沟通，结合项目区茶叶生产、管理经营的实际情况，经过现场考察，确定合适的森林认证范围，制订项目实施计划。

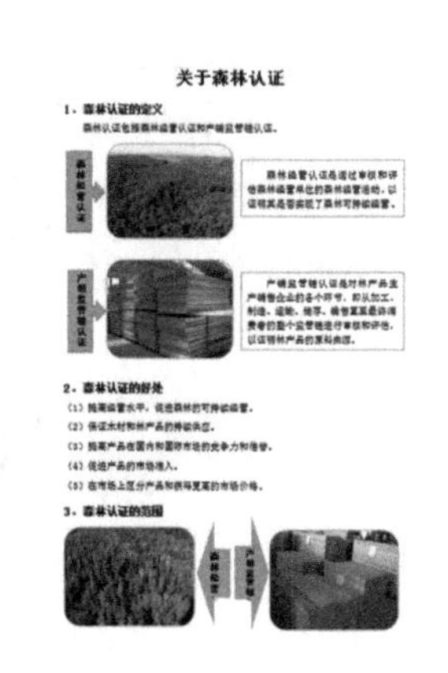

图 3-2-3　2018 年 6 月培训现场与材料

2018 年 7 月 11 日，项目组在前期培训基础上，根据项目合同以及项目实施的需要，有针对性地开展了进一步的培训。项目组根据参加培训对象特点，针对性地开展了森林认证实施意义、森林认证发展前景、对茶叶发展的促进作用、认证标识和认证程序等培训，发放并讲解了《中国森林认证 森林经营》(GB/T 28951—2012)、《中国森林认证 产销监管链》(GB/T 28952—2012)、《中国森林认证 非木质林产品（总则）》的解读文件等资料（图 3-2-4）。结合沾化冬枣、阳信鸭梨、栖霞苹果等非木质林产品认证试点项目就森林认证，特别是对非木质林产品认证的概念原则、项目的具体实施流程以及实施后效益进行了详细讲解。本次培训对象主要涉及茶园、合作社、茶农、茶叶生产加工企业等。会后，就如何将现有森林经营技术与认证要求进行对接、认证后如何进一步扩大产品销路、提升产品质量等内容进行了交流、探讨。通过本次培训，让项目参与地区领导以及项目区林业管理、技术人员和茶农对森林认证意义、内容、标准、操作流程等有了全面了解，有效促进了森林认证工作的顺利实施。

图 3-2-4 2018 年 7 月培训现场与材料

2018 年 10 月 11 日，结合欧洲投资银行贷款沿海防护林工程项目技术培训班，项目组开展了森林认证、非木质林产品认证的培训，主要讲解了何为森林认证，森林认证的内涵、起源，森林认证的发展、包含的认证内容，以及森林认证项目如何实施等内容（图 3-2-5）。通过培训，让森林认证项目区人员和其他与会人员对森林认证工作的开展有了整体的了解，促进了项目区森林认证工作开展的同时，有力地宣传了森林认证的相关知识。

图 3-2-5 2018 年 10 月培训现场与材料

2018 年 10 月 16 日，为进一步做好项目实施工作，加强认证能力建设，更加利于各企业、合作社成员对项目实施的深入理解，进一步提高其参与项目的积极性，项目组针对茶叶认证项目管理人员、技术人员及利益相关方开展了茶叶认证技术培训。中国林业科学研究院林业科技信息研究所徐斌研究员、赵麟萱助理研究员、吉林松柏森林认证有限公司李晟总工程师、乳山市孔祥雷副市长、山东省林业科学研究院相关专家、乳山市林业局相关领导出席了培训会议，会议由乳山市林业局局长于晓东主持，徐斌研究员、赵麟萱助理研究员和李晟总工分别从非木质林产品经营认证标准解读、森林认证助力非木质林产品提质增效和非木质林产品认证技术要点等角度做了详细的讲解。

本次培训让大家对森林认证和非木质林产品认证以及项目的施行有了更加深入、更加全面的了解，为下一步项目茶叶认证工作的开展奠定了良好的基础。会后各位专家领导与茶农进行了细致交流，并对茶农提出的关于森林认证的问题进行了详细耐心解答（图 3-2-6～图 3-2-8）。

图 3-2-6　2018 年 10 月培训现场

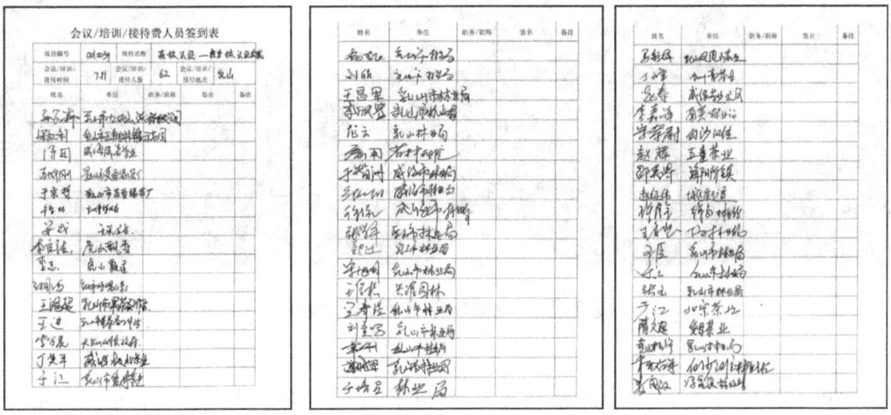

会议/培训/接待费人员签到表

图 3-2-7　部分培训签到表

图 3-2-8 部分培训材料

2019 年 3 月 18 日，根据项目的总体安排，项目组在乳山市开展了森林认证项目培训会议，开展了森林认证、非木质林产品认证的培训，省自然资源厅林业外资与工程项目管理站、山东省林业科学研究院、山东大学、临沂市林业科技推广中心、乳山市政府、乳山市自然资源局的相关人员参加了会议。会议由省自然资源厅林业外资与工程项目管理站站长主持，乳山市副市长致辞，介绍了乳山市及乳山市茶叶、板栗的基本情况，表示了对项目的大力支持。

省林业科学研究院研究员介绍了森林认证项目的有关背景，然后详细介绍了森林认证的目的意义、技术要点、具体指标、项目实施的具体操作流程、乳山前期开展茶叶认证的案例和经验，并对本项目以板栗认证为主的主要任务做了详细介绍，对以后项目实施任务分工提出了建议，为森林认证项目的实施规划了一个具体的框架，使与会人员对项目的实施有了一个相对清晰的思路，增强了项目实施的信心，为项目以后顺利实施打下良好的基础。之后，承担单位和项目协作单位的领导、专家、工作人员就本次板栗林认证的任务分工、时间节点等具体问题进行了讨论，并形成了具体意见（图 3-2-9）。

图 3-2-9 2019 年 3 月培训现场

2019 年 4 月 9 日，省林业外资与工程项目管理站与项目组根据目前项目实施进度，在滨州市组织开展了森林认证培训会议，主要针对为滨州市、沾化区、东营市、利津县的项目参与单位的管理及技术人员，开展了森林认证项目实施意义、体系建设进展、认证的标准指标和技术要点、森林认证标准的解读及认证需要的准备工作的相关内容培训，与沾化区、利津县项目实施区讨论明确了项目实施的具体任务分工与实践节点安排（图 3-2-10）。

图 3-2-10　2019 年 4 月培训现场

2019 年 5 月 27 日，根据项目的计划安排与实施进度，项目组组织开展了森林认证培训会议，主要进行了森林认证、非木质林产品认证的培训，省自然资源厅林业外资与工程项目管理站、山东省林业科学研究院、山东大学、临沂市林业科技推广中心、乳山市政府、乳山市自然资源局的相关人员参加了会议。会议由山东大学生命科学学院王仁卿教授主持，省林业科学研究院房用研究员作了“森林认证标准和技术要点”的专题培训，介绍了森林认证的基本概况、中国森林认证意义、发展历程和主要内容以及如何开展森林认证、认证的程序以及其他相关工作，并以已完成的非木质林产品认证（沾化冬枣）项目为例，详细地向参会人员讲解了森林认证的过程与方法（图 3-2-11）。本次培训促进了项目的进展，宣传了森林认证的知识，扩大了森林认证的影响。

图 3-2-11　2019 年 5 月培训现场

2019 年 8 月 12—21 日，为助力山东省森林认证和森林可持续经营工作的开展，保证课题的顺利实施，经山东省人民政府外事办公室批准，应英国森林认证认可计划委员会和伦敦林木理事协会邀请，项目组成员赴英国爱丁堡大学可持续森林和景观中心、伯明翰森林研究所、英国森林认证认可计划委员会和伦敦林木理事协会等机构交流学习，详细了解英国林业的相关情况，就英国的林业资源管理、林业可持续经营、森林认证工作开展、林业制度政策以及认证利益方的协调等方面与走访机构的管理和研究人员进行了广泛研讨和交流，深入学习了英国在森林认证、森林可持续经营等方面的先进技术与成熟的经验方法（图 3-2-12）。

图 3-2-12　2019 年 8 月交流现场

本次交流学习使项目组成员对森林认证有了更加深入的了解，认识到森林认证是实现森林可持续经营的重要途径，学习了森林认证体系的规范管理和良好的行业秩序以及多方位的利益相关者沟通技巧，有助于我们将森林认证和森林可持续经营更好地结合起来，对森林认证课题的高效开展有很重要的指导和借鉴作用。

2019 年 9 月 26—29 日，为更好地开展森林认证的宣传，推广山东省森林认证开展的好的经验做法，了解其他地区森林认证工作的开展情况，学习其他地区森林认证的经验，应勐海县农产品质量安全中心的邀请，参加了勐海县举办的茶叶座谈交流与现场调研活动，开展了茶叶工作交流，探讨了茶叶—非木质林产品认证最新进展和发展态势，互动了南茶北引的技术合作与交流，通过本次交流学习，进一步夯实我省森林认证项目成果，提升山东省茶叶产业可持续经营和产业发展能力，助力山东省森林认证工作的开展（图 3-2-13）。

图 3-2-13　2019 年 9 月调研现场

2019 年 11 月 12 日，为推进森林认证项目工作的顺利开展，进一步做好项目实施工作，根据项目实施进度和计划安排，在滨州市沾化区组织召开了技术培训会议。主要开展了森林认证体系建设进展、森林认证流程及技术要点、森林经营方案编制及认证项目工作进展等方面的培训，国家林业和草原局、省自然资源厅林业外资与工程项目管理站、山东省林业科学研究院、山东大学、临沂市林业科技推广中心、滨州市自然资源局、沾化区区委、沾化区自然资源局、乳山市自然资源局、吉林松柏认证公司的相关人员参加了会议。会议由滨州市自然资源局副局长主持，沾化区区委书记进行了会议致辞，沾化区委常委、副区长进行了典型发言，国家林业和草原局、省自然资源厅林业外资与工程项目管理站和吉林松柏认证公司的专家进行了授课，会议最后沾化区自然资源局局长做了总结发言，表示了对项目的大力支持（图 3-2-14）。

图 3-2-14　2019 年 11 月培训现场

2019 年 12 月 17 日，根据项目实施进度安排，在威海市乳山市召开了森林认证培训会议，会议主要进行了中国森林认证体系建设进展、森林经营方案的编制、认证项目实施进展和相关认证流程与要点的培训，国家林业和草原局、省自然资源厅林业外资与工程项目管理站、山东省林业科学研究院、山东大学、临沂市林业科技推广中心、沾化区自然资源局、威海市林业局、乳山市自然资源局、吉林松柏认证公司的相关人员参加了会议（图 3-2-15）。

达到培训效果。在森林认证和非木质产品认证的学习、培训过程中，来自中国林科院、吉林松柏认证公司、山东大学、临沂市林业科技推广中心、省林科院等单位的专家、教授对沾化区、利津县、乳山市项目相关的管理人员、技术人员以及项目区的合作社人员和相关企业人员及周边地区林业技术人员进行了 7 次卓有成效的培训，使各层次经营管理、技术以及操作人员了解了森林认证、非木质林产品认证的基本知识，认识到开展森林认证对促进林业可持续经营、推动林业发展、提高林业管理水平的好处，推动项目进展的同时，有力地宣传了森林认证，提高了森林认证在项目区林农、茶农、果农当中的辨识率，以点带面，项目区辐射带动周边地区，增强了森林认证在山东省的影响力。通过开展技术交流学习，更加充分认识到森林认证是实现森林可持续经营的重要途径，学习了森林认证体系的规范管理和良好的行业秩序以及多方位的利益相关者沟通技巧，宣传了我省开展森林认证的经验方法，有助于我们将森林认证和森林可持续经营更好地结合起来，对森林认证课题的高效开展有很重要的指导和借鉴作用。

图 3-2-15　2019 年 12 月培训现场

2.2.7　开展项目经验总结、森林认证宣传工作

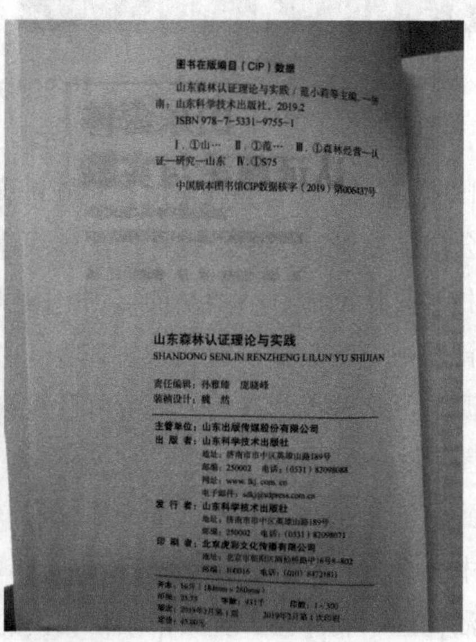

图书在版编目（CIP）数据

山东森林认证理论与实践 / 范小莉等主编. —济南：山东科学技术出版社，2019.2
ISBN 978-7-5331-9755-1

Ⅰ. ①山… Ⅱ. ①范… Ⅲ. ①森林经营—认证—研究—山东 Ⅳ. ①S75

山东森林认证理论与实践
SHANDONG SENLIN RENZHENG LILUN YU SHIJIAN

主管单位：山东出版传媒股份有限公司
出 版 者：山东科学技术出版社
发 行 者：山东科学技术出版社
印 刷 者：北京虎彩文化传播有限公司

图 3-2-16　出版书籍

项目组积极开展该项目的森林认证宣传工作，结合已经开展的森林认证项目，进行认证工作经验总结，边实施边总结，总结经验、发现问题，推进森林认证项目的开展，

延伸欧投行森林认证项目的影响力，保证项目的实施效果，实现项目实施的目的。项目组根据已经完成的森林认证、非木质林产品的相关项目，撰写并出版《山东森林认证理论与实践》一书（图 3-2-16）。本书通过剖析项目组开展的费县杨树人工林森林认证工作和沾化冬枣、阳信鸭梨、栖霞苹果非木质林产品的案例，全面介绍关于森林认证的相关知识，对如何开展森林认证相关项目进行了详细的介绍。

2.2.8 管理体系文件的建立

根据管理体系文件的建档要求，主要开展了技术资料的收集、技术规范文件的制定与编写等工作。搜集了包括《环境保护法（2014 修订）》在内的 20 部法律、《水土保持法实施条例（2011 修订）》在内的 12 部法规、《林木林地权属争议处理办法（1996）》在内的 15 部部门规章、中国禁止或严格限制的有毒化学品名录（第一批）（1998）在内的 6 份文件、《联合国气候变化框架公约》在内的 7 个国家签署的相关国际公约和协议以及《国家重点保护野生动物名录》在内的 11 个相关技术规程和指南。在技术规程方面，主要搜集编制了《森林经营方案编制与实施纲要》（2006）（国家林业局）、《中国森林可持续经营方案指南》（2006）（国家林业局）、LY/T 1607—2003《造林作业设计规程》《春季茶管理的技术要点》《种植无公害茶叶的技术要点》《茶园的耕锄和水土保持》《茶园的施肥》《茶树病虫害及防治》《茶树的修剪》《茶叶采摘》《板栗栽培管理要点》《板栗病虫害防治》等方面的资料。综合收集的项目区相关资料，结合实际踏查，分析项目区认证树种的经营现状，确定了编制经营方案的整体框架，并形成初稿。在技术档案建立方面，以生产经营单位为单位，按照标准要求逐条整理，把收集、编制、整理的项目相关材料装入档案盒，分类归档管理。

3 项目前景

3.1 保护当地生态环境，促进林业生产经营理念的改变

森林认证要求认证林的经营活动是可持续性的，其中一项重要内容是对环境的保护。通过开展森林认证培训和实施森林认证项目，使当地林业管理部门管理人员、技术人员及当地林农等相关利益方了解和掌握了森林认证对环境保护的要求，在生产经营理念上有了较大改变，在生产过程中更加注重当地环境的保护，严格控制农药等材料使用，在农药、化肥的使用上更加科学、精准、环保，既满足了生产需求，又减少了对产品的危害和对环境的污染，促进社会和经济的和谐发展。

3.2 促进当地林业可持续发展

森林认证要求相关经营单位必须采用相应的标准与指标，并通过认证评估活动，使林地处于良好状态。通过森林认证的开展可以促进相关经营管理单位更好地贯彻林业可持续经营政策，监督、检验可持续林业的经营，促进林业的可持续发展。同时，认证基地生态环境的改善，也有力推动当地生态旅游业的发展，实现经济效益的综合提升，提高当地人民收入和生活水平。

3.3 减少技术贸易壁垒，加快当地林业经济与世界经济接轨

目前很多国家林产品市场已推行认证产品准入制，经过认证的林木或非木质林产品可以打破国际市场的环保贸易壁垒，使生产地企业进入国际大环境中发展。2014 年 2 月，中国森林认证体系与 PEFC 实现互认，之后，我国通过认证的林产品可以打破国际市场的贸易壁垒，出口到包括 28 个欧盟国家在内的 36 个国家。通过实施本项目，可以使项目区林产品突破欧美等国的贸易壁垒，进入国际市场，扩大营销渠道，提高产品在国际市场的占有率与竞争力，使当地企业进入国际大环境中发展，增加林农经济收入，促进当地经济发展。

3.4　分辨产品真伪，实现生产过程的可追溯

开展森林认证，要求建立健全生产、管理、采集、运输等一系列标准化管理制度，实行一整套标准化生产技术规程，记录生产过程的每个环节。消费者通过产品许可号查询或者扫描二维码，可获得每个生产环节的具体情况。如果产品不达标，可以追溯到具体的生产管理者，促使生产管理者把严格控制生产过程的标准化作为一种自觉行动，加强了生产者的自律，保证了产品的质量。通过认证的非木质林产品可以获得一个独享的二维码，这个二维码可以用于辨别产品真伪。

3.5　提高森林经营水平，实现森林质量精准提升

根据森林认证的标准要求，相关经营单位要引进先进的管理体系和经营体系，改善管理单位、生产单位、企业经营管理状况，按照可持续经营标准进行森林经营，这将提高经营单位的生产效率和森林经营水平。从长远看，将提高森林的生产力，促进森林质量精准提升，形成林业产业的良性循环，真正实现森林的可持续发展。

4 存在的问题

4.1 对森林认证认识不够深刻，群众接受度较低

我国自 20 世纪 90 年代起积极参与国际森林认证事宜，但森林认证仍是一个新生事物，山东省在 2009 年第一次进行森林认证，项目组也相继开展过几项森林认证相关项目，虽有一定工作基础，但仍需加强，相关部门林业管理人员、技术人员以及广大基层林业干部职工和林农，对森林认证了解较少。

4.2 森林经营方案编制水平较低，需进一步提高

森林经营方案是森林认证审核中的重要内容，森林经营方案的制定是一项内容烦琐、难度较大的任务，专业性强，需要理论与实际的高度结合，目前制定的经营方案只是基于现有资料，理论性较强，虽然能满足经济林经营以及项目实施需求，但缺乏与实际的紧密结合，还需要更多数据资料进行完善，制定适合本地区特色的经营方案。

4.3 宣传力度不够大，层次不够深

宣传是快速让一种新事物进入大众视野的方式，虽然已经实施了一些森林认证的标准类、试点类项目，也取得了良好的成效，但能影响的范围还是较窄，层次比较单一，宣传也主要集中于项目范围内，浮于形式，森林认证并不能为多数人所知道，即使对森林认证有所了解，也只是仅限于知道，并不清楚森林认证的真正内涵。

5　下一步工作安排

5.1　加大森林认证工作的实施力度，提升其群众接受度

建立代表性示范项目，以实例、用数字，增加森林认证的群众接受度。集中投入、连续扶持，打造示范性森林认证项目，用具体的效益数字，让大家真正看到森林认证带来的好处，让真正受益的示范区人员现身说法，让大家真正接受森林认证。

5.2　增强对相关人员的培训力度，扩大专业人才队伍

森林认证是一项科技含量较高的工作，必须要有强有力的技术支撑。目前山东省虽然开展了一些森林认证的工作，有一定的经验，但技术仍相对薄弱，下一步多开展、多参加一些森林认证培训班、交流会等，增长知识、提高技能、扩大影响、壮大队伍，为进一步推进森林认证工作奠定人才基础。

5.3　提高经营方案编写水平，提升其适应性与可操作性

通过开展森林经营方案编写的培训，进一步提高森林经营方案编写水平，让项目区人员能够有足够的能力，制定出突出本地特色、适应当地林分的森林经营方案。

5.4　加大森林认证宣传力度与深度，扩大宣传范围，丰富宣传方式

充分发挥通过网络、报纸、电视等平台的作用，提高森林认证的认知度，耳濡目染之下，让森林认证深入大家的生活，成为一种习惯。定期发布森林认证技术信息，方便地方管理人员、技术人员及时了解当前森林认证的动态。以项目区为基点，辐射周边地区，让项目区以外的林农认识森林认证，扩大项目的影响力，促进山东省森林认证工作的开展。

板栗森林经营方案

（2019—2024 年）

山东省林业科学研究院、山东大学、临沂市林业科技推广中心

1 规划依据

本规划依据公司的实际经营状况以及今后五年的发展设想，在《乳山市森林经营方案》基础上编制。依照《中国森林认证 森林经营》（GB/T 28951—2012）、《中国森林认证 产销监管链》（GB/T 28952—2018）、《中国森林认证 非木质林产品经营》（LY/T 2273—2014）等标准的要求，提高生产、加工、销售等的规范性。

根据《乳山市林业发展“十三五”规划》中关于非木质资源的发展方向，并结合公司经营特点，本规划期以板栗为主产品，以野生蘑菇等非木质林产品为辅助，以期提高企业的经营效益。

2 自然社会经济状况

2.1 自然概况

（1）地理位置

乳山市位于山东半岛东南部，地处北纬 36°41′至 37°08′，东经 121°11′至 121°51′。东邻文登区，西毗海阳市，北接烟台市牟平区，南濒黄海。市域东西最大横距 60 km，南北最大纵距 48 km，总面积 1 668 km^2，青威高速公路、烟海高速公路、G309 国道、S202 省道和济威铁路穿境而过。

（2）海岸海域

乳山市海岸线西起乳山口，东至浪暖口，全长 199.27 km。沿海有大小港湾 12 个，自西向东主要有乳山口湾、葫芦岛湾、大圈海湾、塔岛湾、白沙湾、白沙口湾、洋村口湾、浪暖口湾等；岛屿 22 个，自西向东主要有东小青岛、浦岛、险岛（杜家岛）、塔岛、

竹岛、南黄岛、腰岛、宫家岛等，其中东小青岛、险岛（杜家岛）、南黄岛有居民居住。海岸类型以沙质岸为主，自西向东大体可分为 3 个岸带：乳山口内湾和杜家岛内湾至小泓为泥质带，潮间带 300～2 000 m；浦岛至白沙口以西为岩岸，潮间带 100～500 m；白沙口以东大部分为沙质岸，潮间带 300～1 000 m。乳山近海潮汐属正规半日潮类型，乳山口湾年平均潮差变化范围为 237～250 cm，有岬角 9 处。

（3）地质构造

乳山市地处胶辽古隆起胶东隆起之牟平、文登隆起带西南部。境内地质构造主要为华夏系背向斜及华夏系、新华夏系一组断裂构造系列。境内岩浆岩除昆嵛山体广泛出露外，燕山中晚期岩浆岩极为发育，几乎遍布各镇，有呈岩基状大面积出露的花岗岩，也有呈脉状分布的基性和半酸性脉岩。

（4）地形地貌

乳山市地处胶东低山丘陵区。北部和东西两侧多低山，中南部多丘陵，间有低山，地势呈簸箕状由北向南台阶式下降。乳山河和黄垒河两大河流发源北部山区，向南分别流经两侧低山与中部丘陵之间入海，沿岸形成冲积平原。南部沿海除丘陵外，有零星海积平原分布。

乳山市地形复杂，山脉蜿蜒，丘陵起伏，沟壑纵横，主要地貌类型分为山地、丘陵、平原，微地貌单元有 14 种。乳山属胶东低山丘陵区。北部和东、西两侧多低山，中、南部多丘陵，间有低山。地势呈簸箕状由北向南台阶式下降，地形呈南北纵列，境内山脉自西向东可分为三列，西列：山丘较高，有垛山、马石山垛崮顶、玉皇山诸峰绵延西北和西部边境，南伸乳山湾西岸。其中西北隅的垛山最高，主峰海拔 612.6 m，西隅的玉皇山次之，海拔 589.5 m，余者高度一般在 400 m 以下。中列的山丘平缓，主要有双山、黄山、三佛山、寨山等，还有大乳山、小乳山等低山零星分布，延伸入海，形成岛屿。其中东南部的寨山海拔 416 m 为最高。东列：低山起伏，斜贯东北边境。其中东北隅的尼姑顶最高，海拔 424.8 m。三列山丘之间形成两列谷地，为乳山河、黄垒河之冲积平原，海拔一般在 50 m 以下，地势平坦。海拔 400 m 以上的山峰 12 座，最高山峰垛山 612.6 m。乳山河和黄垒河两大河流向南分别流经两侧低山与中部丘陵之间入海，沿岸形成冲积小平原。南部沿海除丘陵外，有零星海积平原分布。境内山地平均海拔 300 m 以上，面积占全市总面积的 22.4%；丘陵海拔 100～300 m，面积占全市总面积的 50.3%；平原面积占全市总面积的 27.3%。

（5）气象因子

乳山市属暖温带东亚季风型大陆性气候，四季变化和季风进退都较明显，春季温差较大，夏季高温多雨，秋季凉爽干燥，冬季霜雪寒冷。与同纬度的内陆相比，具有气候温和、温差较小、雨水丰沛、光照充足、无霜期长的特点。

乳山市多年平均气温 12.6℃，极端最高气温 36.7℃，极端最低气温-20.3℃。年平均降水量 751.2 mm，年平均降水日为 88 天，平均相对湿度 72%。历年平均日照时数 2 669 h，年平均无霜期为 205 天，冰冻期 70 天左右，年平均风速为 3.1 m/s，年平均大风天数 36.7 天。自然灾害主要有旱、风、海雾和冰雹等，尤以春、秋旱和台风影响最大。

乳山市全年气候特征：

春季（3—5 月），平均气温 11.7℃，较历年偏高 1.0℃；日照时数 738.2 h，较历年偏多 16.2 h；降水量 183.7 mm，较历年偏多 67.5 mm。整个春季气温偏高，降水偏多，日照时数偏多。

夏季（6—8 月），平均气温 23.7℃，较历年偏低 0.1℃；日照时数 688.3 h，较历年偏多 50.5 h；降水量 458.8 mm，较历年偏少 2.5 mm。整个夏季气温偏高，降水量偏少，日照时数偏多。

秋季（9—11 月），平均气温 14.0℃，较历年偏高 0.2℃；日照时数 645.2 h，较历年偏少 0.1 h；降水量 80.6 mm，较历年偏少 52.8 mm。整个秋季气温略偏高，降水明显偏少，日照时数略偏少。

冬季（12 月—翌年 2 月），平均气温 0.3℃，较历年偏高 1.1℃；日照时数 548.7 h，较历年偏少 19.1 h；降水量 28.3 mm，较历年偏少 5.1 mm。整个冬季气温略偏高，降水偏少，日照时数偏少。

（6）土壤状况

据土壤普查资料，乳山市境内土壤共有 4 个土类、8 个亚类、75 个属类、153 个土种。棕壤面积最大，其次是潮土、盐土、褐土。棕壤分布最广，可利用面积 119 487 hm^2，占总可利用面积的 86.44%；潮土可利用面积 18 520 hm^2，占总可利用面积的 13.39%；盐土可利用面积为 212 hm^2，占总可利用面积的 0.15%；褐土可利用面积 32.8 hm^2，占总可利用面积的 0.02%。

（7）河流水文

乳山市境内河流属半岛边沿水系，为季风区雨源型河流。河床比降大，源短流急，暴涨暴落，径流量受季节影响差异较大，枯水季节多断流。共有大、小河流 393 条，其中 2.5 km 以上的 71 条。河流分属乳山河、黄垒河两大水系和南部沿海直接入海河流。乳山河为境内第一大河，发源于马石山南麓的垛鱼顶，全长 65 km，流域面积 954.3 km^2。黄垒河全长 69 km，发源于烟台市牟平区曲家口，境内长 48.6 km，流域面积 651.7 km^2。大型水库龙角山水库总库容 1.11 亿 m^3，其中兴利库容 0.67 亿 m^3，为乳山市最大淡水水源。

（8）植被特点

乳山市境内山地、丘陵、平原相间，植被种类较多，大体可分为林木植被、草类植被和农作物植被 3 种类型。

林木植被在境内不同地区的植被类型亦有所不同。山地丘陵上部主要为松类和栎类，中部以刺槐、臭椿、楸、紫穗槐、卫茅、映山红、酸枣等为主，下部以苹果、山楂、梨、桃、杏、李、板栗、核桃、柿子、葡萄等为主。平原谷地以杨类、柳类、泡桐、法桐、国槐、紫穗槐、桑等为主。滨海沙滩地带以黑松、刺槐、紫穗槐为最常见。

草类植被分布广泛，且均属天然植被。按地形、区域来区分，山丘地区主要以黄背草、狗尾草、羊胡草、鬼针叶草、白草、艾、蒿草等为主，平原地区则多生长马唐、节节草、三菱草、马齿苋、灰菜、苍耳等，滨海沙滩以芦苇、黑蒿、茅草为主，在一些河、湾、水库边沿及涝洼地带，多见芦苇、水葱、臭蒲、香蒲。

农作物植被主要分布在平原、沟谷和山丘缓坡地带，主要植物作物为小麦、玉米、地瓜、花生、大豆及蔬菜类。

2.2　社会经济情况

（1）人口与行政区划

2016 年年底，乳山市总人口 555 834 人，比上年减少 2 463 人，人口密度 334 人/km^2，性别比 101.96（女性为 100）。全年出生人口 3 816 人，出生率 6.85‰；死亡人口 5 032 人，死亡率 9.03‰，人口自然增长率–2.18‰，自 1997 年以来连续 20 年人口负增长。城区人口 121 744 人。办理户口迁入 1 546 人，户口迁出 2 872 人，流动人口登记 92 934 人。

乳山市是“中国长寿之乡”。2016 年，人口老龄化程度继续加深。至 2016 年年底，乳山市有 60 岁以上老年人 161 361 人，占乳山市总人口 29%，比上年增长 1.31 个百分点。其中，100 岁以上老人 84 人。

截至 2017 年年底，乳山市总人口 55.126 3 万人，其中城镇人口 235 026 人，乡村人口 316 237 人，分别占总人口的 42.63%、57.37%。出生人口 4122 人，出生率为 7.48‰，死亡人口 6 817 人，死亡率 12.37‰，人口自然增长率–4.89‰。

2018 年，全年出生人口 3 347 人，出生率为 6.11‰，死亡人口 4 697 人，死亡率 8.58‰，人口自然增长率–2.47‰。年末全市总人口 547 486 人，其中城镇人口 234 105 人，乡村人口 313 381 人，分别占总人口的 42.76%、57.24%。

截至 2018 年年底，乳山市辖夏村镇、乳山口镇、海阳所镇、白沙滩镇、大孤山镇、南黄镇、冯家镇、下初镇、午极镇、育黎镇、崖子镇、诸往镇、乳山寨镇、徐家镇 14 个镇，1 个街道，601 个行政村。

（2）国民经济状况

2018 年乳山市实现生产总值（GDP）565.52 亿元，同比增长 6.3%。其中，第一产业完成增加值 47.10 亿元，同比增长 4.7%；第二产业完成增加值 255.44 亿元，同比增长 3.5%；第三产业完成增加值 262.98 亿元，同比增长 9.6%。产业结构调整稳步推进，三次产业比例调整为 8.3∶45.2∶46.5。全市人均国内生产总值达 101 284 元，增长 7.7%。

2018 年，乳山市一般公共预算收入完成 330 268 万元，增收 12 709 万元，增长 4%，虽然受减税效应持续释放等因素影响，增幅较上年有所回落，但总体仍然保持了稳步增长态势。

主要表现在：一是税收收入增长明显，税收收入完成 271 758 万元，增长 11.1 个百分点，高于威海市平均水平 4.8 个百分点。二是税收占比有所提高，乳山市税收收入占一般公共预算收入比重为 82.3%，比上年提高 5.3 个百分点，比威海市平均增幅高 1.3 个百分点。三是主体税种增收较多，“四税”收入达到 124 682 万元，增长 96.4%，“四税”占一般公共预算收入比重达到 37.8%，比上年提高 17.8 个百分点，“四税”占税收收入比重达到 45.9%，比上年提高 19.9 个百分点。

全年一般公共预算支出共完成 445 043 万元，增长 1.4%，其中，民生支出完成 328 147 万元，占全市一般公共预算支出的 73.7%。从主要支出项目看，一般公共服务支出完成 44 370 万元，增长 3.1%；公共安全支出完成 15 854 万元，增长 3.8%；教育支出完成 114 422 万元，增长 1.5%；社会保障和就业支出完成 61 634 万元，增长 2.3%；医疗卫生支出完成 35 877 万元，增长 2.7%；住房保障支出完成 18 777 万元，增长 34.9%。

（3）交通、通信、邮电

交通运输方面：乳山市境内交通非常发达，桃威铁路开通了至国内部分城市的客运列车，通过国家铁路网络方便地将货物运送到中国各地。2017 年，乳山市有公交运营线路 79 条，总长 2 600 km，公交车 407 辆（其中 46 辆为 LNG 型节能车，210 辆为新能源型纯电动公交车），额定载客量 23 748 人，客运量 1 169.3 万人次，运营里程 1 600 万 km。出租车 270 辆，年载客量 522.8 万人次，营运里程 4 136 万 km。营运货车 1 607 辆，货运量 509 万 t，货运周转量 66 807 万 t·km。客运企业 4 家，一级汽车客运站 1 家，候机楼 2 家，省际包车 58 辆、市际班车 47 辆、县际班车 66 辆。汽车维修企业 138 家（不含镇驻地），机动车驾驶员培训机构 4 家，共有教练车 134 辆。年内，威海远航客运公司获 10 辆省际包车资质经营权，企业资质增至省际包车客运，乳山新干线新增省际包车 6 部，乳山客运公司新增省际包车 2 部。

公路建设方面：全市公路四通八达，技术等级较高，与周边城市以及山东其他城市实现了高速公路连接，以市区为中心，辐射荣成、文登、海阳，连接周边地区的高等级公路网络已经形成，全市已实现村村通公路。2017 年，乳山市完善路网结构，提升安保水平，为区域经济社会发展提供坚实保障。乳山口大桥、S207 道路乳山绕城段重大工程前期工作取得突破性进展；安保提升工程顺利实施；养护管理上档升级，红色教育线路路域环境整治成效明显，“三季有花、四季常青”行车环境日渐优美；基础设施维护加强，桥隧安保水平提升；开展“平安行 · 你我他”活动，加强桥下空间和违章建筑治理。截至 2017 年年底，乳山境内国省干线公路全长 273.9 km。大幅提高农村道路通行质量，投资 2.29 亿元改造县乡 13 条线路共计 66.9 km。其中，县道 5 条 28.4 km，乡道 3 条 15.4 公里，村道 5 条 23.1 km；投资 1 500 万元拆除重建大桥 2 座、中桥 2 座、小桥 1 座及县乡路 5 道危涵改造。

港口建设方面：乳山市有小青岛、旗杆石、南黄岛、挂子场 4 个陆岛交通码头，港航企业 4 家。其中，港口企业 1 家，水路货运企业 1 家，客运企业 2 家，拥有散货船 3 艘和客船 12 艘。2017 年，完成港口吞吐量 85.02 万 t，货运周转量 172 255.7 万 t·km，水路旅客发送量 3.59 万人，客运周转量 18.31 万人·km。

邮政与物流方面：2017 年，中国邮政集团公司山东省乳山市分公司（以下简称乳山市邮政分公司）下设营业网点 19 处，其中，农村支局网点 14 处（各镇驻地均有服务网点），市区营业网点 5 处。乳山邮政分公司依法经营邮政专营业务，负责本辖区邮政生产、经营、服务工作。主要经营范围有：邮政包裹寄递、邮政金融保险、集邮、函件、渠道平台、报刊零售等，同时承担邮政普遍服务义务。全年完成业务收入 5 583.8 万元，比上年增长 4.7%。

通信方面：2017 年，乳山市互联网宽带传输主干网容量和传输速度不断提高，光纤敷设实现全市全覆盖。主干传输网带宽达 150GB/s，固定宽带入户速率城市 200 M，农村 200 M，全市固定宽带入户率达 98%。全市已建成基站 4G 基站 355 个，3G 基站 337 个，2G 基站 310 个。

2.3 资源情况

（1）林业用地面积与布局

截至 2018 年 12 月底，全市林业用地面积 63 401 hm^2，其中包括防护林 24 158 hm^2，经济林 20 680 hm^2，用材林 1 195 hm^2，灌木林地面积 12 347 hm^2。森林覆盖率 35%，蓄积 89 万 m^3。其中，防护林树种主要以黑松、刺槐、麻栎等为主，以保持水土流失、防风固沙、涵养水源为主要目的。近几年沿海基干林带重点栽植黑松、龙柏、黄连木、火炬树等防御功能和抗盐碱树种，以营造混交林为主要目的以增加森林的防护功能和抗病虫能力，林种结构和数量分布均匀合理。经过几年的造林绿化，全市森林覆盖率大幅度提高，形成了以海岸基干林带、农田林网、村镇绿化为主的近海防护林体系，以山丘林地、梯田地堰绿化为主的山丘水土保持林、经济林体系和以自然景观为主的风景林体系。取得了良好的生态效益、社会效益和经济效益。

（2）自然资源

1）土地资源

截至 2016 年年底，全市土地总面积 1 664.88 km^2，其中农用地 136 229.7 hm^2，占总面积的 81.8%；建设用地 16 415.3 hm^2，占总面积的 9.9%；未利用地 13 843.5 hm^2，占总面积的 8.3%；人均耕地 0.1 hm^2。境内土壤类型多样，有利于农、林、牧、渔全面发展。有 4 个土类、8 个亚类、75 个属类、153 个土种。棕壤分布最广，可利用面积 119 487 hm^2，分布在近山阶地、倾斜土地及山丘岭地上；潮土可利用面积 18 520 hm^2，分布于乳山河、黄垒河沿岸泊地及沿海各镇近海处；褐土可利用面积 33 hm^2，分布于崖子镇田家村南岭地上；盐土类总面积 212 hm^2，分布于徐家、乳山口两镇近海处。

2）矿产资源

截至 2016 年年底，全市共发现各类矿产 25 种（含亚矿种），金属矿产主要有花岗岩、大理石、硫石墨、磷、重晶石、石英、石灰岩等，已查明有资源储量的 14 种，已开发利用的矿产有 11 种，现正开发的有饰面用花岗岩、建筑用花岗岩、金、铁、地热、长石、银（伴生）、伴生硫 8 种，其中金矿主要位于胶莱盆地边缘及牟乳成矿带下初镇一带，铁矿分布在诸往镇马陵、神童庙、乳山寨司马庄一带，地热资源主要分布在冯家镇小汤村一带，花岗岩主要分布在白沙滩潘家、宫家及冯家卧龙一带。

3）水资源

境内水资源主要由大气降水形成的地表径流和地下潜水组成，资源数量与时空分配都受降水制约和影响。根据威海市水资源评价，截至 2010 年年底，乳山市多年平均水资源总量 4.88 亿 m^3，多年平均地表水资源量 4.30 亿 m^3，多年平均地下水资源量 1.47 亿 m^3。地表水可利用量 1.05 亿 m^3，地下水可开采量 0.87 亿 m^3。地表水水质大部分在Ⅲ类以上，为重碳酸盐类、钙组、镁组第一型水，呈中性或弱碱性（pH 7～8），硬度为 4.2～8.4 度之间，皆适于饮用及农业灌溉。地下水储存形式大体为孔隙水、裂隙水、脉岩水，其化学性主要为重碳酸盐类水，其次是硫酸盐类水（主要分布于黄垒河流域中、下游），矿化度均小于 1 g/L，属淡水。小汤温泉位于冯家镇汤上村，水温一般在 40～60℃，最高达 75℃，矿化度 2.644 g/L，已开发用于医疗、洗浴。乳山市是水资源较贫乏地区，人均水资源占有量约为全国人均量的 1/3，合理利用和有效保护水资源是非常重要的工作。

全市域内河流属半岛边沿水系，为季风区雨源型河流。河床比降大，源短流急，暴涨暴落，径流量受季节影响差异较大，枯水季节多断流。根据第一次全国水利普查成果，有大、小河流 393 条，其中，2.5 km 以上河流 71 条。乳山河为境内第一大河，发源于诸往镇东尚山村，全长 78 km，流域面积 1 039 km^2。黄垒河发源于烟台市牟平区莒格庄镇曲家口村，全长 71 km，流域面积 635 km^2。大型水库龙角山水库总库容 1.11 亿 m^3，其中，兴利库容 0.67 亿 m^3，为乳山市最大淡水水源和主要饮用水源地，被列入全国重要饮用水水源地名录。

4）动物资源

乳山市境内有 15 m 等深线以内浅海 66 667 hm^2，可供开发养殖海产品滩涂 6 667 hm^2。浅海及海滩水产资源 100 多种，主要有：鲅鱼、海蜇、带鱼、鲐鱼、对虾、鹰爪虾、墨鱼、马面豚、牙鲆、鲈鱼、梭鱼、黄鱼、黄姑、梭子蟹、鲳鱼、贻贝、牡蛎、文蛤、泥蚶、蚬子、扇贝、缢蛏等。海岸带有海洋生物 412 种，其中，红藻、褐藻、绿藻类植物 91 种；软体、节肢、环节、棘皮、腔肠、海绵等类动物 321 种。潮间带生物量比较丰富，平均总生物量 333.68 g/m^3，主要是藻类和软体动物。平均生物密度 1 538.26 个/m^3，主要为软体动物和甲壳动物。

野生动物有兽类 18 种，鸟类 189 种，两栖类 7 种，爬行类 14 种，鱼类 29 种。其中，国家二级保护野生动物26种，山东省重点保护野生动物40种，列于《国家保护的有益的或者有重要经济、科学研究价值的陆生野生动物名录》中保护的野生动物146种，列于《濒危野生动植物种国际贸易公约》中保护的动物21种，陆生野生哺乳动物主要有獾、刺猬、黄鼬、野兔、蝙蝠、仓鼠等，鸟类主要有苍鹭、白鹭、喜鹊、麻雀、燕子、雉、乌鸦、海鸥、啄木鸟等。

5）植物资源

乳山市境内植物资源丰富，种类繁多，有沙参、元胡、大青叶、黄芩、桔梗、防风、丹参、全草、金银花、透骨草、藏珠等野生药用植物180多种。其他野生草本植物70种，主要有黄背草、野古草、结缕草、羊胡子草、细柄草、隐子草、马唐、蟋蟀草、白羊草、烟台百里香、风松、卷柏、霞草、荻、芦苇、紫菀、野菊花等。粮油作物主要有：小麦、玉米、地瓜、花生、大豆等。

根据山东省林木种质资源调查成果，截至2013年年底，境内木本植物有66科142属366种（包括水果3科17种），49个变种，其中乔木184种，灌木62种，包括刺楸、北枳椇、三桠乌药、华山矾、蒙古栎、宜昌荚蒾、野柿子、流苏、山茶等国家级和山东省级珍稀濒危树种。主要树种有：赤松、栎类、刺槐、黑松、落叶松、楸、赤杨、枰柳、银杏、茶等。主要果树有：板栗、核桃、柿子、软枣、枣、山楂、苹果、梨、桃、杏、李、葡萄等，引进的主要树种有刺槐、黑松、落叶松、水杉、刺杉、华山松、赤杨、杜仲、毛竹、鹅掌楸、湿地松、厚朴、刚火松、斑克松、刚松、火炬松、樟子松、小干松、北美黄松、乔松、岷江柏木等。主要天然灌木树种有：卫茅、胡枝子、映山红、野蔷薇、酸枣等。

6）社会、人力资源与其他资源

乳山市农业人口41.94万人，总劳动力31万人，生产力水平较高，农村剩余劳动力较多，劳动力资源比较丰富。由于农村经济普遍较为发达，注重文化知识教育和各种文化技术培训，人员文化程度、素质较高。随着全市农村种植业结构的调整以及劳动生产率的提高，还将有大量的劳动力从传统的种植业中解放出来，可为本项目的实施提供足够的劳动力资源。

另外，乳山栽植板栗的历史很悠久。地处马石山南坡的诸往镇下石硼村，有4株树龄达150多年的老板栗树，至今仍能年年结果。在马石山西北面的崖子镇北果子村、马石店村，百年以上的板栗树也并不罕见。山区农民根据板栗树生长迅速，管理容易，适应性强，抗旱、抗涝、耐瘠薄，适于“上山下滩”等特点，开始大规模栽培，板栗面积迅速增加，产量成倍增长。20世纪80—90年代，板栗栽植面积进一步扩大。

目前，乳山板栗已发展到10万亩，产量达500多万斤，大多出口。乳山板栗既有从外地引进的优良品种石丰、金丰、海丰、上丰、清丰、玉丰，又有本市自选良种青山鱼刺码、枣林13号、泽科2号、威丰等。其中乳山自己培育的优良品种“威丰”一号，因果粒大、产量高、品质好而享誉全国。乳山板栗多分布于西、北部崖子、诸往、冯家、乳山寨等镇的山丘地带。尤其以崖子镇、冯家镇所产板栗品质最优，且栽植面积达6万多亩，是山东省有名的“板栗之乡”。乳山板栗，果形均匀，果肉金黄，味道香甜，营养丰富。经化验鉴定，乳山板栗含淀粉56%～72%，蛋白质5.1%～10.7%，脂肪2%～7%，还有多种维生素和微量元素，特别是维生素C、B和胡萝卜素的含量比一般干果都高。

2.4 发展板栗的优势

乳山现有经济林面积31万多亩，产量约46万t，经济林分三大部分：水果经济林、干果经济林和灌木经济林，在水果中苹果面积占整个经济林面积的57%，超出经济林面积的一半，是乳山经济林主导产业；在经济林干果面积中，板栗面积占干果面积的83%，是整个经济林发展中的第二大产业。因为乳山属于丘陵山区，经济林发展的特点比较明显，丘陵山坡地斜度大于40°的，由于土壤瘠薄、人工便于经营，主要栽植板栗树、麻栎树等，坡度小于40°的坡地、梯田地、水浇条件好的、道路便利的主要栽植苹果。栽植苹果产量大，市场价格好，虽然用工多管理用心时间长，但是果农还是偏好栽植苹果；而栽植板栗主要局限于山堐薄地、水浇条件不便、运输相对困难的，这样的山地主要用来栽植板栗和发展板栗，广而薄收，用工用时相对苹果较少，受市场、价格、产量等原因影响栗农发展热情。

（1）区位优势

乳山市地处山东半岛东南端的黄海之滨，海岸线长达199.27 km，是全国著名的旅游休闲城市。

乳山板栗生长的优势有三点：一是乳山市属暖温带东亚大陆性气候，累年平均日照为2 572.7 h，光照时间长。土壤pH达标，棕色土壤占70%，其他占30%。年均气温14℃，年均降雨量814.1 mm。二是青山绿水，空气优良，陆地污染源少。乳山市作为新兴的海滨城市，没有工业污染项目，在生态绿化、生态保护的基础上，非常重视发展农业，在多项惠农政策鼓励下，促进了乳山板栗生产。三是乳山板栗等特色经济林产业，乳山进行了科学的开发和规划，有效地提高了规模化发展程度，发展特色经济林具有得天独厚的优越条件。

板栗生产是乳山市最古老的栽培树种之一，从20世纪80年代初北部山区就有大面积的栽植，90年代初全市就大面积发展种植。乳山板栗的品种10余个，主栽品种为威丰、石丰、处暑红等，这几个品种以产量高、色泽好、口味佳而备受消费者喜爱。乳山板栗栽植分布，主要以309国道周边镇为主：崖子镇板栗3.8万亩、午极镇板栗0.8万亩、育黎镇0.5万亩、下初镇0.7万亩、冯家镇0.85万亩，诸往镇0.6万亩，乳山寨0.5万亩，其他乡镇0.8万亩。良好的群众基础和突出的技术优势，使果品产量、质量有了很大的提高，并产生了巨大的经济效益，板栗进入丰产期，亩产150 kg以上，如果地质、水浇条件好的地块，亩产200 kg以上，2015年乳山板栗发展面积12万亩，产量19 000 t，产值 2 亿元。

“威丰”1 号板栗，具有果壳呈漆褐色、艳光亮、果底较大。因其口感好，粒大，早熟等特点倍受中外客商青睐。“威丰”1 号板栗，系乳山市林业局于 1997 年在崖子、冯家等镇，由谭先志同志牵头研究选育的优良新品种，经省科委，威海市科委评审，获得威海市科研三等奖，同年 9 月，被命名为“威丰”1 号。“威丰”1 号板栗，主要产于乳山市崖子镇，该镇属低山丘陵区，林业资源丰富，板栗生产一直是该镇干杂果的主导产业。多年来，在市委、市政府大力建设胶东“板栗之乡”的建设进程中，采取示范引路、政府无偿提供优良种苗等多种有效形式鼓励农户发展威丰板栗。从宣传力度，农民观念转变上，“威丰”1 号板栗与其他品种发展相比，速度相对较快，并在全市推广普及。通过地方政府连续几届的“接力运动”，在市林业局专业技术指导组的帮助下，全市栽植面积为 5 万亩，占板栗总面积的 41%，年产量 8 700 t，产值 8 700 万元。

在稳定板栗面积、产量的基础上，全市各镇党委、政府努力在服务上做文章。每年都根据板栗各生长期的特点，适时举办板栗管理科技培训班，有农药安全使用标准、农药合理使用准则，肥料合理使用准则等，按无公害食品果品产地环境，制定和推广的标准条件执行；整形修剪按果业技术推广站的要求执行；成立了经济林标准化生产监督管理技术小组。

（2）品牌发展

1）基地和品牌建设

2009 年乳山市被评为全省经济林示范县，2012 年崖子镇炉上村建设的板栗科技示范园，被山东省林业厅评为山东省经济林示范园。板栗标准化示范园位于垛山脚下，炉上村北，总面积 1 500 亩，辐射面积 30 000 亩，板栗品种以威丰为主，另有处暑红、石丰、油栗、鱼刺马等品种。示范园于 2011 年 4 月开始建设，按照标准化管理 BZH02 系统进行生产，从生产源头保证产品安全，生产的板栗已注册“垛山”牌商标，并获得国家绿色食品认证。2012 年由崖子镇政府组织成立“乳山市板栗协会”，同时注册“乳山板栗”地理标志证明商标。

按照《山东省农产品质量安全条例》以及各级关于农产品质量安全管理工作的要求，乳山市瞄准“管理无盲区、投入无违禁、产品无公害、出口无隐患、百姓无担忧”的“五无目标”，大力推进农产品质量安全区域化管理工作，取得了提升形象、扩大出口、壮大龙头、促进增收的成效。全市成立了市、镇两级监管机构，配备专职监管人员和设施设备，加强村级监管员培训，做好产前产后日常监管和抽查记录，实行无公害农药化肥管理，目前全部检查合格，未出现果品农药化肥超标现象。2012 年崖子镇板栗基地产品分别被农业部农产品质量检测中心和山东省无公害农产品认证委员会认证为无公害农产品，产品质量符合食品生产许可 QS 标准。2015 年对全市板栗抽检的 20 个批次，产品指标全部符合监测要求。

2）乳山板栗品质优良

乳山板栗品质：“威丰”一号板栗，外观大，外壳呈漆褐色，单果重 20 g，果粒 20 g 左右，含有可溶性糖、有机酸、维生素 C 和矿物质，风味甜度适中，香脆可口，与之相比，石丰、鱼刺马、油栗等品种次之，大小、形状、颜色各有千秋，栽植在同一地理环境下，外观品质“威丰”1 号比较突出，从营养品质和风味品质上比较，从口感上感觉相差不大，差异较小。

3）产业优势

为加快经济林发展步伐，市林业局以“农民增收、林业增效、荒山披绿”为工作出发点，以“规模化发展，标准化生产，区域化管理，品牌化经营”为思路，全市大力发展了经济林产业，得到了较好效果。同是在近几年把基地建设纳入了农户致富工程，在多项优惠政策的驱动下，全市加大产业结构调整，实施送科技下乡，大力推广标准化生产。

乳山市不断加快板栗规模化发展的步伐，加快土地流转，实现板栗栽植的成方连片，不断摸索机械化作业的可行性，并已在部分地区先行开展试点。到 2016 年年底全市板栗标准化生产面积达到了 1.2 万亩，其中建立了崖子镇发展标准化板栗基地 0.7 万亩，育黎镇、午极镇、下初镇、冯家镇等板栗标准化基地 0.5 万亩；标准化基地产量 2 100 t，乳山市板栗面积是目前烟威地区最大的种植大市。与此同时，乳山市还形成了一整套严格有效的食品安全生产体系，进一步完善了该市板栗标准化和产业化生产体系。

2.5 认证范围概况

本次板栗认证选择乳山市崖子镇境内的三个典型村落，分别是转山头村、台上村和矫家泊村，各村落具体情况及板栗认证规划面积如下：

转山头村位于乳山市崖子镇境内，共有人口 216 户 680 人，常住人口 200 户 500 人，村委成员 4 人，有耕地 933 亩，其中山地 253 亩，泊地 680 亩，家庭承包面积 680 亩，机动地 253 亩，共有山岚 3 000 亩，水库 1 个，塘坝 3 个，大口井 1 眼，有集体房产 15 间，其中用于办公 15 间，村内主要种植板栗、苹果，板栗认证规划面积大约 1 228.6 亩。

台上村位于乳山市崖子镇境内，共有人口 335 户 830 人，常住人口 270 户 730 人，村委成员 3 人，有耕地 1 778 亩，其中山地 1 268 亩，泊地 480 亩，家庭承包面积 1 124 亩，机动地 654 亩，共有山岚 1 800 亩，水库 3 个，塘坝 3 个，大口井 1 眼，有集体房产 10 间，其中办公 10 间，村内主要种植板栗、苹果、玉米、花生，板栗认证规划面积大约 1 748.6 亩。

矫家泊村位于乳山市崖子镇境内，共有人口 148 户 377 人，常住人口 140 户 352 人，村委成员 3 人，有耕地 397 亩，其中山地 241 亩，泊地 156 亩，家庭承包面积 377 亩，机动地 20 亩，共有山岚 510 亩，塘坝 4 个，大口井 1 眼，有集体房产 9 间，其中用于办公 9 间，村内主要种植板栗、苹果、玉米、花生、小麦，板栗认证规划面积大约 701.3 亩。

台上、矫家泊和转山头共规划板栗认证 3 678.6 亩。

3　经营方针与目标

3.1　经营方针

根据乳山市独特的地理位置优势以及当前社会、生态和经济效益的需要，结合城市发展实际需要，确定未来 5 年的经营方针为："以生态种植为前提，以现代科学技术为依托，加强板栗标准化种植生产、集约化管理，优化品种结构，打造绿色无公害的板栗产业循环经济圈，提升生产效益，实现可持续发展"。

3.2　经营目标

公司未来 5 年的经营目标为：

（1）板栗总种植面积达到 3 678.6 亩，年采摘板栗鲜果 75 万 kg；

（2）建设板栗综合示范园 3 678.6 亩，其中林下种养殖植 500 亩，板栗品种栽培 500 亩，板栗采摘、观光园 200 亩；

（3）带动周边 50 名居民就业。

4　生产经营及培育加工

4.1　经营原则

（1）质量第一。做好质量把关，进一步提升企业的日常管理和运作效率；在现有板栗生产基地基础上扩大种植面积，完善基础设施和加工车间建设；

（2）模式多样。探索多种模式的板栗—农作物混合经营效果；

（3）科学精英。探索"乔—灌—草"立体复合栽培方式；

（4）立体经营。推广林下养殖业、采摘观光业，探索板栗园观光—采摘—加工—休闲、餐饮一体化旅游休闲模式。

规划期内稳步提高板栗产量和质量，年产值稳步提升；以 CFCC 森林认证为契机，进一步打响品牌，扩大市场。

4.2　建园

板栗生态适应性板栗对气候及土壤等环境条件的适应性较强，其栽培范围很广。板栗最适宜微酸性至中性土壤，pH 为 4.6～7.0，含盐量不超过 0.2%，碱性土壤使树叶发黄，生长不良。栽种时应选择低山、丘陵土层深厚，肥沃湿润的向阳缓坡开园造林。阴坡不宜种植。

（1）园地规划

板栗园应选择地下水位较低，排水良好的沙质壤土。忌土壤盐碱，低湿易涝，风大的地方栽植。在丘陵岗地开辟粟园，应选择地势平缓，土层较厚的近山地区，以后则可以逐步向条件较差的地区扩大发展。

（2）品种选择

品种选择应以当地选育的优良品种为主栽品种，如炮车 2 号、陈果 1 号等，适当引进石丰、金丰、海丰、青毛软刺、处暑红等品种。根据不同食用要求，应以炒栗品种为主、适当发展优良的菜栗品种，既要考虑到外贸出口，又要兼顾国内市场需求。同时做到早、中、晚品种合理搭配。

（3）授粉树配置

栗树主要靠风传播花粉，但由于栗树有雌雄花异熟和自花结实现象，单一品种往往因授粉不良而产生空苞。所以，新建的栗园必须配置 10%授粉树。

（4）合理密植

合理密植是提高单位面积产量的基本措施。平原栗园以每亩 30～40 株，山地栗园每亩以 40～60 株为宜。计划密植栗园每亩可栽 60～111 株，以后逐步进行隔行隔株间伐。

4.3 育苗

（1）育苗途径

以共砧应用较普遍，也有用野生板栗（二板栗）作砧木的，但茅栗和锥栗不能作砧木，其嫁接苗不易成活。

（2）种用栗的贮备

板栗种子怕干、怕热、怕冻，种子粒选后，用磷化铝熏杀虫，用 100 倍甲基托布津液杀菌，种子处理后，用清洁湿润的河沙层积贮藏。

（3）播种

3 月上旬至 4 月上旬，按行距 33 cm，株距 16.5～20 cm 点播，要求当年实生苗茎粗 0.8 cm 以上，苗高 1 m 以上，根系发达，每亩种木苗 1 万株。

（4）苗期管理

整地与造林平缓坡地可全面整地，坡地要修筑成水平梯地，坡度大的采取鱼鳞坑整地。栽植密度，一般成片造林为每亩栽 22～33 株，株行距为 5 m×6 m 至 4 m×5 m。造林前要施基肥，选用 2～3 年生、根系完整的大苗，栽时根茎露于地面，不要栽得过深。栽后灌水，再覆土封窝。

（5）嫁接方法

适时嫁接：板栗枝条内有大量的单宁物质，嫁接不容易成活，所以要选择好时期，注意嫁接方法，以提高成活率。秋季 8—10 月，适宜芽接。春季在发芽前 20 天，树液尚未充分流通前可进行劈桩、切接。而采用皮下接，应当在新梢稍展叶，树液充分流动之后，大约砧木萌发新梢 20 天后进行嫁接。接穗要在萌发前及早采回，用沙贮藏于阴凉的低温保管，有条件也可利用冷冻室贮藏。

4.4　种植管理

（1）水肥管理

1）土壤基肥：基肥应以土杂肥为主，以改良土壤，提高土壤的保肥保水能力，提供较全面的营养元素，施用时间以采果后秋施为好，此期气温较高，肥料易腐熟，同时此时正值新根发生期，利于吸收，从而促进树体营养的积累，对来年雌花的分化有良好作用。

2）合理追肥：追肥以速效氮肥为主，配合磷、钾肥，追肥时间是早春和夏季，春施一般初栽果树每株追施尿素 0.3～0.5 kg，盛果期大树每株追施尿素 2 kg。追肥后要结合浇水，充分发挥肥效。夏季追肥在 7 月下旬至 8 月中旬进行。这时施速效氮肥和磷肥可以促进果粒增大，果肉饱满，提高果实品质。

3）根外追肥：根外追肥一年可进行多次，重点要搞好两次。第一次是早春枝条基部叶在刚开展由黄变绿时，喷 0.3%～0.5%尿素加 0.3%～0.5%硼砂，其作用是促进基本叶功能，提高光合作用，促进罐花形成，第二次是采收前 1 个月和半个月间隔 10～15 天喷 2 次 0.1%的磷酸二氢钾，主要作用是提高光合效能，促进叶片等 12 种营养物质向果实内转移，有明显增加单粒重的作用。

4）合理灌溉：板栗较喜水，一般发芽前和果实迅速增长期各灌水一次，有利于果树正常生长发育和果实品质提高。

（2）整形修剪

板栗树修剪分冬剪和夏剪。冬剪是从落叶后到翌年春季萌动前进行，它能促进栗树的长势和雌花形成，主要方法有短截、疏枝、回缩、缓放、拉枝和刻伤，夏季修剪主要指生长季节内的抹芽、摘心、除雄和疏枝，其作用是促进分枝，增加雌花，提高结实率和单粒重。

（3）摘心除雄

当新梢生长到 30 cm 时，将新梢顶端摘除。主要用在旺枝上，目的是促生分枝，提早结果。每年摘心 2～3 次。初结果树的结果枝新梢长而旺，当果前梢长出后，留 3～5 个芽摘心。

果前梢摘心后能形成 3 个左右健壮的分枝，提高结果枝发生比例，同时还能减缓结果部位外移。在枝上只留几根雄花序，将其余的摘除，其作用主要是节制营养，促进雌花形成和提高结实力。

（4）疏花疏果

疏花可直接用手摘除后生的小花、劣花，尽量保留先生的大花、好花，一般每个结果枝保留 1～3 个雌花为宜。疏果最好用疏果剪，每节间上留 1 个单苞。在疏花疏果时，要掌握树冠外围多留，内膛少留的原则。

（5）人工授粉

人工辅助授粉，应选择品质优良、大粒、成熟期早、涩皮易剥的品种作授粉树。当一个枝上的雄花序或雄花序上大部分花簇的花药刚刚由青变黄时，在早晨5时前将采下的雄花序摊在玻璃或干净的白纸上，放于干燥无风处，每天翻动2次，将落下的花粉和花药装进干净的棕色瓶中备用。

当1个总苞中的3个雌花的多裂性柱头完全伸出到反卷变黄时，用毛笔或带橡皮头的铅笔，蘸花粉点在反卷的柱头上。如树体高大蘸点不便时，可采用纱布袋抖撒法或喷粉法，按1份花粉加5份山芋粉填充物配比而成。

4.5 采收方法

（1）拾栗法

拾栗法就是待栗充分成热，自然落地后，人工拾栗实。为了便于拾栗子，在栗苞开裂前要清除地面杂草，采收时，先晃动一下树体，然后将落下的栗实、栗苞全部拣拾干净，一定要坚持每天早、晚各拾一次，随拾随贮藏。拾栗法的好处是栗实饱满充实、产量高、品质好、耐藏性强。

（2）打栗法

打栗法就是分散分批地将成熟的栗苞用竹竿轻轻打落，然后将栗苞、栗实拣拾干净，采用这种方法采收，一般2～3天打1次。打苞时，由树冠外围向内敲打小枝振落栗苞，以免损伤树枝和叶片，严禁一次将成熟度不同的栗苞全部打下。打落采收的栗苞应尽快进行“发汗”处理，因为当时气温较高，栗实含水量大，呼吸强度高，大量发热，如处理不及时，栗实易霉烂。

4.6 贮藏

栗实有三怕：一是怕热，二是怕干，三是怕冻。在常温条件下，栗实腐烂主要发生在采收后一个月时间里，此时称之危险期。采后2～3个月，如腐烂较少，则属安全期。因此，做好起运前的暂存或入窖贮藏前的存放，是防止栗实腐烂的关键。

比较简便易行的暂存方法是，选择冷凉潮湿的地方，根据栗实的多少建一个相应大小的贮藏棚。棚顶用竹（木）杆搭梁，其上用苇席覆盖，四周用树枝或玉米、高粱秸秆围住，以防日晒和风干。棚内地面要整平，铺垫约10 cm厚的河沙，然后按1份栗实3～5份沙比例混合，将栗实堆放在上面，堆高30～40 cm，堆的四周覆盖湿沙10 cm。开始隔3～5天翻动一次，半月后隔5～7天翻动一次，每次翻动要将腐烂变质的栗实拣出。为了防止风干，还要注意洒水保湿。

5 板栗经营规划

规划期末，计划建成板栗综合示范园1处，建设“板栗园观光—采摘—加工—特色饮食—住宿—休闲—娱乐”一体化体验式休闲旅游模式，拟新建酒店一处、房车营地一处，新建观景台，开辟养鱼池，新建板栗园休息、休闲场所，新建蓄水池，最终形成独具特色的森林（板栗）康养基地。

6 环境保护措施

6.1 总体规划

1）板栗园四周或板栗园内不适合种板栗的空地应植树造林，上风口应营造防护林。主要道路、沟渠两边种植行道树，梯壁坎边种草。

2）集中连片的板栗园可适当种植遮阴树，遮光率控制在20%～30%。

3）对缺丛断行严重、覆盖度低于50%的板栗园，通过补植缺株，合理剪、采、养等措施提高板栗园覆盖度。

4）采用合理耕作、施用有机肥等方法改良土壤结构。耕作时应考虑当地降水条件，防止水土流失。对土壤深厚、松软、肥沃，树冠覆盖度大，病虫草害少的板栗园可实行减耕或免耕。

6.2 土壤管理和施肥

（1）土壤管理

1）定期监测土壤肥力水平和重金属元素含量，一般要求每2年检测一次，根据检测结果，有针对性地采取土壤改良措施。用生草法及修剪枝叶和作物秸秆等覆盖材料覆盖板栗树根部进行保湿。采用合理耕作、施用有机肥等方法改良土壤结构。耕作时应考虑当地降水条件，防止水土流失。

2）对土壤深厚、松软、肥沃，树冠覆盖度大，病虫草害少的板栗园可实行减耕或免耕。

幼龄改造板栗园，宜间作豆科绿肥，培肥土壤和防止水土流失。

土壤pH低于4.0的板栗园，宜施用白云石粉、石灰等物质。

3）调节土壤pH至4.5～5.5，土壤pH高于6.0时应多选用生理酸性肥料调节土壤pH至适宜的范围。

4）土壤相对含水量低于70%时，宜节水灌溉。

（2）施肥

1）以有机肥为主，配合少量化肥；以基肥为主，结合追肥；以氮肥为主，适量配施磷钾肥及微量化素。

2）根据土壤理化性质、板栗树长势、预计产量、类型和气候等条件，确定合理的肥料种类、数量和施肥时间，实施板栗园平衡施肥，防止缺肥和过量施肥。

3）宜多施有机肥料，化学肥料与有机肥料应配合使用，避免单纯使用化学肥料和矿物源肥料，宜施用板栗专用肥。

4）农家肥等有机肥料施用前应经无害化处理，有机肥料中污染物质含量应符合规定，微生物肥料应符合有关标准要求。

6.3 病虫害防治

遵循“预防为主，综合治理”方针，从保护整个生态系统出发，综合运用各种防治措施，创造不利于病虫草等有害生物滋生和有利于各类天敌繁衍的环境条件，保持板栗园生态系统的平衡和生物的多样性，把有害生物控制在允许的经济阈值以下，将农药残留降低到规定标准的范围。

（1）植物检疫

通过检疫检验发现有害生物，可采取禁止入境、限制进口、进行消毒除害处理、改变输入植物材料用途等方法处理。一旦危险性有害生物入侵，则应在未传播前及时铲除。

（2）农业防治措施

1）换种改植或发展新板栗园时，应选用对当地主要病虫抗性较强的品种；

2）分批、多次、及时采摘，抑制栗蛀花平等蛾、栗窗蛾、重阳木锦斑蛾、苹掌舟蛾、栎掌舟蛾等危害芽叶的病虫；

3）秋末宜结合施基肥，进行深耕，减少翌年在土壤中越冬害虫的种群密度；

4）将板栗根际附近的落叶及表土清理至行间深埋，有效防治叶病类和在表土中越冬的害虫。

（3）物理防治措施

1）采用人工捕杀，减轻栗象、二斑栗象、栗雪片象、柞栎象、剪枝栗实象、栗子小卷蛾、栗洽夜蛾、桃蛀野螟等害虫的危害；

2）利用害虫的趋性，进行灯光诱杀、色板诱杀或异性诱杀；

3）采用机械或人工方法防除杂草。

（4）生物防治措施

1）注意保护和利用当地板栗园中的草蛉、瓢虫、蜘蛛、捕食螨、寄生蜂等有益生物，减少因人为因素对天敌的伤害；

2）宜使用生物源农药，如微生物农药和植物源农药。

（5）主要病虫害及其防治

板栗红蜘蛛危害严重，一般每年 4 月底 5 月初开始，8 月结束。防治时严禁使用氧化乐果涂干，而采用乳油制剂，具体施用方法如下：

1）40%乐果乳油 1 000 倍液，大克螨乳油 1 500 倍，5%来福灵乳油 1 500 倍。

2）40%氧乐吡乳油 1 500 倍液，虫数乳油 2 000 倍，20%来扫利乳油 3 000 液。

3）40%乐果乳油 1 000 倍液，甲氰菊酯乳油 2 000 倍，大克螨乳油 1 500 倍。

上述三种配方可任选一种，添加增效剂和 0.3%尿素树上喷雾，发生期间施用两次，5 月初喷雾一次，6 月下旬喷雾一次，即可控制。

木撩尺蠖属阶段性病害，一般每隔十几年暴发一次，控制这种害虫的最好方法是加强调查，强化预测，在发生前做出虫情控制，采取相应措施减轻危害，尽量减少连续用药防治。

木撩尺蠖以蛹在树下杂草、土块中越冬，如果气候干燥，蛹的死亡率达 80%以上，根据这一特点，每年清除树下杂草石块，枯枝落叶，使越冬蛹露出地面，提高自然死亡率，这种人工防治措施可控制长年有虫但无害发生。

栗透羽主要以幼虫为害枝干、串食韧皮部，轻者削弱树势，重者造成死枝、死树，该虫一年发生两代，一般雨季为害较为严重，特别是树的老翘皮受雨水浸渍后，组织松软，幼虫极易注入，最好的防治方法是人工刮去老翘皮，使新生组织坚硬，幼虫不易注入。同时，刮皮的过程中，还可消灭大量幼虫，能较好地控制为害。

栗红斑点病多在采收后贮藏期间发病，果实采收后失水易发病，贮藏期间温度高，湿度大，也易发病。根据以上特点，防治主要措施是：适时采收，严防风干，贮藏期间保证正常的温湿度，温度一般掌握在 10℃以下，同时，为了减少霉烂应及时脱粒、销售。把握住上述环节，此病即可得到控制。

7　生态与社会影响监测

生态监测主要包括土壤、空气和水质的监测，规划期内生态影响监测可委托第三方具有资质的单位进行，也可自行完成，每年监测一次。

规划期内企业的社会影响监测，宜通过调查问卷的方式进行，调查的对象有政府、利益相关方、员工、消费者等。调查报告根据问卷内容统计分析得出。

7.1　生态监测目标

通过制定各类森林资源监测措施达到保护、持续发展、科学经营、永续利用森林资源的目的，并将监测结果及时反馈到森林经营实践，从而持续提高森林经营水平，实现资源节约、环境良好、森林可持续经营的总体目标。

7.2　监测范围、内容和方法

在中心经营区内空间的动植物、水文气象、生产生活和相关社会环境的范围内进行监测。

监测内容包括森林资源规划设计调查、野生动植物资源调查、其他专项监测。

根据监测对象及其信息需求的不同特点，综合查阅相关资料、采用样地调查、林地巡视和其他专项调查四类调查方法，从不同角度获取不同特性的信息。

7.3　监测项目

（1）森林资源监测

1）林地林木资源监测

森林资源规划设计调查（简称二类调查）与固定样地调查相结合。

结合各县区的二类调查资料，在中心经营的林地设置有典型代表意义的 1 块固定样地。中心设置的固定样地面积为1亩，监测周期为1年。

2）野生动植物监测

查阅林业调查的相关资料，结合林地巡视情况进行统计。

森防站野生动植物调查定期调查，一般每5年进行一次，中心会员发现珍稀物种时及时上报给相关部门。

（2）森林灾害监测

1）森林防火监测

目前，各县区都有完善的森林防火体系，县乡都有森林防火指挥机构和专业的森林防火队伍，可以查阅相关资料。

中心会员通过护林员巡护的实时观测方法，对所属经营场区内森林火灾的发生、蔓延趋势等进行记录、监测。

2）森林病虫害监测

目前，各县区森防站都有森林病虫害预测预报站点，每年根据气候、虫卵越冬基数等条件及时发送相关预测预报。

中心成员根据各县森防站发布森林病虫害趋势预报、按照经营方案和中国森林认证的相关要求组织实施防治措施。

（3）经营管理专项监测

营造林实绩综合核查以认证参与实体为单位，按面积随机抽取10%～15%的林班，采取现地踏查、全面检查的方法进行核查。

（4）土壤监测

土壤监测通过定期调查土壤有机质含量、理化性质等因子监测土壤肥力。但土壤理化性质调查需通过专业机构进行，因此需控制成本，在监测指标的选取上尽量简化，选取与土壤肥力相关的监测指标。土壤监测指标主要为土壤理化性质等方面内容，包括土壤厚度、质地、结构、土壤酸性、养分元素含量等。

监测样点和固定样地设置一致，监测周期为更新采伐期。

（5）水资源和水质监测

水质监测将联系当地水文部门或环保部门，获取当地的水质监测报告。

河流水质监测，环保部门根据不同河流断面设置的固定监测点，可以查阅相关资料。

（6）非木质林产品监测

非木质林产品监测，采用访谈方式，每年由县乡认证协调员完成。协调员根据当地非木质林产品的主要种类确定访谈对象，填好设计的表格，每年度进行汇总。

（7）森林经营的效益监测

根据经营成本和产品价格，分析森林年经营效益，监测周期为1年。

（8）社会影响监测

对固定的典型农户与随机抽样的样本农户采用问卷式或访谈式的社会调查，详见社会影响评估方案及报告。

8　环境与社会影响评价

8.1　生产过程及可能产生的影响

（1）林木采伐

大面积连片采伐将导致林木数量急剧减少、砍伐不可持续、土壤风化和流失可能性增加；机械化采伐有可能造成水土流失和破坏土层。

控制砍伐面积，合理分散布置，尽快更新，增加人工砍伐，加强现场测量和登记管理，能利用的物质尽量利用，可以回收的尽量回收，废物不要留在现场。

（2）森林经营模式

为保证经营管理的林区内生态平衡和保护地方特有物种的存活，提倡小面积纯林经营、提高生物多样性，可有效防治病虫害、提高造林技术，突出生态效益、经济效益和社会效益的多赢。计划规划时间为 2019—2022 年，计划到期后按照当时恢复成果再做下一步规划。

（3）农药和化学品的使用

1）农药的使用建议

2019 年大力宣传中国森林认证等禁用化学药品目录，要求全面禁止使用。计划在 2024 年年底，其他对生态环境可能产生破坏的农药使用林地面积占全部林地面积的 5%，5 年后（2024 年年底）减少到 2%，下一轮期年（2024 年年底）以后将尽量不使用任何农药，采用生物防治、人工除草等技术。

2）化学药品的使用建议

根据国家《固体废物处理处置工程技术导则》（HJ 2035—2013）和《危险化学品安全管理条例》指导在造林、办公和生活过程中所产生和泄漏的化学药品、容器、液体及固体废弃物等的处理以防止环境污染。

当前有些板栗林在使用化肥，为了减小肥料使用对环境的不良影响，将逐步使用有机肥、复合肥和农家肥（厩肥、堆肥等）来替代目前使用的化肥。

8.2　环境保护措施

（1）造林地选择

在规划设计新造林地时，对造林范围内的一切有价值的人类历史文化遗产、珍稀植物、一二类野生动物栖息繁殖地、保护区、古树名木等，均应加以保留。选择造林地时，必须特别注意其气候和土壤特点是否适合正在考虑当中的造林树种和品种，并应充分利用各地区现有的科研成果和土壤调查材料，以避免地力退化。

（2）造林

造林整地时要防止水土流失，在山区大于 15°的坡地严禁用全垦方式整地，只能采用穴状或水平阶整地。幼林抚育宜采用扩穴、松土方式，尽量不破坏穴周围的地表植被以防止造成水土流失。

（3）采伐

采伐技术和采伐量都不能造成长期的土壤退化，也不得对水的质量和流域的水文状况带来严重的影响。采伐作业应严格执行《森林法》的规定，大于 15°坡地的采伐面积不得超过 5 hm^2，同一年度不得超过 20 hm^2。

森林经营单位应制定安全生产事故登记制度，并对伤亡事故原因进行定期评估和总结，以采取相应的措施逐渐较少森林经营过程中的安全事故。

采伐作业时避免并减缓对环境的负面影响，包括采伐作业区污染（例如漏油、烟盒、塑料、垃圾等），采伐季节以秋冬为主，这样便于更新，减少水土流失。

（4）森林病虫害防治

森林病虫害防治工作要认真执行国家森林病虫害防治有关规定和山东省临沂市绿达林业合作发展服务中心制定的病虫害防治管理计划，以保证认证工作的顺利实施，达到预期目标。

为控制人工林病虫害的发生发展和蔓延，必须采取项目病虫害防治管理计划中提出的有效措施。实行“预防为主、综合治理”的方针，综合、协调运用营林、生物、基因、人工、物理和化学等防治措施，尽可能采用生物防治的方法，利用细菌和捕食天敌，控制虫害。

在设计时，要注意立地选择和树种的科学配置，以减轻林木受病虫害威胁的程度。

造林用种和苗木是从国外或省外调入，必须严格按照植物检疫法进行检疫。

采购的农药必须符合中国森林认证国际森林认证体系所要求的和农业部农药检疫所注册登记的，并批准生产和进口的品种，同时也要符合国家林业行业标准的有关规定。

要对施药人员进行培训，以保证使用农药安全，以免污染环境和对人体伤害。

（5）森林防火

要认真贯彻“预防为主、积极消灭”的方针，造林区的森林防火要纳入省、市、县防火指挥系统，造林实体要设立防火组织，配备防火设备，制定规章制度，实行岗位责任制。

（6）缓冲带（区）

缓冲区是为保护区域内小溪流、湿地、农田的水体水质而保留的森林地段。

1）缓冲带（区）的宽度

①小型水库、湿地、湖泊周围的缓冲带宽度大于 50 m；

②农田周围的缓冲宽带度大于 10 m；

③不同溪流的最小缓冲带宽度（表 1）。

表 1 不同溪流等级的缓冲区质量要求

溪流河床宽度/m	单测缓冲带最小宽度/m
＞50	30
20～50	20
10～20	15
＜10	8

2）缓冲带（区）经营规范

①伐区设计过程中应当依据规定的宽度用明显的标志标出缓冲带界限；

②采伐过程中应采取有效措施保护缓冲带（区）内的树木。

3）缓冲带（区）内应避免的事项

①未经特许采伐区域内树木；

②向缓冲区倾倒采伐剩余物、其他杂物和垃圾；

③伐除地表覆盖物或林木植被；

④施工机械进入。

8.3　社会关系措施

选择造林地和设计造林活动时，必须特别注意与当地社区的相关问题，应当调查造林地和造林活动是否对当地社区和农户造成负面影响。人工林设计必须涉及和涵盖下列问题：

（1）参与式森林经营

1）制定板栗发展计划时应与授权土地使用者或该片土地上的受益农户进行协商；

2）应优先考虑单个农户、认证小组和各种合股形式；

3）造林地设计方案必须符合受益人与有关政府的方针政策相一致的特殊需要；

4）所有的乡、村和农户都必须得到有关板栗林认证的充分宣传；

5）妇女在提出参加板栗林经营和认证申请方面，必须拥有平等的机会。

（2）土地使用权

1）必须确定当前的土地所有权，只有在事先与授权土地使用者签订了协议，并在他们参与的情况下，才可进行造林；

2）除了与授权土地使用者签订的书面协议外，所选择的造林也必须首先有一份与拥有人工林的单个农户签订的、目前仍有效的长期合同，从而不会造成这些土地使用权发生改变。

（3）获得土地和资源

1）在设计村小组的人工林面积时，必须留出足够的土地用于生产薪材和其他资源以满足当地居民的需要；

2）在划为生物多样性保护的地区，必须考虑传统森林利用的适应性问题。

（4）生产安排

1）在选择生产安排时，必须优先考虑由受益农户或农户组直接承包和管理；

2）如果农户要与另一方共同参加股份制的生产形式，应当公开、坦率地与农户讨论这一生产形式的方案及其含义，达成一致意见的生产安排应写进由各方签订的合同中，参与各方均应持有一份合同副本。

8.4 社区关系

（1）建立沟通机制

沟通方法包括电话、访问、通告、座谈等，山东省临沂市绿达林业合作发展服务中心热线电话号码将公开发布，及时回复群众意见，采纳建设性意见。对营林操作中的问题，应落实改进措施，营造和谐、安定的社会环境，实现林业发展、增加与社区群众感情的“双赢”。

（2）参与途径

采收、整地、造林采用人工作业时，将优先聘请、雇佣邻近村民，为当地村民提供就业机会。允许周边村民在非保护区森林中有限度地采集部分非木质资源（蘑菇、药材、野菜等），以及适度放牧。

（3）劳动者安全

采伐工人应当穿戴手套、头盔、防护服。

应制定安全生产事故登记制度，并对伤亡事故原因进行定期评估和总结，以采取相应的措施逐渐减少森林经营过程中的安全事故。

（4）教育与培训

“科学技术是第一生产力”，人才是最宝贵的资源，而教育是培养人才的基础。每年根据不同的岗位特点对成员、企业代表、承包商、工人进行多层次、全方位的培训，提高成员的营林技能、增加成员的认证知识，提升管理队伍的素质和水平。

1）森林认证知识

森林认证的宗旨是鼓励和促使营林者获得生态、社会和林业经济的综合效益，森林认证准则针对这三个方面提出了很多具体、严格的要求。因此，相关人员只有掌握了认证原则和标准以及相关的知识和技能，才能有效地实施林业管理体系，进而达到认证准则的要求。

对认证单位全体人员和参加联合认证的所有成员进行培训，使他们了解中国森林认证的背景和宗旨，了解推行中国森林认证对社会及营林者自身的意义，了解中国森林认证准则的详细内容，了解中国森林认证的发展和中国森林认证行业标准。

2）林业专业知识与操作技术培训

对成员提供的林业专业知识技术培训包括森林经营、森林防火、野生动物保护、森林病虫害防治等。操作技术包括伐木操作、整地技术、苗木造林栽植技术、采种与种子处理技术、扑火技术等，并将定期举行培训纳入监测体系。

3）生态环境影响与保护教育

主要包括环境问题的重要性，森林与可持续发展的关系，森林经营活动对环境造成的影响，森林经营活动中减少环境影响的技术措施等。

4）劳动安全教育

林木经营活动中，有些作业劳动的危险性很大，如采伐、集材搬运、造材、扑火等，需要经常进行安全教育，提醒注意安全，避免可能发生危险的不规范操作。

5）与村民关系教育

绿达中心帮助村民建立森林经营技术示范，提供就业机会，增加农村居民收入。村民应该支持林业发展，保护森林资源安全，不偷砍偷挖林木、苗木。教育职工尊重村民的权利，教育村民关爱林业的发展，妥善处理纠纷和问题，建立融洽、和谐的关系。

9　保障措施

9.1　政策保障

（1）明确定位

本规划期在原有板栗园的基础上适当扩大板栗园面积，探索多种经营模式，包括：混合经营、“乔—灌—草”立体复合栽培、林下养殖、“板栗园观光—采摘—炒制—垂钓—住宿”、休闲、餐饮一体化旅游休闲等经营模式，增强抗市场风险的能力，实现可持续经营。

（2）加大资金投入

企业将加大资金投入，建立、健全企业管理体制，完善用人制度，提高人才待遇。对于多种经营模式的探索，企业将给予充分的资金支持，确保项目实施到位；对于品牌宣传的投入将继续加强。本规划期将聘请国内著名林业院校的资深板栗专家进行技术指导，确保各项目实施过程中的技术支持。

9.2　组织保障

1）加强组织领导落实责任；

2）强化规划落实力度；

3）完善用人制度：进一步完善人事、劳动和分配制度，建立责、权、利更加合理的经营机制，切实体现以人为本的用人机制，制定相应的制约措施和激励机制，充分调动员工的积极性，完善员工福利制度，保障员工的合法权利；

4）严格制度建设：以 CFCC 森林认证为契机，不断完善公司的各项规章制度，包括但不限于用人规章制度、车间管理制度、板栗园管理制度、安全生产制度、女员工福利保障制度、设备设施管理制度等。

9.3 制度保障

1）明确森林经营方案实施技术培训制度；

2）制定森林经营实施绩效考核制度；

3）制定森林经营方案成效评估制度；

4）发展新的森林经营管理模式和方法。

9.4 技术保障

加强人才培养：加强技术培训，建立定期培训教育机制，保证经费投入，促进企业职工成长。适时推荐有上进心和培养前途的职工去专业院校学习深造。

开展技术攻关：由于企业缺少必要的人才储备和技术支撑，在这一方面上还比较薄弱。为避免由于技术缺乏而导致的不必要的损失，企业将积极与国内林业院校和专家进行深度合作，开展产学研一体化交流。企业与高校签署合作协议书，积极接受有意愿从事板栗行业的专业人才到企业实习。

9.5 资金保障

1）争取国家相关资金的扶持；

2）拓宽投资渠道，实现多元化投入。

图 1 认证范围

表2　认证面积明细　　单位：亩

编号	村名	户主姓名	最终面积	编号	村名	户主姓名	最终面积
1	台上	宫××	8	93	转山头	钟××	350
2	台上	王××	5	94	转山头	刘××	10
3	台上	赵××	3	95	转山头	刘××	10
4	台上	王××	62	96	转山头	庄××	11
5	台上	王××	62	97	转山头	刘××	35
6	台上	王××	39	98	转山头	刘　×	60
7	台上	王××	18	99	转山头	刘××	2
8	台上	高　×	12	100	转山头	刘　×	26
9	台上	宫××	25	101	转山头	刘××	20
10	台上	王　×	18	102	转山头	刘××	10
11	台上	宫××	9	103	转山头	刘××	7
12	台上	孙××	5	104	转山头	刘　×	40
13	台上	宫××	5	105	转山头	刘××	30
14	台上	宫××	25	106	转山头	刘××	27
15	台上	宫××	25	107	转山头	刘××	30
16	台上	栾××	18	108	转山头	刘××	60
17	台上	宫××	12	109	转山头	刘　×	40
18	台上	宫××	10	110	转山头	宋××	20
19	台上	栾××	12	111	转山头	刘　×	10
20	台上	王××	18	112	转山头	刘××	5
21	台上	宫××	41	113	转山头	刘××	11
22	台上	刘××	12	114	转山头	宫××	2
23	台上	王　×	18	115	转山头	刘　×	3
24	台上	王××	10	116	转山头	刘××（小）	18
25	台上	王　×	10	117	转山头	刘××	50
26	台上	姜××	25	118	转山头	刘　×	30
27	台上	栾××	25	119	转山头	于××	3
28	台上	宫××	18	120	转山头	刘　×	33
29	台上	宫××	6	121	转山头	刘××	3
30	台上	宫××	8	122	转山头	刘××	1
31	台上	王××	12	123	转山头	刘××	16

编号	村名	户主姓名	最终面积	编号	村名	户主姓名	最终面积
32	台上	王××	3	124	转山头	于××	1
33	台上	王××	12	125	矫家泊	宫××	15
34	台上	姜××	18	126	矫家泊	矫××	13
35	台上	宫××	8	127	矫家泊	矫××	5
36	台上	宫×	400	128	矫家泊	矫××	10
37	台上	宫××	75	129	矫家泊	矫××	18
38	台上	宫××	18	130	矫家泊	矫××	5
39	台上	宫××	41	131	矫家泊	宫××	6
40	台上	宫××	18	132	矫家泊	矫××	12
41	台上	王×	47	133	矫家泊	宫××	15
42	台上	宫××	12	134	矫家泊	矫××	15
43	台上	宫××	12	135	矫家泊	矫××	37
44	台上	于××	12	136	矫家泊	矫××	16
45	台上	于××	18	137	矫家泊	矫××	15
46	台上	王××	10	138	矫家泊	矫××	5
47	台上	宫××	10	139	矫家泊	矫××	8
48	台上	吴××	47	140	矫家泊	宫××	5
49	台上	宫××	10	141	矫家泊	矫××	7
50	台上	宫××	10	142	矫家泊	矫××	15
51	台上	宫××	5	143	矫家泊	矫××	8
52	台上	宫××	4	144	矫家泊	矫××	15
53	台上	宫××	3	145	矫家泊	宫××	1
54	台上	王××	25	146	矫家泊	矫×	10
55	台上	王××	18	147	矫家泊	矫××	6
56	台上	宫××	8	148	矫家泊	矫××	6
57	台上	王××	8	149	矫家泊	矫××	15
58	台上	姜××	15	150	矫家泊	宫××	10
59	台上	姜××	15	151	矫家泊	宫××	3
60	台上	姜××	9	152	矫家泊	宫××	10
61	台上	宫××	4	153	矫家泊	钟××	10
62	台上	宫××	10	154	矫家泊	矫×	15
63	台上	王××	10	155	矫家泊	宫××	18
64	台上	宫××	4	156	矫家泊	史××	21

编号	村名	户主姓名	最终面积	编号	村名	户主姓名	最终面积
65	台上	宫××	12	157	矫家泊	矫××	26
66	台上	姜××	10	158	矫家泊	矫××	21
67	台上	桑××	8	159	矫家泊	宫××	10
68	台上	宫××	5	160	矫家泊	矫××	5
69	台上	王××	155	161	矫家泊	矫××	13
70	台上	姜××	4	162	矫家泊	矫××	15
71	台上	宫××	12	163	矫家泊	矫××	18
72	台上	王××	8	164	矫家泊	矫××	18
73	台上	王××	2	165	矫家泊	宫××	16
74	台上	王××	5	166	矫家泊	矫××	24
75	台上	宫××	3	167	矫家泊	矫××	8
76	台上	宫××	4	168	矫家泊	矫××	2
77	台上	宫××	6	169	矫家泊	矫××	8
78	台上	王××	7	170	矫家泊	宫××	15
79	台上	王××	9	171	矫家泊	矫××	2
80	台上	宫××	3	172	矫家泊	矫　×	5
81	转山头	刘　×	30	173	矫家泊	矫××	6
82	转山头	刘××	40	174	矫家泊	矫××	3
83	转山头	刘××	10	175	矫家泊	矫××	15
84	转山头	宫××	15	176	矫家泊	乔××	10
85	转山头	钟××	12	177	矫家泊	矫××	15
86	转山头	刘　×	30	178	矫家泊	矫　×	4
87	转山头	宋××	14	179	矫家泊	矫××	5
88	转山头	王　×	3	180	矫家泊	矫××	38
89	转山头	刘　×	30	181	矫家泊	矫××	15
90	转山头	刘××	15	182	矫家泊	矫　×	6
91	转山头	刘　×	40	183	矫家泊	矫××	3
92	转山头	刘　×	16	184	矫家泊	矫××	5

山东北宗茶业有限公司非木质林产品经营规划

（2018—2023 年）

1 自然社会经济状况

1.1 企划环境

1.1.1 企划客体宏观环境

茶叶是源于中国的传统饮品，经过几千年的不断发展，现已成为我国重要的经济作物，其面积、产量、出口量分别列世界的第一、第二、第三位，茶业发展既充满机遇，又面临严峻挑战。中国茶叶出口到 120 个国家和地区，几千家企业在行业里竞争，没有显而易见的行业龙头企业，知名品牌。

一个行业里面没有龙头企业，没有行业霸主，就是典型的低集中度行业。这类行业最主要的特征就是门槛低、利润高，竞争混乱且没有秩序。茶叶行业各企业不知道自己的对手是谁，企业各做各的市场，赚钱比较容易，规模不大照样能够赚钱。整体市场处于“非竞争状态”，行业门槛低，所以茶行业小规模企业很多。

近几年来，各茶叶产区大面积扩大种植面积，大部分已到丰产期，使茶叶产能高速增长，48%的种植面积上升，76%的产量上升，远远超过了消费上升的速度。即使前几年的增长期，茶叶销售增长顶多也只在 10%～20%，供求失衡的压力势必造成行业整合洗牌。

茶叶有必需品的性质，但又不具备柴、米、油、盐那样的刚性需求。在金融危机中，茶叶企业谁能暖身过冬无疑是一场考验。

1.1.2 当地企划客体环境

乳山市地处胶东半岛东南部，位于威海、青岛、烟台三市的中间地带，东临文登区，西毗海阳市，北接烟台市牟平区，南濒黄海，与韩国、日本隔海相望。全市海岸线西起乳山口，东至浪暖口，全长 185.6 km。总面积 1 668 km^2，人口 57.4 万。全市辖省级乳山经济开发区和省级银滩旅游度假区、14 个镇、1 个街道办事处，共 601 个行政村。

2010 年乳山市申请了“乳山绿茶”农产品地理标志。“乳山绿茶”标志申请成功，对提高乳山绿茶的竞争力起到了重要的作用。但与得天独厚的地理位置不相符的是乳山绿茶相对于周边的崂山绿茶、日照绿茶知名度较低，更不用提与知名的南方茶叶相比较。造成乳山绿茶“茶好无人知”的原因是多方面的，新的经济环境也给乳山绿茶的发展带来了不少的机遇。

1.2　优劣分析

1.2.1　优势分析

地理位置优越，茶品优异独特。乳山市地处中纬度暖温带季风气候区，四时更替和季风进退较显明，气候温和、雨水丰沛、光照充足，能很好地满足茶叶的生长要求。乳山绿茶身处高纬度地区，昼夜温差大，生长周期长，使茶叶中的叶绿素、蛋白质及多酚类物质含量均高于南方茶，因此乳山绿茶的叶片肥厚、茶叶香气高、耐冲泡、汤色嫩绿明亮、具有典型的板栗香味，造就了独特的乳山茶。

生长条件适宜，茶叶种植空间大。乳山土以棕色土为主，土壤有机质含量高，锌、钙、铁、镁、钼、硼等元素含量丰富，同时，乳山灌溉用水、大气质量等非常符合无公害茶叶的生产标准。由于乳山绿茶的栽培历史较短，因此病虫害的发生比较轻微，较少或不使用农药，这些为茶叶再乳山的大幅推广创造条件。

地域文化浓郁，地区品牌响亮。乳山因境内有“大乳山”而得名，乳山历史悠久，据史料记载，远在新石器时代境内就有人类聚居，商、周时期乳山农牧渔业十分繁荣。乳山近几年大力提倡“母爱圣地，幸福乳山”的口号，使得乳山名声响彻海内外，吸引大批游客。

1.2.2　劣势分析

茶企业竞争能力尚缺，乳山绿茶整体水平相对于周边地区及省份，在生产加工条件、经营能力、管理能力等方面存在很大的差距。主要表现在：①企业经营规模偏小。初加工企业或家庭小作坊普遍存在，很难形成规模效益。企业规模小导致生产设备落后、技术含量不高，质量得不到保证。企业深加工能力不足，难以形成有效的竞争力。②品牌创建意识和能力不够。乳山市已经注册的有正华大乳山、威茗、极北、水晶春、乳溪、爱母等 20 多个茶叶商标，品牌呈现出杂乱的现象。品牌商标呈现出多而不强的局面。同时，各个品牌在定位上均不明确，很多茶品牌以“绿色、健康、安全”为宣传语，千篇一律，缺乏个性特色和创意，个别中小企业还存在品牌缺失的问题。③人才结构无法满足企业发展需要。企业领导层、经营层、生产层、研发层、销售层各层次人才欠缺，从业人员素质不一，难以满足现代企业发展和品牌运作的需要。个别企业技术人员都没有经过先进加工技术的培训，在技术创新和产品创新方面缺乏发展的后劲。

茶企业经营观念落后，管理能力欠缺，缺少“领头羊”。乳山市共有茶叶加工企业、茶叶专业合作社 30 多个，茶叶企业茶园平均面积普遍较小，企业家“小富即安”意识阻碍了茶企业的规模扩大。同时企业缺乏相应的经营管理能力，在不断变化的市场环境中，企业家不敢尝试新的经营模式，停滞不前。

目前，乳山大部分茶企业是“家族式”经营，企业家在管理上缺乏重视，难以形成有效的管理制度和管理体系。大部分仍按照老传统方式经营管理，企业内部分工不明，职责不清。企业家往往既要抓管理又要抓销售，还要兼顾各种关系的协调，这使得企业想有所突破就变得困难了。

渠道单一，销售模式落后。企业间协作意识不强，喜欢独闯市场，行业协会发挥的作用有限。乳山市绿茶市场建设上存在缺乏规划、重复建设、网络单、服务功能不足、识别度不高的问题。市场信息的反馈、价格的调整、品牌的推广等方面做得也不完善。在渠道铺设方面，以当地专卖店、商超、经销商、展览会等为主，形式较单一。在终端销售方面，给消费者的产品识别印象不深刻，并且几乎没有任何的服务体验，市场识别度不高。

1.3 发展前景

茶叶消费量逐年增加。据 FAO（联合国粮食及农业组织）分析，近 10 年内世界茶叶消费年增长率将在 2.9%左右，由于绿茶饮用价值高于其他茶类，绿茶消费量也将得到更大增长。从国内市场看，绿茶消费增长率将达到 5%以上，北方新兴绿茶市场将进一步扩大，随着茶叶有效成分的开发与应用，用于食品、医药、化工、养殖等行业的绿茶需求也将进一步增长。

市场竞争将日趋激烈。全国茶园面积增加了 63%，达到了 2 799 万亩，每年以 10 个县的面积增加；茶叶产量增加了 93%，达到 135 万 t，每年以 13 个县的产量增加。其中名优茶产量增加了 242%，达到了 53 万 t，每年以 7.3 个县的产量增加。产能过剩问题将逐渐显现，不同茶区、不同茶类、同茶类不同品牌间的竞争将日趋激烈，对茶叶销售带来巨大压力。

产业潜力可进一步挖掘。一是可适度扩大茶园面积，并老茶园进行改种换植。二是可进一步挖掘加工的潜力，通过进一步提升加工质量来实现茶叶增值。三是可进一步挖掘品牌的潜力，虽有一定的品牌基础，但距一线品牌还有较大的差距。当前销售正处在由产品经营向品牌营销转变的新时期，品牌营销可进一步提升茶产业的利润，进一步拓展市场，扩大和提升消费群体。

2　经营方针与经营目标

2.1　经营方针

根据公司园区独特的地理位置优势以及当前社会、生态和经济效益的需要，结合乳山市发展实际，确定2018—2023年的经营方针为以生态种植为前提，以现代科学技术为依托，加强茶叶标准化生产、集约化管理，优化品种结构，打造绿色无公害的茶产业循环经济圈，提升生产效益，实现可持续发展。

2.2　经营目标

以打造品牌为主线，以市场建设、现代茶叶园区建设为重点，努力将北宗茶业打造成乳山茶生产、加工、贸易和文化中心。总体目标：2019年新建茶园400亩，其中无性系茶园100亩；2020年新建茶园200亩；2021年现有茶园可产干茶4 t，产值达到160万元，产量产值逐年增加。

2.3　经营方向和措施

2.3.1　经营方向

做好质量把关，进一步提升企业的日常管理和运作效率；在现有茶叶生产基地基础上扩大茶园面积，完善茶园基础设施和加工车间环境建设；规划期内稳步提高茶叶产量和茶叶质量，年产值稳步提升；以CFCC森林认证为契机，进一步打造公司茶叶品牌，扩大市场。

2.3.2　经营措施

根据国家林业持续发展造林项目的要求，本着因地制宜、适地适树的原则，充分利用乳山优越的自然条件和土地生产潜力，选择立地条件好的地方，尽量选用适宜乳山当地环境的优良茶树品种，采用高标准、高质量的造林技术措施，达到优质鲜叶和预期的经济效益。

（1）品种选择

选择适合当地土壤、气候等优质的茶树品种，要求品质高、有较强的抗寒性、抗旱性、抗虫性、抗病性。品种确定好，要求茶树纯正，植株健壮，枝梢完整，无干枝、干根、皱皮现象，根系发达完整，无畸形根、无病虫。

（2）茶树繁育

短穗扦插，用带腋芽和1～2个成熟叶片、长3 cm左右的短穗扦插在适宜的土壤中，培育成新的植株，具有母穗用量省、成活率高、繁殖系数大等特点，是无性系品种广泛使用的繁殖方法。

扦插苗圃的选择，用于茶树扦插育苗的场地，旱地建苗圃宜建在地面平坦，地下水位低，交通便利，靠近母本园的地方，土壤 pH 为 4.5～5.5，土层厚度 30 cm 以上，结构良好，并靠近水源，有配套的灌溉设施。连续多年种植甘薯、烟草、茄子等作物的土地不宜使用。

剪穗，从母树上剪取穗条，并将之剪成插穗的操作。要求插穗长短符合标准，剪口光滑与叶片成平行的斜面，不损伤腋芽，上剪口离腋芽 2～3 mm。

插穗，用于扦插的带有成熟叶片（母叶）和健壮腋芽的小段枝条。大面积繁育用的大都是长度 3 cm 左右，带 1 片叶的短穗。通常称标准插穗（图 1）。

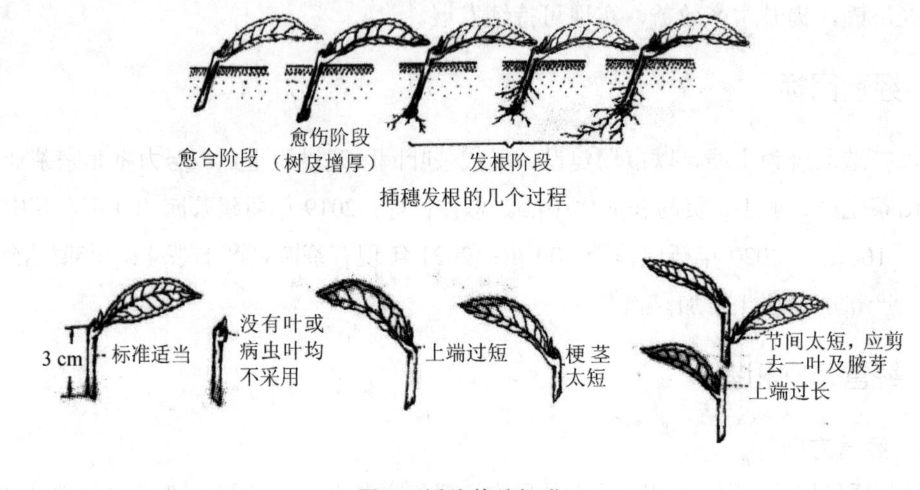

图 1　插穗剪穗标准

2.3.3　造林技术措施设计（园地选择）

新建茶园要选择远离污染源、灌溉水源充足的农业区域。以山体地形为宜，土层肥厚，土壤为酸性（pH 为 4.5～6.5），道路系统和水利系统完善。

2.3.4　栽植

2.3.4.1　整地

对建园土地进行地面清理、土地初垦和复垦的过程。开垦前，清理地面障碍物，如树根乱石、坟墩、白蚁穴等，同时配合修筑道路、调整地形、划分茶园地块，减少园地开垦的工程量。初垦翻耕深度为 50 cm 左右，清除蕨根、茅草根等深根性杂草，初垦时间宜在雨季过后的夏秋季旱热时期进行，深翻大土块，有利于生土的“晒垡”风化；调整局部地形，挖高填低并回铺表土。复垦需在种植前进行，深度为 30～40 cm，进一步清除杂物，碎土平整，准备种植。

2.3.4.2　栽植

大行距 100 cm，双行条式小行距为 33 cm×33 cm，每丛植茶 3 株的种植方式，每公顷可种 12 万株以上，比单条栽成园快，前期产量高。

生产过程管理如下：

1）茶园培肥管理

增施有机肥，每年秋季施用一次基肥，于“白露”前后（一般在9—10月秋茶结束后）进行。在茶行两侧树冠正下方开深、宽各20～30 cm的施肥沟，每亩施农家肥（堆肥、厩肥、沤肥等）3 000 kg以上。

2）茶园水分管理

茶园土壤的含水率以保持田间持水量的70%～90%为宜，低于70%时应采取补水措施，高于90%时则采取排湿措施。保持土壤水分的首选方法是茶园铺草，铺草厚度在10 cm以上。成龄茶园通过深翻改土、铺草、灌溉、浅耕、种植遮阴树等办法保持土壤水分，幼龄茶园应采取浅锄保水、培土护蔸、追施粪肥、灌水、种植绿肥等措施，抗旱保苗。低洼积水茶园，应完善排水沟系统。

3）茶园土壤管理

①茶园耕作及除草

春茶前（3月下旬至4月上旬）浅耕松土，深度5～10 cm。

夏茶前中耕，在春茶采制结束后（5月下旬至6月上旬）进行，深度10～15 cm。

“白露”前后进行深耕，深度15～20 cm。

中耕结合除草，如杂草较多应及时锄铲除草，对于幼龄茶树根际周围的杂草，应用手工拔除。

②茶行铺草

在高温、干旱和冬季节到来前的夏初和秋末，在茶树行间铺草，厚度达10～15 cm，利于抗旱、抗寒、肥培和改良土壤、抑制杂草生长等。

③茶树修剪

定型修剪：幼龄茶园一般要进行3次定型修剪，一般于春季撤除越冬防护物后进行：第一次定型修剪待种子直播茶苗长到30 cm以上，修剪高度为离地12～15 cm；第二次定型修剪在第一次定型修剪一年或半年后进行，高度离地17～20 cm；第三次定型修剪在第二次定型修剪一年或半年后进行，高度离地25～30 cm。

轻修剪：已完成定型修剪的茶园每年可进行1～2次轻修剪，自然越冬或小拱棚保护越冬茶园轻修剪一般在“春分”前后进行和秋末（10月下旬至11月中旬）进行，大棚茶时间安排在春茶结束后（5月下旬）或秋末（10月下旬至11月中旬）进行，轻修剪深度为5～10 cm，以剪去树冠面突出枝、不成熟枝和达到采摘面平整为度。

深修剪：深修剪适用中产茶园改造，正常茶园应每隔3～5年进行一次深修剪。主要有以下两种情况：茶园已达高产阶段，但产量、质量已走下坡路的茶园；茶树还处于青壮龄，但已是未老先衰的茶园。深修剪的时间一般在“春分”前后进行，也可在春茶结束后（5月中下旬至6月上旬）或秋季9月下旬结合保护地栽培进行。深修剪的程度要因树因园制宜，原则是以剪去鸡爪枝、细弱枝、病枯枝和“两层楼”树枝为度，经深修剪后的树高控制在 60 cm 以下为宜。

重修剪：重修剪适用于树势衰老低产、但下部骨干枝尚可的茶园改造。重修剪的时间应安排在春茶后（5 月下旬至 6 月上旬）进行；对冻害较重的茶园应于“春分”前后进行。重修剪刀口要求平整，高度以离地 30～40 cm 为宜，也可以按修剪的程度为标准，即大约剪去茶树高度的 1/3～1/2。

台刈：台刈适用于树龄老化、树势衰败或冻害、病虫害严重的茶园改造。台刈时间一般“春分”前进行，最适宜时间为 3 月上旬，保护地栽培茶园可在春茶后（5 月下旬至 6 月上旬）进行。台刈应在离地 5～10 cm 处刈去地上部全部枝干，要求切口倾斜、平滑。如果茶丛中有一定量自然更新的青壮枝，则亦可采用局部台刈的方法，即在同一茶蓬内对衰老枝进行台刈而对青壮枝实施重修剪。

剪后留养：生产茶园以采叶为主，但必须采养结合，要求经轻修剪后的叶面积指数为 3～4。深修剪茶园的当年，以养为主，待新梢长至 10 cm 以上时采一芽、一叶打头，待秋梢长出后留一叶采，第二年起进入生产茶园正常管理。重修剪茶园改造后，以养为主，待新梢长至 15 cm 以上时采一芽、一叶打头，同时进行“整形修剪”，修剪时间宜在 10 月上旬进行，程度为原切口基础上提高 5～7 cm，在上述这一阶段要严格执行以养为主，此后则进入生产茶园正常管理。台刈改造茶园在其后的 3 年内，需进行 3 次定型修剪，并严格执行以养为主，此后进入生产茶园正常管理。

④病虫害控制

农业防治

换种改植或发展新茶园时，应选用对当地主要病虫抗性较强的品种。

分批多次及时采摘，抑制假眼小绿叶蝉、茶橙瘿螨、茶跗线螨、茶树炭疽病等危害芽叶的病虫。

通过修剪控制茶树高度（50～60 cm）和及时疏枝，减轻螨类、蚜虫、黑刺粉虱等害虫的危害。

秋末宜结合施基肥、进行茶园深耕，减少翌年在土地中越冬的鳞翅目和象甲类害虫的种群密度。

早春将茶园根际附近的落叶及表土清理至行间深埋，有效防治叶病类和在表土中越冬的害虫。

及时清除杂草，减少茶小绿叶蝉等虫害栖息地。

生物防治

注意保护和利用当地茶园中的草蛉、瓢虫、蜘蛛、捕食螨、寄生蜂等有益生物，减少因人为因素对天敌的伤害。

使用生物农药：苏云金杆菌、粉虱真菌制剂、白僵菌、植物源农药（苦参碱、百部碱+柬素+烟碱（小绿叶蝉）阿维菌素、鱼藤素、核型多角体病毒等）。

使用矿物源农药：如石硫合剂等可用于防治茶叶螨类、小绿叶蝉和茶树病害，但应严格控制在冬季封园等非采茶季节使用，使用方法：大棚覆盖的茶园在秋季霜降以后盖棚前 1 个月，喷打波美 1～2 度石硫合剂。没有大棚覆盖的茶园，秋季霜降以后喷打波美 1～2 度石硫合剂，翌年春天撤防风帐后喷打一遍波美 0.5 度石硫合剂。

物理防治

采用人工捕杀幼虫、摘除护囊、刮除蚧壳等办法，减轻蓑蛾类、象甲类、蚧类等害虫危害。

利用害虫的趋性，进行灯光诱杀、色板诱杀、性诱杀或糖醋诱杀等。

利用机械或人工方法防治杂草。

4）茶标准化生产中农药使用准则

农药按其毒性来分有高毒、中毒、低毒之别，泰山茶溪谷茶对农药要求是低毒、可降解、生物性农药，严禁使用高毒、高农残和“三致”（致癌、致畸、致突变）农药。

①提倡使用的农药

植物源杀虫剂、杀菌剂、拒避剂和增效剂等，杀虫剂有苦参碱，虫敌，杀蚜素，茴蒿素、除虫菊素、印阑素、烟碱、植物油、鱼藤酮、松脂合剂，杀菌剂有大蒜素，趋避剂有苦阑素，增效剂有芝麻素等。

动物源农药：主要有性信息素和寄生性、捕食性天敌等。

矿物源农药：杀螨杀菌类硫制剂有硫悬浮剂、可湿性硫、石硫合剂；铜制剂有硫酸铜、氢氧化铜、波尔多液；矿物油乳类有柴油乳油、机油乳油。

②允许限量使用的微生物农药：防治真菌病害的有农用抗生素类春雷霉素、多抗霉素、井冈霉素、农抗 120、中生菌素、梧宁霉素、武夷霉素等，防治螨类、华光霉素等，活体微生物农药真菌剂有白僵菌、绿僵菌，细菌剂有苏云金杆菌（BT0）、蜡质芽孢杆菌等。

③低毒、低残留化学农药：如吡啉、啶虫脒、马拉硫磷、辛硫磷、敌百虫、尼索朗、克螨特、螨死净、菌毒清、代森锰锌（锰杀生、大生 M-45）、福星、甲基托布津、多菌灵、扑海因、三唑酮、甲霜灵、百菌清等。

④有限制使用的中等毒性农药：毒死蜱（乐斯本）、敌敌畏、乐果、杀螟硫磷、灭扫利、功夫、杀灭菊酯、氰戊菊酯、高效氯氰、高效氯氰菊酯等。

⑤禁止使用的农药

杀虫剂

有机氯类：DDT、六六六、林丹、硫丹等。

有机磷类：乙拌磷、甲基异柳磷、氧化乐果、磷胺、水胺硫磷、杀扑磷、倍硫磷、克百威等。

氨基甲酸酯类：涕灭威、呋喃丹等。

杀螨剂：三氯杀螨醇、杀虫脒。

杀菌剂：福美胂、氟化乙基汞（西力康）、醋酸苯汞等。

植物生长调节剂；有机合成的植物生长调节剂。

⑥国家明令禁止的农药：六六六、DDT、久效磷、对硫磷、甲基对硫磷、甲胺磷、甲拌磷、毒杀芬、二溴氯丙烷、杀虫脒、二溴乙烷、除草醚、艾氏剂、狄氏剂、汞制剂、甘氟、毒鼠强、氟乙酸钠、毒鼠硅等。

5）主要病虫害防治技术

①黑刺粉虱

农业防治，中耕除草、疏枝清园，促使茶丛内通风透光，可减轻发生。

物理防控，设置诱虫板、杀虫灯、以虫治虫（蜘蛛、捕食性瓢虫、草蛉、赤眼蜂等）等。

化学防控，在各代幼虫孵化初期选用扑虱灵，孵化盛期或成虫盛期集中地块喷洒2.5%溴氰菊酯或者10%氯氰菊酯6 000倍稀释喷洒。

②小绿叶蝉

农业防控，分批多次采茶，摘除虫卵，抑制种群发展。

物理防控，设置诱虫板、杀虫灯、以虫治虫（蜘蛛、捕食性瓢虫、草蛉、赤眼蜂等）等。

化学防控，在发生高峰前用化学农药喷杀2.5%联苯菊酯2 000倍稀释喷洒。

3 生态及环境保护措施

3.1 茶园生态建设

1）茶园四周或茶园内不适合种茶的空地应植树造林，茶园的上风口应营造防护林，主要道路、沟渠两边种植行道树，梯壁坎边种草。

2）集中连片的茶园可适当种植遮阴树，遮光率控制在20%～30%。

3）对缺丛断行严重、覆盖度低于 50%的茶园，通过补植缺株，合理剪、采、养等措施提高茶园覆盖度。

4）采用合理耕作、施用有机肥等方法改良土壤结构，耕作时应考虑当地降水条件，防止水土流失，对土壤深厚、松软、肥沃，树冠覆盖度大，病虫草害少的茶园可实行减耕或免耕。

3.2 土壤管理和施肥

定期监测土壤肥力水平和重金属元素含量，一般每2年检测一次。根据检测结果，有针对性地采取土壤改良措施。用生草法及修剪枝叶和作物秸秆等覆盖材料覆盖茶树根部进行保湿，采用合理耕作、施用有机肥等方法改良土壤结构，耕作时应考虑当地降水条件，防止水土流失。对土壤深厚、松软、肥沃，树冠覆盖度大，病虫草害少的茶园可实行减耕或免耕。

幼龄改造茶园，宜间作豆科绿肥，培肥土壤和防止水土流失。土壤 pH 低于 4.0 的茶园，宜施用白云石粉、石灰等物质。调节土壤 pH 至 4.5～5.5，土壤 pH 高于 6.0 的茶园应多选用生理酸性肥料调节土壤 pH 至适宜的范围。

土壤相对含水量低于 70%时，茶园宜节水灌溉。以有机肥为主，配合少量化肥；以基肥为主，结合追肥；以氮肥为主，适量配施磷钾肥及微量元素。一般在 2 月上中旬施催芽肥，常用肥料品种有机肥、复合肥等，追肥量折合纯氮 50 kg/亩左右。随施肥，随盖土。基肥在或秋季 9—10 月结合深耕开挖深沟（20～40 cm）亩施猪羊厩肥 2 000～2 500 kg，或菜籽饼 100～150 kg，再加上氮磷钾复合肥 30 kg，或茶叶专用有机无机混合肥 50 kg/亩。

根据土壤理化性质、茶树长势、预计产量、制茶类型和气候等条件，确定合理的肥料种类、数量和施肥时间，实施茶园平衡施肥，防止茶园缺肥和过量施肥。宜多施有机肥料，化学肥料与有机肥料应配合使用，避免单纯使用化学肥料和矿物源肥料，宜施用茶树专用肥。农家肥等有机肥料施用前应经无害化处理，有机肥料中污染物质含量应符合规定，微生物肥料应符合森林认证标准要求。

3.3 病虫害防治

遵循“预防为主，综合治理”方针，从茶园整个生态系统出发，综合运用各种防治措施，创造不利于病虫草等有害生物滋生和有利于各类天敌繁衍的环境条件，保持茶园生态系统的平衡和生物的多样性，将有害生物控制在允许的经济阈值以下，将农药残留降低到规定标准的范围。

3.3.1 农业防治措施

（1）换种改植或发展新茶园时，应选用对当地主要病虫抗性较强的品种；

（2）分批、多次、及时采摘，抑制假眼小绿叶蝉、茶白星病等危害芽叶病虫；

（3）通过修剪控制茶树高度低于 80 cm，减轻毒蛾类、蚧类、黑刺粉虱等害虫的危害，控制螨类的越冬基数；

（4）秋末宜结合施基肥，进行茶园深耕，减少翌年在土壤中越冬的鳞翅目和象甲类害虫的种群密度；

（5）将茶园根际附近的落叶及表土清理至行间深埋，有效防治叶病类和在表土中越冬的害虫。

3.3.2 物理防治措施

（1）采用人工捕杀，减轻茶毛虫、茶蚕、蓑蛾类、茶丽纹象甲等害虫危害；

（2）利用害虫的趋性，进行灯光诱杀、色板诱杀或异性诱杀；

（3）采用机械或人工方法防除杂草。

3.3.3 生物防治措施

（1）注意保护和利用茶园中的草蛉、瓢虫、蜘蛛、捕食螨、寄生蜂等有益生物，减少因人为因素对天敌的伤害；

（2）宜使用生物源农药，如微生物农药和植物源农药。

4 生态与社会影响监测措施和分析方法

生态监测主要包括土壤、空气和水质的监测，规划期内生态影响监测委托第三方具有资质的单位，每年年初监测一次。

规划期内，公司的社会影响监测通过调查问卷的方式进行，调查的对象有政府、利益相关方、员工、消费者等，调查报告根据问卷内容统计分析得出。

表1 调查项目（样表）

调查的项目	对象/内容	抽查比例/方式	执行单位	咨询方式/频率	所用表格
森林和林地的使用权和所有权	县级政府和林业相关单位、当地社区、团体成员	就相关问题召开会议进行讨论和咨询		访谈和咨询/一次	表5
相关政策和法律	各级政府和林业相关单位			访谈和咨询/一次	表5
对当地社区的经济生存条件的影响（就业、收入、基础设施）	当地社区、团体成员	选择林地面积比较大，并且有代表性和典型性的村组，认证典型县调查对象不少于10个，调查对象应包括：一般村民，村委会主任，最好包括妇女代表		调查问卷/定期每两年一次	表6
对当地社区具有特别文化、宗教意义的场所	当地社区、团体成员			调查问卷/定期每两年一次	表6
当地社区的传统权利（薪材和水果采集，放牧）	当地社区、团体成员			调查问卷/定期每两年一次	表6
对经营活动的意见与建议	当地社区、团体成员、政府部门等			调查问卷/定期每两年一次	表2、表6
工资待遇与福利	从业人员、工人	从业人员5人、作业工人10人		调查问卷/定期每两年一次	表3、表4
健康与卫生状况	从业人员、工人			调查问卷/定期每年一次	表3、表4
森林经营的技术	科研教育部门	会议讨论，结合森林经营方案、营林技术规程的制定		讨论和咨询/一次	表5或会议记录
针对重大森林经营活动的社评（采伐或其他）	周边社区居民	沟通与协调	团体成员或经过培训的调查员	作业前	参考表6

表 2　对周边居民的调查问卷（样表）

村镇：	调查员：	调查地点：	调查日期：		
受访者姓名：	性别：	年龄：	身份：		
相关方	问题	回答			
		A	B	C	备注
周边居民	您在我公司林地周围有农田/鱼塘/自留山和其他资源吗？	□有	□无	□其他	
	公司营林对您的农地、鱼塘和自有资源有影响吗？	□无	□影响不大	□影响很大	
	公司营林对您的生产和生活有影响吗？有什么影响？	□无	□影响不大	□影响很大	
	公司的营林如对您的权益造成损害，是否有相应的补偿？	□是	□否		
	您希望能够在林中从事哪些活动（如采集烧柴、放牧等）？	列举：			
	您是否可以自由进入林地开展这些活动？	□是	□否		
	公司的营林活动对村子饮用水质量和流量有影响吗？	□是	□否		
	你认为公司的哪块林子或林地对你很重要，需要特别保护或注意，为什么？				
	您认为公司哪些方面做得比较好，给您或当地带来什么好处？				
	您对公司的经营活动有哪些不满、意见和建议？				

注：请在“备注”栏中对具体情况加以说明。

表 3　对雇工工作情况调查问卷（样卷）

村镇地块：	调查员：	调查地点：	调查日期：	
受访者姓名： 籍贯：	性别： 雇佣时限：	年龄：	工种：	
问题	回答			
	A	B	C	备注
1. 工资待遇与福利				
日平均工资？				
是否能在工程结束后按时结账？	□是	□否		
老板是否给你们买了意外伤害保险？	□是	□否		
2. 安全卫生				
有没有参加过紧急救护的培训？	□有	□无		
在工作出现过危险吗？有哪些危险？	□否	□是	请列举：	
有没有急救箱？	□有	□无		
公司有没有提供必要的安全装备？如防护手套等。	□有	□一些	□无	
其他：您对公司有何意见或要求？				

注：请在“备注”栏中对具体情况加以说明。

表4　公司员工工作、生活情况调查问卷（样卷）

调查员：　　　　调查地点：　　　　调查日期：

受访者姓名：　　　　性别：　　　　年龄：　　　　民族：

所在公司：　　　　部门：　　　　职称：　　　　职务：

公司是否为您买的保险包括：	□社会保险	□意外伤害险	□工伤保险	□其他：
公司是否为您交纳住房公积金？	□是	□否		
您通过何种渠道反映自己的意见或建议？	□工会	□职代会	□妇联	□信访或其他
公司对您的意见或建议会予以考虑并有所反馈吗？	□很少	□通常会	□其他：	
您的工资水平是	□5 000 元以上	□3 000～5 000 元	□1 500～3 000 元	□1 500 元以下
您对公司提供的工资/福利满意吗？	□是	□否		
您从事的工作会受伤吗？	□会	□不会	□偶尔会	
您是否参加过公司组织的培训？如参加过，请列举是哪些培训。	□是	□否		
	培训包括：			
其他：您希望公司在哪些方面做出改进？您对公司的意见与建议？				

表5　对政府部门和其他相关组织的调查问卷（样卷）

调查员：　　　　调查地点：　　　　调查日期：

受访者姓名：　　　　性别：　　　　年龄：　　　　职业：

问题	回答			
	A	B	C	备注/列举
森林和林地的使用权和所有权是否明确？	□是	□否		
现有茶经营是否对公益林有威胁？	□是	□否		
公司活动是否符合相关政策和法规的要求？公司及会员有无违法或违规行为？	□是	□否		
公司的经营区内有无重要的社会冲突和矛盾？请列举。	□有	□无		请列举：
公司开展的经营活动有无对当地生态环境造成大的影响？	□有	□无		请列举：
公司的发展对当地群众的增收和社会发展有无积极贡献？	□有	□无		请列举：
公司经营区内有无特别需要保护意义的林木或林地？有无采取措施进行保护？请说明。				
您认为公司哪些方面做得比较好，给您或当地带来什么好处？				
您对公司的经营活动有哪些不满、意见和建议？				

注：请在“备注”栏中对具体情况加以说明。

表 6　相关方咨询记录（格式）

公司：		部门：		调查员：
咨询方式：				咨询日期：
活动/计划/项目名称：				
活动简述：				
咨询的相关方名录				
姓名	单位	地址	联系方式	所属关系（当地居民、工人、政府、环保组织等）
相关方的主要意见与建议：				
公司应对措施和处理意见：				

5　基础设施建设与维护

2019 年，厂区新增种苗大棚 8 个，茶叶栽种面积 480 亩，其他各项基础建设也在筹备建设中。

5.1　厂区规划

厂区由生产区、办公区和生活区组成，生产区由制茶车间、摊青间、仓库等部分组成。厂区根据方便于生产和管理的原则进行合理规划，并且生产、生活和办公区相对合理，互相衔接，又互不干扰。办公区由办公室、会议室、培训室等组成，生活区由员工宿舍、食堂、健身场所等组成。

5.2　道路布置

道路为茶叶加工厂的原料、燃料及成品的及时运送提供运输条件，厂内道路是联系生产工艺过程及工厂内外佳通运输的线路，有主干道、次干道和人行道等。主干道为主要出入道路，供货流、人流等用；次干道为车间与车间、车间与主十道之间的道路；人行道为专供人行走的道路。厂区计划采用环状型与尽端式相结合的混合式布置，道路宽度考虑出道设备、鲜叶原料和成品茶的运输，主干道不窄于 6 m，次干道不窄于 2.5 m，道路硬化。

5.3 厂区绿化

厂区应有足够的绿化面积，计划绿化面积占厂区的30%左右，并且绿化的植物和花草要搭配得当，以改善厂区环境。计划在车间或建筑物南侧种植落叶乔木，以在春夏秋季防晒降温和防风，在冬季则可以获得充足的阳光；东西两侧栽种高大荫浓的乔木，以防夏季日晒；北侧栽种长青灌木和落叶乔木混合品种，以防冬季寒风和尘土侵袭；见大面积空地设花坛或者布置花园，设置假山、雕塑、座椅等，已作休息场所，道路两侧栽植稠密乔木，形成行列式林荫道。

6 保障措施

公司目前经营状况良好，本规划期在原有茶园的基础上适当扩大茶园面积，探索多种经营模式，增强公司抗市场风险的能力，实现可持续经营。

公司将加大资金投入，建立健全公司管理体制，完善用人制度提高人才待遇。对于多种经营模式的探索，公司将给予充分的资金支持，确保项目实施到位，对于品牌宣传的投入将继续加强。

6.1 人力资源

进一步完善人事、劳动和分配制度，建立责、权、利更加合理的经营机制，切实体现以人为本的用人机制，制定相应的制约措施和激励机制，充分调动员工的积极性。完善员工福利制度，保障员工的合法权利。

6.2 自我完善机制

以CFCC森林认证为契机，不断完善公司的各项规章制度，包括但不限于用人规章制度、车间管理制度、茶园管理制度、安全生产制度、女员工福利保障制度、设备设施管理制度等。

6.3 人才培养

加强技术培训，建立定期培训教育机制，保证经费投入，促进公司职工成长，适时推荐有上进心和培养前途的职工去专业茶叶院校学习深造。

6.4 技术研发

本规划期间公司探索了多种新的茶叶经营模式，但由于公司缺少必要的人才储备和技术支撑，在这方面还比较薄弱。为避免由于技术缺乏而导致的不必要的损失，公司将积极与国内林业院校和专家进行深度合作，开展产学研一体化交流，与高校签署合作协议书，积极接受有意愿从事茶叶行业的专业人才到公司实习。

7　茶叶采收计划

采茶工艺茶青品质主要由茶树品种，茶园环境条件和栽培管理措施，茶青采摘各因素等构成，是决定茶叶质量的基础条件。采摘各因素受气候和人为控制的影响较大，茶叶采摘面积 1 200 亩，采摘期每日采摘茶青大约 160 斤。

7.1　采青标准

要求茶青新鲜、无表面水，无破损，中、小开面三叶，均匀一致。采摘标准为新梢芽叶伸育较成熟，正形成驻芽之中、小开面采三叶为最佳标准。

开面：茶树新梢伸育至最后一叶开张形驻芽后即称开面，新梢顶部第一叶与第二叶的比例小于 1/3 时称“小开面”，介于 1/3～2/3 之间称“中开面”，达 2/3 以上称“大开面”，茶树新梢伸育两叶即开面者称对夹叶。每个品种的适采期较短，同一个品种在同一个公司位置及同样的栽培管理措施下一般最佳采摘期为 2～3 天，一般不能满足生产加工期的要求，因此，一般掌握在茶园内平均有一半开始开面时即开采。采摘标准为一芽三、四叶和“小开面”三叶及对夹叶；到大部分“中开面”，小部分“大开面”时全部采摘结束，此时采摘标准为中、大开面三叶，则采制加工期可延长到 6～7 天。

7.2　采摘时间

不同品种的开采期均不同，主要受茶树品种、当年气候、公司位置和管理措施等因素的影响较大。现有主栽品种的适采期从每年 3 月 20 日左右开始，中、早芽种在加工能力允许时一般不选雨天采，不采露水青，则有利于提高茶青质量。

采摘时气候的影响：晴至多云天优于阴雨天，一天当中 7—11 时，14—17 时最佳，露水青最次。当季气候以时晴时雨天对品质最有利，而雨后初晴天品质最佳，连续天晴 5～6 天后品质又下降，采制期连续下雨对茶叶品质和初制加工均最不利，会明显降低当季茶区的茶叶总体水平。

7.3　采摘方式

目前生产上以人工采摘各机械采茶两种方式为主。人工采摘成本高，需人工多，采摘标准，净度和青叶质量均需通过人工的管理来加以控制，在茶园分散，地形复杂，茶树长势不一定适用。机械采茶成本低，速度快、省劳工、效率高、茶青标准和质量视茶园长势，使用采茶机的年限和操作水平等因素而定。初用机采时，茶青质量较差，连续使用两三年后则茶青质量比人工采摘更好，是未来采茶的主要方式，但长期使用后茶树长势有茶芽多而茶芽变小的变化趋势，使于茶外形不够粗壮。

7.4 茶青贮运

茶青采下后就即时运达工厂进入萎凋程序，防止长时间堆沃和多次翻动损伤，最忌发热红变。茶青采下后一般在 2 小时内运达工厂则对茶青品质影响较小，若途中超过 4 小时则应采取相应措施，否则对品质会产生显著的影响。贮运时间较长时要注意避阳薄摊，堆运时不可过厚过紧，注意通风或翻抖散热。

采摘标准依茶类不同可以分为细嫩采、成熟采两种采摘标准。

细嫩采的标准是各类名优茶的采摘标准，即指芽初萌发时或初展 1～2 嫩叶时就采摘的标准，以细嫩芽叶制成白毫银针、碧螺春、毛峰、芽茶等名茶。这种采摘标准，花工多、产量低、品质佳、季节性强且经济效益高。

成熟采的标准是我国当前一些传统茶所采用的采茶标准。如碧螺春类要求有独特的香气和滋味，工序特殊，采摘标准往往要待新梢已将成熟，顶芽最后一叶刚摊开而带有 2～3 个叶片时，采下 2～3 对夹叶或者 3～4 对夹叶，一般掌握新梢顶芽最后一叶开展一半时开采。

7.5 茶叶采摘

茶树采摘的对象是新梢，它是茶树的主要营养器官，是茶树制造养分的“工厂”，要解决好这一矛盾，关键是实行合理采摘。合理采摘就是根据茶树的生长特点，正确解决好茶树采叶与留叶的关系，通过采摘，做到提高产量与改进品质相结合；当年、当季增产与延长茶树经济年龄相结合。茶叶采摘要掌握好以下几个环节。

（1）按照标准及时采摘

一般随着新梢的生长，叶重量是增加的，但对茶叶品质有利的一些化学物质，如茶多酚、氨基酸、儿茶素等含量却是减少的，也就导致品质下降。因此，必须按照所制茶类对鲜叶的要求及时采摘，一般大宗红、绿茶要求采摘一芽二三叶。

（2）合理留叶

茶树什么时候留叶好，应与茶树生长情况、气候条件以及经济收益综合考虑。一般可在春茶后期留叶采摘，并根据春茶留叶情况，再在夏茶适当留叶，有些高山茶园或低山生长不良的茶园，也可采用不采或少采秋茶，实行提早封园办法来留叶。留叶数量，过多过少都不好。留叶过多，分枝少，发芽稀，花果多，产量不高；留叶过少，虽然短期内有早发芽，多发芽，近期内能获得较高的产量，但由于留叶少，光合作用面积减少，养分积累不足，茶树容易未老先衰。茶区群众的经验一般是留叶数以“不露骨”为宜，即以树冠的叶片互相密接，看不到枝干为宜。

（3）掌握好开采期

采摘周期与封园期开采期是指一年中各季茶采摘第一批鲜叶的日期。经验是开采期宜早不宜迟，以略早为好。一般名优绿茶区，在采用手工分批采摘的情况下，春茶当蓬面有5%～10%的新梢达到采摘标准时，就可开采。夏、秋茶由于新梢萌发不很整齐，茶季较长，所以，一般当新梢有10%左右达到采摘标准时就要开采了，对于采摘细嫩的名茶原料，开采期更应提前。采摘周期是指采摘批次之间的间隔期，采摘周期应根据新梢生育状况，结合采摘标准而定。一般大宗红、绿茶，用手工采的，春茶每隔3～5天采一次，夏、秋茶每隔5～7天采一次。如果用机器采茶，因现有采茶机都没有选择性，很难分批采摘，一般每季茶只采1～2批。封园期指停止采摘日期。封园期迟或早，主要关系到茶叶产量与茶树生长，具体应视环境条件与茶树生长情况而定。冬季气候温和，培肥水平高，茶树生长好，当年已留适量叶片的原则上可采到最后一批新梢止；反之，应提早封园。

（4）鲜叶集运

鲜叶采下后，首先必须从鲜叶的嫩度、匀净度、鲜度等三方面进行验收，而后参照代表性样品，评定等级，称重过磅，登记入册。但叶一定要做到按级归堆。即使是同一等级的鲜叶，也应做到不同品种的鲜叶分开，晴天叶与雨天叶分开，正常叶与劣变叶分开，成年茶树叶与衰老茶树叶分开，上午采的叶与下午采的叶分开。这些鲜叶如果混在一起，由于老嫩不一，不但给茶叶加工带来困难，而且会降低成品茶品质。为了保持鲜叶的鲜度，防止发热红变，采下的鲜叶要按不同级别、不同类型，快装快运给茶厂加工。装运鲜叶的器具，要保持清洁干净，通气良好。这样，既可防止细菌繁殖而产生异味，又能流通空气，防止茶叶发热变红。实践表明，目前广泛采用的竹编网眼篓筐是一种比较好的盛茶器具。盛装时切忌紧压，及时运送加工厂，按要求分类分级摊放，防止腐烂变质，这是鲜叶管理中的重要环节。

《中国森林认证 非木质林产品经营》标准
乳山茶叶非木质林产品认证适应性测试报告

1 测试背景与目标

标准是指导工作的规范性文件，标准的科学性、规范性、严谨性对工作计划的顺利高效开展至关重要。《中国森林认证 非木质林产品经营》（LY/T 2273—2014）是指导非木质林产品认证工作开展的技术性依据，为了让标准更加适应我国非木质林产品认证工作，更加符合非木质林产品经营工作实际操作性，按照项目合同要求，项目组根据茶园茶叶实际经营情况，比照《中国森林认证 非木质林产品经营》，对标准进行了逐条测试，检验标准指标在茶园经营及茶叶非木质林产品认证过程的适应性。

2 项目区概况

乳山市地处山东半岛黄金南海岸，土壤以棕壤土为主，土体深厚，质地较好，且土壤有机质含量高，富含锌、铁、硼、钙、镁、钼等中微量元素，并且乳山灌溉用水、大气质量均符合无公害茶叶生产标准，这些都为茶叶营养成分优质化提供了最佳条件。同时茶叶种植于北纬36°～37°之间的丘陵地区，昼夜温差大，茶叶生长期长，因此茶多酚、氨基酸等健康物质的含量大大高于南方茶，并含丰富的维生素、矿物质和对人体有益的微量元素。独特的地理位置和气候条件提升了乳山茶叶的品质，造就了乳山茶叶滋味醇厚、清香久长、耐冲耐泡等特点。全市茶叶种植面积达7 000余亩，乳山绿茶品牌逐渐声名鹊起，茶叶制品销往全国，好评如潮。

项目区位于威海市乳山市，总面积3 459亩，主要分布在南黄镇、乳山寨镇、徐家镇、海阳所镇、白沙滩镇、下初镇、育黎镇、乳山口镇和大孤山镇9个乡镇，涉及山东北宗茶业有限公司、威海威茗茶业有限公司、乳山市凤凰山茶业有限公司、乳山市爱母茶叶专业合作社、乳山市禾香缘茶厂等18家单位。

认证区位于乳山市乳山寨镇、海阳所镇和南黄镇，总面积 1 166 亩，涉及山东北宗茶业有限公司、威海威茗茶叶有限公司、乳山市爱母茶叶专业合作社、乳山正华茶叶有限公司四家单位。

3　标准适应性分析

根据茶园实际经营情况，比照《中国森林认证 非木质林产品经营》（LY/T 2273—2014），对标准进行逐条测试，检验标准指标在茶园经营及茶叶非木质林产品认证过程的适应性。通过对标准的逐条评估，认为茶叶非木质林经营活动基本满足《中国森林认证 非木质林产品经营》标准的要求，茶叶非木质林经营活动能够比较严格的按照标准中指标要求开展，但也存在个别指标适应性差、部分指标包含内容不全面等问题。通过比对检验发现问题，找出原因，提出针对性建议。

（1）指标“5.1.1 生产经营者具有县级以上人民政府或国务院林业主管部门核发的林权证，确认林地或森林的所有权或使用权。”与茶园经营实际不符。

经营实际：四个单位都没有林权证，土地权属全部为个人所有，有土地使用权证明。都与村签订租赁合同，权属清楚，各单位按照合同约定享受利益。

原因：目前很多灌木林没有林权证，但具有土地使用权证。

建议：补充土地使用权证作为合法证明。修改为：“5.1.1 森林经营单位具有县级以上人民政府或国务院林业主管部门核发的林权证或其他土地使用合法证明，确认林地或森林的所有权或使用权。”

（2）指标“7.1.4 中经营目标、年采收面积、采收量、与非木质林产品生产有关的必要图表”经营方案中部分内容缺少。

原因：经营规划中长远目标缺少，导致缺少图表。

建议：将年度目标和长远目标补充详细，加图表表示，更直观。

（3）标准中涉及职工安全、职工权益的标准、指标，例如“6.2 劳动安全”“6.3 职工权益”，内容需要根据具体实体适当丰富。

原因：非木质林产品认证很多认证实体为合作社、大户。

建议：综合考虑非木质林产品认证的具体参与实体，除企业角度之外，全面考虑合作社成员、茶农的实际利益，有利于提高茶农的积极性，促进非木质林产品认证的发展。

《中国森林认证 非木质林产品经营》测评统计			
标准内容	实际经营状况	测评与修改意见	修改结果
遵守国家法律法规、规章和相关国际公约			
遵守国家相关法律法规			
非木质林产品生产经营者应备有现行的国家法律法规文本(参见附录A)	已经收集整理了相关的国家法律法规、规章和相关国际公约文件	无具体意见	
非木质林产品经营应符合国家相关法律法规的要求	未发现违法行为	无具体意见	
非木质林产品生产经营管理和作业人员应了解国家和地方相关法律法规要求	管理和作业人员了解了国家和地方法律法规关于非木质林产品经营的相关要求	无具体意见	
非木质林产品经营者已依法采取措施及时纠正其违法行为，并记录在案	未发现违法行为	无具体意见	
依法缴纳税费			
非木质林产品经营者了解所需缴纳的税费	财务人员了解需要缴纳的税费，包括增值税，企业所得税，营业税，印花税，城建、教育等附加税等	无具体意见	
依法按时缴纳税费	依法按时缴纳各种税费	无具体意见	
遵守国家签署的相关国际公约和协议			
非木质林产品生产经营者备有相关的国际公约和协议的相关条款(参见附录 B 和附录 C)	已收集整理了与非木质林产品经营相关的国际公约和协议	无具体意见	
非木质林产品生产经营应遵守国家签署的、与非木质林产品经营相关的国际公约要求	企业针对国际公约和协议开展培训，具有相关培训记录。现有茶叶经营未违反相关国际公约的要求	无具体意见	
森林权属			
权属明确	非木质林产品茶叶的经营主要是承包土地(北宗、威茗、爱母、正华)，权属明确		
生产经营者具有县级以上人民政府或国务院林业主管部门核发的林权证，确认林地或森林的所有权或使用权	四个单位都没有林权证。有土地使用权证明。都与村签订租赁合同，权属清楚。 按照合同约定享受利益	林地没有林权证，但具有土地使用权证，补充土地使用权证作为合法证明	森林经营单位具有县级以上人民政府或国务院林业主管部门核发的林权证或其他土地使用合法证明，确认林地或森林的所有权或使用权

标准内容	实际经营状况	测评与修改意见	修改结果
承包或租赁经营的，持有相关的合法证明如承包合同、租赁合同或非木质林产品生产经营许可文件或协议等	签订了合同	无具体意见	
依法解决有关森林、林木和林地所有权及使用权方面产生的争议			
处理有关森林、林木和林地所有权及使用权的争议应符合《林木林地权属争议处理办法》的要求	没有争议	无具体意见	
因森林权属争议或利益争端对非木质林产品经营或者森林环境产生重大负面影响的生产经营者，不能通过非木质林产品经营认证	未发现争议和冲突	无具体意见	
当地社区与劳动者权利			
就业与培训			
生产经营者为非木质林产品经营区及周边地区的居民提供就业、培训与其他社会服务的机会	企业雇佣部分长期临时工；根据生产季节雇佣短期临时工。为经营区及周边地区居民提供就业、培训与其他社会服务的机会	无具体意见	
帮助非木质林产品经营区及周边地区进行必要的交通和通信等基础设施建设	四家茶园基本上在基地内进行交通设施建设；为周边提供了部分方便。通信方面没有进行建设	无具体意见	
劳动安全			
按照国家相关法律法规的要求，保障职工的健康与安全	按国家要求保障职工健康与安全	无具体意见	
生产经营者应遵守中国签署的所有国际劳工组织公约的相关规定	企业按要求遵守中国签署的所有国际劳工组织公约相关规定	无具体意见	
职工权益			
通过职工大会、职工代表大会或工会等形式保障职工的合法权益	根据企业的工作安排，对企业重大事项依据实际情况召开职工大会、职工代表大会或工会，已保障职工的合法权益	无具体意见	
采取多种形式，鼓励职工参与非木质林产品的经营决策	通过发放明白纸、培训、会议之际、从事生产经营活动过程等形式，宣传、发动、鼓励企业职工参与非木质林产品经营决策	无具体意见	
当地居民权益保护			
生产经营者应采取适当措施，防止非木质林产品经营直接或间接地破坏当地居民的林木及其他资源，以及影响其对这些资源的使用权	企业自主经营基地内林产品，针对认证标准，制定了相关措施，不会对周边居民的非木质林产品、林木资源等造成影响	无具体意见	

标准内容	实际经营状况	测评与修改意见	修改结果
如当地居民自愿把资源经营权委托给生产经营者，双方应签订明确的协议或合同	认定的面积已经确定，目前还没有当地居民将自有资源经营权委托生产经营者，但认定以后，必定发挥显著效益，居民自愿加入的积极性必然高涨	企业一定要按照认证的标准要求完成认证工作	
在不影响生产经营目标的前提下，尊重和维护当地居民传统的或经许可的进入或利用森林的权利，如森林游憩、通行、环境教育等	企业非木质林产品认证的目的就是获得最大的经济、生态和社会效益，起到示范带动表率作用，带动当地居民共同富裕。因此，满足当地居民意愿，允许从事各种活动	无具体意见	
对某些只能在特殊情况下或特定时间内才可以进入和利用的森林，应做出明确规定并公布于众	没有特殊情况	有制度措施	
冲突			
生产经营者应采取适当措施，防止生产经营活动对当地居民的权利、财产、资源和生活造成损失或危害	企业制定了各种措施，防止或避免冲突的发生，保持稳定	有制度措施	
生产经营者在生产经营过程中对当地居民的法定权利、财产、资源和生活造成损失或危害时，应与当地居民协商解决，并给予合理的赔偿	企业在从事经营活动中，为周边带来了经济和社会效益，通过各种制度措施，保持联系，没有损害当地的利益	有制度措施	
非木质林产品经营规划			
非木质林产品经营规划编制			
根据市场对非木质林产品的需求、自然资源和生态环境状况，依照批复的森林经营方案或签订的合作协议，编制并执行非木质林产品经营规划	按照要求，编制并执行经营规划	无具体意见	
非木质林产品经营规划的编制应建立在翔实、准确的非木质林产品资源信息基础上，包括及时更新的非木质林产品资源档案、有效的非木质林产品资源调查结果和专业技术档案等信息	按照要求，编制并执行经营规划	无具体意见	
非木质林产品经营编制过程，应广泛征求当地社区和森林所有者的意见	经营方案编制广泛征求当地社会和森林经营者意见	提出了很多建设性建议，汇总整理进行修改，以符合当地实际	

标准内容	实际经营状况	测评与修改意见	修改结果
非木质林产品经营规划应包括下列内容： 自然社会经济状况、非木质林产品经营种类、所有权或经营权、非木质林产品资源、社会经济条件、与相关森林所有者签订的非木质林产品经营协议等； 经营方针与经营目标； 生产经营类型、培育措施； 非木质林产品采收，包括年采收面积、采收量、采收方式等； 非木质林产品经营过程中环境保护措施，包括病虫害防治、防火、水土保持、化学品和有毒物质的控制等； 非木质林产品经营的基础设施建设与维护； 提出非木质林产品生产经营中，生态与社会影响监测措施和分析方法； 非木质林产品经营规划实施的保障措施； 与非木质林产品生产有关的必要图表	按照编制提纲要求进行非木质林产品经营方案编制	提出经营规划方案缺少阶段性目标及相应的图表	
审批与公示			
依据经营对象和规模编制不同的非木质林产品经营规划，必要时按照相关管理规定，进行审批或备案	企业根据自身实际各自编制生产经营计划，报管理办公室备案	无具体意见	
非木质林产品经营规划要采取可行的方式，向当地社区及利益相关方等及时公示，公示内容应包括非木质林产品经营方针、目标、产品经营类型，主要经营和环境保护措施等	按照要求进行了公示，内容包括经营方针、目标、产品经营类型，主要经营和环境保护措施等	无具体意见	
执行与修订			
根据非木质林产品经营规划，制订并执行年度生产计划	按经营方案，各企业制订了年度生产经营计划	无具体意见	

标准内容	实际经营状况	测评与修改意见	修改结果
必要时可对年度生产计划进行适当调整	根据生产经营活动实际情况，制定了年度生产计划修改记录，备案。以达到经营目的	无具体意见	
根据非木质林产品资源监测结果、市场需求信息、政策信息以及环境、社会和经济条件的变化，适时修订非木质林产品经营规划	制定了非木质林产品经营方案编制记录、备案资料，按照实际情况，不断修改、充实、完善经营方案，以达到经营目的	征求各方面意见建议，及时充实、完善经营方案	
计划、规划的制定、修订、执行应保存记录	建立了计规划制定、修订、执行记录	无具体意见	
非木质林产品经营			
经营对象			
不应经营国际公约或国家禁止经营的物种及产品	没有经营国际公约或国家禁止经营的物种及产品	无具体意见	
外来物种经营应符合以下要求： 来源合法； 没有入侵性、不危害本地生态系统； 符合国家标准 GB/T 28951—2012 中 3.5.4 和 3.5.5 要求	根据经营目的和规模，符合经营要求	无具体意见	
技术要求			
非木质林产品种植或养殖应按照经营种类编制相应的技术文件等，并按技术文件要求实施	编制了技术文件，并按文件要求进行经营	无具体意见	
植物类非木质林产品采集利用应符合以下要求： 按照所经营植物种类编制采集利用技术文件，并按文件要求实施； 采集技术应符合先天物种适宜的采集时间和采集方法； 采集技术应与采集物种生物学特性相适应； 根据可采植物的年龄、生长状况、成熟程度等确定采集个体对象； 采集方式应尽量减少采集过程对植物体产生损害； 野生植物采集时应保留足够的植物个体或种子，保障种群繁衍与更新	编制了非木质林产品采集技术规程，按规程进行操作并进行记录、备案	无具体意见	

标准内容	实际经营状况	测评与修改意见	修改结果
非木质林产品采集应尽量减少对资源的浪费和破坏； 采用对环境影响小的经营作业方式，减少对森林资源的破坏； 减少非木质林产品采收过程中的非木质林产品的浪费和等级下降	按技术规程进行非木质林产品采集，不会造成资源的破坏和浪费，为获取效益，进行分级、分装、储存，效益明显	无具体意见	
技术培训			
生产经营者应制定职工技术培训文件	企业制定了职工技术培训文件	无具体意见	
采取适当的培训方式。对职工进行必要的培训和指导，掌握生产作业技术	企业根据生产经营活动各个不同时期开展各类培训，使职工掌握各项技能，以利于进行经营活动。做好记录、备案	无具体意见	
职工在野外作业时，由专业技术人员提供必要的技术指导	企业安排专人负责各类野外作业技术指导，保证生产正常经营	无具体意见	
安全生产与保障			
编制生产安全技术文件，并按文件要求实施	企业编制了生产安全技术文件，并按文件要求进行实时	无具体意见	
按照非木质林产品经营类型和安全风险特点，提供相应的安全防护设施或装备	企业根据各个生产环节配备相应安全防护设施或设备，以利于从事生产经营活动	无具体意见	
员工必须接受生产安全教育培训，考核合格者才能从事非木质林产品生产经营活动	企业职工进行了安全生产教育培训，做到有记录、有考核，保证达到标准后上岗安全从事生产经营活动	无具体意见	
森林与环境保护			
水土资源保护			
非木质林产品生产经营用地应远离重要的水资源保护区，以及易形成严重水土流失的区域	企业基地选址做到了远离重要水源地保护区或易形严重水土流失的区域	无具体意见	
非木质林产品培育中，应采取相应技术措施，避免造成水土流失	企业配备了必要的从事生产经营活动的各种器械、工具，从事经济林活动不会对水土流失造成影响	无具体意见	
植物类非木质林产品采用人工采收或掘取法进行采收时，宜采取有效措施减少水土流失	茶叶采摘不会造成水土流失	无具体意见	
严格控制使用化学品			

标准内容	实际经营状况	测评与修改意见	修改结果
禁止或严格限制使用 A.4 所规定的化学品	按要求不使用 A.4 所规定的化学品	无具体意见	
编制化学品使用突发事件应急方案，并按预案实施	企业编制了化学品使用突发事件应急方案，并按方案实施	无具体意见	
化学药物使用应遵循生产商使用说明，采用正确设备和使用前进行必要培训	企业在使用化学药物时严格遵循生产商使用说明，并采用正确设备，做到使用前培训，合格后形式生产活动	无具体意见	
施药机具要进行定时检修，防止农药等化学品泄漏	企业建立了施药机具明细记录，使用、维护专人负责，做好保管、记录登记，及时检修，保证施药安全，做到不泄漏	无具体意见	
废弃物处理			
有毒有害废弃物要妥善采集，用专门的容器保存，设置特定的警示标志，并集中转移到专门的区域处理	企业对有毒有害废弃物安排专人进行收集、保存、处理，并设置警示标志，保证不造成环境污染	无具体意见	
机械设备在作业过程中应避免燃料、油料等溢出，有条件时对溢出的废液进行无毒化处理，否则集中转移至专门区域处理	企业对使用各类机械设备人员提前进行培训，并进行检修，保证设备使用工程中不出现燃料、油料等溢出，一旦发生溢出事件，立即进行无毒化处理，保证做到不污染环境	无具体意见	
采取及时有效、环境无害化的措施处理各种废弃动植物残体等	企业针对各种废弃动植物残体制定了程序文件，按要求执行	无具体意见	
非木质林产品生产过程中产生的各种废弃物应及时清理，不得抛弃在林地或水体中	企业制定了非木质林产品生产经营活动中各种废弃物清理的文件，并按文件要求进行处理	无具体意见	
有害生物防治与防火			
按照国家标准 GB/T 28951—2012 中 3.8.1 规定，积极开展经营区域的林业有害生物综合防治	企业制定了林业有害生物防治规划，并按规划执行		
非木质林产品种植或养殖应按照经营种类编制疫源疫病防控技术文件，并按技术文件要求实施	企业按照要求编制了非木质林产品种植疫源疫病防控技术文件，并按文件要求实施。没有养殖类，不用编制文件	无具体意见	
按照国家标准 GB/T 28951—2012 中 3.8.2 规定，防止森林火灾发生	企业制定了森林防火制度，配备了灭火机等灭火机具，成立了专业扑火队伍，防止森林火灾发生	无具体意见	
按照非木质林产品生产经营种类特点，编制防火技术文件，并按文件要求实施	企业编制了森林防火规划，按规划要求落实森林防火责任制	无具体意见	

标准内容	实际经营状况	测评与修改意见	修改结果
在林区避免使用明火，生活用火必须符合当地政府相关规定要求	企业严格野外用火管理，保证基地生活、生产用火安全	无具体意见	
非木质林产品经营监测与档案管理	企业建立了非木质林产品经营监测和档案管理，保证认证工作顺利实施	无具体意见	
生产经营者应对非木质林产品生产过程进行监测，并保存监测记录	企业制定了非木质林产品生产过程监测文件，并做好记录，建立监测档案	无具体意见	
生产经营者建立档案管理系统、保存相关记录，并符合国家标准GB/T 28951—2012 中 3.9.3 要求	企业按照认证标准要求，建立了生产经营档案管理系统，完整记录、保存认证整个过程，保证生产经营活动按标准要求实施	无具体意见	
档案管理内容： 非木质林产品生产经营相关文件； 非木质林产品生产经营记录； 非木质林产品经营监测结果； 非木质林产品经营财务档案； 员工技术培训记录等档案； 生产经营活动中劳动保护管理文件及其实时记录； 非木质林产品销售相关记录； ——产品销售提货单； ——提供商标或标签记录； ——非木质林产品产地信息记录	企业按认证标准要求，对认证过程建立了管理档案，具体内容包括以下内容： 非木质林产品生产经营相关文件； 非木质林产品生产经营记录； 非木质林产品经营监测结果； 非木质林产品经营财务档案； 员工技术培训记录等档案； 生产经营活动中劳动保护管理文件及其实时记录； 非木质林产品销售相关记录； ——产品销售提货单； ——提供商标或标签记录； ——非木质林产品产地信息记录	无具体意见	

第四篇

菌根对提高主要造林树种耐盐碱能力研究技术报告

菌根是土壤中菌根真菌与植物根系形成的互利共生的联合体，是自然界中一种普遍存在的真菌和植物共生的现象。植物根际的许多真菌能入侵植物根系并形成不同类型的菌根。菌根真菌可在宿主植物根部形成共生结构，以此增加宿主植物对土壤中营养元素和水分吸收、利用以及碳水化合物代谢，促进植物生长和产量的提高，增强植物对逆境胁迫的忍耐性，增强抗旱、抗盐能力，诱导植物产生系统抗性。特别值得一提的是，菌根真菌侵染能诱导植物根系发生明显变化，改变植株根系构型，使根系分支增加，从而促进更多侧根的形成，增加根长和直径。大量的研究表明，利用优良的菌根真菌进行接种，培育菌根化苗可以增加植物对水分和养分的吸收，提高植物抗逆性，并促进其生长发育。

黑松适应性强、耐盐碱能力较强、根系发达，穿透力强，能够起到固持水土的作用。因其适应性强、耐瘠薄、抗海雾等特点，成为我国东南沿海地区最好的先锋树种之一，非常适宜山东省沿海地区造林绿化，但是，黑松幼苗期生长缓慢，而人工接种菌根菌可以有效地提高苗期的生长、造林成活率和苗木质量，如果选用合适的菌株培育菌根苗，前景是非常广阔的。

核桃因耐旱、生长快、适应性强、经济价值高等特点，成为山东省山区发展经济和保持水土的重要经济生态兼用型树种。随着核桃产业的进一步发展壮大，黄河三角洲、滨海盐碱地区也开始种植核桃，但该区土壤含水量较高，苗木生长易受到抑制。核桃虽适应性强，但耐盐能力较弱，对盐分较为敏感。因此，提高核桃的抗盐性、促进核桃在盐碱环境中的生长对盐碱地区发展核桃经济林产业有着十分重要的意义。

1　试验地概况

山东农业大学教学基地林学实验站位于泰安市南部，东经 117°11′，北纬 36°16′。属于温带季风大陆性气候，年平均气温 12.8℃，气温变幅为–6.9～37℃，年大于 10℃的积温为 4 283.1℃，无霜期 186.6 天。年降水量 600～700 mm，降水分布不均，春季干旱严重，年均相对湿度 65%，土壤为沙壤土，pH 为 8.4，容重 1.29 g/cm^3，肥力中等。

2 试验材料

供试树种为黑松（*Pinus thunbergii*）和核桃（*Juglans regia* L.），黑松种子来源于山东乳山市垛山林场，核桃由泰安果树研究所提供。供试菌种为内生真菌印度梨形孢（*Piriformospora indica*），外生真菌双色蜡蘑（*Laccaria bicolor*），绒粘盖牛肝菌（*Suillus tomentosus*）和大毒滑锈伞（*Hebeloma crustuliniforme*）引自于加拿大阿尔伯塔大学，经培养后，将液体菌剂用搅拌机打碎用于实验接种。

3　研究方法

3.1　固体及液体菌剂的培养

3.1.1　培养基配方

每升水（蒸馏水）添加葡萄糖 10 g，麦芽提取物（麦芽精）2 g，酵母提取物（酵母精）1 g，0.5 g 磷酸二氢钾，0.25 g 磷酸氢二铵，0.15 g 硫酸镁 1%浓度二水氯化钙 5 mL，1%氯化钠 2.5 mL，1%氯化铁 1.2 mL，固体培养基加琼脂 15 g，121℃高压蒸汽消毒 20 min。

3.1.2　固体及液体菌剂的制备

打开培养好的固体菌，切成 1 cm^3 左右小块，取一小块放在培养皿中央，有菌丝的一面贴在培养基上，封口膜封好后避光培养，培养出固体菌剂。液体培养基用 250 mL 的锥形瓶，每个锥形瓶放 200 mL 液体培养基，把带有菌丝的琼脂小块放入灭好菌的液体培养基中，每瓶放 15～20 个小块，放好菌块的锥形瓶放在摇床中进行遮光培养，温度 25℃，转速 160 r/min。

3.2　侵染率的测定

侵染率于黑松接种 2 个月后，核桃接种 1 个月进行测定，将洗净的黑松、核桃根系放入 FAA 固定液中固定 24 h 以上，将固定好的根段取出并剪成 1 cm 左右的根段，用蒸馏水清洗 3～5 遍，放入 30 mL 瓷坩埚中，加入 10%的 KOH 溶液，置于 90℃的烘箱中保温 1 h；倒出 KOH 溶液，再用蒸馏水清洗 3～5 次；用 10%的 H_2O_2 漂白 20 min；蒸馏水清洗后，加入 1%的 HCl 溶液，酸化 5 min；倒出 HCl 溶液，用蒸馏水清洗后将根段放入 0.05% 的台盼蓝染色剂（将 0.15%台盼蓝溶液、85%乳酸、甘油按照 1∶1∶1 的比例进行配比）中染色 10 min；染色后将根段放入甘油中进行脱色，镜检。

3.3 种子的催芽与种植

黑松种子利用90%的酒精和0.2%的HgCl清洗10 s，然后用无菌的去离子水反复冲洗，再将种子置于灭菌培养皿的无菌滤纸上进行催芽处理，催芽期间用无菌的去离子水浸润种子保证其催芽所需湿度。将培养皿放置于智能人工气候培养箱中催芽，温度25℃。核桃是由泰安果树研究所提供的鸡爪绵品种，采用冷浸日晒法催芽，即将核桃种子用去离子水浸泡7天（期间每天换水），捞出后放置于太阳下暴晒，待90%以上的种子裂口播种。

试验于2017年和2018年4—9月在山东农业大学林学实验站温室中进行，用消毒液及紫外线杀菌灯管对温室及营养杯进行消毒灭菌，黑松种植在高18 cm、直径9 cm的营养杯中，核桃裂口种子播入高35 cm、直径25 cm的花盆中。培养基质以泥炭土与珍珠岩3∶1混合，经高温高压灭菌2 h后装入营养杯与花盆中。黑松试验共设置接菌（接种印度梨形孢、双色蜡蘑、绒粘盖牛肝菌和大毒滑锈伞）和不接菌对照（CK）5个处理。将催芽露白的黑松种子播入营养杯，待黑松出苗后，立即分别接种培养好的打碎的液体菌剂，接种量为每营养杯每次10 mL菌液，对照不接菌，每处理100株苗。1个月后重复接种1次。核桃试验共设置接菌（接种印度梨形孢和绒粘盖牛肝菌）和不接菌对照（CK）3个处理。待核桃出苗后，选取5 cm高的苗株进行接菌，接种量为每盆每次30 mL菌液，10天接菌一次，共计三次，对照不接菌。所有试验苗均在25℃温室中培养，其间用25%的 Hoagland营养液作为黑松的营养来源，接种前后两周不浇营养液，光照和浇水等管理措施一致。

3.4 根系扫描与分析

生长量与根系形态参数的测定：黑松各处理于接菌后15 d时测定第一次株高，其后分别于第30天、60天、90天、120天时测定株高，并随机选择幼苗10株带回实验室内；核桃各处理于接菌后每10 d测定第一次株高，地径，叶片数，侧枝数，并随机选择幼苗3株带回实验室内。将黑松、核桃幼苗全部取出，尽量不伤害根系，经自来水清洗后，从根茎处将幼苗分成地上植株和根系两部分；立即于EPSON平板扫描仪扫描完整的根系，获得根系图片，采用WinRhizo根系分析仪测定长度、表面积、体积、分支数等根系形态参数。测定完成后，将地上部分和根系于80℃烘干12 h后称得干重。

真菌对植物生长的作用可用其生物量的积累效应——生长效应（mycorrhizal growth response，MGR）表示，其计算公式为

$$MGR(\%) = 100 \times (B_A - B_{NA}) / B_{NA} \quad (3\text{-}1)$$

其中，B_A 表示接种真菌后植物的生物量；B_{NA} 表示不接种真菌时植物的生物量。MGR＞0 表示真菌促进了植物的生长，MGR＜0 表示真菌抑制了植物的生长，MGR = 0 表示真菌对植物生长没有影响。

根系分形维数采用王义琴等的盒维数方法计算。

3.5 数据处理

对所得数据运用 Excel 软件进行初步处理和图表制作，运用 SPSS17 软件对数据进行方差分析、LSD 法多重比较、回归分析和相关分析。

3.6 黑松及核桃菌根苗盆栽抗盐试验

3.6.1 试验处理

黑松种子于 2018 年 3 月 22 日催芽，3 月 29 日种植，设置不接菌、接种印度梨形孢、双色蜡蘑、绒粘盖牛肝菌和大毒滑锈伞五个接种处理，0 mmol/L（NaCl：0 g/L），25 mmol/L（NaCl：1.45 g/L），50 mmol/L（NaCl：2.9 g/L），75 mmol/L（NaCl：4.35 g/L），100 mmol/L（NaCl：5.8 g/L）五个盐浓度，共 25 个处理，每个处理 30 个营养杯，每个营养杯种 3 粒种子。

黑松的接种处理：黑松大量出苗时第一次接菌，每个营养杯接种 10 mL 菌液，一个月后黑松第二次接种，再隔一个月第三次接种。

6 月 22 日进行盐胁迫处理，每营养杯用含有相应盐浓度的盐溶液透灌，使植株完全处于胁迫状态。并于盐处理后 15 d、1 个月、2 个月分别测定生物量、根系参数及各项生理指标。

核桃与 2018 年于 4 月 6 日进行浸泡，为期 7 天，4 月 11 日进行种子种植。设置不接菌、P 菌、S 菌 3 种处理，0 mmol/L，25 mmol/L，50 mmol/L，75 mmol/L，100 mmol/L 5 个盐浓度，共计 15 个处理，每个盐处理 6 盆，共计 90 盆。核桃的接种处理：5 月 16 日，核桃第一次接菌，每盆 30 mL 菌液，之后每 10 天接种一次，共计 3 次。核桃盐处理：6 月 11 日进行盐处理，每 3 天浇一次盐水，并于盐处理后 15 d、1 个月分别测定生物量、根系参数及各项生理指标。核桃光合与叶绿素荧光测定：6 月 11 日进行盐处理的光合与荧光测定，15 d 测定一次，共计 3 次。核桃生物量的测定：每 10 d 测量一次株高、地径、叶片数、侧枝数。

3.6.2 植株盐害症状观测方法

从盐处理开始，记录5个接种处理在盐处理过程中的植株生长、死亡状况及叶片受害症状等，比较5个接种处理受盐害特性的差异。主要针对盐处理期间植株形态变化进行观察与记录，按照受盐胁迫程度高低给植株打分：

10分 植株正常，未受盐胁迫影响（如受到其他因素影响，如虫害、病害，只要不是盐害均算作正常，下同）；

8～9分 植株只有叶尖，或很少部分的叶片有部分异常（黄化，褐色斑点），但整体看不出有盐害胁迫症状；

6～7分 植株小部分出现（不超过50%叶片）叶片、叶缘黄化，叶斑，干枯等现象；

4～5 分 植株部分出现（50%左右）叶片、叶缘黄化，叶斑，干枯，萎蔫并开始出现落叶现象；

2～3分 植株大部分叶片或叶缘黄化，叶片干枯或是整体萎蔫，或落叶现象；

1分 整体植株呈现濒临死亡状态，没有正常叶片存在；

0分 植株死亡。

分别于试验第15天、30天、60天时调查苗木的死亡率和胁迫症状。胁迫症状包括叶片条萎蔫、干枯、脱落等的时间及程度。

3.6.3 保护酶活性的测定

3.6.3.1 酶液的制取

参考植物生理生化实验原理和技术（李合生，2000），称取0.5 g鲜重叶片，加入1 mL磷酸缓冲液（pH=7.8，0.05 mol/L），冰浴研磨，研磨后再加入4 mL磷酸缓冲液。将研磨液倒入离心管中，平衡。低温（0～4℃）离心20 min，12 000 r/min，离心后冷藏保存。

3.6.3.2 SOD活性的测定

参考植物生理生化实验原理和技术（李合生，2000），取试管加入20 μL上清液（对照的2支试管各加入缓冲液20 μL），分别加3 mL反应液，将其中一支对照试管置于黑暗中，其余在4 000lx日光灯下反应20～30 min，在560 nm下比色。

$$\text{SOD总活性}=(A_{CK}-A_E)\times V/(0.5\times A_{CK}\times W\times a)$$

式中，V为酶液总体积（mL）；a为测定时酶液体积（mL）；W为样品重（g）。

3.6.3.3 POD活性的测定

参考植物生理生化实验原理和技术（李合生，2000），取上清液20 μL加入比色杯中（对照加20 μL磷酸），加3 mL反应液，读470 nm下的OD值并记录，且每隔1 min记录一次。

$$\text{POD 活性}=\Delta A_{470}\times V/a\times W$$

式中，V 为酶液总体积（mL）；a 为测定时酶液体积（mL）；W 为样品重（g）。

3.6.4　脯氨酸含量的测定

参考植物生理生化实验原理和技术，采用酸性茚三酮比色法。0.5 g 鲜样加 5 mL 磺基水杨酸，封口沸水浴 10 min，冷却。用滤纸漏斗过滤，吸滤液 2 mL（对照吸蒸馏水 2 mL），加 2 mL 冰乙酸，再加 3 mL 酸性水合茚三酮显色液，沸水浴 40 min，冷却，加 5 mL 甲苯，充分振荡，取上层甲苯液于 520 nm 下比色。

$$\text{脯氨酸（μg/gFW 或 DW）} = C\times V/a\times W$$

式中，C 为由标准曲线查得（μg）；V 为提取液体积（mL）；a 为测定时吸取的体积（mL）；W 为样品重（g）。

3.6.5　丙二醛含量的测定

硫代巴比妥酸法。称取 0.5 g 鲜重叶片，加入 1 mL 磷酸缓冲液（pH=7.8，0.05 mol/L），冰浴研磨，研磨后再加入 4 mL 磷酸缓冲液。将研磨液倒入离心管中，平衡。低温（0～4℃）离心 20 min，离心后冷藏保存。取上清液 1 mL（对照加 1 mL 水），加 2 mLTBA，封口沸水浴 15 min，迅速冷却（用冷水冲泡），倒入离心管中，4 000 r/min 下离心 20 min，取上清液于 600 nm、532 mn、450 nm 比色测定。

$$\text{MDA（μmol/L）}=（0.015\times 6.45\times（A_{532}-A_{600}）-0.56\times A_{450}）/W$$

3.6.6　可溶性糖含量的测定

0.3 g 鲜样加 10 mL 蒸馏水，封口沸水浴 30 min（中间取出摇动一次），滤纸漏斗过滤入 50 mL 容量瓶中，冲洗残渣，定容。吸提取液 1 mL，加蒸馏水 1 mL（对照加 2 mL 蒸馏水），加蒽酮乙酸乙酯液 0.5 mL 加浓硫酸 5 mL，振荡，沸水浴 1 min，自然冷却于 630 nm 下比色。

$$\text{可溶性糖含量/\%}=（C\times V/a\times n）/（W\times 106）$$

式中，C 为标准方程求得糖量（μg）；a 为吸取样品液体积（mL）；V 为提取液量（mL）；n 为稀释倍数；W 为组织重量（g）。

3.6.7　可溶性蛋白含量的测定

称取 0.5 g 鲜重叶片，加入 1 mL 磷酸缓冲液（pH=7.8，0.05 mol/L），冰浴研磨，研磨后再加入 4 mL 磷酸缓冲液。将研磨液倒入离心管中，平衡。低温（0～4℃）离心 20 min，离心后冷藏保存。取上清液 20 μL（对照加 20 μL 水），加 3 mL 考马斯亮蓝，放置 2 min 后，马上于 595 nm 下比色。

$$样品蛋白质含量（mg/g 鲜重）=（C \times V/a）/ W$$

式中，C 为查标准曲线所得每管蛋白质含量（mg）；V 为提取液总体积（mL）；a 为测定所取提取液体积（mL）；W 为取样量（g）。

3.6.8 叶绿素 a、叶绿素 b 和叶绿素含量的测定

每树种每处理随机取 15 片叶片，用直径为 0.6 cm 的打孔器打出叶圆片 15 片，放入 10 mL96%乙醇溶液中，密封，暗处浸提叶绿素。每个处理重复三次。待浸泡 48 h 后，再以参比作为对照，用 UV-160 紫外分光光度计在 665 nm 和 649 nm 波长处测其吸光值，求得叶绿素的浓度，并带入公式求出叶绿素 a、叶绿素 b、叶绿素和类胡萝卜素的含量。

$$C_a=13.95A_{665}-6.88A_{649}$$

$$C_b=24.96A_{649}-7.32A_{665}$$

$$C_{x.c}=（1\,000A_{470}-2.05C_a-114.8C_b）/245$$

其公式为

叶绿素含量（μg/cm²）=叶绿素浓度×提取液总体积/叶片面积

叶绿素 a 含量（μg/cm²）=叶绿素浓度×提取液总体积/叶片面积

叶绿素 b 含量（μg/cm²）=叶绿素浓度×提取液总体积/叶片面积

类胡萝卜素含量（μg/cm²）=叶绿素浓度×提取液总体积/叶片面积

3.6.9 叶绿素荧光参数的测定

试验使用 FMS-2 叶绿素荧光仪（Hansatech 公司，英国）测定不同土壤水分梯度下野生酸枣叶片叶绿素荧光动力学参数。仪器自动记录实际荧光产量（F_s'），下最大荧光（F_m'），下最小荧光（F_o'），在叶片暗适应 30 min 后，测定初始荧光（F_o），是光系统Ⅱ（PSⅡ）反应中心处于完全开放时的荧光产量，与叶片叶绿素浓度有关。

最大荧光（F_m）：是 PSⅡ反应中心处于完全关闭时的荧光产量，可反映经过 PSⅡ的电子传递情况。

其他各参数依照如下公式计算：

可变荧光 $F_v = F_m - F_o$ 反映了 Q_A 的还原情况

实际光化学效率 $\Phi_{PSII}=(F_m' - F)/F_m'$ 反映 PSⅡ反应中心内光能转换效率或称最大 PSⅡ的光能转换效率。非胁迫条件下该参数的变化极小，不受物种和生长条件的影响，胁迫条件下该参数明显下降。

光化学淬灭 $qP=(F_m'-F_s)/(F_m'-F_o')$ 与 PSII 中处于开放状态的反应中心所占的比例

相关。

非光化学淬灭 $NPQ = (F_m - F_m') / F_m'$ 与基于跨膜质子梯度和玉米黄质的非光化学淬灭相关。

3.6.10　气体交换参数的测定

从核桃植株中部枝条选取生长健康的成熟叶片 3～4 片，并做好标记，以保证每次测量均为同一叶片。气体交换参数测定采用 CIRAS-2 型光合仪（Hansatech 公司，英国），为了尽量减少光照波动所造成的影响，选择在完全晴朗的天气下进行，测定时段为每天的 8：00—11：00，每张叶片重复 3～5 次，取平均值。测定时，大气 CO_2 浓度（C_a）为（360±10）μmol/mol，空气相对湿度为 60%，大气温度为（27±1.5）℃，仪器自动记录净光合速率［P_n，μmol/（$m^2 \cdot s$）］、蒸腾速率［T_r，μmol/（$m^2 \cdot s$）］、气孔导度［G_s，μmol/（$m^2 \cdot s$）］和胞间 CO_2 浓度（C_i，μmol/mol）。然后依据以上数据计算叶片瞬时水分利用效率（$WUE=P_n/T_r$）和气孔限制值（$L_s=1-C_i/C_a$）。

3.7　耐盐性综合评定

耐盐性综合评定采用模糊数学隶属函数法，在综合分析各胁迫处理对各个指标动态变化的基础上。对各胁迫处理对不同接种处理的黑松、核桃生理生化指标的伤害度进行量化，取其平均值，最后综合比较各系号平均值，对各系号的受害程度进行排序，耐盐性评价与伤害度评价位序相反。

各指标计算方法简述如下：各处理下各指标伤害度评价主要采用模糊数学隶属函数计算公式进行定量转换后，再将各指标隶属函数值取平均，进行比较（本次试验各指标共测定 3 次，所以计算时采用 3 次的加权平均值）。隶属函数公式为

$$X(u) = (X - X_{min}) / (X_{max} - X_{min})$$

式中：$X(u)$ 为隶属函数值；X 为某处理下某指标测定值；X_{min}、X_{max} 为所有处理下某一指标的最小值和最大值。如果某一指标与综合评判结果为负相关，则用反隶属函数进行定量转换，计算公式为

$$X(u) = 1- [(X - X_{min}) / (X_{max} - X_{min})]$$

4 结果

4.1 不同菌种对黑松幼苗在盐胁迫下的生长影响

4.1.1 黑松幼苗在盐胁迫下的菌根侵染率

从表 4-4-1 和图 4-4-1 可知，未接种处理的黑松幼苗根系没有观察到菌根的结构，接种处理的幼苗不同程度地被侵染，且盐胁迫明显抑制了两种真菌在黑松幼苗上的发育，菌根侵染率随着盐浓度的增加呈逐渐降低的趋势。在无盐胁迫和低盐浓度（盐浓度为 25 mmol/L、50 mmol/L）下，两个菌种间菌根侵染率有显著差异，表现为 PI＞LB；当盐浓度达到 75 mmol/L、100 mmol/L 时，两个菌种处理的黑松幼苗侵染率差异不显著。

表 4-4-1 黑松幼苗的菌根侵染率与菌根依赖性

盐浓度/（mmol/L）	菌根侵染率/%			菌根依赖性/%	
	CK	PI	LB	PI	LB
0	0 c	57.39 a	50.21 b	124.80	142.72
25	0 c	53.56 a	50.19 b	124.33	129.72
50	0 c	49.25 a	43.89 b	137.37	145.18
75	0 b	27.98 a	26.86 a	103.78	155.96
100	0 b	16.58 a	15.87 a	102.75	108.90

注：CK 为不接种的对照组；PI 为接种印度梨形孢；LB 为接种双色蜡蘑；同行不同小写字母表示处理间在 0.05 水平下存在显著性差异（$P<0.05$）；下同。

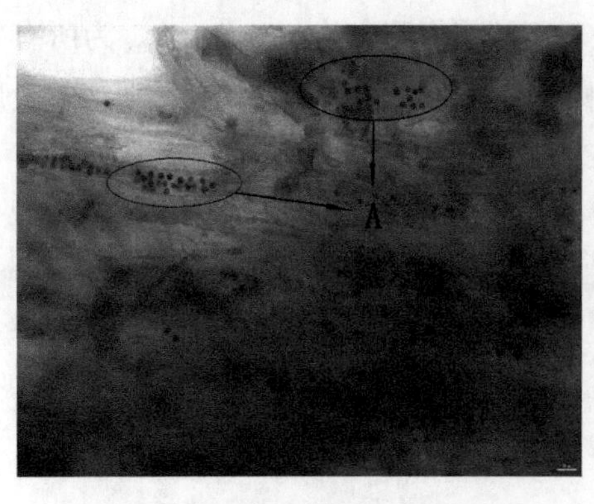

接种印度梨形孢的黑松幼苗根部细胞

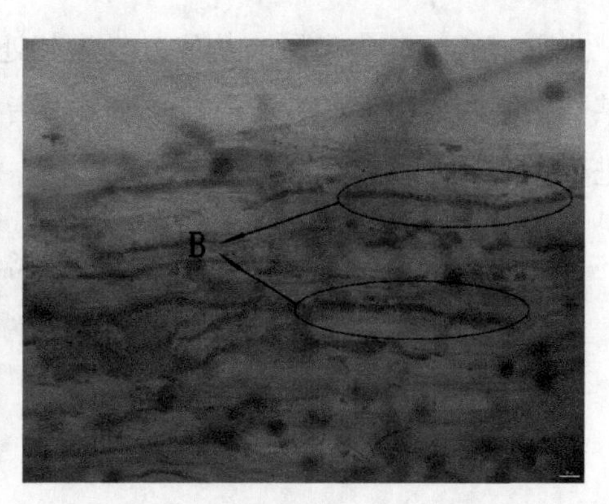

接种双色蜡蘑的黑松幼苗根部细胞

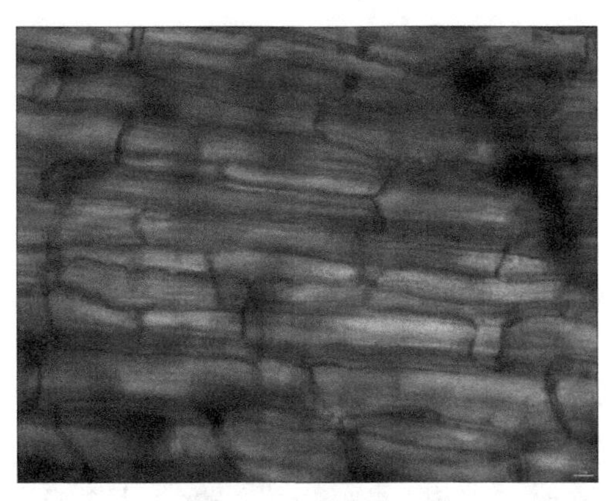

未接种黑松幼苗的根部细胞

图 4-4-1　黑松幼苗根系侵染状况（400×）

注：图中 A 表示黑松根系中的印度梨形孢子；B 表示双色蜡蘑侵入黑松根系内部的菌丝结构。

由表 4-4-1 可知，无盐胁迫时，黑松幼苗对两种真菌的依赖性大小顺序为 LB＞PI；在各个盐浓度胁迫下，菌根依赖性均表现为 LB＞PI。当盐浓度为 50 mmol/L 时，黑松幼苗对两种真菌的依赖性均比无盐胁迫时要高，说明在此盐浓度胁迫下，黑松幼苗对菌根的依赖性较无盐胁迫的更强，需要更多的菌丝从土壤中吸收水分或矿质元素供寄主使用。盐浓度为 50 mmol/L 时，黑松幼苗对印度梨形孢的依赖性最强；而对双色蜡蘑依赖性最强时则是在盐浓度为 75 mmol/L 时。黑松幼苗对两个菌种的依赖性均在盐浓度达到 100 mmol/L 时明显降低，说明在高浓度盐胁迫下黑松幼苗对菌根的依赖性比低盐浓度胁迫和无盐胁迫时低。

4.1.2　不同真菌对盐胁迫下黑松幼苗盐害程度的影响

图 4-4-2 所示是盐胁迫 60 d 后不同处理黑松幼苗的生长状况，由图 4-4-2 可知，盐胁迫对黑松幼苗的生长起到了抑制作用，盐浓度越高，抑制作用越明显。未接种的对照组在高盐浓度胁迫下针叶明显发黄萎蔫，但是接种印度梨形孢和双色蜡蘑的黑松幼苗在高盐浓度下虽植株矮小，但仍保持绿色且仍有活力。两个接种处理及对照在不同盐浓度胁迫下的外部形态观察结果如表 4-4-2 所示，在相同浓度盐胁迫下，黑松植株的盐害程度存在差异，随着盐浓度的增大，黑松植株的盐害症状逐渐加重。在胁迫 15 d 时，对照在盐浓度为 75 mmol/L 时开始出现轻微的黄化症状，两种菌处理的黑松苗在各个盐浓度均未表现出盐害症状。

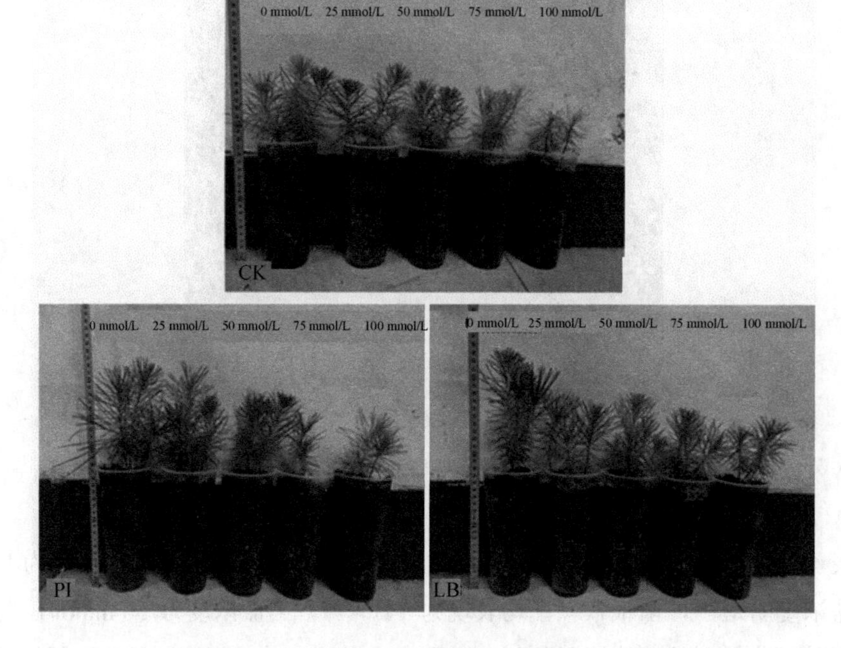

图 4-4-2 盐胁迫 60 d 后黑松幼苗生长状况

表 4-4-2 盐胁迫下不同黑松菌根苗的盐害症状

处理	盐浓度/（mmol/L）	胁迫症状分值		
		胁迫 15 d	胁迫 30 d	胁迫 60 d
CK	0	10	10	10
	25	10	10	8
	50	10	8	5
	75	9	7	4
	100	9	6	1
PI	0	10	10	10
	25	10	10	10
	50	10	10	8
	75	10	8	6
	100	10	7	4
LB	0	10	10	10
	25	10	10	10
	50	10	10	9
	75	10	10	8
	100	10	9	7

在胁迫 30 d 时，当盐浓度为 50 mmol/L 时，CK 植株出现黄化现象，而此时接种处理的黑松苗则未表现出盐害现象，当盐浓度为 75 mmol/L 时，CK 植株黄化现象加剧，

并部分出现针叶干枯现象，而接种处理的黑松苗仅表现出轻微的盐害现象。当胁迫进行到 60 d 时，盐浓度 100 mmol/L 下的 CK 盐害症状已非常严重，植株停滞生长，且濒临死亡，接种处理的黑松苗状态明显优于不接种的 CK，接种双色蜡蘑的黑松苗生长最好，仅小部分针叶黄化干枯。从不同时间的打分结果来看，在相同盐浓度下，未接种的 CK 盐害症状明显较接种处理严重，接种双色蜡蘑的黑松苗整体表现较其他两个处理好。

4.1.3　两种真菌对盐胁迫下黑松幼苗生长量的影响

4.1.3.1　两种真菌对盐胁迫下黑松幼苗高生长的影响

由图 4-4-3 显示，黑松幼苗株高随盐浓度的增加呈下降趋势，盐处理 15 d 时，下降趋势并不明显，随着盐胁迫时间的延长，下降趋势越来越明显。不加盐条件下，接种印度梨形孢的黑松幼苗在盐处理 15 d、30 d、60 d 均与对照组的差异显著（$P<0.05$，下同）；接种双色蜡蘑的黑松幼苗在盐处理 15 d、30 d 与对照组的差异显著，但在 60 d 时，与对照组和接种印度梨形孢的黑松苗均差异不显著（$P>0.05$，下同）。

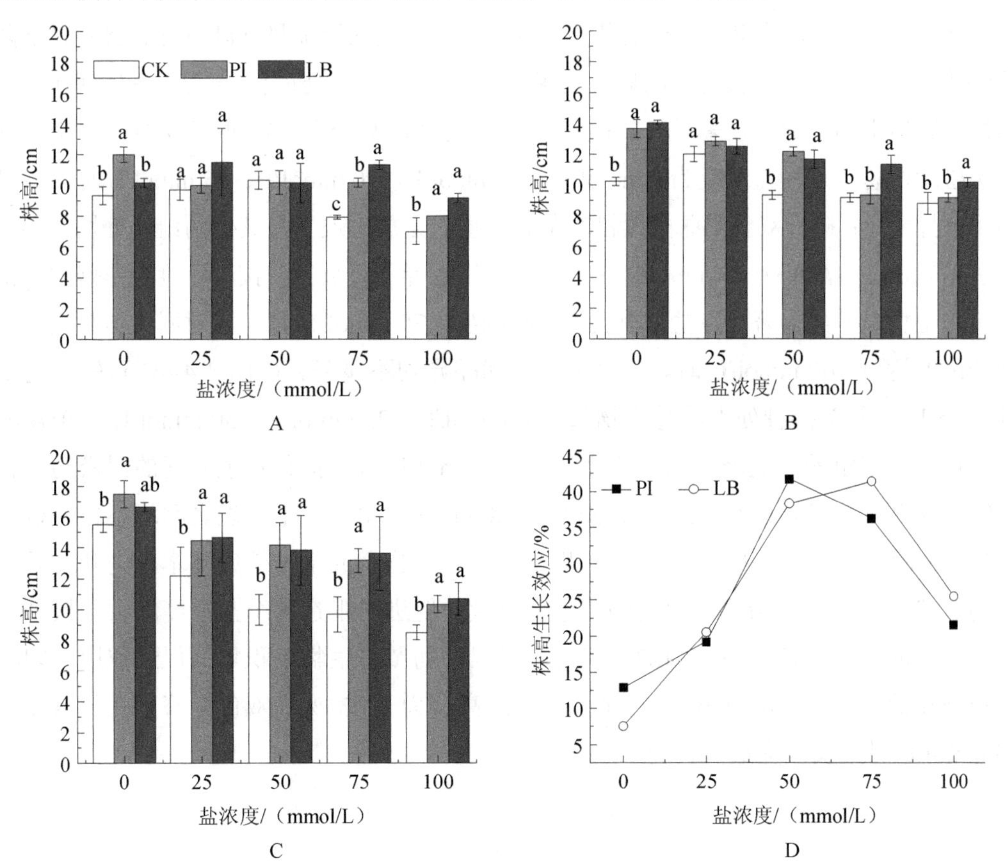

图 4-4-3　盐胁迫和接种处理对黑松幼苗株高的影响

注：图中 A 代表盐处理后 15 d，B 代表盐处理后 30 d，C 代表盐处理后 60 d，D 代表盐处理 60 d，出现明显盐害症状时真菌对植株的生长效应，余同。

盐浓度为 25 mmol/L 时，盐胁迫 15 d 和 30 d 时的接种处理与对照组株高差异不显著，盐胁迫 60 d 时接种组与对照组存在显著差异且两个接种处理之间差异不显著。盐浓度 50 mmol/L 时，接种处理在盐处理 30 d、60 d 时与对照组差异显著且彼此之间差异不显著。盐浓度为 75 mmol/L 时，盐处理 15 d 时接种处理的黑松幼苗株高就与对照组产生了显著的差异，盐胁迫 30 d 时，接种印度梨形孢的黑松幼苗株高与对照组差异不显著，但在盐胁迫 60 d 时与对照组差异显著，且与接种双色蜡蘑的黑松幼苗株高差异不显著。当盐浓度为 100 mmol/L 时，各处理株高变化趋势与盐浓度为 75 mmol/L 时的趋势相似。盐处理 60 d 时，各处理黑松幼苗随盐浓度的升高下降趋势明显，且两种真菌对黑松幼苗株高的生长效应表现为先升高后降低的趋势（图 4-4-3D），印度梨形孢在盐浓度为 50 mmol/L 时生长效应最高，为 41.67%；双色蜡蘑则在盐浓度为 75 mmol/L 时生长效应最高，为 41.38%。

4.1.3.2 两种真菌对盐胁迫下黑松幼苗生物量的影响

（1）两种真菌对盐胁迫下黑松幼苗总生物量的影响

从图 4-4-4 可以看出，黑松幼苗总生物量随盐浓度的增加呈逐渐下降趋势，且下降趋势随盐处理时间的延长更加明显。由图 4-4-4A 可知，盐处理 15 d 时，各处理在各个盐浓度胁迫下均不存在显著差异。由图 4-4-4B 可知，盐处理 30 d 时，接种印度梨形孢的黑松幼苗总干重在盐浓度为 0 mmol/L、25 mmol/L、50 mmol/L、75 mmol/L 时均与对照组差异显著；接种双色蜡蘑的黑松幼苗总干重在无盐胁迫下与其他两组处理均不存在显著差异，在盐浓度为 25 mmol/L 时，与对照组差异不显著，与接种印度梨形孢的黑松幼苗总生物量差异显著；在盐浓度为 50 mmol/L、75 mmol/L 时，与对照组差异显著。当盐浓度达到 100 mmol/L 时，三个处理之间差异均不显著。由图 4-4-4C 可知，盐处理 60 d 时，两个接种处理的总生物量在 0 mmol/L、25 mmol/L、50 mmol/L 三个盐浓度下均与对照组差异显著，当盐浓度达到 75 mmol/L 时，接种双色蜡蘑的黑松幼苗总生物量显著大于其他两个处理。盐浓度为 100 mmol/L 时，三个处理之间均不存在显著差异。由图 4-4-4D 可知，两个菌种对黑松幼苗总生物量的生长效应基本呈先升高后降低的趋势，接种双色蜡蘑对黑松幼苗总生物量的促进作用在各个盐浓度均大于接种印度梨形孢的黑松幼苗，两种菌均表现出了对黑松幼苗总生物量积累的促进作用。印度梨形孢在盐浓度为 50 mmol/L 时生长效应最高，为 37.37%；双色蜡蘑则在盐浓度为 75 mmol/L 时生长效应最高，为 55.96%。

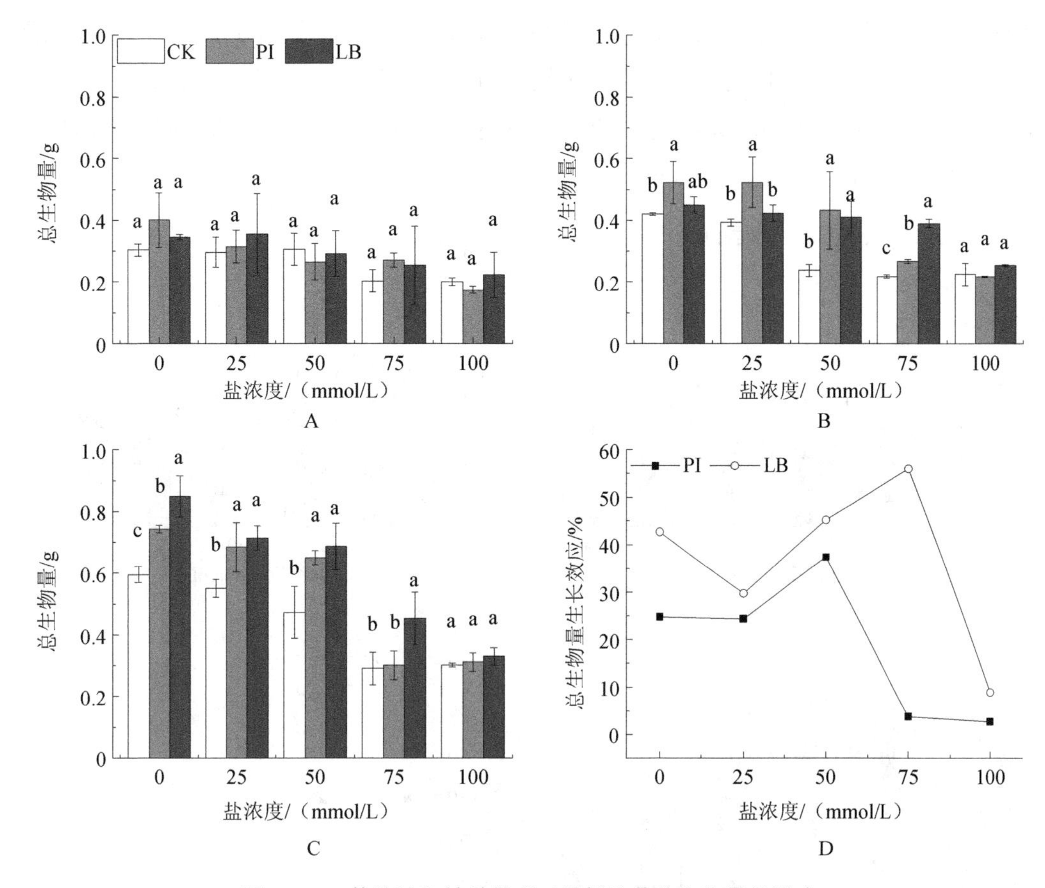

图 4-4-4　盐胁迫和接种处理对黑松幼苗总生物量的影响

（2）两种真菌对盐胁迫下黑松幼苗地上生物量的影响

由图 4-4-5 可知，黑松幼苗地上部分生物量随盐浓度的升高逐渐降低，盐处理 15 d 时，与总生物量变化规律相同，各处理在各个盐浓度胁迫下均不存在显著差异。由图 4-4-5B 可知，盐处理 30 d 时，接种印度梨形孢的黑松幼苗地上部分生物量在盐浓度为 0 mmol/L、25 mmol/L、50 mmol/L 时均显著大于对照组，盐浓度达到 75 mmol/L、100 mmol/L 时与对照组差异不显著。接种双色蜡蘑的黑松幼苗地上部分生物量在无盐胁迫和低盐浓度下（25 mmol/L）虽较对照组高，但二者差异不显著，盐浓度为 50 mmol/L、75 mmol/L、100 mmol/L 时，黑松幼苗地上部分生物量均显著大于对照组。由图 4-4-5C 可知，接种印度梨形孢的黑松幼苗地上部分生物量变化趋势与盐处理 30 d 时基本相同，接种双色蜡蘑的黑松幼苗地上部分生物量除在盐浓度为 100 mmol/L 时与对照组差异不显著之外，在其他盐浓度下均显著大于对照组。盐处理 60 d 时两种真菌对黑松幼苗地上部分生物量的生长效应由图 4-4-5D 可知：印度梨形孢对黑松幼苗地上部分生物量的生长效应随着盐浓度的增加呈先升高后降低的趋势，双色蜡蘑对黑松幼苗的生长效应除在盐浓度为 25 mmol/L 时比不加盐的处理有所下降之外，也基本呈现先升高后降低的趋势。

接种双色蜡蘑对黑松幼苗地上部分生物量的促进作用在各盐浓度均大于接种印度梨形孢的黑松幼苗，但两种菌均表现了出对黑松幼苗地上部分生物量积累的促进作用。印度梨形孢在盐浓度为 50 mmol/L 时生长效应最高，为 41.11%；双色蜡蘑则在盐浓度为 75 mmol/L 时生长效应最高，为 60.06%。

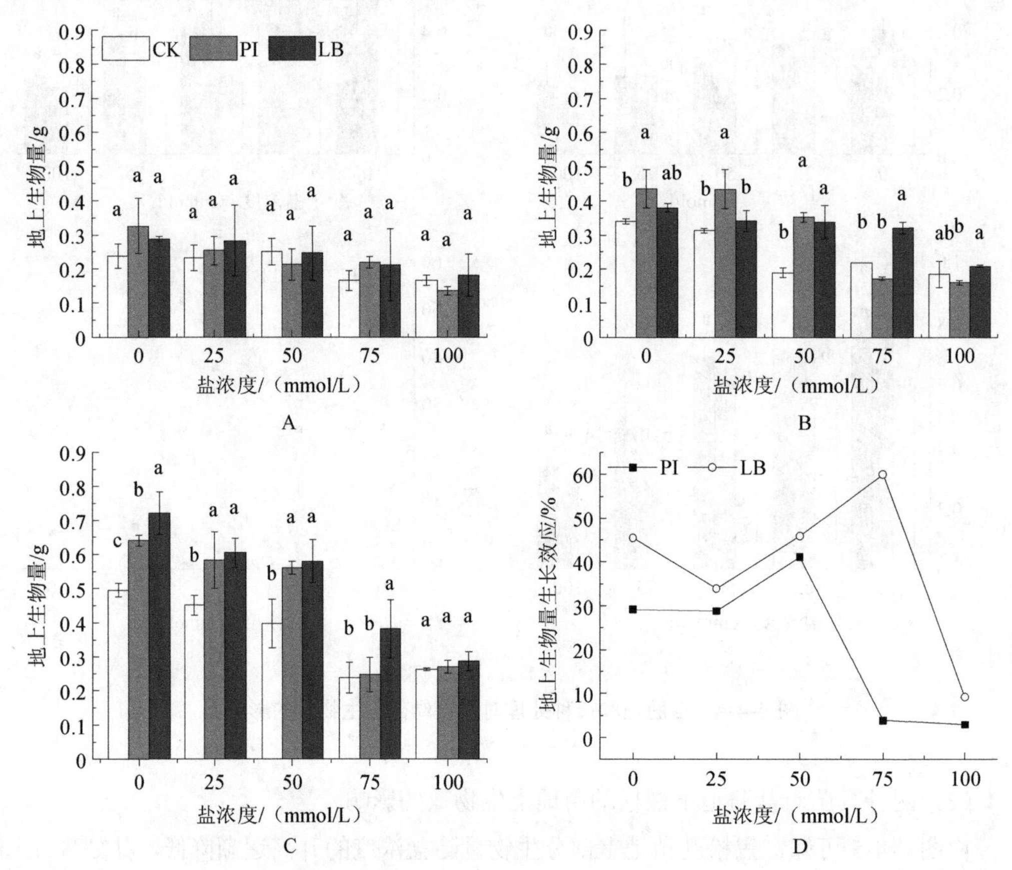

图 4-4-5 盐胁迫和接种处理对黑松幼苗地上生物量的影响

（3）两种真菌对盐胁迫下黑松幼苗根系生物量的影响

从图 4-4-6 可以看出，黑松幼苗的根系生物量随着盐浓度的升高呈下降趋势，盐处理 15 d、30 d、60 d 时的黑松幼苗地下部分生物量变化趋势均与地上部分生物量变化趋势相似，从图 4-4-6D 可以看出，印度梨形孢对黑松幼苗根系生物量的生长效应随着盐浓度的增加呈先升高后降低的趋势，双色蜡蘑对黑松幼苗的根系生物量生长效应除在盐浓度为 25 mmol/L 时与不加盐的处理相比有所下降之外，基本呈现先升高后降低的趋势。接种双色蜡蘑对黑松幼苗根系生物量的生长效应在各个盐浓度均大于接种印度梨形孢的黑松幼苗，但两种菌均表现了出对黑松幼苗根系生物量积累的促进作用。印度梨形孢和双色蜡蘑均在盐浓度为 50 mmol/L 时对黑松根系生物量的生长效应最高，分别为 17.83%、41.48%。

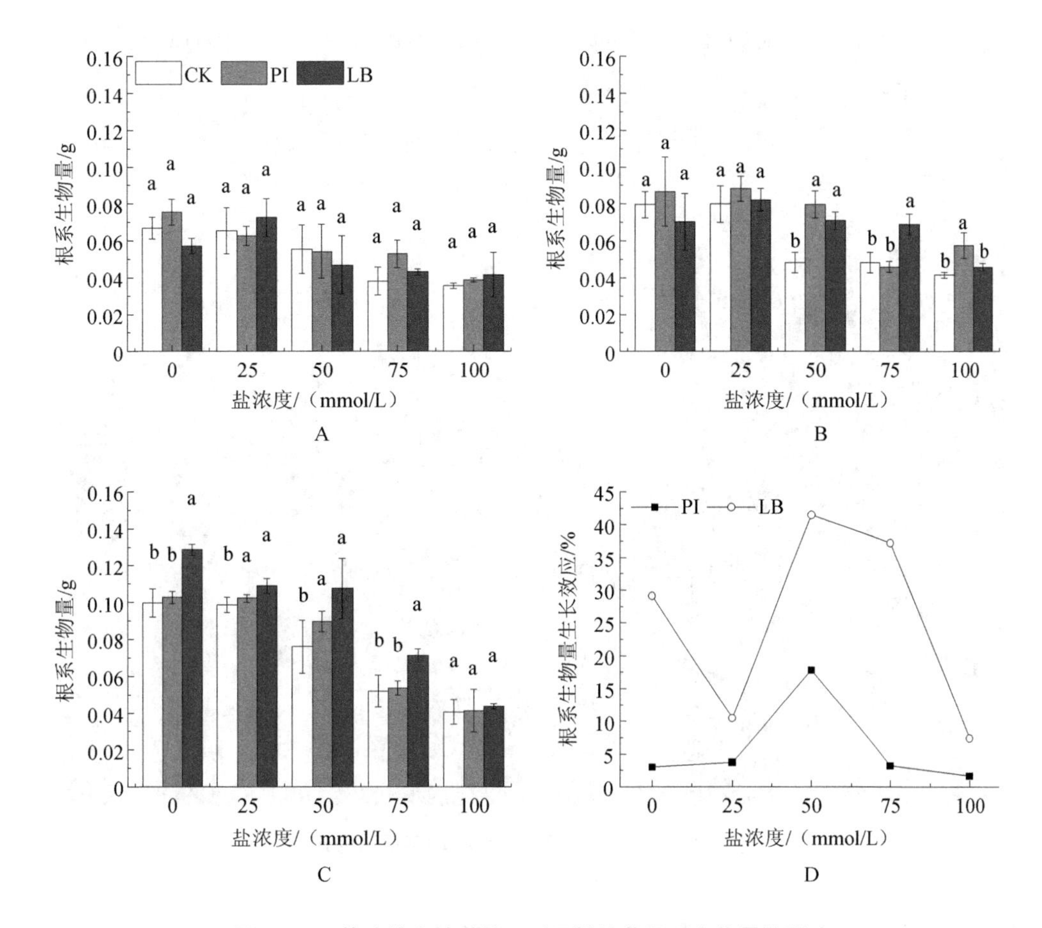

图 4-4-6　盐胁迫和接种处理对黑松幼苗根系生物量的影响

4.1.4　两种真菌对盐胁迫下黑松幼苗根系形态及参数的影响

4.1.4.1　两种真菌对盐胁迫下黑松幼苗根系形态的影响

图 4-4-7 显示，在盐处理 60 d 后，各处理根系形态受盐胁迫影响明显，随着盐浓度的增加，各处理根系形态基本表现为随盐浓度的增加根系分枝数、投影面积等逐渐减少的趋势，接种印度梨形孢和双色蜡蘑的黑松幼苗主根长度、侧根长度、总根长、根系的分支数等根系构型均明显优于未接种的对照，尤其在盐浓度为 50 mmol/L、75 mmol/L、100 mmol/L 时表现更加明显。

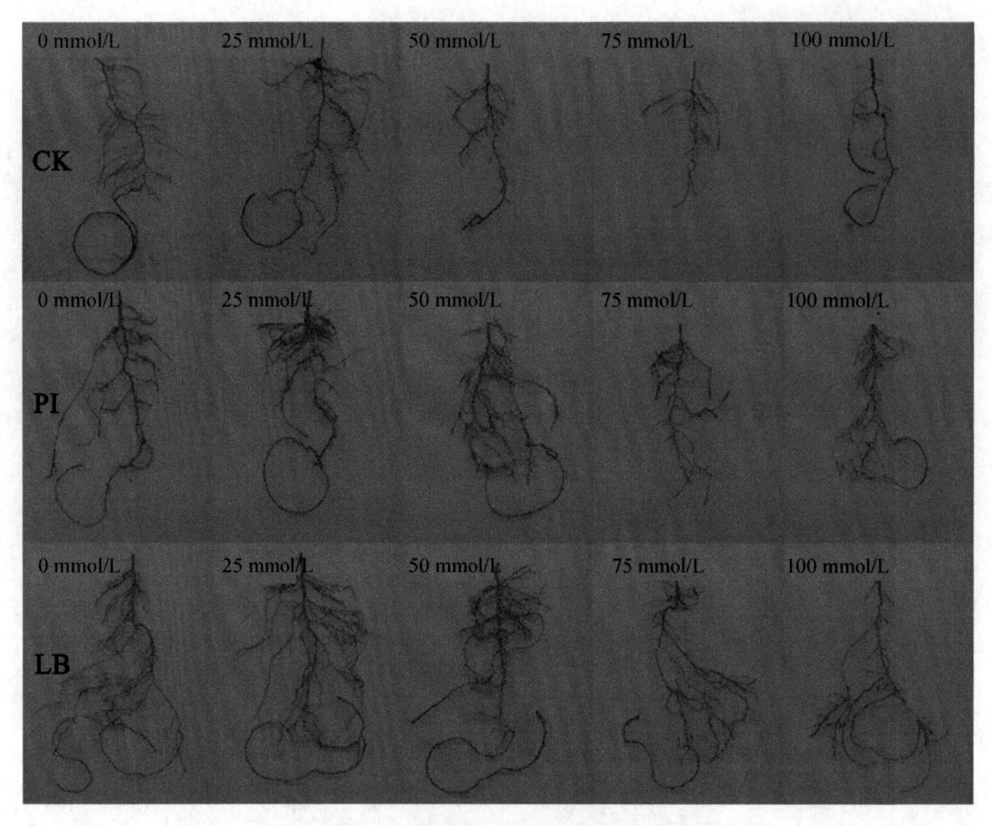

图 4-4-7 盐胁迫 60 d 后黑松幼苗根系形态

4.1.4.2 两种真菌对盐胁迫下黑松幼苗总根长的影响

由图 4-4-8 可知，黑松幼苗总根长随着盐浓度的升高，基本呈现逐渐降低的趋势，下降趋势在盐处理 15 d 时表现并不明显，在盐处理 30 d 时下降趋势明显，盐处理 60 d 时在低盐浓度下（25 mmol/L、50 mmol/L）总根长下降趋势不明显，高盐浓度（75 mmol/L、100 mmol/L）则对黑松根系总根长增长的抑制作用显著。盐处理 15 d 时（图 4-4-8A），在没有盐胁迫和盐浓度为 75 mmol/L 时，接种印度梨形孢的黑松幼苗总根长均显著大于其他两个处理，盐浓度为 25 mmol/L、100 mmol/L 时，则是接种双色蜡蘑的黑松幼苗总根长显著大于其他两个处理。在盐浓度为 100 mmol/L 时，三个处理彼此间差异显著并表现为 LB＞PI＞CK。

盐处理 30 d 时，无盐处理和盐浓度为 25 mmol/L、75 mmol/L 时，三个处理之间黑松幼苗总根长差异均不显著。盐浓度为 50 mmol/L 时，接种印度梨形孢的黑松幼苗总根长显著大于不接种的对照组，接种双色蜡蘑的总根长则与其他两组处理均差异不显著。盐浓度达到 100 mmol/L 时，两个接种处理总根长均显著大于不接种的对照组，且表现为 PI＞LB＞CK。

盐处理 60 d 时，在无盐胁迫条件下，接种双色蜡蘑的黑松幼苗总根长显著大于不接种的对照组，接种印度梨形孢的幼苗则与其他两个处理差异均不显著。盐浓度为

25 mmol/L 时，两个接种处理的幼苗总根长均显著大于不接种的对照组，且彼此间差异不显著。当盐浓度为 50 mmol/L 时，规律与不加盐时一致。当盐浓度为 75 mmol/L、100 mmol/L 时，接种双色蜡蘑的黑松幼苗总根长均显著大于对照组，接种印度梨形孢的幼苗则与对照组差异不显著。

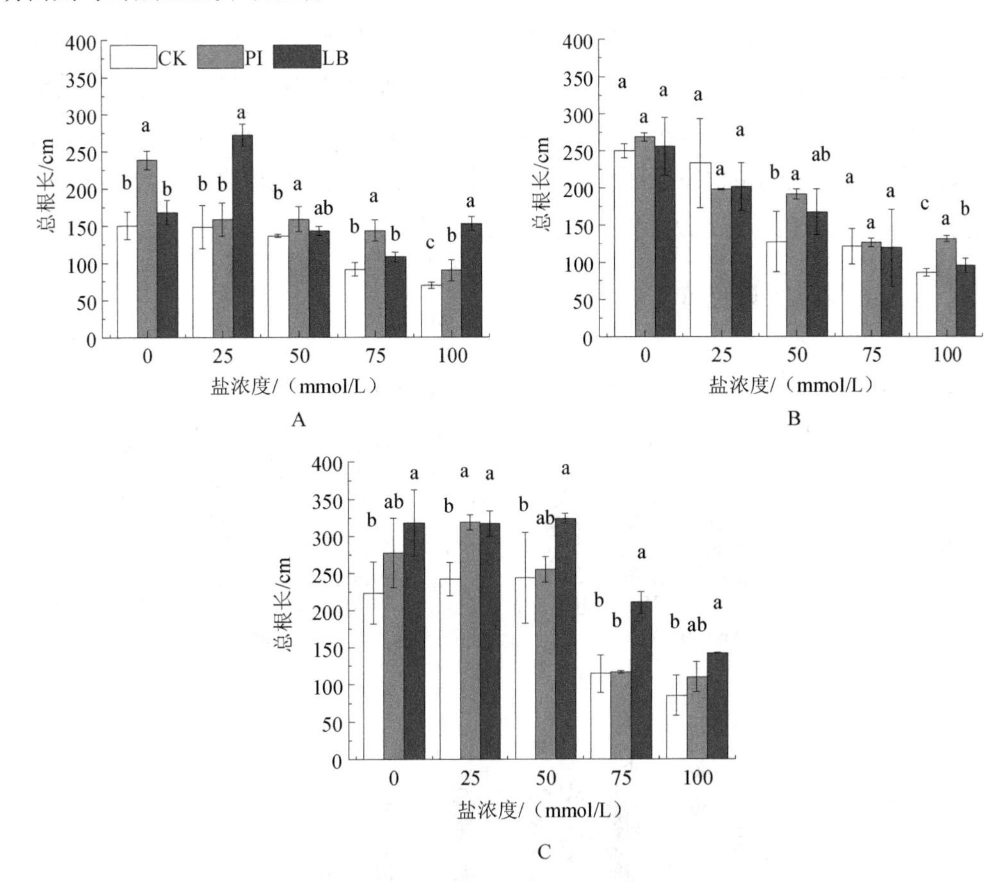

图 4-4-8　盐胁迫和接种处理对黑松幼苗总根长的影响

注：图中 A 代表盐处理后 15 d，B 代表盐处理后 30 d，C 代表盐处理后 60 d，余同。

4.1.4.3　两种真菌对盐胁迫下黑松幼苗根系表面积的影响

由图 4-4-9A 可知，盐处理 15 d 时，黑松幼苗根系表面积随着盐浓度的升高变化并不明显，在无盐处理条件下，接种印度梨形孢的黑松幼苗根系表面积显著大于其他两个处理，其他两个处理间表面积差异不显著。盐浓度为 25 mmol/L 时则表现为接种双色蜡蘑的黑松幼苗根系表面积显著大于其他两个处理。盐浓度为 50 mmol/L 和 75 mmol/L 时，三个处理之间根系表面积均差异不显著，盐浓度为 100 mmol/L 时，三个处理彼此间差异显著并表现为 LB＞PI＞CK。

盐处理进行到 30 d 时（图 4-4-9B），三个处理均显示出随着盐浓度的增加根系表面积逐渐下降的趋势。盐浓度为 50 mmol/L 时接种印度梨形孢的黑松幼苗根系表面积显著大于未接种的对照组，接种双色蜡蘑的黑松幼苗根系表面积与其他两个处理均差异不显著。在其他盐浓度下三个处理之间均不存在显著差异。

盐处理 60 d（图 4-4-9C）时，三个处理随盐浓度的升高基本表现出先升高后降低的趋势，不加盐处理下，接种双色蜡蘑的黑松幼苗根系表面积显著大于不接种的对照组，接种印度梨形孢的幼苗根系表面积则与其他两组均差异不显著。盐浓度为 25 mmol/L 时，接种印度梨形孢的黑松幼苗根系表面积显著大于不接种的对照组，接种双色蜡蘑的幼苗根系表面积与其他两组均差异不显著。盐浓度为 50 mmol/L、75 mmol/L 时，均表现为接种双色蜡蘑的黑松幼苗根系表面积显著大于其他两组，其他两组之间差异不显著。盐浓度为 100 mmol/L 时，三个处理彼此间均差异不显著。

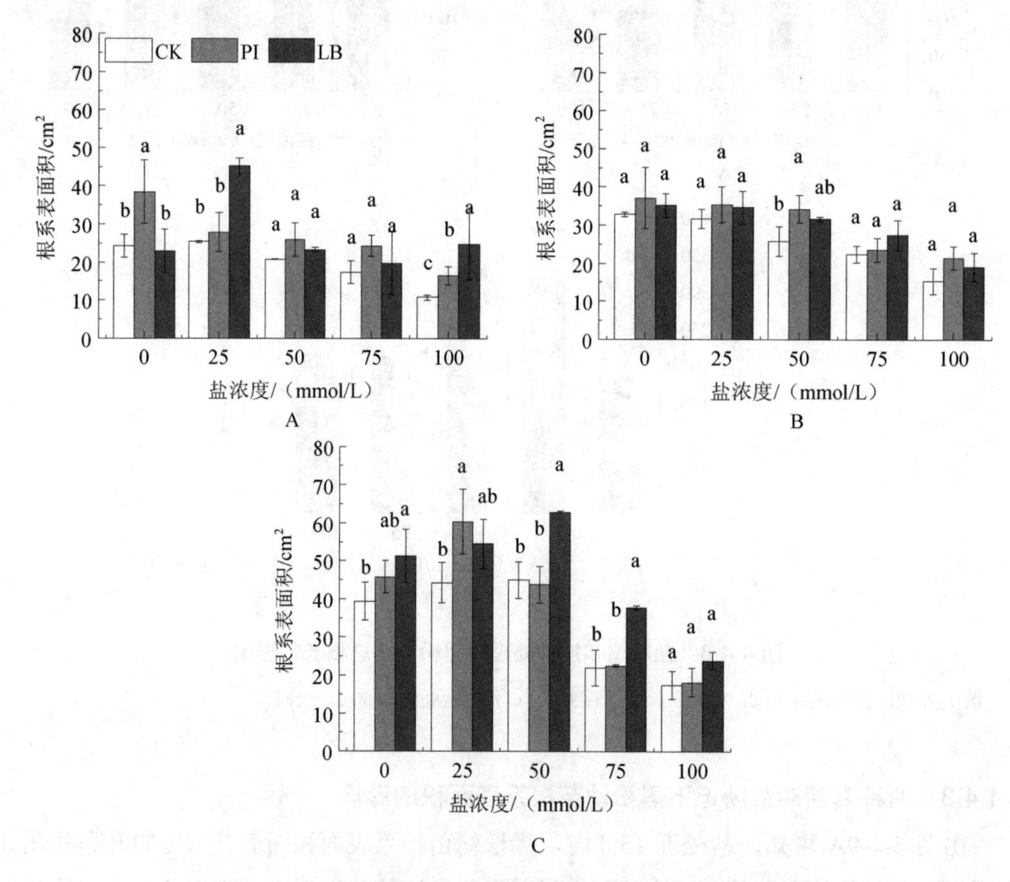

图 4-4-9 盐胁迫和接种处理对黑松幼苗根系表面积的影响

4.1.4.4 两种真菌对盐胁迫下黑松幼苗根系体积的影响

由图 4-4-10A 可知，盐处理后 15 d 时黑松幼苗根系体积随盐浓度的升高变化并不明显，在无盐处理时接种印度梨形孢的黑松幼苗根系体积显著大于其他两个处理，盐浓度为 25 mmol/L 时，接种双色蜡蘑的黑松幼苗根系体积显著大于其他两个处理。盐浓度为 50 mmol/L 时，各处理间差异不显著，盐浓度为 75 mmol/L 时，接种印度梨形孢的黑松幼苗根系体积显著大于不接种的对照组，接种双色蜡蘑的幼苗根系体积则与其他两组均差异不显著。当盐浓度达到 100 mmol/L 时，三个处理彼此之间均差异显著，并表现为 LB＞PI＞CK。

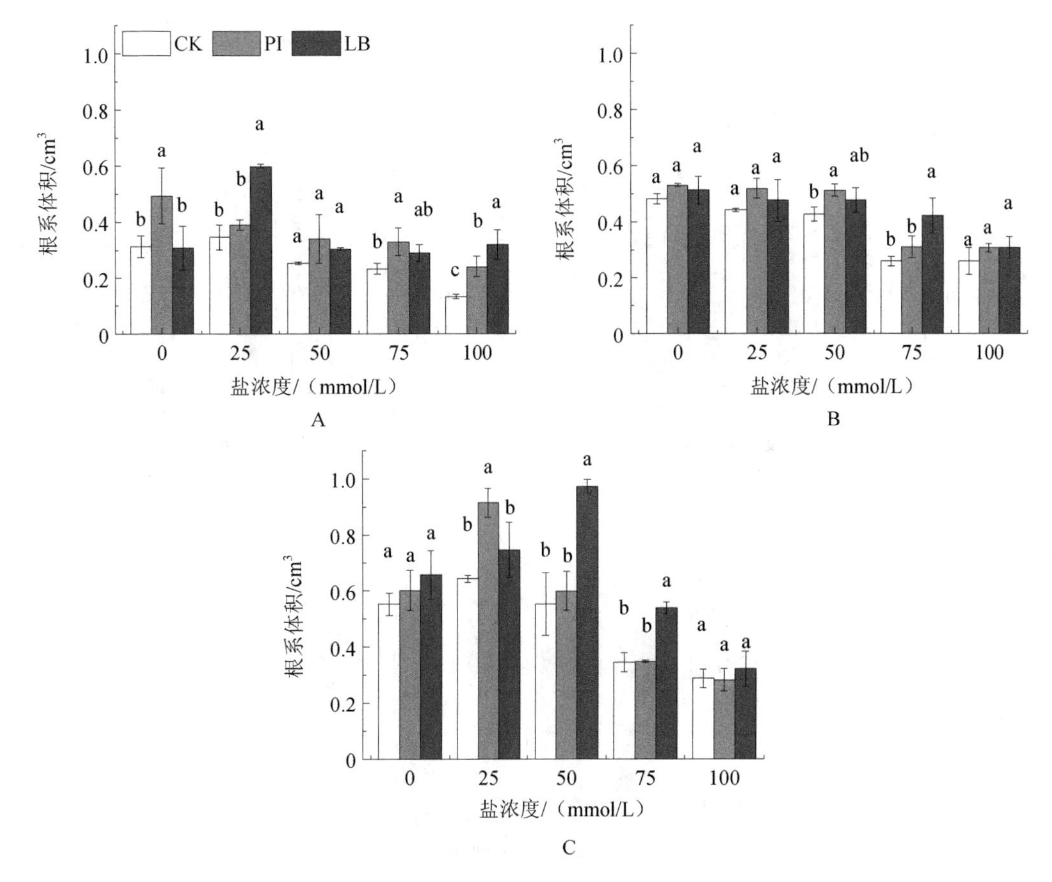

图 4-4-10　盐胁迫和接种处理对黑松幼苗根系体积的影响

当盐处理 30 d 时，随着盐浓度的升高，三个处理的黑松幼苗根系体积均表现出逐渐降低的趋势，接种处理的黑松幼苗根系体积在各个盐浓度下均不同程度高于不接种的对照组，但在不加盐、盐浓度为 25 mmol/L、100 mmol/L 时均与对照组差异不显著，当盐浓度为 50 mmol/L 时，接种印度梨形孢的黑松幼苗根系体积显著大于对照组，盐浓度为 75 mmol/L 时，接种双色蜡蘑的幼苗根系体积显著大于其他两组。

盐处理达到 60 d 时，三个处理的根系体积随着盐浓度的升高均基本表现出先升高后降低的趋势，接种印度梨形孢的黑松幼苗根系体积仅在盐浓度为 25 mmol/L 时显著大于其他两组，其他浓度下均与对照组差异不显著。而接种双色蜡蘑的黑松幼苗根系体积在盐浓度为 50 mmol/L、75 mmol/L 时与显著大于其他两组，在其他浓度下均与对照组差异不显著。

4.1.4.5 两种真菌对盐胁迫下黑松幼苗根系平均直径的影响

由图 4-4-11 可知，黑松根系的平均直径随着盐浓度的升高和盐处理时间的加长变化不大。盐处理 15 d 和 30 d 时，各处理根系平均直径在不同盐浓度下均差异不显著，盐处理 60 d 时，各处理根系平均直径在无盐处理和盐浓度为 25 mmol/L 时彼此之间差异不显著。

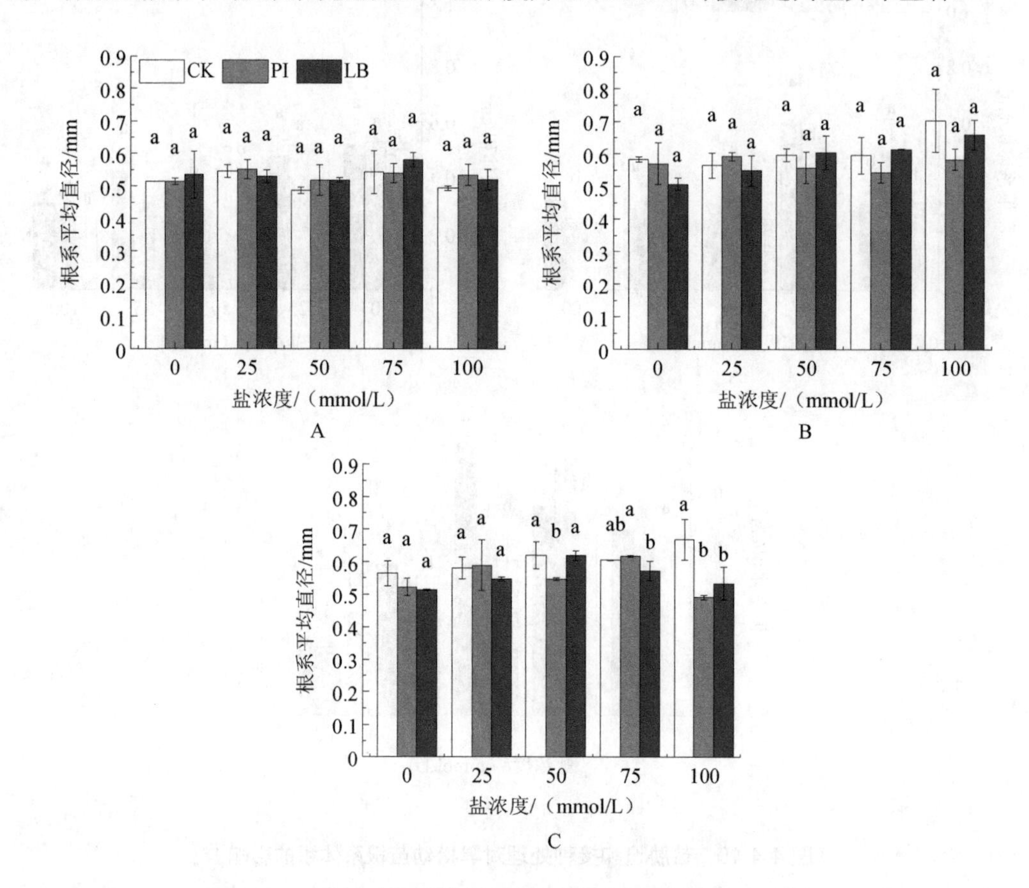

图 4-4-11 盐胁迫和接种处理对黑松幼苗根系平均直径的影响

盐浓度为 50 mmol/L 时，接种印度梨形孢的黑松幼苗根系平均直径显著小于其他两组。盐浓度为 75 mmol/L 时，接种双色蜡蘑的黑松幼苗根系平均直径显著小于未接种的对照组，接种印度梨形孢的则与其他两组均差异不显著。当盐浓度达到 100 mmol/L 时，接种处理的黑松根系平均直径均显著低于未接种的对照组，且两个接种处理之间差异不显著。

4.1.4.6 两种真菌对盐胁迫下黑松幼苗根系分支数的影响

由图 4-4-12 可知，盐处理 15 d 时，黑松幼苗根系分支数随盐浓度的升高变化规律并不明显，无盐处理时，接种印度梨形孢的黑松幼苗根系分支数显著大于其他两个处理；盐浓度为 25 mmol/L 时，两个接种处理的组根系分支数均显著大于不接种的对照组，且接种处理之间也存在显著差异，接种双色蜡蘑的黑松幼苗分支数较多。盐浓度为

50 mmol/L 时，三个处理彼此间差异不显著；盐浓度为 75 mmol/L 时，接种印度梨形孢的黑松幼苗根系分支数显著大于其他两个处理；盐浓度为 100 mmol/L 时，接种双色蜡蘑的黑松幼苗根系分支数显著大于其他两个处理。

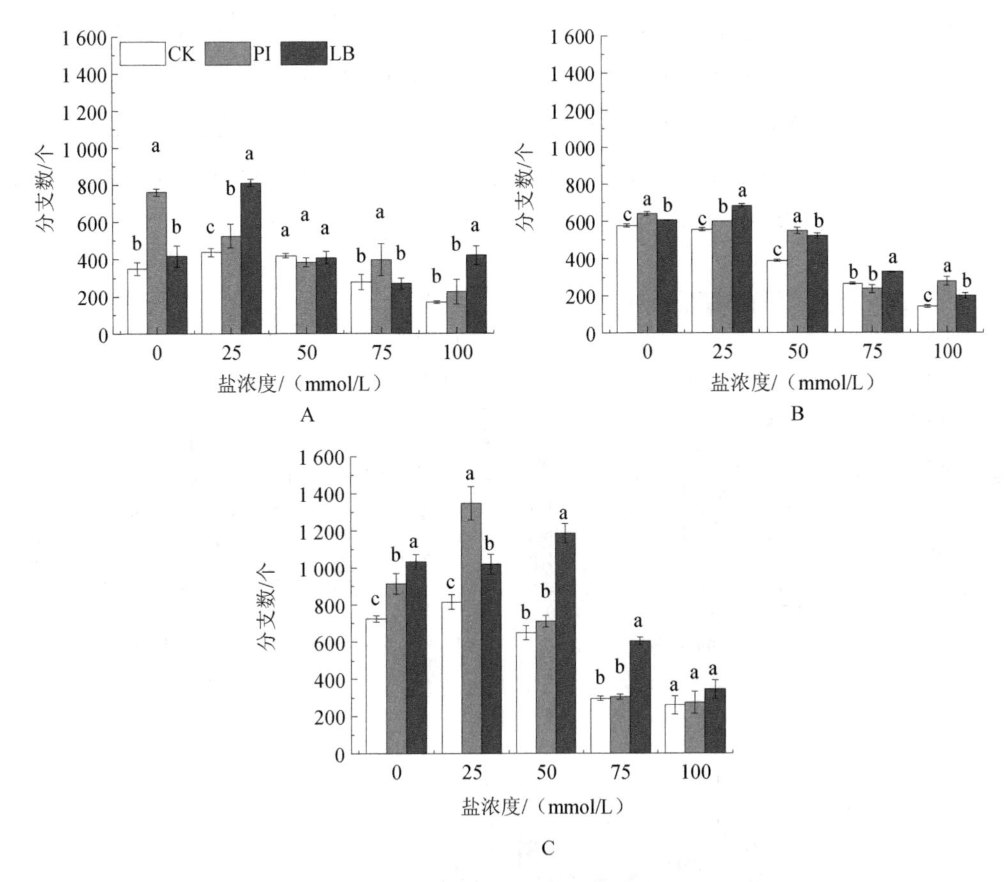

图 4-4-12　盐胁迫和接种处理对黑松幼苗根系分支数的影响

盐处理 30 d 时，黑松幼苗根系分支数随盐浓度的升高开始出现逐渐降低的趋势，除盐浓度为 75 mmol/L 时接种印度梨形孢的黑松幼苗根系分支数与对照组差异不显著之外，其他浓度下两个接种处理的根系分支数均显著大于不接种的对照组。

当盐处理进行到 60 d 时，三个处理根系分支数随着盐浓度的升高均呈现出先升高后降低的趋势，接种印度梨形孢的和不接种的对照组黑松幼苗根系分支数均在盐浓度为 25 mmol/L 时最多，分别为 1 347 个和 815 个，接种双色蜡蘑的黑松根系分支数在盐浓度为 50 mmol/L 时最多，为 1 185 个。接种印度梨形孢的黑松幼苗根系分支数在无盐处理和低盐浓度下显著大于未接种的对照组，接种双色蜡蘑的黑松幼苗根系分支数除在盐浓度为 100 mmol/L 下与对照组差异不显著之外，在无盐处理和其他盐浓度下均显著大于未接种的对照组。

4.1.4.7 两种真菌对盐胁迫下黑松幼苗根尖数的影响

由图 4-4-13A 可知，当盐处理 15 d 时，黑松幼苗根尖数随盐浓度的升高没有明显变化趋势，当无盐胁迫时，接种处理的黑松幼苗根尖数均显著大于未接种的对照组，且彼此之间差异显著，三个组根尖数表现为 PI＞LB＞CK。当盐浓度为 25 mmol/L、50 mmol/L 时，接种双色蜡蘑的黑松幼苗根尖数显著大于其他两组，接种印度梨形孢的幼苗根尖数与对照组差异不显著；当盐浓度为 75 mmol/L 时，接种印度梨形孢的幼苗根尖数显著大于其他两组，接种双色蜡蘑的与对照组差异不显著；盐浓度为 100 mmol/L 时，三个处理根尖数表现为 LB＞PI＞CK，且彼此间差异显著。

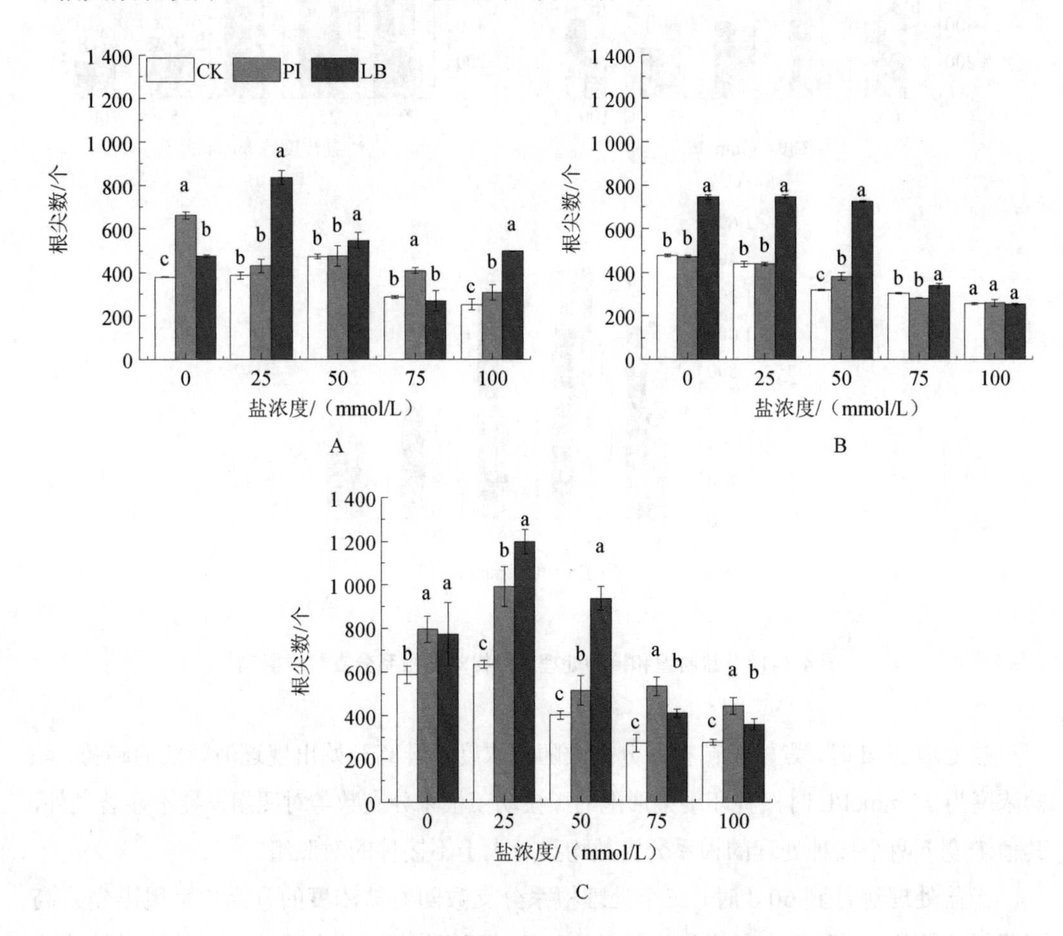

图 4-4-13 盐胁迫和接种处理对黑松幼苗根尖数的影响

当盐处理 30 d 时，黑松幼苗根尖数表现为随着盐浓度的升高逐渐降低的趋势，接种双色蜡蘑的黑松幼苗根尖数在无盐处理和盐浓度为 25 mmol/L、50 mmol/L、75 mmol/L 下均显著大于其他两个处理，接种印度梨形孢的黑松幼苗根尖数仅在盐浓度为 50 mmol/L 时显著大于未接种的对照组，在其他盐浓度下均与对照组差异不显著。

当盐处理 60 d 时，根尖数随盐浓度的升高表现为先升高后降低的趋势，在各个盐浓度下，均表现为接种处理根尖数显著大于未接种的对照组，两个接种处理和对照组根尖数均在盐浓度为 25 mmol/L 时最多，表现为 LB（1 198 个）>PI（992 个）>CK（634 个）。

4.1.4.8　两种真菌对盐胁迫下黑松幼苗根系分形维数的影响

植物根系形态的分形维数直接反映了植物根系在不同生长环境影响下发育程度的差异（单立山等，2012）。植物根系越发达，分支越多，分形维数越高，而较小的分形维数反映出根系的分生能力相对较弱（杨小林等，2008；汪洪等，2008）。黑松盐处理 60 d 后，黑松幼苗各处理在不同盐浓度下表现出明显的外部形态差异，表 4-4-3 为黑松幼苗盐处理 60 d 后各处理下的根系分形维数。由表可知，接种处理的黑松幼苗根系分形维数随盐浓度的升高变化不大，未接种的对照组根系分形维数随盐浓度的升高呈现出先升高后降低的趋势。在没有盐胁迫和盐浓度为 100 mmol/L 时，两个接种处理的根系分形维数均显著大于未接种的对照组，且彼此间差异不显著。其他盐浓度下，两个接种组的根系分形维数与对照组均没有显著差异。

表 4-4-3　盐胁迫和接种处理对黑松幼苗根系分形维数的影响

盐浓度/（mmol/L）	分形维数		
	CK	PI	LB
0	1.008±0.048 b	1.170±0.021 a	1.203±0.035 a
25	1.104±0.089 a	1.125±0.072 a	1.142±0.025 a
50	1.166±0.067 a	1.195±0.003 a	1.213±0.007 a
75	1.154±0.065 a	1.157±0.058 a	1.210±0.048 a
100	0.975±0.053 b	1.095±0.053 a	1.185±0.033 a

注：CK 为不接种的对照组；PI 为接种印度梨形孢；LB 为接种双色蜡蘑；同行不同小写字母表示处理间在 0.05 水平存在显著性差异（$P<0.05$）；余同。

4.1.5　两种真菌对盐胁迫下黑松幼苗生理指标的影响

4.1.5.1　两种真菌对盐胁迫下黑松幼苗渗透调节物质含量的影响

（1）两种真菌对盐胁迫下黑松幼苗脯氨酸含量的影响

脯氨酸是主要的细胞质渗透调节剂，是最重要和有效的有机渗透调节物质，并以游离状态广泛地存在于植物体中（王忠，2012）。几乎所有的逆境都会造成植物体内脯氨酸的积累，脯氨酸积累是植物体抵抗渗透胁迫的有效方式之一（肖雯等，2000）。在盐胁迫条件下，植物体内的游离脯氨酸会大量积累，从而起到防止水分散失、保持膜结构的完整性的作用（汤章诚，1984）。由图 4-4-14 可知，不同接种处理的黑松幼苗脯氨酸含量均随着盐浓度的升高呈现出逐渐升高的趋势。接种印度梨形孢的黑松幼苗脯氨酸含量除在盐浓度为 25 mmol/L 时与对照组差异不显著之外，在其他盐浓度下显著大于未接种的对照组。接种双色蜡蘑的黑松幼苗脯氨酸含量在各盐浓度下均显著大于对照组。说明接种处理能显著增加黑松幼苗的游离脯氨酸含量，且不同菌种对脯氨酸含量的影响存在显著差异。盐浓度为 100 mmol/L 时，各处理脯氨酸含量均达到最大值，三个处理彼此间均存在显著差异，表现为 PI（280.07 μg/g·FW）＞LB（271.58 μg/g·FW）＞CK（266.97 μg/g·FW）。

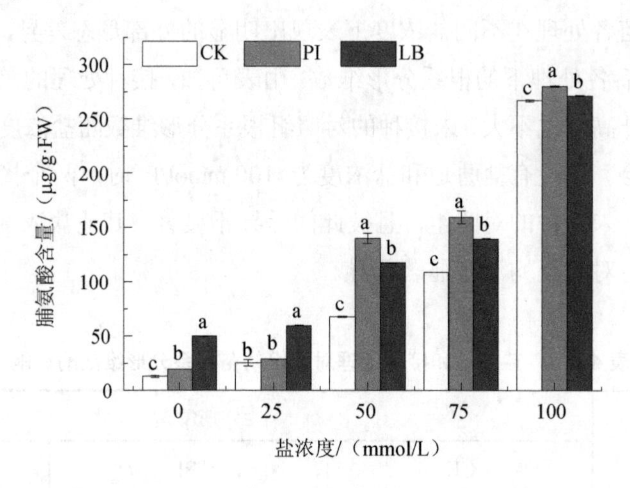

图 4-4-14 盐胁迫和接种处理对黑松幼苗脯氨酸含量的影响

（2）两种真菌对盐胁迫下黑松幼苗可溶性糖含量的影响

可溶性糖是很多是许多非盐生植物响应盐分胁迫的渗透调节剂，可以起到稳定细胞膜及原生质胶体的作用。它是合成各种有机物的重要原料和供能物质，是植物生长发育的能量来源（张学超，2017）。从图 4-4-15 可以看出，未接种的对照组黑松幼苗的可溶性糖含量随着盐浓度的升高呈现出先升高后降低的趋势，接种处理的黑松幼苗可溶性糖含量随着盐浓度的升高呈现逐渐升高的趋势，与其他两个处理相比，接种双色蜡蘑的黑松幼苗可溶性糖含量随着盐浓度的升高变化趋势较小。两个接种处理的可溶性糖含量在各个盐浓度下均显著大于未接种的对照组，且彼此间也存在显著差异。在无盐胁迫条件下，接种处理就显著促进了黑松幼苗可溶性糖含量的增加，在无盐胁迫和盐浓度为 25 mmol/L 时，两个接种处理和对照组的可溶性糖含量均表现为 LB＞PI＞CK，在盐浓度为 50 mmol/L、75 mmol/L、100 mmol/L 时，则表现为 PI＞LB＞CK。说明接种处理能显著增加黑松幼苗植株内可溶性糖的含量，且不同菌种对黑松幼苗可溶性糖含量的影响存在显著差异。

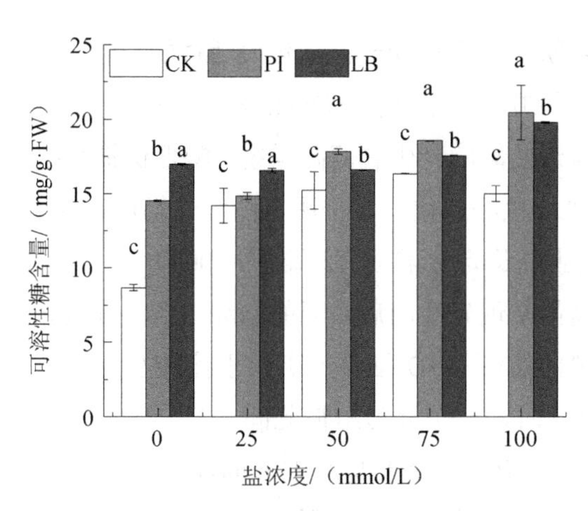

图 4-4-15 盐胁迫和接种处理对黑松幼苗可溶性糖含量的影响

（3）两种真菌对盐胁迫下黑松幼苗可溶性蛋白含量的影响

植物在逆境下会通过积累体内的可溶性物质，提高细胞液浓度，降低其渗透势，保持一定的压力势，来抵抗外界的渗透胁迫，这种可溶性物质称为渗透调节物质。可溶性蛋白就是其中一种渗透调节物质。从图 4-4-16 可以看出，当盐浓度为 0 mmol/L 至 75 mmol/L 时，接种处理与不接种处理的黑松幼苗可溶性蛋白含量随着盐浓度的升高并没有明显变化，当盐浓度达到 100 mmol/L 时，未接种处理和接种处理的可溶性蛋白含量均升高，且接种印度梨形孢的黑松幼苗可溶性蛋白含量大幅度升高。在无盐胁迫和各浓度盐胁迫下，接种处理的黑松幼苗可溶性蛋白含量均显著大于未接种的对照组，且不同接种处理之间差异显著。当盐浓度为 100 mmol/L 时，各处理可溶性蛋白含量大小顺序为：PI（1.70 mg/g·FW）＞LB（1.04 mg/g·FW）＞CK（0.83 mg/g·FW）。

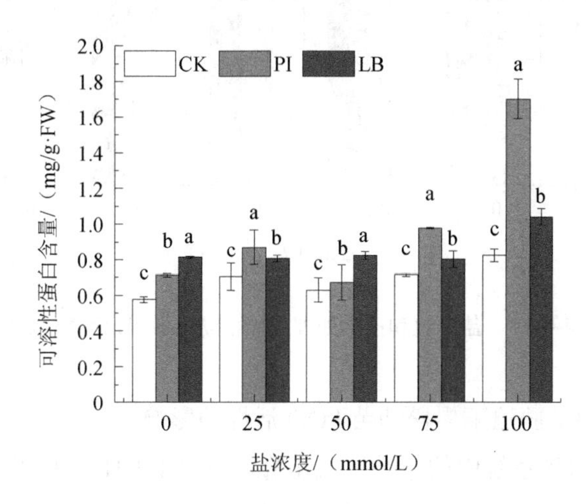

图 4-4-16 盐胁迫和接种处理对黑松幼苗可溶性蛋白含量的影响

4.1.5.2 两种真菌对盐胁迫下黑松幼苗抗氧化酶活性的影响

（1）两种真菌对盐胁迫下黑松幼苗 SOD 活性的影响

植物细胞内存在着活性氧的产生和清除系统，酶促保护系统就是其中的一类。在酶促保护系统中，SOD 处于核心地位，几乎所有的胁迫都可诱导 SOD 的活性增加，从而有效地清除自由基，使膜的稳定性增强（武维华，2008）。由图 4-4-17 可知，各处理 SOD 活性随着盐浓度的升高都呈现先升高后降低的趋势，当没有盐胁迫时，未接种的对照组和接种印度梨形孢的黑松幼苗 SOD 活性显著大于接种双色蜡蘑的处理组，当盐浓度为 25 mmol/L 和 50 mmol/L 时，三个处理组彼此间 SOD 活性均表现出显著差异，SOD 活性大小顺序为：PI＞CK＞LB。当盐浓度为 75 mmol/L 时，两个接种处理的 SOD 活性均显著大于未接种的对照组，且彼此间差异不显著，盐浓度为 100 mmol/L 时，三个处理大小顺序为：PI＞LB＞CK，且彼此间存在显著差异。未接种的对照组和接种印度梨形孢的处理组 SOD 活性最高时出现在盐浓度为 50 mmol/L 时，分别为 9.133 U/g·FW 和 9.452 U/g·FW，而接种双色蜡蘑的处理组 SOD 活性最高时出现在盐浓度为 75 mmol/L 时，为 9.325 U/g·FW。

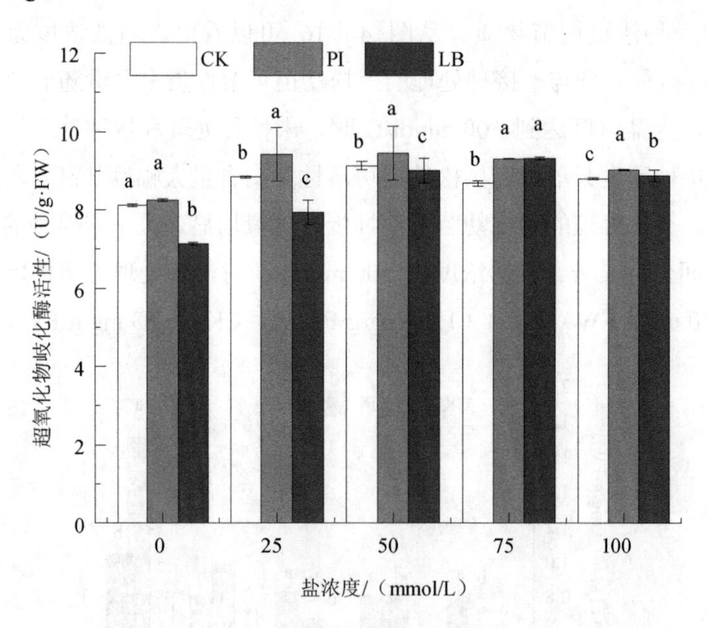

图 4-4-17 盐胁迫和接种处理对黑松幼苗 SOD 活性的影响

（2）两种真菌对盐胁迫下黑松幼苗 POD 活性的影响

POD 也是酶促保护系统中的一种抗氧化酶，由图 4-4-18 可以看出，与 SOD 活性一样，各处理 POD 活性也是随着盐浓度的升高呈现先升高后降低的趋势。接种处理的黑松幼苗 POD 活性在各个盐浓度下均显著大于未接种的对照组，且两个接种处理之间 POD 活性大小差异显著。在各个盐浓度下，对照组与两个接种组的 POD 活性大小排序均表现为：PI＞LB＞CK。说明接种处理能显著促进黑松幼苗POD活性的增强，且接种印度梨形孢比接种双色蜡蘑对黑松幼苗POD活性的促进作用更明显。

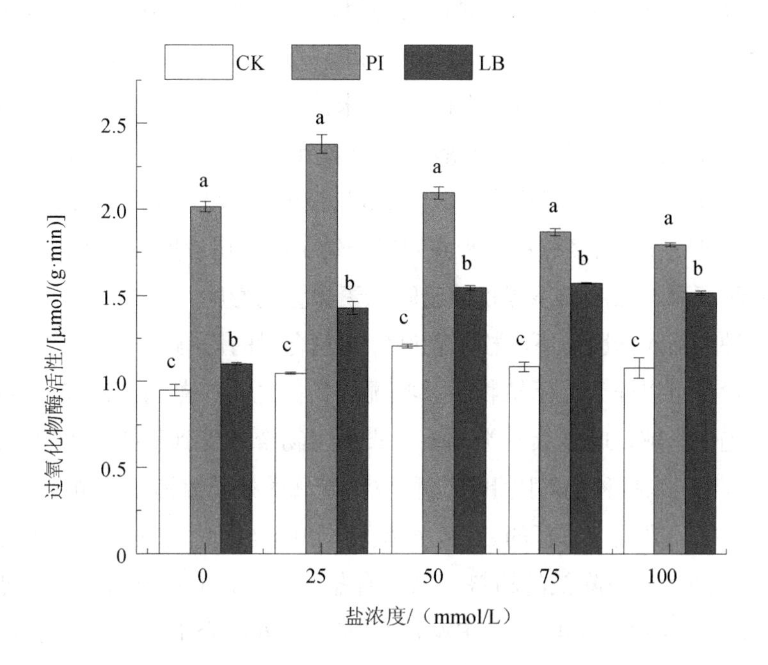

图4-4-18　盐胁迫和接种处理对黑松幼苗POD活性的影响

4.1.5.3　两种真菌对盐胁迫下黑松幼苗丙二醛含量的影响

MDA作为脂质过氧化作用的产物，其含量多少可代表膜损伤程度的大小（肖雯等，2000）。从图4-4-19可以看出，各处理MDA含量随着盐浓度的升高基本呈现出先降低后

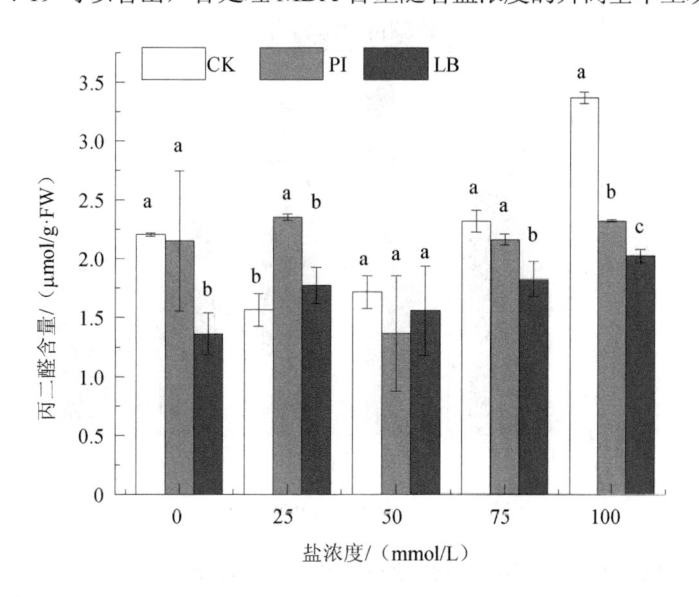

图4-4-19　盐胁迫和接种处理对黑松幼苗丙二醛含量的影响

升高的趋势。在没有盐胁迫时，未接种的对照组和接种印度梨形孢的黑松幼苗 MDA 含量均显著大于接种双色蜡蘑的黑松幼苗；当盐浓度为 25 mmol/L 时，接种印度梨形孢的黑松幼苗 MDA 含量显著大于未接种的对照组，而接种双色蜡蘑的黑松幼苗 MDA 含量与对照组没有显著差异。盐浓度为 50 mmol/L 时，三个处理间差异不显著，盐浓度为 75 mmol/L 时，与没有盐胁迫时的规律相同，未接种的对照组和接种印度梨形孢的黑松幼苗 MDA 含量均显著大于接种双色蜡蘑的黑松幼苗。当盐浓度达到 100 mmol/L 时，各处理黑松幼苗 MDA 含量大小顺序为：CK（3.37 μmol/g·FW）＞PI（2.32 μmol/g·FW）＞LB（2.03 μmol/g·FW），可见接种双色蜡蘑的黑松幼苗膜损伤程度的最小。

4.1.5.4 两种真菌对盐胁迫下黑松幼苗叶绿素含量的影响

（1）两种真菌对盐胁迫下黑松幼苗叶绿素总含量的影响

叶绿素含量可以作为显示植物生长状况的指标之一（董靖，2018），在盐胁迫下，植物叶绿素趋于分解，叶绿素和类胡萝卜素的生物合成受到干扰（王忠，2009）。从图 4-4-20 可以看出，未接种的对照组和接种双色蜡蘑的处理组黑松幼苗叶绿素总含量随着盐浓度的升高呈先升高后降低的趋势，而接种印度梨形孢的黑松幼苗叶绿素总含量则随着盐浓度的升高呈逐渐降低的趋势。当没有盐胁迫时，叶绿素总含量大小顺序为：PI（1.86 mg/g·FW）＞LB（1.45 mg/g·FW）＞CK（0.86 mg/g·FW）。说明接种处理显著促进了黑松幼苗叶绿素含量的增加。在各浓度盐胁迫下，叶绿素总含量始终表现为接种处理显著大于未接种的对照组，且接种不同菌种对黑松幼苗叶绿素总含量的影响存在显著差异，没有盐胁迫和盐浓度为 75 mmol/L、100 mmol/L 时，叶绿素总含量表现为：PI＞LB＞CK，而盐浓度为 25 mmol/L、50 mmol/L 时，叶绿素总含量表现为 LB＞PI＞CK。

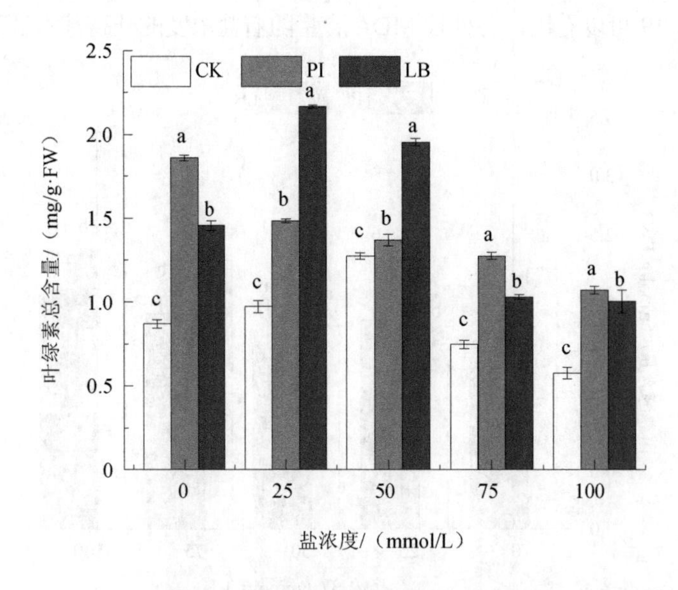

图 4-4-20 盐胁迫和接种处理对黑松幼苗叶绿素总含量的影响

（2）两种真菌对盐胁迫下黑松幼苗叶绿素 a、叶绿素 b 含量的影响

由图 4-4-21 可知，各处理叶绿素 a、叶绿素 b 含量变化趋势与叶绿素总含量变化趋势一致，未接种的对照组和接种双色蜡蘑的处理组黑松幼苗叶绿素 a、叶绿素 b 含量均表现出随着盐浓度的升高呈先升高后降低的趋势，而接种印度梨形孢的黑松幼苗叶绿素 a、叶绿素 b 含量随着盐浓度的升高呈逐渐降低的趋势。在没有盐胁迫和各浓度盐胁迫下，接种处理的黑松幼苗叶绿素 a、叶绿素 b 含量均显著大于未接种的对照组，且接种不同菌种对黑松幼苗在各个盐浓度下的叶绿素 a、叶绿素 b 含量的影响存在着显著差异。

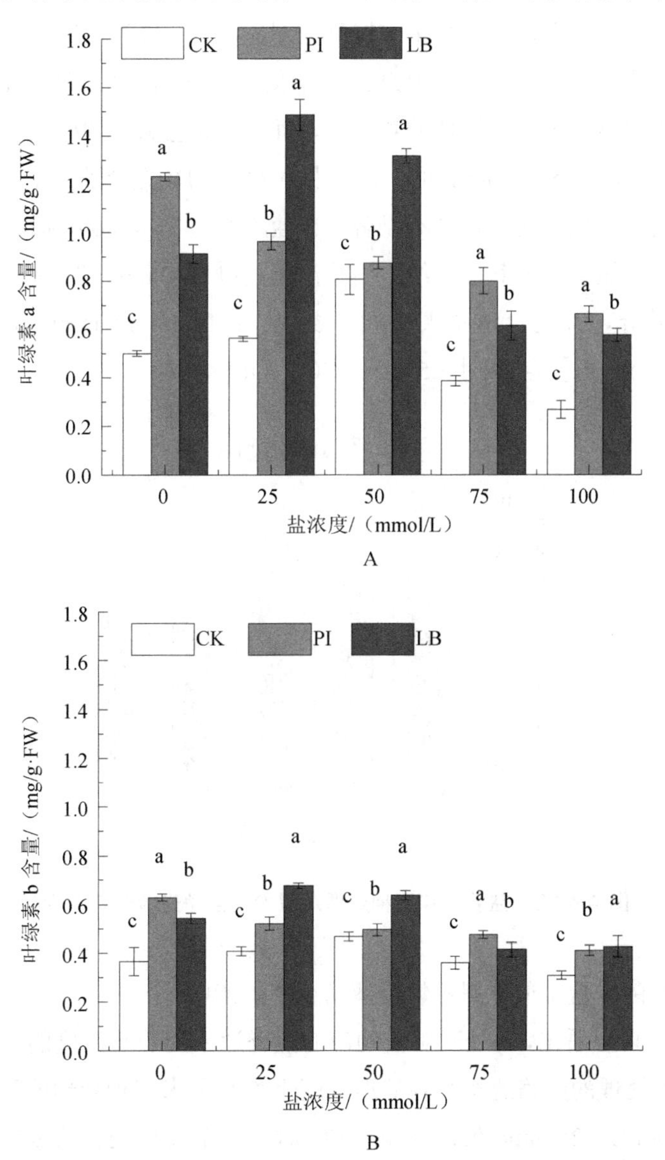

图 4-4-21　盐胁迫和接种处理对黑松幼苗叶绿素 a、叶绿素 b 含量的影响

注：图中 A 表示叶绿素 a 含量，B 表示叶绿素 b 含量。

4.1.5.5 两种真菌对盐胁迫下黑松幼苗光合参数的影响

（1）两种真菌对盐胁迫下黑松幼苗净光合速率的影响

盐分胁迫下，植物的光合速率下降，呼吸作用在低盐时受到促进，而高盐时则受到抑制。盐胁迫时总的趋势是呼吸消耗量多，净光合速率降低（武维华，2008）。从图 4-4-22 可以看出，未接种的对照组和接种处理的黑松幼苗净光合速率随着盐浓度的升高基本呈逐渐降低的趋势，且接种处理的净光合速率均大于未接种的对照组，但盐胁迫浓度不同，接种处理与未接种处理及接种处理间净光合速率的差异性不同。当没有盐胁迫时，两个接种处理组的净光合速率均显著高于未接种的对照组，且接种印度梨形孢的处理组净光合速率显著大于接种双色蜡蘑的处理组。当盐浓度为 25 mmol/L 时，接种印度梨形孢的处理组净光合速率显著大于未接种的对照组，而接种双色蜡蘑的处理组与其他两组差异均不显著。当盐浓度为 50 mmol/L 时，两个接种处理的净光合速率均显著大于对照组，且两个接种组之间净光合速率差异不显著。当盐浓度为 75 mmol/L 时，接种双色蜡蘑的处理组净光合速率显著大于其他两组。当盐浓度达到 100 mmol/L 时，三个处理组彼此间均存在显著差异，净光合速率大小顺序表现为：PI［4.80 μmolCO_2/（m^2·s)］＞LB［4.07 μmolCO_2/（m^2·s)］＞CK［3.57 μmolCO_2/（m^2·s)］。

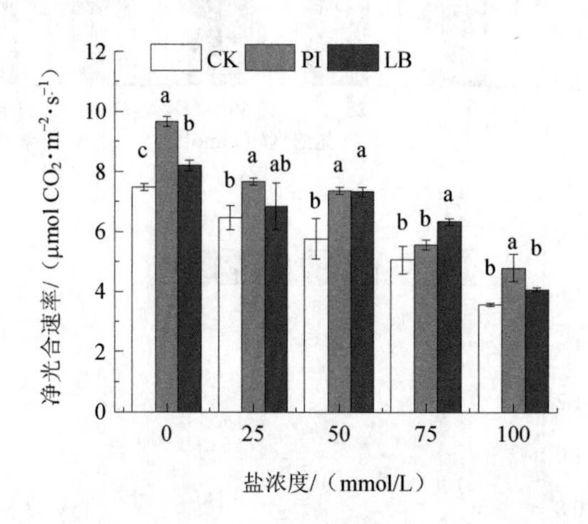

图 4-4-22 盐胁迫和接种处理对黑松幼苗净光合速率的影响

（2）两种真菌对盐胁迫下黑松幼苗蒸腾速率的影响

从图 4-4-23 可以看出，各处理黑松幼苗的蒸腾速率随着盐浓度的升高呈现逐渐降低的趋势，且接种处理的蒸腾速率在各处理浓度下均高于未接种处理的蒸腾速率。当盐胁迫浓度为 0 mmol/L、25 mmol/L、75 mmol/L 时，两个接种处理的黑松幼苗蒸腾速率均显著高于未接种的对照组，且两个接种组之间差异不显著。当盐浓度为 50 mmol/L 时，两个接种处理组的蒸腾速率显著大于对照组，且接种双色蜡蘑的处理组蒸腾速率显著大于接种印度梨形孢的处理组。当盐浓度达到 100 mmol/L 时接种印度梨形孢的黑松幼苗蒸腾速率显著大于未接种的对照组，而接种双色蜡蘑的处理组蒸腾速率与其他两组均不存在显著差异。

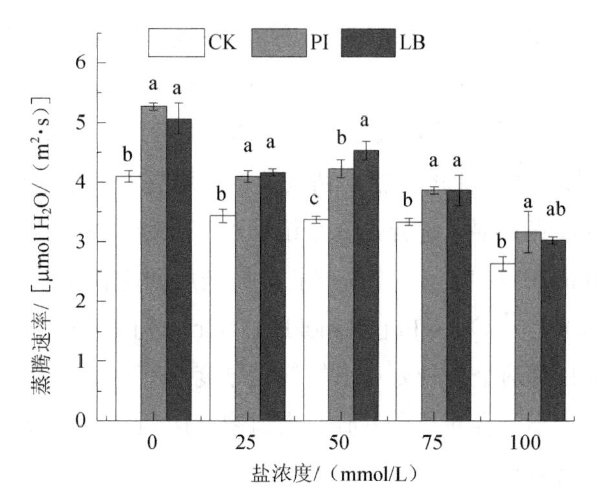

图 4-4-23 盐胁迫和接种处理对黑松幼苗蒸腾速率的影响

（3）两种真菌对盐胁迫下黑松幼苗水分利用效率的影响

水分利用效率是指植物通过蒸腾作用散失单位水量时光合作用制造的有机物质的量（朱延凯等，2018）。从图 4-4-24 可以看出，随着盐浓度的升高，两个接种处理组和不接种的对照组黑松幼苗水分利用效率呈逐渐下降的趋势，但趋势并不明显，尤其是接种双色蜡蘑的处理组，水分利用效率在盐浓度为 0～75 mmol/L 之间时基本没有受到影响，盐浓度达到 100 mmol/L 时才开始下降。这说明接种双色蜡蘑后，75 mmol/L 及以下的盐胁迫浓度不影响其水分利用效率。当盐浓度为 0 mmol/L、25 mmol/L 时，未接种的对照组和接种印度梨形孢的处理组水分利用效率显著大于接种双色蜡蘑的处理组，当盐浓度为 50 mmol/L、75 mmol/L、100 mmol/L 时，三组处理间彼此差异均不显著。

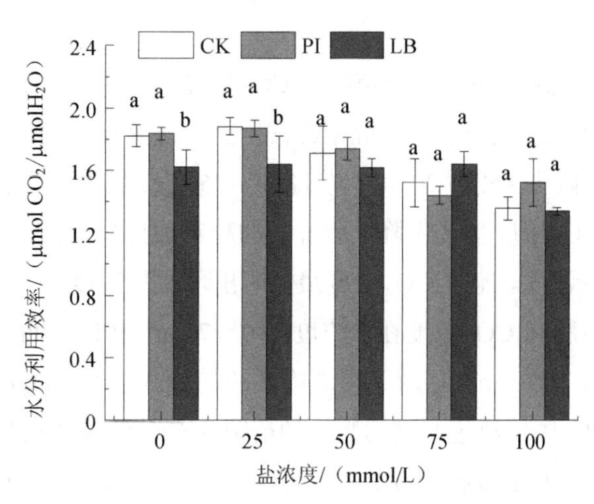

图 4-4-24 盐胁迫和接种处理对黑松幼苗水分利用效率的影响

（4）两种真菌对盐胁迫下黑松幼苗气孔导度的影响

气孔导度表示的是气孔张开的程度，它是影响植物光合作用，呼吸作用及蒸腾作用的主要因素（王全九，2016）。由图 4-4-25 可知，各处理黑松幼苗气孔导度随着盐浓度的升高基本呈现逐渐下降的趋势，除 100 mmol/L 接种双色蜡蘑处理略低于未接种处理外，接种处理的气孔导度在各盐浓度下均高于未接种处理。当盐浓度为 0 mmol/L、25 mmol/L 时，两个接种处理组的黑松幼苗气孔导度均显著大于未接种的对照组，且两个接种组之间气孔导度存在显著差异，三个组幼苗气孔导度大小顺序表现为 PI＞LB＞CK。当盐浓度为 50 mmol/L 时，三个组气孔导度彼此间均存在显著差异，大小顺序表现为 LB［105 mol H_2O/（m^2·s）］＞PI［78 mol H_2O/（m^2·s）］＞CK［63 mol H_2O/（m^2·s）］。当盐浓度为 75 mmol/L 时两个接种处理组的气孔导度显著大于未接种的对照组，且两个接种组之间气孔导度大小不存在显著差异。当盐浓度达到 100 mmol/L 时，三个组之间气孔导度均不存在显著差异。

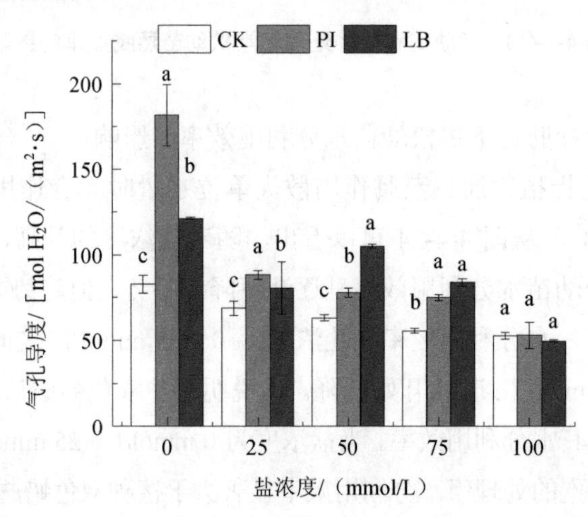

图 4-4-25 盐胁迫和接种处理对黑松幼苗气孔导度的影响

（5）两种真菌对盐胁迫下黑松幼苗胞间 CO_2 浓度的影响

胞间 CO_2 浓度是光合生理生态研究中经常用到的一个参数。特别是应用在光合作用的气孔限制分析中（陈根云等，2010）。从图 4-4-26 可以看出，随着盐浓度的升高，未接种的对照组胞间 CO_2 浓度呈现先降低后升高的趋势，且接种处理胞间 CO_2 浓度均高于对照处理的胞间 CO_2 浓度，胞间 CO_2 浓度最低时出现在盐浓度为 50 mmol/L 时。接种印度梨形孢的黑松幼苗胞间 CO_2 浓度在盐浓度为 0～75 mmol/L 之间也呈现先降低后升高的趋势，但盐浓度为 100 mmol/L 时又出现降低的趋势，胞间 CO_2 浓度最低时出现在盐浓度为 25 mmol/L 时。接种双色蜡蘑的黑松幼苗胞间 CO_2 浓度随盐浓度的升高变化不明显。在没有盐胁迫时，两个接种处理的胞间 CO_2 浓度显著大于未接种的对照组，且两个接种处理组之间差异不显著。盐浓度为 25 mmol/L 时，接种双色蜡蘑的处理组胞间 CO_2

浓度显著大于其他两组。盐浓度为 50 mmol/L、75 mmol/L 时，两个接种处理的胞间 CO_2 浓度显著大于未接种的对照组，接种不同真菌对黑松幼苗胞间 CO_2 浓度的影响差异显著。盐浓度达到 100 mmol/L 时，两个接种处理组胞间 CO_2 浓度差异不显著，且均显著小于未接种的对照组。

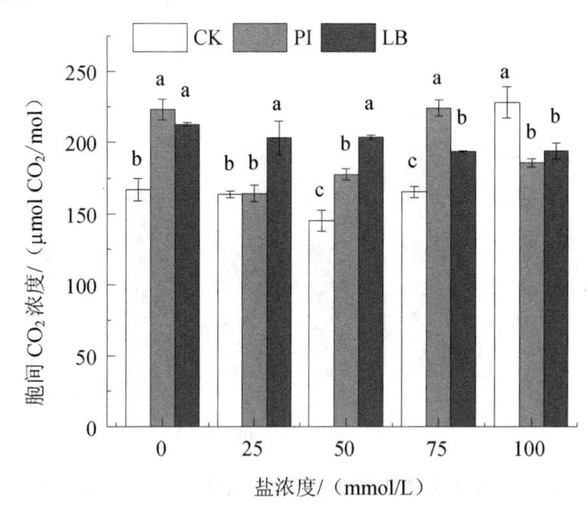

图 4-4-26　盐胁迫和接种处理对黑松幼苗胞间 CO_2 浓度的影响

（6）两种真菌对盐胁迫下黑松幼苗气孔限制值的影响

当植物遇到逆境胁迫时，气孔导度降低，进入气孔的 CO_2 量受到气孔的限制而减少，不能满足光合作用的要求，这种限制称为光合作用的气孔限制，用气孔限制值 *Ls* 表示。从图 4-4-27 可以看出，未接种的对照组气孔限制值随着盐浓度的升高呈先升高后降低的趋势，接种印度梨形孢的黑松幼苗气孔限制值随着盐浓度的升高呈先升高后降低再升高的趋势，而接种双色蜡蘑的黑松幼苗气孔限制值随着盐浓度的升高没有明显变化。当没有盐胁迫时，各处理气孔限制值大小顺序表现为 CK（0.52）＞LB（0.40）＞PI（0.37），且各处理间差异显著。当盐浓度为 25 mmol/L 时，接种双色蜡蘑的处理组气孔限制值显著小于其他两组，盐浓度为 50 mmol/L 时，各处理气孔限制值均存在显著差异，大小顺序表现为 CK（0.58）＞PI（0.49）＞LB（0.42）。盐浓度为 75 mmol/L 时，气孔限制值变化规律与没有盐胁迫时一致。当盐浓度达到 100 mmol/L 时，两个接种处理的气孔限制值显著大于未接种的对照组，且彼此间不存在显著差异。

当净光合速率下降时，气孔导度和胞间 CO_2 浓度同时下降，此时，光合作用的主要限制因子是气孔限制，相反，当净光合速率下降时胞间 CO_2 浓度上升，则光合作用的主要限制因子是非气孔限制。结合净光合速率、胞间 CO_2 浓度、气孔导度和气孔限制值可以看出，当黑松幼苗受到盐胁迫时，随着盐浓度的升高，未接种的对照组黑松幼苗光合作用先受到气孔限制，当盐浓度达到 50 mmol/L 时，转变为非气孔限制。接种印度梨形孢的黑松幼苗随着盐浓度的升高，光合作用也是先受到气孔限制再转变为非气孔限制，之后又变为气孔限制。而接种双色蜡蘑的黑松幼苗随着盐浓度的升高，胞间 CO_2 浓度、气孔限制值均未受到明显的影响，说明接种双色蜡蘑使黑松幼苗光合作用对盐胁迫的敏感性降低，从而提高了黑松幼苗对盐分的耐受能力。

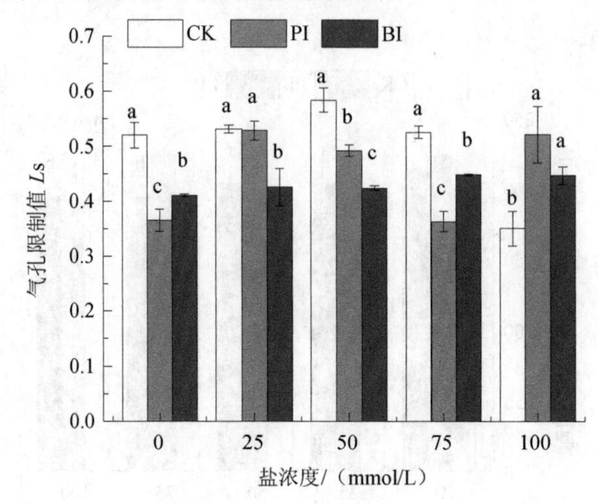

图 4-4-27 盐胁迫和接种处理对黑松幼苗气孔限制值的影响

4.1.6 两种真菌对盐胁迫下黑松幼苗耐盐性影响的综合评定

4.1.6.1 不同处理黑松幼苗各测定指标相关性分析

对两个接种处理及未接种的对照组测定的侵染率及其他 23 个指标进行相关性分析，如表 4-4-4 及表 4-4-5 所示，黑松幼苗根系平均直径与丙二醛含量存在极显著正相关，与可溶性糖含量、叶绿素含量、侵染率存在显著负相关，与其他指标均存在负相关关系但相关性不显著。丙二醛含量与根系平均直径存在极显著正相关，与其他指标均存在负相关关系。株高与地上干重、总根长、根系表面积、根系体积、POD 含量、叶绿素 b 含量和侵染率之间存在显著正相关，与根系分支数、脯氨酸含量、可溶性糖含量、可溶性蛋白含量、SOD 含量、净光合速率、气孔导度之间存在极显著正相关。其他各指标之间大多存在不同程度的相关性。通过相关性分析，可以看出黑松幼苗的生长指标、生理指标均之间存在相关性，很多指标之间的相关性更是达到了显著、极显著水平。从表中还可以看出，侵染率与植株生长量、根系参数及大多数生理指标存在显著或极显著的相关性。由此可以得出，印度梨形孢和双色蜡蘑的侵染对黑松幼苗在盐胁迫下的生长起到了很大的作用，接种处理能促进黑松幼苗在盐胁迫下生长量的积累，促进根系的发育，使其侧根增多，增加根系吸收面积，并可使黑松幼苗在盐胁迫下的渗透调节物质增加，提高抗氧化酶活性，增强净光合速率，使植株耐盐性增加。

表 4-4-4　盐胁迫下各指标间的方差分析

	株高	总干重	地上干重	根系干重	总根长	表面积	体积	平均直径	分支数	根尖数	分形维数	脯氨酸	可溶性糖	可溶性蛋白
株高	1													
总干重	0.659	1												
地上干亘	0.712*	0.996**	1											
根系干亘	0.169	0.799**	0.747*	1										
总根长	0.697*	0.902**	0.894**	0.721*	1									
表面积	0.775*	0.818**	0.833**	0.572	0.789*	1								
体积	0.782*	0.947**	0.958**	0.662	0.900**	0.892**	1							
平均直径	−0.269	−0.618	−0.608	−0.472	−0.533	−0.285	−0.639	1						
分支数	0.931**	0.769*	0.815**	0.27	0.770*	0.819**	0.891**	−0.486	1					
根尖数	0.652	0.973**	0.970**	0.787*	0.875**	0.888**	0.970**	−0.63	0.784*	1				
分形维数	0.011	0.37	0.326	0.668*	0.355	0.343	0.194	−0.313	0.084	0.311	1			
脯氨酸	0.861**	0.475	0.54	−0.112	0.539	0.57	0.641	−0.36	0.912**	0.482	0.391	1		
可溶性糖	0.828**	0.825**	0.858**	0.392	0.809**	0.785*	0.930**	−0.673*	0.964**	0.848**	0.129	0.852**	1	
可溶性蛋白	0.802**	0.363	0.433	−0.238	0.42	0.468	0.545	−0.332	0.855**	0.375	0.502	0.990**	0.791*	1
超氧化物歧化酶	0.893**	0.689*	0.741*	0.158	0.695*	0.749*	0.832**	−0.511	0.985**	0.715*	0.239	0.954**	0.961**	0.915**
过氧化物酶	0.785*	0.322	0.394	0.281	0.383	0.436	0.508	−0.308	0.832**	0.334	0.528	0.983**	0.764*	0.999**
丙二醛	−0.511	−0.891**	−0.880**	−0.744*	−0.833**	−0.658	−0.900**	0.847**	−0.697*	−0.903**	−0.091	−0.458	−0.844**	−0.372
叶绿素总含量	0.618	0.949**	0.944**	0.768*	0.884**	0.813**	0.967**	−0.746*	0.779*	0.977**	0.193	0.508	0.882**	0.409
叶绿素 a	0.594	0.949**	0.941**	0.789*	0.881**	0.807**	0.960**	−0.745*	0.757*	0.977**	0.216	0.476	0.864**	0.375
叶绿素 b	0.688*	0.941**	0.945**	0.693*	0.889**	0.828**	0.981**	−0.740*	0.844**	0.968**	0.124	0.605	0.931**	0.513

	株高	总干重	地上干重	根系干重	总根长	表面积	体积	平均直径	分支数	根尖数	分形维数	脯氨酸	可溶性糖	可溶性蛋白
净光合速率	0.867**	0.465	0.532	0.131	0.519	0.562	0.635	−0.34	0.912**	0.469	0.38	0.995**	0.838**	0.988**
水分利用效率	0.045	0.606	0.553	0.826**	0.605	0.482	0.608	−0.647	0.24	0.689*	0.277	0.058	0.43	0.145
气孔导度	0.919**	0.501	0.567	−0.078	0.545	0.635	0.685*	−0.348	0.934**	0.522	0.34	0.982**	0.857**	0.967**
侵染率	0.796*	0.871**	0.896**	0.485	0.840**	0.780*	0.952**	−0.729*	0.934**	0.887**	0.075	0.787*	0.992**	0.718*

注：**表示 $P<0.01$；*表示 $P<0.05$，下表同。

表 4-4-5 盐胁迫下各指标间的方差分析

	超氧化物歧化酶 SOD	过氧化物酶 POD	丙二醛 MDA	叶绿素总含量	叶绿素 a	叶绿素 b	净光合速率 P_n	水分利用效率 WUE	气孔导度 G_s	侵染率
超氧化物歧化酶 SOD	1									
过氧化物酶 POD	0.897**	1								
丙二醛 MDA	−0.665	−0.334	1							
叶绿素总含量	0.729*	0.369	−0.971**	1						
叶绿素 a	0.704*	0.334	−0.972**	0.999**	1					
叶绿素 b	0.804**	0.475	−0.960**	0.993**	0.988**	1				
净光合速率 P_n	0.948**	0.983**	−0.433	0.489	0.456	0.587	1			
水分利用效率 WUE	0.194	0.18	−0.785*	0.755*	0.774*	0.690*	0.088	1		
气孔导度 G_s	0.959**	0.959**	−0.466	0.534	0.502	0.627	0.985**	0.034	1	
侵染率	0.922**	0.687*	−0.900**	0.926**	0.911**	0.963**	0.771*	0.506	0.797*	1

4.1.6.2　隶属函数法分析不同菌种处理的黑松幼苗耐盐能力

通过隶属函数法，对盐胁迫条件下 2 个接种处理和对照组黑松幼苗的各个耐盐性指标进行综合评价，从表 4-4-6 可以看出其耐盐能力排序结果。所测定各指标中，除根系平均直径和丙二醛含量与各处理下黑松幼苗耐盐性呈负相关之外，其余各指标与黑松幼苗耐盐性均呈正相关关系。利用隶属函数公式计算得出结果如下表所示，表中的数值越大，说明该处理下黑松幼苗的耐盐性越好。接种印度梨形孢的黑松幼苗各指标的隶属函数均高于未接种的对照组，接种双色蜡蘑的黑松幼苗除 SOD 含量和水分利用效率的隶属函数值小于未接种的对照组之外，其余指标隶属函数值均大于对照组。由此可看出，接种处理对黑松幼苗耐盐性的提高起到了很大的作用，两个菌种对黑松各个耐盐指标的影响也存在着很大的不同。各处理生长量指标的隶属函数值平均值大小顺序为 LB（0.569 0）＞PI（0.487 9）＞CK（0.334 8），根系参数的隶属函数值平均值大小顺序为 LB（0.610 9）＞PI（0.502 1）＞CK（0.353 4），而黑松幼苗各生理指标的隶属函数值平均值大小顺序为 PI（0.551 7）＞LB（0.493 7）＞CK（0.310 8），说明接种印度梨形孢对盐胁迫下黑松幼苗的渗透调节物质含量的提高、抗氧化酶活性的增强和光合作用的增强起到了较大的作用，在这些方面，印度梨形孢优于双色蜡蘑；而在黑松幼苗盐胁迫下生长量的提高和根系的生长发育方面，则是双色蜡蘑优于印度梨形孢。综合所有耐盐性指标，从各个指标的隶属函数值平均值结果可以看出，接种处理的黑松幼苗耐盐性较未接种的对照组好，且接种双色蜡蘑对黑松幼苗耐盐性的作用优于接种印度梨形孢。

表 4-4-6　各指标的隶属函数值及综合排序

指标	处理项		
	CK	PI	LB
株高	0.316 7	0.593 3	0.590 0
总干重	0.296 9	0.436 2	0.536 4
地上干重	0.289 0	0.441 8	0.533 4
根系干重	0.436 7	0.480 1	0.616 0
总根长	0.410 6	0.532 7	0.703 0
表面积	0.312 4	0.375 7	0.540 2
体积	0.320 3	0.417 0	0.548 2
平均直径	0.440 4	0.687 9	0.669 8
分支数	0.281 5	0.412 3	0.515 9
根尖数	0.199 7	0.413 3	0.490 6
分形维数	0.509 1	0.676 0	0.808 3
脯氨酸	0.315 0	0.423 6	0.431 4
可溶性糖	0.448 1	0.729 6	0.751 8
可溶性蛋白	0.112 2	0.371 0	0.259 4

指标	处理项		
	CK	PI	LB
超氧化物歧化酶 SOD	0.688 0	0.833 4	0.563 4
过氧化物酶 POD	0.061 7	0.642 8	0.236 7
丙二醛 MDA	0.452 2	0.515 0	0.653 0
叶绿素总含量	0.195 4	0.526 0	0.594 8
叶绿素 a	0.194 7	0.523 9	0.585 9
叶绿素 b	0.199 5	0.534 1	0.625 0
净光合速率 P_n	0.343 9	0.557 7	0.484 7
水分利用效率 WUE	0.586 3	0.624 4	0.447 0
气孔导度 G_s	0.132 4	0.339 2	0.291 4
平均值	0.327 9	0.525 5	0.542 4
顺序	3	2	1

表 4-4-7 为不同接种处理的黑松幼苗在各个盐浓度下分别计算的各指标的隶属函数值及其排序。当没有盐胁迫时，双色蜡蘑对黑松幼苗生长指标的作用优于生理指标，印度梨形孢的作用则与其相反；盐浓度为 25 mmol/L、50 mmol/L、75 mmol/L 时，隶属函数值大小顺序为 LB（0.692 9、0.741 6、0.711 5）＞PI（0.638 3、0.560 4、0.550 6）＞CK（0.242 5、0.187 7、0.141 5）；盐浓度为 100 mmol/L 时，隶属函数值大小顺序为 PI（0.720 3）＞LB（0.636 4）＞CK（0.184 9）。通过各盐浓度隶属函数值综合排序可以看出，接种处理的黑松幼苗在各盐浓度下生长、生理指标均优于未接种的对照组，当盐浓度为 25 mmol/L、50 mmol/L、75 mmol/L 时，接种双色蜡蘑对黑松生长起到更好的作用，而在盐浓度为 100 mmol/L 条件下，接种印度梨形孢更有利于黑松幼苗的生长。因此，在滨海盐碱地对黑松进行菌根真菌接种时，可参考土壤中 NaCl 的浓度的选择适宜的菌种。

4.1.6.3 灰色关联分析法分析各指标与黑松幼苗耐盐性的关联程度

灰色关联分析是一种根据因素之间发展态势的相似或相异程度，来衡量因素之间关联程度的系统分析方法（陈志成等，2013）。可以利用它来分析因子间的影响程度或因子对耐盐性的贡献程度（薛乐等，2019），因此关联度越大表明该指标与耐盐性的关系越密切。通过对各耐盐指标均值与耐盐系数进行灰色关联分析，各指标均值及标准化后的值如表 4-4-8 所示。由表 4-4-8 可计算出各指标的关联度（表 4-4-9）。通过对各指标灰色关联度的计算，得出各指标对耐盐性的贡献程度排序，与耐盐性关联度较大的指标有：可溶性糖含量、脯氨酸含量、叶绿素 a 含量、株高、叶绿素总含量，这说明这些指标对各处理下黑松幼苗的耐盐性关联性较大，是衡量黑松幼苗耐盐性的首要指标，而根系平均直径、丙二醛含量、SOD 含量等指标与各处理下黑松幼苗耐盐性关联性较小。

表 4-4-7　不同盐浓度的隶属函数值及综合排序

处理指标	0 mmol/L			25 mmol/L			50 mmol/L			75 mmol/L			100 mmol/L		
	CK	PI	LB	CK	PI	LB	CK	PI	LB	CK	PI	LB	CK	PI	LB
株高	0.166 7	0.833 3	0.555 6	0.737 4	0.878 8	0.888 9	0.625 0	0.885 4	0.864 6	0.623 7	0.849 5	0.881 7	0.739 1	0.898 6	0.927 5
总干重	0.050 0	0.475 5	0.782 9	0.099 5	0.639 8	0.759 4	0.245 3	0.700 1	0.795 2	0.166 1	0.201 5	0.689 2	0.337 6	0.444 4	0.683 8
地上干重	0.050 1	0.512 2	0.770 0	0.112 0	0.633 3	0.725 3	0.245 6	0.751 3	0.810 1	0.147 8	0.180 9	0.656 0	0.213 5	0.333 3	0.588 5
根系干重	0.170 9	0.247 9	0.914 5	0.245 6	0.438 6	0.789 5	0.243 9	0.449 5	0.722 2	0.303 0	0.353 5	0.888 9	0.633 3	0.666 7	0.783 3
总根长	0.247 2	0.584 5	0.838 5	0.169 5	0.840 6	0.824 6	0.285 9	0.374 1	0.935 7	0.137 4	0.151 5	0.871 7	0.217 7	0.553 6	0.992 4
表面积	0.209 3	0.528 4	0.801 0	0.127 9	0.672 0	0.474 9	0.216 0	0.163 2	0.996 8	0.178 9	0.208 2	0.968 4	0.192 5	0.260 1	0.762 5
体积	0.148 4	0.419 4	0.727 1	0.041 8	0.870 5	0.356 8	0.158 9	0.247 4	0.972 9	0.162 6	0.172 1	0.951 2	0.329 1	0.295 4	0.540 1
平均直径	0.417 0	0.828 8	0.915 7	0.705 2	0.646 9	0.946 5	0.231 6	0.950 5	0.241 5	0.182 3	0.039 3	0.579 6	0.163 3	0.968 5	0.774 8
分支数	0.035 9	0.579 5	0.936 0	0.055 0	0.868 2	0.366 4	0.047 5	0.149 2	0.926 8	0.039 5	0.068 4	0.930 6	0.337 3	0.415 7	0.833 3
根尖数	0.114 7	0.790 0	0.719 7	0.030 8	0.582 1	0.898 5	0.018 0	0.201 3	0.896 3	0.128 7	0.881 8	0.528 3	0.036 2	0.827 0	0.426 1
分形维数	0.251 9	0.666 1	0.815 8	0.330 9	0.467 6	0.577 2	0.354 2	0.598 5	0.742 8	0.323 0	0.347 4	0.712 7	0.146 4	0.572 6	0.893 0
脯氨酸	0.028 5	0.203 5	0.995 4	0.080 5	0.171 0	0.993 9	0.004 4	0.999 0	0.688 7	0.001 5	0.877 6	0.533 7	0.063 3	0.964 2	0.380 2
可溶性糖	0.017 1	0.702 6	0.993 9	0.005 6	0.271 2	0.956 7	0.032 7	0.947 7	0.526 1	0.008 1	0.965 4	0.534 6	0.006 0	0.999 1	0.880 6
可溶性蛋白	0.057 7	0.588 1	0.986 1	0.056 7	0.980 1	0.625 5	0.080 7	0.271 0	0.964 2	0.054 4	0.970 6	0.369 9	0.009 7	0.993 1	0.253 5
超氧化物歧化酶	0.862 8	0.968 3	0.001 5	0.614 0	0.998 1	0.011 7	0.313 4	0.933 6	0.075 3	0.014 5	0.958 3	0.971 9	0.073 3	0.946 7	0.373 3
过氧化物酶	0.003 7	0.990 7	0.144 5	0.000 2	0.996 3	0.286 3	0.002 2	0.994 4	0.382 0	0.006 3	0.987 5	0.620 0	0.005 2	0.994 8	0.231 3
丙二醛	0.386 0	0.419 7	0.900 8	0.863 7	0.035 1	0.646 4	0.233 5	0.527 8	0.364 2	0.138 7	0.341 6	0.781 7	0.034 8	0.762 2	0.967 1
叶绿素总含量	0.000 5	0.998 6	0.592 2	0.000 4	0.430 0	0.999 1	0.002 6	0.143 4	0.999 7	0.005 2	0.997 9	0.537 1	0.000 8	0.999 5	0.860 1
叶绿素 a	0.001 2	0.998 7	0.563 1	0.000 5	0.433 3	0.999 7	0.000 4	0.133 6	0.998 3	0.001 5	0.999 0	0.554 5	0.001 8	0.999 3	0.782 5
叶绿素 b	0.007 2	0.995 3	0.674 4	0.003 7	0.420 8	0.997 1	0.009 5	0.171 6	0.994 0	0.023 2	0.990 8	0.477 8	0.004 7	0.823 6	0.960 1
净光合速率 P_n	0.027 8	0.944 4	0.333 3	0.259 3	0.925 9	0.463 0	0.306 7	0.946 7	0.933 3	0.166 7	0.479 2	0.958 3	0.037 0	0.722 2	0.314 8
水分利用效率 WUE	0.801 0	0.835 2	0.288 3	0.926 9	0.900 4	0.373 4	0.579 6	0.670 9	0.306 7	0.404 3	0.164 6	0.760 6	0.157 6	0.592 0	0.116 6
气孔导度 G_s	0.051 7	0.902 3	0.382 2	0.111 1	0.579 4	0.976 2	0.080 0	0.680 0	0.920 0	0.037 9	0.477 3	0.606 1	0.511 1	0.533 3	0.311 1
平均值	0.178 6	0.696 2	0.679 7	0.242 5	0.638 3	0.692 9	0.187 7	0.560 4	0.741 6	0.141 5	0.550 6	0.711 5	0.184 9	0.720 3	0.636 4
顺序	3	1	2	3	2	1	3	2	1	3	2	1	3	1	2

表 4-4-8 不同处理下黑松幼苗各个指标数值及标准化处理

指标	CK	PI	LB	标准化	CK	PI	LB
隶属函数平均值	0.328	0.526	0.542	X'_0	−1.152	0.505	0.647
株高	11.167	13.933	13.900	X'_1	−1.155	0.588	0.567
总干重	0.443	0.538	0.607	X'_2	−1.050	0.108	0.941
地上干重	0.369	0.460	0.515	X'_3	−1.072	0.165	0.907
根系干重	0.073	0.078	0.092	X'_4	−0.794	−0.330	1.123
总根长	182.057	215.640	262.521	X'_5	−0.941	−0.110	1.050
表面积	32.399	35.869	44.877	X'_6	−0.825	−0.287	1.112
体积	0.477	0.549	0.648	X'_7	−0.946	−0.101	1.047
平均直径	0.607	0.553	0.557	X'_8	1.152	−0.642	−0.511
分支数	549.467	710.467	838.000	X'_9	−1.036	0.077	0.959
根尖数	434.133	655.600	735.800	X'_{10}	−1.116	0.301	0.815
分形维数	1.096	1.149	1.191	X'_{11}	−1.036	0.077	0.959
脯氨酸	96.457	125.652	127.744	X'_{12}	−1.153	0.516	0.636
可溶性糖	13.881	17.239	17.504	X'_{13}	−1.152	0.511	0.642
可溶性蛋白	0.690	0.987	0.859	X'_{14}	−1.042	0.951	0.091
超氧化物歧化酶 SOD	8.752	9.094	8.459	X'_{15}	−0.051	1.025	−0.973
过氧化物酶 POD	1.073	2.271	1.434	X'_{16}	−0.845	1.104	−0.258
丙二醛 MDA	2.237	2.072	1.711	X'_{17}	0.855	0.244	−1.099
叶绿素总含量	0.888	1.413	1.522	X'_{18}	−1.140	0.409	0.731
叶绿素 a	0.505	0.907	0.982	X'_{19}	−1.142	0.424	0.718
叶绿素 b	0.383	0.506	0.540	X'_{20}	−1.131	0.363	0.768
净光合速率 P_n	5.667	7.013	6.553	X'_{21}	−1.088	0.880	0.208
水分利用效率 WUE	1.659	1.682	1.573	X'_{22}	0.361	0.769	−1.130
气孔导度 G_s	64.600	95.200	88.133	X'_{23}	−1.126	0.784	0.343

表 4-4-9 不同处理下黑松幼苗耐盐性与各个指标的关联系数、关联度、关联序

指标	关联系数	CK	PI	LB	关联度	关联序
总干重	ε_2	0.382	0.674	0.684	0.820	10
地上干重	ε_3	0.378	0.706	0.704	0.841	9
根系干重	ε_4	0.432	0.500	0.597	0.684	18
总根长	ε_5	0.402	0.575	0.629	0.746	16
表面积	ε_6	0.425	0.513	0.601	0.695	17
体积	ε_7	0.401	0.578	0.631	0.749	15
平均直径	ε_8	0.509	0.422	0.447	0.445	23

指标	关联系数	CK	PI	LB	关联度	关联序
分支数	ε_9	0.384	0.658	0.675	0.809	12
根尖数	ε_{10}	0.371	0.797	0.763	0.898	7
分形维数	ε_{11}	0.384	0.658	0.675	0.809	13
脯氨酸	ε_{12}	0.365	1.000	0.909	0.994	2
可溶性糖	ε_{13}	0.365	0.993	0.904	0.997	1
可溶性蛋白	ε_{14}	0.383	0.670	0.657	0.770	14
超氧化物歧化酶 SOD	ε_{15}	0.696	0.633	0.359	0.539	21
过氧化物酶 POD	ε_{16}	0.421	0.598	0.516	0.670	19
丙二醛 MDA	ε_{17}	0.620	0.756	0.341	0.526	22
叶绿素总含量	ε_{18}	0.367	0.887	0.825	0.949	5
叶绿素 a	ε_{19}	0.367	0.901	0.835	0.956	3
叶绿素 b	ε_{20}	0.368	0.846	0.796	0.926	6
净光合速率 P_n	ε_{21}	0.375	0.710	0.722	0.809	11
水分利用效率 WUE	ε_{22}	0.972	0.783	0.337	0.547	20
气孔导度 G_s	ε_{23}	0.369	0.772	0.816	0.859	8

4.2　不同菌根对盐胁迫下核桃幼苗生长影响

4.2.1　不同菌根侵染效果

幼苗接种 30 d 后对三种处理进行菌根真菌的侵染率测定，其中印度梨形孢的侵染率为 42.7%，绒粘盖牛肝菌的侵染率为 33.4%，对照没有侵染（图 4-4-28）。

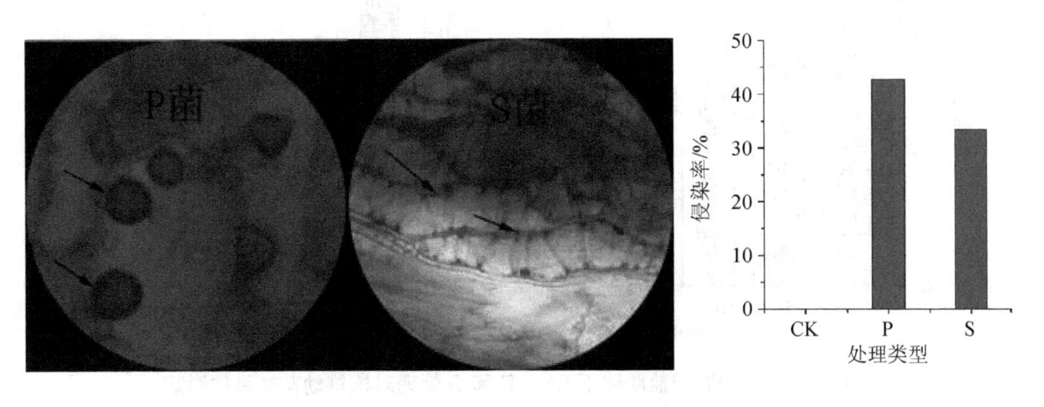

图 4-4-28　镜检 P 菌与 S 菌的侵染情况及结果

核桃幼苗接种 30 d 时的生长情况如表 4-4-10 所示，接种 P、S 真菌的核桃幼苗的株高、地径、叶片数、侧枝数均高于 CK。接种 P、S 真菌的株高分别是 CK 组的 1.21 倍、1.03 倍，地径分别是 CK 组的 1.28 倍、1.04 倍，叶片数分别是 CK 组 1.07 倍、1.03 倍，侧枝数分别是 CK 组 1.15 倍、1.13 倍。该结果表明，接种 P、S 真菌促进核桃幼苗的生长，且接种 P 菌在前期对核桃幼苗的促生作用更加明显。

表 4-4-10 接种菌根真菌 30 d 时的核桃幼苗生长情况

处理类型	株高/cm	地径/cm	叶片数/片	侧枝数/枝
CK	27±0.26	0.46±0.03	24.3±3.12	4.8±1.71
P	32.7±0.88	0.59±0.03	25.9±1.18	5.50±0.50
S	27.74±0.17	0.48±0.03	25.13±0.51	5.43±0.51

4.2.2 菌根真菌对盐胁迫下核桃幼苗生长的影响

4.2.2.1 菌根真菌对盐胁迫下核桃幼苗株高的影响

由图 4-4-29 可知，相同处理时间不同浓度盐胁迫下，随盐浓度升高 3 种处理的核桃幼苗株高均呈下降趋势，且接种 P 菌、S 菌后的核桃幼苗株高均高于 CK。45 d 时接种菌根真菌处理与 CK 处理间的株高存在显著差异（P<0.05），接种 P 菌与 S 菌之间同样存在显著差异。接种 60 d 时 P 菌与 CK 的株高除 100 mmol/L 盐浓度之外均存在显著差异（P<0.05），S 菌与 CK 的株高除了 75 mmol/L 盐浓度外均存在显著差异，而不同盐浓度下 P 菌与 S 菌株高间存在显著差异。

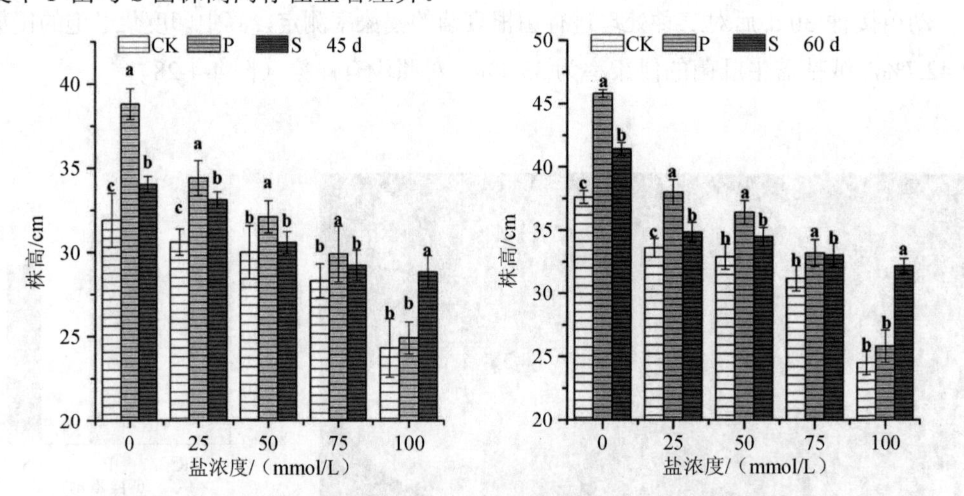

图 4-4-29 不同时间盐胁迫下 CK、P 和 S 处理对核桃幼苗株高的影响

注：CK 代表不接种对照；P 代表接种印度梨形孢；S 代表接种绒粘盖牛肝菌；同盐浓度不同小写字母 a、b、c 表示处理间差异显著（P<0.05）。

45 d 时各盐浓度下接种 P 菌的株高较 CK 提高 21.63%、12.42%、7.00%、5.65%和 2.47%，接种 S 菌较 CK 分别提高 6.68%、8.17%、1.90%、3.29%和 18.64%；60 d 时对应各盐浓度下接种 P 菌的株高较 CK 分别提高 21.81%、13.10%、10.64%、6.41%和 5.31%，接种 S 菌较 CK 分别提高 10.18%、3.66%、4.77%、5.93%和 31.31%。随着接种时间延长，接种 P 菌、S 菌的促生效应更加显著；相同处理时间下随盐浓度升高，接种 P 菌的促生效应逐渐下降，而接种 S 菌并无此规律。低盐浓度下（0～75 mmol），接种 S 菌后的株高均低于接种 P 菌，而高盐浓度下（100 mmol），S 菌的株高反而高于 P 菌。由此，接种两种菌根真菌均可显著提高核桃幼苗的株高生长，低盐浓度下 P 菌对株高生长的促进作用表现得更为显著，而高盐浓度下 S 菌对核桃幼苗株高的促生作用更加明显。

4.2.2.2　菌根真菌对盐胁迫下核桃幼苗地径的影响

由图 4-4-30 可知，相同处理时间不同浓度盐胁迫下，随盐浓度升高三种处理的核桃幼苗地径均呈下降趋势，且接种 P 菌、S 菌后的核桃幼苗地径均高于 CK。45 d 时三种处理彼此间均存在显著差异（$P<0.05$）；接种 60 d 时各盐浓度下 P 菌与 CK 的地径存在显著差异（$P<0.05$），S 菌与 CK 地径在 0 mmol/L、25 mmol/L、100 mmol/L 盐浓度下均存在显著差异（$P<0.05$），与其他盐处理浓度间差异不显著（$P>0.05$），除 100 mmol/L 盐浓度外，P 菌与 S 菌均存在显著差异；45 d 时各盐浓度下接种 P 菌的地径较 CK 分别提高 32.35%、26.98%、26.23%、23.73%和 13.72%，接种 S 菌较 CK 分别提高 11.76%、14.29%、9.84%、8.47%和 17.65%；60 d 时各盐浓度下接种 P 菌的株高较 CK 提高 36.76%、30.16%、29.03%、24.59%和 24.53%，接种 S 菌较 CK 分别提高 13.24%、15.87%、9.68%、9.84%和 20.75%。随着接种时间延长，接种 P 菌、S 菌对地径的促生效应更加显著；相同处理时间下随盐浓度升高，接种 P 菌的促生效应逐渐下降，而接种 S 菌并无此规律。

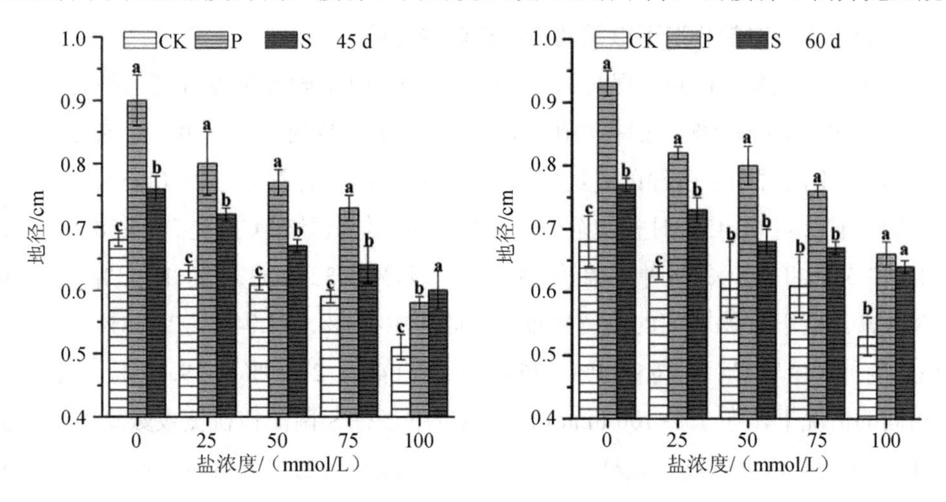

图 4-4-30　不同时间盐胁迫下 CK、P 和 S 处理对核桃幼苗地径的影响

4.2.2.3 菌根真菌对盐胁迫下核桃幼苗叶片数的影响

由图 4-4-31 可知，在处理时间相同不同浓度盐胁迫下，随盐浓度升高接种三种处理的核桃幼苗叶片数均呈下降趋势。接种 P 菌、S 菌后的核桃幼苗叶片数在各盐浓度处理下均高于 CK，且彼此之间差异显著（$P<0.05$）。45 d 时各浓度下接种 P 菌的叶片数较 CK 提高 21.20%、12.35%、12.45%、10.60%和 8.70%，接种 S 菌较 CK 提高 18.98%、11.11%、8.71%、9.86%和 4.69%；60 d 时各盐浓度下接种 P 菌的叶片数较 CK 提高 22.86%、21.67%、21.01%、20.23%和 20.16%，接种 S 菌较 CK 提高 19.33%、27.96%、42.02%、37.47%和 48.15%。45 d 时接种 P 菌显著高于接种 S 菌，随着接种时间延长，接种 S 菌对叶片数的促生效应更加显著。

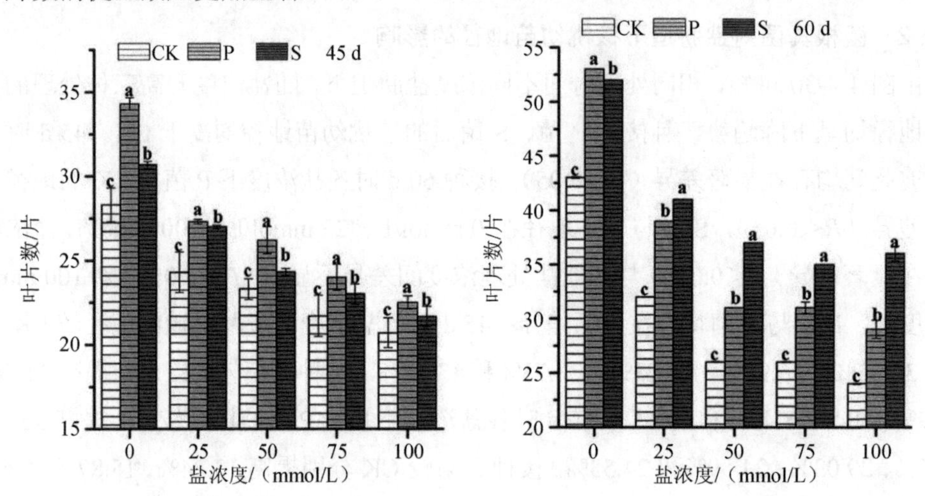

图 4-4-31 不同时间盐胁迫下 CK、P 和 S 处理对核桃幼苗叶片数的影响

4.2.2.4 菌根真菌对盐胁迫下核桃幼苗侧枝数的影响

由图 4-4-32 可知，相同处理时间不同浓度盐胁迫下，随盐浓度升高三种处理的核桃幼苗侧枝数均呈下降趋势。接种 P 菌、S 菌后的核桃幼苗侧枝数在相同盐浓度处理下均高于 CK，且不同时间下接种菌根真菌与 CK 间均存在显著差异（$P<0.05$）。

由图 4-4-32 可知，45 d 时各盐浓度下接种 P 菌的侧枝数较 CK 提高 26.08%、18.18%、11.64%、10.51%和 8.79%，接种 S 菌较 CK 提高 2.87%、8.32%、11.82%、16.51%和 16.16%；60 d 时各盐浓度下接种 P 菌的侧枝数较 CK 提高 30.68%、41.04%、21.48%、20.64%和 9.07%，接种 S 菌较 CK 提高 9.34%、26.49%、12.64%、27.39%和 19.13%。盐胁迫处理时间相同的情况下，在 75～100 mmol/L 盐浓度下接种 S 菌的核桃侧枝数均多于 P 菌与 CK。45 d 时随盐浓度升高，接种 P 菌对核桃幼苗侧枝数的促生效应降低，而接种 S 菌对核桃幼苗侧枝数的促生效应升高，60 d 并无此规律。

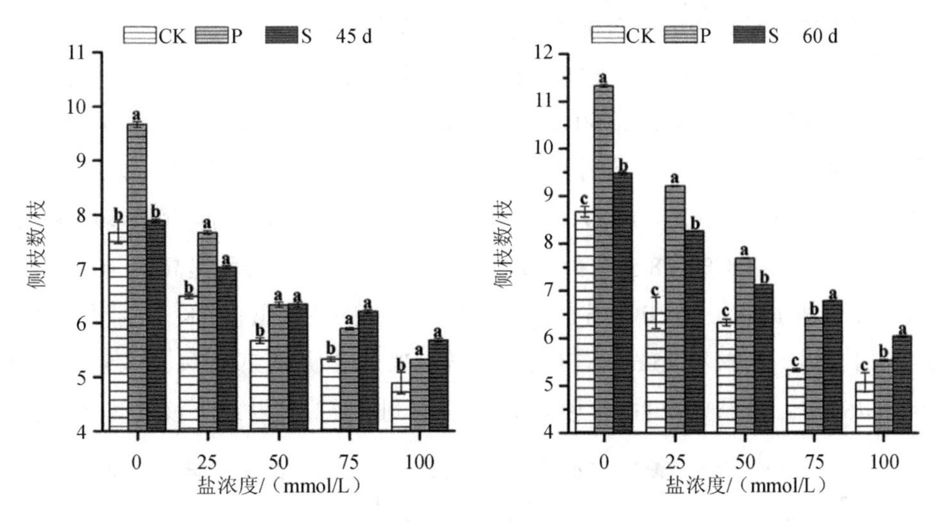

图 4-4-32　不同时间盐胁迫下 CK、P 和 S 处理对核桃幼苗侧枝数的影响

4.2.2.5　菌根真菌对盐胁迫下核桃幼苗根鲜重的影响

由图 4-4-33 可知，接种 P 菌、S 菌后的核桃幼苗根鲜重在各盐浓度处理下均高于 CK，且接种 P 菌与接种 S 菌、CK 间根鲜重存在显著差异（$P<0.05$），45 d 时接种 S 菌与 CK 间存在显著差异，60 d 时在盐浓度为 50 mmol/L、75 mmol/L、100 mmol/L 时接种 S 菌与 CK 间存在显著差异（$P<0.05$）。45 d 时各盐浓度下接种 P 菌的根鲜重较 CK 分别提高 43.10%、38.45%、73.70%、40.61%和 40.54%，接种 S 菌较 CK 分别提高 5.93%、9.09%、33.43%、0.64%和 7.84%；60 d 时各盐浓度下接种 P 菌的根鲜重较 CK 分别提高 17.71%、33.65%、58.71%、76.36%和 35.33%，接种 S 菌较 CK 分别提高 2.68%、0.55%、12.20%、41.58%和 21.80%。相同处理时间各盐浓度下接种 P 菌对核桃幼苗根鲜重的促生效应显著高于接种 S 菌。

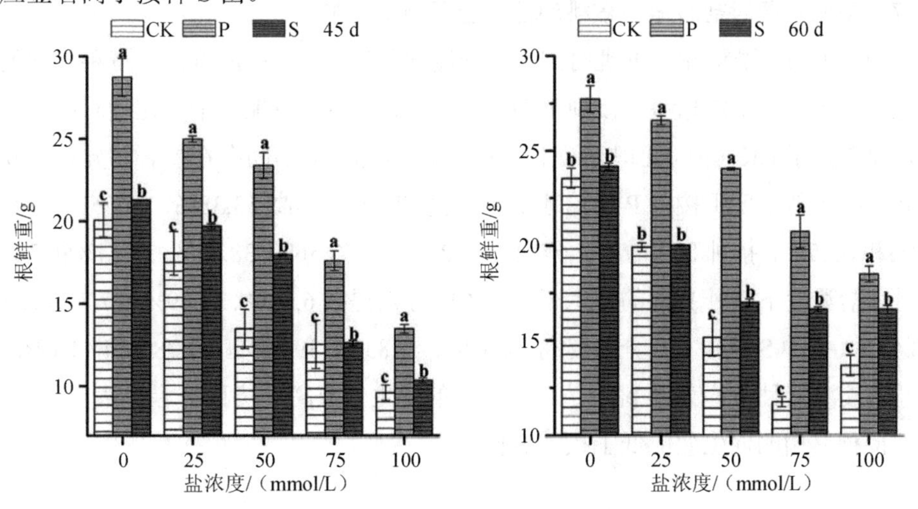

图 4-4-33　不同时间盐胁迫下 CK、P 和 S 处理对核桃幼苗根鲜重的影响

4.2.2.6 菌根真菌对盐胁迫下核桃幼苗茎鲜重的影响

由图 4-4-34 可知，相同处理时间不同浓度盐胁迫下，随盐浓度升高三种处理的核桃幼苗茎鲜重整体呈下降趋势，除 60 d、100 mmol/L 盐浓度下接种 P 菌、S 菌的茎鲜重出现升高的现象。接种 P 菌、S 菌后的核桃幼苗茎鲜重在相对应的处理下均高于 CK，但三者之间差异性不规律（$P<0.05$）。45 d 时各盐浓度下接种 P 菌的茎鲜重较 CK 分别提高 21.92%、36.49%、3.83%、28.54%和 33.33%，接种 S 菌较 CK 分别提高 34.49%、17.57%、2.55%、4.22%和 1.90%；60 d 时各盐浓度下接种 P 菌的茎鲜重较 CK 分别提高 39.14%、58.72%、21.28%、8.0%和 45.64%，接种 S 菌较 CK 分别提高 29.02%、53.54%、9.40%、12.50%和 46.15%。该结果表明，接种 P 菌、S 菌有利于提高盐胁迫下核桃幼苗的茎鲜重。

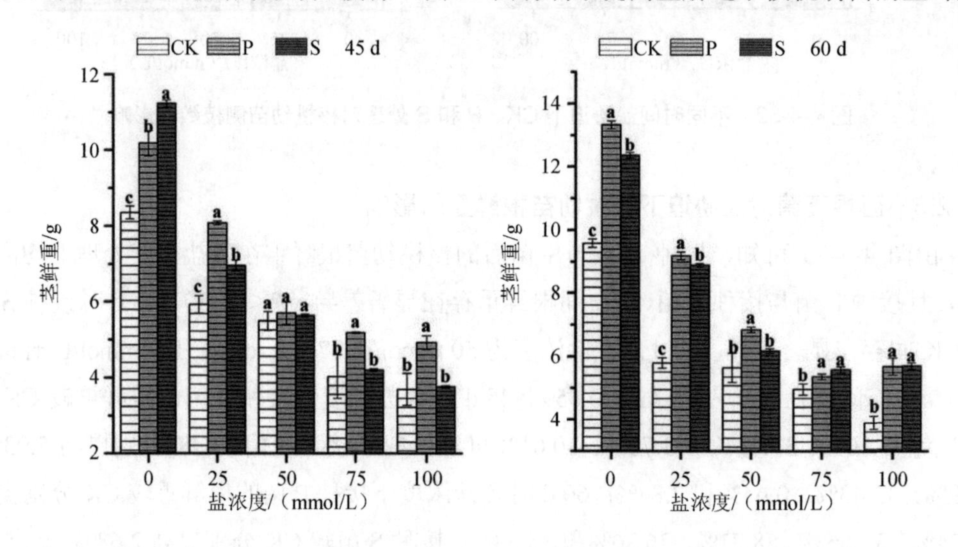

图 4-4-34 不同时间盐胁迫下 CK、P 和 S 处理对核桃幼苗茎鲜重的影响

4.2.2.7 菌根真菌对盐胁迫下核桃幼苗地上干重的影响

由图 4-4-35 可知，相同处理时间不同浓度盐胁迫下，随盐浓度升高三种处理的核桃幼苗地上干重均呈下降趋势。接种 P 菌、S 菌后的核桃幼苗地上干重在相对应盐浓度处理下均显著高于 CK，不同处理时间下接种 P 菌、S 菌与 CK 间存在显著差异（$P<0.05$）。

45 d 时各盐浓度下接种 P 菌的地上干重较 CK 分别提高 53.38%、77.35%、70.39%、58.02%和 62.56%，接种 S 菌较 CK 分别提高 21.53%、53.56%、38.32%、27.44%和 38.11%；60 d 时各盐浓度下接种 P 菌的地上干重较 CK 分别提高 6.19%、27.89%、17.77%、27.45%和 28.49%，接种 S 菌较 CK 分别提高 12.55%、41.83%、39.34%、39.78%和 44.19%。45 d 时各盐浓度下接种 P 菌对核桃幼苗地上干重的促生效应高于接种 S 菌，而 60 d 时各盐浓度下接种 P 菌的促生效应低于接种 S 菌。

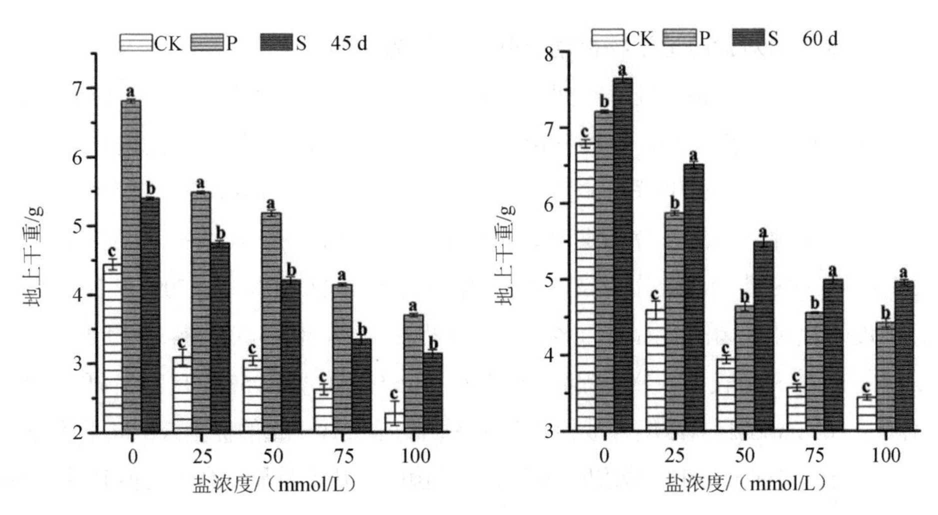

图 4-4-35　不同时间盐胁迫下 CK、P 和 S 处理对核桃幼苗地上干重的影响

4.2.2.8　菌根真菌对盐胁迫下核桃幼苗地下干重的影响

由图 4-4-36 可知，相同处理时间不同浓度盐胁迫下，随盐浓度升高接种三种处理的核桃幼苗地下干重均呈下降趋势。接种 P 菌后的核桃幼苗地下干重在相对应的盐浓度处理下均显著高于 CK，不同处理时间下接种 P 菌 CK 间存在显著差异（$P<0.05$）。45 d 时在 75～100 mmol /L 盐浓度下接种 S 菌的地下干重显著高于 CK，60 d 时各盐浓度下接种 S 菌均高于 CK。45 d 时，各盐浓度下接种 P 菌的地下干重较 CK 分别提高 55.57%、91.25%、48.39%、65.27%和 62.92%；60 d 时，各盐浓度下接种 P 菌的地下干重较 CK 分别提高 52.67%、118.23%、84.12%、50.00%和 37.53%，接种 S 菌较 CK 分别提高 1.02%、4.99%、20.47%、35.11%和 31.51%。不同时间下随盐浓度升高接种 S 菌对核桃幼苗地下干重的促生效应越明显，但接种 P 菌对核桃幼苗地下干重的促生效应均高于接种 S 菌。

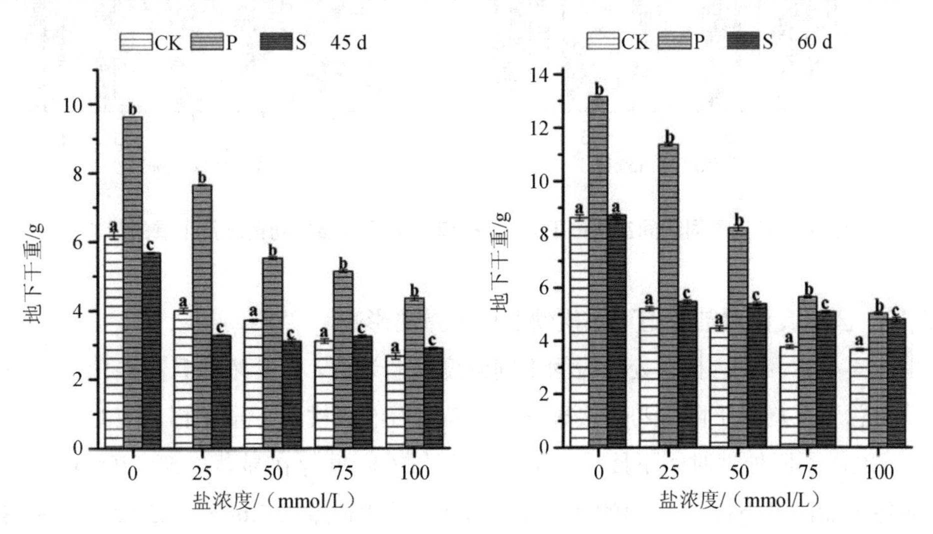

图 4-4-36　不同时间盐胁迫下 CK、P 和 S 处理对核桃幼苗地下干重的影响

4.2.2.9 菌根真菌对盐胁迫下核桃幼苗叶片干重的影响

由图 4-4-37 可知，相同处理时间不同浓度盐胁迫下，随盐浓度升高三种处理的核桃幼苗叶片干重均呈下降趋势。接种 P 菌、S 菌后的核桃幼苗叶片干重在相对应的处理下均显著高于 CK，不同处理时间下接种 P 菌、S 菌与 CK 间存在显著差异（$P<0.05$）。45 d 时各盐浓度下接种 P 菌的叶片干重较 CK 分别提高 107.15%、64.44%、57.05%、67.79% 和 29.28%，接种 S 菌较 CK 分别提高 40.69%、12.35%、26.85%、38.70%和 30.14%；60 d 时各盐浓度下接种 P 菌的叶片干重较 CK 分别提高 58.76%、140.14%、74.82%、74.07% 和 65.42%，接种 S 菌较 CK 分别提高 38.87%、135.92%、112.95%、111.85%和 167.29%。45 d 时除了 100 mmol/L 盐浓度外接种 P 菌对核桃幼苗叶片干重的促生效应高于接种 S 菌，而 60 d 时在 50～100 mmol/L 盐浓度下的接种 S 菌的叶片干重显著高于接种 P 菌。不同浓度下，60 d 时的 CK 处理叶片干重分别是 45 d 的 1.35 倍、0.72 倍、0.93 倍、1.01 倍、0.92 倍，叶片干重的积累量整体呈下降趋势；接种 P 菌 60 d 不同盐浓度处理的叶片干重分别是 45 d 盐处理的 1.04 倍、1.06 倍、1.04 倍、1.04 倍和 1.17 倍，叶片干重积累量有上升趋势；而接种 S 菌 60 d 不同盐浓度处理的叶片干重分别是 45 d 的 1.33 倍、1.52 倍、1.57 倍、1.54 倍和 1.88 倍，叶片干重积累上升趋势，较接种 P 菌有更高的上升趋势。

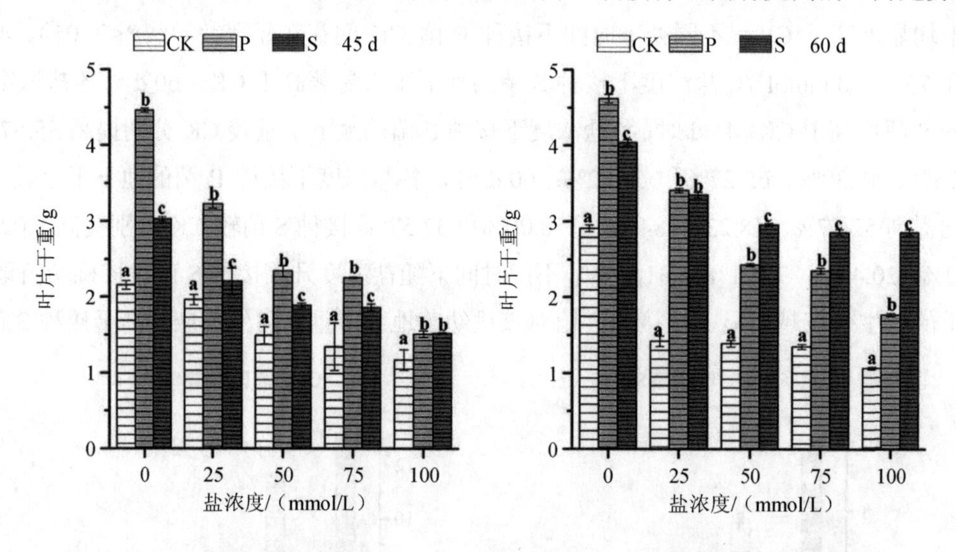

图 4-4-37 不同时间盐胁迫下 CK、P 和 S 处理对核桃幼苗叶片干重的影响

4.2.2.10 菌根真菌对盐胁迫下核桃幼苗总干重的影响

由图 4-4-38 可知，相同处理时间不同浓度盐胁迫下，随盐浓度升高接种三种处理的核桃幼苗总干重均呈下降趋势。接种 P 菌、S 菌后的核桃总干重在相对应的处理下均显著高于 CK，不同处理时间下接种 P 菌、S 菌与 CK 间存在显著差异（$P<0.05$）。45 d 时对应各个盐浓度下接种 P 菌的地上干重较 CK 分别提高 54.66%、85.19%、58.28%、61.95%、62.75%，接种 S 菌较 CK 分别提高 4.23%、13.23%、7.99%、14.94%、21.86%；

60 d 时对应各个盐浓度下接种 P 菌的总干重较 CK 分别提高 32.19%、75.92%、53.03%、39.02%、33.15%，接种 S 菌较 CK 分别提高 6.10%、22.24%、29.31%、37.38%、37.66%。不同时间各盐浓度下接种 P 菌对核桃幼苗总干重的促生效应整体高于接种 S 菌。

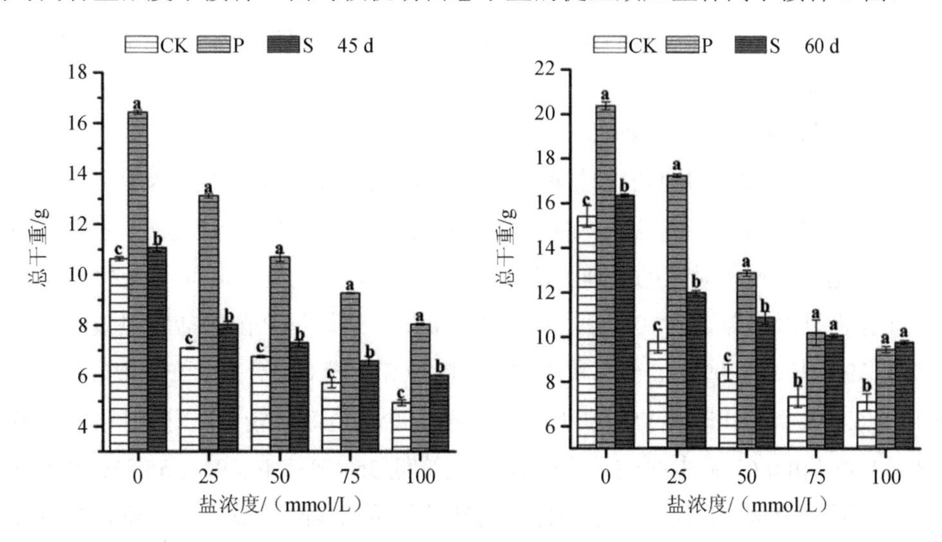

图 4-4-38　不同时间盐胁迫下 CK、P 和 S 处理对核桃幼苗总干重的影响

4.2.2.11　菌根真菌对盐胁迫下核桃幼苗根长的影响

由图 4-4-39 可知，相同处理时间不同浓度盐胁迫下，随盐浓度升高接种三种处理的核桃幼苗根长均呈下降趋势。接种 P 菌、S 菌后的核桃幼苗根长在相对应的处理下均显著高于 CK（$P<0.05$），不同处理时间下接种 P 菌、S 菌与 CK 间存在显著差异（除了 60 d 100 mmol/L 盐浓度外）。45 d 时对应各个盐浓度下接种 P 菌的根长较 CK 分别提高

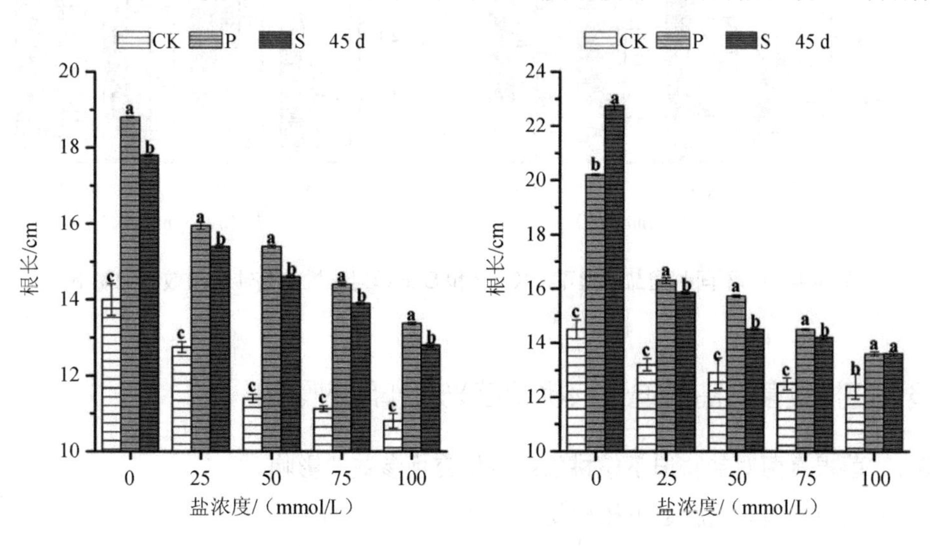

图 4-4-39　不同时间盐胁迫下 CK、P 和 S 处理对核桃幼苗根长的影响

34.36%、25.10%、35.09%、29.50%、23.80%，接种 S 菌较 CK 分别提高 27.14%、20.78%、28.07%、25.00%、18.52%；60 d 时对应各个盐浓度下接种 P 菌的根长较 CK 分别提高 39.31%、23.48%、21.94%、16.00%、9.68%，接种 S 菌较 CK 分别提高 56.90%、20.08%、12.48%、13.60%、9.84%。45 d 时各盐浓度下接种 P 菌对核桃幼苗根长的促生效应高于接种 S 菌。

4.2.2.12 核桃幼苗的盐胁迫效应

由图 4-4-40 可知，相同处理时间不同浓度盐胁迫下，随盐浓度升高接种 P 菌与 CK 处理的盐胁迫效应均呈升高趋势，而接种 S 菌则出现不规律的变化趋势。接种 P 菌、S 菌后的盐胁迫效应在相对应的处理下均显著低于 CK，不同处理时间下接种 P 菌、S 菌与 CK 间存在显著差异（$P<0.05$）。45 d 时各盐浓度下接种 P 菌的盐胁迫效应较 CK 分别降低了 39.54%、8.20%、5.52%和 4.55%，接种 S 菌较 CK 分别降低 40.54%、6.52%、25.79%和 6.89%；60 d 时各盐浓度下接种 P 菌的盐胁迫效应较 CK 分别降低 57.79%、18.95%、4.69%和 0.62%，接种 S 菌较 CK 分别降低 35.40%、46.69%、56.45%和 53.65%。该结果说明接种 P 菌、S 菌有利于降低核桃幼苗干重的盐胁迫效应，而随着接种时间的延长，接种 S 菌的耐盐效应更加显著。

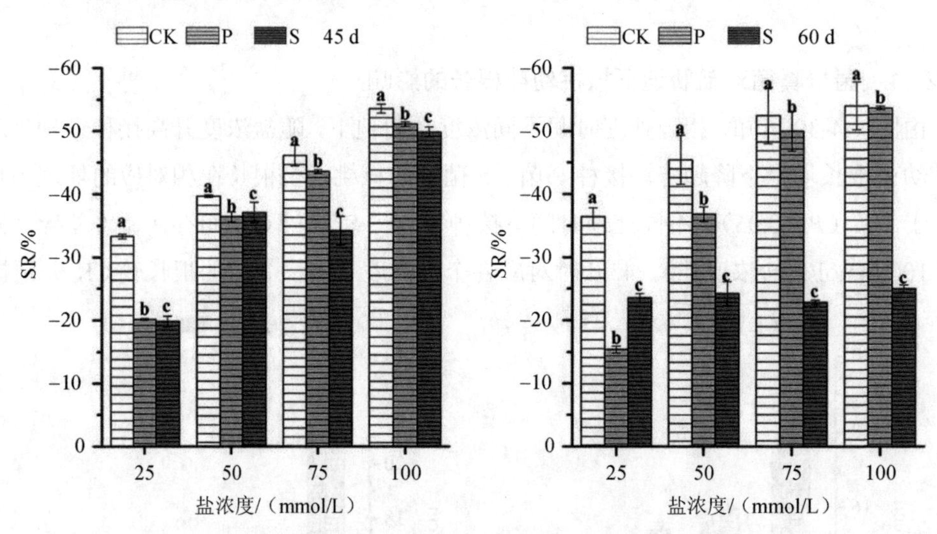

图 4-4-40 不同时间盐胁迫下 CK、P 和 S 处理对核桃幼苗盐胁迫效应的影响

4.2.3 菌根真菌对盐胁迫下核桃幼苗光合作用的影响

4.2.3.1 菌根真菌对盐胁迫下核桃幼苗气体交换参数的影响

（1）菌根真菌对盐胁迫下核桃幼苗胞间 CO_2 浓度的影响

由图 4-4-41 可知，接种 45 d 时随盐浓度升高 P 菌与 CK 处理的 C_i 值呈下降趋势，而接种 S 菌处理的 C_i 呈上升趋势。接种 60 d 时随盐浓度升高三种处理的 C_i 值均呈上升

趋势。接种 P 菌后的 C_i 值（胞间 CO_2 浓度）与 CK 均存在显著差异（$P<0.05$）。

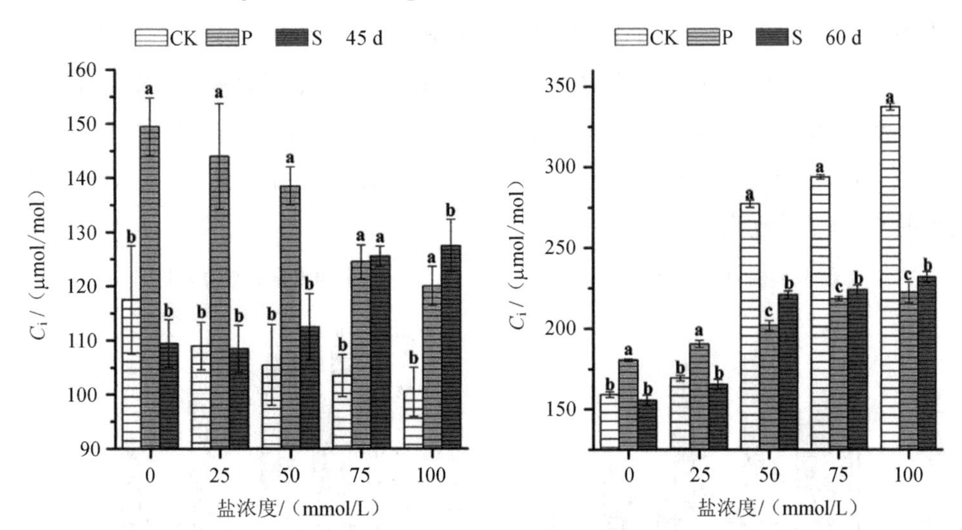

图 4-4-41　不同时间盐胁迫下 CK、P 和 S 处理对核桃幼苗 C_i 的影响

由表 4-4-11 可知，45 d 时接种 P 菌 C_i 值的降低幅度为 3.68%～19.73%，CK 处理的降低幅度为 7.23%～14.47%；60 d 时 CK 处理的升高幅度为 6.60%～112.26%，接种 P 菌处理的升高幅度为 5.54%～23.27%，接种 S 菌处理的升高幅度为 6.43%～49.20%。除 45 d、75 mmol/L 盐浓度外，接种 P 菌、S 菌的变化幅度均小于 CK 处理。60 d 除了 25 mmol/L 盐浓度外接种 P 菌、S 菌的变化幅度与 CK 处理间的存在显著差异（$P<0.05$）。接种后的变化幅度整体小于 CK 处理。

表 4-4-11 不同时间盐胁迫下 CK、P 和 S 处理 C_i 值的变化幅度比较

处理时间/d	盐浓度/（mmol/L）	CK/%		P/%		S/%	
45	25	−7.23	a	−3.68	b	−0. 91	a
	50	−10.21	a	−7.34	a	2.74	b
	75	−11.92	a	−16.72	a	14.61	b
	100	−14.47	b	−19.73	a	16.44	b
60	25	6.60	a	5.54	a	6.43	a
	50	74.53	a	11.91	c	42.12	b
	75	84.91	a	21.05	c	44.05	b
	100	112.26	a	23.27	c	49.20	b

注：同行不同小写字母表示处理间差异显著（$P<0.05$），余同。

（2）菌根真菌对盐胁迫下核桃幼苗气孔导度的影响

由图 4-4-42 可知，接种 45 d 时随盐浓度升高三种处理的 G_s 值整体呈下降趋势，且彼此间差异性显著（$P<0.05$），各盐浓度下接种 P 菌的 G_s 值显著高于 CK 处理，接种 S 菌在 100 mmol /L 盐浓度时出现上升现象。接种 60 d 时随盐浓度升高接种 P 菌与 CK 处理的 G_s 值均呈下降趋势，对应各盐浓度下接种 P 菌的 G_s 值显著高于 CK 处理；接种 S 菌处理的 G_s 值呈波动变化。

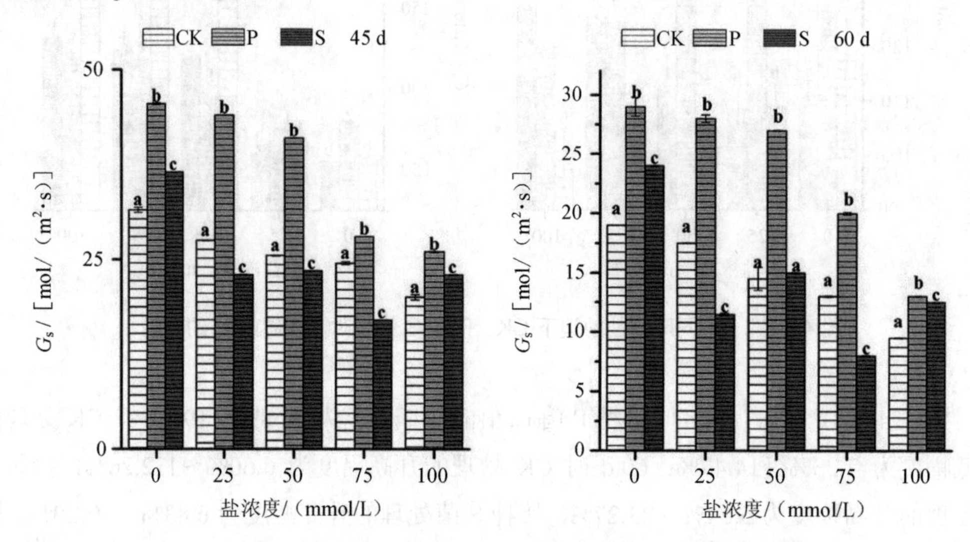

图 4-4-42　不同时间盐胁迫下 CK、P 和 S 处理对核桃幼苗 G_s 的影响

由表 4-4-12 可知，45 d 时 CK 处理的降低幅度为 12.70%～36.51%，接种 P 菌 G_s 值的降低幅度为 3.30%～42.86%，接种 S 菌的变化幅度为−35.62%～−53.43%；60 d 时 CK 处理的变化幅度为−7.90%～−50.00%，接种 P 菌处理的变化幅度为−3.45%～−55.17%，接种 S 菌的变化幅度为−37.50%～−66.67%。除 60 d、75 mmol/L 盐浓度外，接种 P 菌、S 菌与 CK 间均存在显著差异（$P<0.05$）。

表 4-4-12　不同时间盐胁迫下 CK、P 和 S 处理 G_s 值的变化幅度比较

处理时间/d	盐浓度/（mmol/L）	CK/%		P/%		S/%	
45	25	−12.70	b	−3.30	c	−36.99	a
	50	−19.05	b	−9.89	a	−35.62	a
	75	−22.22	c	−38.46	b	−53.43	a
	100	−36.51	b	−42.86	a	−36.99	b
60	25	−7.90	b	−3.45	c	−52.08	a
	50	−23.68	b	−6.90	c	−37.50	a
	75	−31.58	b	−31.03	b	−66.67	a
	100	−50.00	b	−55.17	a	−47.92	c

（3）菌根真菌对盐胁迫下核桃幼苗气孔限制值的影响

由图 4-4-43 可知，接种 45 d 时随盐浓度升高 P 菌与 CK 处理的 L_s 值呈升高趋势，而此时接种 S 菌处理的 L_s 值呈下降趋势。接种 60 d 时随盐浓度升高三种处理的 L_s 值均呈下降趋势。相同处理时间不同盐浓度下接种 P 菌的 L_s 值与 CK 均存在显著差异（P<0.05）。60 d 时 CK 处理的 L_s 值出现急剧下降的趋势。

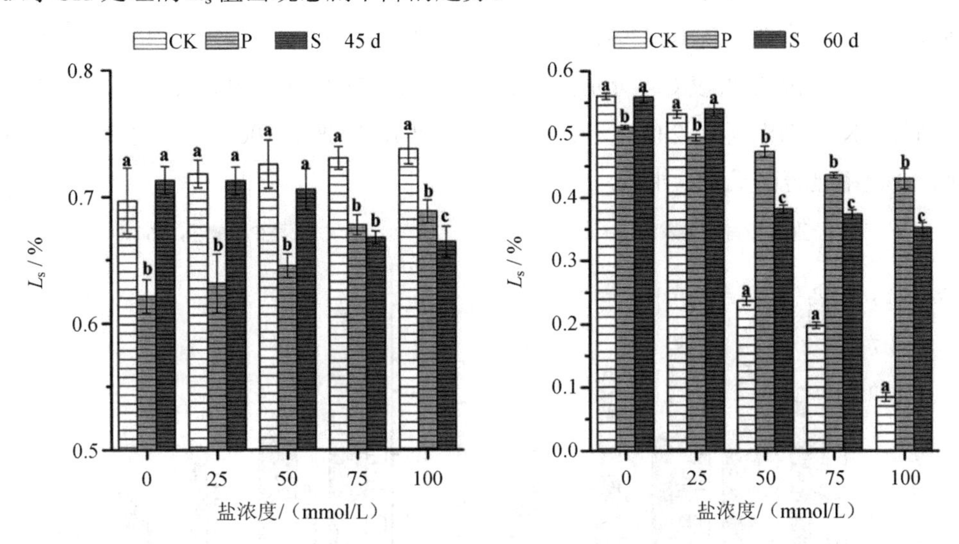

图 4-4-43　不同时间盐胁迫下 CK、P 和 S 处理对核桃幼苗 L_s 的影响

由表 4-4-13 可知，45 d 时 CK 处理的变化幅度为 3.10%～5.89%，接种 P 菌 G_s 值的变化幅度为 1.63%～10.78%，接种 S 菌的变化幅度为−0.06%～−6.84%；60 d 时 CK 处理的变化幅度为−5.03%～−84.87%，接种 P 菌处理的变化幅度为−3.21%～−15.89%，接种 S 菌的变化幅度为−3.48%～−36.97%。45 d 时接种 P 菌与 CK 处理间变化幅度的差异性不显著（P>0.05），60 d 时接种 S 菌与 CK 处理间的差异性显著（P<0.05）。

表 4-4-13　不同时间盐胁迫下 CK、P 和 S 处理 L_s 值的变化幅度比较

处理时间/d	盐浓度/(mmol/L)	CK/%		P/%		S/%	
45	25	3.10	a	1.63	a	−0.06	b
	50	4.15	a	3.85	a	−1.00	b
	75	4.86	b	9.05	a	−6.37	b
	100	5.89	a	10.78	b	−6.84	a
60	25	−5.03	a	−3.21	b	−3.48	b
	50	−57.69	a	−7.48	a	−31.74	b
	75	−64.63	a	−14.79	c	−33.18	b
	100	−84.87	a	−15.89	c	−36.97	b

（4）菌根真菌对盐胁迫下核桃幼苗净光合速率的影响

由图 4-4-44 可知，相同处理时间不同盐浓度下，随盐浓度升高三种处理的 P_n 值均呈下降趋势，45 d 时各盐浓度下 P_n 值的大小依次为接种 P 菌 ＞接种 S 菌＞CK，60 d 时各盐接种 S 菌＞接种 P 菌＞CK，三种处理间均差异性显著（P＜0.05）。45 d 时对应各个盐浓度下接种 P 菌的 P_n 较 CK 分别提高 61.39%、54.26%、56.18%、100%、124.53%，接种 S 菌较 CK 分别提高 14.85%、2.13%、8.99%、22.58%、26.42%；60 d 时对应各个盐浓度下接种 P 菌的 P_n 较 CK 分别提高 27.03%、34.78%、92.31%、50%、87.50%，接种 S 菌较 CK 分别提高 43.24%、43.48%、130.77%、100%、100%。接种 P 菌、S 菌后的净光合速率显著高于 CK 处理。

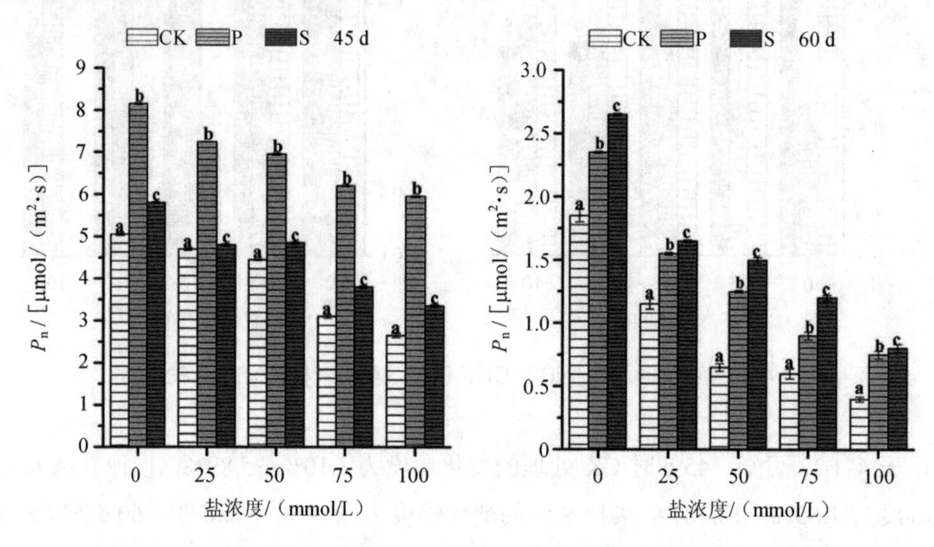

图 4-4-44 不同时间盐胁迫下 CK、P 和 S 处理对核桃幼苗 P_n 值的影响

由表 4-4-14 可知，45 d 时 CK 处理的变化幅度为−6.93%～−47.52%，接种 P 菌 P_n 值的变化幅度为−11.04%～−26.99%，接种 S 菌的变化幅度为−16.38%～−42.24%；60 d 时 CK 处理的变化幅度为−37.84%～−78.34%，接种 P 菌处理的变化幅度为−34.04%～−68.09%，接种 S 的变化幅度为−37.74%～−69.81%。相同处理时间，随盐浓度升高，三种处理的变化幅度均呈上升趋势，接种 P 菌、S 菌的变化幅度值整体低于 CK 处理，且与 CK 处理存在显著差异（P＜0.05）。

表 4-4-14 不同时间盐胁迫下 CK、P 和 S 处理 P_n 值的变化幅度比较

处理时间/d	盐浓度/（mmol/L）	CK/%		P/%		S/%	
45	25	−6.93	c	−11.04	b	−17.24	a
	50	−11.88	c	−14.72	b	−16.38	a

处理时间/d	盐浓度/（mmol/L）	CK/%		P/%		S/%	
45	75	−38.61	a	−23.93	c	−34.48	b
	100	−47.52	a	−26.99	c	−42.24	b
60	25	−37.84	a	−34.04	b	−37.74	a
	50	−64.87	a	−46.81	b	−43.40	c
	75	−67.57	a	−61.70	b	−54.72	c
	100	−78.34	a	−68.09	b	−69.81	b

（5）菌根真菌对盐胁迫下核桃幼苗蒸腾速率的影响

由图 4-4-45 可知，相同处理时间不同盐浓度下，随盐浓度升高三种处理的 T_r 值均呈下降趋势，接种 P 菌、S 菌与 CK 处理间差异性显著（$P<0.05$）。45 d 时各盐浓度下接种 P 菌的 T_r 较 CK 分别提高 9.10%、10.35%、10.71%、3.85%和 23.81%，接种 S 菌较 CK 分别提高 6.06%、6.90%、7.14%、3.85%和 28.57%；60 d 时各盐浓度下接种 P 菌的 T_r 较 CK 分别提高 15.79%、25.00%、21.29%、45.46%和 40.00%，接种 S 菌较 CK 分别提高 21.05%、12.50%、28.57%、27.27%和 30.00%。

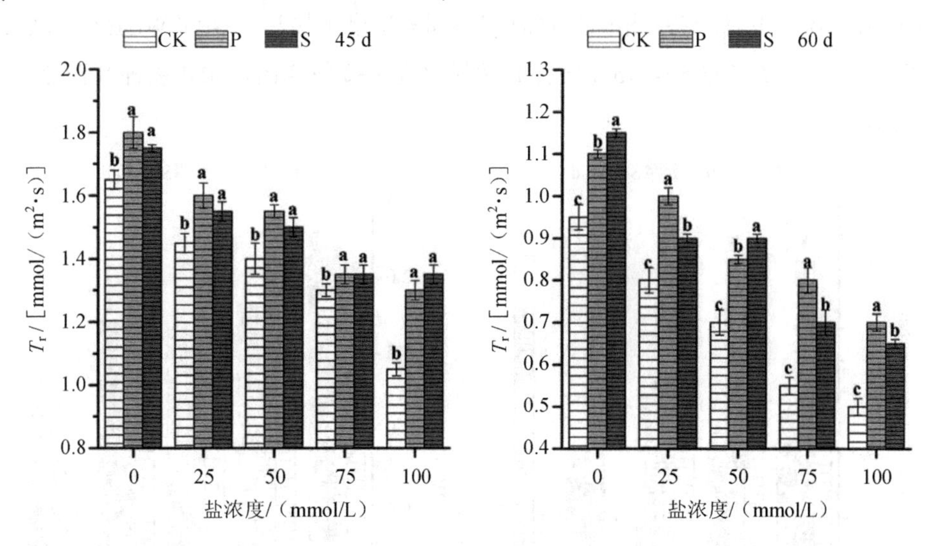

图 4-4-45　不同时间盐胁迫下 CK、P 和 S 处理对核桃幼苗 T_r 的影响

由表 4-4-15 可知，45 d 时 CK 处理的变化幅度为−12.12%～−36.36%，接种 P 菌 T_r 值的变化幅度为−11.11%～−27.78%，接种 S 菌的变化幅度为−11.43%～−22.86%；60 d 时 CK 处理的变化幅度为−15.79%～−47.37%，接种 P 菌处理的变化幅度为−9.10%～−36.36%，接种 S 菌的变化幅度为−21.74%～−43.48%。相同处理时间，随盐浓度升高，三种处理的变化幅度均呈上升趋势，接种 P 菌、S 菌的变化幅度值整体低于 CK 处理，45 d 时接种 P 菌、S 菌与 CK 间差异不显著（$P>0.05$），而 60 d 时存在显著差异（$P<0.05$）。

表 4-4-15 不同时间盐胁迫下 CK、P 和 S 处理 T_r 值的变化幅度比较

处理时间/d	盐浓度/（mmol/L）	CK/%		P/%		S/%	
45	25	−12.12	a	−11.11	a	−11.43	a
	50	−15.15	a	−13.89	a	−14.29	a
	75	−21.21	b	−25.00	a	−22.86	b
	100	−36.36	a	−27.78	b	−22.86	b
60	25	−15.79	b	−9.10	c	−21.74	a
	50	−26.32	a	−22.73	b	−21.74	b
	75	−42.11	a	−27.27	c	−39.13	b
	100	−47.37	a	−36.36	c	−43.48	b

（6）菌根真菌对盐胁迫下核桃幼苗水分利用效率的影响

由图 4-4-46 可知，接种 45 d 时随盐浓度升高接种 P 菌处理的 WUE 值呈升高趋势，接种 S 菌呈下降趋势，CK 处理呈先升后降的趋势。接种 60 d 时随盐浓度升高三种处理的 WUE 值整体呈下降趋势。相同处理时间不同盐浓度下接种 P 菌的 WUE 值比 CK 高，且存在显著差异（$P<0.05$）。45 d 接种 P 菌显著高于接种 S 菌，60 d 接种 S 菌显著高于接种 P 菌。

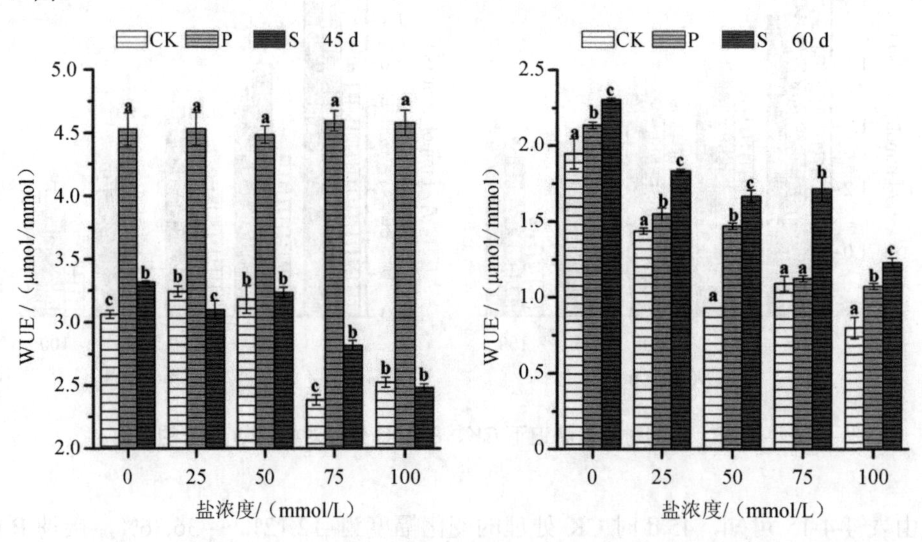

图 4-4-46 不同时间盐胁迫下 CK、P 和 S 处理对核桃幼苗 WUE 的影响

由表 4-4-16 可知，45 d 时 CK 处理的变化幅度为 3.85%～−22.09%，接种 P 菌 WUE 值的变化幅度为 0.08%～1.43%，接种 S 菌的变化幅度为−2.44%～−25.13%；60 d 时 CK 处理的变化幅度为−26.18%～−58.92%，接种 P 菌处理的变化幅度为−27.45%～−49.85%，

接种 S 菌的变化幅度为–20.44%～–46.59%。相同处理时间不同盐浓度下 CK 处理的 WUE 值显著高于接种 P 菌、S 菌，且接种 P 菌、S 菌与 CK 间变化幅度的差异性显著（P<0.05）。

表 4-4-16　不同时间盐胁迫下 CK、P 和 S 处理 WUE 值的变化幅度比较

处理时间/d	盐浓度/（mmol/L）	CK/%		P/%		S/%	
45	25	5.91	b	0.08	c	–6.56	a
	50	3.85	a	–0.97	c	–2.44	b
	75	–22.09	a	1.43	c	–15.07	b
	100	–17.54	b	1.09	c	–25.13	a
60	25	–26.18	b	–27.45	a	–20.44	c
	50	–52.32	a	–31.16	b	–27.67	b
	75	–43.98	a	–47.34	b	–25.61	c
	100	–58.92	a	–49.85	b	–46.59	c

（7）菌根真菌对盐胁迫下核桃幼苗瞬时羧化效率的影响

由图 4-4-47 可知，相同处理时间不同盐浓度处理下的 CUE 值呈降低趋势，接种 P 菌的 CUE 值比 CK 高，且存在显著差异（*P*<0.05）。接种 S 菌显著高于 CK 处理，且在 60 d 时存在显著差异。60 d 的 50～100 mmol /L 盐浓度处理下 CK 的 CUE 值均出现急剧下降的现象。

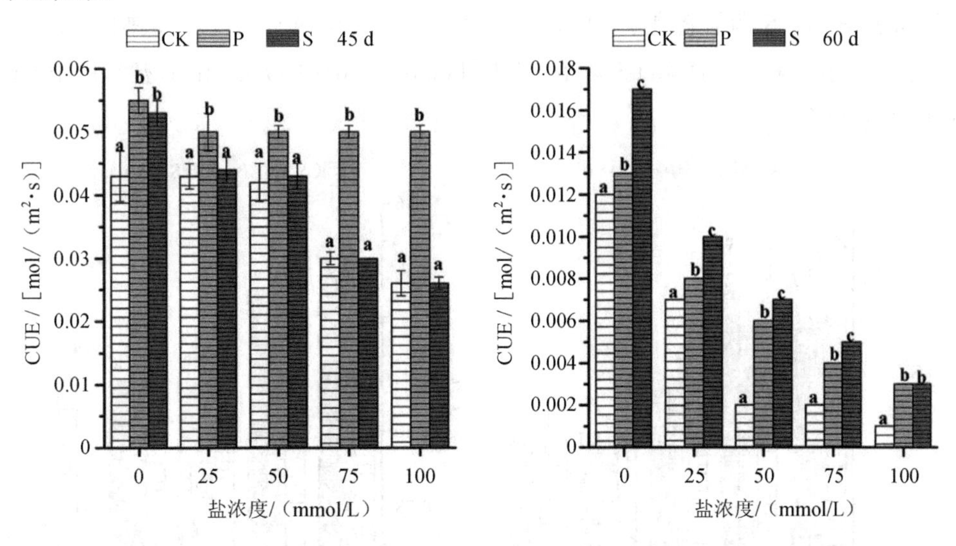

图 4-4-47　不同时间盐胁迫下 CK、P 和 S 处理对核桃幼苗 CUE 的影响

由表 4-4-17 可知，45 d 时 CK 处理的变化幅度为 0.33%～–38.65%，接种 P 菌 CUE 值的变化幅度为–7.65%～–9.05%，接种 S 菌的变化幅度为–16.48%～–50.40%；60 d 时 CK 处理的变化幅度为–41.69%～–89.81%，接种 P 菌处理的变化幅度为–37.50%～

–74.11%，接种 S 菌的变化幅度为–41.50%～–79.77%。各处理下接种 P 菌与 CK 处理间存在显著差异（$P<0.05$），接种 S 菌除 60 d、25 mmol/L 外，与 CK 处理同样存在显著差异。60 d 时三种处理下的 CUE 值变化幅度较 45 d 时加大，说明随着盐处理时间的延长，无论接种与否，CUE 均变化强烈，未接种的变化幅度较接种的变化幅度更大。

表 4-4-17 不同时间盐胁迫下 CK、P 和 S 处理 CUE 值的变化幅度比较

处理时间/d	盐浓度/（mmol/L）	CK/%		P/%		S/%	
45	25	0.33	c	–7.65	b	–16.48	a
	50	–1.86	c	–7.95	b	–18.61	a
	75	–30.31	b	–8.65	c	–42.84	a
	100	–38.65	b	–9.05	c	–50.40	a
60	25	–41.69	a	–37.50	b	–41.50	a
	50	–79.87	a	–52.47	c	–60.17	b
	75	–82.46	a	–68.36	b	–68.57	b
	100	–89.81	a	–74.11	c	–79.77	b

4.2.3.2 菌根真菌对盐胁迫下核桃幼苗叶绿素荧光参数的影响

（1）菌根真菌对盐胁迫下核桃幼苗 F_v/F_m（可变荧光/最大荧光）的影响

由图 4-4-48 可知，相同处理时间不同盐浓度下三种处理的 F_v/F_m 值呈降低趋势。在 60 d 时接种 P 菌、S 菌显著高于 CK 处理。除 60 d、0 mmol/L 之外，接种 P 菌、S 菌与 CK 处理存在显著差异（$P<0.05$）。在 45 d 和 60 d 时 50～100 mmol /L 盐浓度下 CK 处理出现急剧下降。

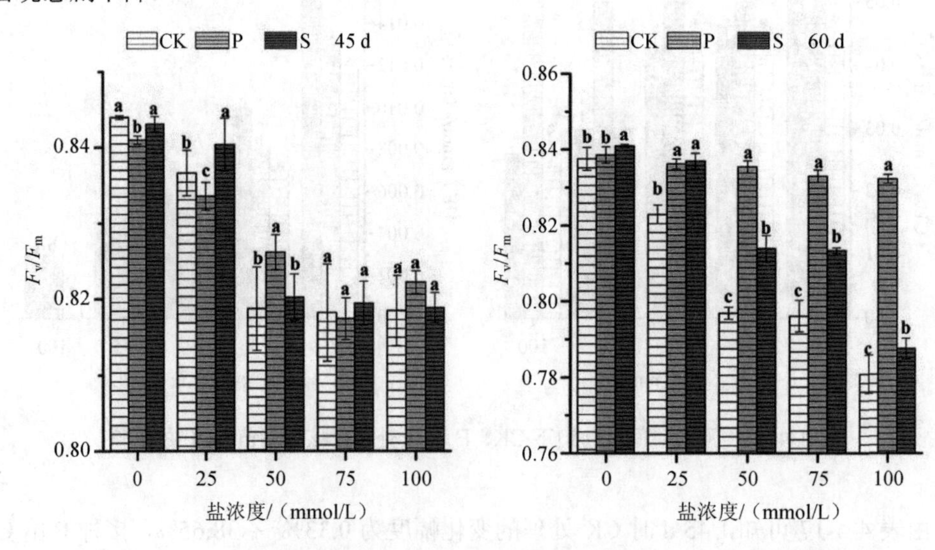

图 4-4-48 不同时间盐胁迫下 CK、P 和 S 处理对核桃幼苗 F_v、F_m 的影响

表 4-4-18　不同时间盐胁迫下 CK、P 和 S 处理 F_v/F_m 值的变化幅度比较

处理时间/d	盐浓度/（mmol/L）	CK/%		P/%		S/%	
45	25	−0.87	a	−0.87	a	−0.33	b
	50	−2.99	a	−1.75	b	−2.71	a
	75	−3.05	a	−2.80	a	−2.81	a
	100	−3.02	a	−2.23	b	−2.87	b
60	25	−1.75	a	−0.28	b	−0.47	b
	50	−4.86	a	−0.37	c	−3.21	b
	75	−4.95	a	−0.66	c	−3.27	b
	100	−6.78	a	−0.75	c	−6.35	b

由表 4-4-18 可知，45 d 时 CK 处理的变化幅度为−0.87%～−3.05%，接种 P 菌 CUE 值的变化幅度为−0.87%～−2.80%，接种 S 菌的变化幅度为−0.33%～−2.87%；60 d 时 CK 处理的变化幅度为−1.75%～−6.78%，接种 P 菌处理的变化幅度为−0.28%～−0.75%，接种 S 菌的变化幅度为−0.47%～−6.35%。相同处理时间不同浓度下 CK 处理的变化幅度显著高于接种 P 菌、S 菌，在 60 d 时接种 P 菌、S 菌与 CK 存在显著差异（P<0.05）。

（2）菌根真菌对盐胁迫下核桃幼苗 F_v/F_o（可变荧光/最小荧光）的影响

由图 4-4-49 可知，相同处理时间不同盐浓度下三种处理的 F_v/F_o 值呈降低趋势。在 60 d 时接种 P 菌、S 菌显著高于 CK 处理，接种 P 菌、S 菌与 CK 处理存在显著差异。在 45 d 和 60 d 时，50～100 mmol/L 盐浓度下 CK 处理出现急剧下降。

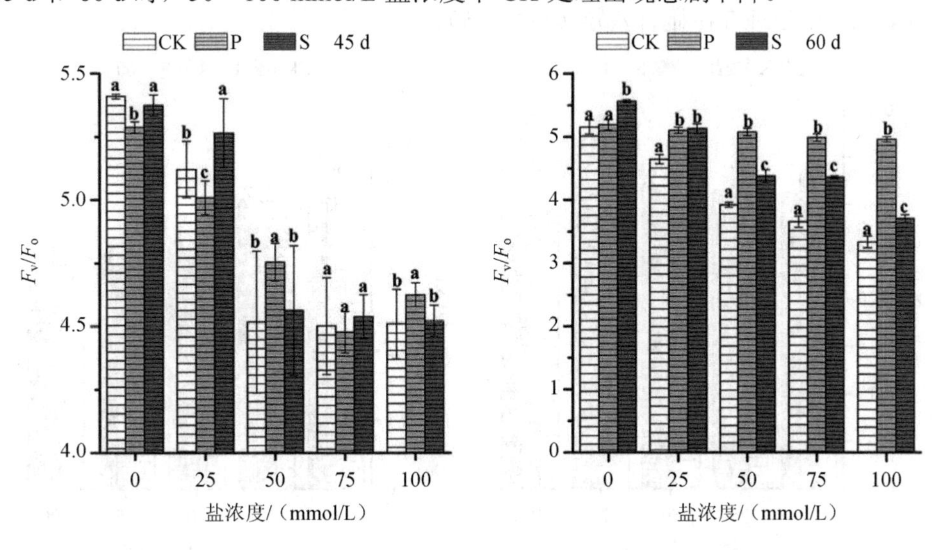

图 4-4-49　不同时间盐胁迫下 CK、P 和 S 处理对核桃幼苗 F_v/F_o 的影响

由表 4-4-19 可知，45 d 时 CK 处理的变化幅度为–5.33%～–16.78%，接种 P 菌 F_v/F_o 值的变化幅度为–5.28%～–15.32%，接种 S 菌的变化幅度为–2.03%～–15.86%；60 d 时 CK 处理的变化幅度为–9.88%～–35.29%，接种 P 菌处理的变化幅度为–1.69%～–4.46%，接种 S 菌的变化幅度为–7.79%～–33.42%。相同处理时间不同盐浓度下 CK 处理的变化幅度显著高于接种 P 菌、S 菌，在 60 d 时接种 P 菌与 CK 存在显著差异（$P<0.05$）。

表 4-4-19　不同时间盐胁迫下 CK、P 和 S 处理 F_v/F_o 值的变化幅度比较

处理时间/d	盐浓度/（mmol/L）	CK/%		P/%		S/%	
45	25	–5.33	a	–5.28	a	–2.03	b
	50	–16.49	a	–10.08	b	–15.1	a
	75	–16.78	a	–15.32	a	–15.54	a
	100	–16.64	a	–12.52	c	–15.86	b
60	25	–9.88	a	–1.69	c	–7.79	b
	50	–23.93	a	–2.23	b	–21.41	a
	75	–29.11	a	–3.95	c	–21.69	b
	100	–35.29	a	–4.46	b	–33.42	a

（3）菌根真菌对盐胁迫下核桃幼苗ΦPSⅡ（光系统Ⅱ完全开放时的荧光产量）的影响

由图 4-4-50 可知，在 45 d 时不同盐浓度下三种处理的ΦPSⅡ值呈升高趋势，但在 60 d 时三种处理的ΦPSⅡ值呈降低趋势。接种 P 菌、S 菌在各处理浓度下均高于 CK 处理，且均与 CK 处理存在显著差异（$P<0.05$）。

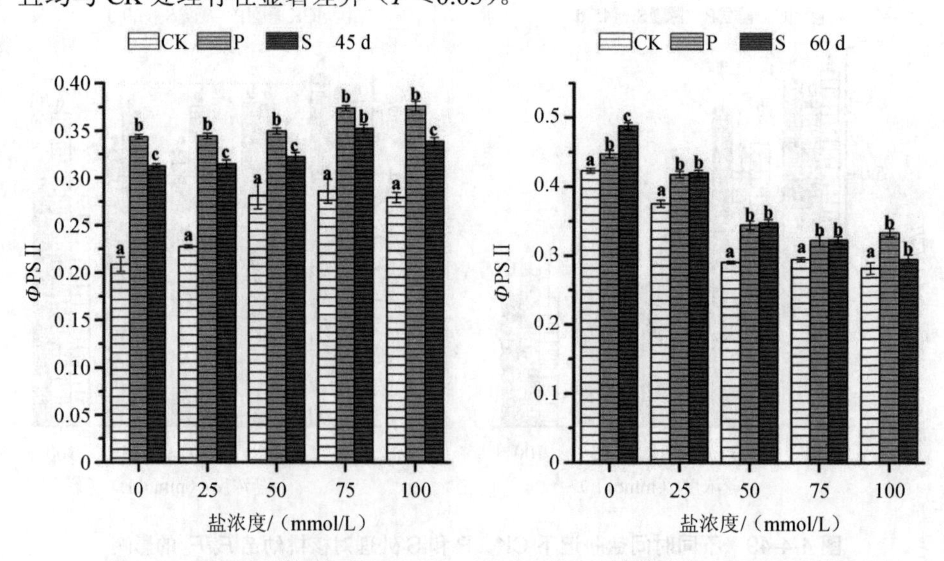

图 4-4-50　不同时间盐胁迫下 CK、P 和 S 处理对核桃幼苗ΦPSⅡ的影响

由图 4-4-50 可知，45 d 时各盐浓度下接种 P 菌的ΦPSⅡ较 CK 分别提高 64.36%、51.30%、24.40%、30.64%和 34.51%，接种 S 菌较 CK 分别提高 49.48%、38.27%、14.55%、23.18%和 21.26%；60 d 时对应各个盐浓度下接种 P 菌的ΦPSⅡ较 CK 分别提高 5.71%、11.31%、18.46%、9.41%和 18.32%，接种 S 菌较 CK 分别提高 15.39%、11.95%、19.54%、9.58%和 4.72%。

表 4-4-20　不同时间盐胁迫下 CK、P 和 S 处理ΦPSⅡ值的变化幅度比较

处理时间/d	盐浓度/（mmol/L）	CK/%		P/%		S/%	
45	25	8.89	a	0.23	b	0.71	b
	50	34.45	a	1.78	b	3.03	b
	75	36.84	a	8.77	b	12.77	b
	100	33.63	a	9.37	b	8.40	b
60	25	−11.33	b	−6.63	c	−13.97	a
	50	−31.27	a	−22.99	c	−28.78	b
	75	−30.30	b	−27.86	c	−33.81	a
	100	−33.39	b	−25.44	c	−39.54	a

由表 4-4-20 可知，45 d 时 CK 处理的变化幅度为 8.89%～36.84%，接种 P 菌ΦPSⅡ值的变化幅度为 0.23%～9.37%，接种 S 菌的变化幅度为 0.71%～12.77%；60 d 时 CK 处理的变化幅度为−11.33%～−33.39%，接种 P 菌处理的变化幅度为−6.63%～−27.86%，接种 S 菌的变化幅度为−13.97%～−39.54%。相同处理时间不同盐浓度下 CK 处理的变化幅度显著高于接种 P 菌、S 菌，且接种 P 菌、S 菌与 CK 处理间存在显著差异（P＜0.05）。

（4）菌根真菌对盐胁迫下核桃幼苗 NPQ 值的影响

由图 4-4-51 可知，相同处理时间不同盐浓度下三种处理的 NPQ 值呈升高趋势，接种 P 菌、S 菌显著高于 CK 处理，在 45 d 时接种 P 菌、S 菌与 CK 处理存在显著差异（P＜0.05）。45 d 时各盐浓度下接种 P 菌的 NPQ 较 CK 分别提高 15.30%、7.24%、18.31%、9.04%和 15.78%，接种 S 菌较 CK 分别提高 28.30%、25.98%、24.38%、28.23%和 23.38%；60 d 时各盐浓度下接种 P 菌的 NPQ 较 CK 分别提高 16.16%、12.58%、7.27%、16.30%和 1.32%，接种 S 菌较 CK 分别提高 5.48%、8.00%、7.68%、3.43%和 1.69%。

由表 4-4-21 可知，45 d 时 CK 处理的变化幅度为 7.59%～32.22%，接种 P 菌 NPQ 值的变化幅度为 0.06%～32.77%，接种 S 菌的变化幅度为 2.77%～27.15%；60 d 时 CK 处理的变化幅度为 11.60%～105.93%，接种 P 菌处理的变化幅度为 8.16%～84.41%，接种 S 菌的变化幅度为 14.27%～98.52%。相同处理时间不同浓度下 CK 处理的变化幅度显著高于接种 P 菌、S 菌，60 d 时 CK 与 S 菌间的差异性显著（P＜0.05）。

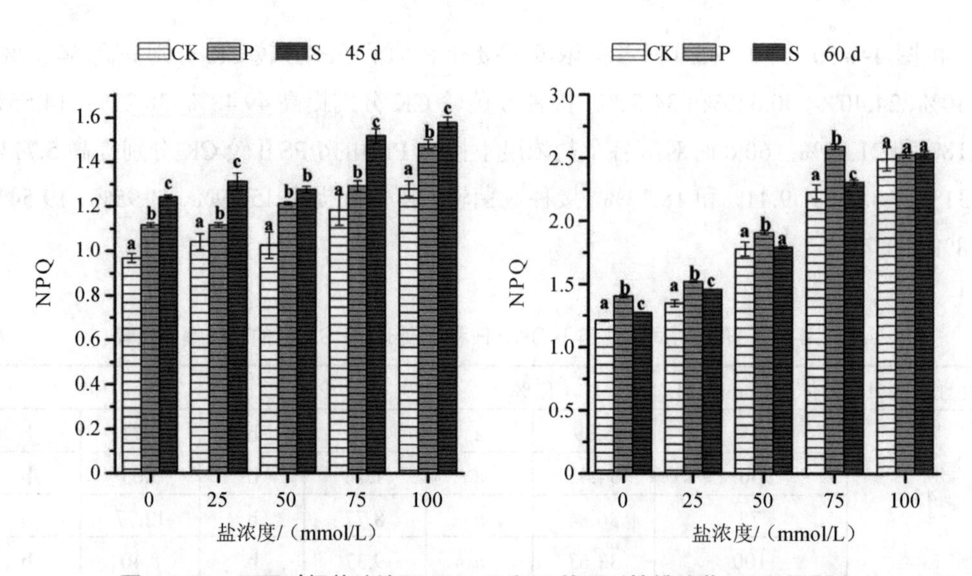

图 4-4-51 不同时间盐胁迫下 CK、P 和 S 处理对核桃幼苗 NPQ 的影响

表 4-4-21 不同时间盐胁迫下 CK、P 和 S 处理 NPQ 值的变化幅度比较

处理时间/d	盐浓度/（mmol/L）	CK/%		P/%		S/%	
45	25	7.59	a	0.06	b	5.64	a
	50	6.01	a	8.77	a	2.77	b
	75	22.36	a	15.71	b	22.29	a
	100	32.22	a	32.77	a	27.15	b
60	25	11.60	b	8.16	c	14.27	a
	50	47.08	a	35.81	c	40.51	b
	75	84.20	a	84.41	a	80.62	b
	100	105.93	a	79.62	c	98.52	b

4.2.4 菌根真菌对盐胁迫下核桃幼苗生理特性的影响

4.2.4.1 菌根真菌对盐胁迫下核桃幼苗超氧化物歧化酶活性的影响

由图 4-4-52 可知，在 45 d 不同浓度盐胁迫下，随盐浓度升高三种处理的核桃幼苗超氧化物歧化酶均呈升高趋势，接种 P 菌、S 菌后的核桃幼苗 SOD 与 CK 处理间存在显著差异性（$P<0.05$）。在 60 d 时三种处理的 SOD 活性随盐浓度升高而呈先升后降的趋势，三种处理间存在显著差异（$P<0.05$）。同一时间下，接种 P 菌、S 菌显著高于 CK 处理。

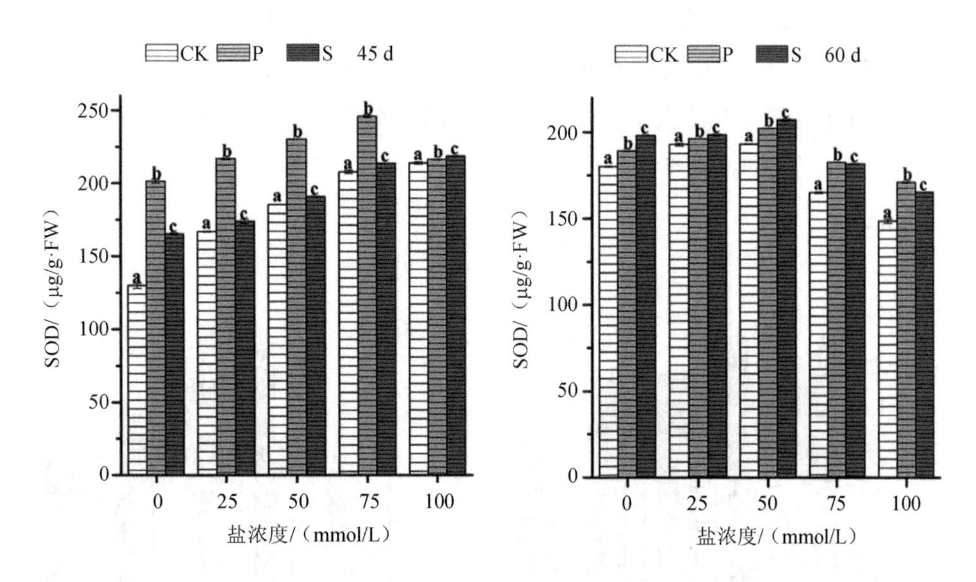

图 4-4-52　不同时间盐胁迫下 CK、P 和 S 处理对核桃幼苗 SOD 活性的影响

由表 4-4-22 可知，45 d 时 CK 处理的变化幅度为 28.41%～64.53%，接种 P 菌 SOD 的变化幅度为 0.58%～22.09%，接种 S 菌的变化幅度为 5.18%～32.04%；60 d 时 CK 处理的变化幅度为 7.10%～–17.48%，接种 P 菌处理的变化幅度为 7.02%～–9.54%，接种 S 菌的变化幅度为 4.45%～–16.66%。相同处理时间不同浓度下 CK 处理的变化幅度显著高于接种 P 菌、S 菌，接种 P 菌与 CK 间存在显著差异性（$P<0.05$）。

表 4-4-22　不同时间盐胁迫下 CK、P 和 S 处理 SOD 值的变化幅度比较

处理时间/d	盐浓度/（mmol/L）	CK/%		P/%		S/%	
45	25	28.41	a	0.58	c	5.18	b
	50	42.65	a	14.31	b	15.26	b
	75	59.75	a	22.09	b	28.98	b
	100	64.53	a	7.32	c	32.04	b
60	25	7.10	a	3.81	b	0.10	c
	50	7.24	a	7.02	b	4.45	c
	75	–8.31	a	–3.47	b	–8.44	a
	100	–17.48	a	–9.54	b	–16.66	a

4.2.4.2　菌根真菌对盐胁迫下核桃幼苗丙二醛含量的影响

由图 4-4-53 可知，在 45 d 不同浓度盐胁迫下，随盐浓度升高 CK 处理的核桃幼苗 MDA 含量均呈升高趋势，接种 P 菌、S 菌呈下降趋势，三种处理间存在显著差异（$P<$

0.05）。在 60 d 时接种处理的 MDA 含量随盐浓度升高而呈先升后降的趋势，CK 处理呈上升趋势，接种处理与 CK 处理间存在显著差异（$P<0.05$）。除了 45 d、0 mmol/L 盐浓度处理外，其余各对应盐浓度下 CK 处理的 MDA 含量均显著高于接种处理。

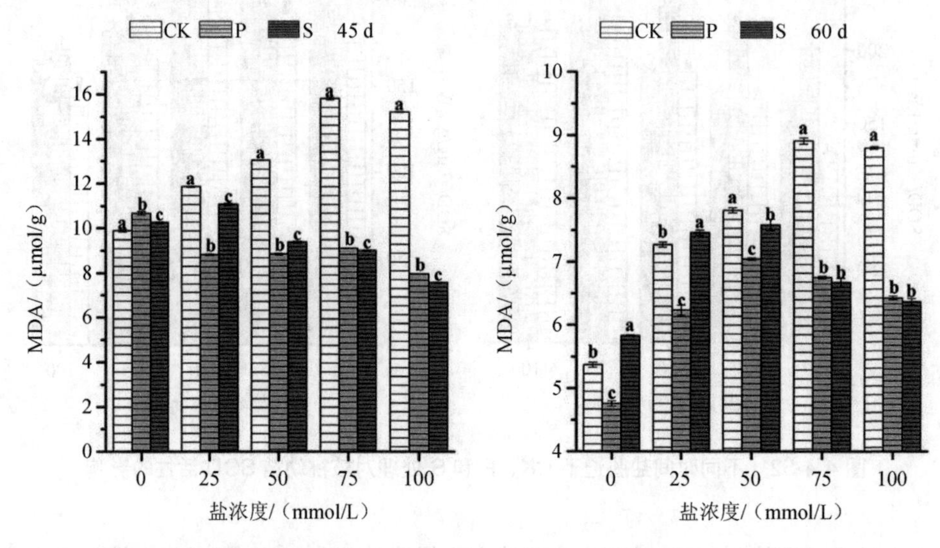

图 4-4-53 不同时间盐胁迫下 CK、P 和 S 处理对核桃幼苗 MDA 含量的影响

由表 4-4-23 可知，45 d 时 CK 处理的变化幅度为 19.92%～59.86%，接种 P 菌 MDA 含量的变化幅度为–14.60%～–25.38%，接种 S 菌的变化幅度为 7.93%～–26.15%；60 d 时 CK 处理的变化幅度为 35.28%～65.75%，接种 P 菌处理的变化幅度为 31.06%～47.99%，接种 S 菌的变化幅度为 9.23%～29.93%。相同处理时间不同浓度下 CK 处理的变化幅度显著高于接种 P 菌、S 菌，接种 P 菌、S 菌与 CK 间存在显著差异性（$P<0.05$）。

表 4-4-23 不同时间盐胁迫下 CK、P 和 S 处理 MDA 含量的变化幅度比较

处理时间/d	盐浓度/（mmol/L）	CK/%		P/%		S/%	
45	25	19.92	a	–17.38	b	7.93	c
	50	31.85	a	–17.06	b	–8.59	c
	75	59.86	a	–14.60	b	–12.19	b
	100	53.79	a	–25.38	b	–26.15	b
60	25	35.28	a	31.06	b	27.89	c
	50	45.27	b	47.99	a	29.93	c
	75	65.75	a	41.97	b	14.33	c
	100	63.78	a	35.21	b	9.230	c

4.2.4.3　菌根真菌对盐胁迫下核桃幼苗叶绿素总含量的影响

由图 4-4-54 可知，相同处理时间下，随盐浓度的升高，三种处理的叶绿素总含量呈先升高后降低的趋势，60 d 时接种处理与 CK 处理存在显著差异（$P<0.05$）。45 d 时各盐浓度下接种 P 菌的叶绿素总含量较 CK 提高 21.39%、26.63%、6.97%、11.79%和 2.27%，接种 S 菌较 CK 提高 32.16%、41.95%、7.31%、1.51%和 21.28%；60 d 时各盐浓度下接种 P 菌的核桃叶绿素总含量较 CK 提高 63.72%、43.20%、29.36%、17.78%和 0.25%，接种 S 菌较 CK 提高 99.02%、44.39%、30.78%、24.10%和 10.83%。不同盐浓度下 CK 处理的叶绿素总含量均显著低于接种处理，60 d 时接种 S 菌的叶绿素总含量高于接种 P 菌。

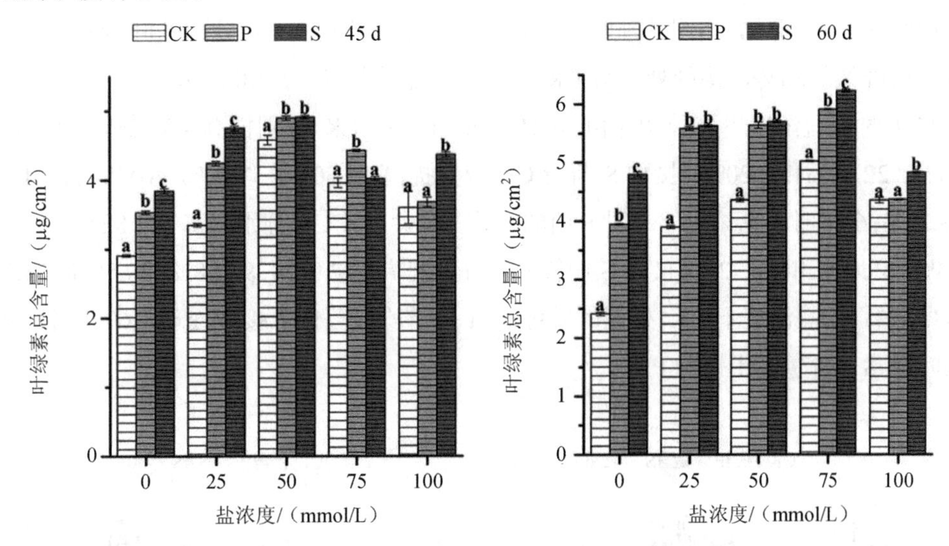

图 4-4-54　不同时间盐胁迫下 CK、P 和 S 处理对核桃幼苗叶绿素总含量的影响

由表 4-4-24 可知，45 d 时 CK 处理的叶绿素总含量变化幅度为 15.12%～57.39%，接种 P 菌的叶绿素总含量的变化幅度为 4.23%～38.70%，接种 S 菌的变化幅度为 4.52%～27.80%；60 d 时 CK 处理的变化幅度为 61.83%～108.30%，接种 P 菌处理的变化幅度为 10.66%～49.85%，接种 S 菌的变化幅度为 0.65%～29.89%。除 45 d、25 mmol/L 盐浓度外，相同处理时间不同浓度下 CK 处理的变化幅度显著高于接种 P 菌、S 菌，在 60 d 时接种 S 菌的变化幅度显著低于接种 P 菌，接种 P 菌、S 菌与 CK 间存在显著差异性（$P<0.05$）。

表 4-4-24　不同时间盐胁迫下 CK、P 和 S 处理叶绿素总含量的变化幅度比较

处理时间/d	盐浓度/（mmol/L）	CK/%		P/%		S/%	
45	25	15.12	c	20.10	b	23.65	a
	50	57.39	a	38.70	b	27.80	c

处理时间/d	盐浓度/（mmol/L）	CK/%		P/%		S/%	
45	75	36.08	a	25.32	b	4.520	c
	100	23.71	a	4.23	c	13.53	b
60	25	61.83	a	41.55	b	17.41	c
	50	80.91	a	42.94	b	18.88	c
	75	108.30	a	49.85	b	29.89	c
	100	80.73	a	10.66	b	0.65	c

4.2.4.4 菌根真菌对盐胁迫下核桃幼苗叶绿素 a 含量的影响

由图 4-4-55 可知，相同处理时间下，随盐浓度的升高，三种处理的叶绿素 a 含量呈先升高后降低的趋势，接种处理与 CK 处理存在显著差异（$P<0.05$）。

45 d 时各盐浓度下接种 P 菌的叶绿素 a 含量较 CK 分别提高 43.92%、35.25%、12.81%、22.14%和 8.20%，接种 S 菌较 CK 分别提高 66.50%、57.00%、10.76%、14.93%和 28.33%；60 d 时各盐浓度下接种 P 菌的叶绿素 a 含量较 CK 分别提高 134.82%、76.24%、44.14%、45.49%和 20.72%，接种 S 菌较 CK 分别提高 177.95%、95.08%、50.58%、53.33%和 33.71%。各盐浓度下 CK 处理的叶绿素 a 含量均显著低于接种处理，60 d 时接种 S 菌的叶绿素 a 含量高于接种 P 菌。

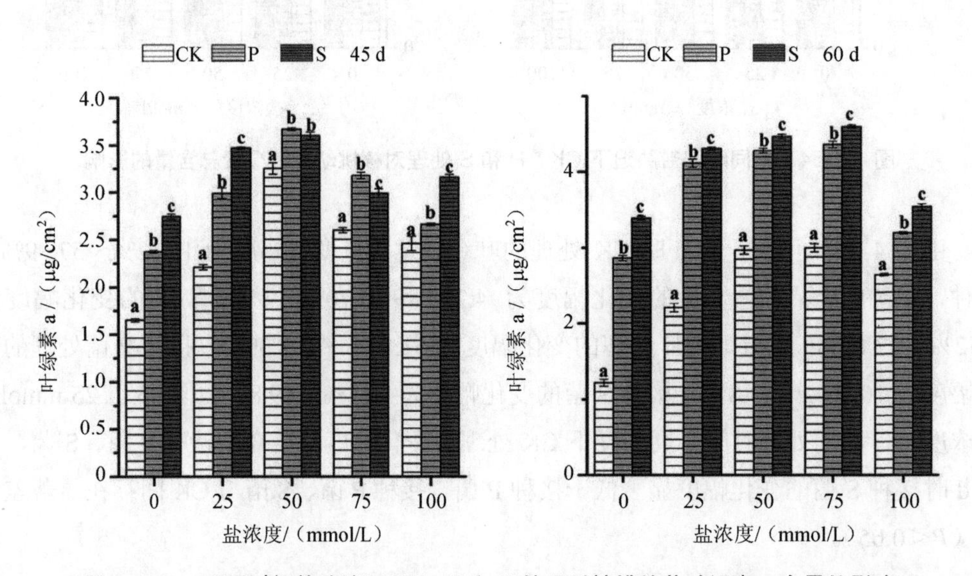

图 4-4-55 不同时间盐胁迫下 CK、P 和 S 处理对核桃幼苗叶绿素 a 含量的影响

表 4-4-25　不同时间盐胁迫下 CK、P 和 S 处理叶绿素 a 含量的变化幅度比较

处理时间/d	盐浓度/（mmol/L）	CK/%		P/%		S/%	
45	25	33.94	a	25.87	b	26.30	c
	50	96.97	a	54.40	b	31.02	c
	75	57.58	a	33.73	b	8.770	c
	100	49.09	a	12.09	b	14.91	b
60	25	81.15	a	43.64	b	27.14	c
	50	143.44	a	49.43	b	31.88	c
	75	145.90	a	52.36	b	35.65	c
	100	116.85	a	11.48	b	4.320	c

由表 4-4-25 可知，45 d 时 CK 处理的变化幅度为 33.94%～96.97%，接种 P 菌叶绿素 a 含量的变化幅度为 12.09%～54.40%，接种 S 菌的变化幅度为 8.77%～31.02%；60 d 时 CK 处理的变化幅度为 81.15%～145.90%，接种 P 菌处理的变化幅度为 11.48%～52.36%，接种 S 菌的变化幅度为 4.32%～35.65%，相同处理时间不同浓度下 CK 处理的变化幅度显著高于接种 P 菌、S 菌（$P<0.05$），接种 P 菌、S 菌与 CK 间存在显著差异性（$P<0.05$）。

4.2.4.5　菌根真菌对盐胁迫下核桃幼苗叶绿素 a、b 含量的影响

由图 4-4-56 可知，相同处理时间下，随盐浓度的升高，三种处理的叶绿素 a、b 含量整体呈先升高后降低的趋势，接种处理与 CK 处理存在显著差异（$P<0.05$）。45 d 时各盐浓度下接种 P 菌的叶绿素 a、b 含量较 CK 分别提高 56.65%、23.02%、21.69%、32.78%和 20.93%，接种 S 菌较 CK 分别提高 90.95%、39.21%、12.00%、51.50%和 20.97%；60 d 时各盐浓度下接种 P 菌的叶绿素 a/b 含量较 CK 分别提高 158.55%、114.06%、47.42%、89.87%和 76.04%，接种 S 菌较 CK 分别提高 135.37%、149.76%、70.16%、90.02%和 77.24%。各盐浓度下 CK 处理的叶绿素 a、b 含量均显著低于接种处理。

由表 4-4-26 可知，45 d 时 CK 处理的叶绿素 a、b 含量变化幅度为 45.99%～64.79%，接种 P 菌叶绿素 a、b 含量的变化幅度为 16.25%～44.95%，接种 S 菌的变化幅度为 4.39%～15.83%；60 d 时 CK 处理的变化幅度为 27.55%～108.41%，接种 P 菌处理的变化幅度为 2.75%～18.83%，接种 S 菌的变化幅度为 13.64%～50.68%。除 60 d、25 mmol/L 盐浓度外，相同处理时间不同浓度下 CK 处理的变化幅度显著高于接种 P 菌、S 菌（$P<0.05$），接种 P 菌、S 菌与 CK 间存在显著差异性。

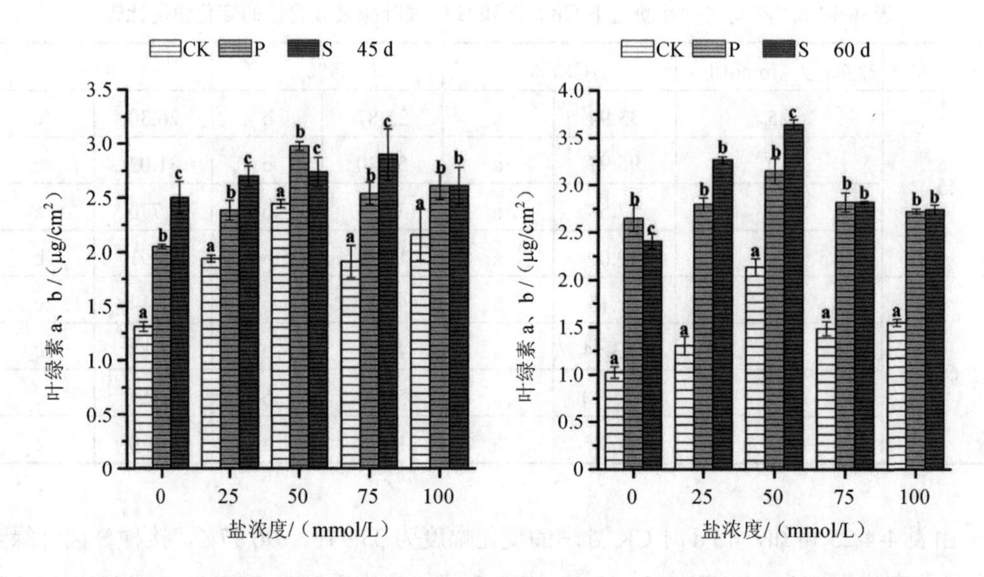

图 4-4-56　不同时间盐胁迫下 CK、P 和 S 处理对核桃幼苗叶绿素 a、b 含量的影响

表 4-4-26　不同时间盐胁迫下 CK、P 和 S 处理叶绿素 a、b 含量的变化幅度比较

处理时间/d	盐浓度/（mmol/L）	CK/%		P/%		S/%	
45	25	48.04	a	16.25	b	7.92	c
	50	86.60	a	0..95	c	9.45	b
	75	45.99	a	23.74	b	15.83	b
	100	64.79	a	27.21	b	4.39	c
60	25	27.55	b	5.61	c	35.35	a
	50	108.41	a	18.83	c	50.68	b
	75	44.86	a	6.38	c	16.95	b
	100	50.91	a	2.75	c	13.64	b

4.2.5　菌根真菌对核桃幼苗的耐盐性综合评价

采用隶属函数法，利用生长量、光合、生理各个指标，对不同盐深度胁迫下 3 个处理的耐盐性进行评价，其结果如表 4-4-27 所示。由表 4-4-27 可知，地上生长量位列前三的为 P—0 mmol/L、S—0 mmol/L、CK—0 mmol/L；地下生长量、生物量和综合排序的前三为 P—0 mmol/L、S—0 mmol/L、P—25 mmol/L。各类排序中最差的三位均为 CK 中的 50 mmol/L、75 mmol/L、100 mmol/L 盐浓度处理。接种 P 菌在 0～75 mmol/L 下的各项指标均优于 CK，且 P—75 mmol/L 的各项排序在 CK—25 mmol/L 之前；接种 S 菌除地上生长量排序外，也具有相同规律。随盐浓度升高，接种 S 菌的地上生长量排序优

于接种 P 菌。该结果表明，在土壤盐浓度为 75 mmol/L 时，接种 P 菌与 S 菌植株依旧能够正常生长；在 25 mmol/L 时，接种 P 菌能够达到 CK—0 mmol/L 盐浓度的生长效果；接种 S 菌对核桃幼苗地上生长量的促进效应更显著，但接种 P 菌综合评价高于接种 S 菌。因此在生产实践中可选用 P 菌、S 菌接种核桃进行生产，两种菌根与核桃幼苗共生后的耐盐性达到 75 mmol/L 盐浓度，过高的盐浓度依然会对核桃幼苗造成伤害。

表 4-4-27　不同处理的隶属函数综合排序

处理类型	盐浓度/（mmol/L）	地上生长量排序	地下生长量排序	生物量排序	综合排序
CK	0	3	4	4	4
	25	10	8	11	10
	50	11	12	13	13
	75	12	13	14	14
	100	13	14	15	15
P	0	1	1	1	1
	25	4	3	3	3
	50	7	5	6	6
	75	9	7	8	7
	100	11	9	12	11
S	0	2	2	2	2
	25	5	6	5	5
	50	6	9	7	8
	75	8	10	9	9
	100	9	11	10	12

5 结论

5.1 不同菌根对黑松和核桃的侵染性明显

未接种处理的黑松幼苗根系没有观察到菌根的结构，接种处理的幼苗不同程度地被侵染，且盐胁迫明显抑制了两种真菌在黑松幼苗上的发育，菌根侵染率随着盐浓度的增加呈逐渐降低的趋势。在无盐胁迫和低盐浓度（盐浓度为25 mmol/L、50 mmol/L）下，两个菌种间菌根侵染率有显著差异，表现为 PI＞LB。当盐浓度达到 75 mmol/L、100 mmol/L 时，两个菌种处理的黑松幼苗侵染率差异不显著。

接种30 d后对三种处理进行菌根真菌对核桃的侵染率测定，其中印度梨形孢对核桃的侵染率为42.7%，绒粘盖牛肝菌对核桃的侵染率为33.4%，对照没有侵染。

5.2 盐胁迫下不同菌种促进黑松的根系生长

接种印度梨形孢和双色蜡蘑均能缓解黑松幼苗在盐胁迫下生长受到的抑制，使黑松幼苗针叶黄化、干枯等盐害症状有所缓解，生长量显著增加。两种真菌的接种还促进了黑松幼苗根系的生长，使总根长、根系表面积、体积、分支数、根尖数、根系分形维数均增大，使根系更加发达，拥有更大的吸收面积。接种双色蜡蘑对黑松幼苗在盐胁迫下生长量增长的效果更好，其对根系生长的促进作用也优于印度梨形孢。

5.3 盐胁迫下不同菌种改善黑松的生理特性

在盐胁迫下，黑松幼苗渗透调节物质含量增加，抗氧化酶活性增强，接种印度梨形孢和双色蜡蘑的黑松幼苗与对照组相比均拥有更多的渗透调节物质含量和更强的抗氧化酶活性，以此来更好地缓解盐胁迫对植物产生的伤害。接种处理还可以提高盐胁迫下黑松幼苗的叶绿素总含量、叶绿素 a 含量和叶绿素 b 含量；缓解盐胁迫产生的气孔限制和非气孔限制，增强蒸腾速率和水分利用效率，提高黑松幼苗的净光合速率。接种印度梨形孢的黑松幼苗抗氧化酶活性和净光合速率最强，接种双色蜡蘑的黑松幼苗膜损伤程度最小。

5.4 筛选出适用于黑松的菌种

可溶性糖含量、脯氨酸含量、叶绿素 a 含量、株高、叶绿素总含量对各处理下黑松幼苗的耐盐性关联性较大，是衡量黑松幼苗耐盐性的首要指标。总体来看，接种双色蜡蘑对黑松幼苗耐盐性的作用优于接种印度梨形孢。双色蜡蘑在盐浓度为 25 mmol/L、50 mmol/L、75 mmol/L 时，对黑松生长起到更好的作用，而印度梨形孢在盐浓度为 100 mmol/L 时，更有利于黑松幼苗的生长。因此，在滨海盐碱地种植黑松接种菌根真菌时，应结合土壤中的 NaCl 浓度选择适宜的菌种。

5.5 不同菌根显著提升核桃的耐盐性

随盐胁迫浓度升高，接种 P 菌、S 菌与 CK 处理的核桃幼苗的株高、地径、叶片数、侧枝数等生长量指标，以及根茎叶鲜重与干重等生物量指标呈下降趋势，接种 P 菌、S 菌可有效促进盐胁迫下核桃幼苗生长量与生物量的积累，提高核桃的耐盐性。接种 P 菌、S 菌对核桃幼苗均具有显著促生作用，两种菌根与核桃幼苗共生后的耐盐性达到 75 mmol/L 盐浓度，过高的盐浓度依然会对核桃幼苗造成伤害。

5.6 盐胁迫下菌根显著增强核桃的光合作用

在叶绿素荧光反应中，三种处理的 F_v/F_m、F_v/F_o 值呈降低趋势，NPQ 值呈升高趋势，在 45 d 时 ΦPSⅡ值呈升高趋势，60 d 时 ΦPSⅡ值呈降低趋势。60 d 时接种 P 菌、S 菌的核桃幼苗实际光化学效率显著高于 CK 处理。盐胁迫下，接种 P 菌、S 菌能够提高盐胁迫下 PSII 系统反应中心的开放程度，增强核桃幼苗的光能利用效率、净光合速率与水分利用效率。随盐胁迫时长与程度的增加，接种 P 菌、S 菌与 CK 处理的 P_n、T_r 逐渐降低；相同处理时间下接种 P 菌、S 菌后核桃幼苗叶片的 P_n、T_r、WUE 和 CUE 值均高于 CK 处理，且接种后的气体交换参数等值的变化幅度小于对照处理。盐胁迫程度的增加对两种处理光合作用抑制程度逐渐加深，但接种 P 菌、S 菌可以有效保护叶绿体，降低叶绿素的分解，提高盐胁迫下核桃幼苗的光合作用，增强其耐盐性。接种 P 菌、CK 处理与接种 S 菌光合速率的下降因素均为非气孔限制，但机制不同；接种 P 菌与 CK 处理影响光合速率的限制因素由气孔限制转变为非气孔限制，而接种 S 菌光合限制因素始终为非气孔限制。

5.7 盐胁迫下菌根显著改善核桃的生理特性

盐胁迫下，接种处理有效提高盐胁迫下核桃幼苗叶片内的叶绿素含量，提高其光合作用，促进植株的生长。随盐浓度升高，在 45 d 时对照处理的核桃幼苗丙二醛含量呈上升趋势，而接种 P 菌、S 菌呈下降趋势，在 60 d 时 CK 处理呈上升趋势，接种处理呈先升后降的趋势，同一盐浓度下 CK 处理的丙二醛含量显著高于接种处理。在 45 d 时，三种处理的核桃幼苗 SOD 随盐浓度升高均呈升高趋势，在 60 d 时均呈先升后降的趋势，各处理时间接种 P 菌、S 菌处理后的 SOD 活性显著高于 CK。CK 处理的 MDA、SOD 变化幅度高于接种处理，接种 P 菌、S 菌显著提高了核桃幼苗叶片内的 SOD 活性，增强了抗氧化防御体系，降低丙二醛含量，减轻了膜脂的过氧化损伤，降低活性氧的含量。随着盐胁迫程度增加，三种处理的 Chl、Chl a、Chl a/b 呈先升后降的趋势，接种 P 菌、S 菌后核桃幼苗的叶绿素各指标均高于 CK 处理，且变化幅度小于 CK 处理。

不同立地类型沿海防护林群落结构优化模式研究报告

1 沿海地区植被类型及其群落特征分析

1.1 沿海防护林群落类型划分

参考山东省沿海防护林立地特征差异和群落物种组成特性，选择典型地段进行群落调查。采用样线法和临时标准地法进行调查，选取在生态环境、物种组成和群落结构等方面有代表性的群落类型为调查对象。依据距离海岸的远近，沿海防护林可分为灌木型、乔木型、乔灌复合型、农林复合型 4 个类型。按照防护目标的不同，沿海防护林划分为 3 个基本的类型：

1）濒海生态灌草带（灌木型）。近海位置，主干防护林前。植被以单叶蔓荆、刺藜等灌草为主。

2）主干生态防护林带（乔木型和乔灌复合型）。以黑松、柽柳等树种组成的生态型防护林带，间有紫穗槐、构树、荆条等树种。

3）多功能混交林带（乔木型和农林复合型）。主干防护林后，以刺槐、麻栎、杨树、白蜡等用材树种组成的混交林，以苹果、桃、杏、梨等为主的经济林。

1.2 群落组成结构的变化

1.2.1 植物的科属种组成

三种不同群落类型的群落组成有较大差异，所处环境的不同以及防护林的影响可能是其群落结构变化的主要因素。由表 5-1-1 可以看出，濒海生态灌草带维管束植物有 33 种，隶属于 19 科 33 属，其中灌木层植物 5 种，占 17.85%，隶属于 5 科 5 属；草本层 28 种，占 82.15%，分属于 14 科 28 属。主干防护林带的植物种类最多，共有 44 种植物，隶属于 18 科 43 属，其中灌木层有 7 种，占 15.91%，隶属于 7 科 7 属；草本层植物 37 种，占 84.09%，隶属于 11 科 36 属。多功能混交林带的植物种类略少于主干防护林带，共有植物种类 36 种，隶属于 19 科 36 属，其中灌木层植物 6 种，占 16.67%，分属于 6 科 6 属；草本层植物 30 种，占 83.33%，分属于 13 科 30 属。

由表 5-1-1 还可以看出，三种群落类型植物种类数多少顺序为主干防护林带＞多功能混交林带＞濒海生态灌草带。主干防护林带植物种类最多，相比于濒海生态灌草带和多功能混交林带，植物种类分别增加了 34.48%和 18.18%。

三种群落类型的变化特征反映了环境因素的变化特征，即随着距海距离的增大，环境条件如土壤养分的改善，物种丰富度随之增加。濒海生态灌草带的植物种类最少，说明滨海生态灌草带由于距离海岸较近，生境条件不适于植物生长，同时也在一定程度上说明沿海防护林对于环境的改善作用。

表 5-1-1　不同类型沿海防护林植物组成特点

样地类型		科		属		种	
		数量	比例/%	数量	比例/%	数量	比例/%
濒海生态灌草带	灌木层	5	26.31	5	17.85	5	17.85
	草本层	14	73.69	28	82.15	28	82.15
主干生态防护林带	灌木层	7	38.88	7	16.28	7	15.91
	草本层	11	61.12	36	83.72	37	84.09
多功能混交林带	灌木层	6	31.58	6	16.67	6	16.67
	草本层	13	68.42	30	83.33	30	83.33

1.2.2　植物的生活型组成

将不同海防林类型中的植物按照物种按性状进行划分（表 5-1-2）。由表 5-5-2 可以看出，不同群落类型植物的性状组成存在一定的差异，但不同群落类型都以草本为主，其次是灌木，藤本植物种类最少。濒海生态灌草带、主干生态防护林带、多功能混交林带中的草本种数几乎没有差别，分别占物种总数的 84.85%、84.09%和 83.34%；灌木相应为 12.12%、11.36%和 8.33%；藤本所占比例分别为 3.03%、4.55%和 8.33%。由此可见，随着距海距离的增大，灌木层的比例逐渐减小，藤本植物物种逐渐增多，草本植物种类的比例变化不明显。

表 5-1-2　不同海防林类型林下植物的生活型组成

群落类型	灌木		草本		藤本	
	数量	比例/%	数量	比例/%	数量	比例/%
濒海生态灌草带	4	12.12	28	84.85	1	3.03
主干生态防护林带	5	11.36	37	84.09	2	4.55
多功能混交林带	3	8.33	30	83.34	3	8.33

相对于草本和藤本植物，灌木由于体形较大，生长需要更多的养分、水分和生存的空间，在防护林带由于人工林防护林占据了比较多资源，从一定程度上限制了灌木的生

长。藤本植物多数不耐旱，防护林带在林下为其提供了比较适宜的温度和湿度，因此数量较多。草本灌木、草本和藤本植物的搭配比例反映出植物群落垂直结构的构成。

1.2.3　沿海防护林林下植物种对的关联度分析

1.2.3.1　优势灌草层植物种类

在此次调查中共设立 107 个样方，记录灌草层植物 91 种，其中灌木 7 种，剔除频度小于 2%的偶见种后，选取 12 个优势种（表 5-1-3）。根据频度列成 0，1 形式的二元数据矩阵，使用种间关联计算软件进行种间联结相关数据计算。

表 5-1-3　不同类型沿海防护林灌草层内主要物种序号及种名

	种名	群落类型		种名	群落类型
1	茜草	■	7	小白酒草	●▲
2	狗尾草	■●▲	8	单叶蔓荆	▲
3	藜	■●▲	9	胡枝子	●
4	鸭跖草	■	10	猪毛菜	●
5	萝藦	■	11	鬼针草	●■
6	葎草	■	12	茅叶荩草	■

注：▲代表滨海生态灌草带；●代表主干生态防护林带；■代表多功能混交林带

1.2.3.2　群落总体关联分析

通过对筛选出的 12 个主要种的数据计算，结果如表 5-1-4 所示。

表 5-1-4　群落总体关联分析

	滨海生态灌草带	主干生态防护林带	多功能混交林带
方差比率（VR）	1.098	0.880	1.056
显著性检验（W）	37.348	33.422	17.978
关联程度	正关联	负关联	正关联

表 5-1-5　三种群落灌草层植物种 χ^2 检验检验结果

植物群落	极显著关联种对数（$P<0.01$）		显著关联种对数（$P<0.05$）		不显著关联种对数（$P>0.05$）	
	正相关	负相关	正相关	负相关	正相关	负相关
滨海生态灌草带	0	0	0	0	4	2
主干生态防护林带	0	0	1	4	7	3
多功能混交林带	0	0	1	5	11	11
合计	0	0	2	9	22	16

从主要种间总体关联性分析结果可以看出，滨海生态灌草带植被群落种间的总体关联性的方差均值VR（灌草）=1.098、VR（刺槐）=1.057，大于1，VR（黑松林）=0.879，小于1，群落总体表现显示为不显著的正相关性。说明沿海防护林群落随着时间的推移，群落结构相对不稳定。本研究计算的物种共12种，由表5-1-5可以知道，经χ^2检验滨海生态灌草带呈正关联种对数有4对，占总种对的66.7%，但未达显著水平；主干生态防护林带中呈正关联种对共8对，占总种对的53.3%，其中胡枝子—猪毛菜之间的正关联达显著水平；多功能混交林带内共出现频度大于2%的物种8种，其中呈现正关联的种对12对，茜草-鸭跖草连接性呈显著正关联（图5-1-1）。

一	种名	2	7	8
3	藜	■	■	■
2	狗尾草		■	□
7	小白酒草			□

二	种名	2	10	11	3	7
9	胡枝子	◇	◆	□	■	■
2	狗尾草		■	■	◇	◇
10	猪毛菜			□	■	■
11	鬼针草				□	◇
3	藜					■

三	种名	2	3	4	5	6	11	12
1	茜草	□	■	◆	■	◇	□	□
2	狗尾草		■	■	■	□	■	□
3	藜			■	■	□	◇	□
4	鸭趾草				■	□	◇	□
5	萝藦					■	◇	◇
6	荏草						□	□
11	鬼针草							■

图5-1-1 三种类型沿海防护林林下植物种对的χ^2检验半矩阵

注：▼ 无关联；正关联：■ 不显著 ◆ 显著 ★ 极显著；负关联：□ 不显著 ◇ 显著 ☆ 极显著

1.2.3.3 Ochiai关联度指数

χ^2检验提供了判断种间联结性显著与否的结论，但那些经检验不显著的种对，并不意味着它们之间不存在联结性。因此，本研究用Ochiai关联度指数来表示物种间关联程度的大小（OI）。

表5-1-6 Ochiai关联度指数测定结果

植物群落	Ochiai 指数种对数				
	−0.4＜OI≤−0.2	−0.2≤OI＜0.2	0.2≤OI＜0.4	0.4≤ OI＜0.6	0.6≤OI
滨海生态灌草带	1	1	3	1	0
主干生态防护林带	3	5	3	3	1
多功能混交林带	2	13	3	6	4

由表5-1-6可以知道，在三种类型沿海防护林内，主干生态防护林带和多功能混交林带内出现的物种间Ochiai指数在−0.2≤OI＜0.2之间的最多，分别为5对和13对，占了总对数的33.3%和46.4%；关联度指数在0.2≤OI＜0.4的种对在滨海生态灌草带共出现3对（藜-小白酒草、狗尾草-小白酒草、藜-单叶蔓荆），主干生态防护林内出现3对，

多功能混交林带内出现 3 对；关联度指数大于 0.6 种对在主干生态防护林仅有 1 对（狗尾草-鬼针草），多功能混交林带 4 对（茜草-鸭跖草，茜草-萝藦，藜-鸭跖草，鸭跖草-萝藦）。以上结果在 χ^2 检验中也均呈现不显著相关，说明 Ochiai 关联度检验与 χ^2 检验的结果比较一致。但也有的种对，如 2～3 种对，在 χ^2 检验中是不显著相关，而 Ochiai 关联度却比较低，说明 χ^2 检验只能做一般的定性分析，在研究对象需要精确分析时，需要结合其他分析方法进行研究，这与以前的研究结果是一致的（图 5-1-2）。

一	种名	2	7	8
3	藜	▲	●	●
2	狗尾草		●	★
7	小白酒草			○

二	种名	2	10	11	3	7
9	胡枝子	★	▲	★	●	★
2	狗尾草		▲	〓	○	★
10	猪毛菜			○	▲	●
11	鬼针草				○	★
3	藜					●

三	种名	2	3	4	5	6	11	12
1	茜草	△	▲	〓	〓	★	○	★
2	狗尾草		▲	●	▲	★	▲	○
3	藜			〓	▲	★	★	★
4	鸭跖草				〓	★	★	★
5	萝藦					●	★	★
6	荩草						★	★
11	鬼针草							●

图 5-1-2　三种典型群落主要种对 Ochiai 指数半矩阵

注：△ -0.6＜OI≤-0.4　○ -0.4＜OI≤-0.2　★ -0.2＜OI＜0.2　● 0.2≤OI＜0.4　▲ 0.4≤OI＜0.6　〓 0.6≤OI

1.2.3.4　Jaccard 关联度指数

由于 Jaccard 指数的准确性要高，所以通常用 Jaccard 指数来对其他指数进行检验（JI）。

表 5-1-7　Jaccard 关联度指数测定结果

植物群落	Jaccard 指数种对数					
	-0.4＜JI≤-0.2	-0.2＜JI＜0	JI=0	0＜JI＜0.2	0.2≤JI＜0.4	0.4≤OI
滨海生态灌草带	0	2	0	2	2	0
主干生态防护林带	1	5	1	4	3	1
多功能混交林带	0	3	12	2	5	5
合计	1	10	13	8	10	6

由表 5-1-7 可以看出，在不同群落中种对之间的 Jaccard 关联指数总体趋势与 Ochiai 指数一致，指数值在（-0.2＜JI≤0）范围内的较多，滨海生态灌草带、主干生态防护林带和多功能混交林带内分别为 2 对、6 对、15 对，分别占其总对数的 33.3%、40.0%、55.5%，都几乎都达到了总对数的一半，Jaccard 指数中绝对值最大的（0.4≤OI）有 6 对与 Ochiai 指数检测出关联度最大（0.6≤OI）的结果几乎一样，说明 Ochiai 指数的检测

结果是比较准确的，由表 5-1-7 可看出 JI 绝对值较小，即关联度小的种对占到了大部分，正关联的种对要大与负关联的种对，这与总体关联检测的结果也是相同的（图 5-1-3）。

一	种名	2	7	8
3	藜	◎	▲	◎
2	狗尾草		▲	△
7	小白酒草			△

二	种名	2	10	11	3	7
9	胡枝子	△	◎	△	▲	▲
2	狗尾草		◎	ʼ	△	△
10	猪毛菜			☆	◎	▲
11	鬼针草				△	★
3	藜					▲

三	种名	2	3	4	5	6	11	12
1	蓍草	☆	ʼ	ʼ	ʼ	★	△	△
2	狗尾草		◎	◎	◎	★	◎	△
3	藜			ʼ	◎	★	★	★
4	鸭跖草				ʼ	★	★	★
5	萝藦					▲	★	★
6	荏草						★	★
11	鬼针草							▲

图 5-1-3 Jaccard 指数半矩阵

注：☆ −0.4＜JI≤−0.2 △ −0.2＜JI＜0 ★ JI=0 ▲ 0＜JI＜0.2 ◎ 0.2≤JI＜0.4 # 0.4≤OI

1.3 群落多样性特征

1.3.1 物种重要值

群落多样性研究是群落生态学研究乃至整个生态学研究中十分重要的内容。其中群落在组成和结构上表现出的多样性是认识群落的组织水平，甚至功能状态的基础，也是生物多样性研究中至关重要的方面。不同的植物群落在结构和功能上都存在很大的差异，而具有不同功能作用的物种及其个体相对多度的差异是形成不同群落的基础。因此，对于群落组织化程度的测度指标即物种多样性的研究具有重要意义。

本研究植物物种的重要值是采用相对高度、相对盖度、相对频度综合起来反映种群中不同物种的相对重要性，重要值是一个相对客观的数值，能充分地显示出不同物种在群落中的地位和作用。根据植物出现频度每个调查地选取 14～16 种植物，对其物种重要值进行分析。

对寿光不同类型海防林林下植物物种的重要值的分析（表 5-1-8）。其中，濒海生态灌草带共出现了 12 种植物，以藜为优势种，其重要值为 22.32，其次为芦苇，其重要值为 18.15，重要值在 10 以上的还有 3 种，分别为牵牛（12.52）、猪毛菜（10.53）和葎草（11.71）。主干生态防护林带共出现植物 20 种，其中以结缕草为优势种，重要值为 21.49，其次为早熟禾，重要值为 16.71，重要值在 10 以上的还有猪毛菜和狗尾草。多功能混交林带共出现植物 13 种，其中以狗尾草为优势种，其重要值为 16.83，其次为地肤、盐草和猪毛菜，重要值分别为12.96、12.14和10.33。3种群落类型共有的植物有3种，分别为藜、鬼针草和猪毛菜，其中藜在濒海生态灌草带的重要值最大为22.32，其他两个群落类型中都很小；鬼针草最不适宜在主干生态防护林带生长，重要值只有1.452；猪毛菜在3种林带内重要值变化不大。濒海生态灌草带与主干生态防护林带共有的植物有5种，主干生态防护林带与多功能混交林带共有的植物有7种，而濒海生态灌草带与多功能混交林带共有的植物只有3种。

表5-1-8　寿光不同类型海防林灌草层植物物种及其重要值

种名	濒海生态灌草带	主干生态防护林带	多功能混交林带
芦苇	18.15		
藜	22.32	1.362	3.136
鬼针草	8.236	1.452	6.119
牵牛	12.52	2.440	
猪毛菜	10.53	14.38	10.33
葎草	11.71		
马蹄金	6.665		
萝藦		1.751	2.312
胡枝子	2.751	3.502	
地肤		8.221	12.96
结缕草		21.49	
早熟禾		16.71	
茅草		9.351	9.125
狗尾草		13.27	16.83
盐草			12.14

临朐不同类型海防林林下植物的重要值（表5-1-9）。其中，濒海生态灌草带出现植物种数有10种，其中以单叶蔓荆为优势种，重要值为25.53，其次为马唐，重要值为20.17；主干生态防护林带共出现植物14种，其中以细叶苔草为优势种，重要值为22.56，其次为隐子草，重要值为13.64，重要值在10以上的还有野大豆（10.25）、艾蒿（11.67）和茅叶荩草（10.35）。多功能混交林带共出现植物9种，其中以茅叶荩草为优势种，重要值为26.38，其次为商陆（16.25）。

3种群落类型没有共有植物，说明生境差异比较大。濒海生态灌草带与主干生态防护林带共有植物3种，分别为鬼针草、小白酒草和胡枝子，重要值都呈现减小的趋势。主干生态防护林带与多功能混交林带共有植物为5种，濒海生态灌草带与多功能混交林带没有共有的植物。

表 5-1-9 临朐不同类型海防林灌草层植物物种及其重要值

种名	濒海生态灌草带	主干生态防护林带	多功能混交林带
鬼针草	5.044	2.517	
小白酒草	9.572	3.571	
单叶蔓荆	25.53		
马唐	20.17		
胡枝子	5.872	3.254	
细叶苔草		22.56	
茅草		6.629	
隐子草		13.64	5.790
商陆		9.419	16.25
野大豆		10.25	
艾蒿		11.67	
蔷薇		9.804	3.031
茅叶荩草		10.35	26.38
麦冬			10.68
鸭趾草		8.302	9.128
醋酱草			5.126

对威海环翠区沿海防护林林下植物重要值分析结果显示（表 5-1-10），濒海生态灌草带共出现植物 7 种，以单叶蔓荆为优势种，重要值为 21.68，其次为茅草，其重要值为 17.85，重要值在 10 以上的植物还有 3 种，分别为白莲蒿（14.33）、紫菀（11.10）和看麦娘（13.90）。主干生态防护林带出现植物 17 种，以狗尾草为优势种，重要值为 22.54，其次为艾蒿，重要值为 16.43，重要值在 10 以上的植物还有 5 种。多功能混交林带出现植物 11 种，其中以鸭趾草为优势植物，其重要值为 27.91，其次为小白酒草（15.15）、葎草（12.95）、狗尾草（12.40）。

3 种群落类型没有共有的植物，说明其生境变化比较大。濒海生态灌草带与主干防护林带共有的植物有 3 种，分别为白莲蒿、紫菀和艾蒿，其中白莲蒿和紫菀的重要值有所减小，而艾蒿的重要值则为 16.43。主干防护林带与多功能混交林带共有的植物有 5 种，濒海生态灌草带与多功能混交林带共有的植物有 1 种，为小白酒草。

表 5-1-10 威海灌草层植物物种及其重要值

种名	滨海生态灌草带	主干生态防护林带	多功能混交林带
白莲蒿	14.33	12.75	
单叶蔓荆	21.68		
小白酒草	8.145		15.15
紫菀	12.43	11.10	
看麦娘	13.90		
茅草	17.85		
艾蒿	6.547	16.43	
狗尾草		22.54	12.40
决明		12.19	
鸭趾草		10.31	27.91
猪毛菜		11.24	4.209
鹅戎藤		5.154	4.574
鬼针草		8.233	6.630
葎草			12.95

1.3.2 林下植物多样性分析

植物的物种多样性是物种种类与数量的丰富程度的综合，是群落组织水平的生态学特征之一，体现了群落的结构类型、组织水平、发展阶段、稳定程度和生境差异，而且还可以反映群落或生境中物种的丰富度、变化程度或均匀度，与自然地理条件与群落的相互关系。因此，它在群落生态学、生物多样性保护及整个生态学研究中是十分重要的内容。

1.3.2.1 多样性指标变化特征

由于不同群落在结构和功能上都存在很大差异，这种差异主要取决于所组成物种的不同生物学特性。因此，对群落组织化程度的测试指标即物种多样性的研究具有十分重要的意义。

由图 5-1-4 可以看出，不同地区的 Simpson 指数与 Shannon-Wiener 指数变化趋势基本一致，3 个地区的多样性指数变化有显著差异，但都在多功能混交林带为最高，两种指数分别为 0.87、0.87、0.83 和 2.44、2.35、2.26，寿光和临朐地区的 Simpson 指数和 Shannon-Wiener 指数在滨海生态灌草带最低，分别为 0.79、0.78 和 2.21、2.15，威海地区两种多样性指数则是在主干生态防护林带最低，分别为 0.78、0.81 和 2.03、2.12。

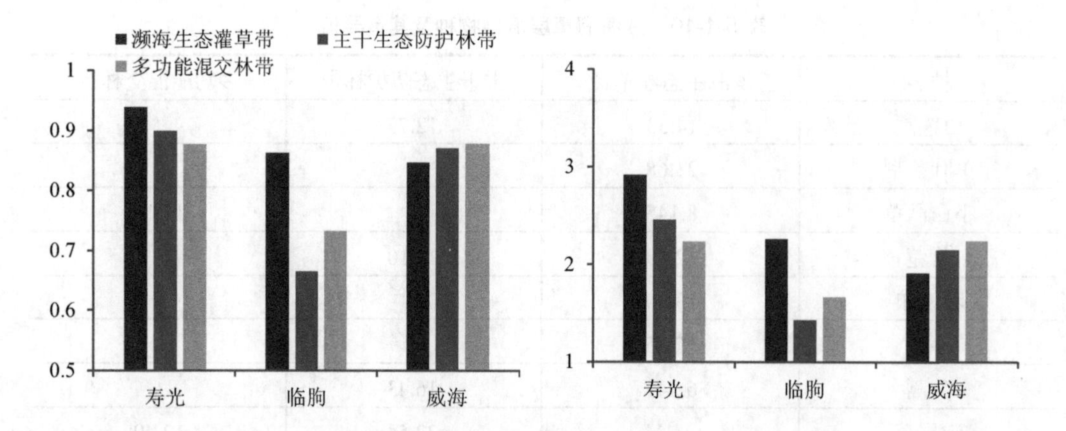

图 5-1-4 三种类型沿海防护林 Simpson 指数与 Shannon-Wiener

相对于防护林带，滨海生态灌草带距海较近，环境条件比较恶劣，植物种类较少并且生长相对集中，但是由于没有乔木的竞争，灌草植物可以充分利用生存空间，所以植物种类与数量都有一定的积累，充分体现了植物的生存能力；防护林带虽然土壤条件有所改善，植物种类和数量有所增加，但由于沙土占有一定比例且距海较近，地形地貌因子间接影响了林下光热和水分条件，这些林下生境的改变，直接影响了林下种的入侵和成活，而且由于处于黑松林下，地被植物较少，最终会影响林下多样性的水平；多功能混交林带多为阔叶林带，距海较远，环境条件比较适于植物生长，植物种类与数量有所增加。虽然种与种之间的存在资源竞争，但在这样的林分内，由于空间利用的不同，许多种共存，多样性水平较高，充分反映了植物与环境的协调能力。

1.3.2.2 均匀度指标变化特征

均匀度表征的是群落中不同物种多度分布的均匀程度，它独立于物种丰富度，在物种数目一定的情况下所观察多样性与最大可能多样性之比，它只与个体数量或生物量等指标在各个物种中分布的均匀程度有关系，因此均匀度较低表明群落内少数种居于优势地位（图 5-1-5）。

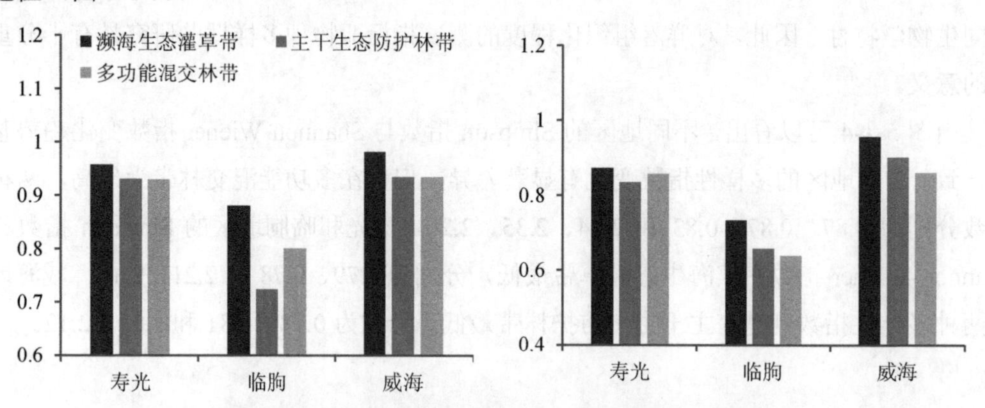

图 5-1-5 三种类型沿海防护林 Pielou 指数和 Alatalo 指数

由图 5-5-5 可以看出，不同地区 Pielou 指数和 Alatalo 指数两种指数变化趋势基本一致，除威海地区主干生态防护林带的均匀度指数最低外（Pielou 指数和 Alatalo 指数分别为 0.82 和 0.65），寿光和临朐地区群落的均匀度指数都为滨海生态灌草带最小，Pielou 指数和 Alatalo 指数分别为 0.73、0.75 和 0.65、0.77，且变化趋势为：多功能混交林带>主干生态防护林带>滨海生态灌草带。

滨海生态灌草带由于环境条件比较差，且盐分的分布并不均匀，使某种植物在比较适宜的区域会有比较密集的分布，当一种种群的数量在群落中占绝对优势时，组成群落的各个种群的个体分布就会出现明显的不均，导致均匀度降低；在主干生态防护林带，黑松防护林的固土保水作用极大地限制了盐分的集中，且黑松根系的活动使土壤的质地比较疏松，林下植物的分布也相应地比较平均，均匀度较大，可见防护林对于改良土壤和稳定植被的巨大作用；多功能混交林带距海较远，阔叶林较多的枯枝落叶增加了土壤有机质的含量，土壤的肥沃使区域的条件更加平均，且由于生境的改善，植物种类增多，各植物相互竞争和限制，最终形成比较稳定的布局，使群落结构更加均一。威海地区均匀度指数滨海生态灌草带比主干生态防护林带要大，原因可能是防护林带人为的干扰较严重，影响了防护林下植物的正常入侵和生长。

2 沿海地区土壤立地条件

土壤是森林系统营养元素的主要储存库，同时也是林木生长发育所需营养元素的主要来源，森林土壤肥力在很大程度上取决于林地土壤的物理性质，林地植被同时又影响着并改变着林地土壤的物理性质和化学性质。因此，研究土壤理化性质有着十分重要的作用，可以为制定林地林相改造措施提供科学依据。

2.1 土壤物理性质

2.1.1 土壤容重

土壤容重主要由土壤孔隙及土壤固体的数量决定，疏松多孔、富含有机质的土壤容重低，而坚实致密、有机质含量少的土壤容重较高。因此，容重对土壤多孔性质产生较大影响，并影响植物根系生长和生物量的积累，进而影响土壤的渗透性和保水能力。

由图 5-2-1 可以看出，各地区土壤容重变化于 1.45～1.62 g/cm^{3}之间，不同群落类型土壤容重变化规律为：滨海生态灌草带＞主干生态防护林带＞多功能混交林带，主干生态防护林带与滨海生态灌草带相比，土壤容重分别下降了 6.28%、3.22%和 1.25%，多功能混交林带与主干生态防护林带相比，土壤容重分别下降了 1.34%、0.66%和 5.08%。

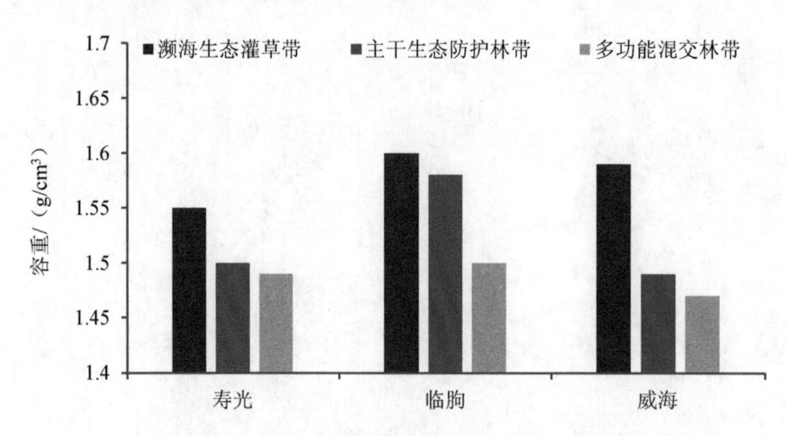

图 5-2-1 不同沿海防护林类型林地土壤容重

分析可以看出沙质海岸防护林对土壤物理性状有改善作用，原因主要是由于地表植被的增加，使林木根系和地表枯枝落叶层增加，导致土壤有机质、黏粒、粉粒的比例增加，使土壤的毛管孔隙度增加，肥力增强，同时土壤保水性得到改善。主干生态防护林带土壤容重比多功能混交林带小，即土壤质地比较紧实，主要是由于主干生态防护林带为针叶林，枯枝落叶少且不易分解，表层腐殖质含量低，对土壤改良作用有限，土壤紧实，而多功能混交林带的阔叶林枯落物较多，土壤腐殖质层较厚，所以土壤故容重较小。

2.1.2　土壤孔隙度

土壤孔隙是水分和空气的通道和储存所，它的组成状况直接影响土壤水、热、通气状况和根系穿插的难易，也影响土壤物质转化的速度与方向，对林木生长起着重要的作用。由图 5-2-2 可以看出，各地区土壤毛管孔隙度为 29.17%～46.83%，变化范围较大，不同地区毛管孔隙度表现出相同的变化规律：多功能混交林带＞主干生态防护林带＞滨海生态灌草带，即随着距海距离的增大，毛管孔隙度逐渐增大。相比于滨海生态灌草带，主干生态防护林带毛管孔隙度分别增加了 21.95%、13.67%、10.93%和 13.98%；多功能混交林带土壤孔隙度比主干生态防护林带分别增加了 12.27%、29.56%、17.29%和 40.84%。各地区土壤总孔隙度变化规律不同，寿光和威海以主干生态防护林带最低分别为 40.25%和 42.16%，临朐土壤总孔隙度最低的群落类型出现在滨海生态灌草带，不过各地区都以多功能混交林带总孔隙度为最大，比主干生态防护林带分别增加了 13.61%、8.94%和 7.42%，滨海生态灌草带与主干生态防护林带土壤总孔隙度相差不大。

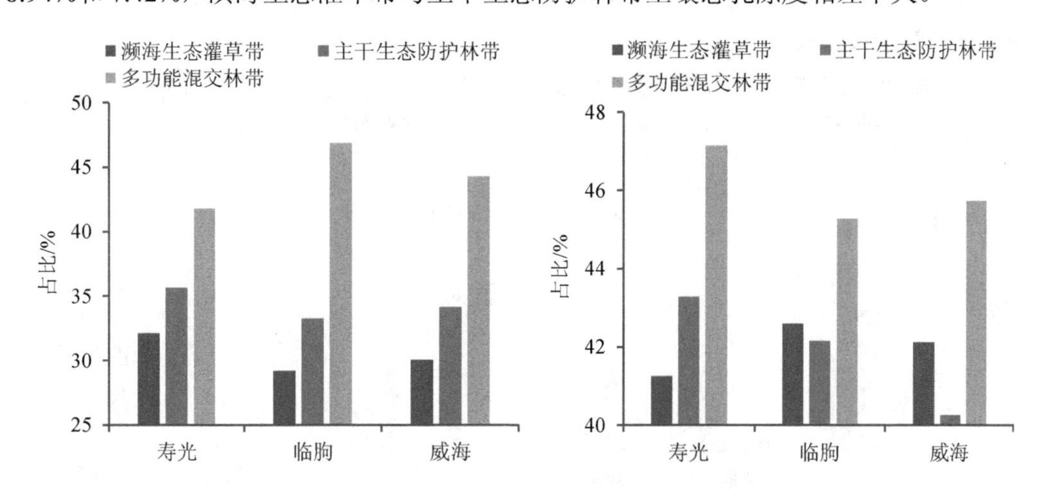

图 5-2-2　不同沿海防护林类型土壤毛管孔隙度和总孔隙度

土壤的孔隙度是由土壤类型决定的，也受群落类型的影响。滨海生态灌草带多为裸沙地，土壤总孔隙度较小，且多为通气空隙，毛管孔隙度较小；多功能混交林带多为壤土，总孔隙度较大且多为毛管孔隙；主干生态防护林带有部分人工造林时的回填土，土壤类型不一，且受黑松林的影响，土壤孔隙度受多方面的影响。林下枯落物较多的林地土壤孔隙度一般都大于枯落物较少的林地土壤，主要是由于枯落物的分解增加了土壤中有机质的含量。土壤有机质含量越高，团粒结构越多，则土壤颗粒排列越疏松，孔隙度越大，通气性及透水性能越好，致使土壤物理性状得以改善。

2.2 土壤化学性质

2.2.1 土壤 pH 值和盐碱度

土壤酸碱性是土壤形成过程中受生物、气候、地质、水文等因素综合作用所产生的重要属性，土壤 pH 变化不仅对土壤中营养元素的有效性，土壤离子的交换、运动、迁移和转换有直接影响，而且影响了物质的溶解，是影响土壤肥力的一个重要因素，pH 不仅直接影响植物的生长，而且左右一些土壤性质的变化。

由图 5-2-3 可以看出，各样地土壤的 pH 为 6.76～8.23，不同地区的土壤 pH 表现出不同的变化规律，威海地区滨海生态灌草带的 pH 最高，主干生态防护林带最低，而寿光和临朐地区 pH 变化规律为滨海生态灌草带＞主干生态防护林带＞多功能混交林带。由图 5-2-3 可以看出，不同地区的不同植被类型土壤的盐分含量表现出相同的变化趋势：多功能混交林带＞主干生态防护林带＞滨海生态灌草带，滨海生态灌草带的盐分含量最低，分别为 64.8 μS/cm、41.8 μS/cm、49.5 μS/cm 和 27.4 μS/cm，与寿光和临朐地区土壤 pH 的变化趋势恰好相反。

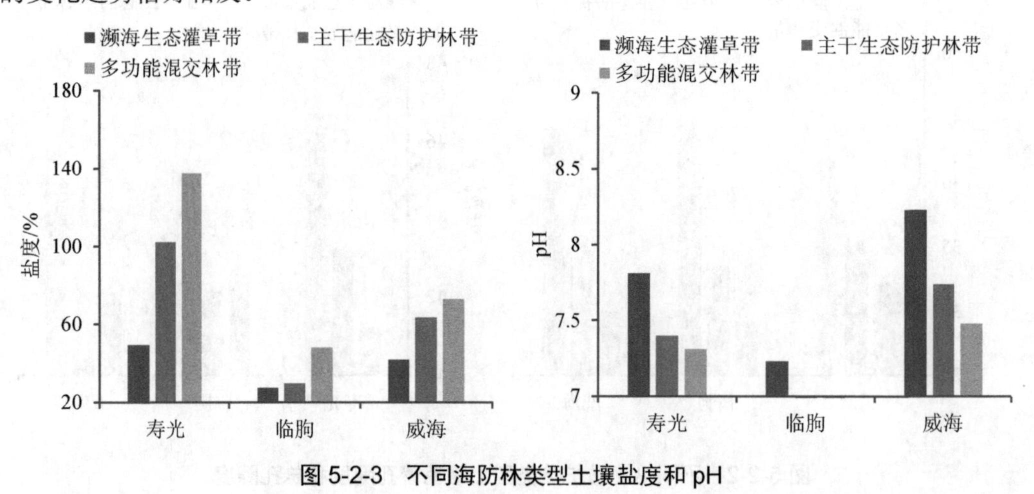

图 5-2-3 不同海防林类型土壤盐度和 pH

随着距海距离的增加，土壤有向碱性过渡的趋势，从滨海生态灌草带到主干生态防护林带，土壤的毛管孔隙度逐渐增加即壤土的含量逐渐增多，影响了土壤水分的含量。同时防护林带的人工林根系的在疏松土壤、增加土壤毛管孔隙度和保持水分方面发挥着重要作用，使得防护林带水分相对较高，一定程度上促进了碱金属和碱土金属的简单盐类从土壤中移出，从而使土壤碱性有降低的趋势。滨海生态灌草带距离海岸最近，但是由于土壤的淋溶作用，含盐量反而最低，多功能混交林带的土壤含盐量比主干生态防护林带的高，可能是由于距海较远，土壤中沙质土的比例较少，多功能混交林带地被植物的固土保水作用又很好地阻止了土壤的淋溶，使其含盐量反而最高。

2.2.2　土壤有机质及氮磷钾含量

2.2.2.1　有机质含量

土壤有机质是土壤肥力的物质基础，也是形成水稳性团聚体的基础，更是各种营养元素特别是氮、磷的主要来源，是土壤肥力高低的一个重要指标。土壤有机质强烈影响土壤渗透性、可蚀性、持水性和养分循环，能协调土壤水、肥、气、热状况，对酸、碱和有毒物质具有缓冲能力，是土壤良好的缓冲剂。

在自然植被条件下，土壤有机质含量的变化会受到气候条件、植被类型以及成土母质等诸多因素的影响。由图 5-2-4 可以看出，土壤有机质含量在不同样地中表现出相同的变化规律：多功能混交林带＞主干生态防护林带＞滨海生态灌草带，其中滨海生态灌草带的有机质含量最低，分别为 0.32 g/kg、0.43 g/kg、0.29 g/kg，多功能混交林带则大幅提高，比滨海生态灌草带分别高 181.2%、106.9%和 131.1%。土壤有机质处于不断的分解和形成的过程之中。一方面，由于微生物的作用，土壤有机质逐渐分解成供植物吸收利用的矿质离子；而另一方面，由于植物残体的输入，如自然植被下输入土壤的凋落物，残根以及根的分泌物和脱落物等的不断增加，土壤有机质也在不断积累。滨海生态灌草带的植物比较稀疏，植物残体较少导致有机质的积累有限，使有机质的含量偏低，而多功能混交林带有机质含量比主干生态防护林带高，则可能是由于针叶林相对于阔叶林来说，植被生物量较少，而且沙质土壤的含量较高，导致有机质含量较低。

2.2.2.2　速效氮含量

土壤中氮素的含量受自然因素如母质、植被、温度和降水量的影响，同时也受人为因素如利用方式、耕作、施肥及灌溉等措施的影响，较高的氮素含量往往被看成土壤肥沃程度的重要标志。由图 5-2-4 可以看出，土样速效氮含量在 22.4～71.2 mg/kg，处于较低水平，可以看出沿海地区土壤肥沃性较差，各地区不同群落类型土壤速效氮含量变化趋势一致：多功能混交林带＞主干生态防护林带＞滨海生态灌草带，即随着距海距离的增加，土壤速效氮的含量逐渐增大。其中，滨海生态灌草带的土壤速效氮含量最低，分别为 22.4 mg/kg、34.5 mg/kg 和 32.2 mg/kg。不同群落类型间差异速效氮含量的差异在一定程度上反映了防护林对土壤的改良作用，主干生态防护林带速效氮含量较高。这说明林下植物具有促进氮素营养元素在地表富集的作用，这可能与林下植物本身从土壤下层吸收养分，通过凋落物途径归还给土壤表层，并促进林木枯枝落叶的分解，还有拦蓄

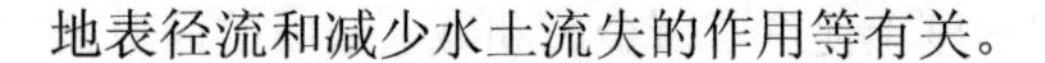

地表径流和减少水土流失的作用等有关。

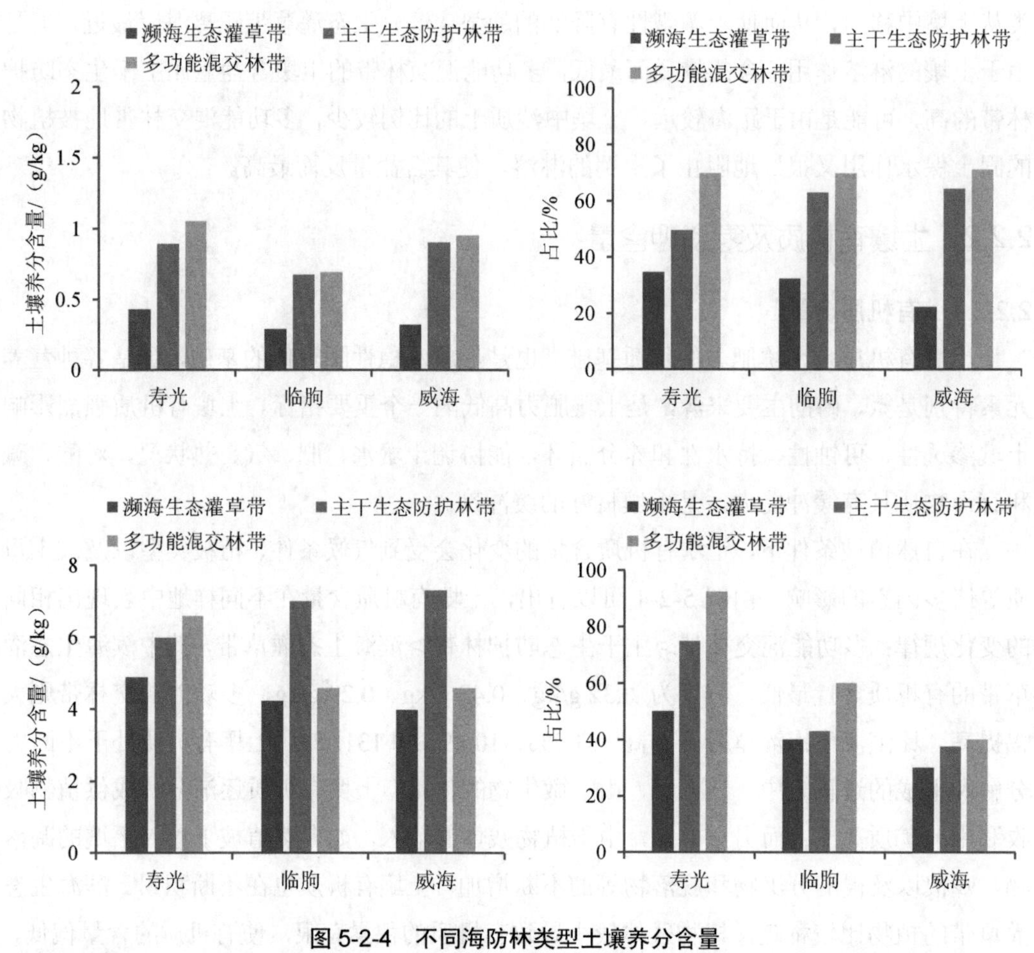

图 5-2-4 不同海防林类型土壤养分含量

2.2.2.3 有效磷含量

土壤全磷含量主要决定于土壤母质类型和磷矿石肥料，不能作为土壤磷素供应水平的确切指标，因为土壤中的大部分（95%以上）磷素是以迟效状态存在的。所谓土壤有效磷，指土壤中可被植物吸收的磷组分，包括部分或全部吸附态磷及有效状态有机磷，在有的土壤中还包括某些沉淀态磷。土壤有效磷的含量随着土壤类型、气候、施肥水平、灌溉、耕作栽培措施等条件的不同而有所不同，测定土壤有效磷含量，能够了解土壤的供磷情况。

对各样地有效磷分析表明，各样地有效磷含量为 3.97～10.61 mg/kg，总体上含量处于中等偏下水平，是影响林木生长的一个制约因素。其中不同地区各样地有效磷含量在不同群落类型中变化趋势不尽相同，临朐地区都以多功能混交林带的有效磷含量最高，为 6.57 mg/kg，寿光和威海地区则是以主干生态防护林带有效磷含量最高，分别为 7.28 mg/kg 和 6.98 mg/kg; 三个地区的土样有效磷含量都是以滨海生态灌草带含量最低，分别为 3.97 mg/kg、4.88 mg/kg 和 4.22 mg/kg，距海较远的主干生态防护林带则有了大幅的提高，比滨海生态灌草带分别增加了 83.33%、22.25%和 65.24%。

滨海生态灌草带的有效磷含量普遍较低，是植物正常生长的一个限制因素。主干生态防护林带和多功能混交林带的有效磷含量虽比滨海生态灌草带有较大幅度的提高，但仍然处于中等偏下水平，有可能限制植物的生长。造成磷元素含量变化可能有来自两个方面的因素，一方面在滨海生态灌草带，沙土地保肥保水性能较差，土壤的淋溶作用可能造成磷元素的损失；另一方面枯枝落叶层的厚度和腐殖质厚度随着演替的进行，呈增加趋势，这就使植物吸收的磷在移出土壤进入植物体后不能及时返回土壤，阻碍了磷的循环。

2.2.2.4　速效钾含量

钾是土壤重要的理化指标，亦是作物吸收量最多的营养元素之一。钾素能增强植物的抗病力，并能缓和由于氮肥过多所引起的有害作用。钾能减少蒸腾，调节植物组织中的水分平衡，提高植物的抗旱性。在严寒冬季，钾肥可以促进植物体中淀粉转化为可溶性糖类，从而提高植物的抗寒性。土壤中的钾分为无效态钾、缓效态钾和速效钾三种形式。土壤钾全量反映了土壤钾素的潜在供应能力，土壤速效钾则是土壤钾素的现实供应指标。

不同地区速效钾含量都是滨海生态灌草带最低为 25 mg/kg，地区主干生态防护林带含量最高为 60 mg/kg，其次为多功能混交林带 55 mg/kg，寿光、临朐的速效钾含量变化趋势都表现为：多功能混交林带＞主干生态防护林带＞滨海生态灌草带，与距海距离变化一致。

滨海生态灌草带的土壤含钾量最低，可能是因为土壤速效钾主要依靠植被枯落物分解后归还补偿，滨海生态灌草带植被稀少，枯枝落叶量也相应稀少，从而造成土壤有效钾含量偏低。多功能混交林带速效钾含量较主干生态防护林带比较高，可能是因为主干生态防护林带为针叶林，并且为常绿植物，枯枝落叶较少，而且林下植物总量较少，致使钾的分解速度缓慢，使得植物根系对土壤有效钾的吸收速度大于枯枝落叶有效钾的补偿速度，导致钾含量降低。

3 不同立地类型沿海防护林树种生长适宜性

3.1 沿海山地主要树种根叶功能性状与立地的关系

3.1.1 树种材料及来源

本研究所采集树种来自威海市环翠区望岛村西北部的仙姑顶，地理位置为北纬37°28′，东经 122°06′，海拔 375 m。年平均气温 11.5 ℃，年平均降水量 778.4 mm，年平均日照 2 569.4 h。该山地坡度较大，为典型石灰岩山地，石砾含量多，土壤干旱，春夏干旱最为严重。山地植被主要以丛生灌木或者小乔木居多，乔木树种有白榆 *Ulmus pumila*、麻栎 *Quercus acutissima*，主要灌木种类有扁担木 *Grewia biloba* var.*parviflora*、胡枝子 *Lespedeza* sp.、木蓝 *Indigofera tinctoria* 等。

本研究选择的 11 种乔灌木来自同一样方内共生的植物种类（表 5-3-1）。样方面积 10 m×10 m，植被总盖度约 0.9，草本层盖度约 0.4，优势草本植物为霞草 *Gypsophila paniculata*、地榆 *Sanguisorba officinalis*、百里香 *Thymus mongolicus*、地锦 *Parthenocissus tricuspidata*、狗尾草 *Setaria viridis* 等。叶片采集于生长季 8 月份进行。在样地内每种植物挑选三株，采集生长良好且无损的 3 个成熟叶片，样品采集部位依据单叶与复叶进行均匀取样（图 5-3-1）。采集时，在叶片上使用单面刀片现场切取三片 0.5 cm×0.5 cm 的保留主脉的叶脉小片以及主脉附近的叶切片。样本采样结束后使用装有 FAA 固定液的容器现场固定，低温保存。

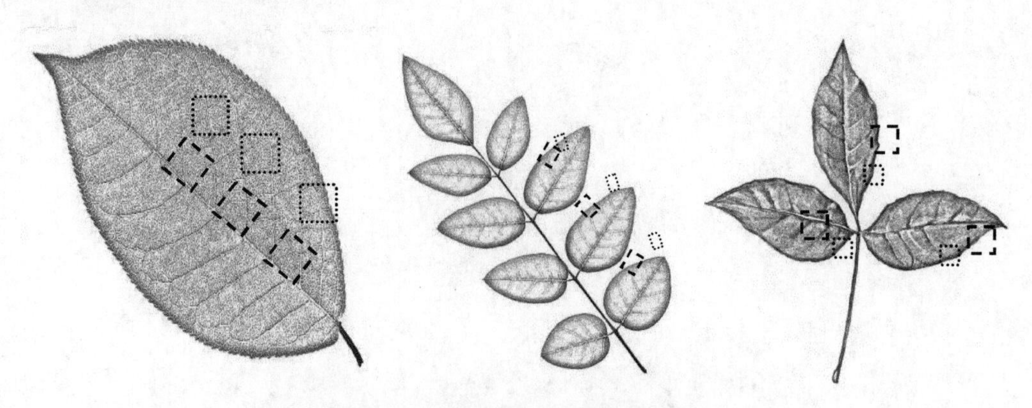

图 5-3-1 不同类型叶片采集示意

表 5-3-1　样地内共生的 11 个树种

代码	树种	科	落叶/常绿	生活型	叶型
ULPU	白榆	榆科	D	A	S
CUTR	柘树	桑科	D	A	S
QUAC	麻栎	壳斗科	D	A	S
GRBI	扁担木	椴树科	D	S	S
POTO	毛白杨	杨柳科	D	A	S
AMFR	紫穗槐	蝶形花科	D	S	C
INTI	木蓝	蝶形花科	D	S	C
ARSE	葛藤	蝶形花科	D	V	C
LEBI	二色胡枝子	蝶形花科	D	S	C
LEFO	美丽胡枝子	蝶形花科	D	S	C
LETO	绒毛胡枝子	蝶形花科	D	S	C

A：乔木；S：灌木；V：藤本；D：落叶型；S：单叶；C：复叶。

3.1.2　叶片解剖学特性

从叶片解剖结构可以看出 11 个树种均为异面型叶，该类型叶片在解剖结构上具有显著的栅栏组织和海绵组织区分（图版 1）。对各树种叶解剖特征参数统计发现，二色胡枝子叶上表皮（UE）厚度最大（69.66 μm），扁担木叶片的上表皮厚度最小（23.90 μm），仅为二色胡枝子叶片上表皮厚度的 1/3。毛白杨叶片的栅栏组织厚度最大（171.87 μm），葛藤叶片栅栏组织厚度最小（66.94 μm）（图 5-3-2）。

从 11 个树种的生活型来看，三类生活型树种的平均表皮厚度差异不大，乔木、灌木叶片的表皮厚度均比藤本植物略大。其中，乔木型树种叶片的上表皮平均厚度较大，为 35.44 μm；灌木型则为 34.61 μm，藤本植物叶片上表皮平均厚度最小（25.44 μm）。乔木型树种叶片栅栏组织平均厚度为 124.11 μm，灌木次之（99.16 μm），藤本植物的叶片栅栏组织厚度最小，仅有 66.94 μm。但是，灌木型树种叶片海绵组织平均厚度最大，其次为乔木型，藤本植物的仍然最小（31.08 μm）。三种生活型树种栅栏组织与海绵组织厚度比在 2.0～3.0，乔木的最大，灌木的最小（表 5-3-3）。

表 5-3-2　11 个树种叶剖面性状

树种	上表皮厚度 UE/（δ/μm）	下表皮厚度 LE/（δ/μm）	栅栏组织厚度 PT/（δ/μm）	海绵组织厚度 ST/（δ/μm）	栅栏组织/海绵组织厚度 PT/ST
白榆	45.18±3.11 b	23.17±1.65 b	108.58±5.45 bc	40.17±3.21 de	2.78±0.14 bc
柘树	46.81 ±2.15 b	22.29±0.74 b	119.03±3.63 b	41.92±2.15 d	2.91±0.20 b
麻栎	25.87±1.22 de	13.18±0.65 c	96.97±6.91 c	36.86±3.03 def	2.68±0.14 bcd
扁担木	23.90±0.73 e	12.80±0.64 c	76.03±3.56 d	34.47±1.36 ef	2.21±0.07 e
毛白杨	30.22±0.55 d	15.73±0.52 c	171.87±4.38 a	49.98±2.80 c	3.53±0.22 a
紫穗槐	29.33±0.77 de	15.74±0.65 c	77.34±2.22 d	55.63±1.71 bc	1.38±0.04 g
木蓝	36.60±2.45 c	19.88±1.76 b	103.54±2.89 c	42.64±1.35 d	2.44±0.09 cde
葛藤	25.44±1.10 de	14.00±1.03 c	66.94±1.24 d	31.08±2.20 f	2.26±0.19 de
二色胡枝子	64.67 ±2.77 a	31.69±2.30 a	117.07±2.33 b	70.63±3.38 a	1.70±0.10 fg
美丽胡枝子	25.18±1.32 de	12.23±0.76 c	101.53±4.32 c	38.48±1.64 de	2.69±0.19 bcd
绒毛胡枝子	28.03±0.76 de	15.82±0.64 c	119.41±3.21 b	58.91±2.06 b	2.06±0.06 ef

注：同一列中不同字母表示不同树种之间相同性状差异显著（$P<0.05$）。

表 5-3-3　不同生活型树种的叶剖面数量特征

生活型	上表皮厚度 UE/（δ/μm）	下表皮厚度 LE/（δ/μm）	栅栏组织厚度 PT/（δ/μm）	海绵组织厚度 ST/（δ/μm）	栅栏组织/海绵组织厚度 PT/ST
乔木	35.44±1.76	18.59±0.89	124.11±5.09	42.23±2.80	2.98±0.18
灌木	34.61±1.47	18.03±1.13	99.16±3.09	50.13±1.92	2.08±0.09
藤本	25.44±1.10	14.00±1.03	66.94±1.24	31.08±2.20	2.26±0.19

3.1.3　叶脉解剖学特性

11 个树种叶脉形态差异较大。对叶脉直径、木质部厚度、韧皮部厚度等参数的统计分析（表 5-3-4）发现，葛藤叶片中脉平均直径最大，为 905.19 μm，木蓝叶片的中脉平均直径最小，仅为 246.56 μm。同时，葛藤中脉木质部平均厚度也显著大于其他树种；美丽胡枝子中脉木质部平均厚度最小，仅为 70.33 μm。11 个树种的木质部厚度与韧皮部比值为 1.43～5.30，不同树木的叶脉木质部韧皮部厚度比值彼此之间具有较大差异。

表 5-3-4　11 个树种叶脉解剖特征

树种	中脉直径 MV/（D/μm）	木质部厚度 X/（δ/μm）	韧皮部厚度 Ph/（δ/μm）	木质部韧皮部厚度比值 X/Ph
白榆	530.41±15.95 d	226.21±4.66 f	141.08±3.16 c	1.61±0.04 f
柘树	668.82±7.76 c	316.47±5.78 d	111.76±1.58 d	2.83±0.03 d
麻栎	814.01±4.52 b	411.20±16.17 b	156.20±11.46 b	2.70±0.15 d
扁担木	646.18±4.83 c	355.31±2.95 c	67.30±1.29 f	5.30±0.12 a
毛白杨	670.54±8.83 c	244.18±3.16 e	61.49±2.11 f	4.00±0.13 b
紫穗槐	378.32±3.97 e	148.21±1.75 h	68.21±1.14 f	2.18±0.05 e
木蓝	246.56±3.02 g	85.83±1.24 i	31.47±1.35 g	2.77±0.14 d
葛藤	905.49±20.02 a	614.56±8.67 a	208.46±5.83 a	2.97±0.09 cd
二色胡枝子	301.37±7.12 f	133.27±2.90 h	92.94±1.67 e	1.43±0.03 f
美丽胡枝子	315.32±2.95 f	70.33±0.99 i	41.87±1.52 g	1.70±0.06 f
绒毛胡枝子	289.24±7.46 f	193.96±2.32 g	61.10±0.94 f	3.18±0.03 c

对不同生活型树种叶脉解剖参数的统计分析发现，叶脉参数在不同生活型树种之间差异性较大（表 5-3-5）。例如，藤本型树种中脉直径为 905.49 μm、木质部厚度达 614.56 μm，韧皮部厚度为 208.46 μm，这些参数均较乔木和灌木型树种大。灌木叶脉各参数值均最小，如中脉直径平均为 362 μm，仅为藤本型树种的 1/3 强；而韧皮部厚度不及藤本树种的 1/3。但是，木质部与韧皮部厚度比值在生活型之间差异不大，藤本植物为 2.97，乔木、灌木则分别为 2.79、2.76。

表 5-3-5　不同生活型叶脉解剖性状

生活型	中脉直径 MV/（D/μm）	木质部厚度 X/（δ/μm）	韧皮部厚度 Ph/（δ/μm）	木质部韧皮部厚度比值 X/Ph
乔木	670.95±9.26	299.51±7.44	117.63±4.58	2.79±0.09
灌木	362.83±4.89	164.49±2.03	60.48±1.32	2.76±0.07
藤本	905.49±20.02	614.56±8.67	208.46±5.83	2.97±0.09

3.1.4　叶片和叶脉解剖性状的相关性

对 11 种叶片解剖性状的相关性分析（表 5-3-6）表明，叶片上表皮厚度与下表皮厚度以及海绵组织厚度存在极显著相关（r=0.935，P<0.01；r=0.615，P<0.01）；而下表皮厚度与海绵组织厚度之间呈极显著相关（r=0.583，P<0.01）。同时，栅栏组织厚度与海绵组织厚度之间也呈极显著正相关（r=0.460，P<0.01）。

表 5-3-6 叶解剖性状相关性分析

相关性	上表皮厚度 UE	下表皮厚度 LE	栅栏组织厚度 PT	海绵组织厚度 ST
上表皮厚度	1			
下表皮厚度	0.918**	1		
栅栏组织厚度	0.248	0.230*	1	
海绵组织厚度	0.459**	0.437**	0.373**	1
栅栏组织/海绵组织 P/S	−0.104	−0.127	0.553**	−0.532**

注：**表示 $P<0.01$；*表示 $P<0.05$。

此外，对叶脉解剖参数的相关性分析（图 5-3-2）表明，随着叶脉直径增加，叶脉木质部厚度与韧皮部厚度均呈现递增趋势。叶脉直径与叶脉木质部厚度、韧皮部厚度均呈显著正相关（$P<0.01$）。叶脉木质部厚度与韧皮部厚度之间也呈现显著正相关关系（R^2=0.665，$P<0.01$）。叶脉直径与木质部韧皮部厚度的比值之间存在极显著相关关系。木质部韧皮部厚度的比值与木质部厚度（R^2=0.148）和中脉直径（R^2=0.143）均呈显著正相关，但与韧皮部厚度相关性不显著（P=0.107）。

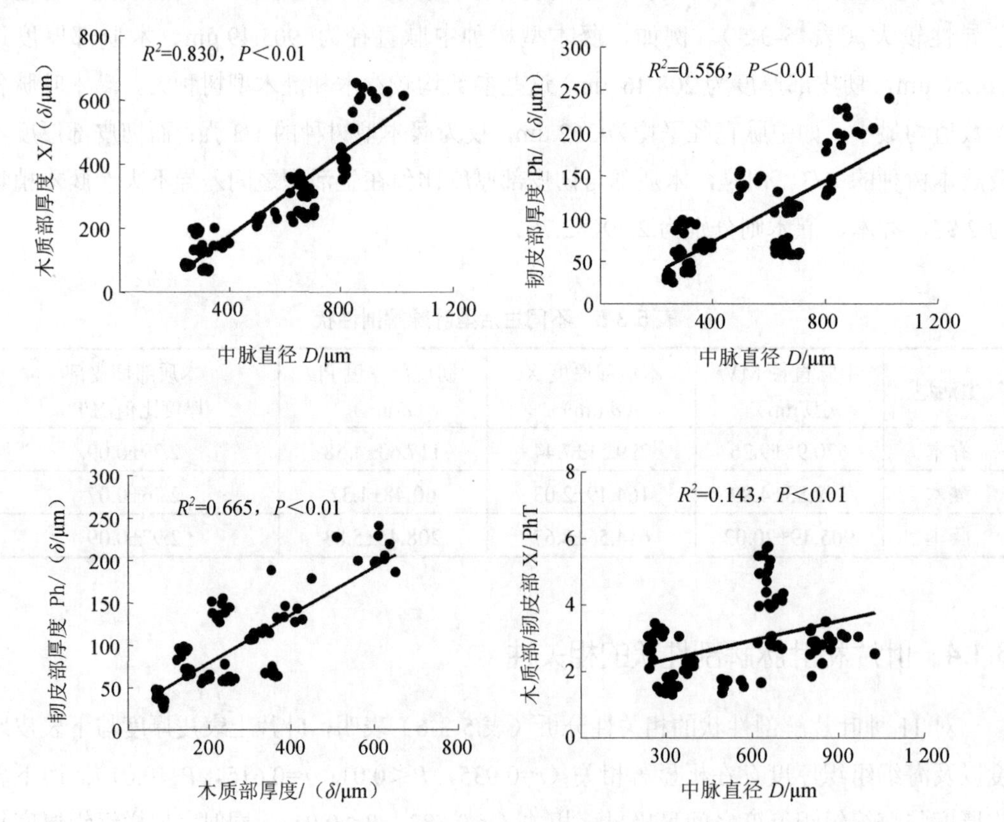

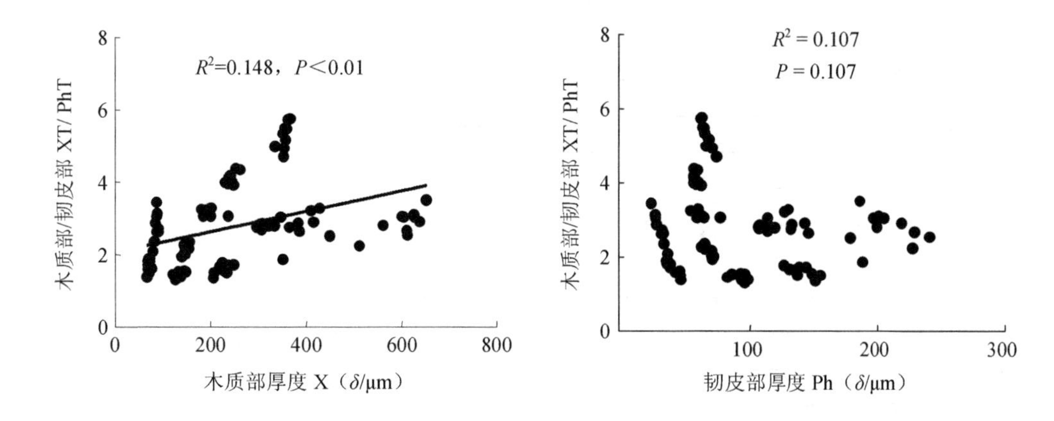

图 5-3-2　11 个树种叶脉解剖指标的相关性

3.1.5　基于叶片和叶脉解剖特征的树种聚类

基于叶片解剖特征可以将 11 个树种分为 3 类（图 5-3-3）。第一类为二色胡枝子，叶片表皮厚度较厚，栅栏组织厚度及海绵组织厚度均较大，而栅栏组织厚度与海绵组织厚度比值较小；第二类为毛白杨，叶片栅栏组织厚度最大，且栅栏组织厚度与海绵组织厚度比值最大，第三类为其他树种。按照叶脉解剖特可以将 11 个树种分为五类（图 5-3-4）。第一类是葛藤，叶片中脉直径，木质部厚度以及韧皮部厚度均最大；第二类是扁担木和毛白杨，叶片中脉直径，木质部厚度，韧皮部厚度较大，而这两种树种木质部与韧皮部厚度比值最大；第三类是麻栎和柘树，叶片中脉直径，木质部厚度，韧皮部厚度较大，但是木质部与韧皮部比值大小中等；第四类是白榆，叶片中脉直径较大，但是木质部与韧皮部比值却较小；第五类是其他树种如二色胡枝子，木蓝等树种。

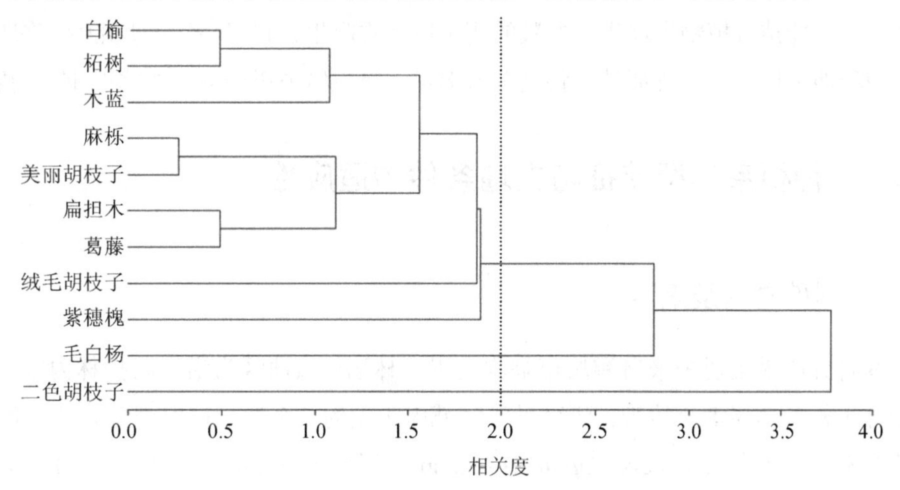

图 5-3-3　叶解剖性状聚类分析

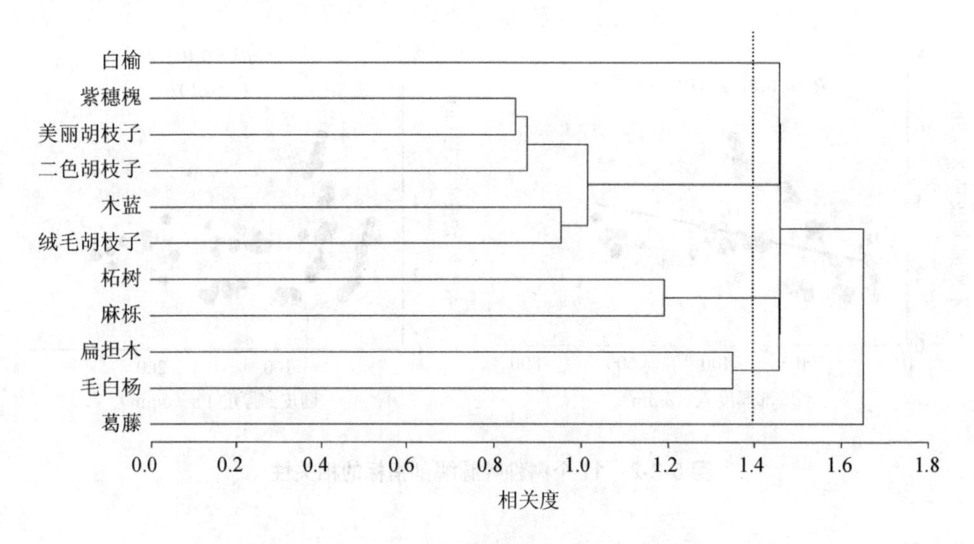

图 5-3-4 叶脉解剖性状聚类分析

3.1.6 小结

相关性分析发现，叶片中脉直径与叶脉木质部厚度以及韧皮部厚度之间存在显著正相关，叶片中脉直径越大则木质部越发达。这些特征都反映出植物对干旱环境具有良好的适应性。鲁东石灰岩山地生境中树种叶解剖结构主要具有以下特征：叶片上表皮比下表皮厚，叶肉栅栏组织高度发达，栅栏组织/海绵组织比较大。上述叶片解剖性状可为干旱石灰岩山地植被修复树种选择提供了一定的参考价值。树种叶解剖结构特征在一定程度为揭示树种适应干旱山地的生理生态特性提供了科学依据，栅栏组织/海绵组织比值和叶脉木质部厚度可作为树种抗旱能力评价的重要指标。在干旱山地植被修复实践中的树种选择应尽可能结合植物生理生态参数的测定以及实际生长状况，今后研究中，将地上部分叶结构和地下根系形态特征结合将是深入揭示干旱生境中树种适应策略的重要内容。

3.2 树种根系构型特征与立地条件的适应性

3.2.1 树种材料及来源

本研究所采集树种来自潍坊市临朐县嵩山林场，该地区为沿海防护林内陆，类型上属于海防林多功能混交林带。研究以该区域内常见的 7 个树种研究对象，其中包括 4 种落叶灌木：金银花 *Lonicera japonica* Thunb.、胡枝子 *Lespedeza bicolor* Turcz.、荆条 *Vitex negundo* Linn. var. *heterophylla*（Franch.）Rehd.、酸枣 *Ziziphus jujuba* Mill. var. *spinosa*（Bunge）Hu ex H.F.Chow.和 3 种落叶乔木：板栗 *Castanea mollissima* Bl.、山杏 *Amygdalus persica*（Linn.）Lam.、桃 *Armeniaca sibirica* Linn.。

（1）根系采集方法

在每个树种的造林小区内随机选取株高、胸径相近的 3 棵植株，采用壕沟法进行全株挖掘取样，将苗木整个根系从土壤中挖出，挖掘过程中保证根系的完整性。选取 3 条分支完整的细根根系编号后放入冰盒中，注意保证细根根系的完整性以及避免根系失水，防止根系的形态和结构受到破坏。

（2）根系拓扑结构参数测定

选取分支完整的细根，清洗干净后平放在有机玻璃方盒中，盒子加入少量水，使根漂浮，这样可以避免在根连接之间有重叠；利用万深 LA-S 系列植物根系分析系统软件分析细根，分析测定得到以下参数：根系内部连接数量，外部连接数量 M，连接长度，从基部连接到外部连接的最长唯一路径上的连接数 A，从基部连接到根终端通道的所有连接总数 Pe。

依据 Fitter 等提出的通过拓扑指数大小来推测不同植物根系的分支模式。根系拓扑结构形式的主要包括两种类型：鱼尾形和叉状分支模式（图 5-3-5）。

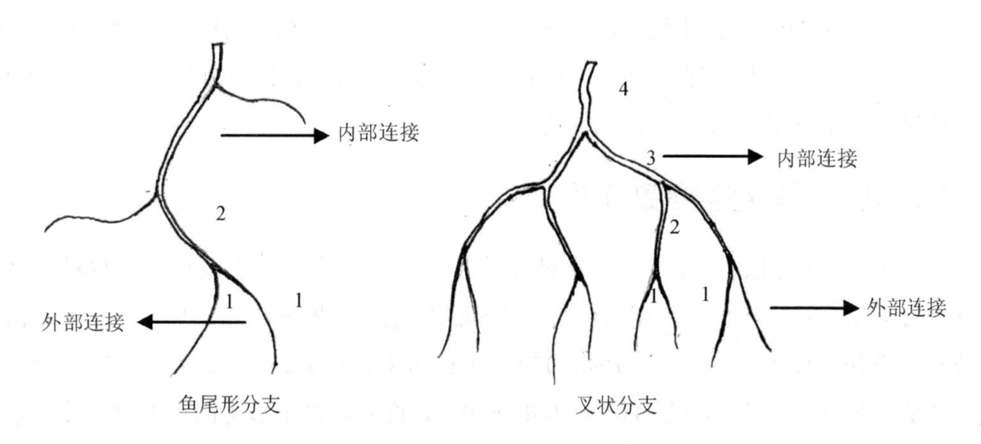

图 5-3-5　根系拓扑结构示意

拓扑指数 TI=lgA /lgM（M 为根系外部连接的总数；A 为最长根系路径内连接的总数）。典型的鱼尾形分支模式 TI = 1，叉状分支模式 TI 接近 0.5。植物的根系生长在地下，受到很多环境因素的影响，很难呈现出与理论完全一致的分支形状，其分支结构介于鱼尾形分支与叉状分支模式之间，其拓扑指数越接近 1，说明根系的分支模式越接近鱼尾形；相反的，拓扑指数越接近 0.5，根系的分支模式越接近叉状分支。

Fitter 拓扑模型中典型叉状分支结构的 TI 值为 0.5，Oppelt 等在此拓扑模型基础之上提出了新的修正拓扑参数，来说明根系分支状况的中间过渡形式，把从根基部到根末端的连接数量的称为拓扑长度 a，最大拓扑长度和 Fitter 模型的等级 A 相同，b 为根系平均拓扑长度，b 与根系基部到根终端通道的所有连接总数 P_e 相关，$b = P_e / \upsilon_0$（υ_0 为 Fitter 拓扑模型的外部连接总和 M），由于 a、b 随着根系的υ_0值的改变而变化，所以对 a、b

进行线性转换得到修正值 q_a、q_b。

鱼尾形分支修正值 $q_a = q_b = 1$；叉状分支 $q_a = q_b = 0$。

（3）根系分支率的计算

确定根序后，计算每个根序的根系数量（N_i），以根序（i）为横坐标、$\lg N_i$ 为纵坐标作图，所得回归直线斜率的逆对数为根系总分支率（R_b）；逐步分支率（$R_i : R_{i+1}$）为某一级根系分支数量与下一级根系分支数的比值，如：R_1/R_2 为 1 级根数量与 2 级根分支数的比值，以此类推。

（4）根系分形维数的计算

根系分形维数的计算统计参考杨小林等的方法，将根系扫描图片导入 AutoCAD2014 中，绘制边长为 L 的正方形，依次将其分为边长为 $R=L/2^n$ 的小正方形，统计根系所截小正方形的个数 N_R。随着正方形边长逐渐减小，可以得到不同水平上的 N_R 值。以 $\lg R$、$\lg N_R$ 分别为横、纵坐标作图，得到回归直线方程：$\lg N_R = -FD\lg R + \lg K$，FD 则为所求分形维数。

（5）数据处理及统计

通过 SPSS 19.0 的单因素方差分析法（One-way ANOVA）比较各树种根系拓扑结构参数的差异显著性并进行检验（$\alpha = 0.05$），采用 Origin8.0 软件绘制柱形图，运用 SAS9.2 软件进行聚类分析，利用 Canoco 5 进行冗余分析。

3.2.2 根系拓扑结构参数分析

由表 5-3-7 可以看出，7 个树种的拓扑指数 TI 均接近 1，表明这 7 个树种的细根分支均接近鱼尾形。在相同生境条件下，它们的细根分支模式相似。其中，酸枣的拓扑指数与山杏和胡枝子差异显著（$P<0.05$）。酸枣的拓扑指数最大（0.97±0.05），山杏和胡枝子的拓扑指数较小（0.82±0.05 和 0.85±0.07），说明相对于酸枣简单的分支模式，而山杏和胡枝子±的细根分支较为复杂。

表 5-3-7 根系拓扑结构参数

树种	等级 a（A）	拓扑长度 b	基部到终端所有连接总和 P_e	外部连接总和 v_0	修正拓扑指数 q_a	修正拓扑指数 q_b	拓扑指数 TI
金银花	24.33±7.23bc	13.31±4.078b	515.67±166.85b	36.33±7.26b	0.61±0.07b	0.52±0.12b	0.89±0.02ab
胡枝子	37.00±9.54a	19.79±5.35a	1634.67±636.65a	76.33±20.22a	0.48±0.16b	0.41±0.07b	0.85±0.07b
荆条	24.33±3.06bc	14.69±1.80ab	553.33±91.39b	37.33±4..26b	0.61±1.31b	0.63±0.17b	0.89±0.02ab
酸枣	5.00±1.15d	3.92±0.74c	21.67±5.93b	8.33±1.20c	0.90±0.18a	0.95±0.08a	0.97±0.05a
板栗	30.00±6.08ab	15.98±3.16ab	808.67±272.70ab	48.33±10.59ab	0.59±0.22b	0.53±0.14b	0.89±0.02ab
桃	28.67±6.11ab	16.12±3.62ab	643.33±149.91b	39.00±5.03b	0.69±0.58ab	0.67±0.2b	0.92±0.04ab
山杏	16.67±6.66c	10.16±2.62b	319.67±99.71b	30.00±5.69bc	0.44±0.41b	0.41±0.12b	0.82±0.05b

注：同一列的不同字母表示 7 个树种间拓扑结构参数差异显著（$P<0.05$）。

3.2.3　树种间根系逐级分支率比较

根系分支率能够反映根系可塑性变化状况，有助于进一步了解不同树种的生存策略。从表 5-3-8 可以看出，7 个树种根系的总分支率为 1.92～4.84，板栗和桃的细根总分支率显著大于其他树种（P＜0.05），酸枣的细根总分支率最小。从逐级分支率来看，R_1/R_2、R_2/R_3 在 7 个树种之间的差异性显著，而 R_3/R_4、R_4/R_5 差异性不显著。其中，R_1/R_2 主要表征了吸收根的分支复杂程度，荆条的 R_1/R_2 最大，板栗和酸枣的 R_1/R_2 较小。而 R_2/R_3、R_3/R_4 和 R_4/R_5 主要表征了运输根的复杂程度，其中，板栗的 R_2/R_3 最大，酸枣的 R_2/R_3 最小；板栗的 R_3/R_4 分支率最大，酸枣的 R_3/R_4 最小；胡枝子的 R_4/R_5 分支率最大，桃和山杏的 R_4/R_5 最小。

表 5-3-8　7 个树种根系逐级分支率（R_i/R_{i+1}）

树种	总分支率 R	R_1/R_2	R_2/R_3	R_3/R_4	R_4/R_5
金银花	3.71±0.64b	3.43±0.61bc	4.01±1.54bc	3.98±1.37a	3.00±2.00a
胡枝子	3.45±0.51b	3.79±0.95b	3.04±0.74cd	4.50±3.12a	4.33±2.52a
荆条	4.30±0.59ab	5.50±0.48a	3.26±0.78cd	4.94±0.59a	3.33±1.53a
酸枣	1.92±0.05c	2.14±0.53cd	1.44±0.12d	2.58±0.37a	4.00±1.00a
板栗	4.84±0.36a	1.81±0.78d	9.50±1.95a	5.93±2.38a	3.00±1.73a
桃	4.78±0.91a	4.12±0.47ab	5.51±1.45b	5.33±3.06a	2.67±2.08a
山杏	3.78±1.07b	4.25±1.27ab	2.41±0.97cd	5.14±1.28a	2.67±1.53a

注：同一列不同字母表示 7 个树种间根系逐级分支率差异显著（P＜0.05）。

3.2.4　不同树种根系连接长度的比较

当树种处于干旱或贫瘠的土壤环境中时，会采取增加根系连接长度的策略，以寻求更多的水分和养分，维持自身的生存与生长。对 7 个树种根系连接长度的分析表明（图 5-3-6），细根内连接长度为 0.73～5.96 cm，外连接长度为 0.88～3.13 cm。其中，酸枣的内部连接长度最大，板栗的内部连接长度最小；山杏的外连接长度最大，板栗的外连接长度最小；酸枣的平均连接长度最大（3.25 cm），板栗的平均连接长度最小。树种间内外连接长度的差异可能与不同的生态适应策略有关。

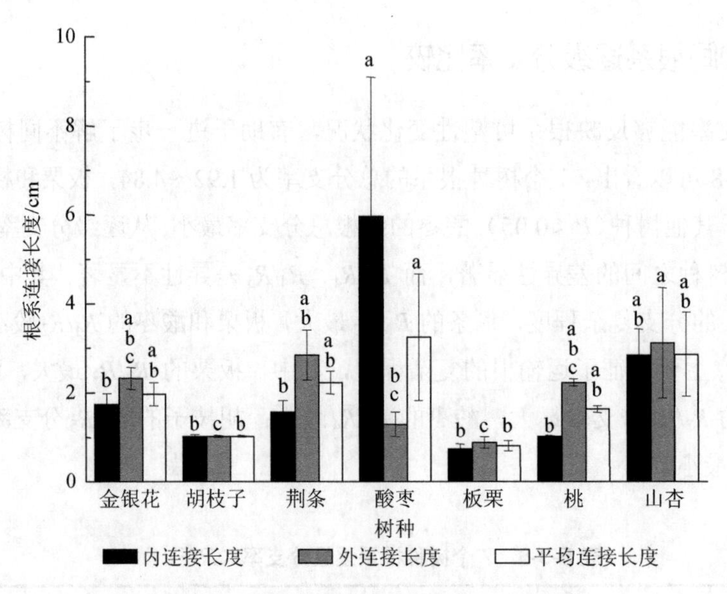

图 5-3-6 不同树种根系连接长度的均值比较

注：不同字母表示不同树种差异显著性（P<0.05）。

3.2.5 不同树种根系分形维数的比较

根系分形维数可以定量研究根系分支的复杂程度。结果表明（图 5-3-7），金银花的分形维数最大（1.374 3），酸枣的分形维数最小（1.173 3），两个树种的分形维数差异显著（P<0.05）。其他树种细根的分形维数在 1.25～1.36，但差异不显著。

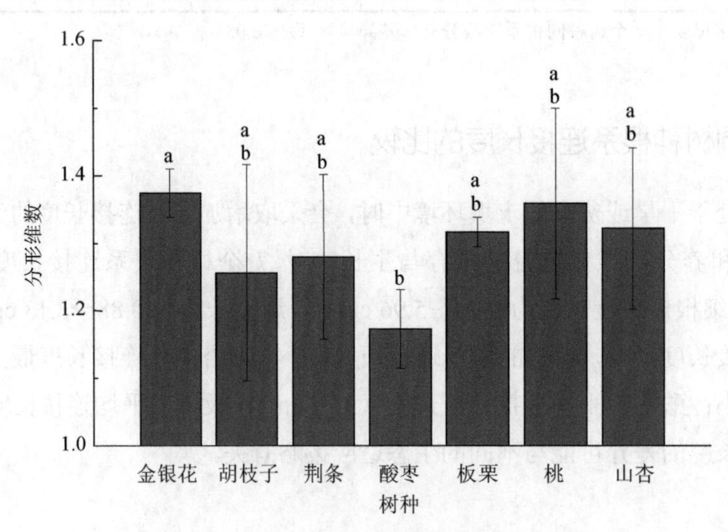

图 5-3-7 不同树种根系分形维数的均值比较

注：不同字母表示不同树种差异显著性（P<0.05）。

3.2.6 冗余分析和聚类分析

对 7 个树种的细根根系构型 RDA 分析表明，前两个轴分别占根系构型变异的 52.73%和 22.79%（图 5-3-8），可以解释根系构型特征变异的大部分信息。从图中可以看出，分形维数（FD）与总分支率（R）和 R_3/R_4 分支率呈正相关，与内部连接长度 ILL、R_4/R_5 分支率和 q_b、q_a、TI 呈负相关。同时，可以观察到拓扑结构参数（q_a、q_b和 TI）对分形维数的影响要大于连接长度对分形维数的影响。

对 7 个树种的根系构型的指标进行聚类分析，当分为 3 类的时候可以代表根系特征 91.61%的变异。第一类包括金银花、桃、荆条、山杏和胡枝子 5 个树种，该类的主要特征为 R_1/R_2 分支率较大，内连接长度较小，外连接长度较大，分形维数较大；第二类只有板栗 1 个树种，其典型特征为 R_1/R_2 分支率较小，R_2/R_3、R_3/R_4 的分支率较大，内、外连接长度均较小，分形维数较大；第三类只有酸枣 1 个树种，其主要特征是拓扑指数较大，总分支率较小，内连接长度较大，分形维数较小（图 5-3-9）。

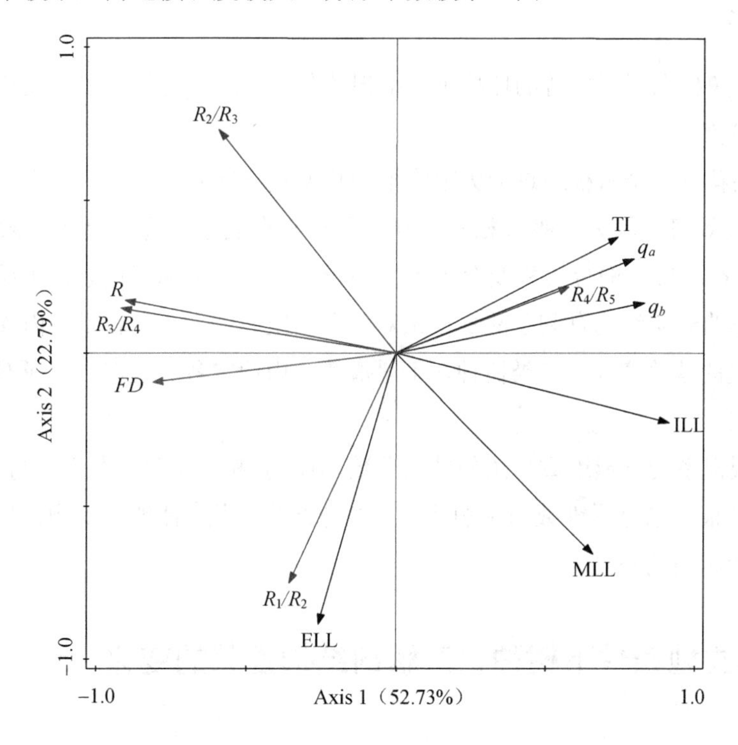

图 5-3-8　基于细根根系构型特征的冗余分析（RDA）

注：FD：分形维数；ELL：外连接长度；ILL：内连接长度；MLL：平均连接长度。

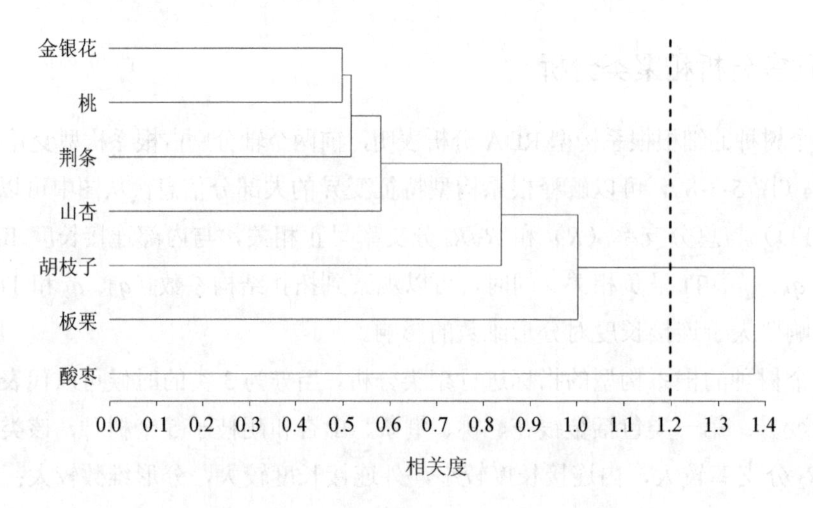

图 5-3-9 依据细根根系构型的树种聚类分析

3.2.7 结论

（1）7 个树种在干旱瘠薄的环境下，细根的分支模式会与粗根的分支模式类似，均接近鱼尾形分支。

（2）金银花等 5 个树种通过增大吸收根的长度及分支率提高根系对土壤中水分和矿质营养的吸收效率，较大的吸收根长度和分形维数有利于其充分利用有限空间内的资源；板栗 R_2/R_3、R_3/R_4 的分支率及分形维数均较大，有利于加强根系在土层中的扩展能力；酸枣简单的分支结构有利于酸枣根系对营养本空间的占有，较长的内连接长度可以扩展更大跨度的营养空间。三类树种在干旱瘠薄的山地中各具优势，形成对干旱瘠薄环境的适应策略。

（3）细根根系的分形维数与拓扑结构参数（q_a、q_b 和 TI）呈负相关，与粗根系不同，连接长度对细根根系分形维数的影响要小于拓扑结构指数，体现了植物自身构件之间对困难环境适应策略的不同。

3.3 干旱立地条件下树种根系解剖结构性状的变化

3.3.1 树种材料与来源

本研究树种材料来自潍坊市临朐县嵩山林场。属暖温带大陆性季风气候区，多年平均气温 13.2 ℃，年均降水量 715 mm，年均蒸发量 690 mm，季节性干旱是限制该区域植被建设的重要因素。试验样地土壤类型为褐土，土层较薄（20～50 cm），土壤保水性差。原生植被主要由胡枝子（*Lespedeza bicolor*）、百里香（*Thymus mongolicus*）等低矮灌木和雀稗（*Paspalum thunbergii*）、隐子草（*Cleistogenes hancei*）等草本植物组成，偶见君迁子（*Diospyros lotus*）、黄连木（*Pistacia chinensis*）、臭椿（*Ailanthus altissima*）等乔木树种。本研究所选择 1 111 个树种均为该地区常见乔灌木，包括桑树（*Morus alba*）、君迁子（*Diospyros lotus*）、皂荚（*Gleditsia sinensis*）、黄连木（*Pistacia chinensis*）、苦楝（*Melia azedarach*）、黄栌（*Cotinus coggygria*）、花椒（*Zanthoxylum bungeanum*）、海州常山（*Clerodendrum trichotomum*）、荆条（*Vitex negundo*）、连翘（*Forsythia suspensa*）和金钟花（*Forsythia viridissima*）。

3.3.2 根系取样和解剖特征观察

2017 年 7 月对每个树种选取长势良好的 5 株，采用挖掘法进行根系取样。随后，选取 3 个具有完整根序的细根作为样本，用去离子水洗净后放入 FAA 固定液中固定，储存在冰盒内带回实验室。按 Pregitzer 的方法区分 1～3 级细根，即根系最尖端的根为 1 级根，1 级根所着生的母根为 2 级根，2 级根着生母根为 3 级根。每根序细根切取 5 个根样，制作细根横剖面石蜡切片。采用 Nikon Eclipse E200 生物显微镜观察细根切片，用 Scope Image 9.0 软件进行成像拍照。记录每张切片上细根的剖面直径、皮层厚度、维管柱直径、导管内径及导管数，并计算导管密度。本研究共计完成 2 475 个细根的解剖特征测定（11 个树种×5 个植株×3 个根系×3 级根序×5 个切片）。

3.3.3 数据分析

计算各树种 1～3 级细根解剖特征数据的平均值和标准差（Mean ± SD），采用 SPSS 19.0 的单因素方差分析法（One-way Anova）比较各树种细根解剖结构特征的差异显著性并进行检验（$\alpha = 0.05$），采用 Origin 8.0 软件绘图，采用 Canoco 5.0 软件进行细根解剖特征主成分分析。

3.3.4 根直径在树种间的分异

从图 5-3-10 可以看出，11 个树种的 1～3 级细根剖面直径总体上随着根序的升高而增大。就 1 级细根而言，剖面直径最小的是黄连木（182.49 μm），剖面直径最大的是皂荚（819.42 μm，约是黄连木剖面直径的 4.5 倍）。在 2 级细根中，荆条的剖面直径最小（210.77 μm），皂荚的剖面直径最大（1 201.76 μm）。在 3 级细根中，荆条的剖面直径最小（278.04 μm），黄栌的剖面直径最大（1 366.24 μm）。整体而言，相同根序细根的剖面直径在不同树种间呈现显著差异（$P<0.05$）。上述结果说明，与直径密切相关的细根吸收表面积在不同树种间可能存在显著差异。

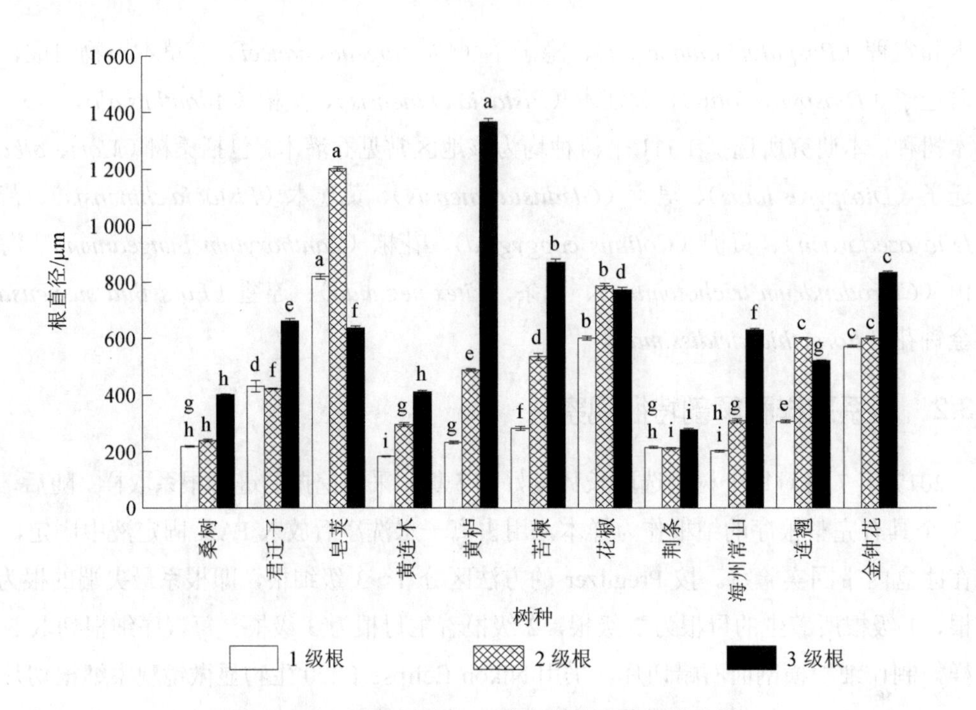

图 5-3-10 不同树种 1～3 级细根剖面直径的比较

注：图中不同字母表示不同树种相同根序间差异显著性（$P<0.05$）。

3.3.5 皮层厚度在树种间的分异

从图 5-3-11 可以看出，海州常山 1 级细根的皮层最薄（29.88 μm），皂荚的皮层最厚（300.34 μm，约是海州常山皮层厚度的 10 倍）。在 2 级细根中，桑树的皮层厚度最小（19.05 μm），皂荚的皮层厚度最大（254.24 μm，约是桑树皮层厚度的 13 倍）。同根序细根的皮层厚度在不同树种间也存在显著差异（$P<0.05$）。皮层是土壤水分进入细根输水组织的必经途径，其厚度在一定程度上决定了土壤水分进入根内维管系统需要跨越的横向距离。上述结果说明，由于树种间 1～2 级细根皮层厚度的不同，土壤水分进入根内维管束的效率在树种间可能存在显著差异。

3.3.6 维管柱直径及导管性状在树种间的分异

从表 5-3-9 可以看出，3 级细根维管柱直径最大的是黄栌（616.22 μm），最小的是黄连木（182.47 μm）。苦楝根内导管内径最大，为 54.57 μm；黄连木的导管内径最小，仅有 11.75 μm。但是，黄连木根内的导管密度可达到 701.10 个/mm^2，约是苦楝的 13 倍（53.17 个/mm^2）。由于高级根主要发挥输导作用，其维管柱直径和导管性状决定了根内水分的输导能力。上述研究结果说明，水分在不同树种 3 级细根内的传输效率可能存在差异。

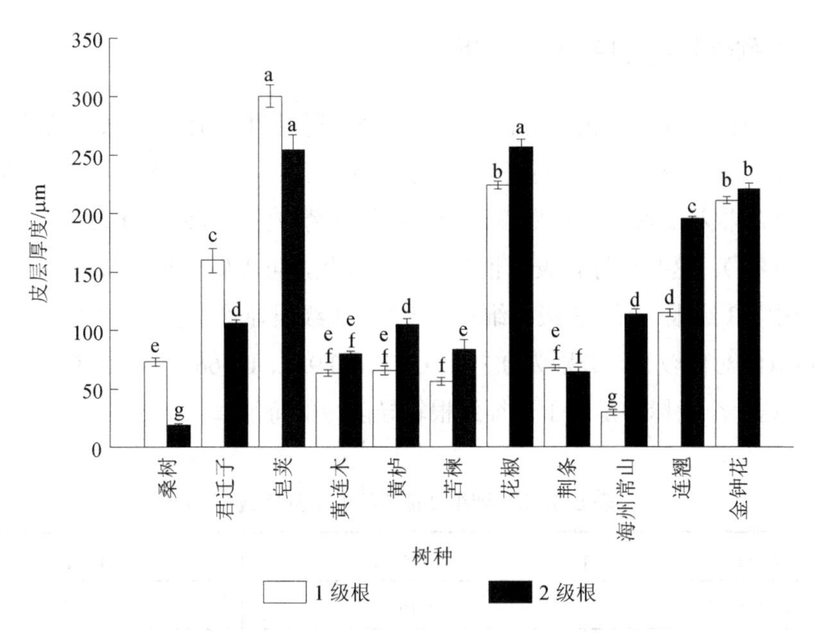

图 5-3-11　不同树种 1～2 级细根皮层厚度的比较

注：图中不同字母表示不同树种相同根序间差异显著性（$P<0.05$）。

表 5-3-9　不同树种 3 级细根的维管柱直径及导管性状比较

树种	维管柱直径/μm	导管内径/μm	导管密度/（个/mm²）
桑树	321.72±2.66 e	22.79±2.73 cd	212.80±19.64 d
君迁子	277.74±3.83 f	19.35±1.06 cde	389.86±13.32 c
皂荚	426.53±5.56 c	26.78±1.85 c	132.99±14.57 e
黄连木	182.47±0.95 i	11.75±1.91 e	701.10±33.74 a
黄栌	616.22±6.24 a	36.54±2.32 b	61.33±5.19 f
苦楝	579.28±10.37 b	54.57±4.16 a	53.17±2.37 f
花椒	243.32±1.94 g	17.44±1.05 cde	186.52±14.80 de
荆条	196.10±2.16 h	14.05±6.22 de	187.61±28.34 de
海州常山	363.26±1.26 d	18.93±3.20 cde	196.06±10.42 de
连翘	238.56±2.24 g	21.56±1.64 cde	432.25±15.45 c
金钟花	232.46±2.39 g	14.31±0.73 de	622.61±39.74 b

注：表中不同字母表示不同树种相同根序间差异显著性（$P<0.05$）。

3.3.7 细根解剖特征的主成分分析

对 11 个树种 1～3 级细根解剖特征的主成分分析表明，前两个主成分的累积贡献率达到 84.21%，可以代表 11 个树种解剖特征的主要信息。在主成分 1 中，1 级根直径、2 级根直径及 1 级根和 2 级根皮层厚度四个指标的载荷较大，分别为 0.967、0.961、0.942、0.917（表 5-3-10），这些指标代表细根吸收功能性状，可以解释细根特征变化的 46.2%。第 2 主成分中，3 级根直径、3 级根维管柱直径、3 级根导管内径、3 级根导管密度四个指标的载荷量绝对值较大，分别为 0.713、0.977、0.920、0.766，可以解释细根特征变化的 38.02%，这 4 个指标均是属于表征细根输导能力的特征。

表 5-3-10 细根特征指标的主分量载荷

项目	主成分 1	主成分 2
1 级根直径	0.967	−0.125
2 级根直径	0.961	0.134
3 级根直径	0.307	0.713
1 级根皮层厚度	0.942	−0.249
2 级根皮层厚度	0.917	−0.184
3 级根维管柱直径	0.086	0.977
3 级根导管内径	0.031	0.920
3 级根导管密度	0.083	−0.776

根据 PCA 分析结果，综合考虑各树种 1～3 级细根吸收功能和疏导功能的分异，将 11 个树种划分为 3 组（图 5-3-12）。A 组：根细、皮层薄、输导组织密集型，包括桑树、荆条、海州常山、黄连木、君迁子、连翘、花椒、金钟花 8 个树种，其典型特征为细根直径和维管柱直径小，1～2 级根序细根皮层薄，3 级细根导管内径小但密度较大；B 组：根细、皮层薄、输导组织疏松型，包括黄栌、苦楝 2 个树种，这一类型树种 1～2 级根序细根直径较小、皮层薄，3 级细根导管密度小、导管内径大；C 组：根粗、皮层厚、输导组织密集型，只有皂荚 1 个树种，其典型特征为细根直径和维管柱直径较大，导管密度大，导管内径小，显著区别于其他树种。可以看出，三种类别中，第一类（根细、皮层薄、输导组织密集型）树种最多，并且所占比例最大，第三类（根粗、皮层厚、输导组织密集型）只有皂荚一个树种。这说明，大多数树种是通过增强细根的吸水功能适应干旱立地环境。

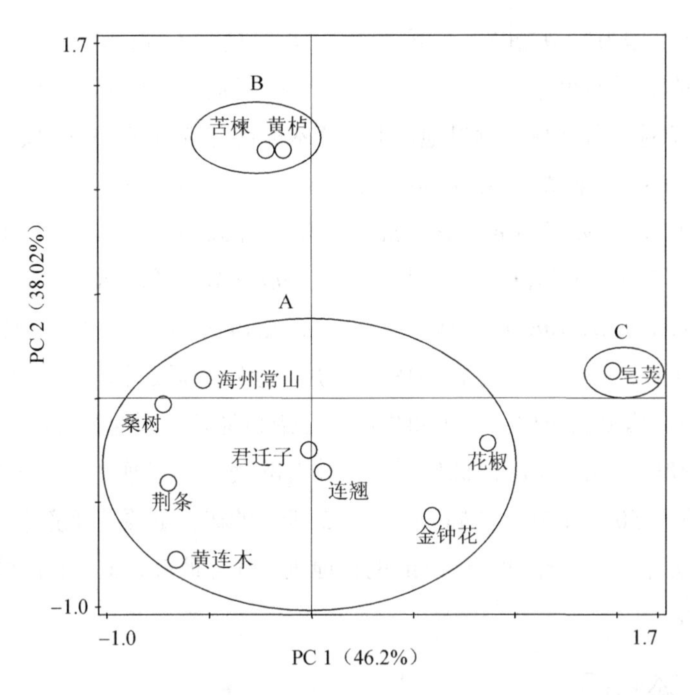

图 5-3-12 基于细根解剖结构指标的 11 个树种排序分析

注：A 组：组根细、皮层薄、输导组织密集型；B 组：根细、皮层薄、输导组织疏松型；C 组：根粗、皮层厚、输导组织密集型。

3.3.8 小结

干旱生境下树木根的解剖结构与其应对干旱胁迫生境的策略存在着密切的联系，11 个树种的细根在解剖结构上呈现显著差异，但总体体现出较强的吸水和输水能力。依据树种根解剖结构特点总结为 2 种干旱适应策略：快速吸水和快速输水；有效觅水和快速输水，这两种适应策略在不同立地条件的生境中有各自优势。从细根解剖性状看来，长期干旱、但有季节性降水且土层较薄的生境应该选择桑树、黄连木等快速吸水和快速输水型树种；长期干旱但土层较厚的生境应该选择皂荚等有效觅水和快速输水型树种。

3.4 滨海盐碱地主要树种根叶功能性状与立地的关系

3.4.1 树种材料与来源

本研究所采集树种来自山东潍坊市寿光国有机械化林场，地理位置为东经 118°10′～119°43′、北纬 35°42′～37°19′。年平均气温 12～14℃，极端最低气温为−20.9℃，极端最高气温为 41.9℃，日照时数 2558～2668 小时。全年无霜期 177～190 天，海拔区间为 1～

1 032 m。研究区土壤为典型盐碱土，不同立地土壤含盐量差异性较大，本研究选择的 11 个树种来自三种盐渍化程度不同的立地（表 5-5-21）。不同立地环境中形成地表覆盖的草本植物种类较多，立地 1 属于中度盐碱地，主要草本植物有猪毛菜（*Salsolacollina*）、鹅绒藤（*Cynanchum chinense*）、魁蒿（*Artemisia princeps*）等；立地 2 属于重度盐碱地，主要优势草本植物有地锦（*Parthenocissus tricuspidata*）、稗草（*Echinochloa crus-galli*）、牛筋草（*Eleusine indica*）、苣荬菜（*Sonchus arvensis*）、狗尾草（*Setaria viridis*）等；立地 3 属于轻度盐碱地，主要有铁苋菜（*Acalypha australis*）、马齿苋（*Portulaca oleracea*）、牛筋草（*Eleusine indica*）、小藜（*Chenopodium serotinum*）等。2018 年 7 月，经踏查后选择不同立地上的同龄林分（林龄均为 5 年），其中混交林有皂角和臭椿、白蜡和臭椿、国槐和臭椿，混交方式为行间混交，造林密度 1 600～1 800 株/hm^2；纯林有欧美杨、旱柳、三球悬铃木、白榆、白蜡，造林密度 1 500～1 700 株/hm^2；立地 3 涉及的树种主要是经济林，造林密度 500 株/hm^2。在各林分中设置 3 个 20 m×20 m 的样地进行林分调查。土壤和树种根叶样品采集均在样地内进行。

3.4.2 树种基本特征

通过对研究区不同林地样方的仔细调查，依据土壤的盐渍化程度，在不同立地不同样方内挑选共计 11 个树种，其中白蜡（*Fraxinus chinensis*）因为在盐渍化程度差异较大的两种立地均有一定面积的种植，为探究树种在不同盐渍化土壤中的根叶解剖结构差异，故在两个样方内均采集白蜡的根叶样品，分别标记为白蜡 1 以及白蜡 2。本研究选择的树种来自 9 个科，均为落叶乔木，其中皂角、国槐、臭椿、白蜡为复叶树种，其他 7 个树种均为单叶树种。具体信息见表 5-3-11。

表 5-3-11 研究区共生的 11 个树种

取样立地	代码	树种	拉丁学名	科	落叶/常绿	生活型	叶型
立地 1	GLSI	皂角	*Gleditsia sinensis*	豆科	D	A	C
	AIAL	臭椿	*Ailanthus altissima*	苦木科	D	A	C
	FRCH1	白蜡 1	*Fraxinus chinensis*	木樨科	D	A	C
	SOJA	国槐	*Sophora japonica*	蝶形花科	D	A	C
	POEU	欧美杨 I-107	*Populus×euramericana* ‘I-107’	杨柳科	D	A	S
	SAMA	旱柳	*Salix matsudana*	杨柳科	D	A	S
	PLOR	三球悬铃木	*Platanus orientalis*	悬铃木科	D	A	S
立地 2	ULPU	白榆	*Ulmus pumila*	榆科	D	A	S
	FRCH2	白蜡 2	*Fraxinus chinensis*	木樨科	D	A	C
立地 3	ZIJU	枣	*Ziziphus jujuba*	鼠李科	D	A	S
	AMPE	桃	*Amygdalus persica*	蔷薇科	D	A	S
	PYBR	白梨	*Pyrus bretschneideri*	蔷薇科	D	A	S

A：乔木；D：落叶型；S：单叶；C：复叶。

3.4.3　根叶取样以及切片制作

3.4.3.1　叶片取样方法及切片制作

（1）叶片采集

研究选择的树种均为落叶乔木，叶片采集于生长季 8 月份进行。在样地内每树种选取 3 株平均木，在树冠中部采集生长良好、无损且无病虫的 10～15 个成熟叶片。本研究中的 11 个树种包含单叶 7 种，复叶 4 种，用于叶片和叶脉解剖的样品考虑到单叶和复叶的差异，采集部位也有所不同（图 5-3-13）。单叶沿主脉在上中下 3 个不同位置采集叶脉样品，同时在平行位置采集 3 个叶片样品［图 5-3-13（a)］；复叶主要在侧生小叶上采集，取样部位位于小叶中部［图 5-3-13（b)］。采集时，在叶片上使用单面刀片现场切取三片 0.5 cm×0.5 cm 的保留主脉的叶脉小片以及主脉附近的叶切片。样本采样结束后使用装有 FAA 固定液的容器现场固定，低温保存。

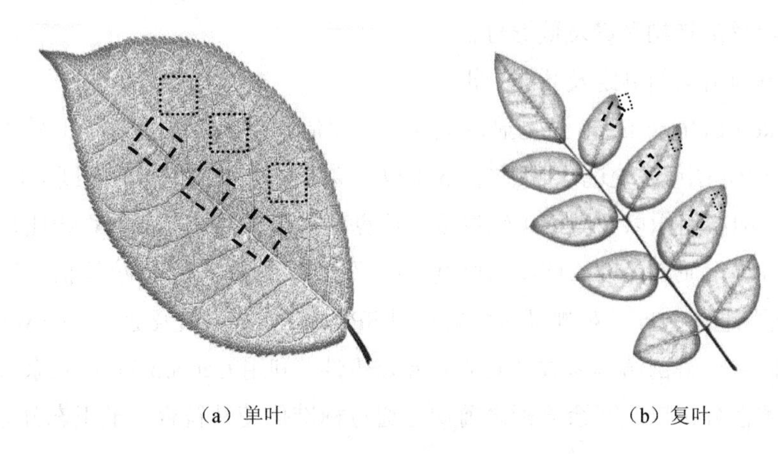

（a）单叶　　　　（b）复叶

图 5-3-13　不同类型叶片采集示意

（2）切片制作

在实验室对采集的叶脉及叶片样本进行处理，制成番红翠绿染色的石蜡切片。主要制作步骤如下：①冲洗，将叶脉从固定液中取出，对叶脉组织进行水洗，除去留在组织内的固定液及其结晶沉淀。②脱水，使用不同浓度的酒精溶液（70%→85%→95%→100%→100%）依次进行脱水处理，每步 1～2 小时，保证脱水梯度和每一步脱水时间。③透明，首先滴加纯二甲苯至与 100%乙醇等量，再滴加二甲苯超过 100%乙醇的量，最后换纯二甲苯直到材料变得透明为止。④浸蜡与包埋，用石蜡取代透明剂，使石蜡浸入组织而起支持作用。⑤切片，将包埋好的蜡块用刀片修成规整的梯形，粘于小木块上，上机切片。切片厚度在 8～20 μm 范围内。⑥粘片与烤片，用粘片剂将蜡片牢附于载玻片上。在载玻片上涂抹粘片剂（甲液），再滴蒸馏水（乙液），放上蜡片，用滤纸吸取多余的水分。将载玻片放于 40℃展片台中烤干。⑦脱蜡与复水、染色，使用的染色剂为

1%番红（85%酒精配制）以及0.5%固绿（95%酒精配制）。⑧切片脱水、透明和封固，在载玻片上滴加适量（1～2滴）中性树胶，再将洁净盖玻片倾斜放下，进行封片，切片放入42℃温箱中干燥过夜。镜检，将合格的切片贴上标签。

3.4.3.2 细根取样方法及切片制作

（1）根系采集

细根同叶片采集为同时进行，取样时在样地内每树种选取3株平均木，采用挖掘法进行植株根系的取样。每株随机采集3～5个完整根序的细根，剔除菌根，用去离子水清洗干净后放入FAA固定液中固定，置于冰盒中带回实验室。按Pregitzer等（2002）的方法区分各等级细根，即根系最末端的为1级根，着生在1级根上的根为2级根，着生在2级根上的为3级根，以此类推。

（2）根系切片制作

每根序细根切取3个根样，制作细根横剖面石蜡切片，具体方法同叶切片制作。

3.4.3.3 根叶解剖结构测量及数据分析

（1）叶解剖结构的测定及数据分析

利用Nikon Eclipse E200生物显微镜观察，将制作好的石蜡切片置于显微镜下，利用Scope image9.0图像系统进行拍照（图5-3-14），对植物叶剖面测量叶厚度、上表皮厚度、下表皮厚度、栅栏组织以及海绵组织厚度，计算获得栅栏组织与海绵组织比值。对主脉测量中脉直径、木质部厚度、韧皮部厚度，计算木质部与韧皮部厚度比值。每样品随机选择10个视野进行测量。对测得的数据利用SPSS 17.0做均值及通过One-way ANOVA过程分析不同树种解剖结构参数之间的差异显著性，利用Canoco 5.0做冗余分析。所有数据在做相关性分析以及冗余分析之前均已通过标准化使其符合标准正态分布。

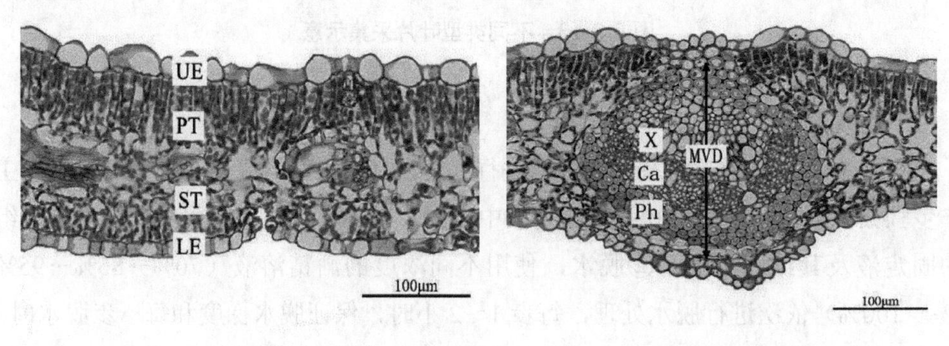

（a）叶片横切面结构　　（b）叶脉横切面结构

图5-3-14 叶横切解剖结构示意（臭椿）

注：UE-上表皮；PT-栅栏组织；ST-海绵组织；LE-下表皮。MVD-中脉直径；X-木质部；Ca-形成层；Ph-韧皮部。

（2）细根解剖结构的测定及数据分析

利用Nikon Eclipse E200生物显微镜观察，Scope Image 9.0软件进行成像拍照及指标的测量（图 5-3-15）。记录每张切片的剖面直径、皮层厚度、维管柱直径、木质部直径、导管内径及导管数，计算导管密度。每样品随机选择 10 个视野进行测量。对测得的数据利用 SPSS 17.0 做均值及通过 One-way ANOVA 过程分析不同树种解剖结构参数之间的差异显著性，同时对数据做相关性分析，利用 Qrigin9.0 做折线图以及柱状图。利用 Canoco 5.0 做冗余分析（RDA analysis），利用 SAS 9.2 做树种聚类分析。所有数据在做相关性分析以及冗余分析、聚类分析之前均已通过标准化使其符合标准正态分布。

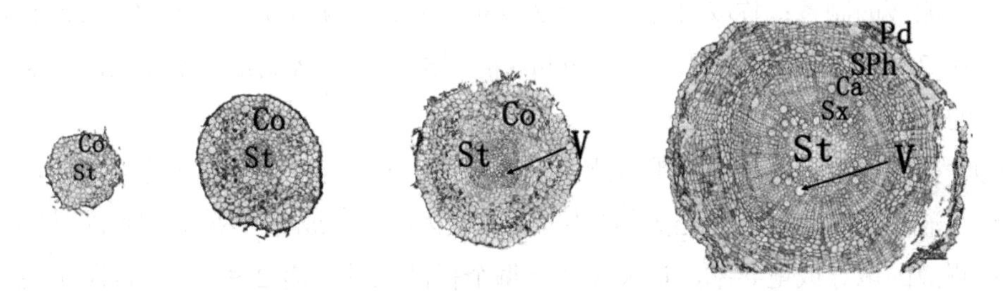

图 5-3-15　细根横切解剖结构示意（白蜡）

注：St-维管柱；Co-皮层；V-导管；Sx-次生木质部；Ca-形成层；SPh-次生韧皮部；Pd-周皮。

3.4.4　林地土壤理化性质测定

3.4.4.1　土壤样品采集

首先依据树高、胸径、冠幅等的林分调查结果，在每块标准地内各选取 3 株平均木，在距树干基部 0.5 m 的圆弧上等距离设置 5 个取样点。在每个取样点去除地表草本植被及其根系后用铁铲挖取土壤，轻轻抖落大块不含根系的土壤，混合后按四分法取一部分土壤样品装入自封袋内，视为树种所在林地土壤样品。将采集的土样带回室内，仔细除去其中可见植物残体及土壤动物，风干保存。

3.4.4.2　土壤理化性质测定

（1）土壤 pH 的测定

本实验采用电位法对树种的林地土壤的 pH 进行测定。用 pH 计测定土壤悬浊液的 pH 时，由于玻璃电极内外溶液 H^+活度的不同产生电位差，E=0.059 1 lga_1/a_2，其中 a_1 为玻璃电极内溶液的 H^+活度，它是一固定不变值，a_2 为玻璃电极外溶液（即待测液）的 H^+活度，平衡后从电位计上读数换算在 pH 的刻度盘上可直接读出 pH。称取 10 g 通过 16 目筛孔风干土样置于 25 mL 烧杯中，加 10 mL 无 CO_2 蒸馏水混匀，静置 10 min，用校正过的 pH 计测定悬液的 pH。测时将玻璃电极球部（或底部）浸入悬液泥层中，甘汞电极浸在悬液上部清液中，并将甘汞电极侧孔上的塞子拔去，测读溶液 pH，重复测量，减少误差。

（2）土壤电导率测定

本试验利用土壤浸提液25℃条件下的电导率值表示土壤的水溶性盐含量，因为土壤水溶性盐是强电解质，其水溶液具有导电作用。导电能力的强弱，可用电导率表示。在一定范围内，溶液的含盐量与电导率呈正相关。这样省去制备标准曲线的步骤，减小误差。用电导率值表示同样可以相互比较，这一方法已被国内外许多土壤科学工作者采用。

试验步骤：

①待测液的制备：称取自然风干土壤 4 g（过 16 目筛）放入 25×100 mm 的大试管中，加水 20 mL，盖紧橡皮塞振荡 3 min，静置澄清后直接测定，不必过滤。需要测量待测液的温度。

②含盐量的测定：将电极用待测液淋洗 1～2 次，再将电极插入待测液中，使铂片全部浸在液面下，并尽量插在液体的中心部位。按电导仪或电导率仪说明书，调节仪器，测定待测液的电导或电导率，记录读数。每个样品应重复读 2～3 次，以防出现大的偶然误差。每次测定完一个试样后，应及时用蒸馏水冲洗电极，并用滤纸吸干，以备测定下一个样品使用。

③结果计算：

$$25℃时电导（S_{25}）＝电导（S_t）×温度校正系数（F_t）$$

$$25℃时电导率（EC_{25}）＝电导（S_{25}）×电极常数（K）$$

温度校正：当液温在 17～35℃时，液温与标准温度 25℃每相差 1℃，则电导率值约增减 2%，所以电导率 EC25 可直接按下式计算出：

$$\begin{aligned}EC_{25} &= EC_t - [(t-25℃)×2\%×EC_t]\\ &= EC_t[1-(t-25℃)×2\%]\\ &= KS_t[1-(t-25℃)×2\%]\end{aligned}$$

式中：EC_{25} 为 25℃时的电导率；K 为电极常数；S_t 为在 t 温度下测出的电导值；t 为测定时待测液的温度。

（3）土壤铵态氮测定

本试验使用法国 AMSAlliance 公司 Proxima 型号连续流动注射分析仪测定土壤的铵态氮含量，试验原理为改进的贝特罗反应：$NH4^+$在水杨酸钠和氯存在的情况下形成靛酚蓝复合物。氯来自二氯异氰尿酸钠并且反应通过硝普钠被催化。光度计测量在 660 nm 波长下进行（参比：540 nm）。

试验步骤：称取相当于 2.500 g 风干土，过 10 号筛，准确到 0.01 g，置于 200 mL 三角瓶中，加入 2 mol/L 氯化钾溶液 50 mL，塞紧塞子，在振荡机上振荡 1 h。取出静置，待土壤-氯化钾悬浊液澄清后，用滤纸过滤悬浊液，吸取滤液置于流动分析仪测量铵态氮浓度。

（4）土壤硝态氮测定

本试验使用法国 AMSAlliance 公司 Proxima 型号连续流动注射分析仪测定土壤的硝

态氮含量，试验原理为硫酸肼法：硝氮首先被硫酸肼溶液还原成亚硝氮。然后亚硝氮在酸性条件下与磺胺和 N-（1-萘基）乙二胺盐酸盐反应形成一种粉红色重氮化合物在 520 nm 或 540 nm 波长处比色。（参比：660 nm）。

试验步骤：称取相当于 2.500 g 风干土，过 10 号筛，准确到 0.01 g，置于 200 mL 三角瓶中，加入 2 mol/L 氯化钾溶液 50 mL，塞紧塞子，在振荡机上振荡 1 h。取出静置，待土壤-氯化钾悬浊液澄清后，用滤纸过滤悬浊液，吸取滤液置于流动分析仪测量硝态氮浓度。

（5）土壤速效磷测定

本试验采用碳酸氢钠浸提钼锑抗比色法测定，试验原理为：石灰性土壤、中性土壤中的速效磷，多以磷酸一钙和磷酸二钙状态存在，可用 0.5 mol/L 碳酸氢钠溶液提取到溶液中；待测液中的磷酸与钼锑抗混合显色剂作用，在一定酸度和三价锑离子存在下，磷酸和钼酸铵形成黄色锑磷钼混合杂多酸，其组成比为 P∶Sb∶Mo=1∶2∶12。锑磷钼混合杂多酸在常温（20～60℃）下，易为抗坏血酸还原为磷钼蓝，使显色速度加快。溶液中磷钼蓝的蓝色深度与磷的含量在一定浓度范围内服从比尔定律。比色时酸度范围宽（0.55～0.75 mol/L），测定磷的范围为 0.06～0.44 mg/L。

试验步骤：

①土壤浸提：用百分之一天平称取过 1 mm 筛孔的风干土 5 g，置于 250 mL 塑料浸提瓶中，准确加入 0.5 mol/L 碳酸氢钠溶液 100 mL，慢慢加入硫酸钼锑抗混合显色剂 5 mL，充分摇匀，排出二氧化碳后，加蒸馏水至刻度，再充分摇匀（最后的酸浓度为 0.65 mol/L $1/2H_2SO_4$）。放置 30 min 后在分光光度计上以波长 660 nm 光和 1 cm 光经比色杯进行比色测定。颜色稳定时间为 24 h。比色测定必须同时做空白试验（即用 0.5 mol/L 碳酸氢钠试剂代替试液，其他步骤与上相同）。从测得的消光度值，对照标准曲线查出待测液中磷的含量，然后计算出土壤中速效磷的含量。

②标准曲线的绘制：分别吸取 5 mg/L 磷标准溶液 0、1 mL、2 mL、3 mL、4 mL、5 mL 于 50 mL 的容量瓶中，再逐个加入 0.5 mol/L 碳酸氢钠溶液 10 mL。并沿容量瓶壁慢慢加入硫酸钼锑抗混合显色剂 5 mL，充分摇匀，排出 CO_2 后，加蒸馏水定容至刻度，充分摇匀。此系列溶液磷的浓度分别为 0、0.1 mg/L、0.2 mg/L、0.3 mg/L、0.4 mg/L、0.5 mg/L。静置 30 min，然后同待测液一样进行比色。以溶液浓度为横坐标光密度的读数为纵坐标，在方格纸上绘制标准曲线。

③速效磷浓度计算：从标准曲线上查得待测液的浓度后，可按下式计算土壤速效磷含量，并对照下列参考标准判断该土壤是否缺磷。

$$土壤速效磷（mg/kg）=mg/L \times 50/10 \times 100/m$$

式中，mg/L 为从标准曲线上查得磷的 mg/L；50 为显色液的总体积，mL；10 为待测液吸取量，mL；100 为提取液总体积，mL；m 为风干土的质量，g。

3.4.4.3 数据分析

对测得的土壤数据利用 SPSS 17.0 统计软件中的 One-way ANOVA 过程分析不同土壤区组间理化性质的差异显著性，并调用其 Correlation 过程分析土壤理化性质与植物根叶解剖结构间的相关性并检验其显著性（α=0.05）。利用 Origin 9.0 做柱状图分析，利用 Canoco 5.0 做冗余分析（RDA analysis）。所有数据均通过标准化使其符合标准正态分布。

3.4.5 林地土壤理化性质分析

3.4.5.1 林地土壤理化性质特征

对不同样地 11 个树种（白蜡 1，白蜡 2 为同一种）的林地土壤理化性质进行测定，其中包括土壤 pH、土壤电导率（25℃）两个反映土壤盐渍化程度的物理性质，以及土壤铵态氮、硝态氮和速效磷含量三个土壤速效养分指标，为土壤中能直接被植被利用的营养元素。

从表 5-3-12 中可以看出，所有树种均生长于盐渍化较高的土壤中，pH 范围在 7.9～8.6，其中白榆所在样地土壤 pH 最高，达到了 8.53，而白梨所在林地土壤 pH 最低，不到 8.0。土壤电导率大小能够反映出树种所在林地土壤可溶性盐含量高低，从表中可以看出，大部分树种的土壤电导率为 400～500 μS/cm，而白榆和白蜡两树种所在地土壤含盐量较高，电导率方分别达到了 1 079.21 μS/cm 和 891.56 μS/cm。国槐的林地土壤含盐量最低，其电导率仅为 413.74 μS/cm。土壤的速效养分含量在不同树种之间差异较大，速效磷的含量普遍偏低，这与盐渍逆境下土壤较为贫瘠有关，三球悬铃木的林地土壤速效磷含量仅为 0.997 mg/kg，但是白梨、枣以及桃所在林地的土壤大部分速效养分相对较高，或有人工施肥的原因。所有树种土壤的硝态氮含量为 12.3～41.9 mg/kg，其中白蜡 2 的硝态氮含量最低（表 5-3-12），仅为 12.31 mg/kg。土壤的铵态氮含量在不同林地土壤中差异不大，但其中桃的铵态氮含量最低，仅为 6.704 mg/kg。

表 5-3-12 11 个树种所在林地土壤理化性质

树种	土壤 pH	土壤电导率/(μS/cm)	铵态氮/(mg/kg)	硝态氮/(mg/kg)	速效磷/(mg/kg)
皂角	8.318±0.018b	462.107±2.981ef	16.019±0.958b	20.833±4.088cd	1.055±0.408d
臭椿	8.262±0.024 bc	467.480±21.513ef	17.102±0.585ab	26.875±1.522abcd	1.392±0.323d
白蜡 1	8.384±0.029ab	426.147±5.373fg	8.277±0.053c	18.472±3.017d	1.160±0.352d
国槐	8.339±0.064b	413.747±4.195g	19.815±2.244ab	18.142±1.287d	1.787±0.310d
欧美杨	8.119±0.035cd	447.640±11.251efg	16.652±1.018b	17.927±4.372d	1.946±0.360d
旱柳	8.028±0.133d	476.987±32.966de	19.002±1.703ab	25.899±12.187bcd	1.414±0.205d
三球悬铃木	8.123±0.073cd	439.787±16.580efg	17.741±0.522ab	27.589±5.318abcd	0.997±0.249d
白榆	8.530±0.024a	1079.213±5.468a	16.445±0.563b	15.121±2.274d	2.821±0.588d

树种	土壤 pH	土壤电导率/（μS/cm）	铵态氮/（mg/kg）	硝态氮/（mg/kg）	速效磷/（mg/kg）
白蜡 2	8.416±0.008ab	891.560±1.240b	14.312±2.176b	12.314±2.300d	3.080±0.903d
枣	8.018±0.086d	511.293±4.195cd	16.886±2.191ab	38.628±2.160ab	33.517±2.265b
桃	8.020±0.018d	534.440±1.432c	6.704±1.078c	41.849±3.668a	13.716±0.301c
白梨	7.998±0.071d	460.453±2.981ef	22.404±3.787ab	35.951±4.004abc	38.846±2.215a

注：同一列中不同字母表示不同树种之间相同性状差异显著（$P<0.05$）。

3.4.5.2　不同树种所在林地土壤理化性质相关性分析

对 11 个树种所在林地的土壤理化性质进行相关性分析发现，土壤 pH 与土壤的速效养分含量均呈较为显著负相关关系，而土壤电导率与土壤速效养分含量之间呈现相对较弱的负相关。其中土壤 pH 与土壤硝态氮含量呈极显著负相关（$r=-0.823$，$P<0.01$），表明在土壤 pH 较低的林地其土壤内硝态氮含量较高，而土壤 pH 与土壤的速效磷含量呈显著负相关（$r=-0.585$，$P<0.05$），硝态氮受土壤 pH 影响最大，铵态氮受土壤 pH 影响最小。土壤 pH 含量与土壤电导率呈显著正相关（$r=0.585$，$P<0.05$），表明土壤的水溶性盐含量与土壤 pH 是协同变化的。在土壤养分之间，铵态氮与硝态氮的含量并没有明显的线性关系，而硝态氮含量与速效磷含量呈极显著正相关（$r=0.716$，$P<0.01$）（表 5-3-13）。

表 5-3-13　11 个树种林地土壤理化性质相关性

相关性	土壤 pH	土壤电导率	铵态氮	硝态氮
土壤 pH	1			
土壤电导率	0.585*	1		
铵态氮	−0.168	−0.091	1	
硝态氮	−0.823**	−0.406	−0.061	1
速效磷 AP	−0.585*	−0.114	0.241	0.716**

注：*表示在 0.05 水平（双侧）上显著相关，**表示在 0.01 水平（双侧）上显著相关。

3.4.5.3　基于土壤理化性质的树种聚类分析

对 11 个树种基于已经测得的 5 种土壤理化性质指标进行树状聚类分析，从聚类结果可以看出，所有的 11 个树种依照其林地土壤不同的理化性质被分为三类。第一类为三球悬铃木、旱柳、臭椿、皂角、国槐以及白蜡 1，这几种树种土壤养分含量较为集中，位于适中的盐渍土环境中；第二类为白榆以及白蜡 2，这两种树木的林地土壤养分在所有树种中最低，且盐渍化最严重；第三类是白梨、枣和桃三个树种，这三个树种的林地土壤养分较为充足，土壤盐渍化程度最轻。这种聚类结果与不同林地不同采样地点树种分布一致，第一类均共生于立地 1，第二类分布于立地 2，第三类生长于立地 3（图 5-3-16）。

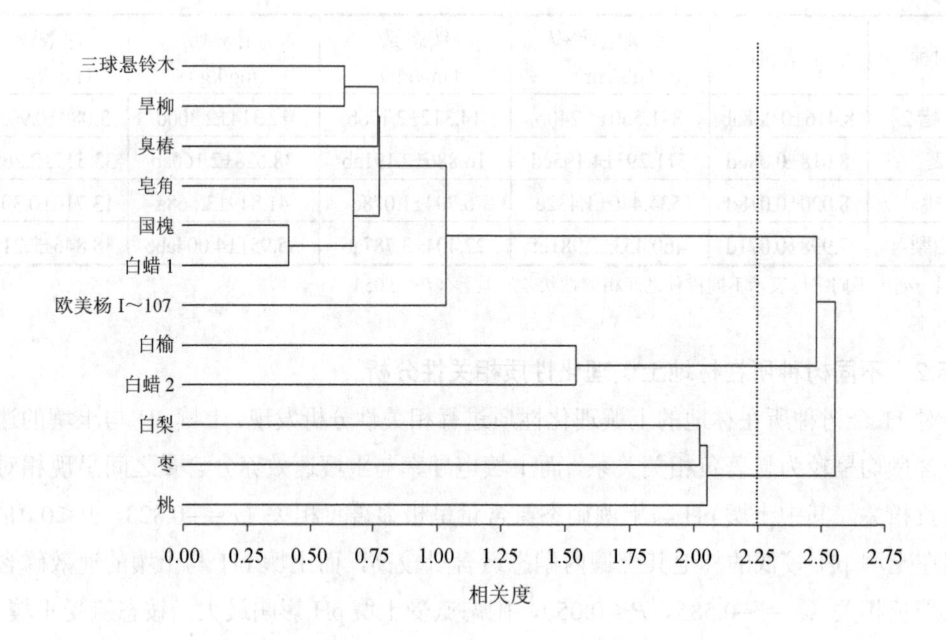

图 5-3-16 基于土壤理化性质的树种聚类分析

3.4.6 叶解剖性状在树种间的分异

3.4.6.1 叶剖面解剖性状特征

从叶剖面解剖结构可以看出 11 个树种均为异面型叶，该类型叶片在解剖结构上具有显著的栅栏组织和海绵组织区分。对各树种叶解剖特征参数统计发现，白梨的叶片在所有树种中叶片最厚（419.18 μm），三球悬铃木的叶厚度最小，仅为白梨叶片厚度一半左右；白蜡 2 的栅栏组织最厚，达到了 165.66 μm，值得一提的是，同为白蜡树种，种植在盐渍化程度较轻林地中的白蜡 1 叶片栅栏组织厚度为 122.40 μm，同时在叶厚度、海绵组织厚度以及栅栏组织与海绵组织厚度比值上，白蜡 1 均小于白蜡 2。在表 5-3-14 中还可以看出，白梨的海绵组织厚度同上表皮厚度亦是所有树种中最大，而三球悬铃木栅栏组织厚度、海绵组织厚度以及栅栏组织与海绵组织厚度的比值均为所有树种中最小（表 5-3-14）。

从 11 个树种的叶型角度观察，其中皂角、国槐、臭椿、白蜡 1、白蜡 2 为复叶树种，三球悬铃木、白榆、欧美杨 I～107、旱柳、白梨、桃、枣为单叶树种，测量发现复叶树种的叶平均厚度、下表皮厚度、栅栏组织厚度以及栅栏组织/海绵组织厚度指标均大于单叶树种，但是这种差异性不显著（表 5-3-15）。

表 5-3-14　盐碱地 11 种树木叶剖面特征　单位：μm

树种	叶厚度	上表皮厚度	下表皮厚度	栅栏组织厚度	海绵组织厚度	栅栏组织/海绵组织厚度
三球悬铃木	200.22±7.46f	21.56±2.05b	19.14±2.65b	69.68±5.95f	82.22±3.26e	0.848±0.08c
白榆	312.88±10.03b	37.46±2.71b	25.82±1.26ab	112.32±2.23c	85.32±2.69de	1.316±0.03ab
欧美杨I～107	250.66±4.84cd	17.14±1.78e	18.56±1.35b	92.12±2.96de	83.68±5.26e	1.106±0.05b
旱柳	332.44±4.01ab	26.44±2.82cd	21.18±1.50ab	126.58±7.51ab	122.54±12.58a	1.042±0.08bc
白梨	419.18±7.32a	60.30±0.94a	27.44±2.07ab	154.16±5.67a	160.26±8.10a	0.976±0.08bc
桃	222.7±2.85e	32.02±0.75bc	21.88±1.00ab	92.04±2.15de	91.36±5.27cde	1.012±0.05bc
皂角	245±4.86d	31.38±3.66bc	20.48±1.18ab	86.36±5.23e	85.34±17.25de	1.07±0.17bc
国槐	267.06±10.83c	34.58±0.89b	24.92±1.00a	107.96±1.16c	111.44±3.45ab	0.97±0.02bc
枣	304.28±6.70b	46.46±2.72ab	33.98±3.00ab	104.06±2.91cd	98.82±15.32c	1.07±0.07bc
臭椿	269.74±4.19c	37.26±3.63b	50.46±29.13a	106.4±5.70c	96.62±6.01cd	1.106±0.08b
白蜡	311.68±1.63b	20.1±0.78de	18.74±1.35b	122.4±1.55ab	103.7±3.62bc	1.178±0.02b
白蜡	379.36±3.85ab	17.64±0.97e	13.9±0.82c	165.66±3.95a	116.3±3.74b	1.432±0.06a

注：同一列中不同字母表示不同树种之间相同性状差异显著（$P<0.05$）。

表 5-3-15　盐碱地 11 种树木不同叶型叶剖面特征　单位：μm

叶型	叶厚度	上表皮厚度	下表皮厚度	栅栏组织厚度	海绵组织厚度	栅栏组织/海绵组织厚度
单叶树种	291.77±28.17a	34.48±5.68a	24.00±2.07a	107.28±10.33a	103.46±10.83a	1.05±0.05a
复叶树种	294.57±23.78a	28.19±3.94a	25.70±6.44a	117.76±13.28a	102.68±5.48a	1.15±0.08a

3.4.6.2　主脉解剖性状特征

11 个树种叶脉解剖性状之间具有显著差异（$P<0.05$）。对主脉直径、木质部厚度、韧皮部厚度等参数的统计分析（表 5-3-16）发现，三球悬铃木的主脉直径（1 245.92 μm）、木质部厚度（550.68 μm）以及韧皮部厚度（229.12 μm）均最大；白蜡 1 的主脉直径最小，为 289.14 μm，皂角的主脉木质部厚度（96.54 μm）以及韧皮部厚度（43.28 μm）均最小，不同树种之间的主脉木质部厚度与韧皮部厚度的比值具有显著差异，主要分布在 1.93～3.96。

对不同叶型树种叶脉解剖性状的统计分析发现，大部分叶脉解剖性状在不同叶型树种之间具有显著差异（表 5-3-17），从表 5-5-27 中可以看出，单叶树种的叶脉各解剖指标普遍大于复叶树种，其中单叶树种的平均主脉直径为 757.71 μm，而复叶树种的平均主脉直径仅为 404.31 μm，其他主脉解剖性状在单叶与复叶树种之间除木质部与韧皮部厚度比值外均有显著差异（$P<0.05$）。

表 5-3-16 盐碱地 11 种树木叶脉解剖学特性 单位：μm

树种	中脉直径/μm	木质部厚度/μm	韧皮部厚度/μm	木质部/韧皮部厚度
三球悬铃木	1 245.92±33.83a	550.68±7.04a	229.12±18.97a	2.478±0.22cd
白榆	799.02±25.10b	244.58±4.48c	72.04±3.54bc	3.432±0.19ab
欧美杨 I～107	443.46±20.07 f	150.06±7.12e	60.62±2.80cd	2.506±0.21cd
旱柳	609.2±4.91c	245.14±9.42c	64.04±3.55bcd	3.866±0.22a
白梨	1 121.92±22.22a	523.78±9.27a	180.82±12.48ab	2.934 1±0.15bc
桃	493.12±12.43ef	142.46±4.68e	61.34±2.41cd	2.338±0.12cd
皂角	321.02±18.50 g	96.54±5.50 f	43.28±2.93d	2.278±0.22cd
国槐	514.98±15.60e	208.12±4.79d	74.02±4.52bc	2.846±0.15bc
枣	591.32±16.37cd	292.04±14.69b	83.94±4.96b	3.54±0.30a
臭椿	545.1±17.87de	265.72±16.08c	67.88±2.84bc	3.958±0.36a
白蜡 1	289.14±18.20 g	102.64±3.01 f	53.2±1.54c	1.936±0.06d
白蜡 2	351.3±4.22 g	120.92±4.16ef	59.88±2.81cd	2.039 4±0.13d

注：同一列中不同字母表示不同树种之间相同性状差异显著（$P<0.05$）。

表 5-3-17 盐碱地 11 种树木不同叶型主脉解剖特征 单位：μm

叶型	中脉直径	木质部厚度	韧皮部厚度	木质部/韧皮部厚度
单叶树种	757.71±118.64a	306.96±62.87a	107.42±25.91a	3.01±0.23a
复叶树种	404.31±52.48b	158.79±33.41b	59.65±5.40b	2.61±0.37a

3.4.7 细根解剖性状在树种间的分异

3.4.7.1 细根不同根序直径以及维管柱直径

对 11 个树种的细根直径以及维管柱直径测量发现，不同树种的细根剖面直径均随着根序等级增加而增加，同根序的细根直径之间具有显著差异（$P<0.05$）。在低级根序中，从图 5-3-17 可以看出国槐 1 级根直径远大于其他树种，而欧美杨 I～107 的 1 级根直径在所有树种中最小，仅为 214.72 μm，约占国槐 1 级根直径的 1/2，同样，国槐的 2 级根直径也远大于其他树种，达到了 838.2 μm，而桃的 2 级根直径最小，仅为 240.32 μm。在高级根序中，白蜡 1 的细根直径远大于其他树种的高级根直径，其中 3 级根直径与 4 级根直径分别达到了 2 217.5 μm 和 4 419.6 μm。白梨的高级根直径最小，3 级根直径以及 4 级根直径仅为 359 μm 以及 854.4 μm，表明不同树种相同根序细根直径之间存在巨大差异，而这种差异随着根序等级提高而越发显著。

11 个树种的维管柱直径变化规律与细根剖面直径相似，不同树种的细根维管柱直径均随着根序等级增加而增加，同根序的细根维管柱直径之间具有显著差异（$P<0.05$）。其中，白蜡 1 的 1 级根维管柱直径最大，达到了 232.38 μm，欧美杨 I～107 的 1 级根维管直径最小，为 57.14 μm，仅为白蜡 1 的 1 级根维管柱直径的 1/4 左右。三球悬铃木的 2 级根维管柱直径最大，枣最小；在高级根中，三球悬铃木的 3 级根维管柱直径最大，而桃的 3 级根维管柱直径最小，白蜡 1 的 4 级根维管柱直径最大，达到了 2 487.12 μm，白梨的 4 级根维管束直径最小，仅为 446.2 μm。

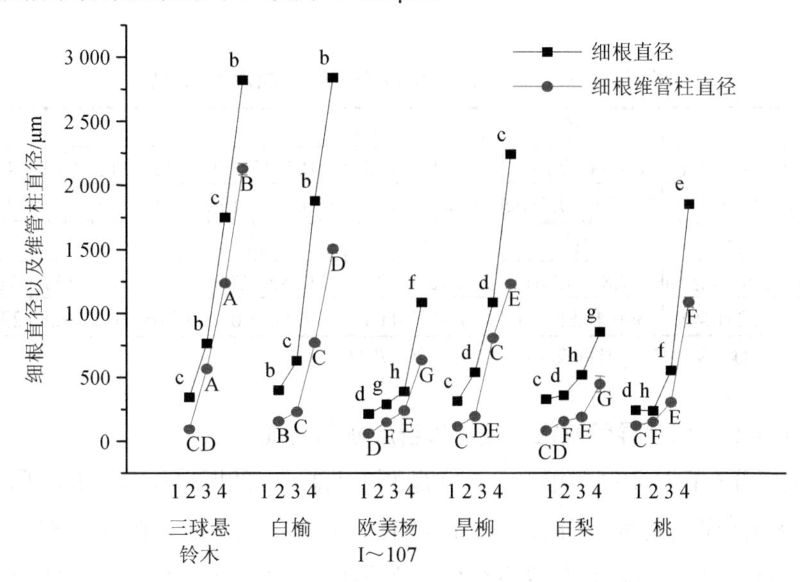

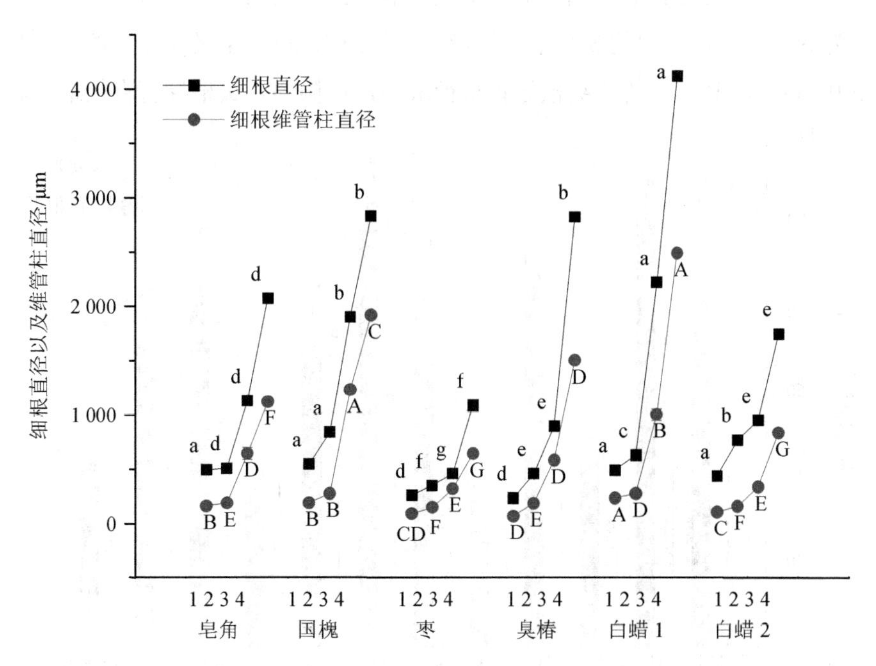

图 5-3-17　11 个树种各根序细根剖面直径和维管柱直径的比较

注：图中数字 1～4 表示同一树种 1～4 级根序，不同字母表示不同树种相同根序间差异显著性（$P<0.05$）。下同。

3.4.7.2 细根不同根序皮层厚度解剖特征

细根皮层为细根表皮以内，中柱以外的部分，由多层薄壁细胞组成，占幼根的很大比例，在高级根中分布很少，故对 11 个树种的幼根（1～2 级根）进行统计分析（表 5-3-18）发现：11 个树种细根皮层厚度彼此之间存在显著差异（$P<0.05$），其中国槐的 1 级根皮层厚度以及 2 级根皮层厚度均最大，分别达到 177.86 μm 和 300.4 μm，而桃的 1 级根皮层厚度最小，仅有 43.52 μm，三球悬铃木的 2 级根皮层厚度最小，为 21.2 μm。

表 5-3-18 11 树种 1 级和 2 级细根皮层厚度的比较

根序	三球悬铃木	白榆	欧美杨 I～107	旱柳	白梨	桃
1 级	104.64±8.08bc	120.60±7.64b	79.84±4.19d	110.42±7.47bc	123.24±3.64b	43.52±4.76e
2 级	21.20±1.24d	202.04±17.31bc	41.04±7.12d	196.38±5.14bc	185.26±7.42c	25.86±6.68d
根序	皂角	国槐	枣	臭椿	白蜡 1	白蜡 2
1 级	162.68±10.55a	177.86±15.61a	92.18±10.82cd	94.48±5.79cd	159.92±8.70a	168.2±8.08a
2 级	172.52±6.40c	300.40±1.56a	50.34±3.11b	47.84±5.09d	216.76±12.96b	296.8±13.57a

注：同一行不同字母表示 10 个树种间皮层厚度差异显著（$P<0.05$）。

3.4.7.3 细根不同根序导管直径以及导管密度解剖特征

导管主要分布在树木高级根中，承担着运输功能，在幼根中分布较少，所以研究结果对 3～4 级根的导管进行统计分析，从图 5-3-18 中可以看出，11 个树种的导管直径均随着根序增加而随之增大。3 级根导管直径分布范围在 22～67 μm，其中国槐的 3 级根导管直径最大，为 66.36 μm，白梨的 3 级根导管最小，仅为 22 μm；4 级根导管直径分布范围为 35.41～100.33 μm，其中枣的 4 级根导管直径最小，白榆的 4 级根导管直径最大。

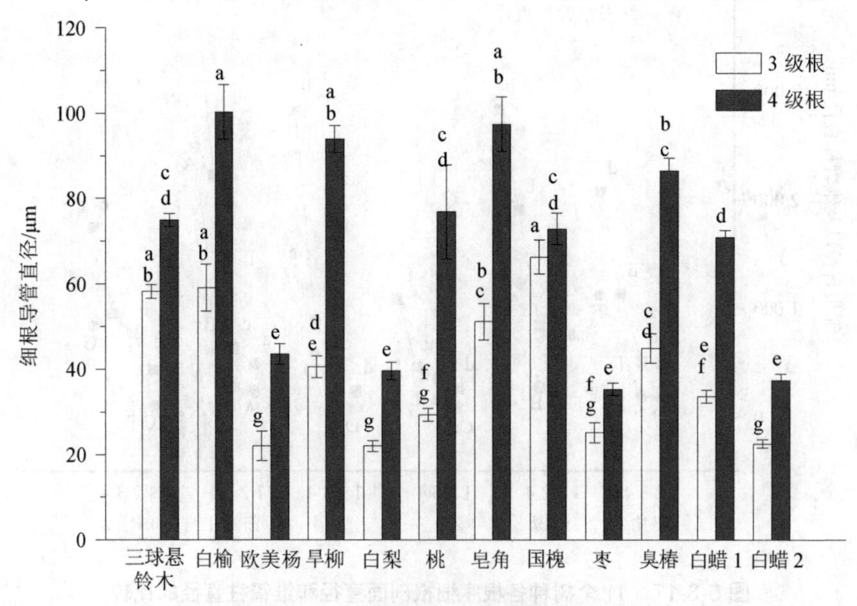

图 5-3-18 11 树种各根序导管直径的比较

导管密度为细根剖面单位面积的导管数量。相同根序细根导管密度与导管直径呈显著负相关（$P<0.05$），从图 5-3-19 中可以看出，11 个树种导管密度彼此差异显著（$P<0.05$）。在 3 级根中，白梨的导管密度远大于其他树种，达到了 1 076.16 n/mm^2，而国槐的导管密度最小，仅为 40.5 n/mm^2；在 4 级根中，白梨导管密度依旧远大于其他树种，为 417.32 n/mm^2，而白蜡 1 的导管密度最小，仅为 24.31 n/mm^2。

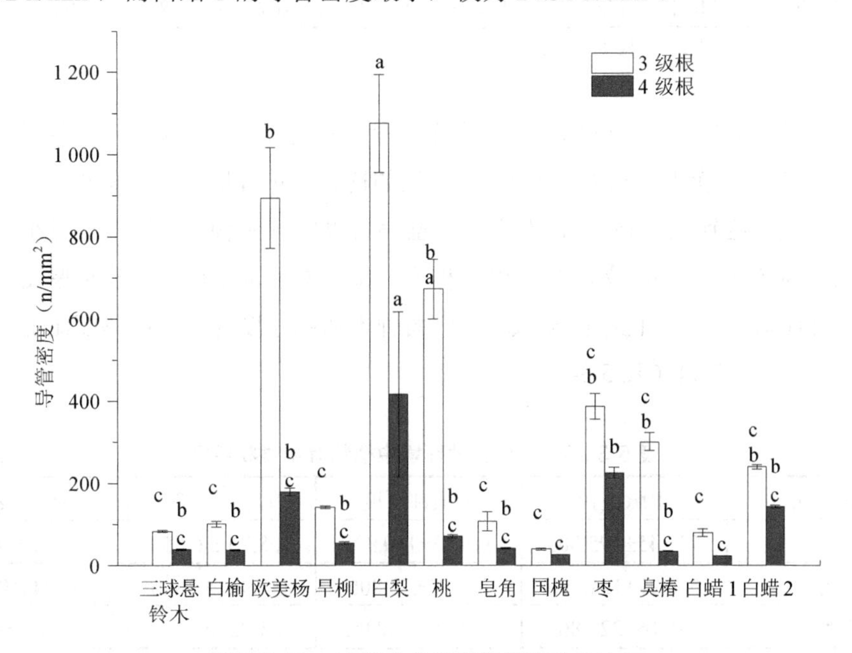

图 5-3-19　11 树种各根序导管密度的比较

3.4.8　不同立地环境下植物性状的分异

基于上面的树种聚类，将树种进一步划分以比较不同立地树种的根叶解剖性状差异。所有树种大致可划分为 3 组，立地 3 树种一组（白梨、枣、桃），立地 2 的树种一组（白蜡 2、白榆），其他分布于立地 1 的树种一组（皂角、国槐等），依据土壤 pH 与土壤的电导率在不同立地之间的差异，可以看出不同林地的盐渍化程度立地 2＞立地 1＞立地 3，基于这一树种的分布特点继而对各组树种的根叶性状平均值进行比较。

3.4.8.1　不同立地环境植物叶解剖性状分异

基于不同树种所在立地的盐碱环境，对 11 个树种的叶解剖性状分为 3 组，从表中可以看出，不同盐碱环境的立地树种的叶解剖性状之间存在较为显著的差异，立地 2 的树种的叶厚度最大，栅栏组织厚度与海绵组织厚度的比值较其他立地的树种也较大。而立地 1 中的树种的平均叶厚度最小，仅为 268.11 μm，在立地 3 土壤盐渍化较轻的环境下，树木叶片的栅栏组织厚度与海绵组织厚度的比值最小。不同树种的表皮厚度在不同盐碱环境下具有一定的差异性，但这种差异性并不显著（表 5-3-19）。

表 5-3-19　不同立地环境中植物叶剖面性状特征　　单位：μm

立地环境	叶厚度	上表皮厚度	下表皮厚度	栅栏组织厚度	海绵组织厚度	栅栏组织/海绵组织厚度
立地 3	315.39±56.99ab	46.26±8.16a	27.77±3.50a	116.75±19.02ab	116.81±21.83a	1.02±0.03ab
立地 1	268.11±16.54b	26.92±2.91b	24.78±4.36b	101.64±7.65ab	97.93±5.84ab	1.05±0.04ab
立地 2	346.12±33.24a	27.55±9.91b	19.86±5.96b	138.99±26.67a	100.81±15.49ab	1.37±0.06a

注：土壤盐渍化程度：立地 2＞立地 1＞立地 3。下同。

不同盐碱环境中树种的叶脉解剖性状之间存在较为显著的差异，叶脉各指标随着盐碱程度加深呈减小趋势。立地 3 盐碱程度最轻的树种各项叶脉解剖结构指标均最大，其中平均中脉直径达到 735.45 μm，而立地 1 盐碱程度中等树种的中脉直径最小，其平均中脉直径仅为 566.97 μm；立地 2 盐碱地程度最重的木质部厚度、韧皮部厚度以及木质部与韧皮部比值均最小，但不同盐碱环境的树种木质部厚度与韧皮部厚度比值差异性不大，范围在 2.74～2.94（表 5-3-20）。

表 5-3-20　不同立地环境中植物叶脉性状特征　　单位：μm

立地环境	中脉直径	木质部厚度	韧皮部厚度	木质部/韧皮部厚度
立地 3	735.45±195.30a	319.43±110.93a	108.70±36.65a	2.94a±0.35
立地 1	566.97±121.39b	231.27±58.80b	84.59±24.38ab	2.84a±0.30
立地 2	575.16±223.86b	182.75±61.83bc	65.96±6.08b	2.74ab±0.70

3.4.8.2　不同立地环境中植物细根解剖性状分异

基于不同树种所在立地的盐碱环境，对 11 个树种的细根解剖性状分为 3 组，从表 5-3-21 中可以看出，低级细根的皮层厚度在不同立地之间具有显著差异（$P<0.05$）。在较为严重的盐碱环境中，树种的细根皮层厚度较盐碱程度较轻立地树种明显更大，其中，盐碱程度最重立地 2 的树种 1 级细根皮层厚度为 144.40 μm，远大于盐碱程度较轻立地 3 树种 1 级根皮层平均厚度；盐碱程度较轻立地 3 树种 2 级细根皮层厚度为 87.15 μm，仅为盐碱程度最重立地 2 的树种 2 级细根皮层厚度的 1/3 左右。

表 5-3-21　不同立地环境中细根主要解剖性状特征

立地环境	1 级根皮层厚度/μm	2 级根皮层厚度/μm	3 级根导管密度/(n/mm^2)	4 级根导管密度/(n/mm^2)
立地 3	86.31±23.20c	87.15±49.56bc	712.19±199.86a	238.47±100.05a
立地 1	127.12±14.64ab	142.31±40.30b	235.39±114.31b	57.32±20.76bc
立地 2	144.40±23.80a	249.42±47.38a	171.14±70.14bc	91.22±53.07b

不同立地环境的树种细根解剖结构之间同样具有显著差异，盐碱程度中等立地以及盐碱程度最重立地具有更粗的细根直径及维管柱直径，从图 5-3-20 中可以直观看出，不同盐碱地树种细根直径之间存在显著差异，有随盐渍化程度加深，细根直径变大趋势。但是盐碱程度较轻立地树种具有更大的导管密度。其中盐碱程度最重立地树种 3 级根直径为 1 412.20 μm，4 级根直径为 2 292.09 μm，均远大于盐碱程度较轻立地树种细根直径。盐碱程度较轻立地树种 3 级根导管密度为 712.19 n/mm^2，4 级根导管密度为 238.47 n/mm^2，远大于其他立地树种。

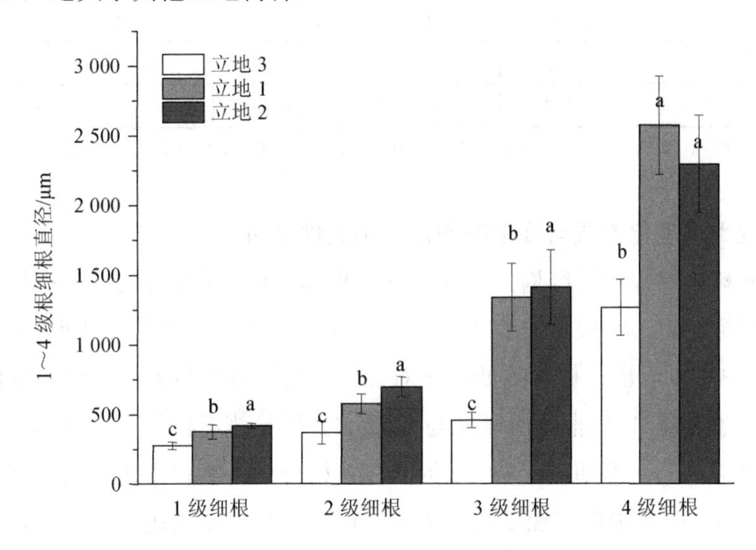

图 5-3-20　不同立地环境中不同根序细根直径

3.4.9　盐碱地不同树种叶—根—土相关性分析

在前面结果的基础上，对 11 个树种的叶解剖特征、细根解剖特征以及林地土壤理化性质三者之间的相关性进行分析以寻求从地上部分到地下部分，从植株本身到环境因子之间的联系与规律。

3.4.9.1　林地土壤理化性质与叶器官解剖性状相关性分析

对测得的叶解剖数据剔除树种之间差异性较小的指标（如叶剖面表皮厚度）以及具有高度协同变化的指标，如韧皮部厚度与木质部具有高度协同变化（R^2=0.893，P＜0.01），故剔除其中一个指标，最终比较中脉直径等 6 个指标与不同树种的土壤理化性质之间的相关关系，从表中可以看出，林地土壤的理化性质与部分叶解剖结构指标显著相关：栅栏组织厚度与海绵组织厚度的比值与大部分土壤理化性质之间具有显著相关，其中，栅栏组织厚度/海绵组织厚度与硝态氮含量呈显著负相关（r = −0.592，P＜0.05），表明在盐渍环境下，随着土壤中硝态氮含量的升高，栅栏组织厚度与海绵组织厚度的比值呈现下降的趋势，而栅栏组织厚度/海绵组织厚度与土壤的pH值以及土壤电导率呈显著正相关（r=0.667，P<0.05；r=0.782，P<0.01）。土壤的养分含量与叶主脉直径、木质部厚度也具有一定的正相关趋势，但是这种相关性并不显著（表5-3-22）。

表5-3-22 林地土壤理化性质与叶器官解剖性状相关性

相关性	中脉直径	木质部厚度	叶厚度	栅栏组织厚度	海绵组织厚度	栅栏/海绵组织
土壤pH	−0.355	−0.446	0.052	0.154	−0.288	0.667*
土壤电导率	−0.002	−0.166	0.330	0.362	−0.114	0.782**
铵态氮	0.531	0.597*	0.318	0.157	0.427	−0.282
硝态氮	0.357	0.428	−0.094	−0.195	0.202	−0.592*
速效磷	0.373	0.462	0.469	0.297	0.561	−0.226

注：*表示在0.05水平（双侧）上显著相关，**表示在0.01水平（双侧）上显著相关。下同。

3.4.9.2 林地土壤理化性质与细根解剖性状相关性分析

对测得的树种细根解剖结构指标同叶解剖指标一样，剔除掉冗余指标以及树种间差异性不大的指标，将1级根直径等7个解剖指标与土壤理化性质之间进行相关性分析。从表5-3-23中可以看出，树木的低级根对盐渍环境以及土壤养分含量较高级根更加敏感，1级根直径以及1级根皮层厚度与土壤pH呈显著正相关（r = 0.672，P<0.05；r = −0.650，P<0.05），即随着土壤pH的升高，树种的1级根直径以及1级根皮层厚度呈增大增厚趋势，而1级根直径以及1级根皮层厚度与土壤的硝态氮含量呈显著负相关（r = −0.586，P<0.05；r = −0.672，P<0.05），表明在盐渍环境下，土壤养分较低的环境里低级根皮层相对较厚，根直径相对较大；在2级根中也表现出相同的规律，2级根直径以及2级根皮层厚度与土壤pH呈正相关，与土壤速效养分含量尤其是土壤硝态氮含量呈显著负相关。3级根直径同样随着土壤pH的增高有着增大的趋势，但是对土壤养分的联系不如低级根紧密，但其导管密度随着土壤养分含量的增加呈较为显著增大趋势，导管密度与土壤速效磷含量的Pearson相关系数达到0.633（P<0.05）。

表5-3-23 林地土壤理化性质与细根解剖性状相关性

相关性	1级根直径	2级根直径	3级根直径	1级根皮层厚度	2级根皮层厚度	3级根导管直径	3级根导管密度
土壤pH	0.672*	0.572	0.679*	0.650*	0.583*	0.458	−0.605*
土壤电导率	0.128	0.220	0.151	0.115	0.333	0.057	−0.186
铵态氮	−0.005	0.292	−0.149	0.214	0.167	0.233	0.108
硝态氮	−0.586*	−0.588*	−0.553	−0.672*	−0.610*	−0.321	0.482
速效磷	−0.337	−0.373	−0.590*	−0.270	−0.179	−0.528	0.633*

3.4.9.3　基于叶—根—土理化性质的冗余分析

基于不同林地的土壤理化性质与其细根解剖结构以及叶解剖结构的相关性分析，利用冗余分析更能直观地在图 5-3-21 中看出不同指标之间以及指标与树种之间的联系。从图 5-3-21 中可以看出，前两个轴的特征值分别为 0.415 和 0.235，其解释率为 65%。低级根解剖结构以及土壤的 pH 能解释较多树种的差异特性，在树种中占主导作用，而高级根解剖结构仅与三球悬铃木、皂角以及国槐具有较为密切的联系，土壤速效养分与轴一均呈正相关，而叶剖面指标与轴二呈显著负相关，主脉直径以及主脉木质部直径与轴二呈显著正相关。桃、枣、白梨三个树种与土壤养分含量关系最为密切，白蜡 2 的低级根解剖结构以及叶肉栅栏组织厚度/海绵组织厚度在所有树种中最为突出，对盐渍环境表现出较强的响应。

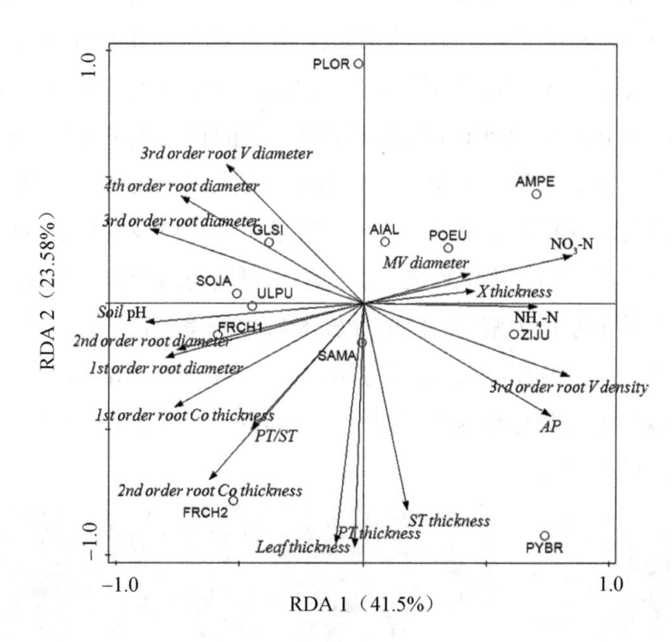

图 5-3-21　基于根叶解剖结构及土壤理化性质的冗余分析

3.4.10　小结

本研究对滨海盐碱地不同林地 11 个树种的叶器官以及细根解剖结构进行观察以及相关解剖指标的测定。并通过测定研究区不同林地的理化性质，找出树种在盐逆境中对胁迫发挥重要作用的叶解剖指标以及细根解剖指标，建立了树种叶—根解剖性状对盐胁迫的响应关系，本研究通过实验分析，得出结论如下：

（1）不同树种的叶器官形态结构对盐碱环境均具有明显的响应，在滨海盐逆境中，树种的叶片厚度增厚，上表皮气孔凹陷，形成气孔窝，同时叶肉栅栏组织发达，紧密排列在叶肉近轴面，呈 3～5 层，在叶脉解剖结构中，盐碱地树种主脉维管柱直径较发达，对调节水分运输具有积极作用，但随着盐渍化程度加深，树种木质部及韧皮部厚度有缩小趋势。不同树种的叶解剖性状之间除表皮厚度外，均具有显著差异（$P<0.05$）。主脉直径与木质部厚度及韧皮部厚度，叶厚度与栅栏组织厚度之间存在协同变化。在滨海盐逆境下，不同树种的栅栏组织与海绵组织厚度比值普遍较高，范围在 0.85～1.42。

（2）不同树种的细根解剖性状对滨海盐碱环境具有明显的响应，研究发现，低级根起到吸收作用，而高级根在结构上承担运输功能。在滨海盐碱环境下树种的 1 级根及 2 级根皮层厚度增大，1 级根及 2 级根表面出现凹凸不平褶皱，以阻止盐离子大量进入细根内部，在内皮层发现凯氏带，具有屏障阳离子进入以及水分调节功能。不同树种相同根序细根解剖结构在树种之间存在显著差异（$P<0.05$），皮层随着根序增加最终消失，高级根维管柱占细根剖面直径更大，不同树种细根直径与维管柱厚度具有协同变化。

（3）不同树种所在林地之间土壤理化性质差异显著（$P<0.05$），在滨海盐渍环境下，土壤 pH 与土壤速效养分含量呈较为显著的负相关，其中与土壤硝态氮含量呈极显著负相关（$r=-0.823$，$P<0.01$），土壤 pH 与土壤电导率之间也表现出显著正相关（$P<0.05$），林地土壤速效养分之间相关性并不明显，硝态氮含量与铵态氮含量之间并无相关性。

（4）结合测定的不同林地土壤理化性质、叶解剖结构以及细根解剖结构发现，在滨海盐渍环境中，树种叶片栅栏组织厚度、栅栏组织厚度与海绵厚度的比值、细根低级根解剖结构与土壤环境关系最为密切，能解释较多树种的差异特性，在树种形态结构变异过程中占主导作用，对盐渍环境表现出较强的响应。这种起主导作用的解剖性状在实际盐碱地绿化中可以用来检测造林地不同树种对环境的适应情况，对盐碱地植被修复以及群落构建具有重要的参考价值。

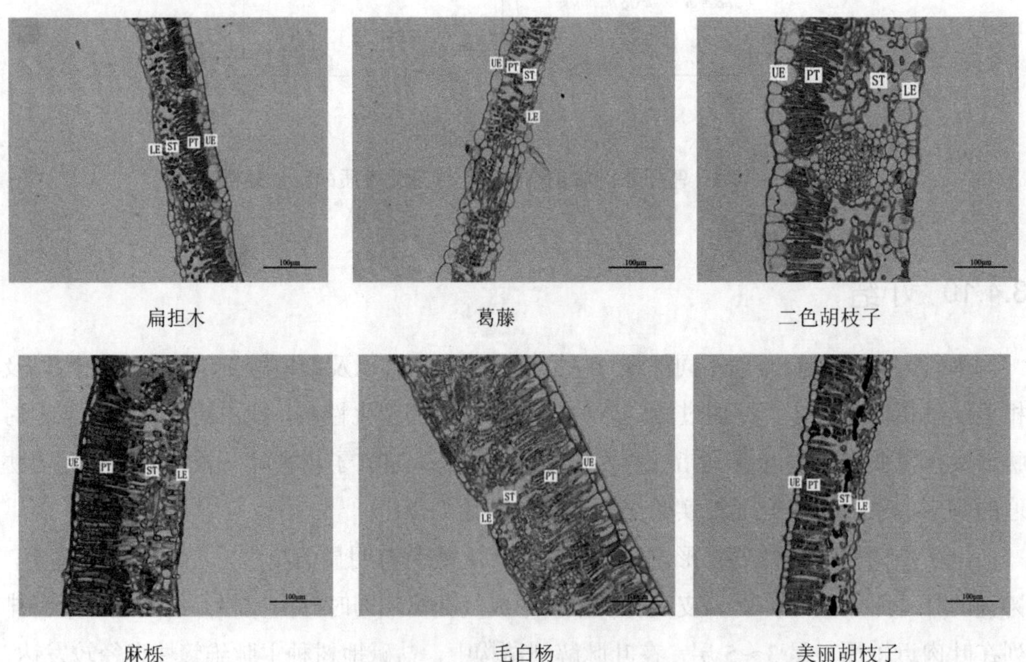

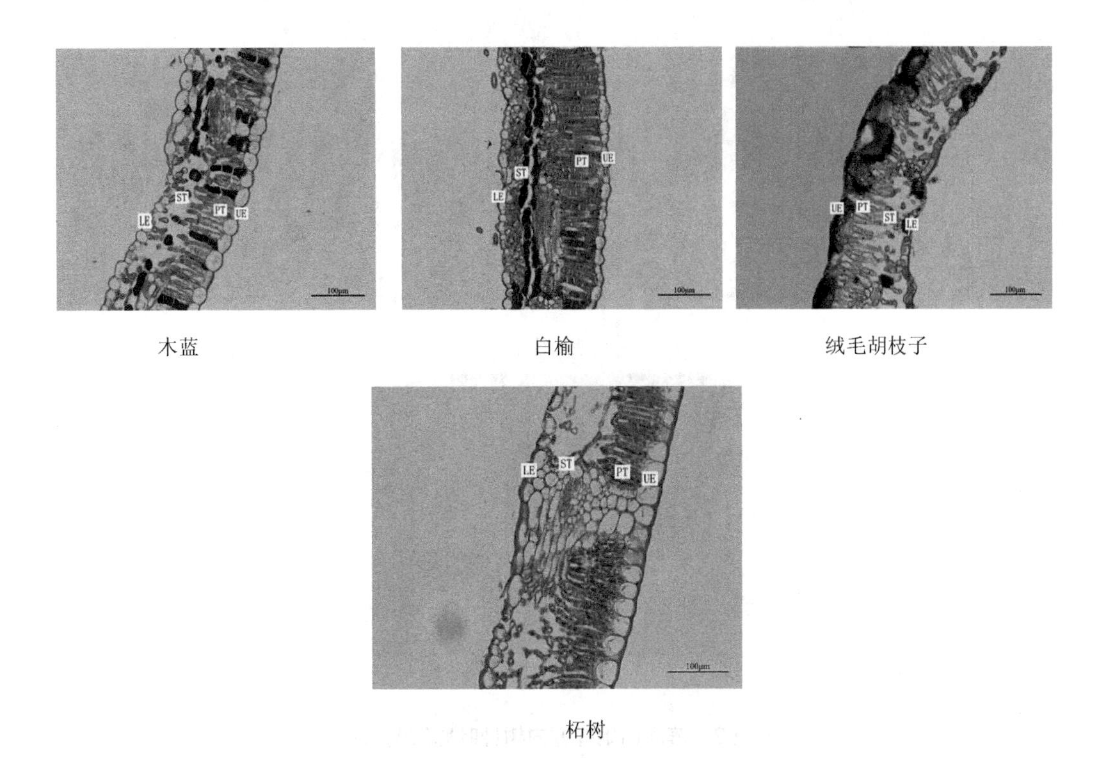

图版 1　滨海山地样方内树种叶片解剖特征

注：光镜倍数：200 倍。UE-上表皮；PT-栅栏组织；ST-海绵组织；LE-下表皮。

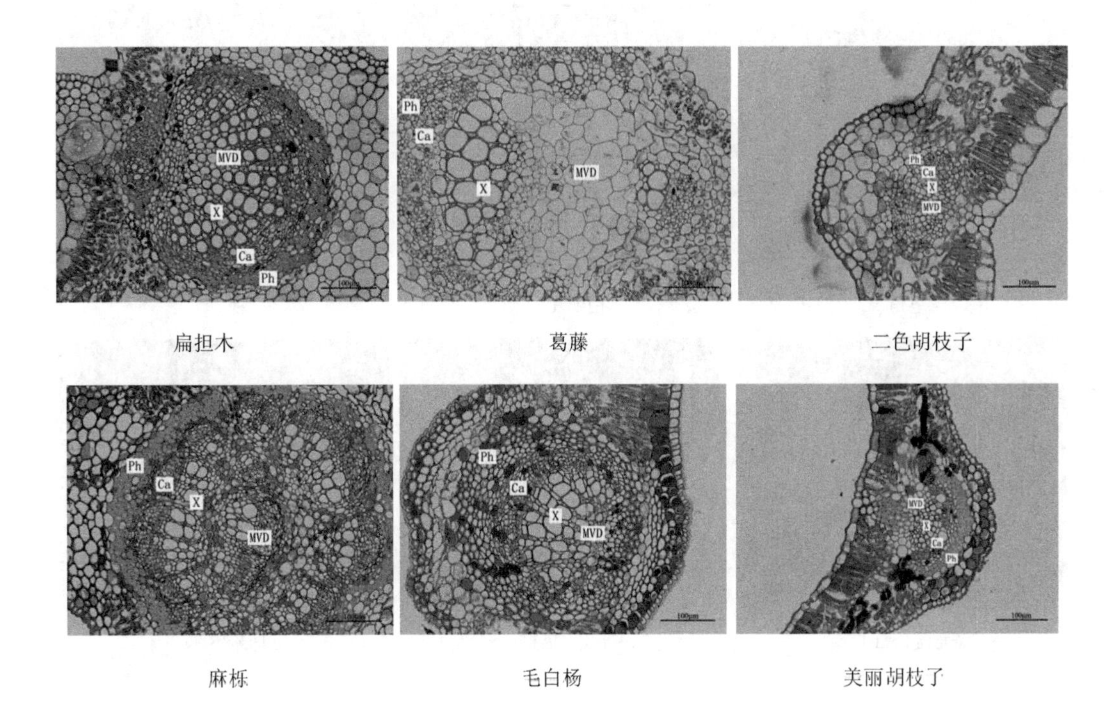

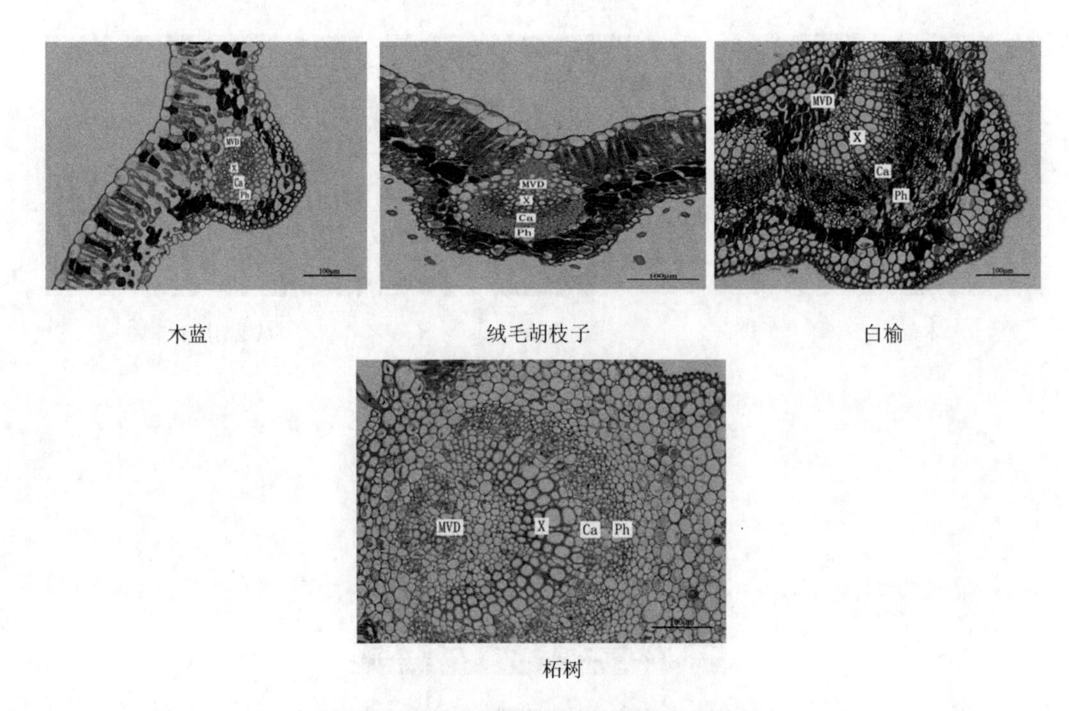

图版 2　滨海山地样方内树种叶脉解剖特征

注：光镜倍数：200 倍。其 MVD-中脉直径；X-木质部；Ca-形成层；Ph-韧皮部。

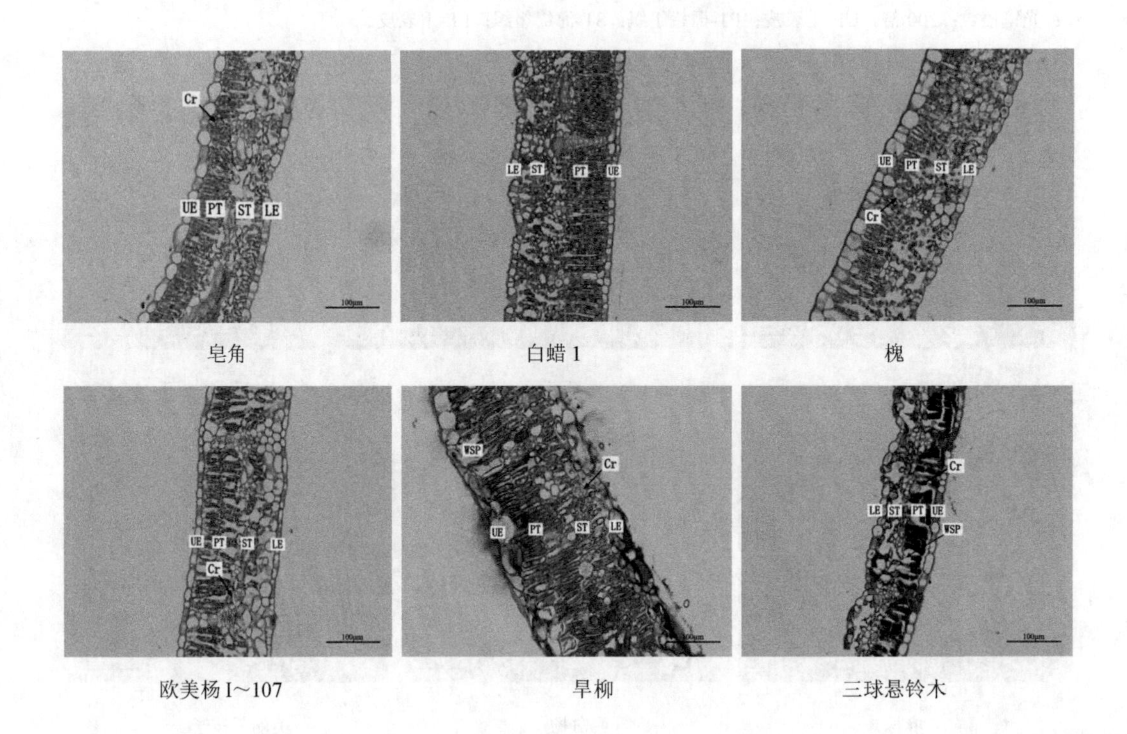

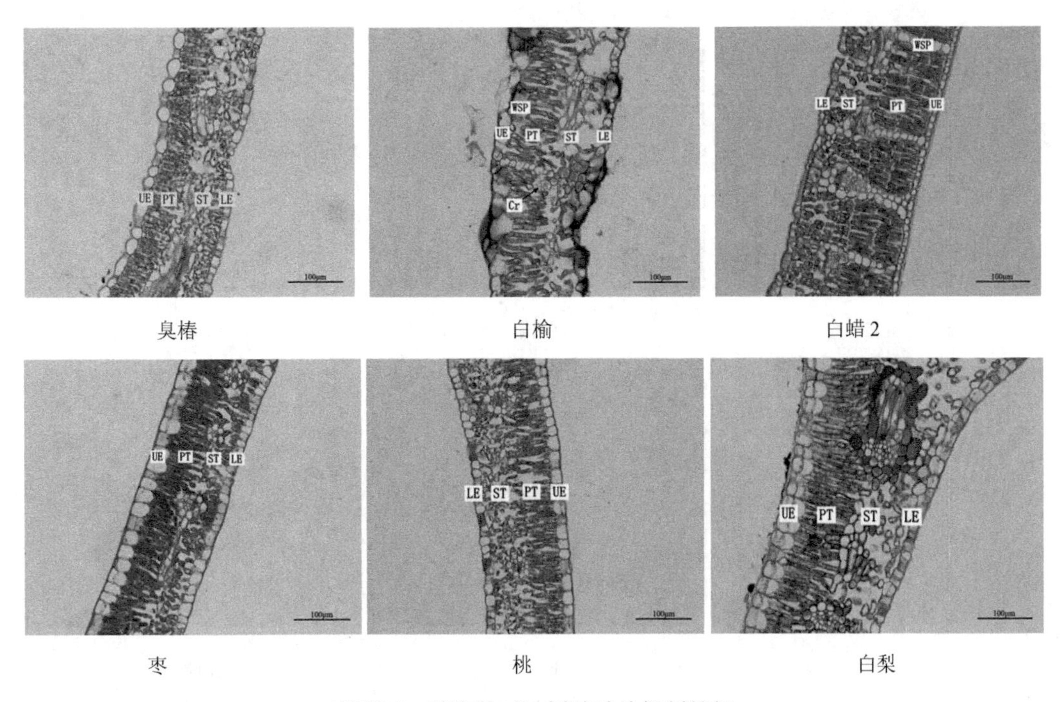

图版 3　滨海盐碱地树种叶片解剖特征

注：显微镜 200 倍放大。UE-上表皮；PT-栅栏组织；ST-海绵组织；LE-下表皮；WSP-贮水组织；Cr-含晶细胞。

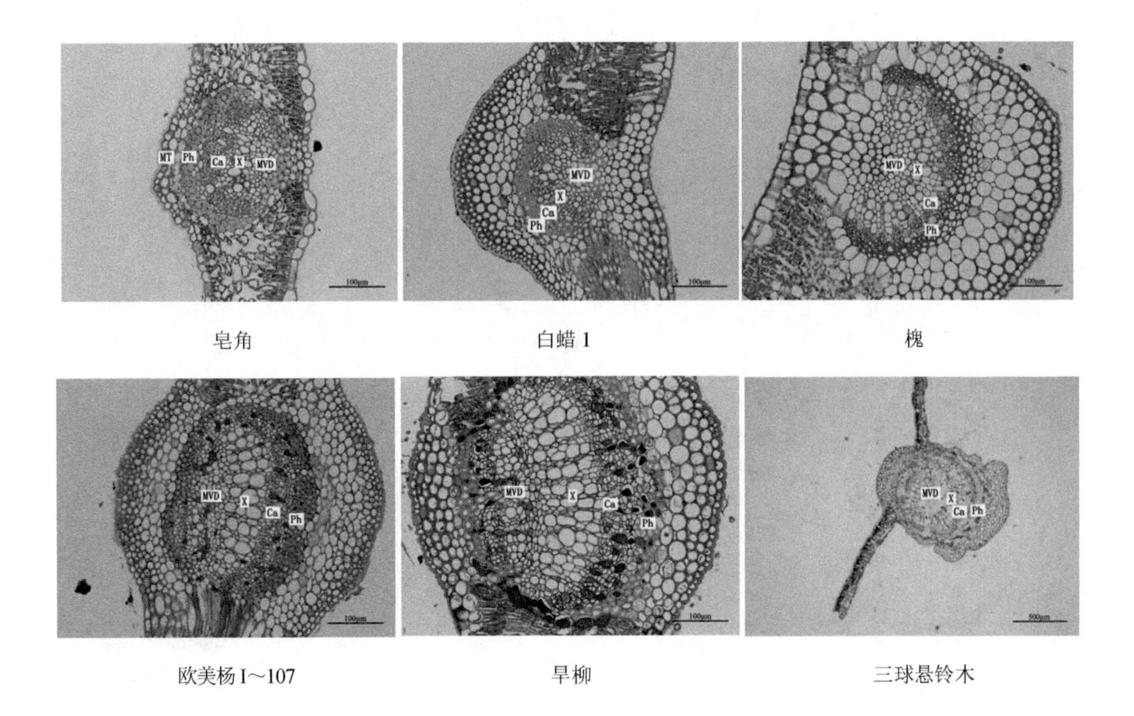

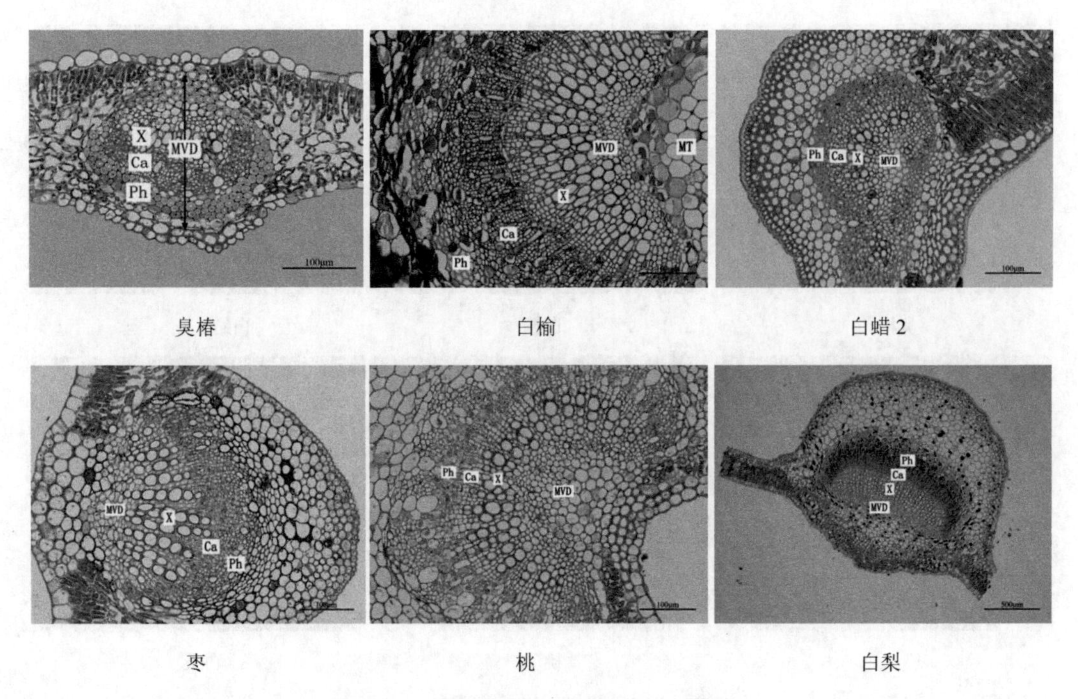

图版 4　滨海盐碱地树种叶脉解剖特征

注：MVD-中脉直径；X-木质部；Ca-形成层；Ph-韧皮部；MT-机械组织。

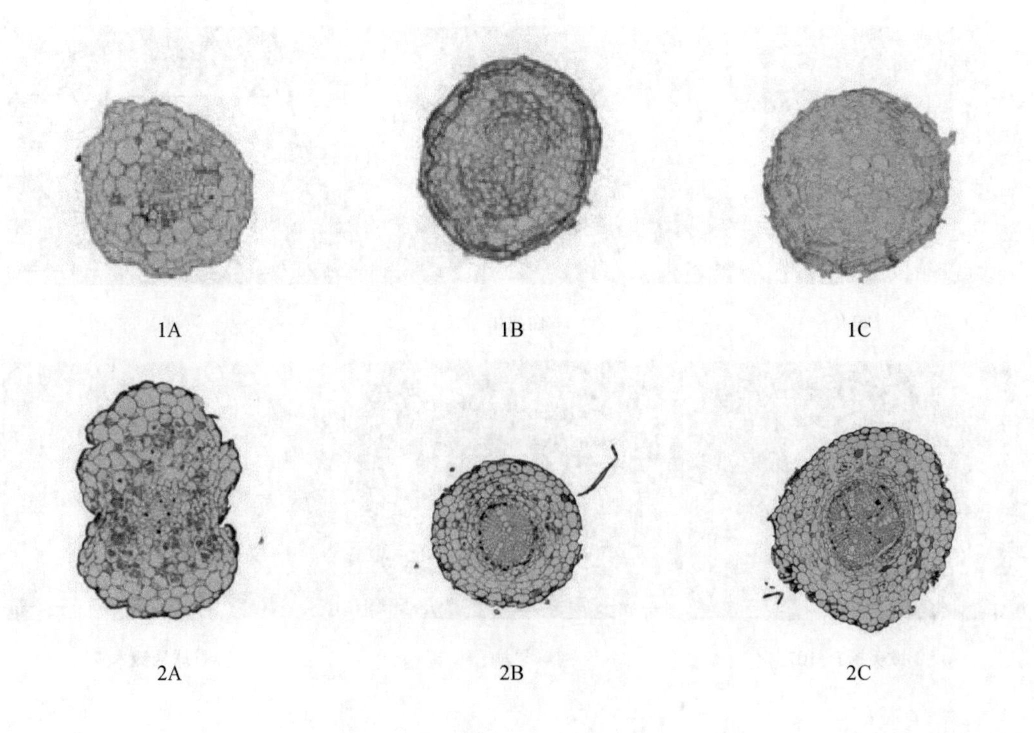

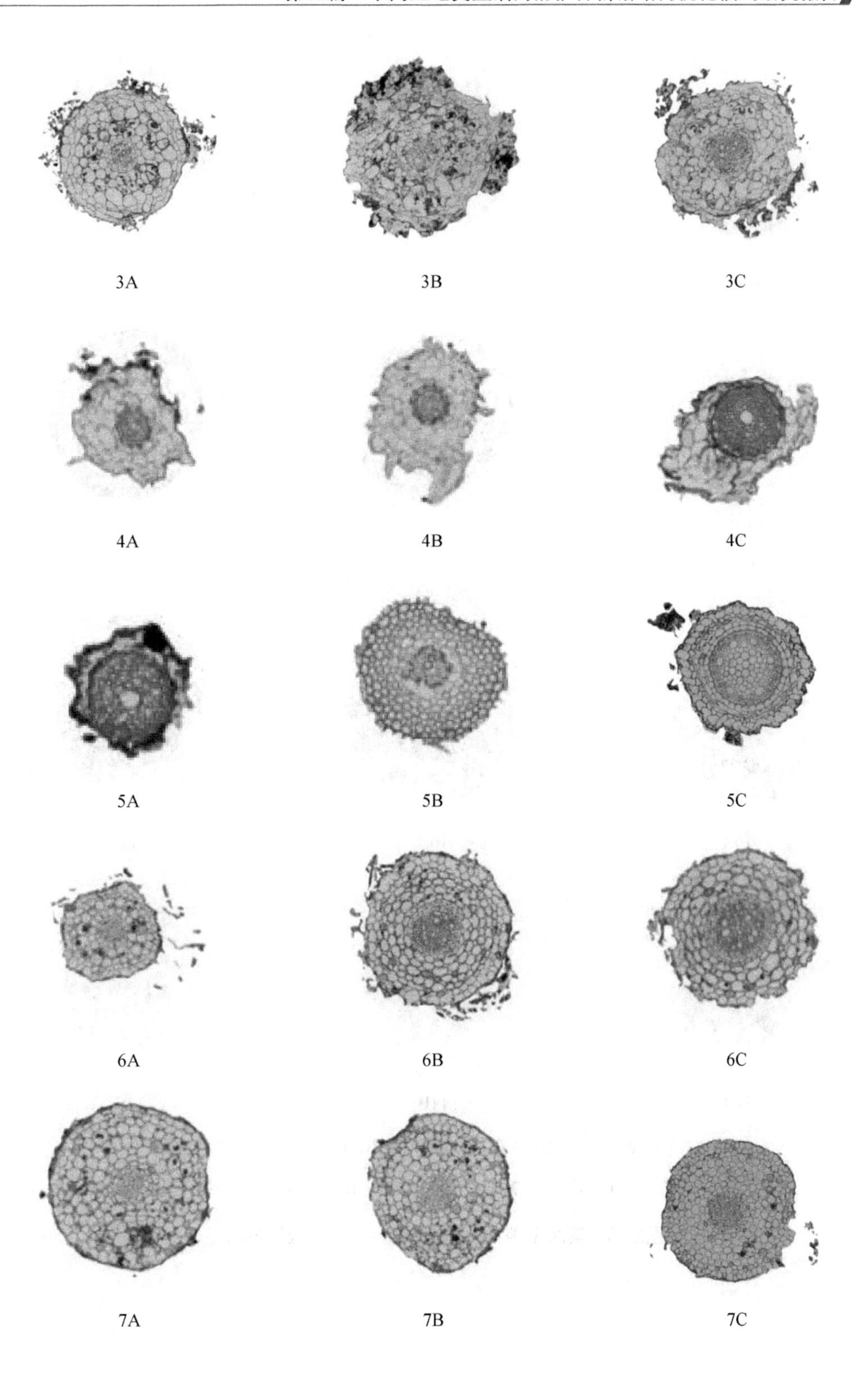
3A
3B
3C
4A
4B
4C
5A
5B
5C
6A
6B
6C
7A
7B
7C

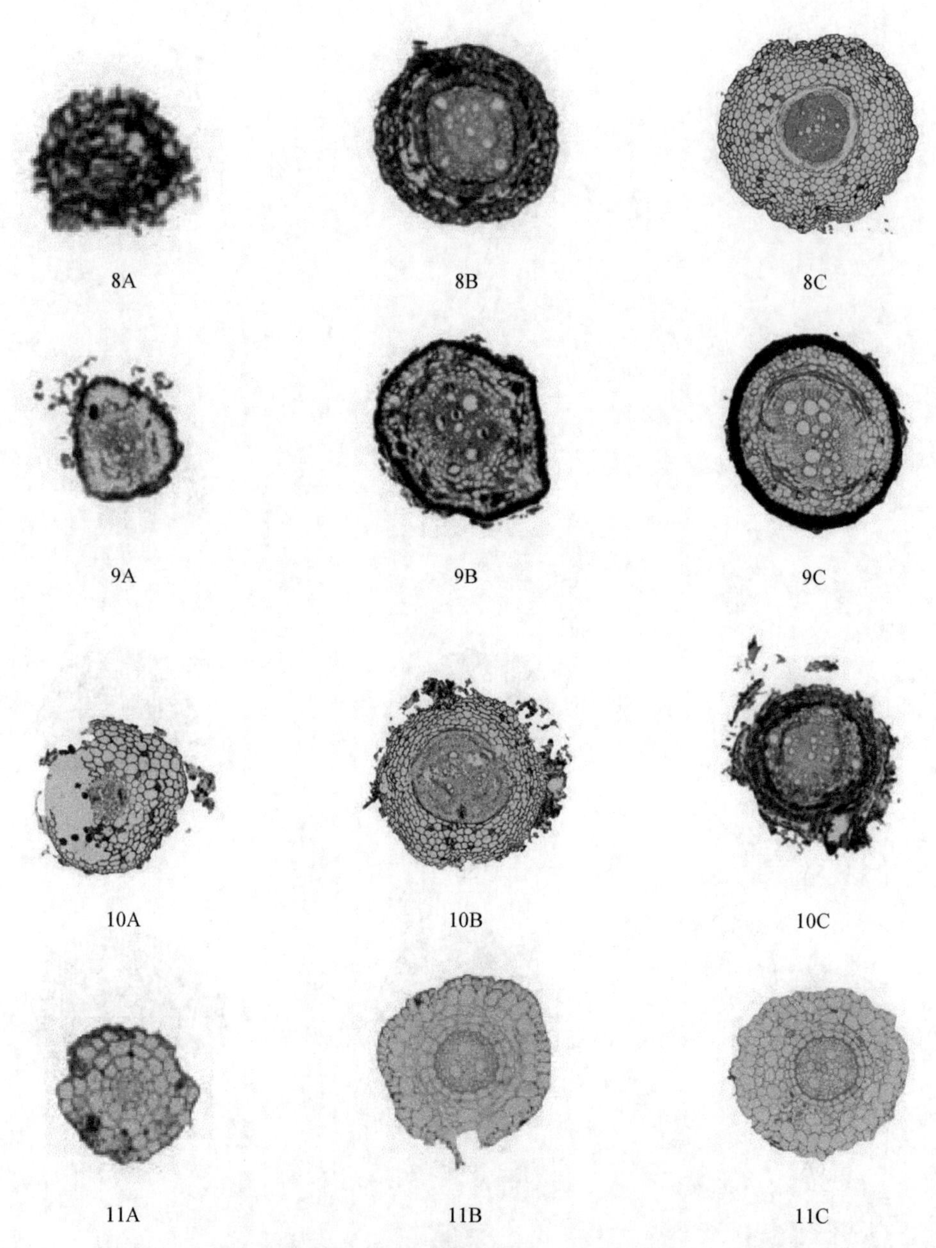

1.桑树；2.君迁子；3.花椒；4.荆条；5.海州常山；6.连翘；7.金钟花；8.黄栌；
9.苦楝；10.皂荚；11 黄连木。A. 1 级根；B. 2 级根；C. 3 级根。

图版 5　滨海山地样方内树种 1～3 级细根解剖特征

4 沿海防护林适宜造林树种筛选

4.1 沿海山地丘陵地区造林树种选择与抗旱性

4.1.1 乔木树种生理生态特征及抗旱评价

4.1.1.1 试验材料

选择山东省沿海山地丘陵区常见主要乡土阔叶乔木 8 种，其中生态树种为五角枫、臭椿和黄连木；经济树种为柿树、花椒、珍珠油杏、文冠果和山杏。

4.1.1.2 研究方法

采用盆栽试验研究方法，通过对连续土壤水分变化过程中生长、生理和生化特性的测定分析，评价不同树种的抗寒性，筛选抗旱耐瘠薄树种。本试验中测定的主要指标为：叶片相对含水量、净光合速率、蒸腾速率、水分利用效率、丙二醛含量、脯氨酸含量、叶绿素含量及 SOD 活性。

4.1.1.3 生态树种对干旱的生理响应及抗旱性评价

（1）干旱对丙二醛含量和细胞膜透性的影响

由图 5-4-1 可知：3 个树种随着土壤干旱程度的加剧，MDA 总体上都呈上升趋势，表明干旱造成这 3 个树种叶片不同程度的膜脂质过氧化，特别是在 T6 范围内，MDA 含量上升最快。其中黄连木 MDA 的变化趋势最为平缓，总体上臭椿的 MDA 含量最低。T6 时五角枫与其他 2 个树种叶片 MDA 含量差异性显著（$P<0.05$），臭椿与黄连木之间差异性不显著。

细胞膜相对透性的变化趋势与 MDA 相同，也是随着土壤干旱程度的加剧，呈上升趋势，其中臭椿的变化趋势较缓且其值较低。T4 之后五角枫与黄连木的细胞膜透性上升加快，黄连木的细胞膜透性大于其他 2 个树种且差异性显著（$P<0.05$），T6 时 3 个树种之间差异性都显著（$P<0.05$）。

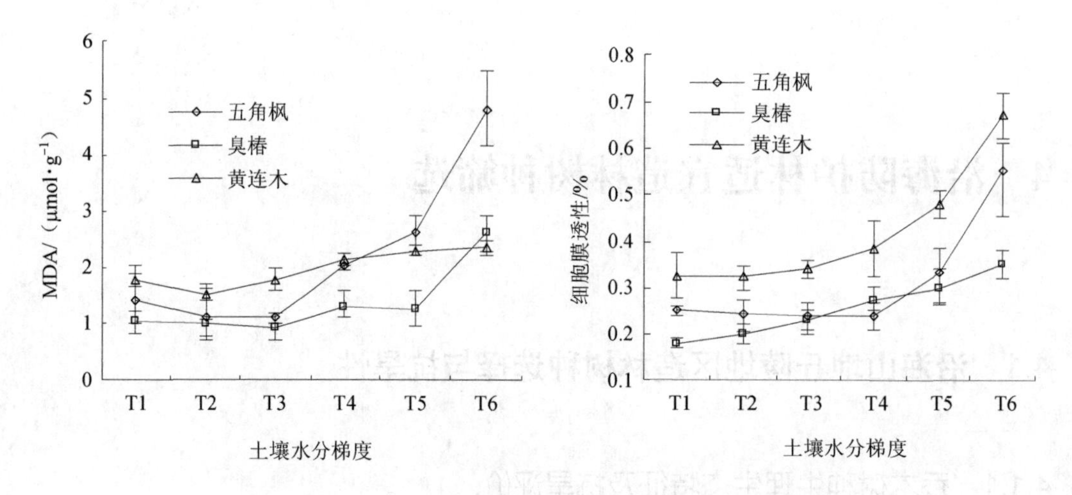

图 5-4-1　干旱对 3 个树种 MDA 含量、细胞膜透性的影响

（2）干旱对脯氨酸和叶片相对含水量的影响

植物在逆境条件下普遍出现脯氨酸的累积，由图 5-4-2 看出，随着土壤干旱胁迫的加剧，3 个树种叶片的脯氨酸含量总体呈上升趋势，臭椿与五角枫脯氨酸含量在 T4 时开始剧烈上升，黄连木在 T5 时开始剧烈上升。总体上黄连木与臭椿的脯氨酸含量高于五角枫，T5、T6 时 3 个树种的脯氨酸含量差异性都显著。

各树种叶片相对含水量在轻度干旱时下降缓慢，五角枫在 T4 时开始快速下降，而其他 2 个树种在 T5 时开始快速下降。在 T6 时可看出 3 个树种叶片的保水性大小为臭椿＞黄连木＞五角枫。

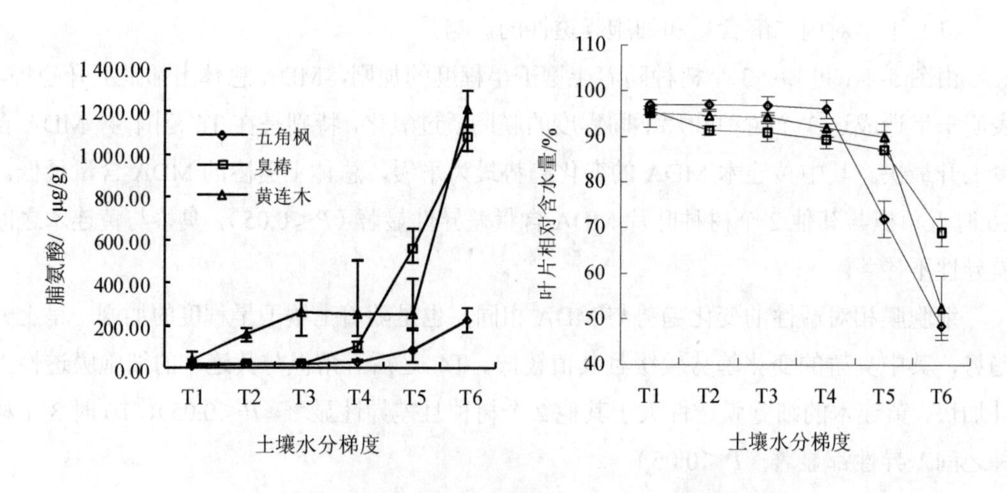

图 5-4-2　干旱对 3 个树种脯氨酸和叶片相对含水量的影响

（3）干旱对 SOD 活性的影响

由图 5-4-3 看出，随着土壤干旱程度的加剧，臭椿与五角枫叶片的 SOD 活性都呈先

升后降的变化趋势，但达到峰值的土壤水分不同，黄连木叶片的 SOD 活性呈先升后降再升的变化趋势，总体上臭椿与黄连木的 SOD 活性高于五角枫，T5 时 3 个树种 SOD 活性差异性都显著，T6 时五角枫与另 2 个树种差异性显著（$P<0.05$），而臭椿和五角枫的差异性不显著（$P<0.05$）。

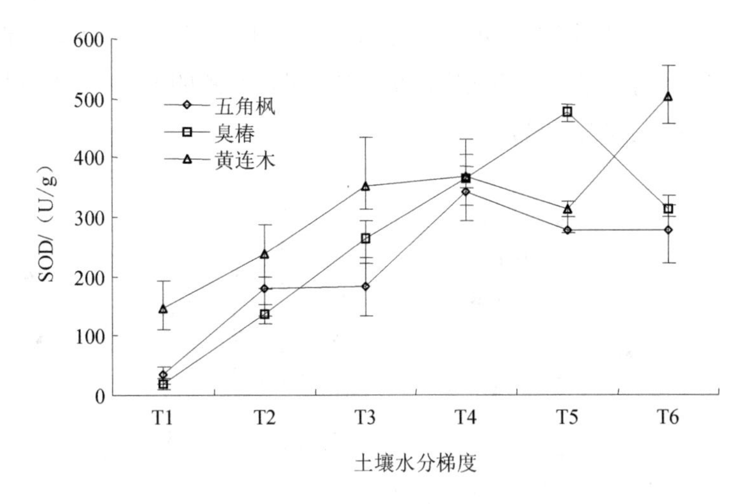

图 5-4-3　干旱对 3 个树种 SOD 活性的影响

（4）干旱对叶绿素含量的影响

由图 5-4-4 看出，在土壤干旱胁迫过程中，臭椿与五角枫叶片叶绿素含量先升高后降低，可能是这 2 个树种存在适宜合成叶绿素的土壤水分范围，臭椿在 T2 时叶绿素含量最高，五角枫在 T3 时叶绿素含量最高。而黄连木叶片的叶绿素含量变化平缓，干旱前后的变化并不大。总体上臭椿的叶绿素含量高于五角枫和黄连木，五角枫的叶绿素含量高于黄连木。

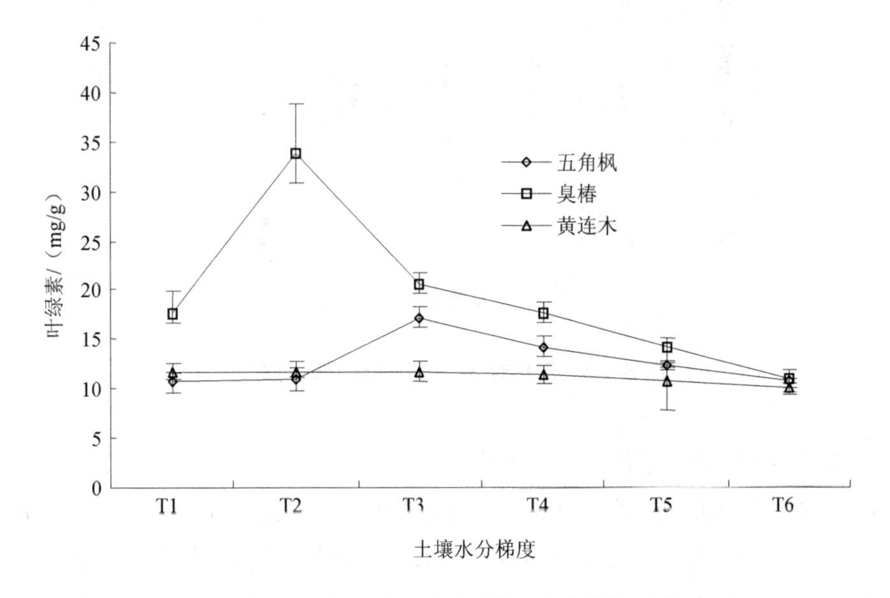

图 5-4-4　干旱对 3 个树种叶绿素含量的影响

（5）干旱对光合、蒸腾速率和水分利用效率的影响

由图 5-4-5 看出，3 个树种叶片的净光合速率（P_n）随着干旱胁迫的加剧都呈降低趋势，总体上黄连木叶片的 P_n＞臭椿叶片的 P_n＞五角枫叶片的 P_n。臭椿与五角枫叶片的蒸腾速率（T_r）随着干旱胁迫的加剧而减弱，而黄连木在这个过程中先小幅度地升高，然后再降低。叶片水分利用效率（WUE）是用 P_n 与 T_r 的比值求算而来，其值大小由 P_n、T_r 两个参数决定；随着干旱胁迫的加剧，黄连木与臭椿叶片的 WUE 都是先降后升再降，五角枫叶片的 WUE 是先升后降。

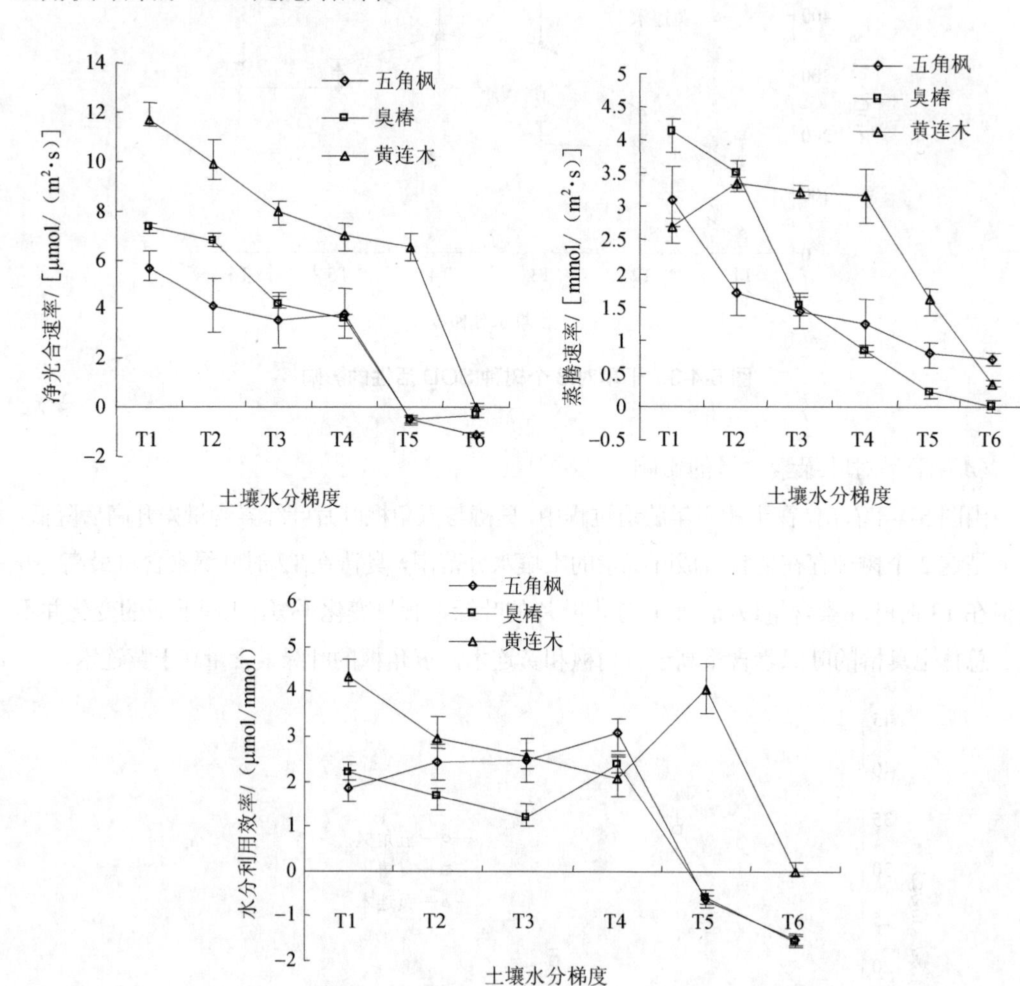

图 5-4-5　干旱对 3 个树种光合参数的影响

（6）阔叶乔木树种抗旱性的综合评价

利用模糊数学的隶属函数法对 3 个阔叶树种的抗旱性进行综合评价，隶属函数的平均值越大，抗旱性越强。结果如表 5-4-1 所示：五角枫、臭椿、黄连木的隶属函数平均值分别为：0.259，0.671，0.528，抗旱性大小的排序为：臭椿＞黄连木＞五角枫。

表 5-4-1　阔叶树种生理指标的隶属函数值及抗旱性排序

评价指标	五角枫			臭椿			黄连木		
	T4	T5	T6	T4	T5	T6	T4	T5	T6
丙二醛（X_1）	0.124	0.000	0.000	1.000	1.000	0.904	0.000	0.227	1.000
细胞膜透性（X_2）	1.000	0.808	0.369	0.761	1.000	1.000	0.000	0.000	0.000
SOD（X_3）	0.000	0.000	0.000	0.860	1.000	0.168	1.000	0.173	1.000
净光合速率（X_4）	0.353	0.000	0.000	0.294	0.000	0.727	1.294	1.000	1.000
水分利用效率（X_5）	1.000	0.000	0.027	0.305	0.006	0.000	0.000	1.000	1.000
叶绿素（X_6）	0.454	0.439	0.652	1.000	1.000	1.000	0.000	0.000	0.000
叶片相对含水量（X_7）	1.000	0.000	0.000	0.000	0.885	1.000	0.413	1.000	0.212
脯氨酸（X_8）	0.000	0.000	0.000	0.328	1.000	0.867	1.000	0.344	1.000
总和	3.931	1.247	1.049	4.548	5.891	5.666	3.707	3.744	5.212
隶属函数均值	0.491	0.156	0.131	0.569	0.736	0.708	0.463	0.468	0.652
	0.259			0.671			0.528		
抗旱性排序	3			1			2		

灰色关联分析是根据因素之间发展态势的相似或相异程度，来衡量因素之间关联程度的一种系统分析方法。它基于行为因子序列的微观或宏观几何接近，分析确定因子间的影响程度或因子对主行为的贡献程度。关联度表示各指标与抗旱性的密切程度，关联度越大说明该指标与抗旱性的关系越密切。把 3 个树种各个指标在 T4、T5、T6 这 3 个土壤水分梯度下的数值求平均值，标准化处理后的结果见表 5-4-2，通过表 5-4-2 的结果可计算出抗旱指标与抗旱性的关联度，见表 5-4-3，并排出了关联序。依据关联序，得出各项指标与抗旱性的关联顺序为：脯氨酸＞SOD＞叶片相对含水量＞叶绿素＞细胞膜透性＞水分利用效率＞净光合速率＞丙二醛。这说明脯氨酸、SOD、叶片相对含水量对所选 3 个阔叶树种的抗旱性关联较大，是衡量 3 个树种抗旱性的首要指标。

表 5-4-2　阔叶树种生理指标均值及标准化处理

指标	处理前的平均值			均值	标准差	标准化处理后		
	五角枫	臭椿	黄连木			五角枫	臭椿	黄连木
隶属函数均值（X_0）	0.259	0.671	0.528	—	—	0.259	0.671	0.528
丙二醛（X_1）	3.15	1.74	2.28	2.39	0.711	1.069	−0.914	−0.155
细胞膜透性（X_2）	38	31	51	40	10.100	−0.198	−0.891	1.089
SOD（X_3）	298.98	384.55	393.93	359.15	52.322	−1.150	0.485	0.665
净光合速率（X_4）	0.73	0.93	4.50	2.05	2.121	−0.623	−0.528	1.156
水分利用效率（X_5）	0.32	0.07	2.03	0.81	1.067	−0.455	−0.689	1.143
叶绿素（X_6）	12.39	14.26	10.77	12.47	1.746	−0.045 8	1.025	−0.974
叶片相对含水量（X_7）	0.72	0.82	0.78	0.77	0.050	−1.000	1.000	0.200
脯氨酸（X_8）	115.35	581.63	568.98	421.99	265.631	−1.154	0.601	0.553

表 5-4-3 阔叶树种抗旱性与各指标的关联系数、关联度和关联序

指标	关联系数			关联度	关联序
	五角枫	臭椿	黄连木		
丙二醛（X_1）	0.510	0.344	0.554	0.470	8
细胞膜透性（X_2）	0.655	0.347	0.604	0.535	5
SOD（X_3）	0.372	0.836	0.880	0.696	2
净光合速率（X_4）	0.489	0.411	0.576	0.492	7
水分利用效率（X_5）	0.543	0.380	0.581	0.501	6
叶绿素（X_6）	0.745	0.713	0.357	0.605	4
叶片相对含水量（X_7）	0.399	0.729	0.730	0.619	3
脯氨酸（X_8）	0.371	0.948	1.000	0.773	1

4.1.1.4 经济树种对干旱的生理响应及抗旱性评价

（1）干旱对丙二醛含量、细胞膜透性的影响

由图 5-4-6 可知：在土壤逐渐干旱的过程中，山杏与珍珠油杏的丙二醛（MDA）含量都呈现先升后降的变化趋势，这可能是干旱胁迫使得这两个树种叶片的膜脂过氧化程度加深，但随着干旱时间的延长，植物通过自身的调节机制，如保护性酶的作用，又使MDA 含量开始下降。而花椒和柿树随着土壤干旱的加剧，MDA 含量呈现出先升后降再升的变化趋势，可能是在极干旱（T6）情况下，这两个树种保护性酶开始合成减少或无法合成，无法对 MDA 进行分解，使其含量第二次升高。文冠果的 MDA 含量在 T5 时剧烈上升，之后可能因为保护性酶的作用（见图 5-4-6，文冠果 SOD 活性在 T5、T6 阶段一直升高，且高于其他所有树种），T6 时又降低，但 T6 时文冠果的细胞膜透性最高，这说明 MDA 对细胞膜透性造成了影响且有一定的滞后性。总体上文冠果与山杏的 MDA 含量高于其他三个树种。T5 时，文冠果与山杏的 MDA 含量与其他树种差异性显著（$P<0.05$），柿树与花椒的 MDA 含量差异性显著（$P<0.05$）。T6 时，文冠果 MDA 含量与其他树种差异性显著（$P<0.05$），柿树与花椒、山杏 MDA 含量差异性显著（$P<0.05$），花椒与油杏 MDA 含量差异性显著（$P<0.05$）。

山杏的细胞膜透性与其他树种的最大不同之处在于开始时其先有一个降低的过程，之后再随着干旱程度的加深，膜透性升高。这可能与本研究的试验方法有关，试验开始时的饱和灌溉，对山杏产生了影响，山杏 REC 在 T1～T3 的降低，可理解为之前饱和灌溉的滞后现象。柿树、文冠果和珍珠油杏的膜透性都随着干旱的加剧而升高，其中文冠果的膜透性升高逐渐变快，而柿树和珍珠油杏的膜透性升高较缓慢。花椒的膜透性在升高过程中有一次降低，可能是随着干旱时间的延长自身产生了修复。T6 时，文冠果与柿树、花椒、珍珠油杏的膜透性差异性显著（$P<0.05$），其他树种之间差异性都不显著。

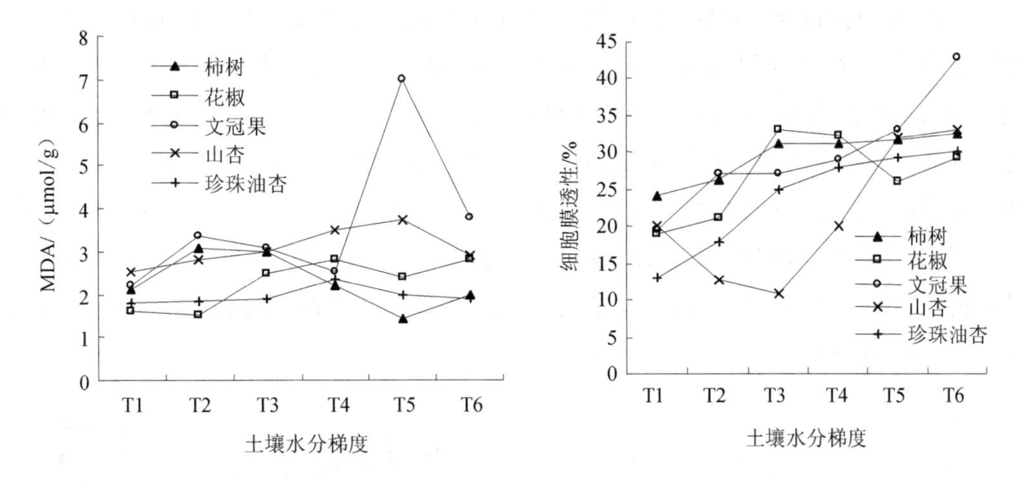

图 5-4-6　干旱对 5 个树种 MDA 含量、细胞膜透性的影响

（2）干旱对 SOD 活性的影响

由图 5-4-7 可知：随着干旱胁迫的加深，文冠果、柿树、山杏、花椒的 SOD 活性都呈现出逐渐升高的趋势，而珍珠油杏的 SOD 活性是先升高后降低，在 T4 时达到峰值。T6 时，文冠果与花椒、山杏、珍珠油杏的 SOD 活性差异性显著（$P<0.05$），柿树与珍珠油杏差的 SOD 活性差异性显著。

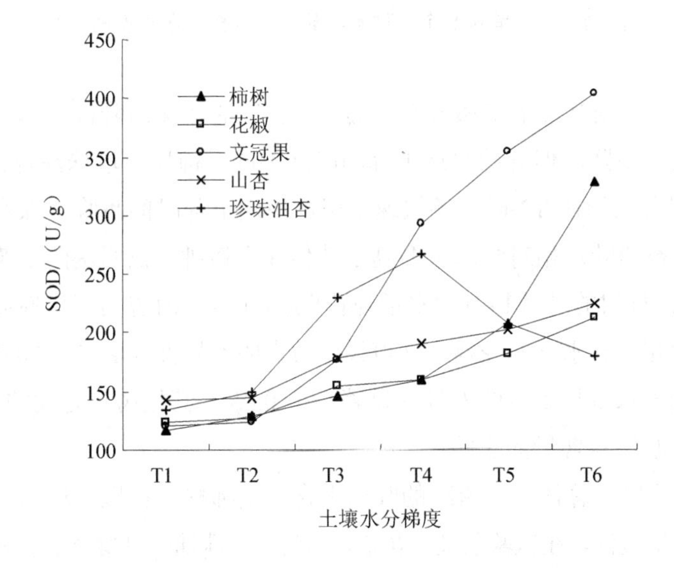

图 5-4-7　干旱对 5 个树种 SOD 活性的影响

（3）干旱对脯氨酸和叶片相对含水量的影响

由图 5-4-8 可知，花椒脯氨酸含量在各个水分梯度下都远高于其他树种，这可能是花椒自身具有较强的适应环境的渗透调节机制。珍珠油杏与花椒的脯氨酸含量先降低后

升高，这可能与山杏细胞膜透性在试验开始时降低的现象类似，是试验初期对植物饱和灌溉造成的影响；这可以猜测杏树、花椒相对不耐水湿，这与某些学者对杏树、花椒极不耐水涝的描述是一致的。其他 3 个树种的脯氨酸含量都是随着土壤水分的减少而逐渐升高。5 个树种的脯氨酸含量随胁迫时间升高的速度明显随着干旱强度的加大而加快，都是在 T4 之后上升变快。在各水分梯度下，花椒脯氨酸含量与其他树种的差异性都显著（$P<0.05$），T5 时，文冠果的脯氨酸含量与其他树种之间差异性显著（$P<0.05$），其余树种之间差异不显著。T6 时，除了花椒之外，其余树种之间脯氨酸含量差异性都不显著（$P<0.05$）。

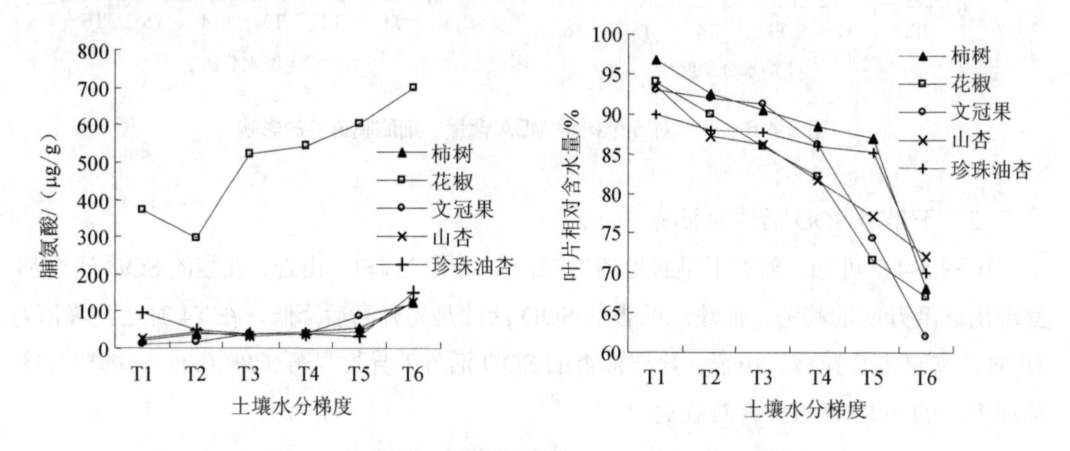

图 5-4-8 干旱对 5 个树种脯氨酸和叶片相对含水量的影响

5 个树种的叶片相对含水量都随着土壤干旱程度的加深而降低，都是试验开始时下降缓慢，之后快速下降，但开始快速下降的时间不同，柿树、珍珠油杏在 T5 时快速下降，其他 3 个树种大约在 T3 时开始快速下降，快速下降时间越晚，保水力越强。总体上柿树、珍珠油杏的叶片相对含水量要高于其他 3 个树种，说明这两个树种叶片的保水能力较强。T5 时，柿树的叶片相对含水量与花椒、文冠果、山杏的差异性显著（$P<0.05$），珍珠油杏的叶片相对含水量与花椒、文冠果、山杏的差异性显著（$P<0.05$）。T6 时，文冠果的叶片相对含水量与山杏的差异性显著（$P<0.05$），其他树种之间的差异性不显著。

（4）干旱对叶绿素含量的影响

由图 5-4-9 看出，总体上各树种的叶绿素含量是柿树＞花椒＞珍珠油杏，文冠果与山杏的叶绿素含量最低。在试验前期，花椒、山杏、珍珠油杏叶绿素含量略微降低，这种情况应该类似于这 3 个树种细胞膜透性与脯氨酸含量在试验前期降低的现象。随着土壤干旱程度的加深，花椒、珍珠油杏、文冠果的叶绿素含量降低，不过降低幅度不同；山杏叶绿素含量变化平稳；而柿树的叶绿素含量在土壤干旱胁迫过程中一直升高，且在干旱后期上升加快。在 T5、T6 时，只有山杏与文冠果的叶绿素含量差异不显著（$P<0.05$），其他树种之间差异都显著（$P<0.05$）。

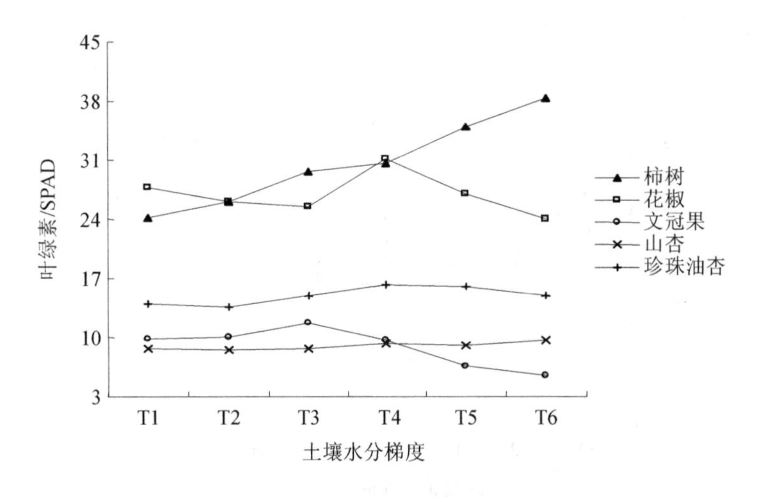

图 5-4-9　干旱对 5 个树种叶绿素含量的影响

（5）干旱对光合、蒸腾速率与水分利用效率的影响

由图 5-4-10 可知，总体上 5 个树种的净光合速率（P_n）随着土壤水分的减少而降低，且文冠果＞花椒＞柿树＞珍珠油杏＞山杏。五个树种的蒸腾速率（T_r）大都是试验开始时有一个上升过程，之后再随着土壤水分的减少而降低，大小排序为文冠果＞花椒＞柿树＞珍珠油杏＞山杏，与 P_n 的排序一致。5 个树种的 P_n、T_r 在试验前后的降低幅度都较大，以最小值和最大值计算，柿树 P_n 降低了 94.66%，花椒 P_n 降低了 83.61%，文冠果 P_n 降低了 67.39%，山杏 P_n 降低了 94.55%，珍珠油杏 P_n 降低了 94.55%；柿树 T_r 降低了 83.29%，花椒 T_r 降低了 66.84%，文冠果 T_r 降低了 59.21%，山杏 T_r 降低了 79.22%，珍珠油杏 T_r 降低了 92.61%。叶片水分利用效率（WUE）是用 P_n 与 T_r 的比值求算而来，其值大小由 P_n、T_r 两个参数决定，所以 5 个树种的 WUE 变化规律差异较大，柿树、花椒 WUE 随土壤水分减少先降再升再降，山杏、珍珠油杏 WUE 总体上是在降低，且在 T5 时降低加快，文冠果 WUE 变化较缓。

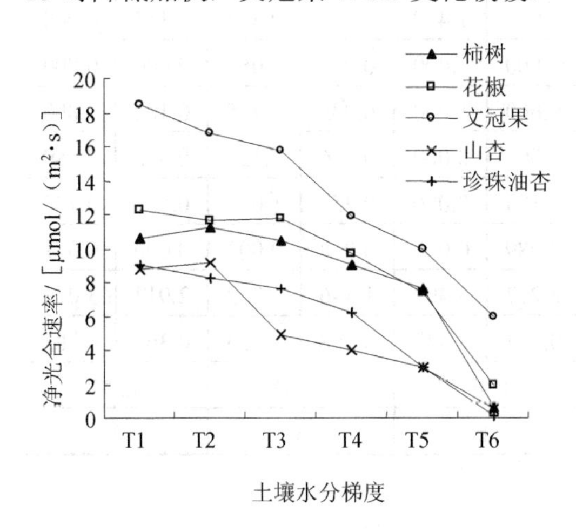

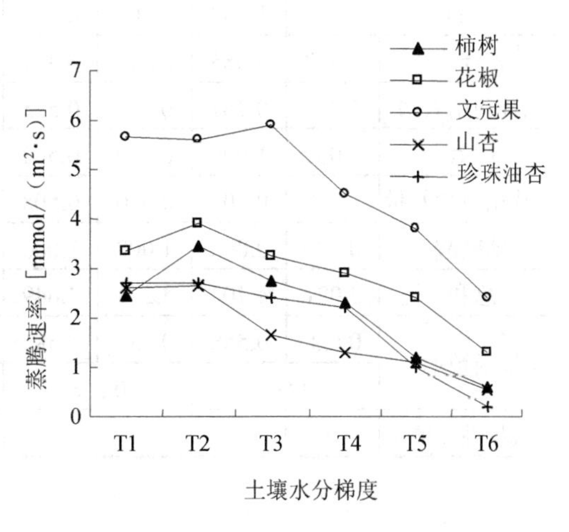

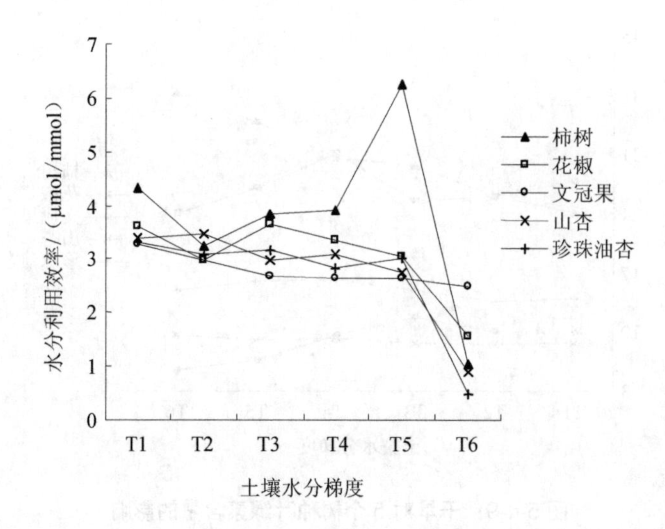

图 5-4-10 干旱对 5 个树种净光合速率、蒸腾速率及水分利用效率的影响

（6）经济树种抗旱性综合评价

利用模糊数学的隶属函数法与多维空间坐标综合评价法对5个经济树种的抗旱性进行综合评价（表 5-4-4）。隶属函数法计算结果为：5 个树种的隶属函数均值分别为 0.608，0.558，0.361，0.264，0.375，隶属函数均值越大，抗旱性越强，用隶属函数法得出 5 个树种的抗旱性大小为：柿树＞花椒＞珍珠油杏＞文冠果＞山杏。

表 5-4-4 5 个树种生理指标的隶属函数值及抗旱性排序

评价指标	柿树		花椒		文冠果		山杏		珍珠油杏	
	T5	T6	T5	T6	T5	T6	T5	T6	T5	T6
丙二醛	1.000	0.968	0.827	0.513	0.000	0.000	0.588	0.454	0.901	1.000
细胞膜透性	0.186	0.771	1.000	1.000	0.000	0.000	0.143	0.726	0.529	0.948
SOD	0.153	1.000	0.000	0.218	1.000	1.499	0.122	0.300	0.153	0.000
净光合速率	0.652	0.085	0.614	0.322	1.000	1.000	0.000	0.068	0.000	0.000
水分利用效率	1.000	0.267	0.113	0.525	0.000	1.000	0.035	0.205	0.102	0.000
叶绿素	1.000	1.000	0.719	0.562	0.000	0.000	0.086	0.124	0.335	0.289
叶片相对含水量	1.000	0.607	0.000	0.508	0.183	0.000	0.353	1.000	0.891	0.795
脯氨酸	0.029	0.006	1.000	1.000	0.089	0.000	0.018	0.003	0.000	0.051
总和	5.021	4.704	4.273	4.649	2.272	3.499	1.346	2.879	2.912	3.083
隶属函数均值	0.628	0.588	0.534	0.581	0.284	0.437	0.168	0.360	0.364	0.385
	0.608		0.558		0.361		0.264		0.375	
抗旱性排序	1		2		4		5		3	

多维空间坐标综合评价结果为：5 个树种的 P_j 均值分别为 1.209，0.968，1.448，1.68，1.594，树种的 P_j 均值越小，抗旱性越强，用多维空间坐标综合评定法得出 5 个树种的抗旱性大小为：花椒＞柿树＞文冠果＞珍珠油杏＞山杏（表 5-4-5）。

可以看出，用隶属函数法与空间坐标法得出的 5 个树种的抗旱性大小结果是很吻合的，第一、第二位都是柿树与花椒，第三、第四位都是文冠果与珍珠油杏，第五位都是山杏。实际上，隶属函数法得出的柿树与花椒、文冠果与珍珠油杏的隶属函数值本来就很接近，这也可看出柿树与花椒、文冠果与珍珠油杏的抗旱性很接近。

表 5-4-5　5 个树种生理指标的多维空间坐标评价结果及抗旱性排序

评价指标	柿树		花椒		文冠果		山杏		珍珠油杏	
	T5	T6	T5	T6	T5	T6	T5	T6	T5	T6
丙二醛	0.000	0.001	0.162	0.103	0.633	0.244	0.379	0.121	0.077	0.000
细胞膜透性	0.032	0.009	0.000	0.000	0.045	0.099	0.035	0.013	0.013	0.001
SOD	0.171	0.034	0.238	0.224	0.000	0.000	0.183	0.197	0.170	0.307
净光合速率	0.059	0.810	0.073	0.444	0.000	0.000	0.490	0.840	0.490	0.967
水分利用效率	0.000	0.344	0.264	0.144	0.335	0.000	0.312	0.405	0.271	0.640
叶绿素	0.000	0.000	0.052	0.141	0.662	0.735	0.553	0.564	0.293	0.372
叶片相对含水量	0.000	0.003	0.031	0.005	0.021	0.019	0.013	0.000	0.000	0.001
脯氨酸	0.837	0.677	0.000	0.000	0.737	0.685	0.856	0.681	0.888	0.617
累加值	1.099	1.878	0.820	1.062	2.433	1.783	2.822	2.821	2.202	2.904
P_j	1.048	1.370	0.905	1.031	1.560	1.335	1.680	1.680	1.484	1.704
P_j 均值	1.209		0.968		1.448		1.680		1.594	
排序	2		1		3		5		4	

4.1.2　灌木树种生理生态特征及抗旱评价

4.1.2.1　试验材料

选取 4 种灌木植物（黄荆、黄栌、连翘和蔷薇）的 2 年生苗木作为试验材料。

4.1.2.2　研究方法

从每株试验树的林冠中部，选 3 片生长健壮的成熟叶片，在不同的水分梯度下，应用 CIRAS—2 型光合作用系统，对盆栽试验树种定时观测，每个叶片重复 3 次，取平均值。每个水分梯度下测定 1 d，共测定了 8 d（与土壤水分测定同日进行），每日的测定时间为 9：00—11：00。每个测定日均为晴天，相同时段内外界光照强度、大气温度、空气湿度和大气 CO2 浓度等环境条件基本相似。测定时，使用大气 CO2 浓度，利用人工光源，使光强控制在 1 800 μmol/（m^2·s）、1 600 μmol/（m^2·s）、1 400 μmol/（m^2·s）、1 200 μmol/（m^2·s）、1 000 μmol/（m^2·s）、800 μmol/（m^2·s）、600 μmol/（m^2·s）、400 μmol/（m^2·s）、

200 μmol/（m^2·s）、150 μmol/（m^2·s）、100 μmol/（m^2·s）、50 μmol/（m^2·s）、20 μmol/（m^2·s）13 个水平下。每个水平控制测定时间均为 120 s。绘制光合作用的光响应曲线（P_n—PAR 曲线），求出光合作用的光饱和点［light saturation points，LSP；μmol/（m^2·s）］，对 P_n—PAR 曲线的初始部［PAR＜200 μmol/（m^2·s）］进行线性回归，求得光合作用的光补偿点［light compensation points，LCP；μmol/（m^2·s）］、暗呼吸速率［dark respiration rate，R_d；μmol/（m^2·s）］和表观量子效率（apparent quantum yield，Φ；mol·mol^{-1}），进行后续分析。

取各样本饱和光强下时对应的 P_n 值（此时 PFD 值超过光饱和点，在各种土壤含水量下，光强继续增大时，黄荆的净光合速率基本保持不变），分析其光合速率对土壤含水量的响应过程，以其拟合结果符合二次方程。由此确定出最大光合速率、维持 P_n 最高水平的土壤含水量及 P_n 为零时对应的两个土壤含水量值。根据拟合方程的积分式求出试验土壤含水量范围内 P_n 的平均值为，得出其 RWC 值范围。由此得出，维持其光合作用较高水平的 *RWC* 范围、最适值及最低值，低于最低值的土壤水分对光合作用无效。

对应于光合作用的饱和光强下，各样本叶片水分利用效率（WUE）的土壤含水量响应过程也符合二次方程。同理，确定出最大水分利用效率，维持其 WUE 最高水平的 RWC 值及维持其 WUE 较高水平的 RWC 范围。

将得出的维持各树种光合的最适 RWC 值、最低 RWC 值及 WUE 的最适 RWC 值、最低 RWC 值进行标准化处理，使用 SPASS 程序的因子分析功能，对各最适 RWC 值及最低 RWC 值附以相应权重，计算给出各灌木树种的综合抗旱得分。

4.1.2.3 干旱对灌木树种生理特征的影响

（1）净光合速率的光响应

由图 5-4-11 可以看出，在不同土壤含水量下，四种灌木的光合速率（P_n）的光响应过程基本相似。即在一定的光量子通量密度范围内，随着 PFD 的增加，P_n 呈现明显上升趋势；超过此光强范围，PFD 继续增加，P_n 变化基本稳定在一定的水平上。说明此光强临界值是光合作用的光饱和点（LSP），其对应的 P_n 值是最大光合速率（P_{nmax}）。以黄荆为例：在光量子通量密度（PFD）＜600 μmol/（m^2·s）的光强范围内，随着 PFD 的增加，P_n 呈上升趋势；超过此光强范围，PFD 继续增加，P_n 变化基本不变。四种灌木的光合作用对光照强度的适应性较强，相同土壤含水量下，黄荆在 PFD550～1 800 μmol/（m^2·s）、黄栌和连翘在 800～1 800 μmol/（m^2·s）、蔷薇在 600～1 800 μmol/（m^2·s）的光强范围内都具有较高的光合作用水平。由图 5-5-43 可见，4 种灌木的最大光合速率（P_{nmax}）和光饱和点（LSP）对壤湿度有明显的阈值响应，即在一定的土壤湿度范围内，随着土壤湿度的增加 P_{nmax}、LSP 呈上升趋势；超过此湿度范围后随着土壤湿度的增加 P_{nmax}、LSP 呈下降趋势。不同土壤湿度下黄荆的 P_{nmax}、LSP 分别在 2.3～14 μmol/（m^2·s）、250～550 μmol/（m^2·s），维持最大 P_{nmax} 和最高 LSP 的土壤湿度均为 57.7%；不同土壤湿度下黄栌、连翘、蔷薇的 P_{nmax} 分别在 0.8～12.0 μmol/（m^2·s）、1.4～14.0 μmol/（m^2·s）、0.6～

9.0 μmol/（m^2·s），LSP 分别在 400～800 μmol/（m^2·s）、250～800 μmol/（m^2·s）、200～600 μmol/（m^2·s），维持最大 P_{nmax} 和最高 LSP 的土壤湿度均为 59.4%、61.5%和 65.8%。各个土壤湿度下 P_{nmax} 的平均值由大到小的顺序为：连翘［8.5 μmol/（m^2·s）］、黄荆［7.9 μmol/（m^2·s）］、黄栌［7.1 μmol/（m^2·s）］、蔷薇［5.2 μmol/（m^2·s）］。

图 5-4-12 为弱光下［PFD＜200 μmol/（m^2·s）］四种灌木光合速率的线性回归图，通过回归方程可以求解量子效率（Φ）、光补偿点（LCP）和暗呼吸速率（R_d）（图 5-4-14、图 5-4-15）。可以看出，四种灌木的Φ、LCP 和 R_d 对土壤湿度也表现出明显的阈值响应，随着土壤湿度的增加Φ和 R_d 呈先增大后减小的趋势，而 LCP 与此相反，表现为先减小后增大。不同土壤湿度下黄荆、黄栌、连翘、蔷薇的Φ分别在 0.011 7～0.030 5 mol/mol、0.003 6～0.030 7 mol/mol、0.009 3～0.037 0 mol/mol、0.008 2～0.034 4 mol/mol，维持最高Φ的土壤湿度分别为 57.7%、59.4%、55.3%、65.8%。

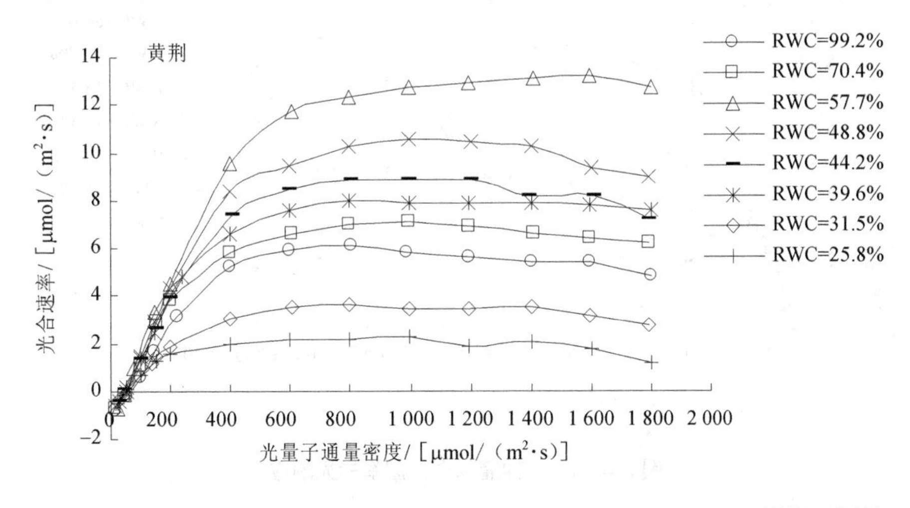

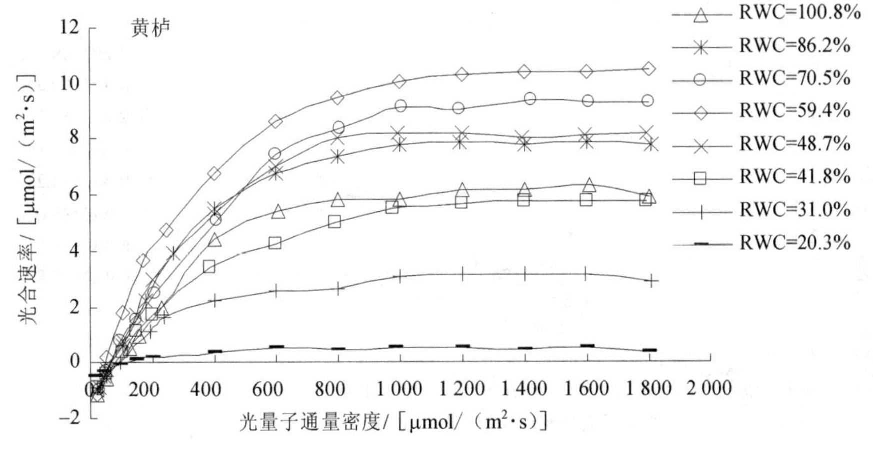

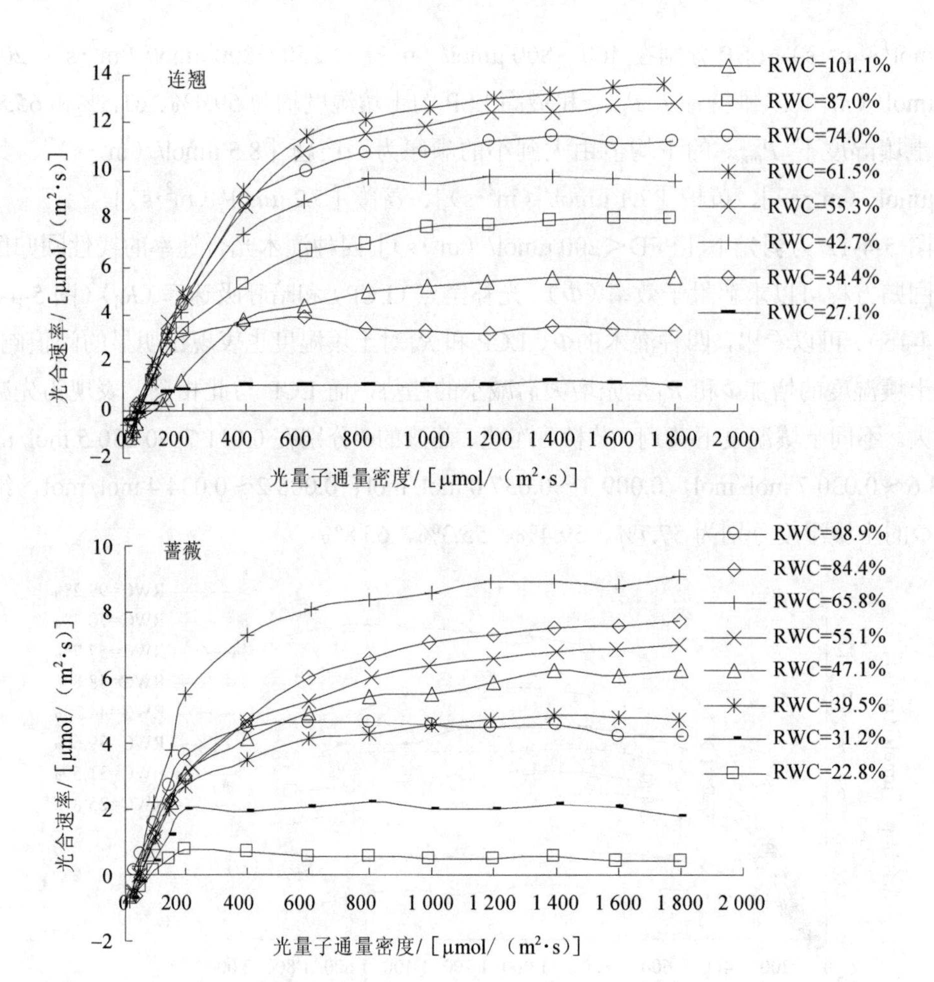

图 5-4-11　4 种灌木光合速率的光响应

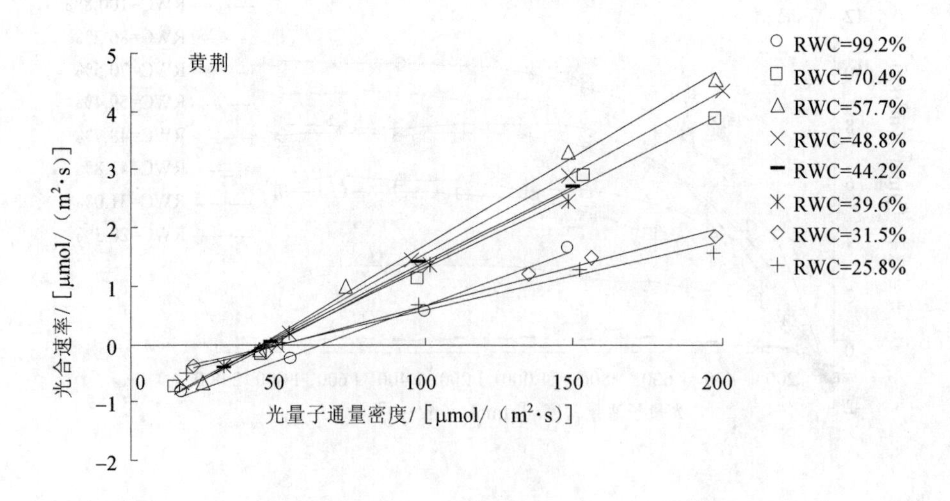

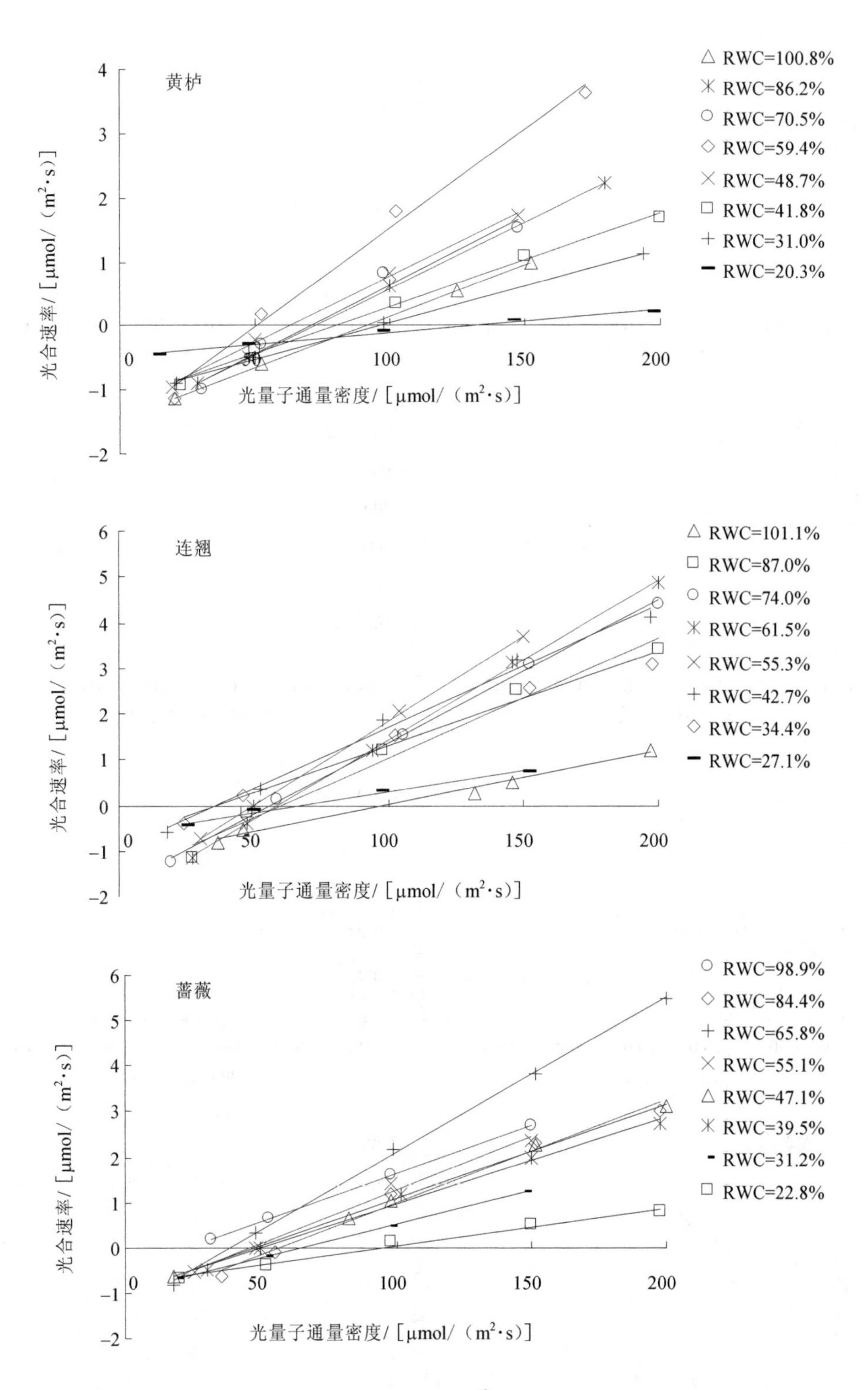

图 5-4-12　弱光下［PFD<200 μmol/（m²·s）］4 种灌木光合速率的光响应

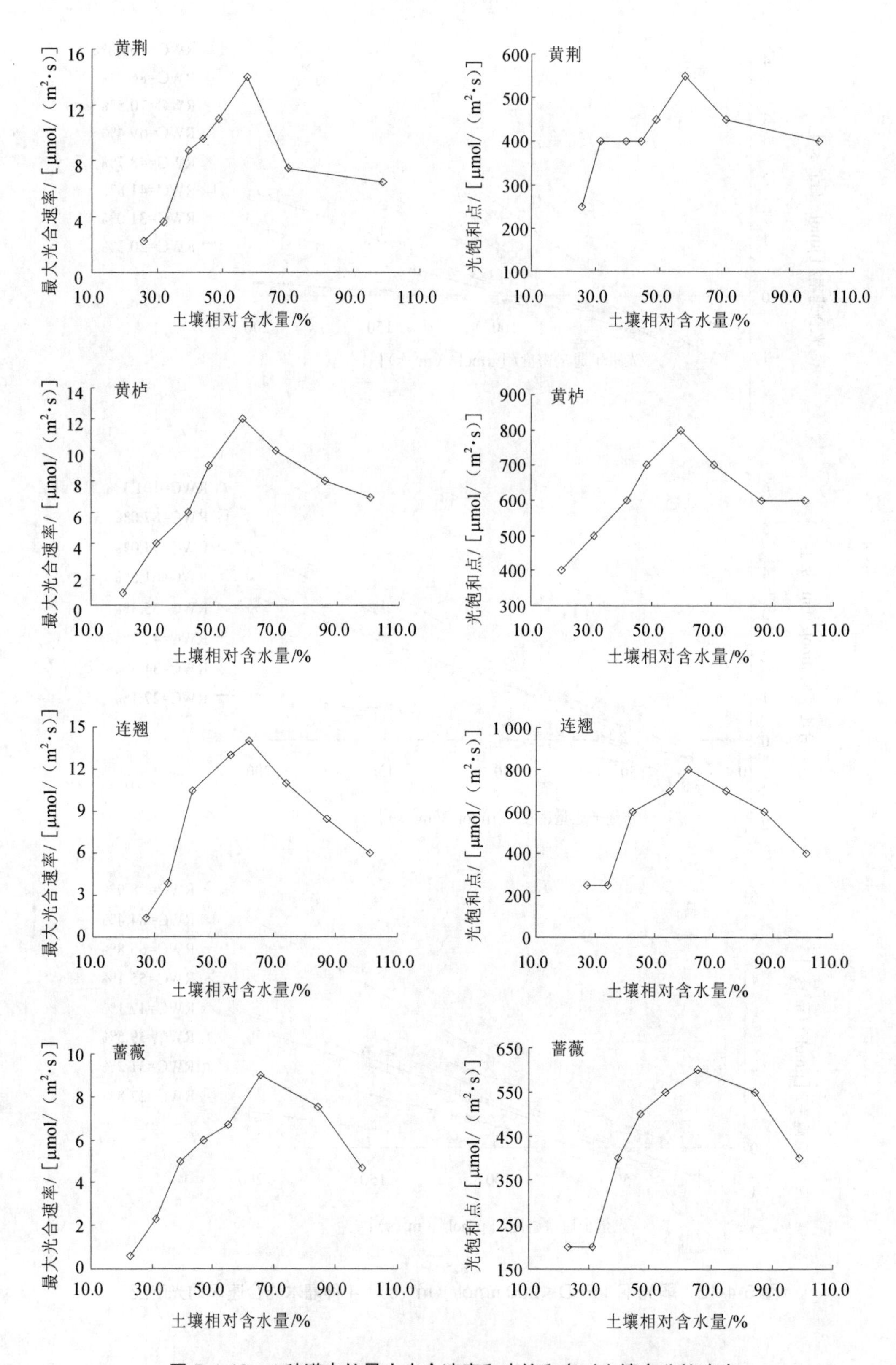

图 5-4-13 4 种灌木的最大光合速率和光饱和点对土壤水分的响应

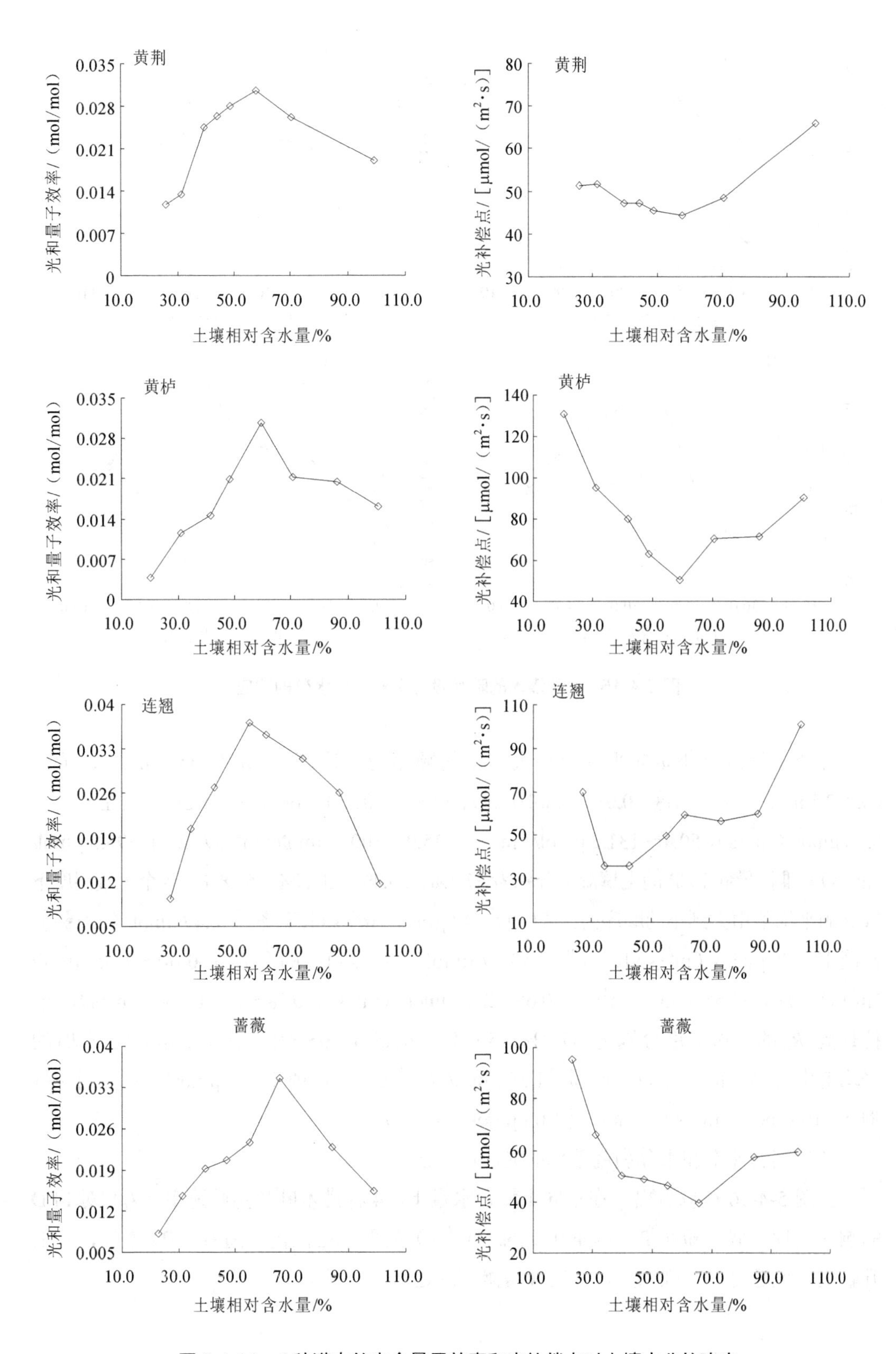

图 5-4-14　4 种灌木的光合量子效率和光补偿点对土壤水分的响应

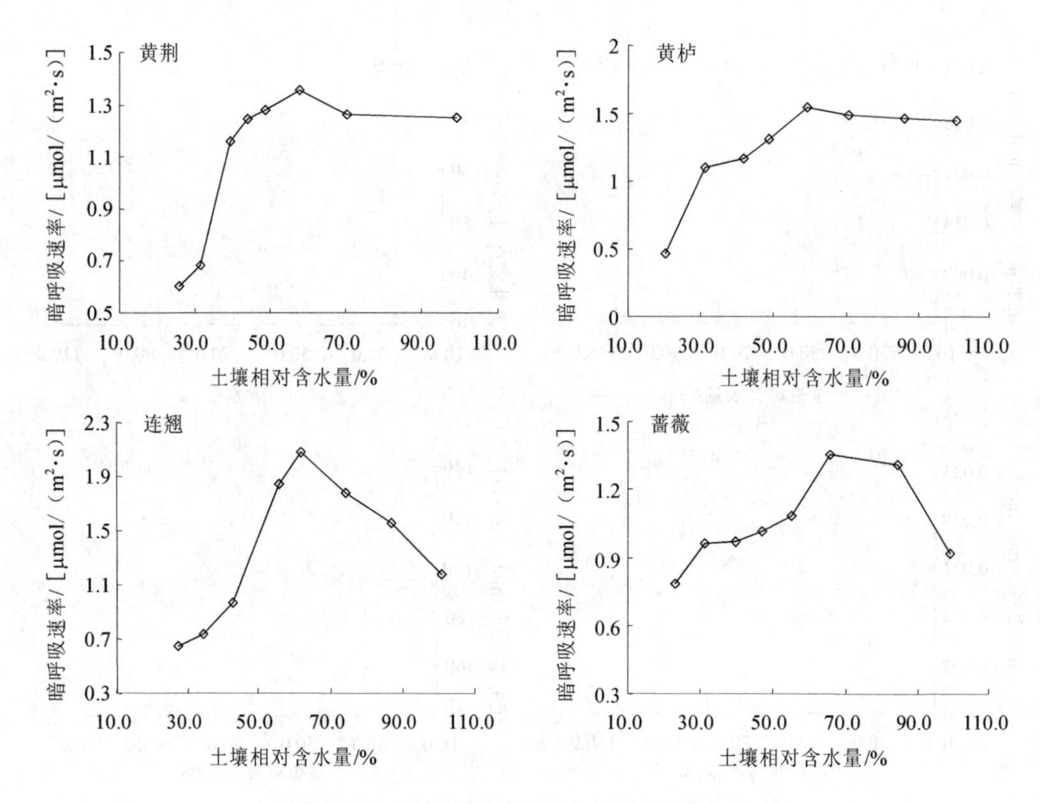

图 5-4-15 4 种灌木的暗呼吸速率对土壤水分的响应

各个土壤湿度下Φ的平均值由大到小的顺序为：连翘（0.024 7 mol/mol）、黄荆（0.022 5 mol/mol）、蔷薇（0.019 9 mol/mol）、黄栌（0.017 4 mol/mol）；LCP 分别在 44.4～65.8 μmol/（m^2·s）、50.4～131.2 μmol/（m^2·s）、35.9～100.8 μmol/（m^2·s）、29.4～95.3 μmol/（m^2·s），维持最低 LCP 的土壤湿度分别为 57.7%、59.4%、34.4%、65.8%。各个土壤湿度下 LCP 的平均值由大到小的顺序为：黄栌［81.47 μmol/（m^2·s）］、连翘［58.49 μmol/（m^2·s）］、蔷薇［57.75 μmol/（m^2·s）］、黄荆［50.17 μmol/（m^2·s）］；R_d 分别在 0.60～1.35 μmol/（m^2·s）、0.47～1.55 μmol/（m^2·s）、0.65～2.07 μmol/（m^2·s）、0.78～1.35 μmol/（m^2·s），维持最大 R_d 的土壤湿度分别为 57.7%、59.4%、61.5%、65.8%。各个土壤湿度下 R_d 的平均值由大到小的顺序为：连翘［1.35 μmol/（m^2·s）］、黄栌［1.25 μmol/（m^2·s）］、黄荆［1.10 μmol/（m^2·s）］、蔷薇［1.05 μmol/（m^2·s）］。

（2）蒸腾速率和水分利用效率的光响应

由图 5-4-16 可以看出，在不同土壤含水量下，4 种灌木叶片蒸腾速率（T_r）对 PFD 的响应过程相似。即在 PFD＜400 μmol/（m^2·s）的弱光范围内，随着 PFD 增加，T_r上升较快；但超过此光强以后，T_r呈现缓慢下降趋势。

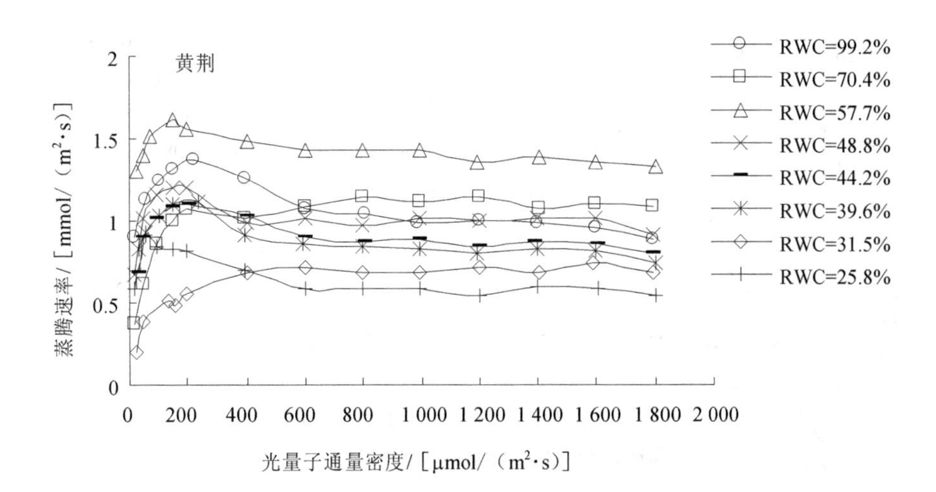
黄荆
蒸腾速率/［mmol/（m²·s）］
光量子通量密度/［μmol/（m²·s）］
RWC=99.2%
RWC=70.4%
RWC=57.7%
RWC=48.8%
RWC=44.2%
RWC=39.6%
RWC=31.5%
RWC=25.8%

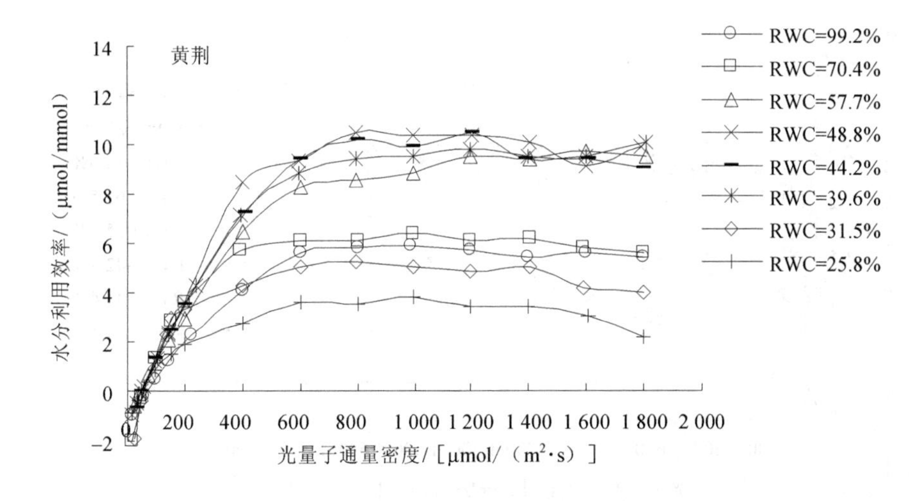
黄荆
水分利用效率/（μmol/mmol）
光量子通量密度/［μmol/（m²·s）］
RWC=99.2%
RWC=70.4%
RWC=57.7%
RWC=48.8%
RWC=44.2%
RWC=39.6%
RWC=31.5%
RWC=25.8%

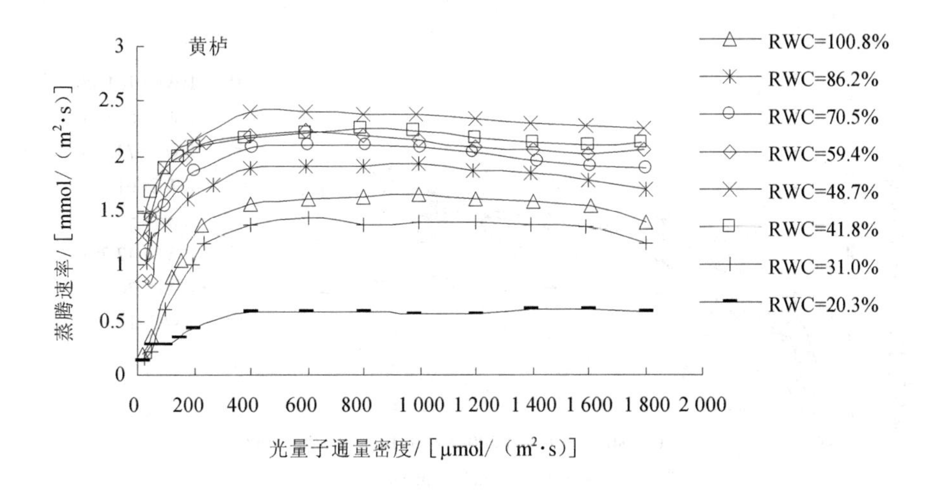
黄栌
蒸腾速率/［mmol/（m²·s）］
光量子通量密度/［μmol/（m²·s）］
RWC=100.8%
RWC=86.2%
RWC=70.5%
RWC=59.4%
RWC=48.7%
RWC=41.8%
RWC=31.0%
RWC=20.3%

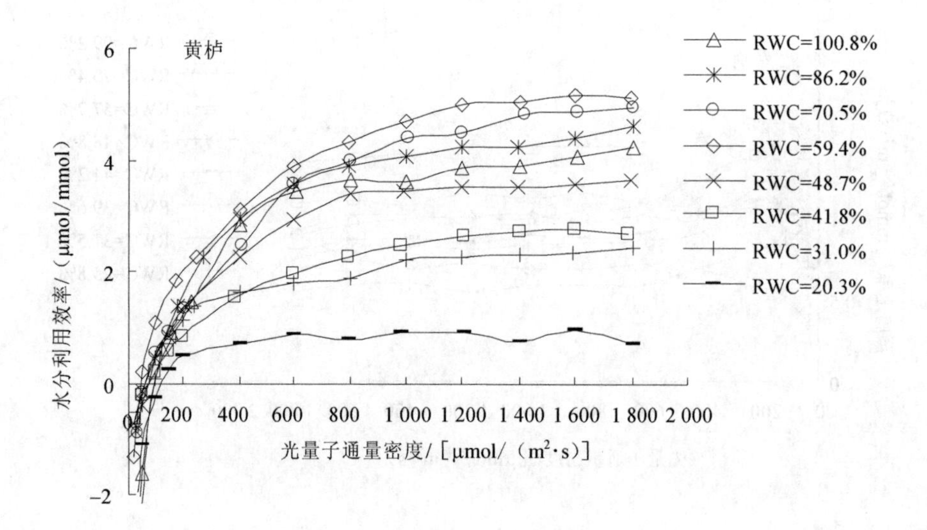
黄栌
水分利用效率/（μmol/mmol）
光量子通量密度/［μmol/（m²·s）］
RWC=100.8%
RWC=86.2%
RWC=70.5%
RWC=59.4%
RWC=48.7%
RWC=41.8%
RWC=31.0%
RWC=20.3%

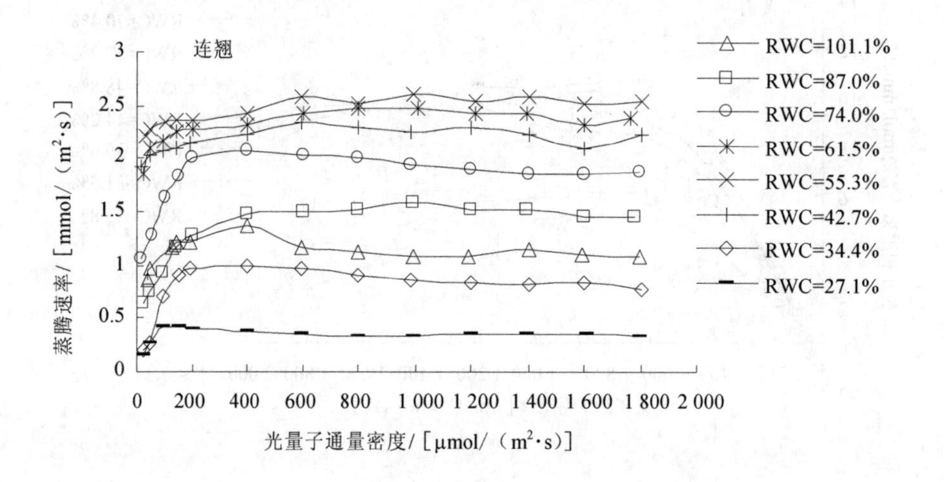
连翘
蒸腾速率/［mmol/（m²·s）］
光量子通量密度/［μmol/（m²·s）］
RWC=101.1%
RWC=87.0%
RWC=74.0%
RWC=61.5%
RWC=55.3%
RWC=42.7%
RWC=34.4%
RWC=27.1%

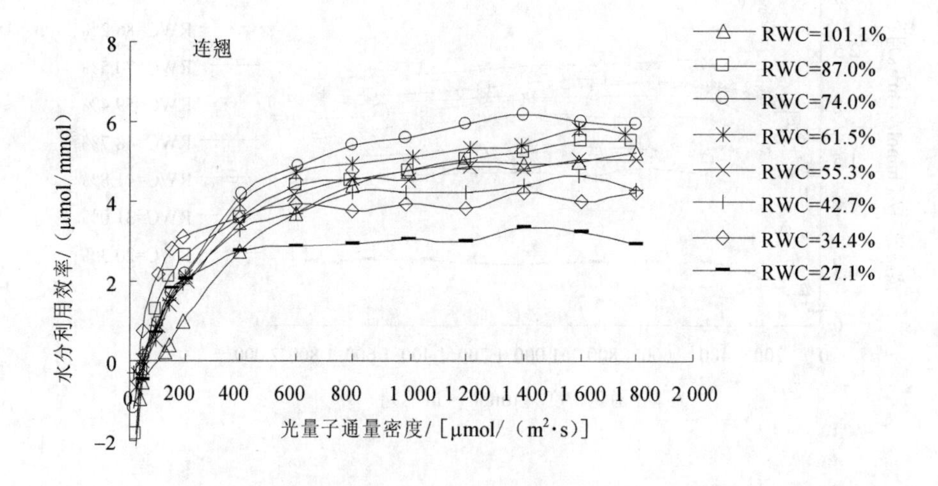
连翘
水分利用效率/（μmol/mmol）
光量子通量密度/［μmol/（m²·s）］
RWC=101.1%
RWC=87.0%
RWC=74.0%
RWC=61.5%
RWC=55.3%
RWC=42.7%
RWC=34.4%
RWC=27.1%

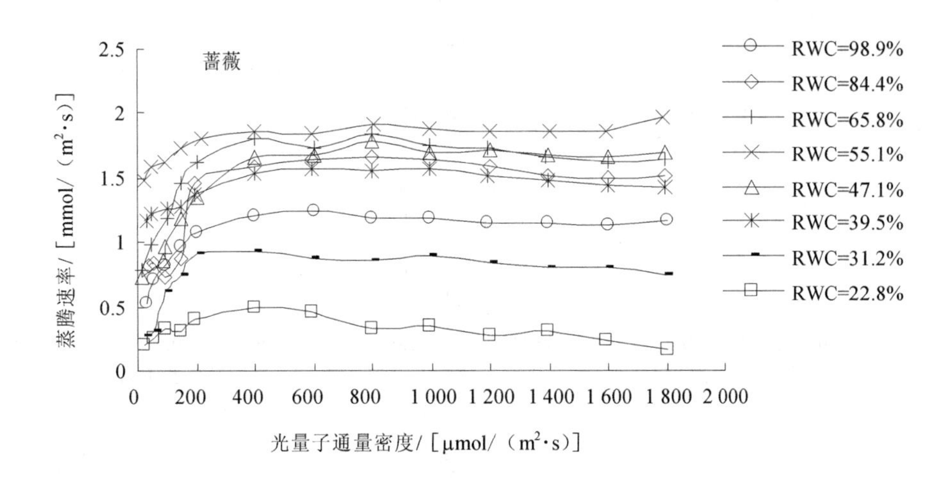

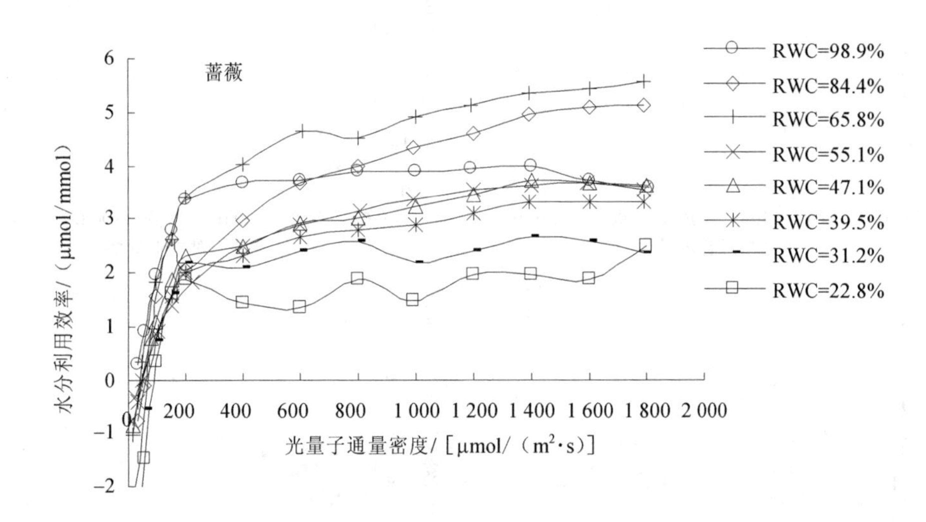

图 5-4-16　4 种灌木蒸腾速率和水分利用效率的光响应

4 种灌木的最大蒸腾速率（T_{rmax}）对土壤湿度有明显的阈值响应（图 5-4-17），在一定水分范围内 T_{rmax} 随着 RWC 的增加而升高，超过此范围后，T_{rmax} 随着 RWC 的增加而降低。各个土壤含水量下黄荆、黄栌、连翘、蔷薇的最大蒸腾速率（T_{rmax}）分别在 0.59～1.43 mmol/（m^2·s）、0.56～2.37 mmol/（m^2·s）、0.33～2.61 mmol/（m^2·s）、0.34～1.88 mmol/（m^2·s），最大 T_{rmax} 对应的 RWC 依次为 57.7%、48.7%、55.3%、55.1%。各个土壤湿度下 T_{rmax} 的平均值由大到小的顺序为：黄栌［1.79 mmol/（m^2·s）］、连翘［1.64 mmol/（m^2·s）］、蔷薇［1.37 mmol/（m^2·s）］、黄荆［0.94 mmol/（m^2·s）］。

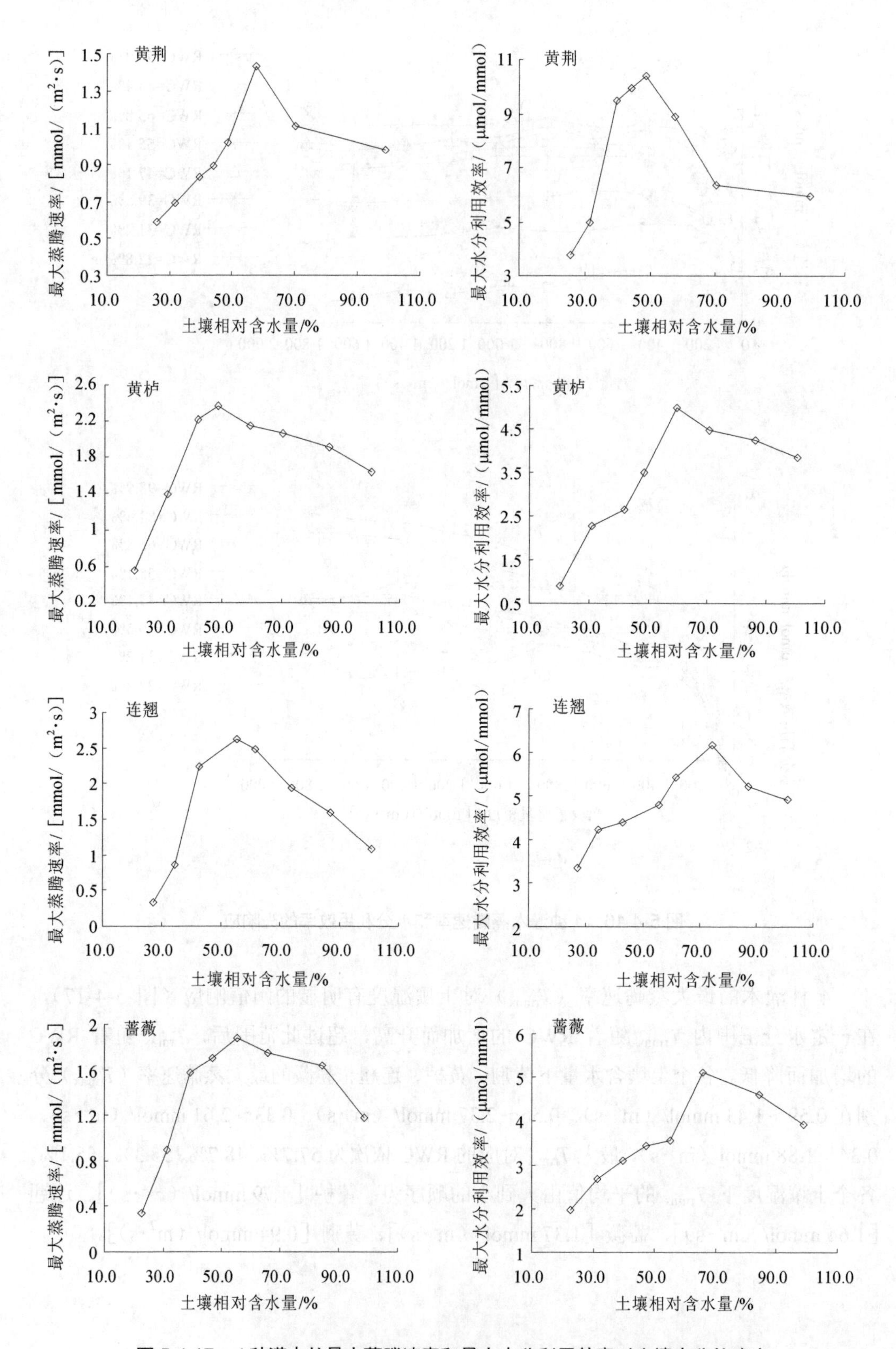

图 5-4-17 4 种灌木的最大蒸腾速率和最大水分利用效率对土壤水分的响应

在不同土壤含水量下，4 种灌木叶片水分利用效率（WUE）对 PFD 的响应过程表现出相似的规律（图 5-4-16）。在 PFD＜400 μmol/（m^2·s）的弱光范围内，随着 PFD 增大，WUE 上升幅度较大；超过此光强以后，PFD 继续增大，WUE 的增加幅度变小，没有出现光饱和现象。表明这 4 种灌木在强光下仍然具有较高的叶片水分利用效率。但在不同土壤含水量下，WUE 差别明显；4 种灌木的最大水分利用效率（WUE_{max}）对土壤湿度也有明显的阈值响应（图 5-4-17），在一定水分范围内 WUE_{max} 随着 RWC 的增加而升高，当 RWC 达到一个适宜的水分点时 WUE_{max} 达到最大值，超过此水分点后，WUE_{max} 随着 RWC 的增加而降低。各个土壤含水量下黄荆、黄栌、连翘、蔷薇的最大水分利用效率（WUE_{max}）分别在 3.8～10.4 μmol/mmol、0.9～5.0 μmol/mmol、3.3～6.2 μmol/mmol、2.0～5.1 μmol/mmol，WUE 适宜的水分点依次为 48.8%、59.4%、74.0%、65.8%，说明土壤含水量过高或过低都不利于植物的高效用水。各个土壤湿度下 WUE_{max} 的平均值由大到小的顺序为：黄荆（7.47 μmol/mmol）、连翘（4.81 μmol/mmol）、蔷薇（3.55 μmol/mmol）、黄栌（3.35 μmol/mmol）。

（3）不同灌木植物光合作用光响应过程模型

虽然叶片光合作用对环境因子的响应可以用光合作用—蒸腾作用—气孔导度的耦合模型模拟，但即使是使用其中的生化模型，最终也要用经验模型来描述光合作用或电子传递对光强的响应。目前来看，直角双曲线模型、非直角双曲线模型和指数模型是应用最为广泛的经验模型。

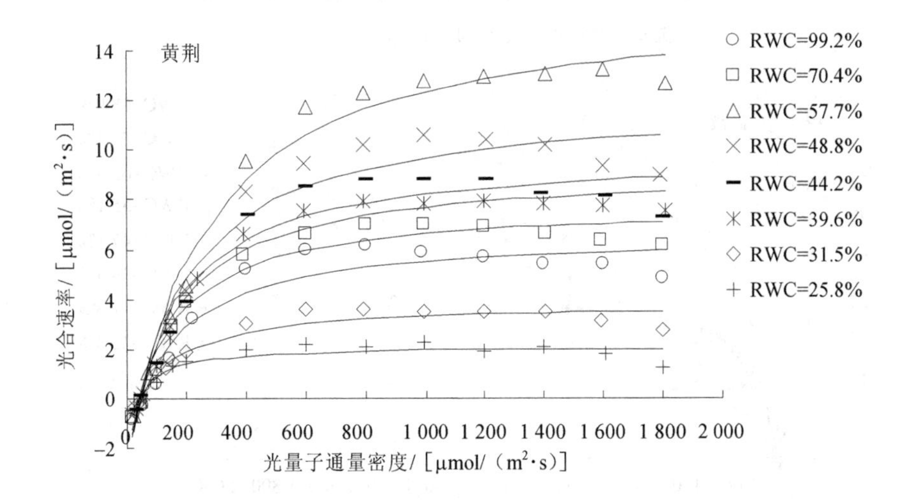

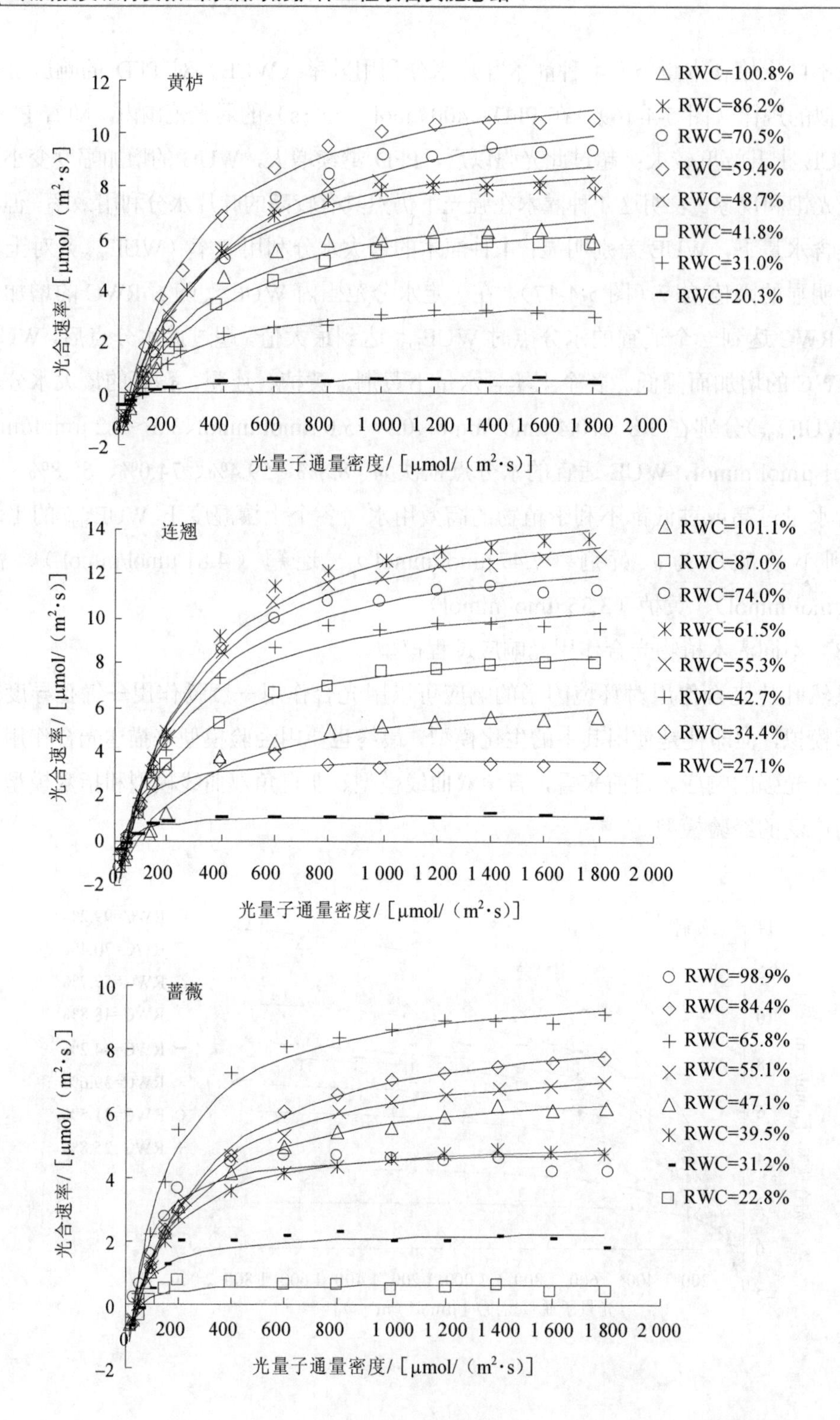

图 5-4-18 直角双曲线模型对 4 种灌木光合速率光响应曲线的拟合

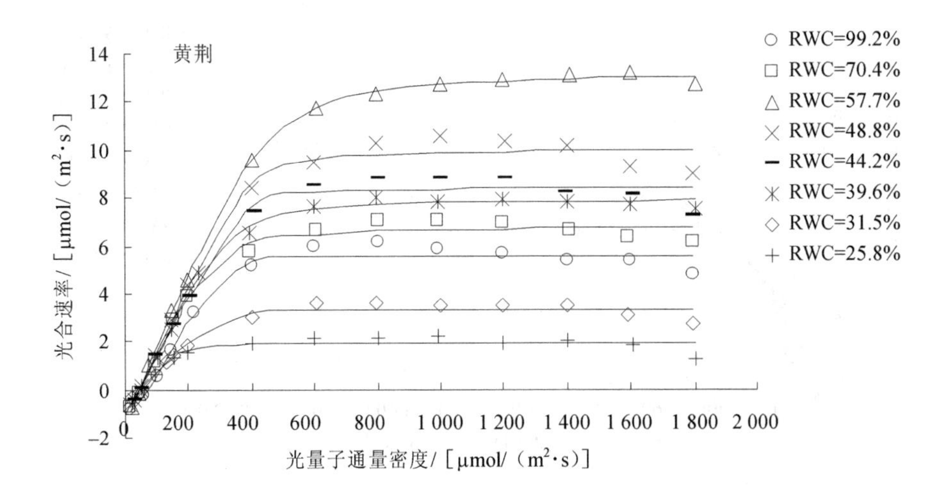
黄荆
光合速率/[μmol/（m²·s）]
光量子通量密度/[μmol/（m²·s）]
RWC=99.2%
RWC=70.4%
RWC=57.7%
RWC=48.8%
RWC=44.2%
RWC=39.6%
RWC=31.5%
RWC=25.8%

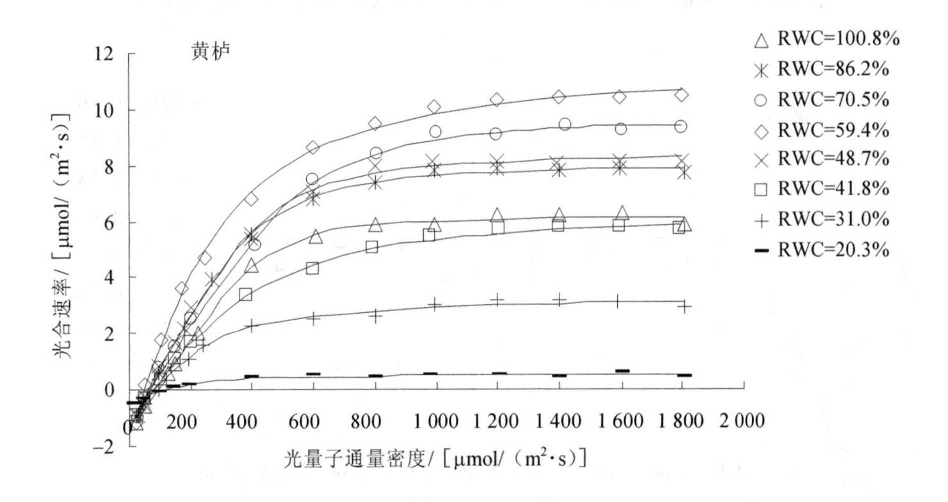
黄栌
光合速率/[μmol/（m²·s）]
光量子通量密度/[μmol/（m²·s）]
RWC=100.8%
RWC=86.2%
RWC=70.5%
RWC=59.4%
RWC=48.7%
RWC=41.8%
RWC=31.0%
RWC=20.3%

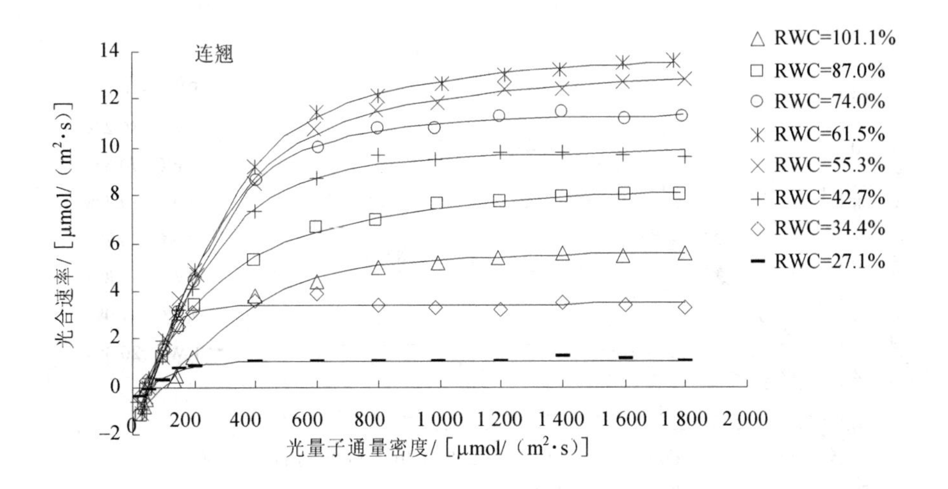
连翘
光合速率/[μmol/（m²·s）]
光量子通量密度/[μmol/（m²·s）]
RWC=101.1%
RWC=87.0%
RWC=74.0%
RWC=61.5%
RWC=55.3%
RWC=42.7%
RWC=34.4%
RWC=27.1%

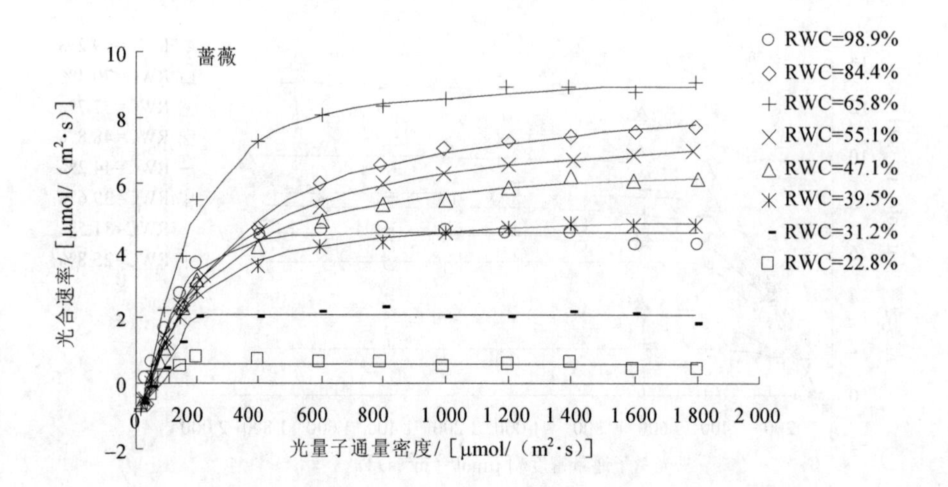

图 5-4-19 非直角双曲线模型对 4 种灌木光合速率光响应曲线的拟合

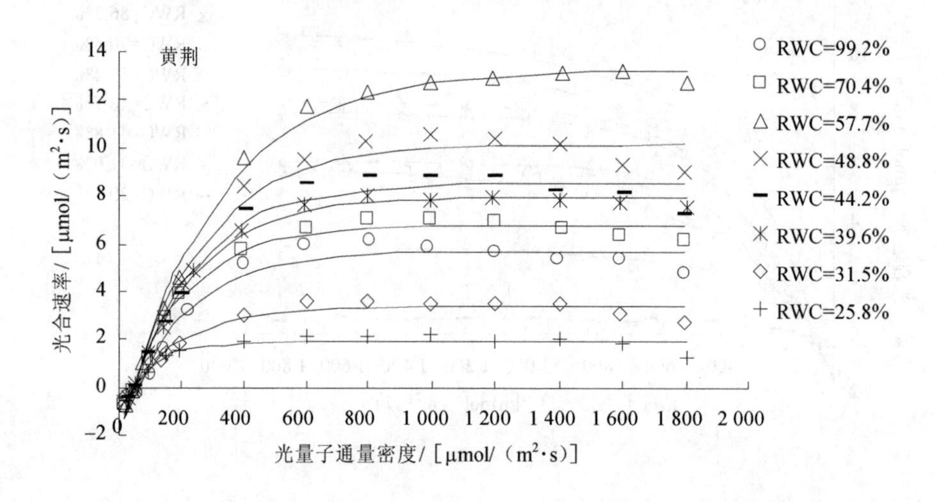

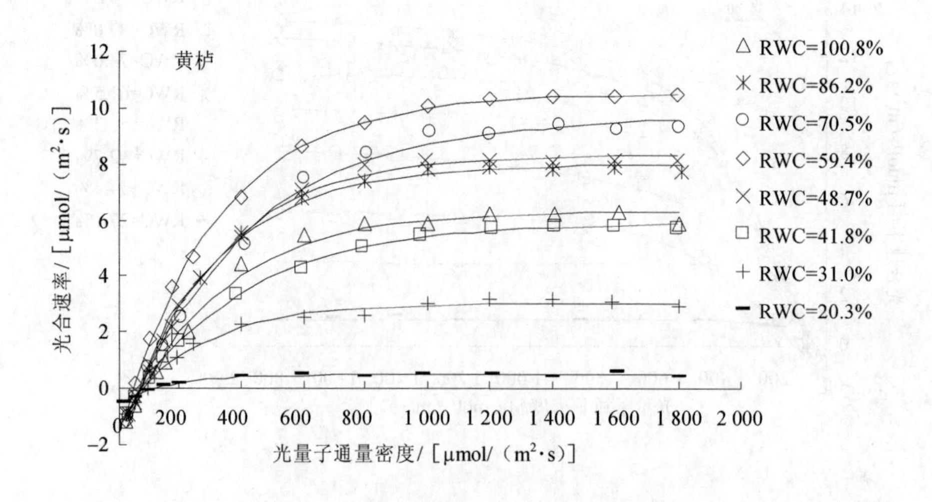

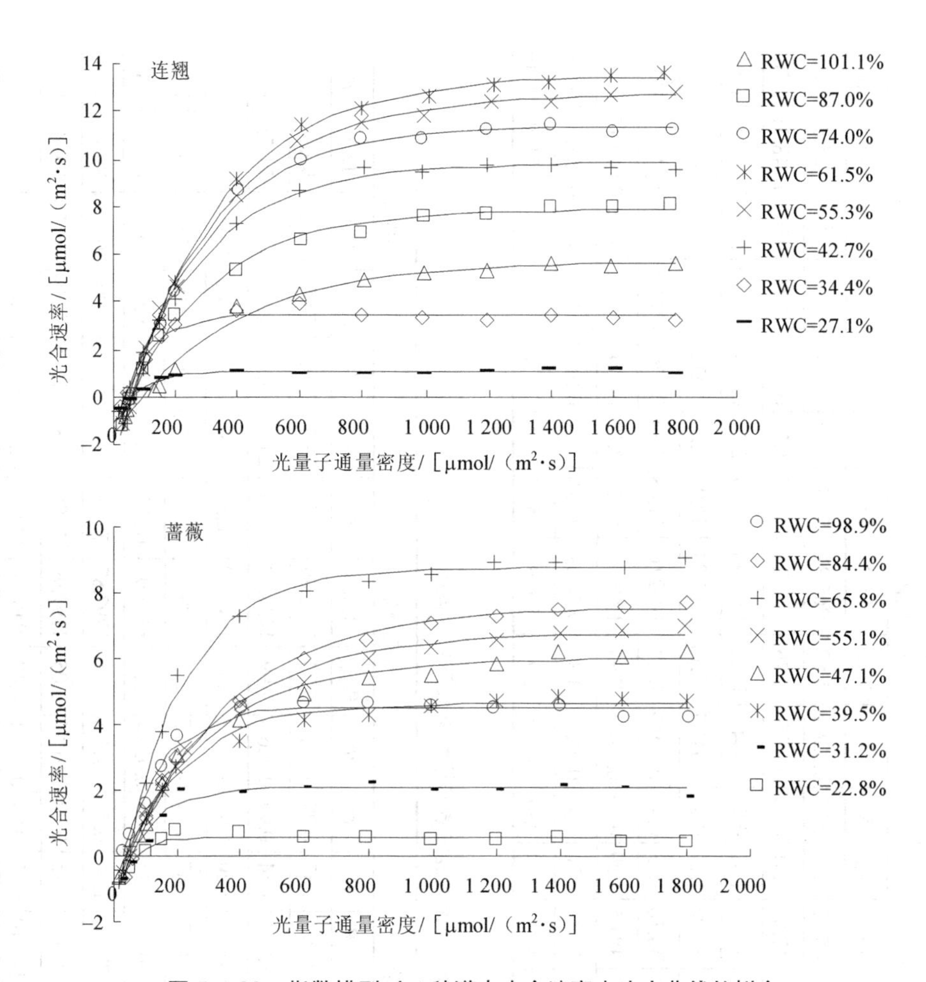

图 5-4-20　指数模型对 4 种灌木光合速率光响应曲线的拟合

通过直角双曲线模型拟合的光响应曲线，光合速率随光照强度的增强呈不断上升趋势，显然比实测值偏高，而非直角双曲线模型与指数模型拟合效果较好，能较为准确地反映净光合速率随光照强度的变化过程。从各个模型的拟合参数与实测参数相比较来看，虽然直角双曲线模型的拟合相关系数较高（R^2可达 0.9 以上），但直角双曲线模型无法求解光饱和点（LSP），且求解的光合量子效率（Φ）最大光合速率（P_{nmax}）和暗呼吸速率（R_d）较实测值偏高，而光补偿点（LCP）较实测值偏低。如：在 RWC 为 99.2%时黄荆的实测Φ、P_{nmax}、R_d分别为 0.019 0 μmol/（m²·s）、6.50 μmol/（m²·s）和 1.25 μmol/（m²·s），通过非直角双曲线模型的拟合值依次为 0.065 1 μmol/（m²·s）、9.07 μmol/（m²·s）、2.46 μmol/（m²·s），分别较实测值增加了 242.63%、39.54%和 96.80%，拟合值与实测值偏差较大。在此水分下实测 LCP 为 65.84μmol/（m²·s），而拟合值为 51.85 μmol/（m²·s），较实测值降低了 21.25%。在其他土壤湿度下黄荆各生理参数的实测值与拟合值之间也有类似的规律。因此，从整体上来看直角双曲线模型对 4 种灌木光合作用光响应曲线的拟合效果较差。

表 5-4-6 黄荆光合作用光响应曲线的拟合参数与实测参数

RWC/%	直角双曲线模型					非直角双曲线模型						指数模型						实测值				
	R^2	Φ	P_{nmax}	LCP	R_d	R^2	Φ	P_{nmax}	LSP	LCP	R_d	R^2	Φ	P_{nmax}	LSP	LCP	R_d	Φ	P_{nmax}	LSP	LCP	R_d
99.2	0.92	0.065 1	9.07	51.85	2.46	0.98	0.019 8	6.87	427.42	65.57	1.29	0.97	0.028 8	5.67	965.92	59.91	2.02	0.019 0	6.50	400.00	65.84	1.25
70.4	0.96	0.074 8	10.10	40.04	2.31	0.99	0.027 6	8.08	357.89	47.65	1.31	0.99	0.035	6.76	934.26	44.94	1.77	0.026 1	7.50	450.00	48.31	1.26
57.7	0.98	0.078 3	19.19	46.68	3.07	0.99	0.031 9	14.74	527.69	44.56	1.41	0.99	0.044 2	13.25	1428.81	48.09	2.31	0.030 5	14.00	550.00	44.41	1.35
48.8	0.95	0.078 9	14.84	43.93	2.81	0.99	0.027 6	11.25	445.87	44.02	1.21	0.98	0.041 7	10.14	1167.31	47.94	2.21	0.028 1	11.00	450.00	45.51	1.27
44.2	0.94	0.095 5	13.26	48.45	3.43	0.98	0.025 0	9.54	408.48	45.10	1.13	0.98	0.039 9	8.49	1032.02	51.08	2.30	0.026 4	9.52	400.00	47.12	1.24
39.6	0.97	0.088 7	12.40	48.42	3.19	0.99	0.027 0	9.26	423.61	48.05	1.29	0.99	0.037 3	7.93	1029.11	50.29	2.12	0.024 6	8.72	400.00	47.15	1.16
31.5	0.93	0.048 1	5.30	42.69	1.48	0.97	0.013 7	4.05	356.16	51.31	0.70	0.97	0.018 8	3.37	874.03	48.28	1.04	0.013 3	3.63	400.00	51.64	0.69
25.8	0.87	0.089 2	3.94	38.70	1.84	0.91	0.014 5	2.68	280.29	51.90	0.74	0.91	0.018 9	1.93	516.93	45.94	1.10	0.011 7	2.30	250.00	51.40	0.60

表 5-4-7 黄栌光合作用光响应曲线的拟合参数与实测参数

RWC/%	直角双曲线模型					非直角双曲线模型						指数模型						实测值				
	R^2	Φ	P_{nmax}	LCP	R_d	R^2	Φ	P_{nmax}	LSP	LCP	R_d	R^2	Φ	P_{nmax}	LSP	LCP	R_d	Φ	P_{nmax}	LSP	LCP	R_d
100.8	0.98	0.038 2	10.18	76.04	2.26	0.99	0.016 3	7.73	573.49	90.82	1.47	0.99	0.020 4	6.30	1506.29	83.43	1.95	0.016 0	7.00	600.00	90.36	1.45
86.2	0.99	0.053 3	12.39	62.64	2.63	0.99	0.022 3	9.73	546.17	70.09	1.54	0.99	0.026 9	7.99	1434.78	67.44	2.04	0.020 5	8.00	600.00	71.53	1.47
70.5	0.99	0.040 8	14.73	68.53	2.35	0.99	0.017 9	11.01	587.00	67.75	1.20	0.99	0.024 2	9.69	1913.70	70.30	1.86	0.021 3	10.00	700.00	70.10	1.49
59.4	0.99	0.059 3	15.19	47.83	2.39	0.99	0.035 9	13.33	484.65	48.87	1.67	0.99	0.032 7	10.52	1529.73	47.76	1.68	0.030 7	12.00	800.00	50.44	1.55
48.7	0.98	0.046 9	12.61	57.76	2.23	0.99	0.020 7	9.82	535.13	60.58	1.24	0.99	0.026 4	8.39	1523.99	61.33	1.79	0.020 8	9.00	700.00	63.01	1.31
41.8	0.99	0.028 2	9.15	71.91	1.66	0.99	0.016 9	7.76	611.23	77.24	1.24	0.99	0.015 8	5.91	1797.87	75.59	1.32	0.014 6	6.00	600.00	79.73	1.16
31.0	0.99	0.030 8	3.29	103.62	1.62	0.99	0.015 6	4.54	490.26	87.09	1.25	0.99	0.012 6	3.05	1197.99	85.08	1.28	0.011 5	4.00	500.00	95.39	1.10
20.3	0.97	0.012 4	1.24	110.17	0.65	0.98	0.004 5	1.02	414.50	124.10	0.51	0.98	0.003 1	0.49	846.44	120.01	0.56	0.003 6	0.80	400.00	131.17	0.47

表 5-4-8　连翘光合作用光响应曲线的拟合参数与实测参数

RWC/%	直角双曲线模型					非直角双曲线模型						指数模型						实测值				
	R^2	Φ	P_{nmax}	LCP	R_d	R^2	Φ	P_{nmax}	LSP	LCP	R_d	R^2	Φ	P_{nmax}	LSP	LCP	R_d	Φ	P_{nmax}	LSP	LCP	R_d
101.1	0.98	0.029 1	9.30	87.00	1.99	0.99	0.014 4	7.18	714.50	97.83	1.38	0.99	0.011 0	5.68	1 725.63	92.24	1.69	0.011 7	6.00	400.00	100.83	1.18
87.0	0.99	0.059 7	11.99	55.06	2.58	0.99	0.049 2	11.52	501.15	55.97	2.02	0.99	0.028 0	7.88	1 351.12	55.26	1.71	0.026 1	8.50	600.00	59.77	1.56
74.0	0.99	0.075 9	17.11	52.86	3.25	0.99	0.034 1	13.56	489.95	56.43	1.90	0.99	0.031 1	11.40	1 332.94	56.04	2.55	0.031 3	11.00	700.00	56.72	1.78
61.5	0.99	0.078 3	20.25	56.11	3.61	0.99	0.040 4	16.64	534.66	58.38	2.29	0.99	0.032 9	13.51	1 507.93	57.68	2.72	0.035 0	14.00	800.00	59.23	2.07
55.3	0.99	0.073 2	18.57	50.05	3.06	0.99	0.038 0	15.46	467.65	48.22	1.78	0.99	0.039 9	12.73	1 517.76	48.72	2.10	0.037 0	13.00	700.00	49.82	1.84
42.7	0.99	0.064 7	13.92	39.08	2.14	0.99	0.029 5	11.24	455.44	36.30	1.06	0.99	0.026 2	9.84	1 290.96	39.17	1.53	0.026 8	10.50	600.00	36.03	0.97
34.4	0.93	0.125 0	6.23	31.66	2.42	0.98	0.024 3	4.40	251.39	38.94	0.84	0.99	0.022 0	3.46	456.53	37.22	1.75	0.020 4	3.80	250.00	35.90	0.73
27.1	0.98	0.079 4	2.90	52.48	1.71	0.99	0.013 1	1.89	272.85	63.88	0.68	0.98	0.010 4	1.07	492.48	60.24	0.96	0.009 3	1.40	250.00	69.62	0.65

表 5-4-9　蔷薇光合作用光响应曲线的拟合参数与实测参数

RWC/%	直角双曲线模型					非直角双曲线模型						指数模型						实测值				
	R^2	Φ	P_{nmax}	LCP	R_d	R^2	Φ	P_{nmax}	LSP	LCP	R_d	R^2	Φ	P_{nmax}	LSP	LCP	R_d	Φ	P_{nmax}	LSP	LCP	R_d
98.9	0.95	0.125	7.60	32.55	2.65	0.98	0.024 7	5.45	277.53	34.94	0.86	0.99	0.036 6	4.52	601.03	32.31	1.35	0.015 5	4.70	400.00	59.15	0.92
84.4	0.99	0.047 7	11.27	56.02	2.16	0.99	0.045 5	11.16	546.91	56.24	2.10	0.99	0.023 2	7.56	1 552.92	52.27	1.32	0.022 8	7.50	550.00	57.44	1.31
65.8	0.99	0.092 5	12.78	36.14	2.65	0.99	0.047 9	11.11	362.35	38.86	1.78	0.99	0.044 4	8.77	946.95	37.33	1.82	0.034 4	9.00	600.00	39.39	1.35
55.1	0.99	0.043 4	9.64	43.54	1.58	0.99	0.045 4	9.73	458.25	47.99	1.62	0.99	0.022 2	6.76	1 441.39	39.10	0.93	0.023 6	6.70	550.00	45.96	1.08
47.1	0.99	0.041	8.64	43.56	1.48	0.99	0.032 3	8.15	440.60	44.78	1.30	0.99	0.021 6	5.99	1 318.48	41.40	0.96	0.020 8	6.00	500.00	48.77	1.01
39.5	0.99	0.060 5	7.40	47.18	2.06	0.99	0.043 6	6.99	412.38	49.05	1.76	0.99	0.023 2	4.63	966.28	47.23	1.24	0.019 3	5.00	400.00	50.20	0.97
31.2	0.92	0.083 9	4.33	45.97	2.04	0.99	0.014 7	2.99	270.64	65.65	0.97	0.96	0.020 0	1.70	425.43	34.69	0.86	0.014 6	2.30	200.00	65.84	0.96
22.8	0.83	0.125	2.63	64.09	1.98	0.95	0.009 4	1.42	268.44	90.56	0.85	0.91	0.009 0	0.57	364.29	72.63	1.22	0.008 2	0.60	200.00	95.27	0.78

非直角双曲线模型与指数模型能更好地模拟不同土壤湿度下四种灌木的光合作用光响应过程，这两种模型的参数丰富，且求解的各个生理参数较实测值更加接近。但不同的树种由于自身的生理特性互不相同，其光合作用的光响应过程也千差万别，适宜的模型也不相同。对于黄荆和黄栌来说，通过非直角双曲线模型求解的Φ、P_{nmax}、LCP 和 R_d 与实测值更加接近。如在 RWC 为 99.2%时通过非直角双曲线模型求解黄荆的Φ、P_{nmax}、LSP、LCP 和 R_d 值依次为 0.019 8 μmol/（m^2·s）、6.87 μmol/（m^2·s）、427.42 μmol/（m^2·s）、65.57 μmol/（m^2·s）和 1.29 μmol/（m^2·s），与实测值的偏差分别为 4.21%、5.69%、6.86%、0.41%和 3.20%；通过指数模型求解的四个参数依次为 0.028 8 μmol/（m^2·s）、5.67 μmol/（m^2·s）、965.92 μmol/（m^2·s）、59.91 μmol/（m^2·s）和 2.02 μmol/（m^2·s），与实测值的偏差分别为 50.79%、12.77%、141.48%、9.00%和 61.6%；在 RWC 为 100.8%时通过非直角双曲线模型求解黄栌的Φ、P_{nmax}、LSP、LCP 和 R_d 值依次为 0.016 3 μmol/（m^2·s）、7.73 μmol/（m^2·s）、573.49 μmol/（m^2·s）、90.82 μmol/（m^2·s）和 1.47 μmol/（m^2·s），与实测值的偏差分别为 1.88%、10.43%、4.42%、4.91%和 1.38%；通过指数模型求解的四个参数依次为 0.020 4 μmol/（m^2·s）、6.30 μmol/（m^2·s）、1 506.29 μmol/（m^2·s）、83.43 μmol/（m^2·s）和 1.95 μmol/（m^2·s），与实测值的偏差分别为 27.50%、10.00%、151.05%、7.67%和 34.48%，在其他土壤湿度条件下非直角双曲线模型的拟合效果均由于指数模型。因此，在各种土壤湿度下，非直角双曲线更适合作为黄荆与黄栌光合作用光响应过程的拟合模型。

对于连翘和蔷薇来说，非直角双曲线模型与指数模型都能较为准确的求解光补偿点（LCP），在各个土壤湿度下求解的 LCP 与实测值的偏差都在 10%以内；相比较来看，通过非直角双曲线模型求解的暗呼吸速率（R_d）更加准确（偏差在 20%以内，而指数模型的偏差高达 30%以上），而通过指数模型求解的光合量子效率（Φ）和最大光合速率（P_{nmax}）较非直角双曲线模型准确，前者Φ、P_{nmax} 的偏差均小于 10%，后者的偏差都在 20%以上。但是，通过两个模型求解的光饱和点（LSP）均与实值偏差较大，因此，在实际的应用中可以根据光响应曲线的趋势，直接读取光饱和点。总体来看，在各个土壤湿度下指数模型对连翘、蔷薇光合作用光响应曲线的拟合效果要好于非直角双曲线模型。

（4）不同灌木光合作用适宜的土壤含水量阈值

以黄荆为例，取饱和光强下 PFD 为 1 000 μmol/（m^2·s）时对应的 P_n 值（此 PFD 值超过光饱和点，在各种土壤含水量下，光强继续增大时，黄荆的净光合速率基本保持不变），分析黄荆光合速率对土壤含水量的响应过程（图 5-4-21），其拟合结果符合二次方程。由此确定出最大光合速率为 7.4 μmol/（m^2·s），维持 P_n 最高水平的土壤含水量在 RWC 为 66.5%；P_n 为零时对应的两个土壤含水量值分别为 21.1%和 111.9%。根据拟合方程的积分式：

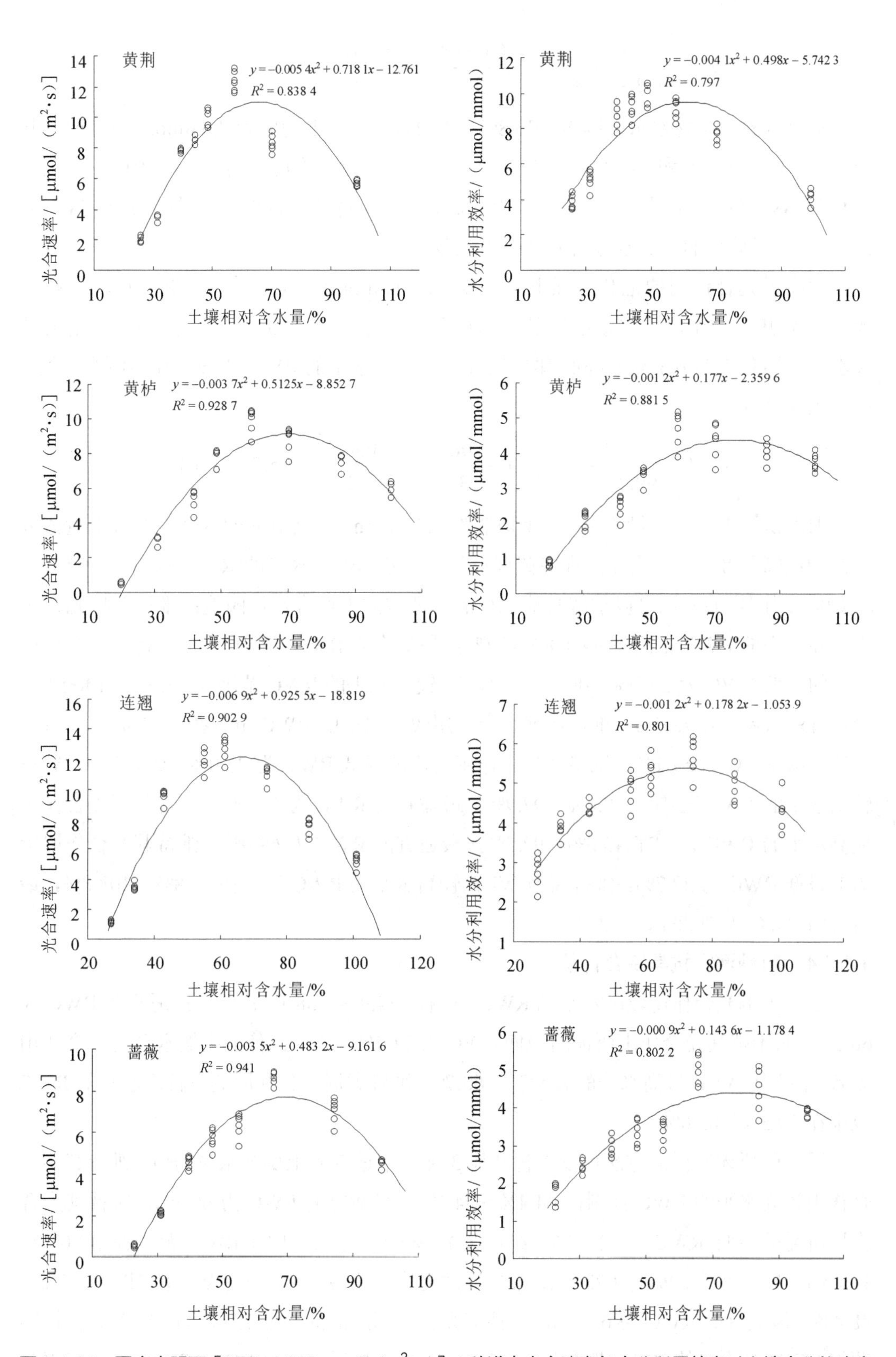

图 5-4-21　固定光强下［PFD=1 000 μmol/（m^2·s）］4 种灌木光合速率与水分利用效率对土壤水分的响应

$$\overline{P_n} = \frac{1}{99.2-25.8}\int_{25.8}^{99.2}(\frac{-0.0054}{3}x^3 + \frac{0.7181}{2}x^2 - 12.761x)\,dx$$

求出试验土壤含水量范围内（25.8%～99.2%）P_n的平均值为 8.6 μmol/（m^2·s），其 RWC 分别在 44.9%和 88.1%。由此认为，维持黄荆光合作用较高水平的 RWC 范围在 44.9%～88.1%；其中最适宜的 RWC 为 66.5%。而维持其光合作用所需的最低 RWC 为 21.1%，低于此值的土壤水分对光合作用无效。

对应于光合作用的饱和光强下［PFD＝1 000 μmol/（m^2·s）］，黄荆叶片水分利用效率（WUE）的土壤含水量响应过程也符合二次方程（图 5-5-51）。同理，确定出最大水分利用效率为 6.3 mol/mol，维持其 WUE 最高水平的 RWC 为 60.7%。根据拟合方程的积分公式：

$$\overline{WUE} = \frac{1}{99.2-25.8}\int_{25.8}^{99.2}(\frac{-0.0041}{3}x^3 + \frac{0.498}{2}x^2 - 5.7423x)\,dx$$

求出试验土壤含水量的 WUE 平均值为 7.5 mol/mol，其对应的两个土壤含水量值分别在 39.5%和 82.0%。因此，维持黄荆水分利用效率较高水平的 RWC 范围在 39.5%～82.0%。用同样的方法可以求解其他三种灌木适宜的土壤含水量阈值：维持黄栌光合作用较高水平的 RWC 范围在 44.4%～94.1%，最适宜的 RWC 为 69.3%，维持其光合作用所需的最低 RWC 为 20.2%。维持黄栌 WUE 较高水平的 RWC 范围在 47.0%～100.5%，最适宜的 RWC 为 73.8%；维持连翘光合作用较高水平的 RWC 范围在 45.7%～88.4%，最适宜的 RWC 为 67.1%，维持其光合作用所需的最低 RWC 为 25.0%。维持连翘 WUE 较高水平的 RWC 范围在 50.6%～97.9%，最适宜的 RWC 为 74.3%；维持蔷薇光合作用较高水平的 RWC 范围在 45.6%～92.5%，最适宜的 RWC 为 69.0%，维持其光合作用所需的最低 RWC 为 22.7%。维持蔷薇 WUE 较高水平的 RWC 范围在 50.8%～108.8%，最适宜的 RWC 为 79.8%。

4.1.2.4 四种灌木抗旱综合评价

维持黄荆光合作用较高水平的 RWC 范围在 44.9%～88.1%；其中最适宜的 RWC 为 66.5%。而维持其光合作用所需的最低 RWC 为 21.1%，低于此值的土壤水分对光合作用无效。维持其 WUE 最高水平的 RWC 为 60.7%。维持黄荆水分利用效率较高水平的 RWC 范围在 39.5%～82.0%。

用之前所述同样的方法可以求解其他 3 种灌木适宜的土壤含水量阈值：维持黄栌光合作用较高水平的 RWC 范围在 44.4%～94.1%，最适宜的 RWC 为 69.3%，维持其光合作用所需的最低 RWC 为 20.2%。维持黄栌 WUE 较高水平的 RWC 范围在 47.0%～100.5%，最适宜的 RWC 为 73.8%；维持连翘光合作用较高水平的 RWC 范围在 45.7%～88.4%，最适宜的 RWC 为 67.1%，维持其光合作用所需的最低 RWC 为 25.0%。维持连翘 WUE 较高水平的 RWC 范围在 50.6%～97.9%，最适宜的 RWC 为 74.3%；维持蔷薇光合作用较高水平的 RWC 范围在 45.6%～92.5%，最适宜的 RWC 为 69.0%，维持其光合作用所需的最低 RWC 为 22.7%。维持蔷薇 WUE 较高水平的 RWC 范围在 50.8%～108.8%，最适宜的 RWC 为 79.8%（表 5-4-10）。

表 5-4-10　维持灌木光合及 WUE 的 RWC 值　　单位：%

	维持光合水平的 RWC 值			维持 WUE 的 RWC 值	
	高水平范围	最适	最低	高水平范围	最适
黄荆	44.9～88.1	66.5	21.1	39.5～82.0	60.7
黄栌	44.4～94.1	69.3	20.2	47.0～100.5	73.8
连翘	45.7～88.4	67.1	25.0	50.6～97.9	74.3
蔷薇	45.6～92.5	69.0	22.7	50.8～108.8	79.8

将其各最适、最低的 RWC 值进行标准化并附以权重，计算出各灌木的综合得分，最终结果为：蔷薇（0.885 232 072）＞连翘（0.854 784 857）＞黄栌（0.539 271 744）＞黄荆（0.042 548 592）。

所以四种藤本植物的综合抗旱排序为：黄荆＞黄栌＞连翘＞蔷薇。

4.2　滨海盐碱地造林树种选择与耐盐性评价

4.2.1　试验材料

测定的植物种类木本植物有黑松、龙柏、连翘、紫薇、法桐、金叶女贞、海州常山、红叶石楠、白蜡、大叶女贞、爬山虎、扶芳藤、金银花、凌霄；草本植物有萱草、结缕草。

4.2.2　试验设计

（1）盆栽试验研究：5 月下旬至 6 月上旬，将盆栽材料取出，采用海水灌溉的方法，用 NaCl 配海水浓度 2.85%，将盐水灌入盆中 2 000 mL；放入较大的塑料盆中（保证花盆中的盐分不会因浇水而流失），按照试验设计方案摆放，定期浇水。单盆小区，每盆 2～3 株，重复 5 次。试验进行 15 d 后，除去萎蔫死亡的植株种类，对剩余植物进行第二次灌盐水 2 000 mL。测定自然光照条件下每日 10：00 的叶片水势、叶片蒸腾速率、叶室内外空气温湿度的变化过程。植物的生理指标每 3 d 测定一次。

（2）海水灌溉试验：耐盐性试验在实验林场进行，首先测定烟台海水盐分含量为 2.85%，配海水盐度灌入盆栽植物中，并以不灌盐水的植物材料作为对照。试验过程中对各树种的形态指标、生理指标和生化指标进行了连续测定。

4.2.3 盐胁迫对生理生化特性的影响

（1）植物叶片水势对盐胁迫的响应

经过盐处理后，土壤离子浓度增加，水势降低，根系吸收水分其水势也必须降低。叶片是通过维管束系统和根系相连的，这样叶片水势也必然降低。叶片水势降低越多，即相对水势增加越多，叶片的吸水能力就越强，越能克服盐处理后造成的渗透胁迫，表现较高的耐盐力。

如图 5-4-22 所示，在盐分胁迫下，14 种植物的叶片水势均呈波动式下降，说明随盐分胁迫天数的增加植物就必须降低自己叶片的水势来增加植株的吸水能力。在试验前 15 d 内，14 种木本植物的叶片水势变化中，法桐、紫薇、连翘的变化幅度比较大，降低的比较多。黑松、龙柏、扶芳藤叶片水势降低幅度最小，可见黑松、龙柏、扶芳藤在叶片水势方面的抗盐性较高。且在前 15 d 内金银花、红叶石楠、凌霄、连翘、爬山虎已经干枯死亡，对剩余 9 种植物进行第二次盐水灌溉，5 d 后海州常山、大叶女贞、法桐、紫薇萎蔫死亡。白蜡、金叶女贞和扶芳藤大约经过第 25 天死亡。黑松和龙柏在 50 d 后仍只有少数枝条干枯。由此看出，黑松和龙柏的耐盐能力极高。

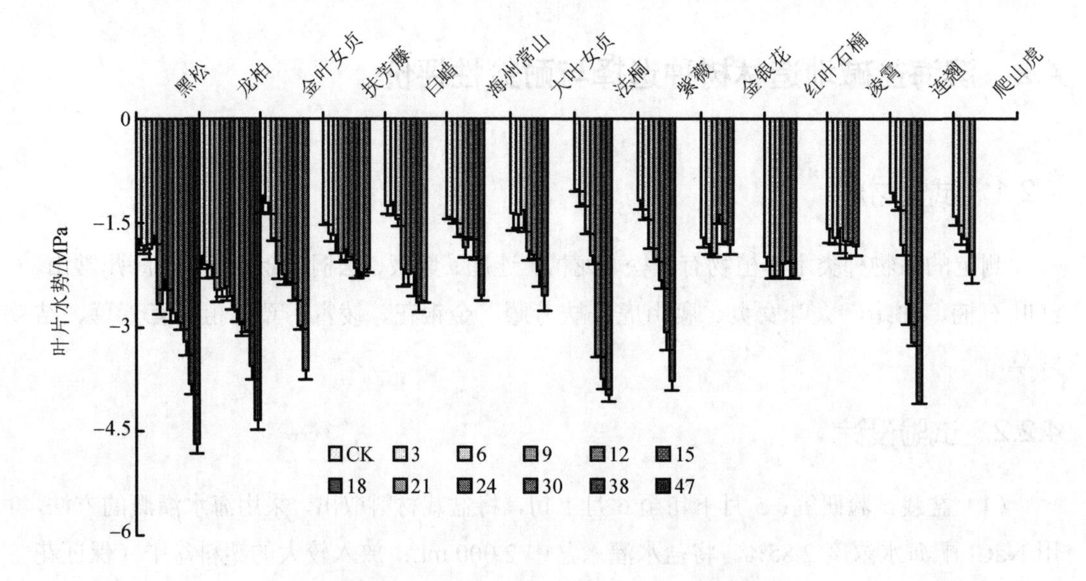

图 5-4-22 盐胁迫对 14 种植物叶片水势的影响

如图 5-4-23 所示，结缕草和萱草的耐盐能力存在一定的差别，萱草在灌盐 25 d 后干枯死亡，而结缕草在灌盐 50 d 后生长还是基本正常的。由此可见，结缕草的耐盐能力要高于萱草。

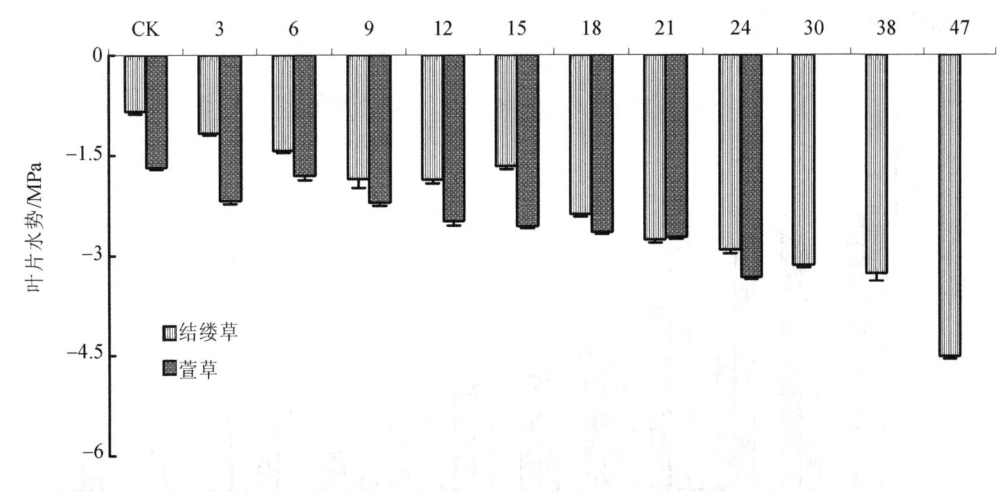

图 5-4-23　盐胁迫对 2 种草本叶片水势的影响

（2）盐胁迫对植物叶片蒸腾作用变化过程的响应

在盐胁迫下，根系的化学信号物质快速传递信息，引起气孔关闭，气孔导度减小，致使蒸腾作用减弱，蒸腾速率的减弱就又会使植物的吸水量下降进而影响植物的存活。众多研究证明盐胁迫抑制非盐生植物的光合作用，并且随着盐胁迫程度越大，降低幅度越大。

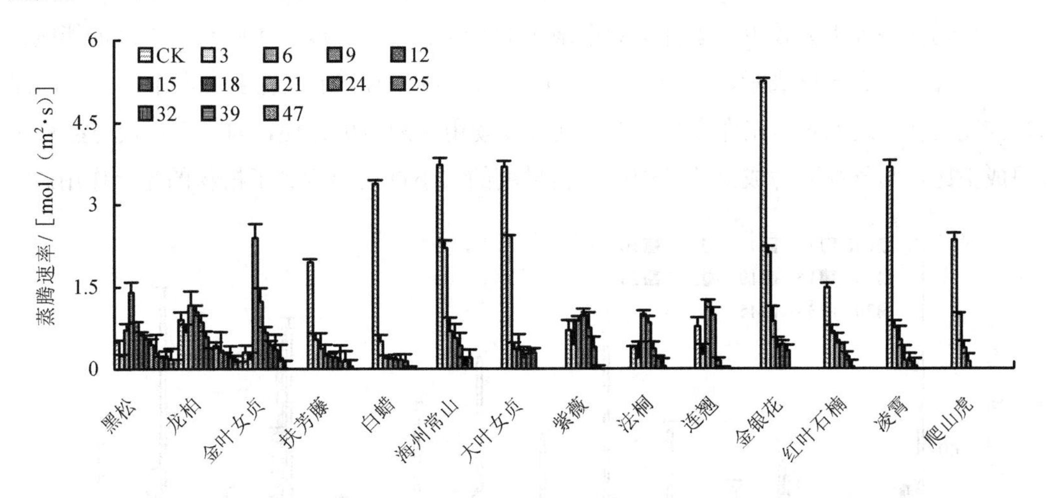

图 5-4-24　盐胁迫对 14 种植物蒸腾速率的影响

由图 5-4-24 可知，黑松、龙柏、金叶女贞、紫薇、法桐、连翘的蒸腾速率变化都是随时间的增加而先降后增再降。其增加是因为在胁迫开始阶段植物为了更好地吸水而蒸腾作用上升。如图 5-4-25 所示，萱草和结缕草的蒸腾速率也是呈先下降再升高后下降的趋势。剩余树种均是呈一直下降的趋势，是因为植株长时间受盐分的胁迫植株的吸水调节开始失灵进而蒸腾速率下降直至植株死亡而变为零。经方差分析表明，植物蒸腾速率的变化幅度较大，差异性越显著。

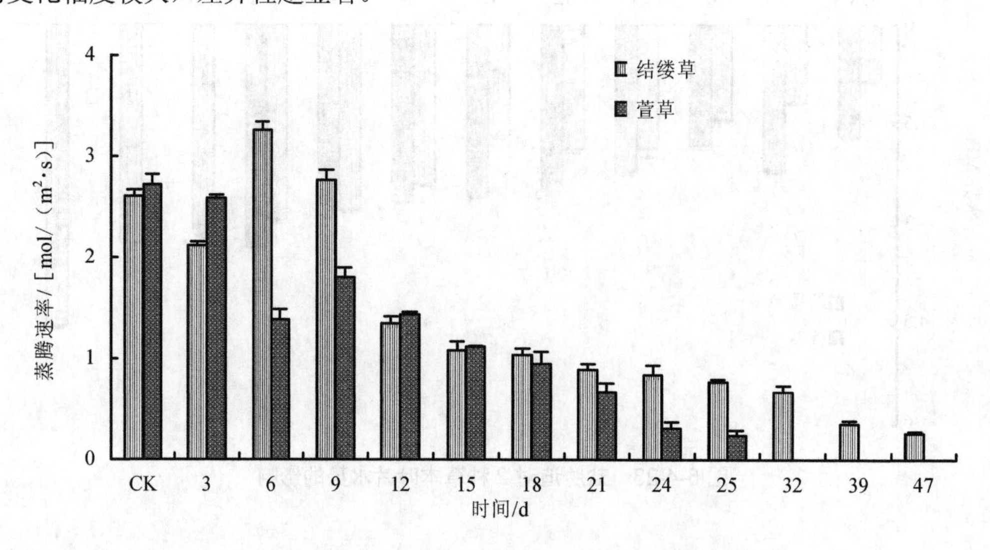

图 5-4-25 盐胁迫对 2 种草本蒸腾速率的影响

气孔是植物叶片与外界进行气体交换的主要通道。通过气孔扩散的气体有 O_2、CO_2 和水蒸气。植物在光下进行光合作用，经由气孔吸收 CO_2，所以气孔必须张开，但气孔开张又不可避免地发生蒸腾作用，气孔可以根据环境条件的变化来调节自己开度的大小而使植物在损失水分较少的条件下获取最多的 CO_2。气孔开度对蒸腾有着直接的影响。现在一般用气孔导度表示，其单位为 mmol/（m^2·s），也有用气孔阻力表示的，它们都是描述气孔开度的量。在许多情况下气孔导度使用与测定更方便，因为它直接与蒸腾作用成正比，与气孔阻力成反比。因此气孔导度的大小直接影响到了植物的光合作用。

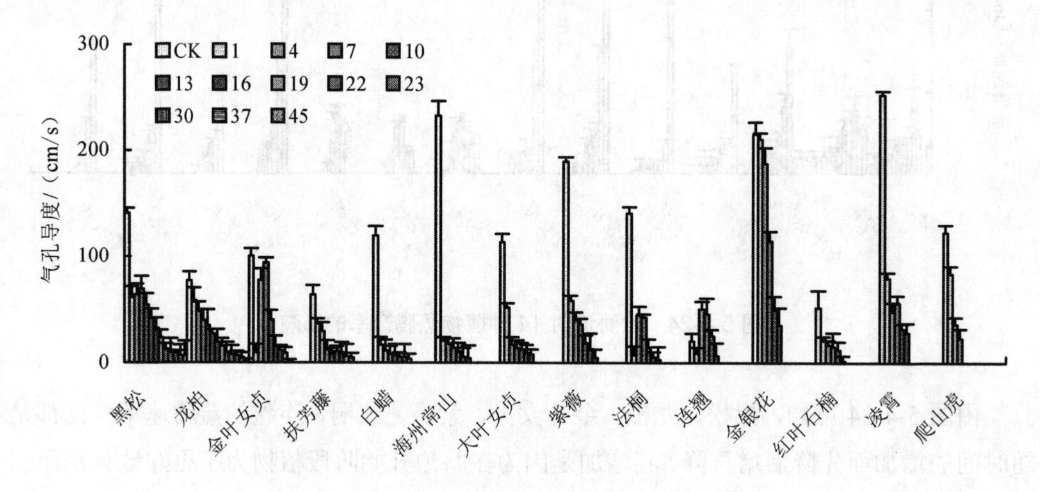

图 5-4-26 盐胁迫对 14 种植物气孔导度的影响

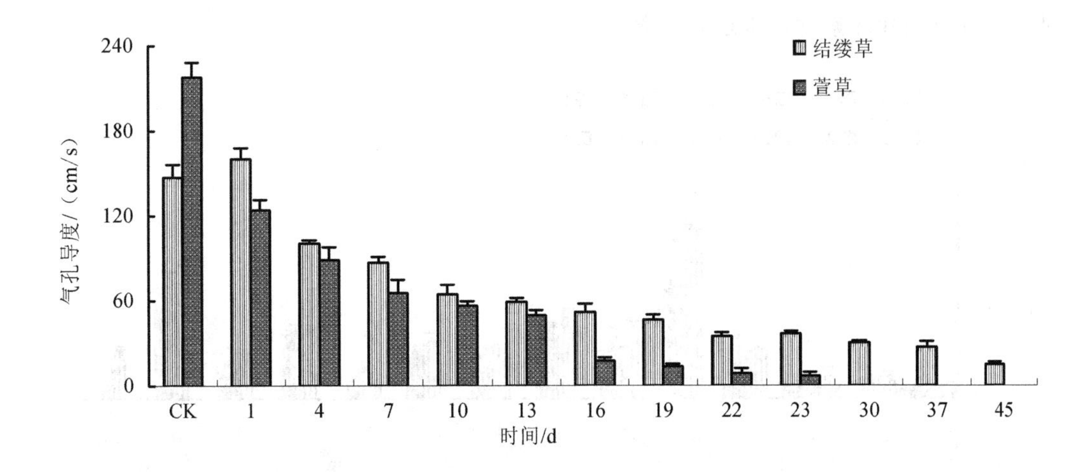

图 5-4-27　盐胁迫对 2 种草本气孔导度的影响

从气孔导度柱形图（图 5-4-26、图 5-4-27）可以看出，盐胁迫下，各树种都表现出比对照下降的现象，但是下降的趋势有大有小。黑松、法桐、连翘、金叶女贞、结缕草的气孔导度变化都是先上升再下降的过程，其余树种的气孔导度变化是一直下降的趋势。方差分析结果证明，在盐分胁迫条件下，不同树种，在不同盐分胁迫时间的差异性均是极显著的。

（3）盐胁迫植物叶绿素含量的影响

叶绿体是对盐胁迫最敏感的细胞器，叶绿素是类囊体膜上色素蛋白复合体的重要组成。叶绿素是重要的光合作用物质，叶绿素含量的多少在一定程度上反映了植物光合作用强度的高低，从而影响植物的生长。盐胁迫下植物叶片中叶绿素含量下降，可能是由于 Chl 酶活性增强，促使 Chl 分解或者由于在盐胁迫下，植物叶片细胞中叶绿素与叶绿体蛋白间结合变得松弛，使更多的叶绿素遭到破坏。与此相反，董晓霞等对几种非盐生植物的研究却表明，盐分胁迫可以显著增大植物叶绿素含量。有人认为植物叶片中叶绿素含量的增加是为了降低盐胁迫带来的生理紊乱或叶绿素的合成需要脯氨酸，而在盐胁迫下细胞中大量积累 Pro 则有利于 Chl 的合成。

如图 5-4-28 所示，在盐胁迫下，黑松、龙柏、扶芳藤的叶绿素含量是呈升—降—升—降的趋势。白蜡、金叶女贞、紫薇、爬山虎的叶绿素含量是呈先升高后降低的趋势。法桐、金银花、红叶石楠、凌霄的叶绿素含量是呈降—升—降的趋势。只有连翘是一直呈下降的趋势，由于盐分胁迫破坏了植物的叶绿素使其叶绿素水平不断下降。而海州常山和大叶女贞叶绿素含量则是呈升—降—升—降—升的趋势。经方差分析表明，扶芳藤、白蜡、海州常山、大叶女贞、连翘、红叶石楠、凌霄、爬山虎差异显著。如图 5-4-29 所示，两种草本植物在盐分胁迫下，叶绿素含量存在一定的差异，结缕草呈升—降—升—降的趋势，而萱草则呈升—降的趋势。经多重比较分析表明，结缕草叶绿素含量差异显著，萱草的叶绿素含量未达到显著差异性水平。

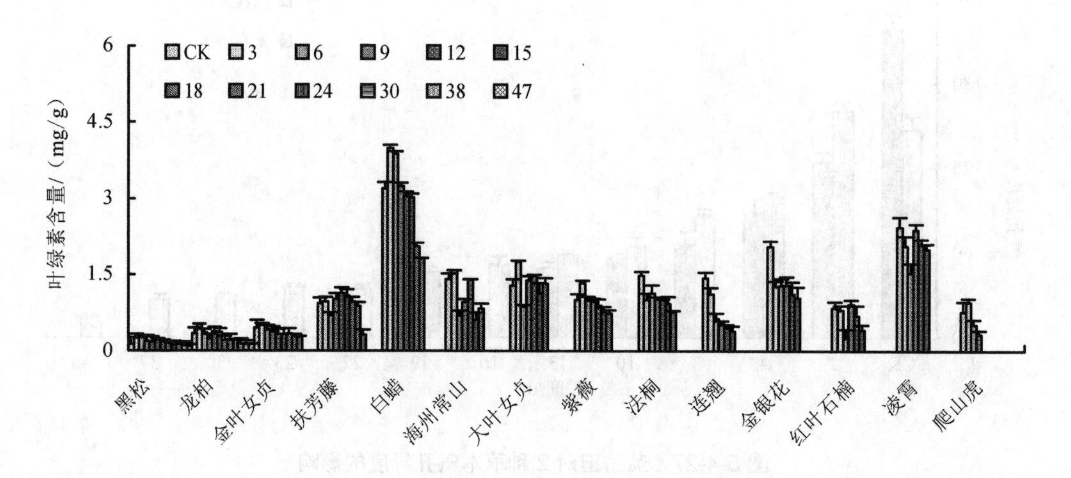

图 5-4-28 盐胁迫对 14 种植物叶绿素含量的影响

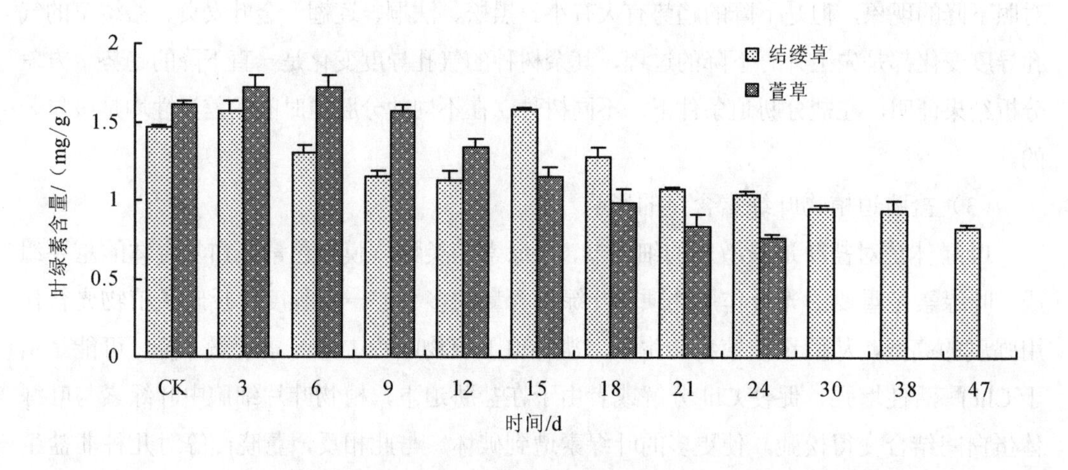

图 5-4-29 盐胁迫对 2 种草本叶绿素含量的影响

（4）盐胁迫对植物相对电导率的影响

细胞膜是植物体生化反应场所及与外界环境间的界面，既能接受和传递环境信息，又能对环境胁迫做出反应，在保持生物体的正常生理生化过程稳定方面有十分重要的作用，在植物抗逆性研究中，细胞膜透性变化已成为公认的指标。一般认为，耐盐能力强的植物，在盐分胁迫下，细胞膜透性变化较小，敏感植物则变化大。研究证明，植物细胞膜受损情况与组织的导电能力紧密相关，植物水分含量越高，组织导电能力越高。盐分胁迫以及其他任何环境胁迫所造成的植物细胞膜的损坏，都会使细胞膜的透性增大，对水和离子交换的能力下降，直至丧失。离子 K^+等自由外渗从而增加外渗液的导电能力，电导率增加。相对电导率是逆境下组织细胞伤害的一个重要指标，它可以反映出植物细胞膜在各种逆境条件下透性变化和组织受损伤程度，所以膜结构稳定能力的大小直接影响到植物对盐分胁迫的抗性强弱。

如图 5-4-30 所示，在盐分胁迫下各树种的电导率含量总体呈上升趋势，植物电导率的增加说明植物体内矿质元素的不正常变化也就是细胞结构发生了变化，这种变化进而有可能引起植物的死亡。这说明随着盐胁迫时间的延长，对植物细胞膜的伤害程度也逐渐加大，只是增加的幅度有所不同。从图 5-4-31 中可以看出，随盐分浓度的增加，黑松、金叶女贞和扶芳藤的相对电导率，随着胁迫时间的加长，呈降—升—降—升的趋势。龙柏、金银花和红叶石楠的相对电导率呈升—降—升的趋势。而白蜡、海州常山、大叶女贞、法桐、连翘、凌霄的相对电导率呈先降低后升高的趋势。只有紫薇和爬山虎的相对电导率，随着胁迫时间的加长，是逐渐增加的。这说明随着盐胁迫时间的延长，对植物细胞膜的伤害程度逐渐加大，只是增加的幅度不同。

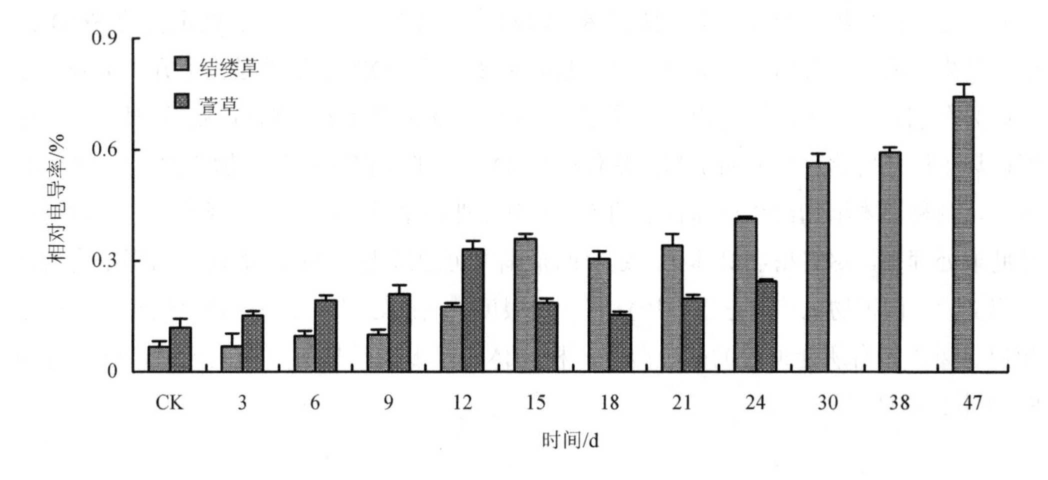

图 5-4-30　盐胁迫对 2 种草本相对电导率的影响

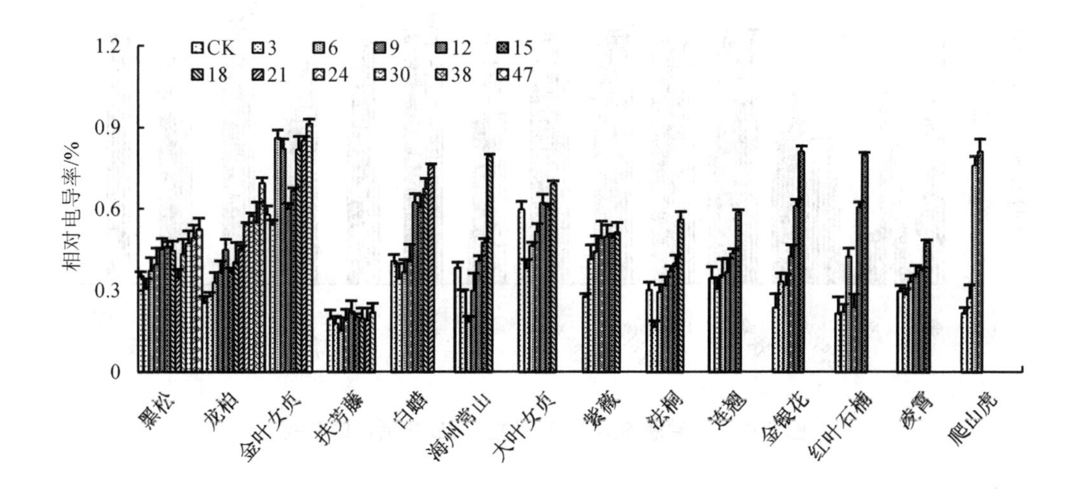

图 5-4-31　盐胁迫对 14 种植物相对电导率的影响

如图 5-4-30 所示，两种草本植物结缕草和萱草的相对电导率，都是随盐分胁迫时间的延长，先上升后下降再上升。经过多重比较分析表明，结缕草的相对电导率具有显著差异性，而萱草未达到显著差异性水平。在试验中采用相同盐处理下膜透性的增加程度可作为品种间抗盐性的一个鉴定指标，抗盐性越高，细胞膜越稳定。

（5）盐胁迫对植物 SOD 含量的影响

SOD 又叫超氧化物歧化酶。当植物受到盐分胁迫时，体内会有大量 O_2 产生，从而对作物细胞造成伤害，而超氧物歧化酶（SOD）就是作物体内 O_2 消除伤害的保护酶之一。SOD 是作物细胞内普遍存在的一类金属酶，可催化 O_2 发生歧化反应生成 O_2 和 H_2O_2SOD 含量的下降会使植物体内自由基的含量上升使植物衰老速度加快，进而引起植物死亡。

如图 5-4-32 所示，黑松、大叶女贞、法桐、连翘的 SOD 总活性是先上升后下降再上升的趋势；龙柏、金叶女贞、扶芳藤、白蜡、海州常山、金银花、爬山虎的 SOD 总活性是先下降再上升后又下降的趋势。紫薇和凌霄的 SOD 总活性是先上升再下降。这是因为在刚开始胁迫时植物为了消除这种胁迫 SOD 活性上升，随后胁迫的时间延长逐渐破坏了植物的这种功能而引起植物体内 SOD 含量的下降进而使植物死亡。如图 5-4-33 所示，两种草本植物结缕草和萱草的 SOD 总活性都呈升—降—升—降的趋势。说明在盐胁迫处理下，尽管植物机体在一定时间范围内可通过提高 SOD 的活性增强植物机体的忍受力，但植物机体的忍受力毕竟有一定限度，在该处理浓度下活性氧的积累水平已超出了树木本身所能调控的阈值范围，植物体内过多的活性氧自由基无法清除，导致 SOD 本身活性下降。

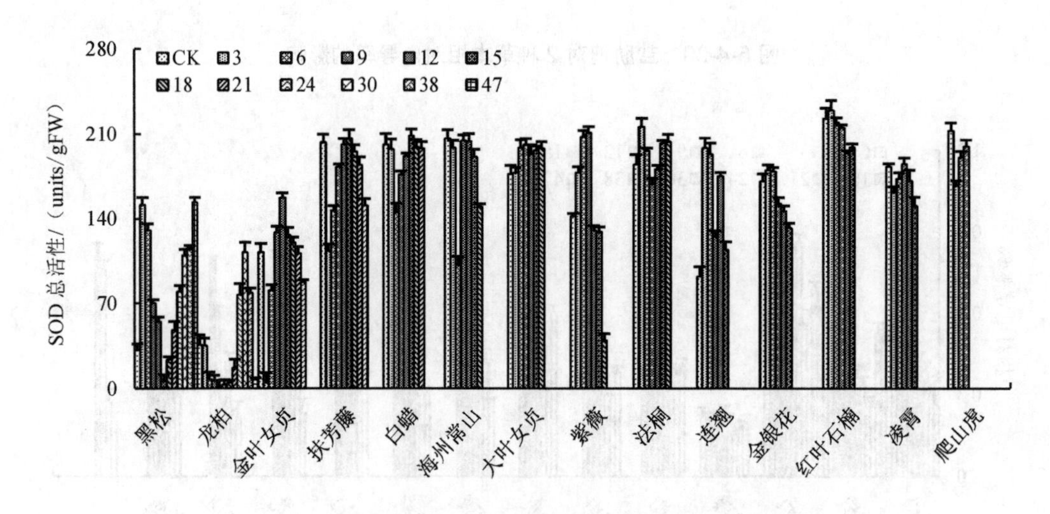

图 5-4-32　盐胁迫对 14 种植物 SOD 总活性的影响

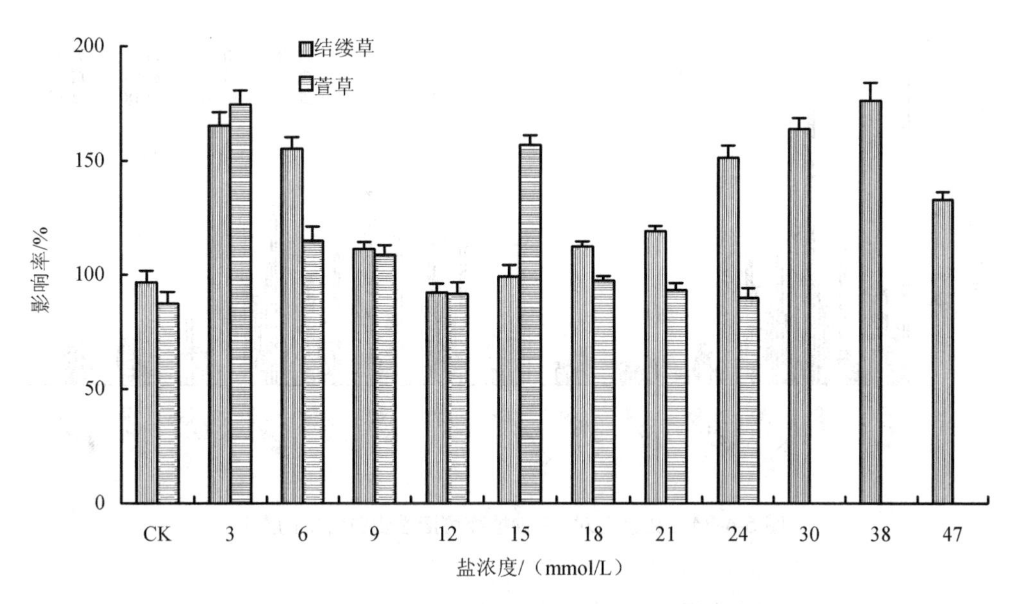

图 5-4-33　盐胁迫对 2 种草本 SOD 总活性的影响

（6）盐胁迫对植物可溶性蛋白的影响

可溶性蛋白有储藏蛋白、清蛋白、球蛋白等。可溶性蛋白作为植物在逆境条件下的测定指标在盐分胁迫使其含量发生变化，可溶性蛋白作为大分子物质可以对水势进行调节从而使植物在逆境中更好的生存。

植物在逆境条件下通过增加可溶性蛋白的合成，直接参与其适应逆境的过程。李妮亚等研究表明，在多种逆境（干旱、盐分、污染物、病菌侵染等）胁迫下，植物体内正常的蛋白质合成常会受到抑制，如玉米、小麦花药胚性愈伤组织等，但是往往会有一些被诱导出的新蛋白出现或原有蛋白质含量的明显增加。如图 5-4-34 所示，对 14 树种盐胁迫下可溶性蛋白含量分析显示，黑松、龙柏、金叶女贞、白蜡、紫薇、法桐、连翘的可溶性蛋白含量变化是先降后升再降又升；金银花是先降低后升高；凌霄是先降低后升高再降低；红叶石楠是呈升—降—升—降的趋势。而扶芳藤、海州常山、大叶女贞、爬山虎可溶性蛋白含量则是先升再降又上升的趋势。这是因为在胁迫初期，植物为了适应环境要增加自身的水势这就造成了可溶性蛋白的含量的增加，一段时间的胁迫使植物的调节系统失灵而使植物体内可溶性蛋白的含量减少。最终，植物体内的蛋白质遭到分解而使植物体内的可溶性蛋白的含量又开始增加直到植物死亡。

经过多重比较分析表明，扶芳藤、白蜡、海州常山、凌霄、爬山虎的可溶性蛋白含量未达到了显著差异性水平，剩余树种均达到显著差异性水平。

如图 5-4-33 所示，两种草本植物结缕草和萱草的可溶性蛋白含量均呈先降后升再降又升的趋势。经方差分析表明，两种草本植物均达到显著差异性水平。

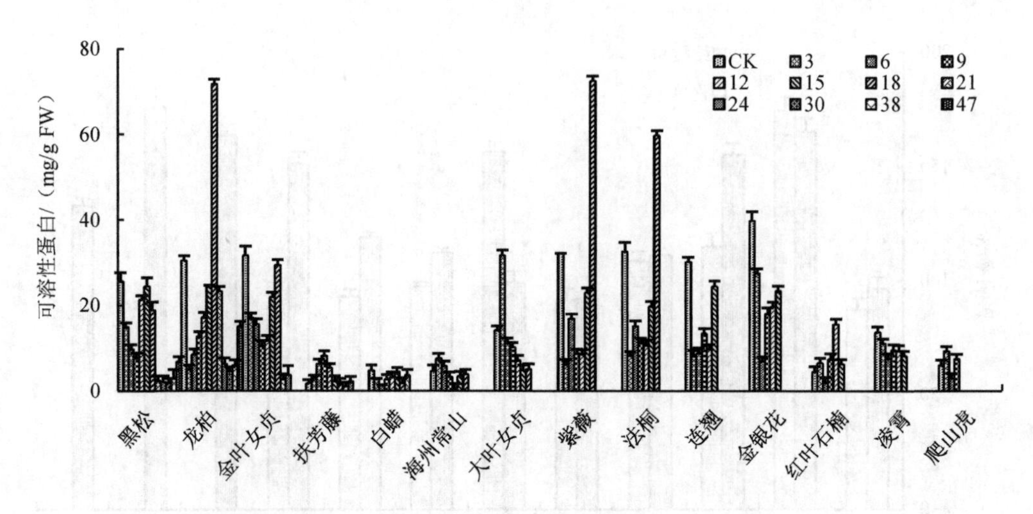

图 5-4-34 盐胁迫对 14 种植物可溶性蛋白含量的影响

（7）盐胁迫对植物脯氨酸含量的影响

脯氨酸在植物体内具有重要的作用，它是植物进行渗透调节的主要物质。植物渗透调节的变化反映了植物在不断地适应环境，如果植物渗透调节超过了植物本身的最大限度植物就会死亡。在盐分胁迫下植物要吸水就必须增加自身的水势，这就需要植物增加渗透调节物质也就是脯氨酸的含量要增加。而脯氨酸在随后几天内的减少说明了植物的渗透调节已经遭到了破坏植物面临死亡。

许多抗盐研究中认为，盐胁迫下过量无机离子的进入干扰了细胞内正常 N 代谢（图 5-4-36），尤其是脯氨酸和甜菜碱的生物合成被明显激活。盐胁迫刺激了脯氨酸的合成，这在许多试验中得到证明。脯氨酸在适应盐胁迫过程中起渗透调节作用。盐胁迫下 14 种植物脯氨酸含量均显示出明显变化，说明脯氨酸的合成是非盐生植物对盐胁迫反应的一个普遍性意义的生理反应（图 5-4-35）。

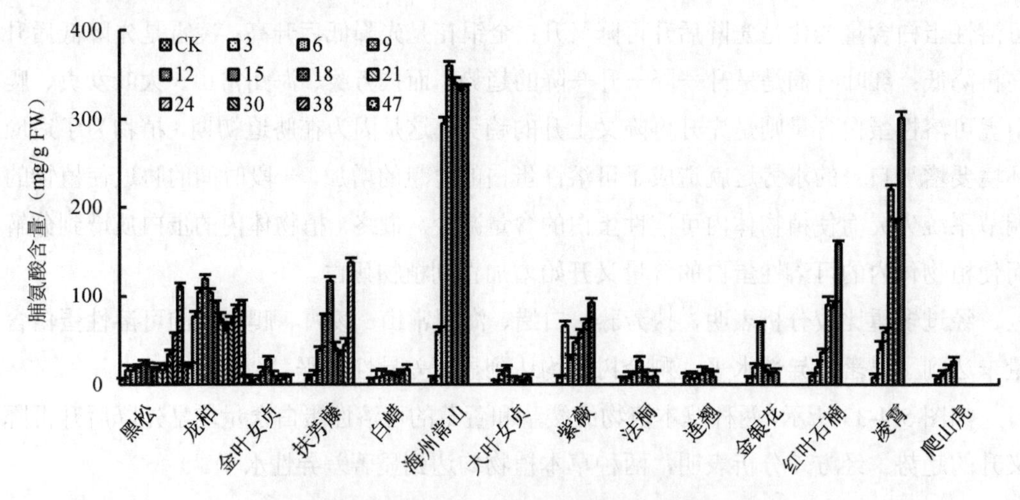

图 5-4-35 盐胁迫对 14 种植物脯氨酸含量的影响

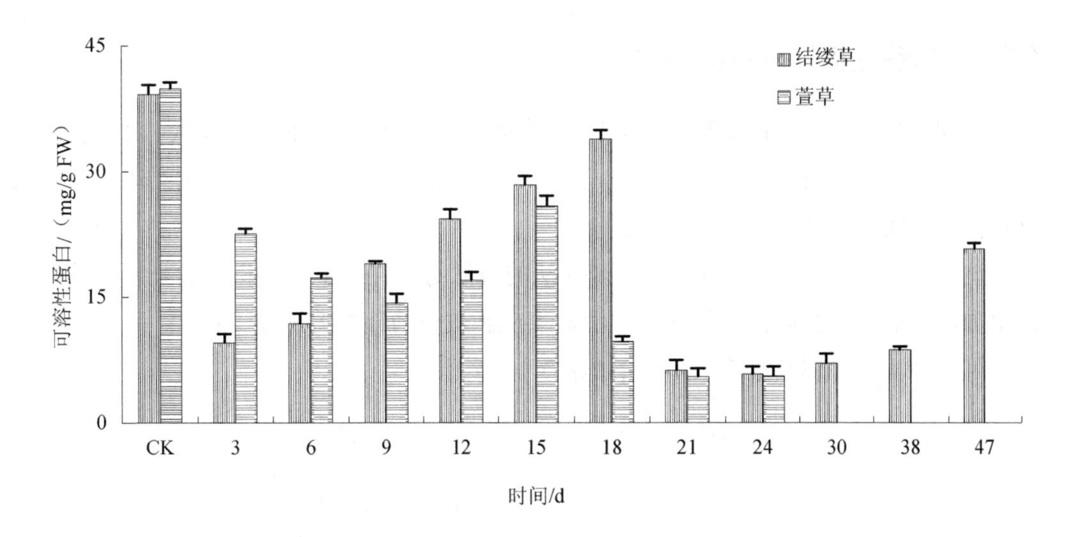

图 5-4-36 盐胁迫对两种草本可溶性蛋白含量的影响

如图 5-4-35 所示，黑松、扶芳藤、白蜡、海州常山、大叶女贞、紫薇、法桐、金银花、红叶石楠、凌霄的脯氨酸含量随胁迫时间的延长先上升后下降再上升；龙柏和金叶女贞的脯氨酸含量随胁迫时间的延长先降后升再降又升；连翘的脯氨酸含量随胁迫时间的延长先降后升又降；爬山虎则是一直上升的趋势。说明在盐分胁迫下植物要吸水就必须增加自身的水势，这就需要植物增加渗透调节物质也就是脯氨酸的含量要增加，并且在同样盐胁迫条件下积累的脯氨酸相对量可以较好地反映树种间受害程度的轻重，脯氨酸相对积累量越多，其耐盐性越小。

如图 5-4-37 所示，两种草本植物结缕草和萱草的脯氨酸含量随胁迫时间的延长均呈先降后升再降又升的趋势。方差分析表明：在盐分胁迫下，结缕草的脯氨酸含量达到显著差异性水平，而萱草未达到显著差异性水平。

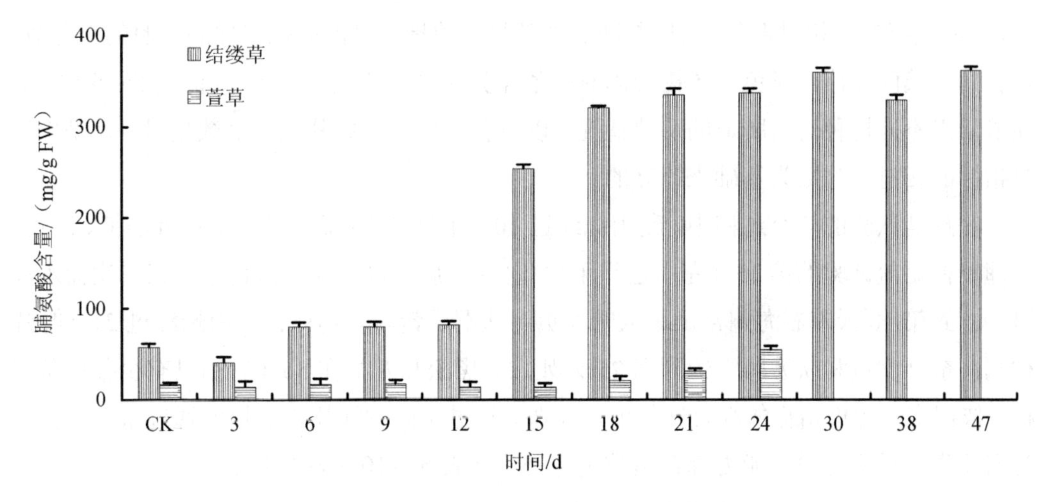

图 5-4-37 盐胁迫对两种草本脯氨酸含量的影响

4.2.4 耐盐性指标的综合评价

植物的耐盐形式是由多种因素共同作用构成的一个较复杂的综合性状。将隶属函数评判法应用到树种耐盐性综合评价中，能克服单个指标的片面性，使评定结果较全面地反映树种的实际耐盐能力。

这种方法采用Fuzzy数学中隶属函数法的方法对树种各个耐盐指标的隶属函数值进行累加，求取平均数以评定耐盐性。耐盐隶属函数值的计算方法如下：

用于分析的隶属函数值[X_1，X_2]计算方程为：

$$X_1 = (X - X_{min}) / (X_{max} - X_{min})$$

$$X_2 = 1 - (X - X_{min}) / (X_{max} - X_{min})$$

其中，X为各测定树种某一指标的测定值；X_{max}为所有测定树种该指标的最大值；X_{min}为所有测定树种该指标的最小值。若所测指标与树种的抗旱性呈正相关，则采用上式计算隶属值，反之用下式，求各耐盐指标隶属函数值的平均值（△）。

耐盐性隶属函数法是一种较好的耐盐性综合评价方法，其△值越大，耐盐性越强，如果配合恰当的耐盐指标，就能较为准确地评定树种或品种间耐盐性的强弱。我们测定了在盐胁迫条件下各参试树种的多个生理生化指标，这些都与树种的耐盐性有关，但不同树种对某一具体指标的耐盐性反应不一定相同，只有用所有指标综合评价树种的耐盐性，才能使单个指标评价耐盐性的片面性得到弥补，从而较为全面准确地评价不同树种耐盐性的强弱。我们采用模糊数学中隶属函数的方法，选用与树种耐盐性关系密切，数据完整的所测指标中的五个生理生化指标：叶绿素、相对电导率、SOD、可溶性蛋白、脯氨酸对16种植物的耐盐性分别进行综合评价。

通过隶属函数综合值分析评价树种的耐盐性，能较准确地反映出树种间耐盐性差异，以所测指标的相对百分数（以盐胁迫处理材料的指标值占同批取样的对照的百分数）计算其隶属函数值，避免了各树种因对照值差异而产生的误差。各指标的相对变化量，能显示出不同树种对盐胁迫的反映情况，以下各指标在计算其隶属函数指时，都是以所测指标的相对百分数为基础来计算的。

在耐盐试验的整个过程中，爬山虎经过10 d干枯死亡；而金银花、红叶石楠、凌霄、连翘也在耐盐试验的第15 d左右已经干枯死亡；然后对剩余9种植物进行第二次盐水灌溉，直到第18天左右海州常山、大叶女贞、法桐、紫薇萎蔫死亡；白蜡经过21 d叶片枯竭；金叶女贞和扶芳藤大约到第25天死亡。黑松和龙柏在50 d后仍只有少数枝条干枯。依据多个评价指标的综合评价值，分别对经过不同时间死亡的植物通过求平均值作为耐盐生理反应与适应能力综合指数进行评价（表5-4-10～表5-4-13）。

表 5-4-10 4 种植物耐盐生理反应的综合评价（15 d）

品种	叶绿素	相对电导率	SOD	可溶性蛋白	脯氨酸	综合	耐盐能力排序
连翘	0.154 4	0.563 8	0.264 1	0.433 9	0.861 7	0.455 6	4
金银花	0.525 5	0.694 6	0.252 7	0.056 2	0.759 0	0.457 6	3
红叶石楠	0.061 7	0.490 7	1	0.931 8	0.465 1	0.589 9	1
凌霄	1	0.522 9	0.385 9	0.733 8	0.243 2	0.577 1	2

表 5-4-11 4 种植物耐盐生理反应的综合评价（18 d）

品种	叶绿素	相对电导率	SOD	可溶性蛋白	脯氨酸	综合	耐盐能力排序
海州常山	0.374 5	0.340 6	0.698 9	0.992 0	0.124 7	0.506 1	2
大叶女贞	0.854 9	0.929 6	0.708 7	0.511 4	0.986 0	0.798 1	1
紫薇	0.206 1	0.542 3	0.286 0	0.218 0	0.601 2	0.370 7	4
法桐	0.437 9	0.104 1	0.747 9	0.204 6	0.877 6	0.474 4	3

表 5-4-12 2 种植物耐盐生理反应的综合评价（25 d）

品种	叶绿素	相对电导率	SOD	可溶性蛋白	脯氨酸	综合	耐盐能力排序
金叶女贞	0	1	0	0	0.888 9	0.377 8	2
扶芳藤	1	0	1	1	0.111 1	0.622 2	1

表 5-4-13 2 种植物耐盐生理反应的综合评价（50 d）

品种	叶绿素	相对电导率	SOD	可溶性蛋白	脯氨酸	综合	耐盐能力排序
黑松	0	0.583 3	0.833 3	0.750 0	0.916 7	0.616 7	1
龙柏	1	0.416 7	0.166 7	0.250 0	0.083 3	0.383 3	2

14 种木本植物耐盐能力从高到低的排序为：黑松、白蜡、龙柏、扶芳藤、金叶女贞、大叶女贞、海州常山、法桐、紫薇、红叶石楠、凌霄、金银花、连翘、爬山虎。两种草本植物的耐盐能力是结缕草＞萱草。这个试验结果与树种对盐分胁迫的生理反应与适应能力是基本一致的。

4.2.5 小结

在耐盐试验中，14 种木本植物耐盐能力从高到低的排序为：黑松、龙柏、扶芳藤、金叶女贞、白蜡、大叶女贞、海州常山、法桐、紫薇、红叶石楠、凌霄、金银花、连翘、爬山虎。两种草本植物的耐盐能力是结缕草＞萱草。

5 不同立地类型海防林典型林分群落结构优化技术

5.1 滨海盐碱地树种混交对海防林群落特征的影响

5.1.1 混交林树种光合特性

5.1.1.1 研究区概况

研究区域位于东营市河口区，地理坐标为东经 118°30′57.7″，北纬 37°49′18.8″，年平均气温为 13.2℃，年平均地温为 15.0℃，年平均日照时数 2 800.8 小时，全年平均无霜期为 234 天，冻土期 44 天。河口区临河濒海，三面环水，东、北两面为大海环绕，南临黄河。土壤为冲积性黄土母质在海浸母质上沉积而成，机械组成以粉沙为主，沙黏相间，经过长期的物理、化学和生物的作用，形成以潮土和盐土为主的土壤类型。

5.1.1.2 试验材料

林地由桑树、刺槐、白蜡、苦楝、杨树和国槐行状混栽而成，配置比例为 1∶2∶1∶1∶2∶3，树龄为三年生，郁闭度 0.3，株数密度 1650 株/hm^2。混栽模式为 3×4 m，内共栽植树木 147 行，每行 5 棵，混交林林下植被包括 7 科 12 种，主要有牵牛（*Pharbitis nil*）、翅碱蓬（*Suaeda heteroptera*）、加拿大蓬（*Erigeron canadensis*）、苦荬菜（*Sonchus arvensis*）、灰菜（*Chenopodium album*）、马齿苋（*Portulaca oleracea*）和细叶芒草（*Decapterus macrosoma*）等。对每一棵树分别测量胸径、树高和冠幅，并记录。由于树种是混栽模式，每种树木的数量不等，因此将每棵树的树高、胸径及冠幅测量后，同一树种求平均数，林地基本情况见表 5-5-1。

表 5-5-1 林地基本概况数据

项目	桑树	刺槐	白蜡	苦楝	杨树	国槐
平均树高/m	3.64	2.81	3.24	2.96	4.31	2.76
平均胸径/cm	4.06	3.65	4.53	4.22	4.82	3.98
平均冠幅/m	4.37	3.61	4.28	3.82	4.62	3.73

5.1.1.3　研究方法

采用英国 PP- systems 公司生产的 CIRAS- 1 型便携式光合测定系统测定不同树种的光合速率（P_n）、蒸腾速率（T_r）、气孔导度（G_s）等光合特性指标的日变化。选择强光、无云、微风，平均气温 24℃左右的天气，从每个树种中选出一棵，折取树冠中部生长良好，日照充足，无病虫害的健康枝条离体测定，仪器夹取的叶片要求是成熟叶片、完整并充分接触阳光。每天从 8：00 至 16：00，每隔 2 小时测定 1 次，连续测定 3 天，同一树种不同日期的同一时间取平均值。

5.1.1.4　不同树种光合日进程的比较

（1）光合速率比较

不同树种全天的光合速率波动各异（图 5-5-1）。杨树、国槐的光合日变化成双峰曲线，峰值都出现在 10：00 和 14：00，12：00 时光合速率下降，午休现象明显。其余四种呈单峰曲线，峰值出现在 10：00，有午休现象，但午休时间较长，到 16：00 白蜡和刺槐光合速率才有所上升，而苦楝和桑树一直较低。总体来看，杨树光合速率值最高，平均为 14.7 μmol/（m^2·s），最高值为 20.8μmol/（m^2·s），最低值为 15μmol/（m^2·s），早晨 8：00 光合速率比 16：00 高出 41%；其次是国槐平均光合速率为 14.06 μmol/（m^2·s），最高光合速率出现在 14：00，最高值为 18.7 μmol/（m^2·s），最低值仅为 6.1 μmol/（m^2·s），且 16：00 高于 8：00 的光合速率；而桑树、刺槐、白蜡和苦楝相对较低，桑树最高值出现在上午 10：00，值为 11.2 μmol/（m^2·s），自 10：00 后光合速率一直下降，最低值出现在 16：00，值为 4.8 μmol/（m^2·s），相较于最高值降低了 57%，全天平均值为 7.7 μmol/（m^2·s）；苦楝最高值出现在上午 10：00，值为 12.6 μmol/（m^2·s），日变化同桑树的曲线，最低值出现在 16：00，值为 5.1 μmol/（m^2·s），平均值为 9.4 μmol/（m^2·s）；白蜡与刺槐光合速率曲线都是在 16：00 的时候突然上升，白蜡的光合速率最高值出现在 10：00，11.6 μmol/（m^2·s），14：00 最低，0.7 μmol/（m^2·s），全天平均为 7.02 μmol/（m^2·s）；刺槐的全天平均值最低，仅为 6.06 μmol/（m^2·s），最高值 9.1 μmol/（m^2·s），出现在 10：00，在 14：00 达到最低值，为 3.1 μmol/（m^2·s）。呈现上述曲线的原因是林地濒临沟渠，全年水分较充足，杨树耐轻微水涝，其他树种抗涝能力较差；白蜡与刺槐等午休时间较长，16：00 光合速率上升，苦楝与桑树则是从 10：00 后一直下降，这与光合测定的时间、叶片构造、外界环境等因素有关。

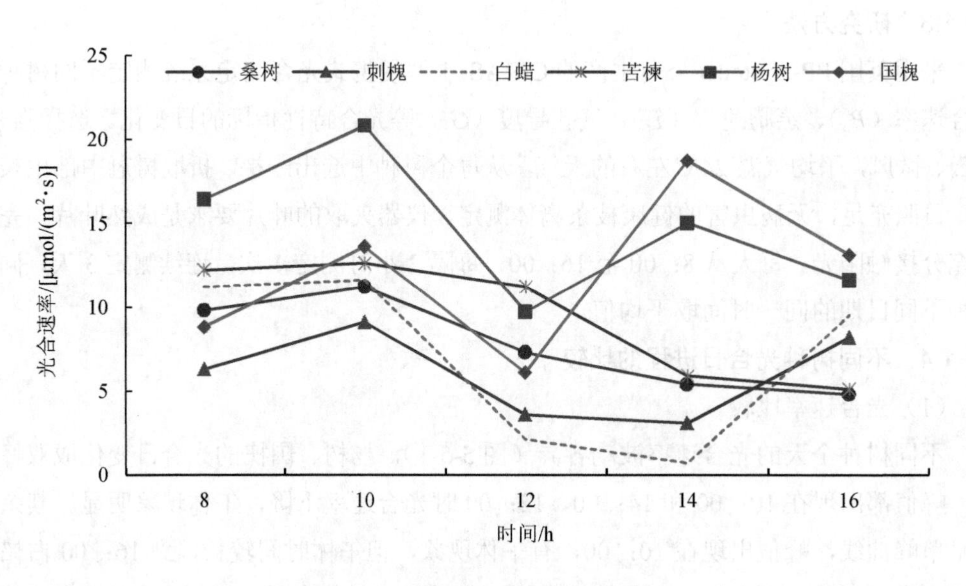

图 5-5-1 不同树种光合速率日变化

（2）蒸腾速率比较

蒸腾速率的日变化趋势因树种的不同而各异（图 5-5-2），峰值大部分出现在 10：00 和 14：00 左右，而且上午的蒸腾速率高于下午的。杨树的蒸腾速率最高，平均为 4.13 mmol/（m^2·s），8：00 出现最高值，为 4.95 mmol/（m^2·s），最低值为 2.95 mmol/（m^2·s），出现在 16：00，这期间蒸腾速率一直是下降的，8：00 蒸腾速率比 16：00 高出 4%；国槐平均在 3.03 mmol/（m^2·s），最高出现在 14：00，值为 3.87 mmol/（m^2·s），最低值仅为 1.99 mmol/（m^2·s），且 8：00 蒸腾速率高于的 16：00 的蒸腾速率，呈单峰曲线；苦楝蒸腾速率最低，日变化平均值为 2.01 mmol/（m^2·s），最高值出现在 10：00，值为 2.6 mmol/（m^2·s），最低值出现在 16：00，值为 1.6 mmol/（m^2·s），为单峰曲线；桑树平均值仅为 2.49 mmol/（m^2·s），最高值出现在 14：00，值为 3.67 mmol/（m^2·s），最低值出现在 12：00，值为 0.42 mmol/（m^2·s），相较于最高值降低了 89%，呈现规律的双峰曲线；白蜡与刺槐蒸腾速率曲线都是在 16：00 的时候突然上升，白蜡的蒸腾速率全天平均值为 2.36 mmol/（m^2·s），最高值出现 10：00，4.11 mmol/（m^2·s），12：00 最低，0.8 mmol/（m^2·s）；刺槐蒸腾速率平均值为 3.22 mmol/（m^2·s），仅次于杨树，最高值 4.78 mmol/（m^2·s），出现在 16：00，在 12：00 达到最低值，为 1.1 mmol/（m^2·s）。除杨树一直下降以外，蒸腾速率的变化大部分出现峰值，这与气孔导度、光合有效辐射有关，同时还受到盐碱地立地因素及其他外界环境的影响。

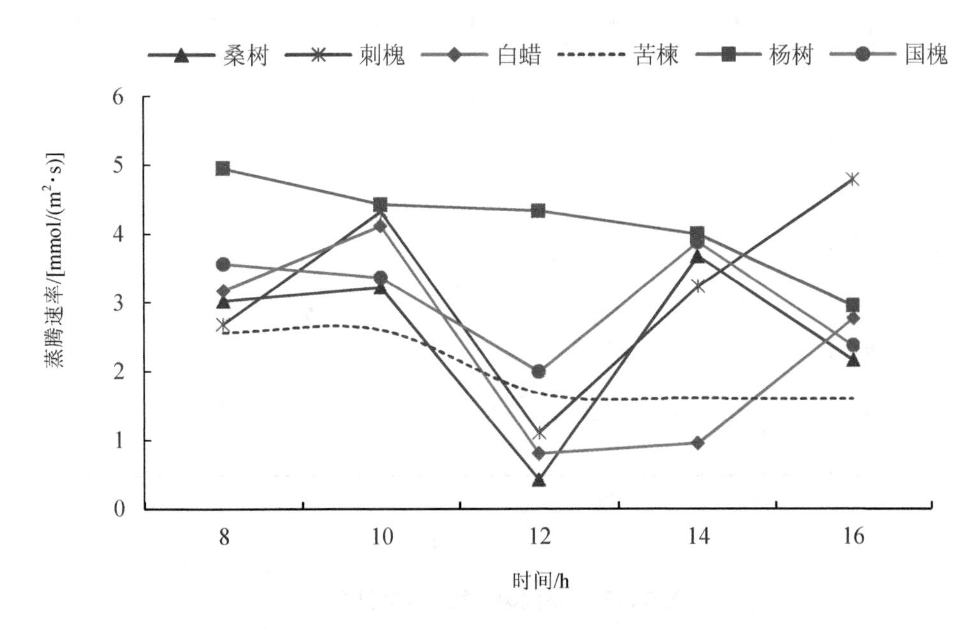

图 5-5-2　不同树种的蒸腾速率日变化

（3）气孔导度比较

总体来看，气孔导度的变化与蒸腾速率相似也呈现峰值曲线，峰值大部分在 10：00 或 14：00（图 5-5-3）。杨树的气孔导度最高，平均为 365.8 mmol/（m^2·s），最高值出现在 8：00，为 612 mmol/（m^2·s），然后气孔导度不断下降，最低值出现在 16：00，为 259 mmol/（m^2·s），比最高值下降了 74%；其次是刺槐平均为 215.2 mmol/（m^2·s），最高气孔导度出现在 16：00，值为 312 mmol/（m^2·s），最低值仅为 116 mmol/（m^2·s），10：00 出现峰值 274 mmol/（m^2·s），呈现单峰曲线；与刺槐曲线相似的为白蜡，它的气孔导度全天平均值为 151.2 mmol/（m^2·s），最高值出现 10：00，271 mmol/（m^2·s），14：00 最低，仅为 46 mmol/（m^2·s），呈现单峰曲线，16：00 气孔导度到达 136 mmol/（m^2·s）；国槐的气孔导度平均值为 203.2 mmol/（m^2·s），最高值 293 mmol/（m^2·s），出现在 8：00，一直下降在 14：00 达到另一个最大值，在 14：00 又上升为 244 mmol/（m^2·s），同样呈现出单峰曲线；苦楝的气孔导度平均值最低仅为 93.8 mmol/（m^2·s），从 8：00—10：00 下降，在 12：00 又上升，达到 109 mmol/（m^2·s），8：00 时出现最高值为 114 mmol/（m^2·s），最低值出现在 14：00，呈现单峰曲线；桑树气孔导度平均为 147 mmol/（m^2·s），最高值出现在 8：00，值为 206 mmol/（m^2·s），最低值出现在 16：00，值为 85 mmol/（m^2·s），呈现单峰曲线。

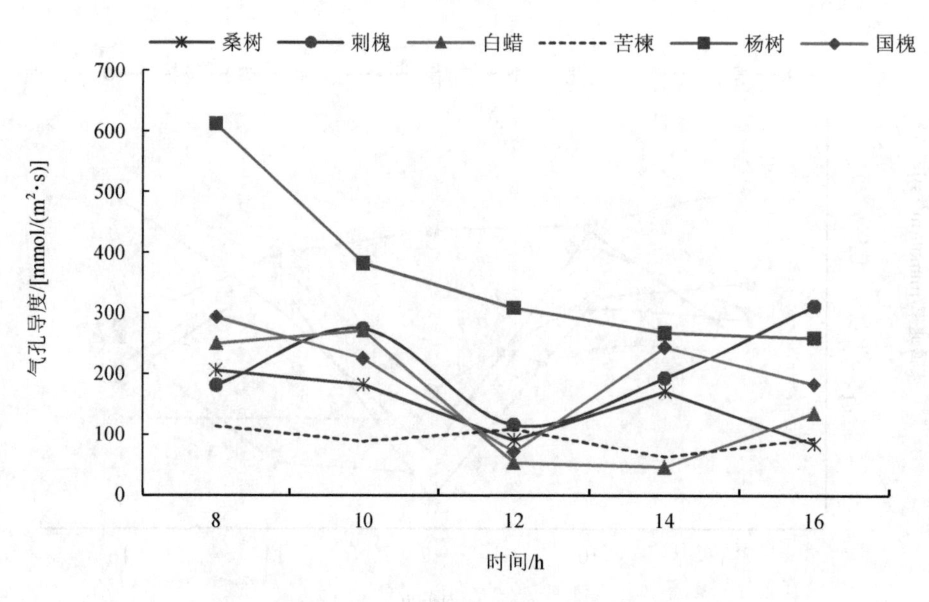

图 5-5-3　不同树种气孔导度日变化

（4）光合有效辐射比较

树种的光合有效辐射随着太阳辐射的增强迅速增加，一般在 10：00 或 14：00 左右有效辐射值达到最大（图 5-5-4）。总体来看，刺槐的光合有效辐射值最高，平均光合有效辐射为 1 533.8 μmol/（m^2·s），最高光合有效辐射出现在 16：00，值为 1 722 μmol/（m^2·s），最低值仅为 1 334 μmol/（m^2·s），全天光合有效辐射变化不大；其次是杨树，光合有效辐射平均值为 1 483 μmol/（m^2·s），呈现典型的双峰曲线，最高值 2 122 μmol/（m^2·s），出现在 10：00，在 16：00 达到最低值，为 502 μmol/（m^2·s）；国槐平均为 1 411.4 μmol/（m^2·s），最高值出现在 14：00 为 1 871 μmol/（m^2·s），最低值在 16：00 为 769 μmol/（m^2·s），呈现很明显的双峰曲线；桑树最高值出现在 10：00，值为 1 777 μmol/（m^2·s），最低值出现在 16：00，值为 1 175 μmol/（m^2·s），全天平均值为 1 448.6 μmol/（m^2·s），呈现单峰曲线；苦楝最高值也出现在 8：00，值为 1 752 μmol/（m^2·s），日变化同桑树的曲线，但另一个最高值出现在 14：00，为 1 462 μmol/（m^2·s），最低值出现在 16：00，值为 568 μmol/（m^2·s），平均值是 1 221.8 μmol/（m^2·s），为最低平均值；白蜡呈现单峰曲线，在 10：00 达到最大，为 1 656 μmol/（m^2·s），全天值变化平稳，平均值为 1 426.6 μmol/（m^2·s）。

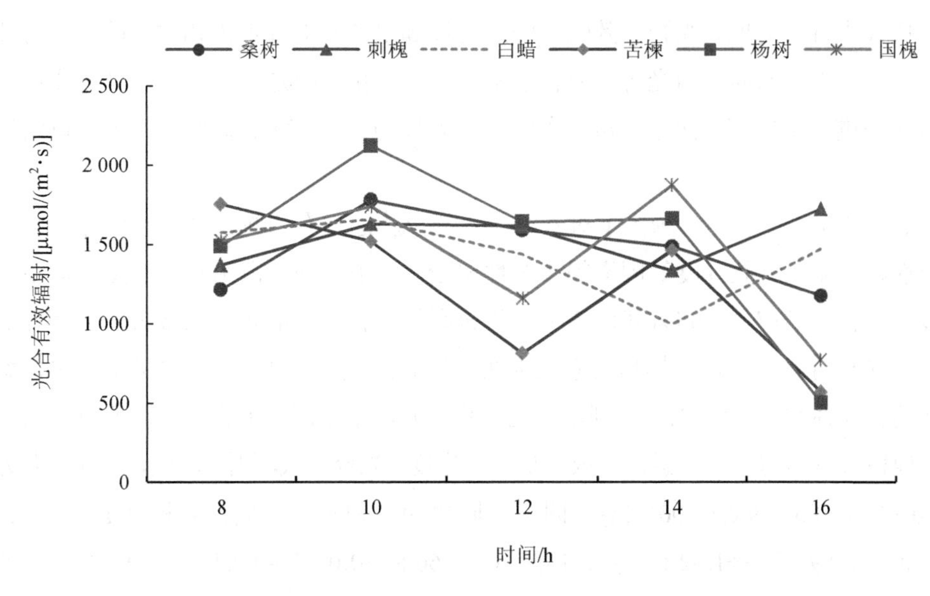

图 5-5-4　不同树种光合有效辐射日变化

5.1.1.5　光合日进程差异与树种的相关分析

树木的光合作用同时受多种环境因子的影响，其影响机理十分复杂。将光合作用与气孔导度、光合有效辐射、叶温等因子进行相关分析（表 5-5-2），发现白蜡的光合速率与气孔导度在 0.05 水平上相关性显著，其他树种平均相关系数也在 0.6 以上，与光合有效辐射相关系数多在 0.5 以上，与叶温呈负相关。对主要因子进行多元逐步回归，得到相似环境条件不同树种的回归方程，根据因子在方程中出现的次数和相关系数显著性检验，影响黄河三角洲盐碱地树种光合速率的主要生理生态因子依次是光合有效辐射、叶温、气孔导度，总体回归方程是$\hat{Y}=35.625\,7+0.011\,6X_1+0.004\,4X_2-1.157\,7X_3$。但不同树种存在差异，刺槐（$\hat{Y}=175.79-0.05X_1+0.03X_2-6.72X_3$）、白蜡（$\hat{Y}=197.36+0.04X_1-6.61X_3$）与苦楝（$\hat{Y}=-6.91+0.12X_1+0.01X_2$）主要影响因子是气孔导度；杨树（$\hat{Y}=65.28+0.01X_2-2.16X_3$）与国槐（$\hat{Y}=178.87-0.13X_1+0.03X_2-6.13X_3$）的光合有效辐射是光合速率的主因子；桑树（$\hat{Y}=86.12-2.52X_3$）则是叶温。

表 5-5-2　不同树种光合作用与其他因子的相关性

项目	桑树	刺槐	白蜡	苦楝	杨树	国槐
气孔导度	0.64	0.64	0.94*	0.61	0.44	0.48
光合有效辐射	0.61	0.56	0.83	0.50	0.60	0.46
叶温	−0.76	−0.73	−0.26	−0.64	−0.28	−0.33

注：*表示显著水平 $P<0.05$。

在白天大部分时间，光合有效辐射强度可以满足树种对光照的需求，此时光合速率主要受气孔导度的影响，当光合有效辐射不足时，气孔导度是否成为影响光合作用的主要因素还需进一步研究。而不同树种主因子的差异与树种有关，同时与季节、黄河三角洲特殊土质有关。

从表 5-5-3 可以看出多种因子对六种树木的蒸腾速率有影响。通过蒸腾作用与光合有效辐射、叶温、气孔导度等因素的相关性比较，发现刺槐、白蜡与国槐蒸腾速率与气孔导度相关性显著($P<0.05$)，其他树种蒸腾速率与气孔导度的相关系数大部分都在0.75以上；与光合有效辐射，平均相关系数也在 0.5 左右；蒸腾速率与叶温呈负相关，桑树和苦楝的相关系数在–0.7 以上。利用多元逐步回归，根据回归方程，发现影响黄河三角洲盐碱地树种蒸腾速率的因素排序依次是气孔导度、光合有效辐射、叶温，总体回归方程是 $\hat{Y}=0.433\,1+0.007\,9X_1+0.006\,2X_2$。同样不同树种主因子也不同，刺槐（$\hat{Y}=-2.53+2.22\,e^{-2}X_1-2.89\,e^{-3}X_2+1.82\,e^{-1}X_3$）、白蜡（$\hat{Y}=60.85+0.02X_1-0.01X_2-1.99X_3$）与杨树（$\hat{Y}=-2.14+0.01X_1+0.15X_3$）主要影响因子是气孔导度；苦楝（$\hat{Y}=4.08+0.01X_1+0.01X_2-0.15X_3$）与国槐（$\hat{Y}=3.56+0.02X_1+0.01X_2-0.11X_3$）是光合有效辐射；桑树（$\hat{Y}=52.85-0.01X_2-1.15X_3$）是叶温。随光合有效辐射增加，叶温增加，导致蒸腾速率增加，进而叶温又下降。

表 5-5-3 不同树种蒸腾作用与其他因子的相关性

项目	桑树	刺槐	白蜡	苦楝	杨树	国槐
气孔导度	0.78	0.98*	0.96*	0.37	0.77	0.89*
光合有效辐射	0.13	0.31	0.76	0.73	0.76	0.85
叶温	–0.75	–0.44	–0.24	–0.71	–0.15	–0.17

注：*表示显著水平 $P<0.05$。

5.1.1.6 不同树种光合特性分析

从表 5-5-4 可以看出，方差分析后，不同树种的光合特性差异较大，杨树和国槐的光合速率较高，它们在 0.05 水平上差异不显著，但杨树与其他四种树木达到显著水平（$P<0.05$），刺槐与国槐差异显著，其他四种树木差异不显著；刺槐、国槐与杨树的蒸腾速率差异不显著，但桑树、白蜡和苦楝与杨树差异显著，其他五种树木差异不显著；从光合有效辐射的变化来看，6 种树木差异不显著；杨树的气孔导度与其他 5 种树木差异显著，但其他 5 种树木差异不显著；杨树与桑树和苦楝的叶温差异达到显著水平，其他树种差异不显著。总体来看，在黄河三角洲盐碱地上，杨树、国槐与刺槐相较于其他树种差异较显著，原因有待进一步研究。

表 5-5-4　不同树种光合特性比较

树种	光合速率/[μmol/（m^2·s）]	蒸腾速率/[mmol/（m^2·s）]	光合有效辐射/[μmol/（m^2·s）]	气孔导度/[mmol/（m^2·s）]	叶温/℃
桑树	7.70±1.61bc	2.49±0.23b	1 448.6±114.40a	147±77.81b	30.46±0.58a
刺槐	6.06±2.16c	3.22±0.65ab	1 533.8±113.77a	185.5±47.79b	29.68±0.35ab
白蜡	7.02±1.93bc	2.36±0.33b	1 426.6±226.16a	148.2±15.72b	29.18±0.54ab
苦楝	9.40±2.33bc	2.01±0.36b	1 221.8±200.70a	95.2±43.44b	30.26±0.49a
杨树	14.70±1.23a	4.13±0.57a	1 483.0±76.69a	438.2±24.76a	28.2±0.87b
国槐	12.06±1.19ab	3.03±0.64ab	1 411.4±267.14a	220.4±25.78b	29.2±0.80ab

注：±后数据为标准误；同列中不同的英文字母表示光合特性不同指标差异显著（$P<0.05$）。

5.1.1.7　小结

6 种树木的光合特性日变化中杨树与国槐的光合速率较高，呈双峰曲线，光合速率峰值大部分出现在 10：00 和 14：00，同时受到不同树种叶片构造和环境因素的影响。杨树与刺槐的蒸腾速率、气孔导度和光合有效辐射值较高，峰值大部分在 10：00 或 14：00，除杨树和国槐光合有效辐射日变化及桑树的蒸腾速率日变化为双峰曲线，其余日变化多为单峰曲线。以上三指标单双峰曲线与光合速率联系密切。树木的光合特性同时受多种因子的影响，白蜡的光合速率与气孔导度的相关性在 0.05 水平上显著，影响 6 种树木光合速率的因子大小是光合有效辐射＞叶温＞气孔导度，不同树种主因子也存在差异，但气孔导度为主因子的树种较多。在光合速率、蒸腾速率等光合特性方面，杨树、刺槐和国槐与其他树种的差异较显著，这与立地条件及树种对于水分的调节能力有关，从而影响了长势，造成光合特性的差异。

5.1.2　混交林土壤质量变化

5.1.2.1　样地选择

本研究区在黄河三角洲所在区域山东省东营市河口区。在对盐碱地营造的混交林进行调查调查的基础上，东营市河口区选择 1 年、8 年和 22 年的混交林为研究对象并在相应的林分内设置样地。土样的采集是从样地内采用 10 m×10 m 的样方，从样方内分别取 0～20 cm、20～40 cm、40～60 cm 对角线的三处土样混合，并做三次重复，风干过筛，用于土壤化学性质与土壤酶活性的测定。

5.1.2.2　研究方法

土壤化学性质测定参照《土壤农业化学分析》和《土壤酶及其研究法（1986 版）》进行。选定的调查样地概况见表 5-5-5。

表 5-5-5 样地基本情况

林龄/a	混交树种	混交类型	密度/（株/hm²）	郁闭度	平均高度/m	平均胸径/cm
1	多树种混交	行状混交	1 650	0.14	3.12	4.26
8	旱柳、苦楝、白蜡	行状混交	1 320	0.57	7.64	13.19
22	白蜡、刺槐、榆树、臭椿、国槐	行状混交	1 320	0.87	8.60	17.77

注：多树种混交树种为旱柳、榆树、桑树、臭椿、白蜡、刺槐、构树、107 杨树、苦楝、国槐等。

5.1.2.3 混交对土壤有机质、全氮含量的影响

土壤有机质、全氮含量在表层土 0～20 cm 随着林龄的增长变化显著，8 年生混交林比 1 年生混交林变化显著，22 年生混交林比 1 年生、8 年生混交林变化显著，说明随着林龄的增长，土壤有机质含量的增长在表层土的变化只需较少的年限就可达到突变。中层土 20～40 cm、底层土 40～60 cm 的土壤有机质含量的变化趋势相同，1 年生、8 年生混交林的土壤有机质含量变化不显著，22 年生混交林比 1 年生、8 年生混交林的土壤有机质含量变化显著，说明随着林龄的增长，中底层土土壤有机质的变化需要较长的年限才可达到突变。

土壤全氮含量在中层土 20～40 cm 随着林龄的增长的变化表现为：8 年生、22 年生混交林比 1 年生混交林变化显著，但 8 年生混交林与 22 年生混交林的变化不显著，说明土壤全氮含量在混交林造林前期变化显著，而后期变化不明显；土壤全氮含量在中层土 40～60 cm 随着林龄的增长的变化表现为：1 年生混交林与 22 年生混交林的变化显著，而 8 年生混交林与 1 年生、22 年生混交林的变化不显著，说明土壤全氮含量在底层土的变化是一个长期的过程。

5.1.2.4 混交林土壤速效养分含量

混交林的生长可以使土壤种多种成分的含量提高。据表 5-5-5 显示，8 年生的混交林林地中各层土壤碱解氮、速效磷、速效钾含量均明显高于 1 年生混交林，22 年生混交林林地土层土壤碱解氮、速效磷、速效钾含量均明显高于 1 年生、8 年生的混交林。土壤中各种养分在垂直梯度上的变化也很明显，表现为林地土壤多种营养成分在表层土壤提高得更快。这表明，混交林随林龄的增加具有良好的增加土壤肥力的作用，这种作用在混交林林分表土层表现得更加明显。

5.1.2.5 混交林 pH 及土壤盐分含量变化

研究区各层土壤 pH 中 22 年生混交林普遍低于 1 年生、8 年生混交林，土壤表层土 0～20 cm 的 pH 变化显著，8 年生混交林土壤 pH 低于 1 年生混交林，22 年生混交林土壤 pH 低于 8 年生、1 年生混交林；土壤 pH 在中底层的变化不显著，说明随着林龄的增长，混交林降低土壤碱效果逐渐增加，尤其是表层土碱的含量降低最为显著，这反映出混交林随着年龄的增加具有良好的降低盐碱的效果。

表 5-5-6　不同林龄混交林土壤化学性质分析

土层	树龄	有机质/(g/kg)	速效氮/(mg/kg)	速效磷/(mg/kg)	速效钾/(mg/kg)	全氮/(g/kg)	pH	盐分/(g/kg)
0～20 cm	1 年	9.57±2.67c	40.67±3.55c	2.88±0.60c	72.33±5.09c	0.40±0.15c	7.67±0.15c	0.62±1.00c
	8 年	12.52±0.99b	49.17±4.73b	7.95±1.34b	125.36±14.78b	0.67±0.86b	7.57±0.12b	0.32±0.08b
	22 年	17.82±1.63a	67.7±12.25a	11.64±0.92a	167.43±22.92a	0.92±0.12a	7.30±0.10a	0.14±0.01a
20～40 cm	1 年	5.89±0.81b	31.15±7.37b	2.74±0.79b	75.55±6.86b	0.27±0.20b	7.70±0.10a	0.90±0.02c
	8 年	7.98±2.10b	27.8±3.75ab	6.29±1.9a	77.86±11.16a	0.49±0.17a	7.73±0.25a	0.35±0.04b
	22 年	11.01±0.62a	46.17±2.02a	5.29±2.28a	87.55±15.17a	0.56±0.87a	7.53±0.58a	0.18±0.02a
40～60 cm	1 年	4.24±0.87b	21.00±3.50b	1.73±0.8c	63.33±3.09b	0.25±0.95b	7.77±0.12b	1.32±0.53b
	8 年	6.96±2.32ab	29.1±5.35ab	5.21±1.17bc	86.31±4.85ab	0.38±0.87ab	7.70±0.1ab	0.39±0.02a
	22 年	9.22±0.52a	32.67±5.35a	7.81±0.31a	67.54±6.92a	0.51±0.30a	7.57±0.58a	0.22±0.004a

注：同列中不同英文字母表示差异显著（$P<0.05$）。

研究区各层土壤含盐量均较高，总体上盐分分布具有较强的表聚型。随着林龄的增长，土壤含盐量在表层土 0～20 cm 和中层 20～40 cm 变化显著，8 年生混交林比 1 年生混交林变化显著，22 年生混交林与 8 年生、1 年生的混交林变化显著；土壤含盐量在底层土 40～60 cm 的变化表现为 8 年生、22 年生混交林比 1 年生混交林变化显著，但 8 年生混交林与 22 年生混交林的变化不显著。这表明混交林提高了林地地面植被的覆盖度，由于植被根系的蒸腾作用，使深层土壤中的盐分不能直接随水分上升到表土层，有效地抑制了林地土壤表土层的返盐现象，因而显著地降低表层土壤盐分含量，再加上雨水和灌溉使土壤表土层盐分得到淋溶，达到土壤脱盐的效果。因此，表明混交林营造是抑制盐碱地土壤返盐退化的有效途径之一（表 5-5-6）。

5.1.2.6　不同树龄混交林土壤酶活性变化

由表 5-5-7 可以看出，不同林龄混交林的土壤酶活性普遍较低，表层土壤酶活性普遍较高，随着土层的加深，土壤的酶活性逐渐降低。随着林龄的增长，各层的土壤酶活性逐步提高。随着林龄的增长，3 种不同林龄的混交林的土壤表层 0～20 cm 的脲酶含量有显著性差异，中层 20～40 cm 的脲酶含量 1 年生混交林与 8 年生、22 年生的混交林有显著差异，而 8 年生与 22 年生的混交林没有显著性差异；底层 40～60 cm 的脲酶含量 1 年生与 22 年生的混交林差异显著，8 年生与 1 年生、22 年生混交林的脲酶含量差异不显著，说明脲酶含量需要较长的年限才能达到显著性差异。

表 5-5-7　不同林龄混交林土壤酶活性

土层	树龄	脲酶/（mg/g）	蛋白酶/（mg/g）	碱性磷酸酶/（mg/g）	过氧化氢酶/（ml/g/h）
0～20cm	1 年	0.15±0.05c	40.53±0.37c	1.91±0.19b	0.52±0.03c
	8 年	0.17±0.03b	41.47±0.33b	3.02±0.47a	1.74±0.13b
	22 年	0.28±0.08a	42.32±0.43a	3.99±0.44a	2.26±0.23a
20～40cm	1 年	0.15±0.05b	39.91±0.26b	1.64±0.24b	0.66±0.12b
	8 年	0.17±0.01a	40.70±0.22a	2.21±0.24ab	1.22±0.24b
	22 年	0.17±0.05a	41.27±0.35a	2.80±0.62a	1.87±0.16a
40～60cm	1 年	0.14±0.003b	40.53±0.37b	1.73±0.22a	0.34±0.06b
	8 年	0.15±0.06ab	41.47±0.33a	1.62±0.13a	1.46±0.09b
	22 年	0.16±0.06a	42.32±0.43a	1.90±0.45a	1.93±0.26a

注：同列中不同英文字母表示差异显著（$P<0.05$）。

蛋白酶的活性较为稳定，3 种不同林龄的混交林的土壤表层 0～20 cm 的蛋白酶含量有显著性差异，中层 20～40 cm 的蛋白酶含量 1 年生混交林与 8 年生、22 年生的混交林有显著差异，而 8 年生与 22 年生的混交林没有显著性差异，底层 40～60 cm 的蛋白酶含量 1 年生与 8 年生的混交林差异显著，8 年生与 22 年生混交林的蛋白酶含量差异不显著。这主要与表层微生物多，中底层微生物少有关，微生物的活动有助于蛋白酶的产生。

3 种不同林龄的混交林的土壤表层 0～20 cm 的碱性磷酸酶含量 1 年生与 8 年生、22 年生混交林有显著性差异，8 年生与 22 年生混交林没有显著性差异；中层 20～40 cm 的碱性磷酸酶含量变化规律，1 年生混交林与 22 年生的混交林有显著差异，而 8 年生与 1 年生、22 年生的混交林没有显著性差异；3 种不同林龄混交林在底层 40～60 cm 的碱性磷酸酶含量没有差异显著。

过氧化氢酶含量在 3 种不同林龄的混交林的土壤表层 0～20 cm 的有显著性差异，中层 20～40 cm 与底层 40～60 cm 的过氧化氢酶含量变化规律相同，1 年生、8 年生与 22 年生的混交林有显著差异，而 1 年生与 8 年生的混交林没有显著性差异。说明随着林龄的增长，有机质的积累有助于过氧化氢酶含量的增加，尤其是对表层过氧化氢酶的作用更强。

5.1.2.7　结论

在所研究的不同林龄的混交林中，除速效钾外，其他的营养元素均较低。各土层土壤有机质、全氮、碱解氮、速效钾及速效磷含量基本都随着混交林林龄的增长而积累，而各土层土壤 pH、含盐量都随着混交林林龄的增长而递减。各种养分在土壤垂直梯度上的变化更为明显，表层土 0～20 cm 的土壤有机质、全氮、碱解氮、速效钾及速效磷含量基本上都高于中层土 20～40 cm 和底层土 40～60 cm，而表层土 0～20 cm 的土壤 pH、含盐量基本上都高于中层土 20～40 cm 和底层土 40～60 cm。说明混交林随着林龄的增长可以增加土壤养分和改善土壤盐碱状况。

不同林龄混交林的土壤酶活性普遍较低。在垂直方向上表层土壤酶活性较高，随着土层的加深，土壤的酶活性逐渐降低。随着林龄的增长，各层的土壤酶活性逐步提高、碱性磷酸酶、脲酶和过氧化氢酶活性均有不同程度的增加，表层土的土壤酶活性增加更为明显。混交林林地土壤酶活性的增强也使土壤有机质的转化能力、土壤磷素和氮素的供应能力得到加强。随着混交林林龄的增加，通过根系的生长、凋落物的积累和分解等一系列生态过程，明显地改善了混交林的土壤环境。

5.1.3　混交林土壤盐分空间异质性

5.1.3.1　研究区概况及研究方法

研究区域位于东营市河口区海宁路南端路口，地理坐标为东经 118°30′，北纬 37°49′。年平均气温为 13.2℃，年平均地温为 15.0℃，年平均日照时数 2 800.8 小时，全年平均无霜期为 234 天，冻土期 44 天。土壤为冲积性黄土母质在海浸母质上沉积而成，机械组成以粉沙为主，沙黏相间，经过长期的物理、化学和生物的作用，形成以潮土和盐土为主的土壤类型。混交林有 11 个树种，分别是桑树、刺槐、白蜡、苦楝、杨树、国槐、榆树、构树、竹柳、香花槐、柽柳。树龄 3 年，混交方式有行状混交和带状混交，株行距为 3×4 m。在造林前采取台田整地的方法对土地进行了平整，并利用淡水对土壤中的盐分进行了多次淋洗。

在春季 5 月 10 日和秋季 9 月 10 日用美国 2265FS 型电导率测定仪对混交林地土壤 0～15 cm 和 15～30 cm 处的土壤盐分进行了测定。东西方向间隔距离 1 m，南北方向间隔距离 2 m（图 5-5-5）。数据用实验数据用地统计学软件包 GS+进行半方差的计算与半方差图的绘制和插值。

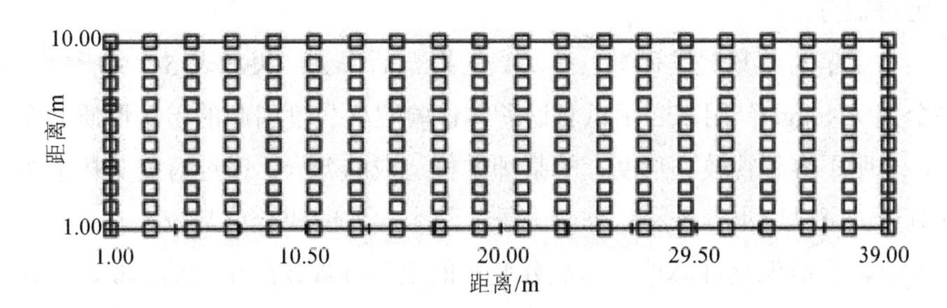

图 5-5-5　土壤采样样点分布

5.1.3.2 土壤盐分含量统计特征分析

对混交林地土壤盐分在春季和秋季分两层（0～15 cm，15～30 cm）的测定值进行经典统计分析，统计特征如表 5-5-8 所示。从表 5-5-8 可以看出，土壤盐分含量平均值在春季和秋季有明显的差异。春季上层土壤盐分电导度为 2.16 mS/cm，下层为 1.94 mS/cm，而秋季上下层土壤盐分分别为 1.43 mS/cm 和 1.65 mS/cm，显示不论是上层还是下层春季盐分均大于秋季。从盐分的变幅来看，春季土壤上层盐分在 5.18～1.12 mS/cm之间变化，最大值是最小值的4.7倍，变化幅度为4.08。土壤下层盐分在0.83～3.72 mS/cm之间变化，最大值是最小值的4.6倍，变化幅度为2.89。秋季土壤盐分在0.41～2.91 mS/cm之间变化，最大值是最小值的7.1倍，变化幅度为2.50。下层土壤盐分在0.62～3.05 mS/cm 之间变化，最大值是最小值的 4.9 倍，变化幅度为 2.43。从变异系数来看，春季土壤盐分变异系数较大，而秋季则较小。从总的情况来看，春季土壤盐分均值、最大值和最小值均高于秋季。春季土壤上层盐分高于下层盐分，而秋季正好相反，土壤下层盐分高于上层盐分。造成这种情况的原因可能和黄河三角洲地区的气候有关系。该地区春季非常干旱，地面返盐现象严重，造成地表土壤盐分含量高，给春季造林幼苗造成危害。而秋季在该地区降雨较多，随着雨水的淋洗，土壤表层盐分会下降，也会影响到下层土壤盐分。在经典统计学中，变异系数仅仅能从统计学的角度描述这些土壤特性的变化程度，不能反映这些土壤特性在空间上的分布格局与空间异质性尺度，从而需要用地统计学的方法进一步揭示其规律性。

表 5-5-8 混交林土壤盐分含量统计特征值

时间	土壤深度/cm	均值	标准差	方差	最小值	最大值	变异系数	样本量
5 月 10 日	0～15	2.16	0.69	0.48	1.12	5.18	0.32	200
	15～30	1.94	0.68	0.46	0.83	3.72	0.35	200
9 月 10 日	0～15	1.43	0.34	0.29	0.41	2.91	0.23	200
	15～30	1.65	0.40	0.16	0.62	3.05	0.27	200

5.1.3.3 土壤盐分空间

对混交林土壤盐分数据进行半方差函数的拟合后得到结果如表 5-5-9 所示。在地统计学中块金值（Nugget）用来表示试验误差和试验取样尺度引起的土壤性质的变异。块金值越大，表明不容忽视较小尺度上的某种过程造成的变异。通过对混交林土壤盐分空间变异性分析，可以看出春季和秋季两个季节两个层次的块金值都较小，说明在该试验的取样尺度下，影响混交林林地土壤盐分变异的土壤过程作用都较弱。块金值用 Co 表示：也叫块金方差，反映的是最小抽样尺度以下变量的变异性及测量误差。理论上当采样点的距离为 0 时，半变异函数值应为 0，但由于存在测量误差和空间变异，使得两采样点非常接近时，它们的半变异函数值不为 0，即存在块金值。测量误差是仪器内在误差引起的，空间变异是自然现象在一定空间范围内的变化。它们任意一方或两者共同作用产生了块金值。是由实验误差和小于实际取样尺度引起的变异，表示随机部分的空间异质性。块金值与基台值的比值用 C_0/（C_0+C）表示：为空间相关度，表示可度量空间自相关的变异所占的比例，表明系统变量的空间相关性的程度。如果比值＜25%，说明系统具有强烈的空间相关性：如果比例在 25%～75%，表明系统具有中等的空间相关性；若＞75%说明系统空间相关性很弱。块金值与基台值的比值表示随机部分引起的空间异质性占系统总变异的比例。如果该比值高，说明样本间的变异更多的是由随机因素引起的。

表 5-5-9　不同季节不同层次土壤盐分空间变异特征值

时间	土壤深度/cm	模型	块金值 C_0	基台值 C_0+C	C_0/C_0+C	变程/m	决定系数 R^2
5 月 10 日	0～15	指数模型	0.000 1	0.111	0.001	13.47	0.919
	15～30	指数模型	0.000 1	0.133	0.001	12.72	0.829
9 月 10 日	0～15	指数模型	0.240	0.490	0.500	213	0.158
	15～30	指数模型	0.042	0.097	0.432	71	0.637

在地统计学中，参数基台值表示系统内总的变异，采用块金值占基台值的百分数则可以表明土壤系统中变量的空间自相关性，所以块金值（C_0）与基台值（C_0+C）的比值可以作为空间自相关程度的指标。当 C_0/C_0+C＞75%时，则表明土壤物理性质被空间依赖程度很弱；当 C_0/C_0+C 在 25%～75%时，表明土壤物理性质的空间依赖程度为中等；当块金值和基台值（C_0/C_0+C）＜25%时，表明土壤物理性质有很强的空间依赖程度。从表 5-5-56 可以看出，春季混交林表土和下层土壤盐分块金值与基台值非常小，只有 0.000 1，说明在这个季节土壤盐分在上层和下层均有强烈的自相关性，变程分别为 13.47 m 和 12.72 m。而秋季表土和下层土壤盐分块金值与基台值较大，分别为 0.500 和 0.432，说明只有中等强度的自相关性，下层的自相关性稍高于上层，变程范围也较大，分别为 213 m 和 71 m。其根本原因还在于该地区秋季和春季明显不同的降雨的特征所致。从绘制的半方差图可以清楚地看到这样的特征（图 5-5-6）。

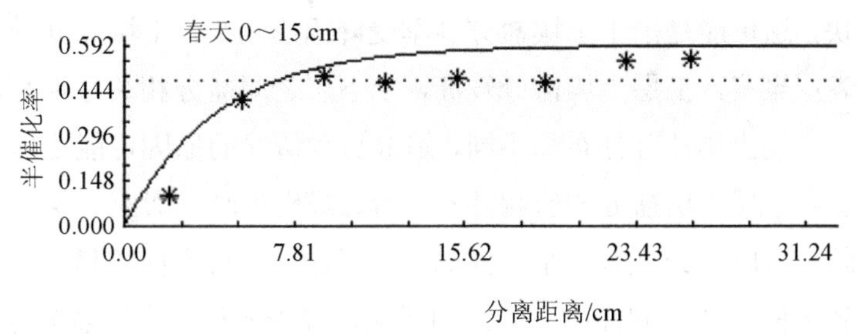

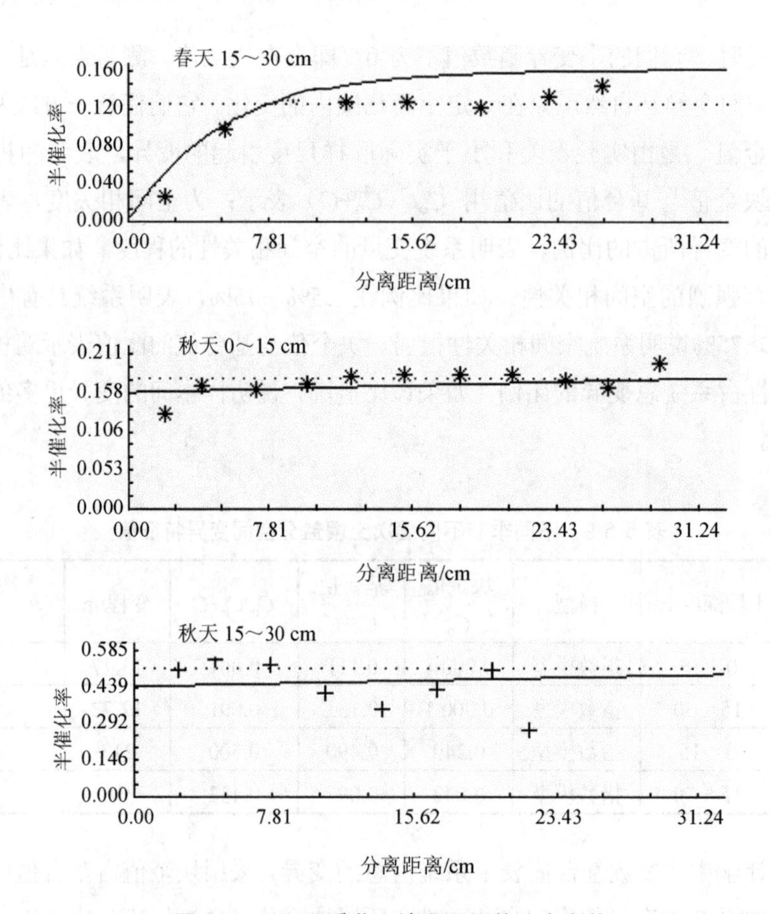

图 5-5-6 不同季节土壤上下层盐分半方差

5.1.3.4 土壤盐分土壤分布格局

为准确直观地描述各层土壤含盐量在空间上的分布，本研究根据土壤物理性质的变异函数模型，用点状插值法对不同季节上下层土壤含盐量进行空间内插，并绘制其空间分布图（图 5-5-7）。点状 Kriging 插值使用的基本原理为：假定在某一区域内位置 x_0 处某一变量的估值为 $Z(x_0)$，在这一估计值周围相关范围内有若干个已测值 $Z(x_i)$（$i=1$，1，2……n），现通过这几个测定值 $Z(x_i)$ 的线性组合来求估测值 $Z(x_0)$。通过插值分布图发现不同季节土壤表层和下层盐分在空间分布上具有明显斑块性。春季时土壤上层和下层土壤盐分的分布非常相似，只是上层盐分要高于下层盐分，上下层都有 5 个盐分明显很高的斑块，这可能是由于土壤盐分春季受降雨影响少，土壤盐分受蒸发影响垂直向上运动，在表层聚集，上层土壤盐分较高，上下层之间盐分相关性很高，形成很相似的分布。秋季上下层土壤盐分分布却不同，造成这种情况的原因可能是由于秋季降雨较多，降雨对上层和下层土壤盐分的影响并不一致，降雨少时只影响上层土壤盐分并向水平方向移动，降雨多时盐分既有水平方向的移动，也有垂直方向的移动，造成上下层土壤盐分分布有较大的不同。同样由于降雨的影响，春季和秋季土壤盐分分布也不一致。

土壤盐分一般受到土壤性质、地形及微地形、地下水和气候等因素的影响。该试验地在造林前虽然经过整地等措施，地形相对比较平坦，土壤比较均一，地下水位下降，但局部地方还是存在不平整的微地形、土壤质地不均一，地下水通过土壤毛细管蒸腾作用影响上部土壤的作用，再加上气候的影响，造成了土壤盐分空间分布的异质性。

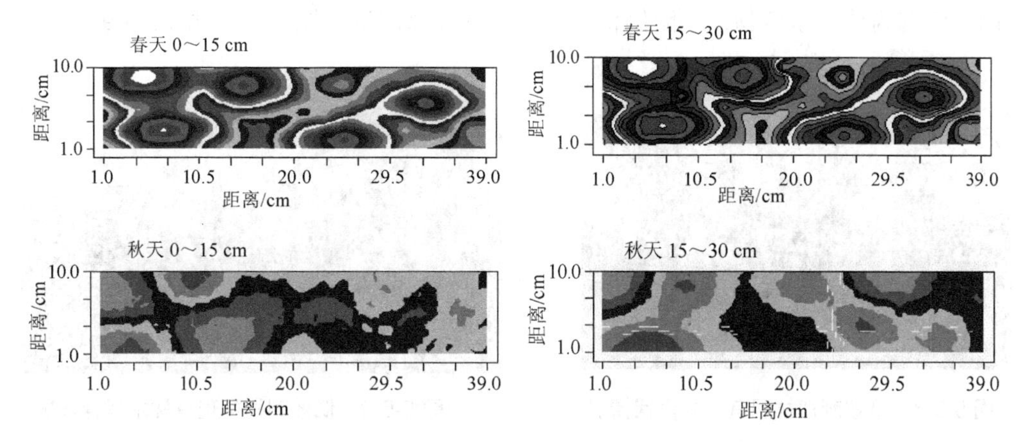

图 5-5-7 不同季节土壤上下层插值

5.1.3.5 小结

土壤盐分含量平均值在春季和秋季有明显的差异。春季土壤盐分变异系数较大，而秋季则较小。春季混交林表土和下层土壤盐分均有强烈的自相关性，变程分别为 13.47 m 和 12.72 m。秋季表土和下层土壤盐分块金值与基台值较大，分别为 0.500 和 0.432，说明只有中等强度的自相关性，下层的自相关性稍高于上层，变程范围也较大。混交林土壤盐分在春季含量高于秋季，对混交林春季造林苗木成活率有较大的影响。在秋季降雨较多，土壤盐分下降，对苗木的伤害较小。针对这种情况，在营造混交林时，在条件允许的情况下，应选择在雨季造林。如果必须在春季造成，也应该通过灌溉等措施来降低土壤盐分含量，以提高苗木成活率和保存率。

混交林林地土壤盐分的半方差分析和 Kriging 插值表明，土壤盐分混交林地的分布有明显的斑块性，在变程范围内有很高的自相关性。因此我们在进行该混交林土壤研究特别是土壤取样时，一定要考虑到斑块状盐分分布的异质性。

5.2 盐碱地低效刺槐林群落结构优化设计及效益评价

5.2.1 研究区概况

黄河三角洲 93%的面积分布于东营市境内（其余在惠民地区沾化区），本研究样地位于东营市孤岛镇东港高速路入口，面积约 85 亩。

该地主要以刺槐为主，树种单一，地下水位高，土壤盐渍化严重，结构单一、土壤通透性差、土壤温度上升慢、土壤中好气性微生物活动性差，养分释放慢、渗透系数低、毛细作用强、表层土壤盐渍化的加剧等物理变化抑制刺槐生长发育，导致刺槐生长不良，长势弱，树木枯死较多，林相不齐，林木保存率低。林地植被覆盖率降低，有多处裸露地面于刺槐为浅根系植物，不耐倒伏，很多树木被风刮倒（图 5-5-8 和图 5-5-9）。

图 5-5-8　低效刺槐林现有林木倒伏情况

图 5-5-9　低效刺槐林现有林木保存情况

5.2.2　改造设计指导思想

黄河三角洲低效刺槐林改造立足于研究地的森林植被与环境现状，综合考虑林分生态多种发展需求，以改善森林生态环境、提高森林效益和生态效益为目标，运用恢复生态学、盐碱地造林学、森林经营等原理为理论指导，遵循自然规律，因地制宜地调整树种、林种结构，发展多树种、多层次、多色彩、多功能的生态刺槐林，提高刺槐人工林生态系统的稳定性和森林质量，为改善盐碱地土壤、涵养水源、防洪减灾、减少温室气体、减轻大气污染、改善局部气候和有效地改善生态环境作有力的支撑。

5.2.3　改造设计原则

（1）生态优先

在充分考虑自然、气候、植被等因素、在改造树种、改造模式等方面都普遍强调生态效益的基础之上，创造符合黄河三角洲盐碱地区域的森林生态系统。

（2）因地制宜

由于该地土壤盐碱化严重，立地条件较差，因此，绿化树种的选择和配置必须遵循自然规律，因地制宜地选择树种或配置模式，充分考虑地域特点，在保证林木成活和正常生长的前提下，提升和构建具有地方特色的绿化森林景观。

（3）近自然经营

以理解和尊重自然规律为前提，利用森林自身的特性引导人工林向接近自然状态的林分发展，以保持森林最基本的自然结构特征，实现长期稳定的林木生长和林分发育，满足森林经营生态和景观服务需求。

（4）可持续发展

选择适应性强的乡土树种，形成多树种混交林，并实现林内树种混交以及树种斑块镶嵌的近自然状态，增加林分生态景观多样性。并加大工程措施，适当台田整地，建立排灌系统，防止土壤返盐，做到改良盐碱地一劳永逸。

5.2.4 设计理念

（1）保护性设计理念

绿化改造设计的目的之一就是对现有老化或生长不良的低效刺槐林进行改造和恢复，最大限度地提升刺槐林的生态防护功能和绿化景观效果。在景观改造设计中充分考虑树种的多样性保护和该区段不良的立地环境，注重选择环境适应能力强的乡土树种，提高森林群落的生态稳定性。

（2）生态美学设计理念

在改造设计中，对于公路边的低效刺槐林改造的树种，一方面是注重高大的生态绿化树种，另一方面注重选用树形优美、花形花色好的花灌木树种进行搭配，采用不同树种、色相、高度树种进行组团式、不规则式的搭配和组合，形成视野宽阔、层次丰富、富有“韵律”的绿色景观林带。

（3）乡土化设计

在绿化植物选择中遵循“乡土树种为主”原则，力图使绿化景观改造设计符合自然条件，并反映当地的景观特色。树种设计时既要考虑树种生态适应性和管护成本，又要考虑景观林带的层次结构和季相色彩。如旱柳、白蜡、白榆、木槿等乡土植物不仅适应性强，而且极易营造与周边环境相协调的绿化景观。

（4）目标化设计

为了确保达到改造设计的高起点、高标准和高质量的要求，景观改造设计应采用目标化方法，既要考虑绿化质量和整体形象，又要有考虑长远的景观效果，在设计中提高了造林树种的苗木规格，并适当加大了林木种植密度。

（5）经济节约理念

节约既是一种美德，也是造林绿化设计中一条原则，更是建设节约型社会的基本要求。在景观改造设计中，充分考虑到了这一原则，认真贯彻了“技术上可行、经济上合理”的指导思想，选取抗逆性强、成活率高、养护容易、经济性好的造林树种，通过多树种、多层次的组合和搭配，提升森林景观改造绿化美化效果。

5.2.5 改造方案

受土壤盐渍化的长期影响，盐碱地刺槐林生长状况较差，对土壤养分的无效消耗量大、水肥利用率低、抗逆性差、群落结构不稳定，而混交林大都是复层结构，由于树种多样性，其抗性也增强，特别是乔灌木混交后，有利于防风固沙。据相关研究表明，白榆与刺槐混交后，生长状况也有了很大程度的提高，有关对比情况可见表 5-5-10。

表 5-5-10　白榆、刺槐混交林和刺槐纯林生长状况调查表

林分类型	林龄/年	混交比	株行距/m	树种	调查株数	平均胸径/cm	平均高/m	冠长/m	冠幅		
									EW	SW	平均
白榆×刺槐	5	榆：槐	2×2	白榆	35	7.07	7.05	4.85	1.70	1.85	1.78
				刺槐	65	4.95	5.67	3.77	2.10	2.50	2.30
刺槐纯林	5		2×2	刺槐	50	4.51	4.70	3.52	2.30	2.40	2.35

由表 5-5-10 可知，5 年生榆、槐混交林比同等条件下纯林平均胸径高出 33%，混交林中的刺槐比纯林中刺槐胸径平均胸径和平均高分别提高 10%和 21%。除此之外很多研究表明对现有低效刺槐林引入适宜的乔灌木树种形成多树种混交的复层林是改造低效刺槐林的一种有效措施。

图 5-5-10　四种改造模式分区

根据当地立地条件和所需功能将该地块设计具体分为 4 个改造模式（图 5-5-10）。前期先进行林地清理，按比例适当保留原有刺槐，补植新造林树种，后期待新栽植树种生长成林后，树冠能将地表基本覆盖，树冠覆盖率达到 90%以上时，将原有刺槐大树逐步伐除，然后补植刺槐等树种造林，最终形成生态环境稳定的多树种混交的复层林。

根据东港高速路口附近的林地现状及结合该地块的立地条件，对东港高速路口附近样地的低效刺槐林进行改造模式的设计。以整地改造、改造方式的确定、树种的选择为理论基础，通过连翘（*Forsythia suspensa*）、木槿（*Hibiscus syriacus* Linn）、金叶榆（*Ulmus pumila jinye*）、蜀桧（*Sabina komarovii*（Florin）Cheng et W.T.Wang）、盐柳（*Tortuosa*）与刺槐、白榆与刺槐、白蜡与刺槐、盐柳与刺槐的混交形成了四种改造模式。

5.2.5.1　改造模式 1 设计

（1）现状条件

该地块位于道路边沿，北侧为该 310 省道，西侧临近高速入口，车流量较多。总距离长约 655 m，宽 10 m，面积约 9.8 亩。改造模式 1 平面如图 5-5-11 所示

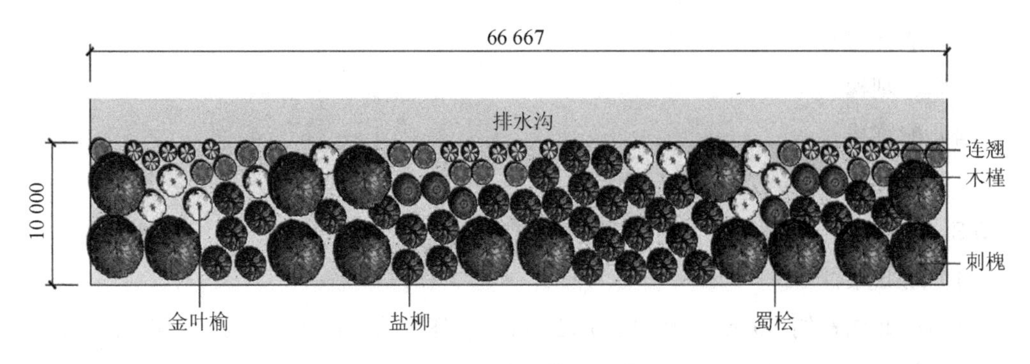

图 5-5-11 改造模式 1 平面

（2）栽植布局

平均每亩保留原有大刺槐 12 株左右，前排种植低矮的花灌木，平均每 20 m 组团式栽植 5 株连翘，5 株木槿；中间层平均每隔 30 m 组团式栽植金叶榆 5 株，蜀桧 3 株；后景栽植盐柳，平均每亩栽植 35 株，均匀分布在林地空隙中，株行距约 3 m×3 m。

（3）造林树种

连翘、木槿、金叶榆、蜀桧、盐柳、刺槐。

（4）配置模式

乔灌搭配，见缝插针，自然式栽植。

5.2.5.2 改造模式 2 设计

（1）现状条件

该地块北侧宽约 90 m，西侧长约 300 m，东侧长约 220 m，面积约 35 亩。改造模式 2 平面如图 5-5-12 所示

（2）栽植布局

平均每亩地保留原有刺槐大树 20 株左右；平均每亩栽植白榆 50 株左右，均匀分布林地空隙中，株行距约 3 m×3 m。

图 5-5-12 改造模式 2 平面

（3）造林树种

白榆、刺槐。

（4）配置模式

见缝插针，自然式栽植。

5.2.5.3 改造模式 3 设计

（1）现状条件

该地块北侧宽约 90 m，西侧长约 220 m，东侧长约 143 m，面积约 24 亩。改造模式 3 平面如图 5-5-13 所示。

（2）栽植布局

平均每亩地保留原有刺槐大树 20 株左右；平均每亩栽植白蜡 50 株左右，均匀分布在林地空隙中，株行距约 3 m×3 m。

（3）造林树种

白蜡、刺槐。

（4）配置模式

见缝插针，自然式栽植。

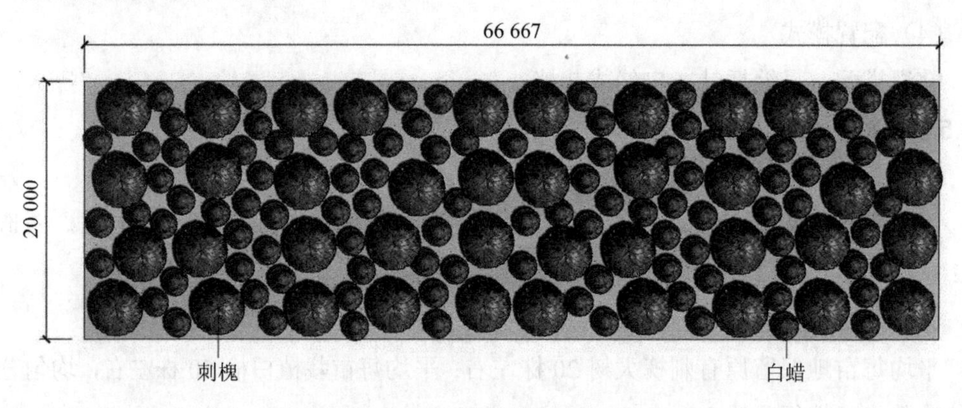

图 5-5-13 改造模式 3 平面

5.2.5.4 改造模式 4 设计

（1）现状条件

该地块北侧宽约 90 m，西侧长约 143 m，东侧长约 66 m，面积约 14 亩。改造模式 4 平面如图 5-5-14 所示。

（2）栽植布局

平均每亩地保留原有刺槐大树 20 株左右；平均每亩栽植盐柳 50 株左右，均匀分布在林地空隙中，株行距约 3 m×3 m。

（3）造林树种

盐柳、刺槐。

（4）配置模式

见缝插针，自然式栽植。

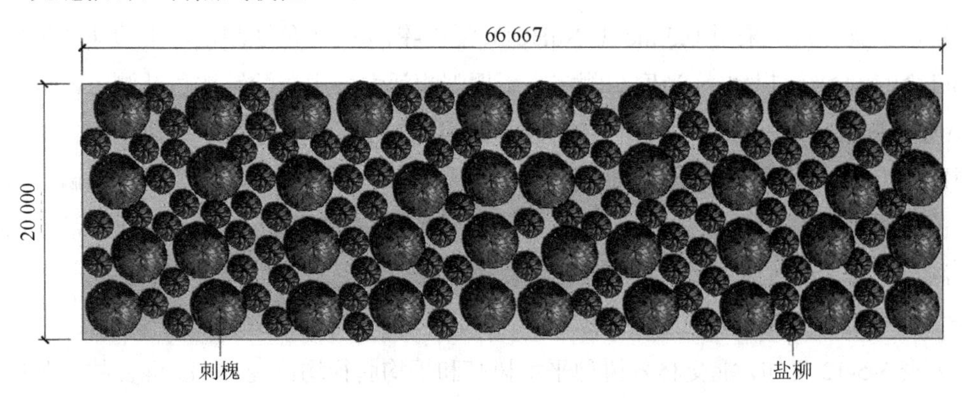

图 5-5-14　改造模式 4 平面

5.2.6　盐碱地刺槐林改造效果评价

5.2.6.1　改造林分概况

5.2.6.2　研究方法

（1）调查与取样

在研究区域选取有各造林模式代表性的地段（表 5-5-11），每种林分在不同地段设置 3 个 20×20 m 样地。每块样地调查各树种树高、胸径、保存率，土壤垂直方向按 0～20 cm、20～40 cm 和 40～60 cm 3 个深度取样，水平方向按"S"形在植物根区取 5 个样点取样，现场混合，每个样地不同深度，环刀取样 3 个。带回实验室后立即测定环刀相关物理性质，风干土样，过筛后保存于冰箱，用于土壤养分和土壤酶测定。

表 5-5-11　各林分概况

林分	树种组成	造林年份	株行距	混交模式	林下植被盖度/%
白蜡×刺槐混交林	5 白 5 刺	1985 年春	2×3 m	行间混交	43
白榆×刺槐混交林	5 榆 5 刺	1985 年春	2×3 m	行间混交	90
臭椿×刺槐混交林	5 臭 5 刺	1985 年春	2×3 m	行间混交	93
刺槐纯林	10 刺	1985 年春	2×3 m	—	95
白蜡纯林	10 白	1985 年春	2×3 m	—	10
白榆纯林	10 榆	1985 年春	2×3 m	—	93
臭椿纯林	10 臭	1985 年春	2×3 m	—	95
无林地	—	—	—	—	71

（2）测定方法

土壤容重、含水量和孔隙度采用环刀法测定，土壤 pH 用 PE20 型 PH 计测定，电导率采用电位法（水土比 5∶1）测定，土壤有机质采用重铬酸钾容量法-外加热法测定，土壤全氮采用半微量开氏法测定，碱解氮采用碱解扩散法测定，土壤全磷采用 $HClO_4$-H_2SO_4 法测定，土壤有效磷采用 0.5 mol/L $NaHCO_3$ 浸提-钼锑抗比色法测定，土壤速效钾采用 1 mol/L NH_4OAc 浸提-火焰光度法测定，土壤脲酶活性采用苯酚钠比色法测定，以培养 24 小时后 1 g 土壤中 NH_3-N 的毫克数表示，土壤蔗糖酶活性采用 3,5-二硝基水杨酸比色法测定，以 24 小时后 1 g 土壤中葡萄糖的毫克数表示，土壤酸性磷酸酶活性用磷酸苯二钠比色法测定，以培养 24 小时后 1 g 土壤中释出酚的毫克数表示，多酚氧化酶活性用比色法测定，以 2 小时后 1 g 土壤中紫色没食子素的毫克数表示。

5.2.6.3 不同刺槐混交林地上生长状况

由表 5-5-12 可知，混交林各树种平均树高和平均胸径均比纯林高。混交林中刺槐与刺槐纯林相比，在树高和胸径方面表现出白蜡×刺槐＞白榆×刺槐＞臭椿×刺槐＞刺槐纯林的趋势，但是差异不显著（$P<0.05$）。相比于各自纯林，白蜡在树高和胸径方面提高了 57.17%和 45.46%，白榆提高了 86.36%和 45.76%，臭椿无明显变化；各林分中刺槐的树高和胸径变异系数无明显变化，混交林中白蜡和白榆与各自纯林相比，变异系数明显降低，臭椿虽有变化，但变化不明显；混交林中刺槐的保存率明显高于刺槐纯林，白蜡略有下降，白榆下降明显，臭椿略有上升，臭椿×刺槐混交组合整体保存率明显高于白蜡×刺槐和白榆×刺槐混交组合。

表 5-5-12 各林分生长状况

	刺槐纯林		白蜡纯林		白榆纯林		臭椿纯林	
	树高/m	胸径/cm	树高/m	胸径/cm	树高/m	胸径/cm	树高/m	胸径/cm
平均值	11.89	16.4	11.65	14.54	8.21	13.09	9.6	12.24
变异系数/%	22.97	27.86	46.2	54.65	36.09	40.02	20.1	29.57
蓄积量/（m^3/hm^2）	56.37		87.71		65.25		39.36	
保存率/%	39.1		57		58.75		57.81	

	白蜡×刺槐				白榆×刺槐				臭椿×刺槐			
	白蜡树高/m	白蜡胸径/m	刺槐树高/cm	刺槐胸径/cm	白榆树高/m	白榆胸径/m	刺槐树高/cm	刺槐胸径/cm	臭椿树高/m	臭椿胸径/m	刺槐树高/cm	刺槐胸径/cm
平均值	18.31	25.15	13.32	19.42	15.3	19.08	12.11	15.53	10.1	13.81	10.42	18.14
变异系数/%	38.27	39.51	22.36	25.81	12.6	17.34	21.86	26.6	16.22	29.3	22.47	27.7
蓄积量/（m^3/hm^2）	119.38		78.12		98.96		57.92		42.98		68.83	
保存率/%	53		47		47.3		45		62.5		59.38	

蓄积量能直观地反映各林分的生长状况，相较于各树种纯林，蓄积量的变化能反映出来混交林树种之间的协同或抑制程度；树高和胸径的变异系数能从一定程度上反映树

种内的竞争和分化程度，变异系数越小说明树种生长越整齐，种内的分化程度越低，从各树种的树高和胸径变异系数看，本书涉及的三种混交模式对刺槐和臭椿种内的分化和竞争无明显影响，能有效地降低白蜡和白榆的种内分化程度，促进林木总的生长量；树种的保存率能反映出树种对环境的适应性，本书涉及的三种混交模式能明显提高刺槐的保存率，对白蜡和臭椿无明显影响，降低了白榆对环境的适应性。混交林各树种高度差越大，说明林木分层效果越好，光能的利用率越高，白蜡×刺槐混交模式中两树种的高度差最大，相对于其他各林分有更高的光能利用率。

结果表明，与刺槐纯林相比，刺槐在不同混交林中表现比较稳定，受其他树种影响较小，但却能促进白蜡和白榆的生长，其中白榆蓄积量增加最明显，白蜡×刺槐混交组合蓄积量最大，臭椿×刺槐混交组合比较稳定，两树种之间无明显的相互作用。

5.2.6.4　不同刺槐混交林土壤物理状况

由表 5-5-13 可知，刺槐纯林三层土壤容重相差不大，无显著差异（$P<0.05$），其他林林分均呈现出从上到下逐渐增大的趋势。0～20 cm 臭椿纯林土壤容重最小，明显小于其他各林分，这可能与臭椿纯林表层土壤有机质含量高有关。三种混交模式中，全土层土壤容重均表现出臭椿×刺槐＜白蜡×刺槐＜白蜡×刺槐，臭椿与臭椿纯林相比，在 20～40 cm 和 40～60 cm 土层明显小于纯林，白榆与白榆纯林在各层土壤无显著差异，白蜡与白蜡纯林相比，各层土壤容重均小于纯林。

表 5-5-13　各林分不同土层物理性质

	土层/cm	白蜡×刺槐	白榆×刺槐	臭椿×刺槐	刺槐纯林	白蜡纯林	白榆纯林	臭椿纯林	空白
土壤容重/（g/cm^3）	0～20	1.119	1.323	1.023	1.284	1.316	1.358	0.957	1.146
	20～40	1.283	1.384	1.25	1.258	1.232	1.383	1.352	1.380
	40～60	1.324	1.470	1.299	1.279	1.468	1.470	1.460	1.439
土壤孔隙度/%	0～20	53.411	43.87	37.405	46.398	45.897	44.904	45.07	47.800
	20～40	47.801	50.163	48.255	47.995	47.798	47.219	46.006	38.178
	40～60	46.976	48.323	52.439	50.105	47.321	47.354	47.564	41.431
含水量/%	0～20	9.327	5.505	7.877	7.097	6.350	6.698	13.098	8.619
	20～40	6.728	7.266	3.512	5.527	4.078	5.76	7.941	12.365
	40～60	16.625	3.383	13.384	11.096	3.654	3.564	3.265	13.408
电导率/（μS/cm）	0～20	106.4	136.5	114.7	128.7	132.3	138.5	129.3	2 770
	20～40	177.7	215	99.3	165.1	137	148.9	132.8	1 757
	40～60	215	247	168.3	176.8	179.1	160.2	168.2	1 512
pH	0～20	8.36	7.71	8.74	8.44	8.34	8.35	8.52	8.32
	20～40	8.66	8.57	8.88	8.59	8.49	8.43	8.59	8.57
	40～60	8.21	8.91	8.81	8.48	8.53	8.6	8.53	8.55

三种混交模式不同土层的孔隙度差别很大，0～20 cm 土层白蜡×刺槐混交模式土壤孔隙度明显大于其他林分，白蜡×刺槐混交模式土壤孔隙度从上到下逐渐减小，白榆×刺槐混交模式各层无明显变化，臭椿×刺槐混交林从上到下逐渐增大。

除白榆×刺槐外所有林分在0～40 cm深度下，土壤含水量随着深度的增加逐渐变小，白蜡×刺槐混交模式各土层含水量明显大于白蜡和刺槐纯林，白榆×刺槐混交模式只在20～40 cm 含水量大于白榆和刺槐纯林，臭椿×刺槐混交林在 40～60 cm 含水量明显大于臭椿和刺槐纯林，三种混交模式之间土壤总体含水量为白蜡×刺槐＞臭椿×刺槐＞白榆×刺槐。

各林分均表现出随着土壤深度的增加电导率逐渐上升的趋势，白蜡×刺槐混交模式0～20 cm 土壤电导率最低，臭椿×刺槐混交林 20～40 cm 最小，且都明显小于同土层的其他林分，0～20 cm 土层电导率白蜡×刺槐＜臭椿×刺槐＜白榆×刺槐，20～40 cm 和 40～60 cm 土层均表现出臭椿×刺槐＜白蜡×刺槐＜白榆×刺槐。

白榆×刺槐混交林 0～20 cmpH 最低，且明显小于其他各林分。其他林分 pH 相差不大，均在 8.21～8.91。

土壤物理性质的好坏取决于植被与土壤的共同作用，尤其是植物的根系分布对土壤结构的影响非常明显。结果表明，混交林能保持相对较好的土壤结构，尤其是根系分布最多的 0～20 cm 和 20～40 cm 土层，能保持较低的土壤容重、较高的孔隙度和较合理的含水量，并能有效地维持较低的电导率，防止土壤的盐渍化。本书涉及的三个混交组合中，白蜡×刺槐在三个混交组合中表现最稳定，各个土层的物理性质均维持着比较理想的状态。

5.2.6.5 不同混交林土壤养分状况

由图 5-5-15 可知，各林分土壤中容易直接被植物体利用的碱解氮（N_{avi}）、有效磷（P_{avi}）和速效钾（K_{avi}）含量均比无林地的空白对照高出很多，且差异显著（$P<0.05$），除白蜡×刺槐混交林外，其他林分土壤有机质（OM）的含量也明显高于无林地，各林分土壤全氮（N_t）含量除白蜡×刺槐混交林和白榆纯林表层土外均低于无林地，全磷（P_t）含量各混交林在 0～20 cm 和 20～40 cm 表层土大于无林地，其他各林分各层土壤与无林地均无明显差异。

白蜡×刺槐混交林各层土壤 N_{avi}、P_{avi} 和 K_{avi} 含量相比其他林分稳定，各养分含量介于白蜡和刺槐纯林之间，白榆×刺槐混交林各层土壤含量随土壤深度的增加 N_{avi}、P_{avi} 和 K_{avi} 含量下降非常明显，臭椿×刺槐在 0～20 cmN_{avi}、P_{avi} 和 K_{avi} 含量均明显小于臭椿纯林和刺槐纯林。

土壤有机质、氮、磷、钾是土壤肥力的重要指标，土壤肥力的高低影响林木的生长发育，同时也受整个林分环境的影响。结果表明，混交林对 0～20 cm 表层土营养状况的改善明显好于纯林，白榆×刺槐混交林与白榆纯林最为明显；除有机质含量外，白蜡×

刺槐混交林在其他营养物质含量方面均处于较高水平，且各层土壤营养物质含量较其他林分稳定。臭椿×刺槐混交林各营养物质含量分布无明显规律且在 0～20 cm 土层各营养物质均低于纯林。

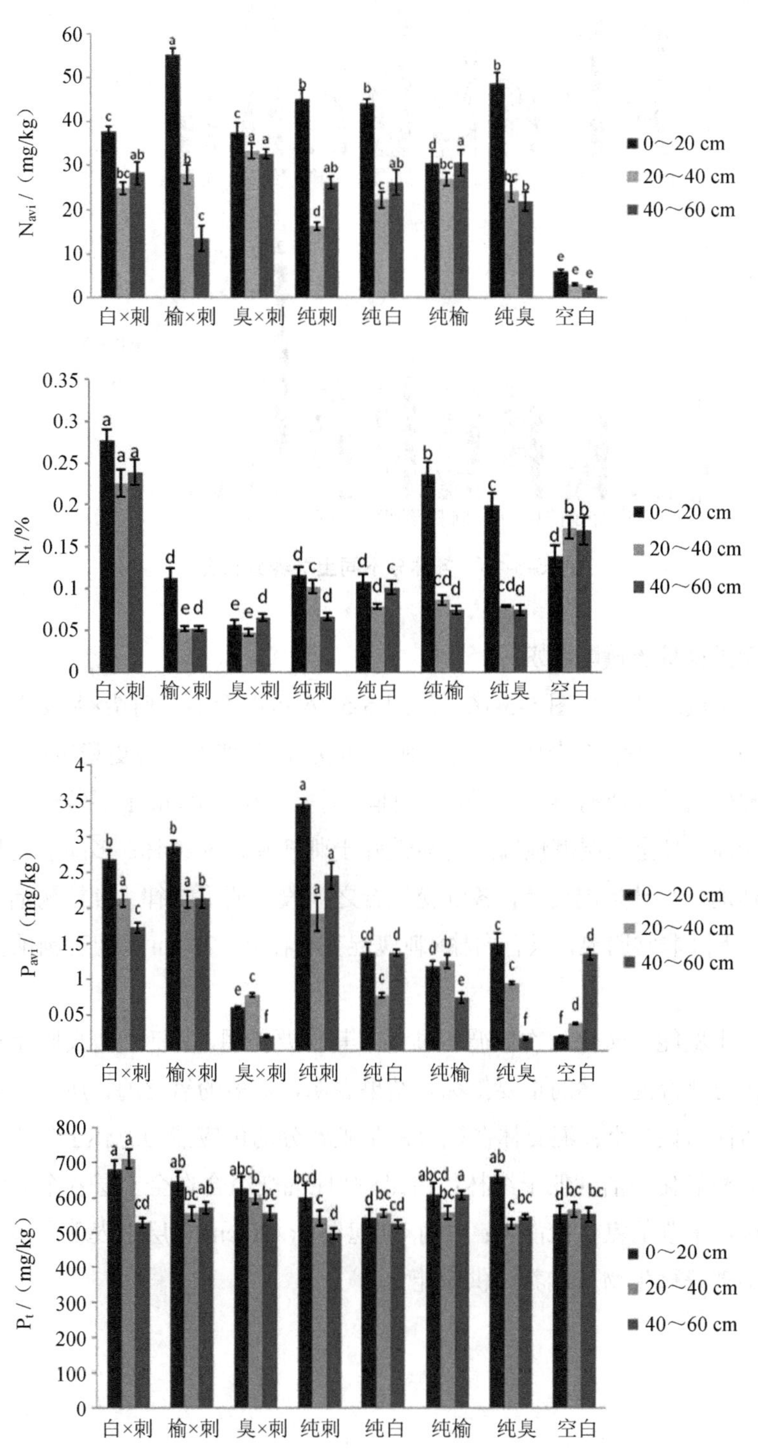

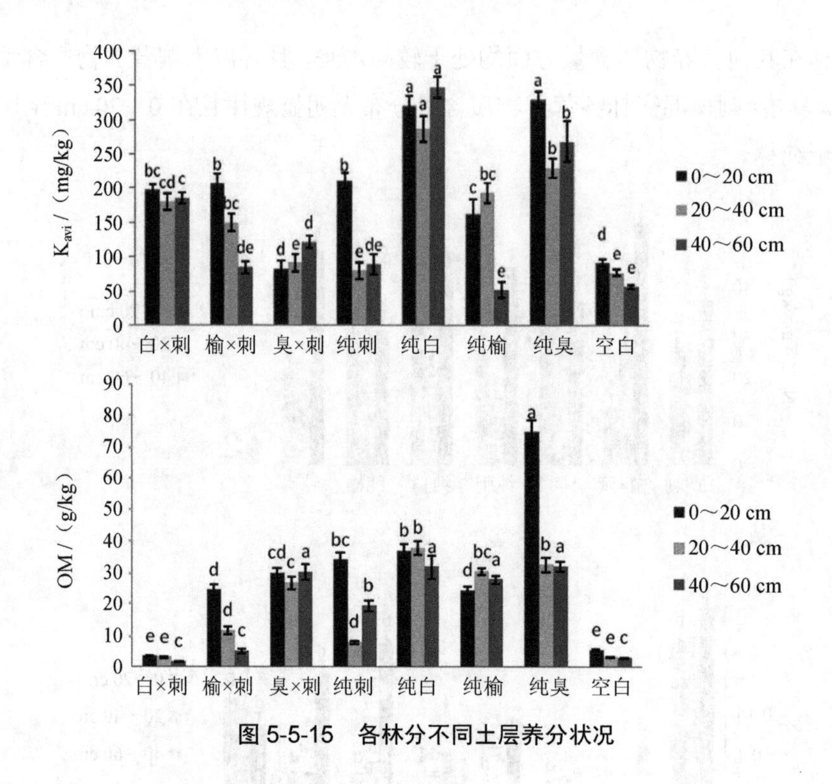

图 5-5-15　各林分不同土层养分状况

5.2.6.6　不同混交林土壤酶状况

不同林分土壤酶活性见图 5-5-16。从图 5-5-16 可以看出，白蜡×刺槐混交林随着土壤深度的增加，土壤酶活性表现比白榆×刺槐和臭椿×刺槐混交林更稳定；白蜡×刺槐混交林全土层脲酶活性在所有林分中最高；白榆×刺槐在 0～20 cm 土层碱性磷酸酶活性在所有林分中最高，且全土层碱性磷酸酶活性好于刺槐和白榆纯林；多酚氧化酶活性总体上表现出无林地＞纯林＞混交林，各混交组合之间没有明显规律；蔗糖酶活性随着土壤深度的增加，下降非常明显，只有白榆×刺槐混交林在 0～20 cm 土层蔗糖酶活性高于白榆和刺槐纯林。

土壤酶在土壤能量转化和物质循环过程中其重要作用，其活性可反映土壤养分循环的速率，可作为评价混交林的重要指标。结果表明，除多酚氧化酶，所有酶随着土壤深度的增加，活性明显减小；混交林在氮磷钾基础养分的供应能力总体上好于纯林；各混交组合土壤多酚氧化酶活性低于纯林；白蜡×刺槐混交组合在全土层各个酶活性表现出更好的稳定性和最强的氮供应能力；白榆×刺槐在 0～20 cm 表层土表现出最强的土磷供应能力和葡萄糖等微生物基础养分供应能力。

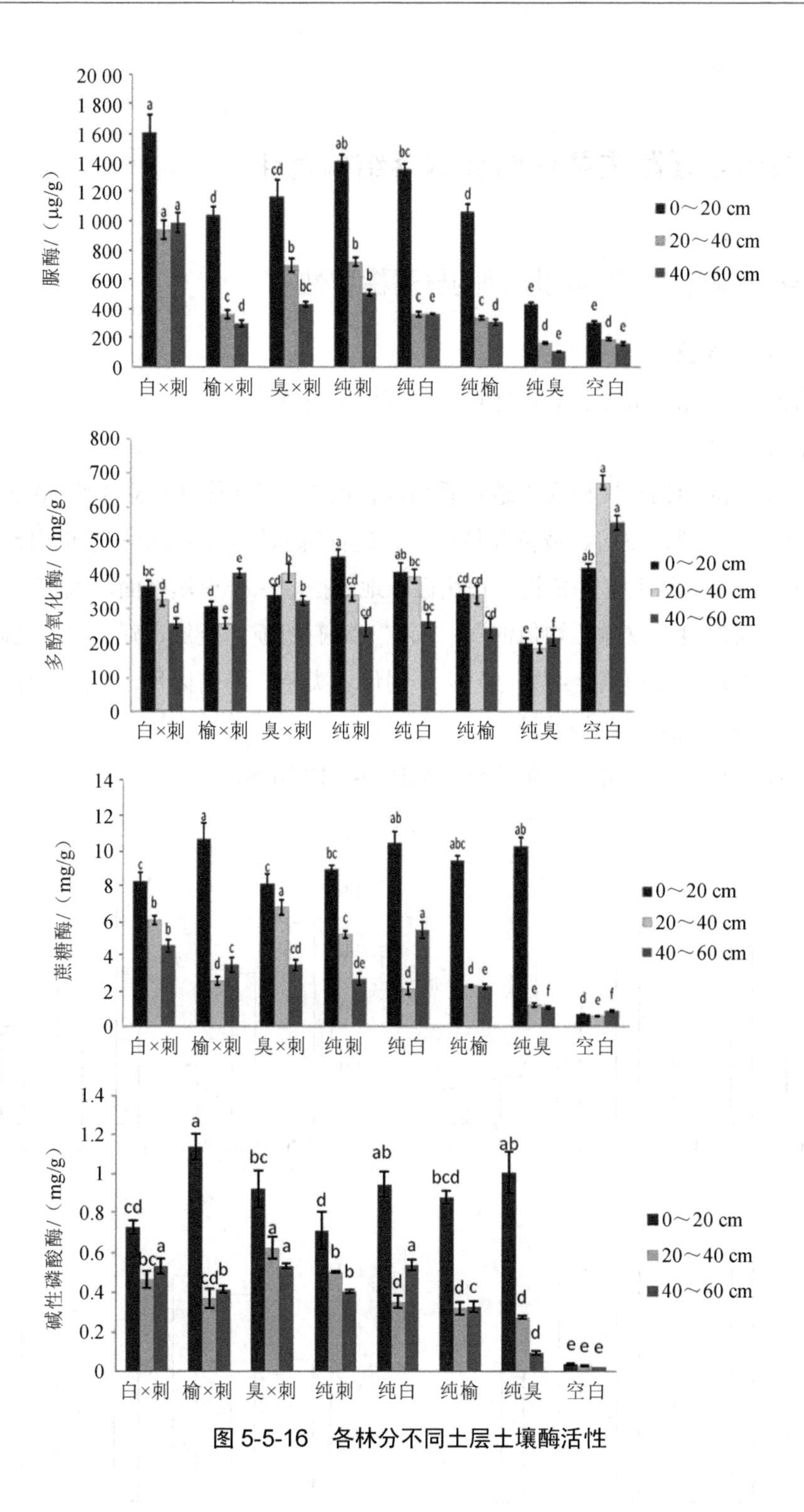

图 5-5-16　各林分不同土层土壤酶活性

5.2.6.7　结论

不同刺槐混交林在林分生长，土壤物理性质，土样养分含量和土壤酶方面均表现出一定的差异性，但是在土壤物理性质和土样养分含量方面，尤其是在 0～20 cm 表层土，混交林明显好于纯林。

5.3 沿海山地丘陵主要海防林群落结构优化

5.3.1 黑松和侧柏造林时间序列的群落稳定性

5.3.1.1 研究区概况

研究地区位于潍坊市临朐嵩山林场，区域概况见前文。

5.3.1.2 研究方法

对不同年龄的侧柏和黑松人工造林系列进行调查。每种林分建立 3 块 20 m×20 m 标准地，调查母岩类型、坡向、坡位和坡度，并进行每木检尺；每块标准地内设置 5 块 2 m×2 m 样方，调查林下草本植物。每块标准地内挖取 3 个土壤剖面，调查母岩类型、母质层和土壤层深度，取样后均匀混合，测定土壤有机质、全氮、碱解氮、全磷、有效磷含量。根据上述调查和测定结果，分析不同母岩类型、不同树种、不同造林年限人工造林后植被建成和生态效益的差异。

不同林龄黑松和侧柏群落特征变化，如图 5-5-17 所示。

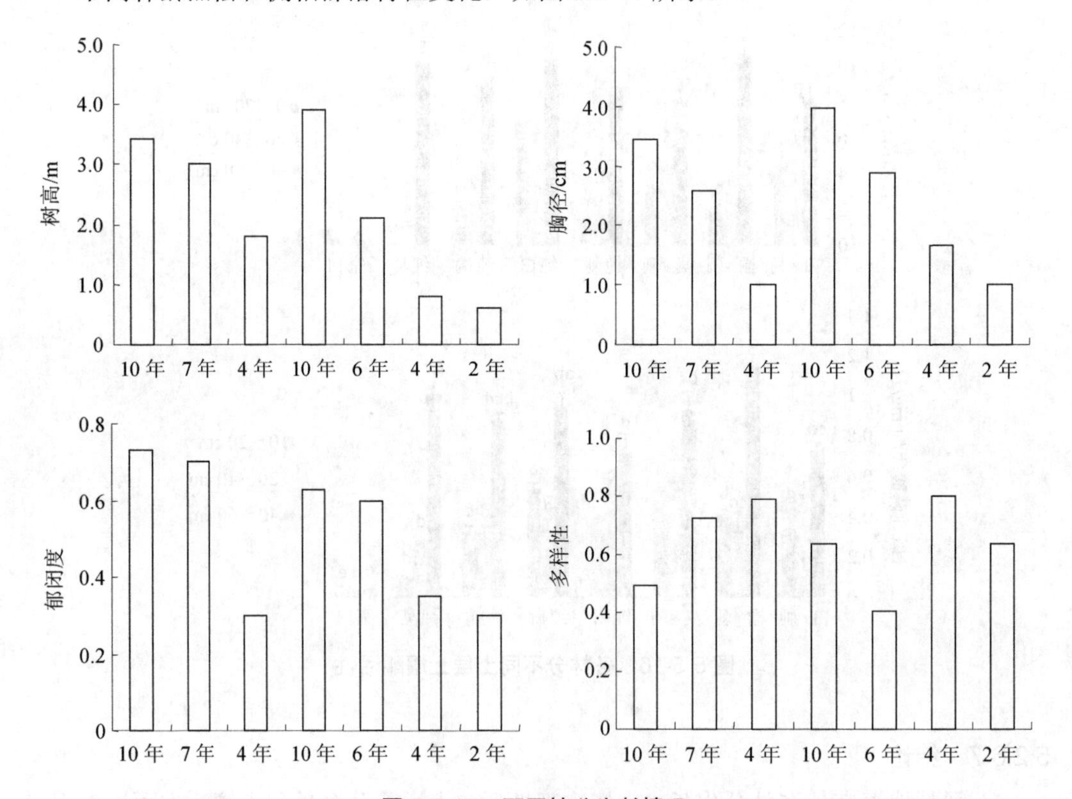

图 5-5-17 不同林分生长情况

从图 5-5-84 中可以看出，生长在石灰岩山地的侧柏林和片麻岩山地的黑松在生长量上差异较大。10 年生的黑松高生长和直径生长均超过了侧柏林，但郁闭度较小（平均 0.6），群落多样性较侧柏林高，林下草本层发育较好。

5.3.1.3　林下草本灌木生物多样性分析

（1）不同年龄阶段黑松林多样性分析

从图 5-5-18 可以看出，从 6～40 年的松林的 Simpson 指数值相差不是太大，基本都在 0.83～0.88，但是林龄大于 50 年的松林只有 0.76，比其他年龄阶段的松林明显小些，说明其草本灌木层物种优势度降低了。由图 5-5-85 中看出，林龄 6～50 年的松林 Shannon-Wiener 指数相差也不大，大致在 1.9～2.3，说明它们的物种丰富度以及物种分布的均匀程度相差不大。但是，在林龄大于 50 年时，它的 Shannon-Wiener 指数与之前阶段的松林相差大些，只有 1.676，说明它的物种丰富度以及物种分布的均匀程度都不及前几个林龄阶段。从整体趋势来看，随着林龄的升高，松林的 Simpson 指数及 Shannon-Wiener 指数都呈现出降低的趋势，说明随着林龄的升高，其林下草本灌木的物种丰富度及优势度是逐渐降低的。

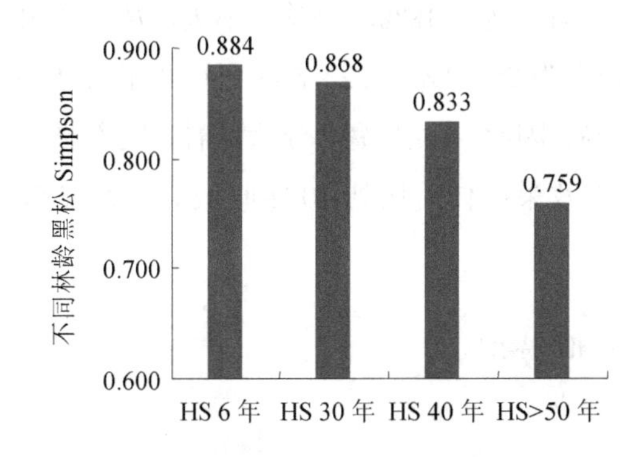

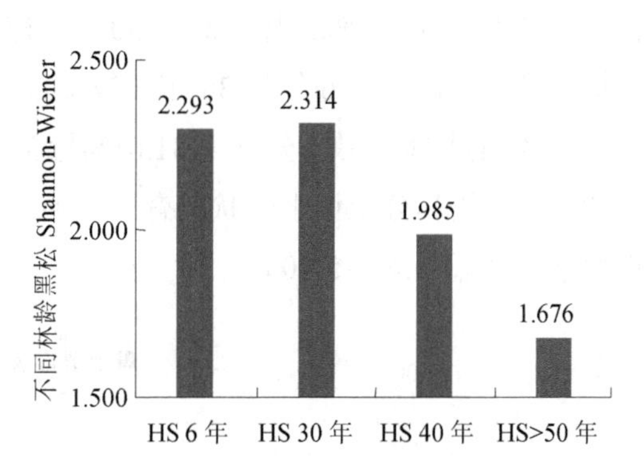

图 5-5-18　不同年龄阶段黑松林 Simpson 指数、Shannon-Wiener 指数

（2）不同年龄阶段侧柏林多样性分析

从图 5-5-19 可以看出，从 Simpson 指数以及 Shannon-Wiener 指数来看，不同年龄阶段的侧柏林差异并不算太大。Simpson 指数大致趋势是 30 年＞50 年＞12 年，但最高的 30 年与最低的 12 年相差仅 0.022，Shannon-Wiener 指数有随侧柏林龄的升高而降低的趋势，但是 30 年和 50 年仅相差 0.016，说明在物种优势度、丰富度方面，它们的草本灌木层物种优势度物种数量及物种分布均匀程度整体差别并不大。

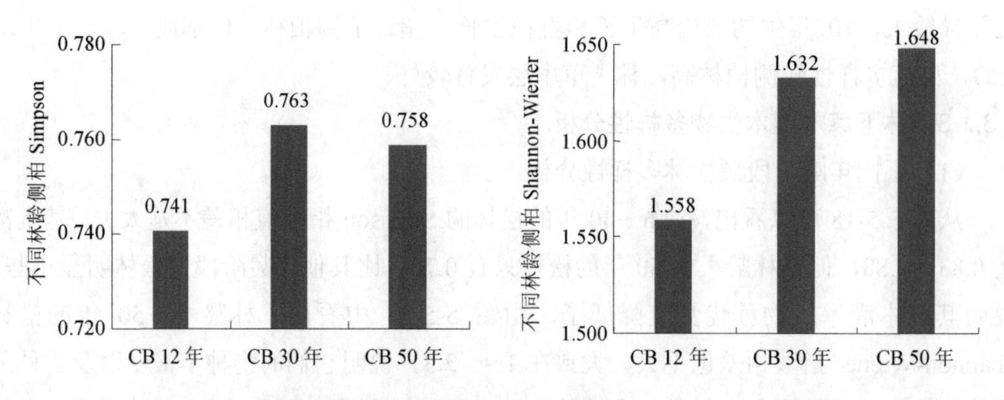

图 5-5-19 不同年龄阶段侧柏林 Simpson 指数、Shannon-Wiener 指数

5.3.1.4 不同年龄序列黑松、侧柏土壤水分状况分析

（1）不同年龄序列黑松林土壤水分状况

从取样的土壤含水状况来看，土壤含水量呈递增趋势，到达林龄 40 年的黑松土壤含水量最大，为 8.52%，林龄高于 50 年时略有下降，为 7.38%，但差异不大。从土壤最大持水量来看，林龄 6 年与 30 年比较接近，分别为 25.42%与 22.97%；而 40 年与林龄高于 50 年的基本一致，分别为 31.61%与 31.56%。因此，从土壤水分状况看，随着林龄的增大，黑松林分土壤水分状况有所改善，改善效果在林龄达到 40 年时最好，超过 50 年后略有降低（图 5-5-20）。

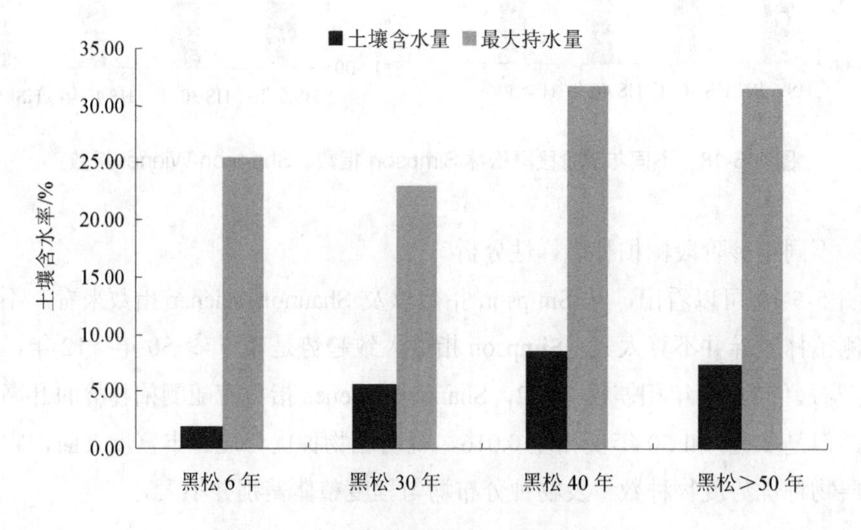

图 5-5-20 不同林龄黑松土壤含水状况

（2）不同年龄序列侧柏土壤水分状况

从土壤含水状况来看，林龄 50 年＞林龄 12 年＞林龄 30 年，而从最大持水量来看，12 年侧柏与 30 年侧柏基本一致，分别为 43.33%和 44.94%，而 50 年侧柏明显高于前两者，为 58.23%。所以总的来看，50 年侧柏林的土壤水分状况最好，猜测是由于随着林龄的增高，其物种丰富度升高，提高了土壤的保水能力（图 5-5-21）。

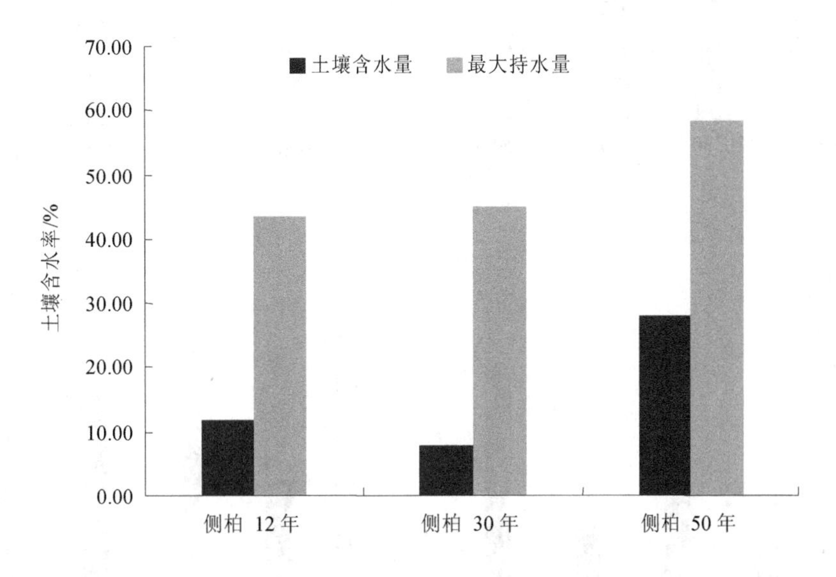

图 5-5-21 不同林龄侧柏土壤含水状况

5.3.1.5 不同年龄序列黑松、侧柏土壤养分状况分析

（1）不同年龄序列黑松土壤养分状况

黑松林分的有效磷含量随着林龄的升高呈现出下降的趋势，在开始幼龄至中龄阶段下降尤为明显，但在达到 50 年后开始稍有回升。磷易被淋溶，前期土壤有效磷的下降可能是由于黑松本身的消耗加上淋溶所导致的。随着林龄的升高，凋落物分解产生的养分以及林内动物尤其是鸟类粪便等作为补给返还林分土壤，磷含量保持较稳定，并在林龄高于 50 年时开始有所回升。土壤有效钾的含量呈现先升高后降低的趋势。在林龄 40 年时达到最高值。不同林龄黑松土壤有效氮的含量差异不大，但土壤全氮含量呈现明显下降趋势。土壤中有效氮基本不变，说明供黑松利用的氮含量变化不大，但是全氮含量的下降显示出了土壤中氮素的消耗，可能在这代黑松中土壤氮素能得到稳定供应，但随着时间的延长，土壤中氮素得不到有效补充，一旦下降到一定值，势必会影响到有效氮的供应，继而影响黑松生长（图 5-5-22）。

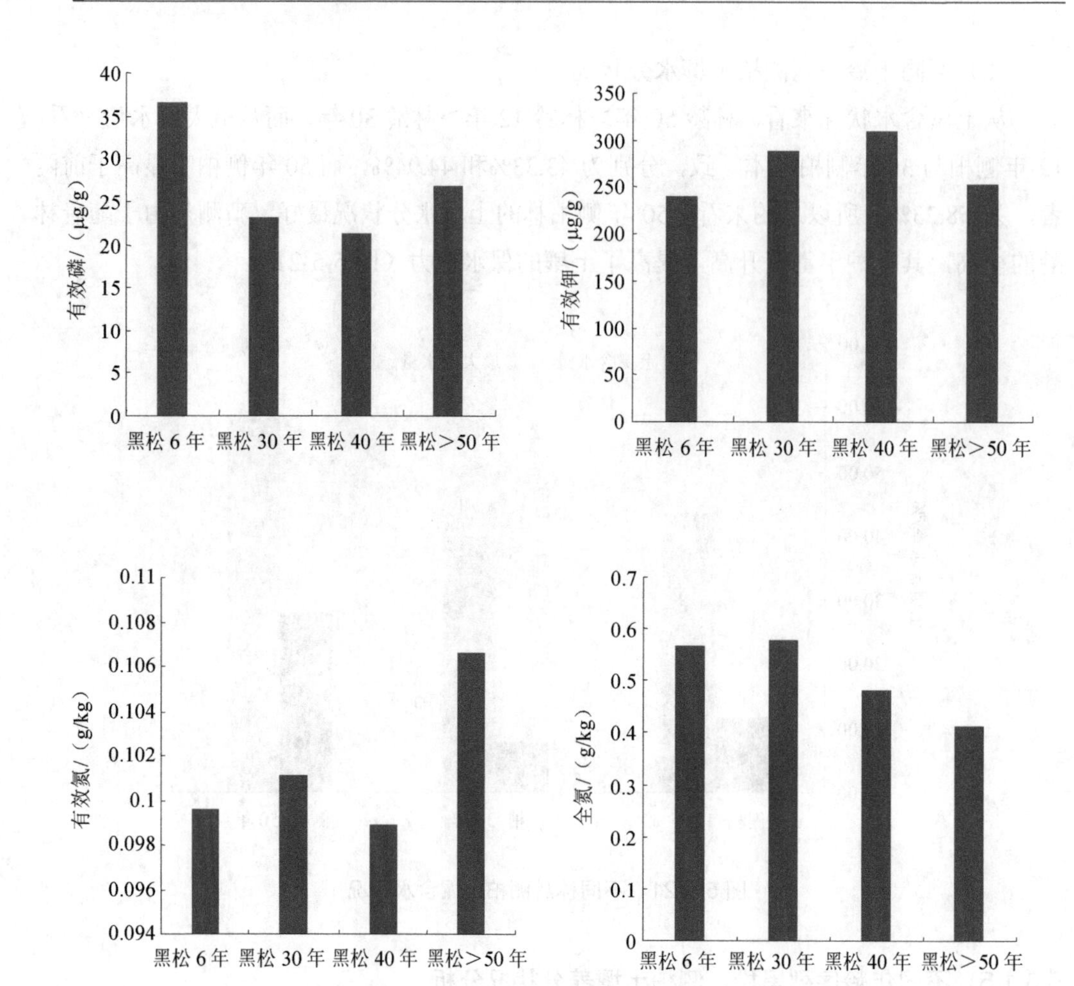

图 5-5-22 不同林龄黑松土壤养分状况

（2）不同年龄序列侧柏土壤养分状况

不同林龄侧柏林分中有效磷的含量先呈现出大幅上升，而后又大幅下降。幼龄至中龄的大幅上升可能是由于林分环境的改善，林下草本灌木的增多，枯落物增多，有效磷含量提高，使得有效磷的含量有所上升。但是随着侧柏生长速度加快，对有效磷消耗增加，导致了其含量的急剧降低。同时，由于磷易被淋溶，因此回升较慢。土壤中有效钾的含量则是先降低后升高，有可能是高速生长阶段侧柏对有效钾的消耗导致的，后期生长速度降低后，有效钾含量随即回升。土壤中有效氮的含量虽侧柏林龄的增大先升高后降低，而全氮含量则与之相反，先降低后升高，但是有效氮含量整体差异并不大，基本保持一致，全氮含量中间的少许下降可能是侧柏的生长消耗所导致的（图 5-5-23）。

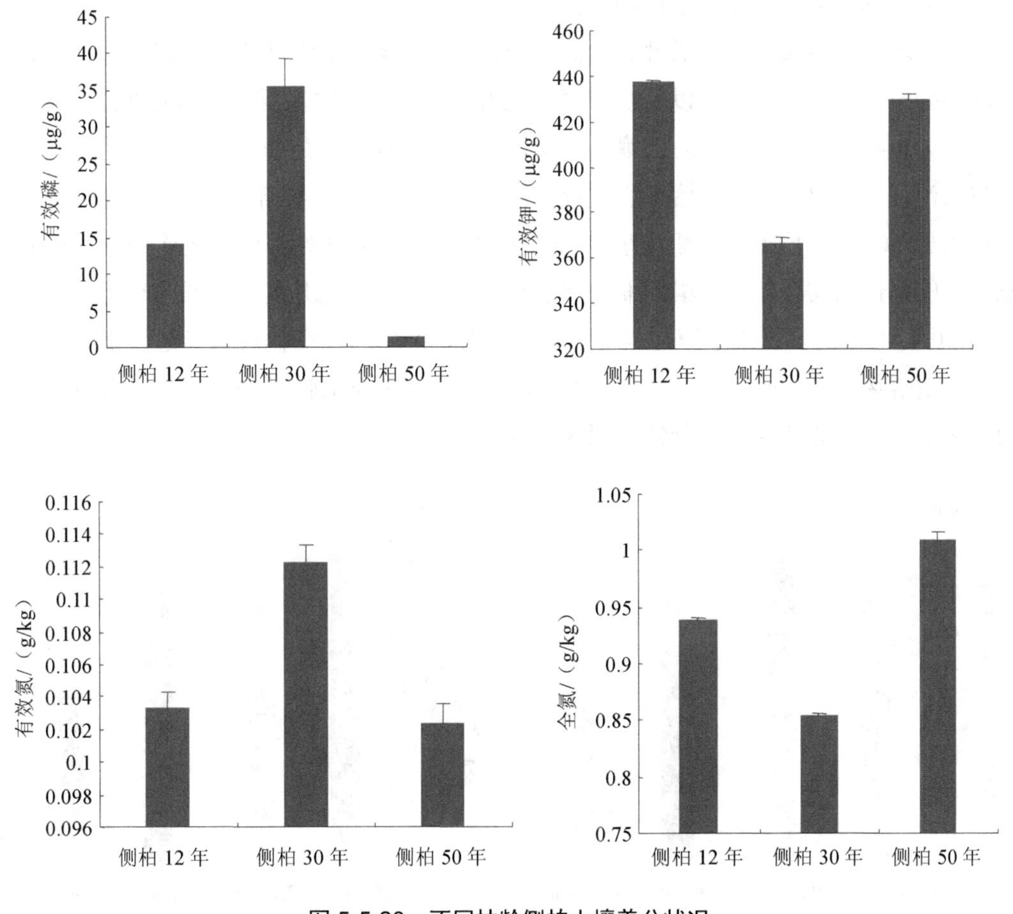

图 5-5-23 不同林龄侧柏土壤养分状况

5.3.1.6 不同年龄序列黑松、侧柏土壤酶分析

蔗糖酶：蔗糖酶是根据其酶促基质——蔗糖而得名的，又叫转化酶。它对增加土壤中易溶性营养物质起着重要的作用。研究证明，蔗糖酶与土壤许多因子有相关性，如与土壤有机质、氯、磷含量，微生物数量及土壤呼吸强度有关。一般情况下，土壤肥力越高，蔗糖酶活性越强。它不仅能够表征土壤生物学活性强度，也可以作为评价土壤熟化程度和土壤肥力水平的一个指标。

纤维素酶：纤维素是短物残体进入土壤的碳水化合物的重要组分之一，在纤维素酶作用下，它的最初水解产物是纤维二糖。在纤维素酶作用下，纤维二糖分解成葡萄糖，所以，纤维素酶是碳循环中的一个重要酶。

脲酶：脲酶广泛存在于土壤中，是研究得比较深入的一种酶。脲酶酶促产物——氨是植物氮源之一。尿素氮肥水解与脲酶密切相关，有机肥料中也有游离脲酶存在，同时，脲酶与土壤其他因子（有机质含量、微生物数量）有关。

（1）不同年龄序列黑松土壤酶分析

从土壤蔗糖酶来看，其活性先升高后降低，在林龄 30 年是达到最高，土壤蔗糖酶的活性强弱从一定程度上可以反映土壤费肥力状况，因此这也反映出随着林龄的升高，土壤肥力也在下降，从之前的土壤养分总体情况看，基本也是如此。这可能是由于黑松的生长消耗所导致的。从土壤脲酶来看，林龄 6 年、30 年、40 年相差不大，稍有波动，但在大于 50 年后下降，土壤脲酶与氮肥的水解有关，其活性降低与之前养分分析中全氮含量的降低相吻合。从土壤纤维素酶来看，也是呈现出先升高后降低的趋势，在林龄达到 30 年时最高。纤维素酶与碳循环密切相关，产生这种变化有可能是前期随着林分生长，枯落物增多，但分解慢，产生积累，导致纤维素酶活性升高。随着积累的酷落伍的分解减少，其活性也随着降低（图 5-5-24）。

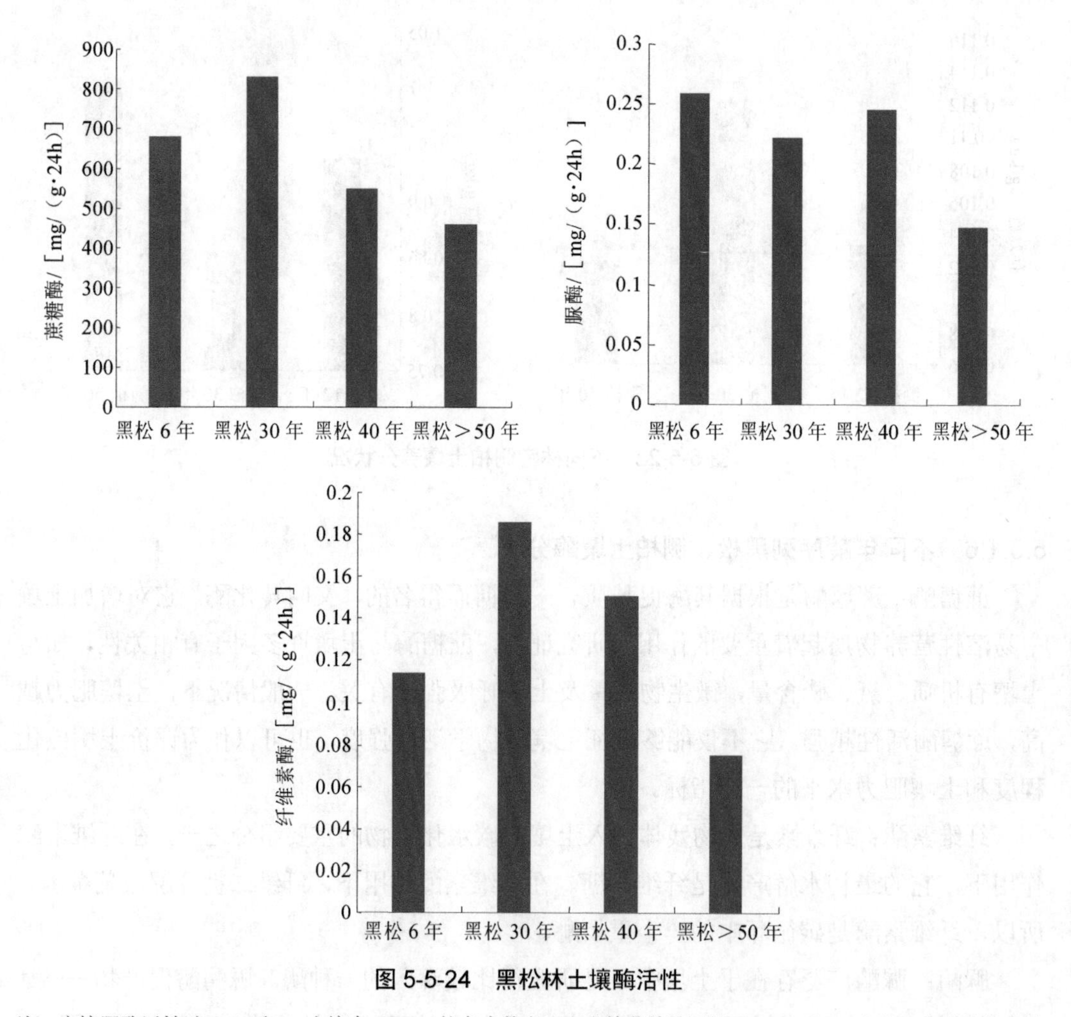

图 5-5-24 黑松林土壤酶活性

注：土壤脲酶活性以 24 h 后 1 g 土壤中 NH_3-N 的毫克数表示；土壤蔗糖酶活性以 24 h 后 1 g 土壤中生成的葡萄糖毫克数表示；土壤纤维素酶活性以 72 h 后 1 g 土壤中生成的葡萄糖毫克数表示。

（2）不同年龄序列侧柏土壤酶分析

从土壤蔗糖酶活性看，随着林龄升高，其活性递增。因为其活性与土壤肥力有关，但是从前面土壤养分状况看，随着林龄升高养分是在减少的，有可能是土壤中其他的营养成分变化所导致的。从土壤脲酶活性看，随着林龄的升高，其活性也是增大的，脲酶与氮肥水解相关，这可能与土壤中有效氮的下降而全氮含量的升高有关。土壤纤维素酶活性在林龄 30 年与 50 年时基本一致，在 12 年时略低，说明其碳循环情况在林龄达到 30 年后较稳定，估计其枯落物的产生与分解较稳定（图 5-5-25）。

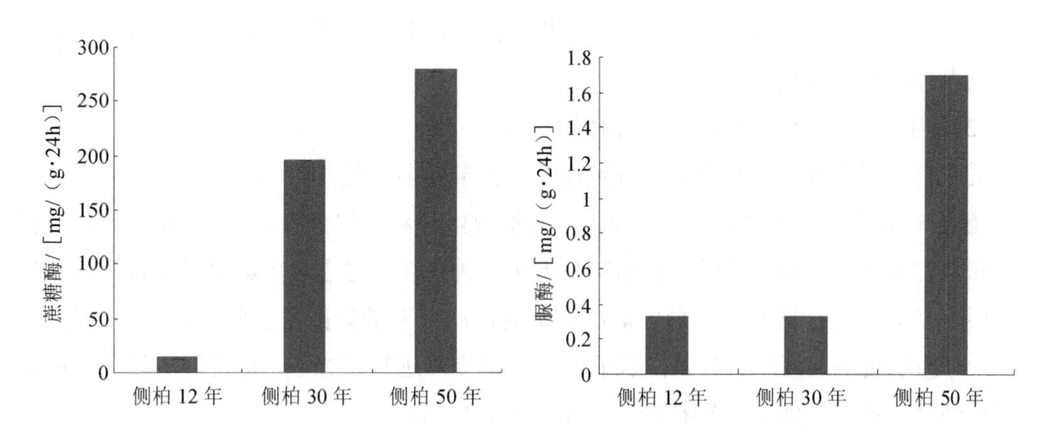

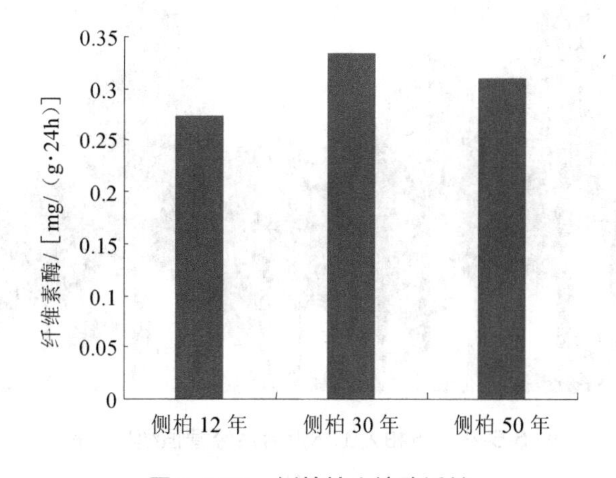

图 5-5-25　侧柏林土壤酶活性

5.3.2　滨海山地丘陵区侧柏和黑松森林结构优化及评价

5.3.2.1　侧柏人工林近自然经营模型

（1）林分概况

研究区域位于临朐嵩山林场。侧柏人工林分为 1960 年造林为侧柏纯林，20 世纪 90 年代中期，具有 60 年属中龄，曾拔大毛，现林分内有零星天然下种更新臭椿和萌芽更新刺槐。现有林分平均胸径 13.8 cm，平均树高 7.5 m，单株平均蓄积量 0.061 3 m^3，平均每亩蓄积量 5.064 0 m^3，林木平均密度为每亩 83 株。林分整体生长发育良好，林相整齐。林分中胸径大于 15 cm 单株多数为初期造林保留立木。胸径 5 cm～15 cm 的为该林分幼龄林阶段的天然下种更新立木。林分总体抚育质量较好。但中下坡位的林分在抚育过程中，全部清理了冠下更新幼树，导致现有林分只有上层和中层木。上坡位的林分，依然保留了良好的冠下更新幼树群体，形成了良好的上中下三层结构，郁闭度 0.8 以上，密度和郁闭度稍大，修枝良好，枯枝较少。按照森林正向演替阶段来划分，该林分属于质量选择阶段前期，林木个体竞争关系为相互排斥，生命力强的树木占据林冠的主林层并进入直径快速生长期。

（2）侧柏人工林近自然经营目标林相设计

采取目标树全林作业经营，形成健康稳定的异龄复层侧柏纯林。

经营 5 年后，对幼树采取株间伐，促进幼树生长和均匀分布。经营 10 年后，对目标树和保留木进行修枝；促进生长结实和天然下种更新，对影响更新层后备目标树生长的上层不良立木进行透光伐，形成健康稳定的层次分明的异龄复层侧柏纯林。经营 20 年后，对影响更新层后备目标树生长的上层不良立木进行透光伐，保持健康稳定复层异龄侧柏纯林，逐步过渡到恒续林经营阶段（图 5-5-26）。

图 5-5-26 侧柏人工林近自然经营恒续林结构

（3）侧柏人工林近自然经营方案

①立木等级划分

按照林木类型划分，将林分内树木依次分类划分为目标树、辅助树、干扰树和其他树。

②目标树数量选择和培育目标

在林分上层选择目标树，根据侧柏生长规律和现有立地条件，按照以上林木分类标准和土层厚度，确定设计目标胸径 40 cm。按照 20 倍目标胸径的间距确定目标树数量每亩为 10～12 株，平均目标树数量每亩 11 株。在后续营林过程中，在下层分批选择后备目标树，其中林冠中层后备目标树数量每亩为 20 株，林冠下层后备目标树数量每亩为 30 株。

③采伐干扰树

将选定的干扰树作为采伐木，每亩伐除 9～27 株，平均每亩伐除 17 株。蓄积采伐强度 8.7%～12.2%，平均蓄积采伐强度 11%。株数采伐强度 13.8%～25%，平均株数采伐强度 21.1%。保留木每亩 55 ～80 株，平均每亩保留木 66 株。

没有目标树的地段，不要选择干扰树。

④透光伐

经营 5 年后，实施透光伐，为林下幼树生长提供生长空间。透光伐与干扰树可同时进行，也可择机进行。重点伐除影响幼树生长的林木，排除目标树。株树采伐强度控制在 5%～10%。经营 10 年，株树采伐强度控制在 10%～15%。经营 20 年后，株树采伐强度控制在 15%～25%，上层保留木控制在每亩 20～30 株，中层保留木控制在每亩 30～40 株，下层幼树控制在每亩 20～30 株。

⑤修枝

对侧柏中龄林木将枝下高提高到树干高度的 1/2～3/5，修枝后树冠高度不低于树干高度的 2/5。经营 5 年、10 年和 20 年后，选定目标树，对目标树和其他保留木进行修枝。

⑥人工促进天然更新

在目标树下方，整修鱼鳞坑树盘。在侧柏结实下种大年，在目标树周围空间开阔位置，块状或条状清理灌草和枯落物，平整，坡下位修筑围堰，为侧柏下种更新提供条件。通过以上措施的实施，经营 3 年后，幼苗达到每亩 20～30 株，幼苗数量作为最低数量控制指标，不进行数量控制。经营 5 年、10 年、20 年后，幼苗达到每亩 30～40 株，且分布均匀。

⑦定株间伐

当前对林分下层有幼树的地方进行定株间伐，通过定株间伐控制幼树数量和均匀度。幼树保留木控制在每亩 5～10 株，且分不均匀经营 5 年和 10 年后，幼树控制在每亩 10～15 株，且分布均匀。经 19 营 20 年后，幼树控制在每亩 20～30 株，并且分布均匀。

⑧割灌除草

对林下有幼树幼苗的地段，进行割灌除草，采取局部割灌，只割除幼苗幼树周边 1 m 左右范围的灌草和藤本植物。经营 5 年、10 年、20 年后，参照以上方法执行。割灌除草后整体林地灌草盖度保持在 20%以上。

⑨采伐剩余物处理

伐后要及时将可利用的木材运走。清理采伐剩余物，将细碎采伐剩余物物堆放于日标树树坑内。

（4）营林效果评价

①林分结构及生长

从表 5-5-14 可以看出，抚育林分乔木与对照生长对比情况为，抚育标准地侧柏人工林每公顷株数为 956 株，侧柏平均胸径、树高、活枝高、冠幅、蓄积分别为 14.23 cm、7.90 m、3.80 m、11.54 m^2、69.20 m^3/hm^2；对照标准地侧柏人工林每公顷株数为 1 108 株，侧柏平均胸径、树高、活枝高、冠幅、蓄积分别为 13.32 cm、7.55 m、3.14 m^2、12.39 m、68.30 m^3/hm^2。抚育标准地每公顷株数少于对照标准地 152 株，抚育林分平均胸径高于对照标准地 0.91 cm，抚育林分平均树高高于对照标准地 0.35 m，抚育林分冠幅较对照大于 0.85 m^2，抚育林分活枝较对照标准地高 0.66 m，抚育林分蓄积较对照标准地高出 0.90 m^3/hm^2。

表 5-5-14 抚育与对照侧柏林林分生长对比

	株数/（株/hm^2）	胸径/cm	树高/m	活枝高/m	冠幅/m^2	蓄积/（m^3/hm^2）
抚育	956	14.23	7.90	3.80	11.54	69.20
对照	1 108	13.32	7.55	3.14	12.39	68.30

②对林内植物多样性的影响

从表 5-5-15 可以看出，抚育和对照标准地一共含有 8 科 9 种植物，分别为荆条（*Vitex negundo*）、花椒（*Zanthoxylum bungeanum*）、酸枣（*Ziziphus jujuba*）、构树（*Broussonetia papyrifera*）、扁担杆子（*Grewia biloba*）、君迁子（*Diospyros lotus*）、刺槐（*Robinia pseudoacacia*）、桑树（*Morus alba*）、臭椿（*Ailanthus altissima*）、侧柏（*Platycladus orientalis*）。抚育后侧柏林灌木共有 8 科 8 种，分别为荆条、花椒、酸枣、构树、扁担杆子、君迁子、刺槐、侧柏；对照侧柏林地有 8 个科 9 种灌木，分别为君迁子、桑树、臭椿、荆条、花椒、酸枣、构树、扁担杆子、侧柏；抚育标准地中没有桑树和臭椿，对照标准地没有刺槐；对林地内灌木的清理对灌木种类的影响很小。在抚育样地内植物的高度、冠幅平均低于对照样地，高度最大相差为 125 cm，冠幅最大相差为 23 265 cm^2。简单看出抚育标准地灌木的高度和冠幅相比对照标准地大为减少，有效提高了侧柏目标树的生长空间。

表 5-5-15 抚育与对照标准地灌木调查结果

植物名称	科属	抚育		对照	
		高度/cm	冠幅/cm^2	高度/m	冠幅/cm^2
荆条	马鞭草科	86	6 402	118	9 776
花椒	芸香科	35	1 426	139	10 914

植物名称	科属	抚育		对照	
		高度/cm	冠幅/cm^2	高度/m	冠幅/cm^2
侧柏	柏科	35	2 022	145	5 133
酸枣	鼠李科	38	1 633	120	2 000
构树	桑科	105	12 250	120	12 500
扁担杆子	椴树科	80	3 000	205	17 825
君迁子	柿科	48	1 485	170	24 750
刺槐	豆科	90	1 800		
桑树	桑科			120	4 200
臭椿	苦木科			300	12 000

在人工抚育侧柏人工林活后，侧柏林林下调查结果共含有 9 科 15 种植物，分别为荩草（*Arthraxon hispidus*）、隐子草（*Cleistogenes squarrosa*）、狗尾草（*Setaria viridis*）、茜草（*Rubia cordifolia*）、葎草（*Humulus scandens*）、鹅绒藤（*Cynanchum chinense*）、土麦冬（*Liriope spicata*）、何首乌（*Fallopia multiflora*）、野韭（*Allium ramosum*）、酢浆草（*Oxalis corniculata*）、马塘（*Digitaria sanguinalis*）、黄背草（*Themeda japonica*）、求米草（*Oplismenus undulatifolius*）、龙葵（*Oplismenus undulatifolius*）、鬼针草（*Bidens pilosa*）。其中对照标准地含有 10 种草本植物，分别为荩草、隐子草、狗尾草、茜草、葎草、鹅绒藤、土麦冬、何首乌、野韭、酢浆草；抚育标准地有 12 种草本植物，分别为荩草、隐子草、狗尾草、马塘、黄背草、求米草、葎草、鹅绒藤、龙葵、鬼针草、何首乌、野韭；对照标准地中没有马塘、黄背草、求米草、龙葵、鬼针草，抚育标准地没有酢浆草、土麦冬和茜草。对照林分较抚育少 2 个种，多 3 个科，对照标准地禾本科最多为 3 个种，其次是茜草科 2 个种、蓼科、萝藦科、葱科、酢浆草科、百合科分别为 1 个种；抚育标准地中禾本科最多为 6 个种，其次为萝藦科 2 个种、茜草科、葱科各 1 个种。对照林分重要度最高的是土麦冬为 16.69%，重要度最低的是狗尾草为 3.25%；抚育林分重要度最高的是荩草为 17.76%，重要度最低的是狗尾草和马塘同时为 4.10%；而对照标准地草本植物少于抚育标准地 2 种（表 5-5-16）。

表 5-5-16　草本植物重要度

植物名称	科属	重要度/%	
		抚育	对照
荩草	禾本科	0.177 6	0.137 3
隐子草	禾本科	0.085 4	0.137 9
狗尾草	禾本科	0.041 0	0.032 5
马塘	禾本科	0.041 0	

植物名称	科属	重要度/%	
		抚育	对照
黄背草	禾本科	0.066 5	
求米草	禾本科	0.086 9	
茜草	茜草科		0.086 8
葎草	茜草科	0.065 9	0.035 7
鹅绒藤	萝藦科	0.095 8	0.146 9
龙葵	茄科	0.057 5	
鬼针草	菊科	0.085 6	
土麦冬	百合科		0.166 9
何首乌	蓼科	0.074 0	0.120 4
野韭	葱科	0.123 0	0.072 7
酢浆草	酢浆草科		0.095 5

从图 5-5-27 可以看出，侧柏人工林抚育标准地林下草本植物的 Pielou 均匀度指数、Simpson 多样性指数、Shannon-Weiner 多样性指数、Gleason 丰富度指数分别为 0.965 9、0.901 1、2.400 2、1.875 9，对照标准地分别为 0.968 1、0.875 0、2.127 2、1.406 9。抚育标准地 Piclou 均匀度指数低于对照标准地 0.002 2，Simpson 多样性指数、Shannon-Weiner 多样性指数、Gleason 丰富度指数分别高于对照标准地 0.026 1、0.273 0、0.469 0，说明了抚育标准地草本植物的多样性和丰富度比对照标准地丰富，植物多样性高，由于是抚育一年后的调查结果，抚育样地的均匀度小于对照样地，效果不明显，但正在发生变化。

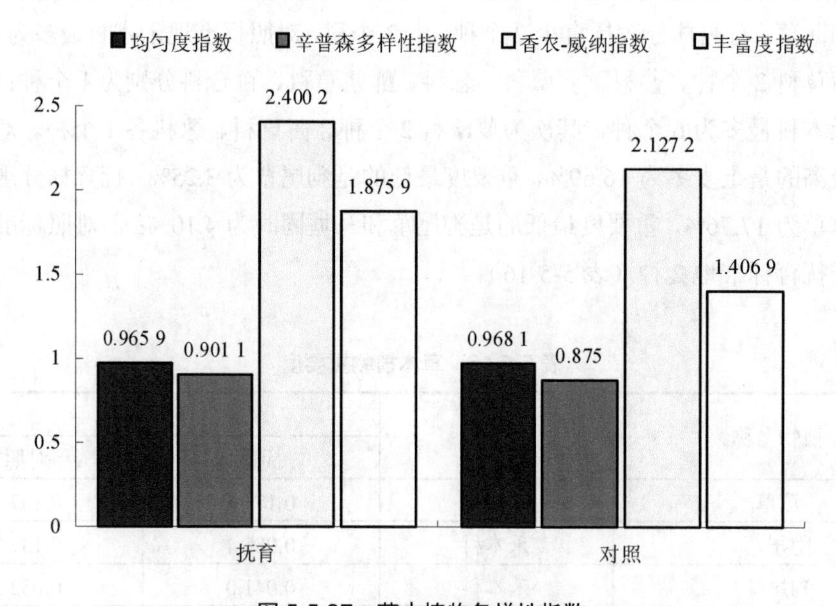

图 5-5-27 草本植物多样性指数

③对土壤理化性质的影响

从表 5-5-17 可以看出，抚育标准地侧柏人工林林分的土壤基础物理性质和对照相比。

表 5-5-17　抚育和对照标准地土壤的基础物理性质

	pH	电导率/（kΩ/cm）	含水率/%	容积含水率/%	容重/（g/cm^3）	土壤总孔隙度
抚育	7.45	98.40	12.056	14.30	1.04	0.607 71
对照	7.41	97.47	12.913	14.77	1.00	0.641 18

抚育标准地土壤的 pH、电导率、含水率、容积含水率、容重、土壤总孔隙度分别为 7.45、98.40 kΩ/cm、12.056、14.30、1.04 g/cm^3、0.607 71；对照标准地土壤的 pH、电导率、含水率、容积含水率、容重、土壤总孔隙度分别为 7.41、97.47 kΩ/cm、12.913、14.77、1.00 g/cm^3、0.641 18。抚育标准地土壤的 pH 较对照标准地更偏向于中性、电导率较对照标准地提高 0.95%，土壤的含水率较对照标准地下降 6.64%、容积含水率较对照标准地下降 3.18%、容重较对照标准地高 0.04%，土壤总孔隙度较对照低 5.22%。从调查结果可以简单看出，土壤变化效果不明显，但土壤基础物理性质正在发生变化，在逐渐改善，土壤物理性质越来越好。

从图 5-5-28 可以看出抚育侧柏人工林分土壤的酶活性和对照相比。抚育标准地的过氧化氢酶、脲酶、中性磷酸酶、蔗糖酶含量分别为 2.32、1.88、1.85、147.96；抚育标准地的过氧化氢酶、脲酶、中性磷酸酶、蔗糖酶含量分别为 2.68、1.55、2.15、128.13。抚育标准地的过氧化氢酶、脲酶、中性磷酸酶、蔗糖酶含量较对照标准地分别提高−13.43%、21.29%、−13.95%、15.48%。人为的踩踏会对酶产生一定的影响，由于抚育时间较短，从土壤的酶含量可以简单看出，抚育标准地和对照标准地虽然有差距，但变化无规律，总体效果不明显，但正在发生变化。

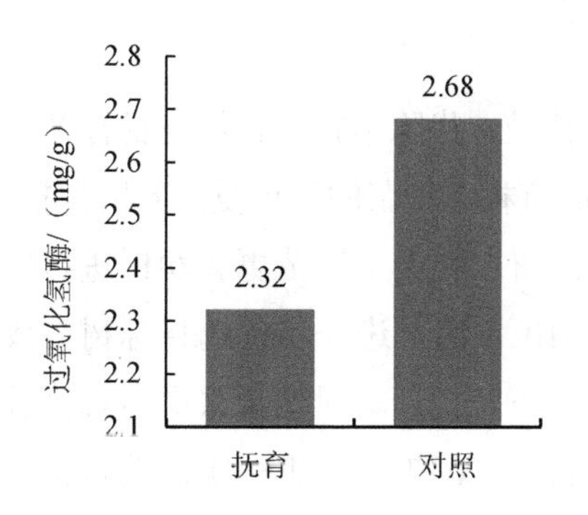

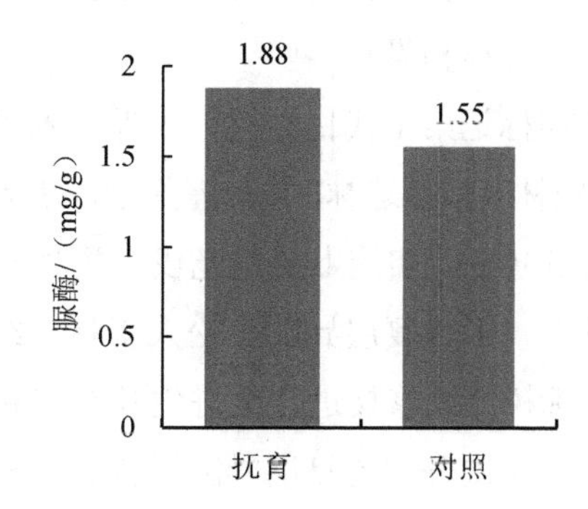

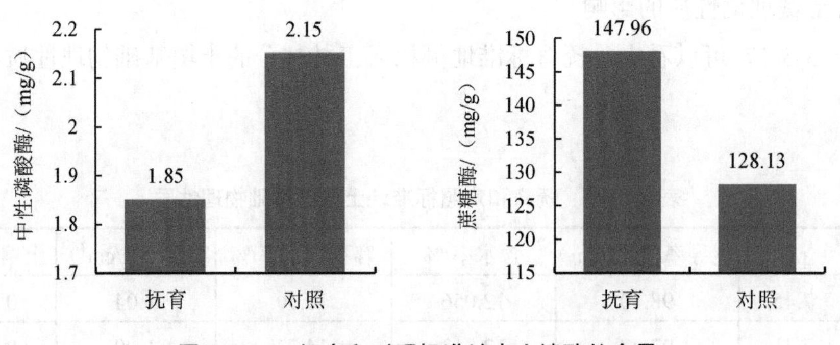

图 5-5-28 抚育和对照标准地内土壤酶的含量

（5）结论

制定了以目标树培育为核心的侧柏林林营林方案。确定目标树培育周期为 120～150 年，目标胸径 40 cm，目标树数量为每公顷 150～180 株。平均每亩伐除目标树干扰木和伐除干形不良无培育前途立木共 17 株，蓄积间伐强度 11%。

5.3.2.2 黑松人工林近自然经营方案设计

（1）林分概况

威海环翠区仙姑顶黑松赤松人工林，混交比例为 9∶1，但由于连年发生干旱冻害和病虫害，现存赤松已经枯死或处于濒死状态，现存株数不足 5%。由于该林分早期密度过大间伐不及时，其自然整枝严重，活冠层仅 2～3 m。2013 年以后实施中央财政抚育工程，间伐和修枝后，林分密度下降至每亩 40～60 株，郁闭度 0.80，树干中部枯枝已经修枝，上部仍有 0.5～1.5 m 高度枯枝。现有林分平均胸径 17.6 cm，平均树高 7.7 m，单株平均蓄积量 0.134 0 m^3，平均每亩蓄积量 5.708 1 m^3，林木平均密度 43 株/亩。

黑松林内无天然下种更新黑松幼树，这是由于林地地被植物、枯落层和腐殖层覆盖度大导致。但有少量君迁子、核桃等天然下种更新幼树。另外，按照森林正向演替阶段来划分，该林分属于质量选择阶段后期。林木个体竞争关系为相互排斥，生命力强的树木占据林冠的主林层并进入直径快速生长期。

（2）目标林相设计

选择和标记第 1 代目标树作为保留木进行修枝，伐除干扰树，促进目标树天然下种更新，实施林下植苗造林，并割灌除草，初步形成有林下幼苗的简单复层异龄黑松人工林。

经营 5 年后，实施上层透光伐，并对上层保留木和人工植苗更新幼树进行修枝和幼树定株抚育，形成复层异龄黑松人工林。经营 10 年后，进一步优选目标树，伐除干扰树，对目标树继续修枝进行促进生长结实和天然下种更新，对幼树采取定株间伐，形成健康稳定、层次分明的复层异龄黑松人工林。经营 20 年后，进一步优选目标树，伐除干扰树，对目标树和人工植苗更新幼树进行修枝，并实施透光伐，对幼树采取定株间伐、割灌除草。在更新层中选择目标树，依次循环实施目标树作业经营，达到恒续经营阶段。

（3）黑松人工林经营方案

①林木分类

按照林木类型划分标准，将林木分类分为目标树、辅助树、干扰树和其他树。

②目标树数量选择和培育目标

按照林木分类标准选择目标树，数量为 10～12 株/亩。经营 10 年后，进一步优选目标树，选留目标树 8～10 株/亩。经营 20 年后，进一步优选目标树，选留目标树 5～6 株/亩；并从更新层选择目标树 10～12 株/亩。

根据现有树种的生长特性和立地条件，林分目标树和更新层目标树培育的目标胸径分别为 30 cm 和 35 cm。

③采伐干扰树

将选定的干扰树作为采伐木，采伐方式和倒向应有利于保护其他林木和幼树。平均每亩伐除 9 株，采伐强度 16.7%～22%；蓄积采伐强度 14.1%～16.7%。株数保留木 28～39 株/亩。没有目标树的地段，不要选择干扰树。采伐后总郁闭度降低到 0.60。林分平均胸径于抚育采伐后不得低于采伐前。

经营 5 年后，实施透光伐，以促进下层更新幼树的生长，蓄积采伐强度 10%～15%，株数采伐强度 15%～20%，上层保留木 25～30 株/亩。经营 10 年后，优选目标树，伐除干扰树，蓄积和株数采伐强度均为 10%～15%；并适时进行透光伐，蓄积和株数采伐强度均为 5%～10%，上层保留木 18～20 株/亩。经营 20 年后，优选目标树，伐除干扰树，蓄积采伐强度 5%～10%，株数采伐强度 10%～15%；并适时进行透光伐，蓄积和株数采伐强度均为 5%～10%，上层保留木 15～16 株/亩。

④修枝

对目标树和其他保留木进行修枝，于秋末至春季萌芽前进行。活枝采取平切法，同时修竞争大枝，按顺时针方向由上而下进行修剪。另外，修去枯死枝，枝桩剪口尽量修平。枝下高为树干高度的 1/2～3/5，修枝后树冠高度不低于树干高度的 2/5。

经营 5 年后，上层林木修枝按照以上控制指标实施；对人工植苗更新幼树进行修枝，将枝下高提高到树干高度的 1/3，修枝后树冠高度不低于树高的 2/3。

经营 10 年后，按照经营 5 年后修枝标准执行。

经营 20 年后，从更新层开始选择目标树，并对其进行修枝。修枝时，枝下高均提高到树干高度的 1/2～3/5，修枝后树冠高度不低于树干高度的 2/5。

⑤人工促进天然更新

由于林分下层未见天然更新黑松幼苗幼树，因此需采取人工促进天然更新措施。其重点是加强对目标树抚育，促进目标树树冠发育和结实，以提高更新层的遗传品质。在目标树下方，整修鱼鳞坑树盘，并将采伐细碎剩余物适当堆于树坑内表面。修砌围堰，并沿等高线向两侧延伸 1 m，拦蓄地表径流，改善目标树的水分状况。作业期内要定期进行树盘整理，以免出现失修和破坏现象（图 5-5-29）。

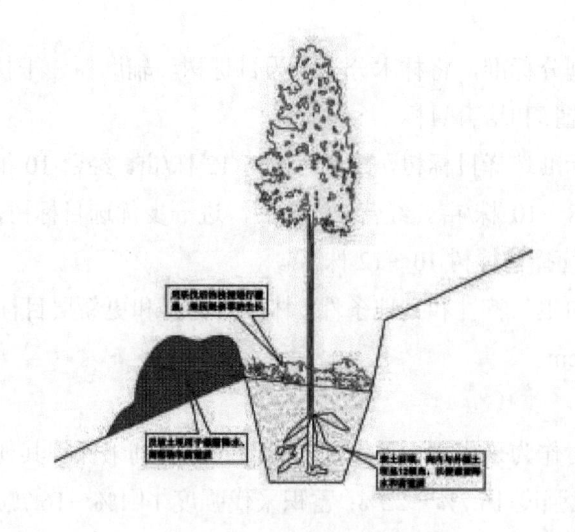

图 5-5-29　鱼鳞坑树盘整理

黑松结实下种大年时，在目标树周围空间开阔位置，块状或条状清理灌草和枯落物后，开挖树穴，为黑松下种更新提供条件。树穴规格为长 20 cm×宽 15 cm×深 20 cm，每亩 30 个，平整后坡下位修筑围堰。通过以上措施的实施，经营 3 年后，幼苗达到 20～30 株/亩，幼苗数量作为最低数量控制指标，不进行数量控制。经营 5～20 年后，幼苗达到 30～40 株/亩。

⑥定株间伐

经营 5 年后，林分通过天然下种更新形成幼树时，开始定株间伐，控制幼树均匀度和数量。定株间伐后，幼树保留木为 20～30 株/亩，且分布均匀，经营 10 年和 20 年后，按以上方法实施。

⑦割灌除草

对林分内新植幼树进行局部割灌除草，只割除幼树周边 1 m 左右范围的灌草和藤本植物，整体林地灌草盖度保持在 20%以上，实施期限为 3 年。经营 5 年后，林下层有天然更新的幼树幼苗时，按照以上方法及时对幼树、幼苗进行割灌除草。

⑧采伐剩余物处理

采伐后要及时将可利用的木材运走。清理采伐剩余物，将细碎的枝丫等剩余物堆放于目标树树坑内，要低于树坑外沿。将其他枝丫、梢头、树桩、截头等剩余物堆放于目标树下部外围沿等高线方向堆放实现对降水的截留，如果剩余物较多，也可堆放在其他树的下部外围（图 5-5-30）。

图 5-5-30　细碎采伐剩余物堆放处理

（4）营林效果评价

试验选取黑松人工林分进行近自然转化改造，目前均完成了第 1 期抚育间伐作业。其中，黑松人工林抚育作业样地保留木（DBH≥5 cm）约为 420 株/hm²，对照样地保留木约为 540 株/hm²，间伐时长 2 年。

1）对林分生长的影响

通过对各林分不同样地保留木生长量的野外调查数据可以看出（表 5-5-18），抚育样地在平均胸径、树高、冠幅方面都是普遍高于对照样地的，提高比例分别为 3.13%～12.89%、3.03%～8.91%、2.75%～25.91%，但是由于对照样地与抚育样地都进行过修枝作业，所以在平均枝下高方面并没有显著差异。

表 5-5-18　近自然改造后林分生长特征

林分	样地号	平均胸径/cm	平均树高/m	平均枝下高/m	平均冠幅/m
黑松人工林	T1-1	20.70±4.31ab	7.96±0.66ab	4.88±0.85a	5.58±0.81a
	T1-2	21.06±3.98a	8.13±0.94a	4.61±0.82ab	5.23±1.49ab
	T1-3	19.00±3.55bc	7.54±0.93bc	3.51±0.52c	4.88±0.86b
	C1-1	19.67±2.55abc	7.28±1.14c	4.40±1.07b	5.48±1.15a
	C1-2	19.73±3.14abc	7.47±1.10bc	4.30±0.82b	5.14±0.96ab
	C1-3	18.09±2.80c	7.15±0.82c	3.59±0.82c	4.66±1.11b

注：表中大写字母 T 为不同林场的抚育样地，大写字母 C 为对照样地，数字诸如 1-1、1-3 或 3-3 等则为相同林场中相同处理的不同重复。不同小写字母表示同一指标在不同处理下差异显著（$P<0.05$）。

对表 5-5-18 中数据进行平均数统计分析后发现，经抚育作业后胸径有所提高（图 5-5-31），黑松人工林抚育样地平均胸径为 20.20 cm，较对照处理提高 5.69%，且呈显著差异水平（$P>0.05$）。

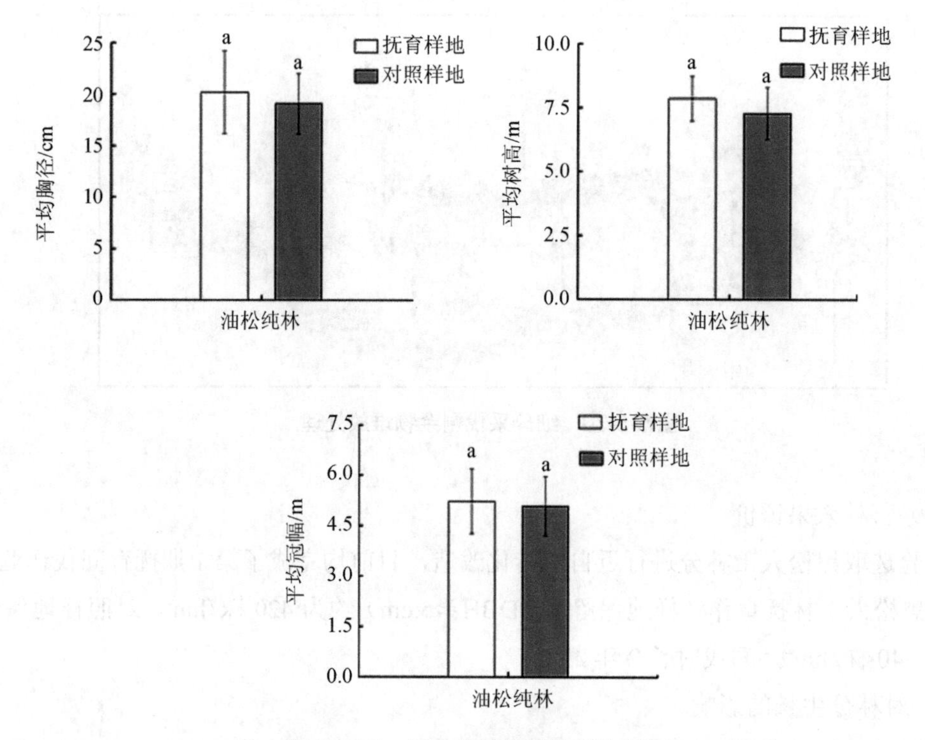

图 5-5-31 近自然改造后林分生长特征

注：图中不同小写字母表示同一指标在不同处理中的差异显著性（$P<0.05$）。

树高和冠幅与胸径变化趋势一致，抚育后效果好于对照样地，黑松人工林抚育样地平均树高为 7.86 m、平均冠幅为 5.23 m，较对照样地提高 7.95%和 2.75%（$P>0.05$）；但是，林分由于抚育年限尚短，林木平均生长量虽略有提升，但并不显著（$P>0.05$）。

2）保留木胸径年生长量变化

抚育间伐后，林分密度降低，进而导致林木胸径出现明显变化（图 5-5-32）。通过对林分 1 年间的平均胸径生长量进行调查后发现，黑松人工林抚育样地中林木平均胸径年生长量为 1.05 cm、对照样地为 0.63 cm，前者较后者增幅 66.67%（$P<0.05$）对比不同林分胸径年生长量的变化趋势结果，表明林分近自然抚育改造对平均胸径增加呈现出正效应。

3）近自然抚育经营对保留木平均树高生长量的影响

对黑松林分抚育后以及对照样地内保留木平均树高年生长量进行统计（图 5-5-33），统计结果显示，黑松人工林经抚育采伐后林木平均树高年生长量为 0.82 m，对照样地为 0.65 m，处理虽较对照提高 26.15%，但差异不显著（$P>0.05$）。

由上述研究结果可以看出，抚育间伐可以改善林木生长的环境，加速林木高生长，这在林分近自然改造后的林木中均有所体现，其树高增长速度高于对照处理，但抚育效果未达到显著差异（$P>0.05$），主要原因是黑松人工林抚育时间较短。

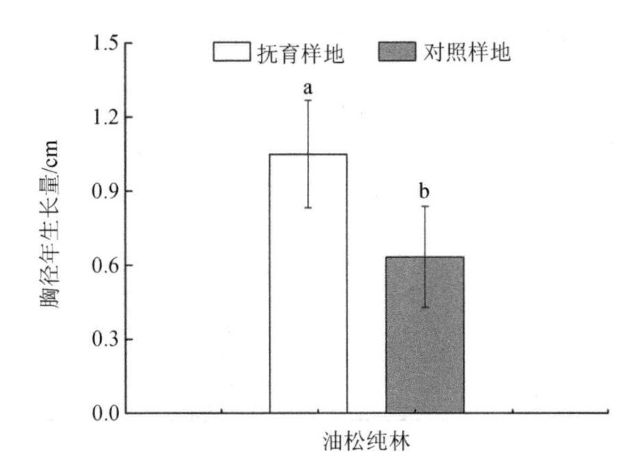

图 5-5-32　近自然改造后林分胸径年生长量

注：图中不同小写字母表示同一指标在不同处理下差异显著（$P<0.05$）。

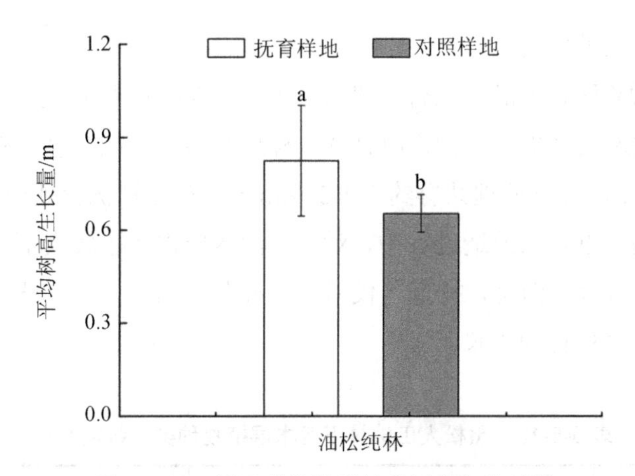

图 5-5-33　近自然改造后林分树高年生长量

注：图中不同小写字母表示同一指标在不同处理下差异显著（$P<0.05$）。

4）近自然经营对保留木平均冠幅年生长量的影响

黑松林分中，经抚育采伐后保留木冠幅较对照处理均有所提高（图 5-5-34）。抚育采伐后黑松人工林中保留木冠幅年生长量为 0.47 m，较对照处理提高 2.92 倍，且呈显著差异；可见，近自然改造后，随林分密度的大大降低，上层林冠生长空间充足，冠幅得到增幅，抚育改造样地保留木的平均冠幅年生长量显著高于对照。

5）对林下植物多样性的影响

林下灌木层与草本层是森林系统的重要组成部分，在维护森林生态结构与功能上具有重要作用。研究表明，在维护森林生态系统物种多样性、能量交换、保持水土、影响种子萌发等方面，灌木与草本都有着不可忽视的作用。

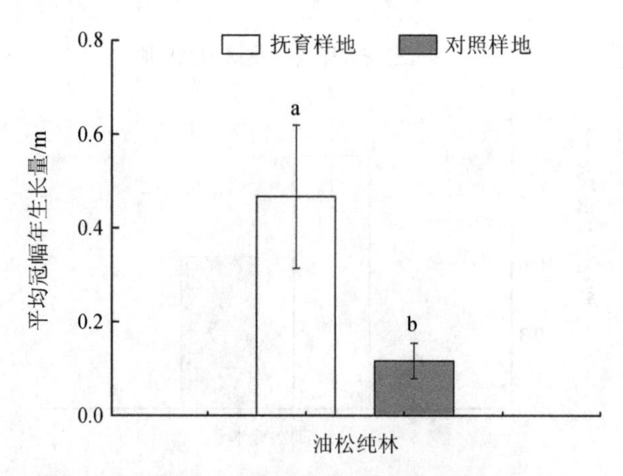

图 5-5-34 近自然改造后林分冠幅年生长量

注：图中不同小写字母表示同一指标在不同处理下差异显著（$P<0.05$）。

①对林下灌木层的影响

黑松人工林试验区野外灌木调查结果显示（表 5-5-19），抚育处理中灌木层种类有 6 种，对照处理有灌木层种类有 5 种，而且抚育样地则多生侧柏。总体株数上，对照处理共有约 1 510 株/hm^2，抚育处理共有约 1 042 株/hm^2，对照较抚育处理增加 468 株/hm^2。这是由于抚育样地在近自然改造过程中，对林下灌木层进行了较大幅度的清理，导致其总体株数低于对照样地。但是，抚育间伐后由于林分郁闭度下降，林内空间开阔，反而促进了侧柏这一喜光树种的生长。

表 5-5-19 黑松人工林林下灌木层植物种类和数量变化

样地类型	种类	株数/hm^2	总种类数	总株数/hm^2
抚育样地	荆条构树侧柏酸枣	455.00±36.38 145.00±78.96 25.00±16.51 30.00±14.20	6	≈1 042
	麻栎	330.00±71.58		
	臭椿	57.00±27.45		
对照样地	荆条麻栎臭椿	450.00±17.58 475.00±82.55 45.00±16.38	5	≈1 510
	桑树	30.00±19.62		
	构树	340.00±88.90		

②近自然改造对林下草本植物多样性的影响

林下草本植物多样性指数变化

对不同林分林下草本植物多样性的调查结果表明（表 5-5-20），黑松人工林抚育样地中 Simpson、Shannon-Wiener 和 Gleason 指数均高于对照样地，分别为 1.93%、10.43% 和 4.67%。黑松人工林由于林分近自然改造后，林内生长环境变化诱导草本丰富度与多样性呈正效益增长，不足的是林分抚育时长较短，植物物种分布并不均匀。

表 5-5-20　黑松人工林试验区草本植物多样性指数变化

样地类型	均匀度指数	辛普森多样性指数	香农-威纳指数	丰富度指数
抚育样地	0.157 7	0.925 5	2.680 3	2.657 5
对照样地	0.202 3	0.908	2.427 2	1.875 9

林下草本植物种类与重要值变化

森林抚育采伐过程中，我们对黑松人工林林下草本植物种类进行了调查，如表 5-5-21 所示，抚育样地与对照处理在植物种类总数数量上差别较小，其中，抚育样地共有草本植物为 11 种，对照样地有 10 种，其中羊胡子草（*Carex rigescens*）、隐子草（*Cleistogenes squarrosa*）、茜草（*Rubia cordifolia* L.）和甘菊（*Chrysanthemum lavandulifolium*）等 4 种植物在两个样地中均有分布。何首乌（*Fallopia multiflora*）、苦麦菜（*Ixeris denticulata*）、萝藦（*Metaplexis japonica*）、竹叶草（*Oplismenus compositus*）、狗尾草（*Setaria viridis*）、披碱草（*Elymus dahuricus* Turcz.）、马唐［*Digitaria sanguinalis*（L.）Scop.］等草本植物是抚育样地中所特有的，且马唐、萝藦为喜光品种。这是由于经抚育采伐后，林隙空间的光照条件改善，使得喜光草本植物马唐成为该林分的优势种，且其重要度最高，为 12.5%。地梢瓜（*Cynanchum thesioides*）、鬼针草（*Bidens pilosa* L.）、飞蓬（*Erigeron speciosus*）、荩草［*Arthraxon hispidus*（Thunb.）Makino］、白英（*Solanum lyratum* Thunb.）、苣荬菜（*Sonchus wightianus*）等草本植物则是对照样地中所特有的，而且鬼针草的重要度最高，为 11.79%。

表 5-5-21　黑松人工林林下草本植物种类与重要度变化

抚育样地植物种类	科	重要度/%	对照样地植物种类	科	重要度/%
马唐	禾本科	12.15	鬼针草	菊科	11.79
苦麦菜	菊科	10.2	苣荬菜	菊科	11.14
羊胡子草	莎草科	6.54	白英	茄科	9.69
竹叶草	禾本科	5.8	羊胡子草	莎草科	9.53
隐子草	禾本科	5.41	地梢瓜	萝藦科	9.17

抚育样地植物种类	科	重要度/%	对照样地植物种类	科	重要度/%
甘菊	菊科	5.1	茜草	茜草科	7.65
狗尾草	禾本科	4.88	甘菊	菊科	7.29
萝藦	萝藦科	4.16	荩草	禾本科	7.11
披碱草	禾本科	3.76	隐子草	禾本科	4.96
何首乌	蓼科	2.95	飞蓬	菊科	2.71
茜草	茜草科	1.99			

③对林下土壤的影响

土壤作为森林生态系统的重要组成部分，其物理、化学性质是分析林分现状、抚育效果、人为干扰及土壤质量变化的重要指标。土壤酶是土壤组分中最活跃的有机成分之一，既可以反映土壤物质能量代谢旺盛程度的指标，又可以评价生态环境质量与土壤肥力。

对土壤物理结构和 pH 的影响

从林分不同处理样地中土壤主要物理性质的测定结果可以看出（表 5-5-22），立地土壤 pH 和容积含水率的变化规律相似，但土壤含水率无明显变化。抚育处理土壤 pH 为 5.40，相较于对照样地提高了 3.45%，但差异并不显著（$P>0.05$）；黑松人工林经抚育后，土壤容积含水率较对照处理提高了 25%，土壤容重越小，土壤越疏松多孔，反之土壤则越紧实。研究发现，林分经抚育采伐后土壤容重均较对照处理降低。黑松人工林抚育处理后土壤容重为 1.4 g/cm^3，较对照处理降低 7.89%。上述结果表明，抚育间伐对土壤 pH、容重和容积含水率均有一定的改善效果。这说明抚育间伐等人为干扰可以通过改变土壤酸碱性、降低土壤容重，增加土壤孔隙度、提高土壤容积含水率，从而改善土壤质量，改变林隙空间结构、增加光照、促进根系发育，以此改善林下植物多样性和分布特征。不足的是，黑松人工林分存在抚育改造时长较短问题，导致抚育效果差异性并不显著。

表 5-5-22 黑松人工林立地土壤物理性质变化

样地类型	pH	电导率/（kΩ·cm^{-1}）	含水率/%	容积含水率/%	土壤容重/（g/cm^3）
抚育样地	5.40±0.09a	43.27±7.14bc	0.03±0.02b	0.05±0.02b	1.47±0.07a
对照样地	5.33±0.09a	55.13±11.80ab	0.03±0.01b	0.04±0.01b	1.52±0.01a

注：图中不同小写字母表示同一指标在不同处理下差异显著（$P<0.05$）。

对土壤生物酶活性的影响

过氧化氢酶是具有解毒功能的一种酶，能够催化 H_2O_2 分解成 H_2O 和 O_2，为土壤微生物活动和植物根系生长提供优良的生存环境，是重要的氧化还原酶。蔗糖酶参与土壤有机碳循环，其活性水平可以反映土壤肥力高低与熟土壤化程度，对提高土壤中易溶性营养物质含量有重要意义。脲酶广泛存在于土壤中，是一种与尿素氮肥水解密切相关的水解酶，酶促产物氨是植物的氮源之一，其活性水平可用来指示土壤的氮素水平。磷酸酶是一类与有机磷化合物水解息息相关的酶，其活性水平直接影响土壤中有机磷的生物有效性，对土壤有机质的转化与分解起着重要作用，其指标可反映土壤磷素有效性水平。

通过对林分不同处理下不同土壤生物酶活性的测定发现（图 5-5-35），黑松人工林林分土壤酶活性均表现为抚育样地高于对照处理。抚育处理中土壤过氧化氢酶（图 5-5-35A）活性为 1.67 mg/（g·h）、土壤蔗糖酶（图 5-5-35B）活性为 47.96 mg/（g·24 h）、脲酶（图 5-5-35B）活性为 7.95 mg/（g·24 h）、土壤磷酸酶（图 5-5-35B）活性为 35.72 mg/（g·24 h），分别较对照提高 25.56%、4.99%、5.44%和 6.98%，且过氧化氢酶和脲酶活性呈显著水平差异。可见，黑松人工林经过两年的近自然抚育改造，土壤酶活性均表现为增益效应，但总体表现差异不明显，主要是由于抚育时间过短所致。

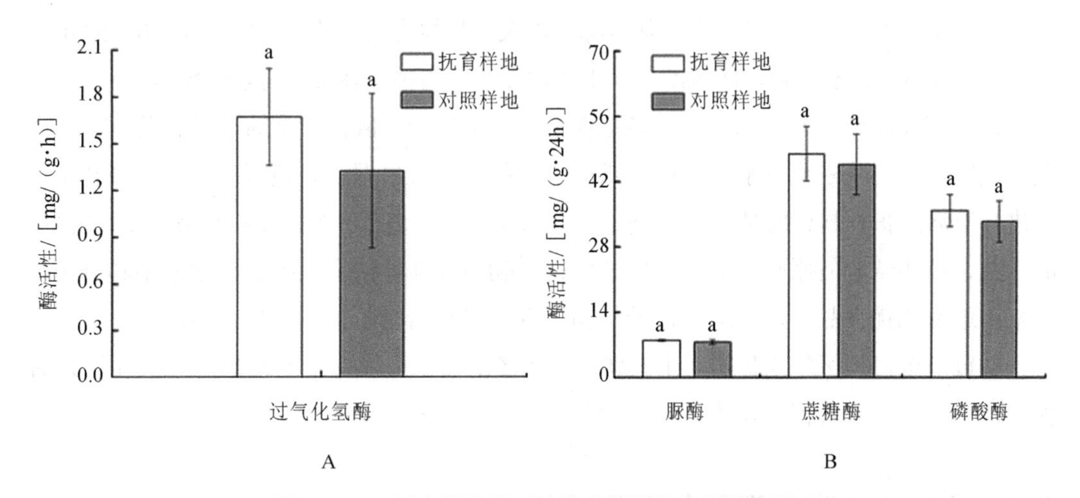

图 5-5-35　近自然改造对林分土壤生物酶活性的影响

注：图中不同小写字母表示同一指标在不同处理下差异显著（$P<0.05$）。

（5）结论

基于近自然经营技术与理论，结合黑松林木生长规律，将其划分为 5 个近自然经营阶段，并将 5 个阶段与普通森林群体的生长发育阶段相结合，针对不同立地条件，提出适用于不同阶段的经营措施，进而编制出黑松和松栎混交林的人工林长期经营方案。近自然抚育改造能有效改善林分生长量、林下植物多样性、林下土壤性质。实现人工林的长期、可持续经营，通过阶段性抚育作业，实现单调的林龄结构向复层混交异龄林的转变。

6 沿海防护林林带优化配置模式

滨海地区处于陆地与海洋交替的气候剧变带，极易发生灾害性天气，台风、暴雨、风暴潮和旱涝等袭击海岸及城市毗邻地段，给人民生命财产造成严重损失。据沿海地区近百年统计，登陆台风 191 次，平均每年 2 次，有影响的台风 275 次，平均每年 3 次，由台风引发的风沙、暴风雨等自然灾害破坏性极大。基干林带是抵御风沙的首要防线，也是沿海防护林体系的骨干工程，对抗御台风、风暴潮和海浪侵袭等起着很大作用。通常在泥质海岸和沙质海岸以建防护林带为主，基岩海岸以人工片林为主，林带宽度多为 30～50 m，宜选用抗风性、耐盐性强，防风沙、固土作用显著的树种，林带多为紧密结构。

在滨海盐碱地生态环境下，许多植物不能正常生长，植物群落的形成、发展、演替受土壤因素，尤其是地下水位及地下水矿化度的限制。根据滨海地区气候和土壤特征，在进行沿海防护林构建时要适地适树，并考虑其观赏价值、功能价值和经济价值，按乔、灌、花、草相结合的原则，最大限度地保持生物多样性。切实保护好当地的植物种类，积极引进驯化优良品种，营造丰富的植物景观，提高沿海防护林的稳定性。

通过对滨海地区植物种类、生长状况、越冬情况以及筛选出的部分树种抗性能力的测定，提出以下 3 种模式作为沿海防护林林带配置模式。

6.1 迎风靠海直吹海防林配置模式

距海岸 50 m，配置树种为柽柳；距海岸 100 m，配置树种为黑松和紫穗槐混交、光叶榉；距海岸 150 m，配置树种为丁香、白蜡、木槿、臭椿、刺槐、柳树、萱草、鸢尾；距海岸 200 m 以外，配置树种为海州常山、凤尾兰、紫叶小檗、金叶女贞、榆叶梅、郁李、皂荚、垂枝榆、红叶椿、紫荆、石榴、合欢（图 5-6-1）。

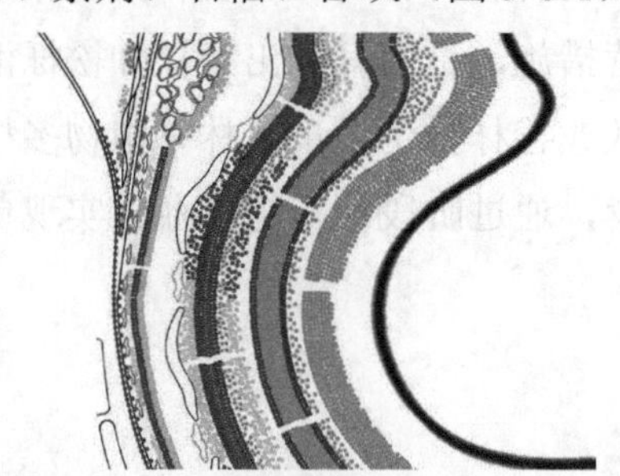

图 5-6-1 迎风靠海直吹滨海绿地配置模式

6.2　侧风地滨海绿地配置模式Ⅰ

距海岸 50 m，配置树种为柽柳；距海岸 100 m，配置树种为黑松、紫穗槐、刺槐、火炬树；距海岸 150 m，配置树种为丁香、白蜡、木槿、臭椿、柳树、桑树、萱草、鸢尾；距海岸 200 m 以外，配置植物为柳树、桃树、银杏、郁李、丁香、扶芳藤、福禄考、刺槐、黄栌、紫藤、金银木、刚竹、龙柏、紫叶矮樱、文冠果、凌霄、马蔺、牵牛花、海州常山（图 5-6-2）。

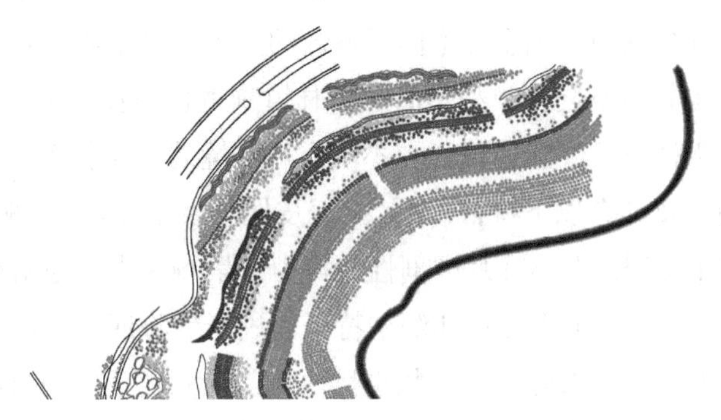

图 5-6-2　侧风地滨海绿地配置模式Ⅰ

6.3　侧风地滨海绿地配置模式Ⅱ

距海岸 50 m，配置树种为柽柳；距海岸 100 m，配置树种为黑松、紫穗槐、刺槐、光叶榉；距海岸 150 m，配置植物为铅笔柏、木槿、臭椿、柳树、桑树、结缕草、福禄考；距海岸 200 m 以外，配置树种为紫薇、小叶女贞、蔷薇、连翘、樱花、红叶石楠、旱柳、臭檀、卫矛、元宝枫、黄山栾、水曲柳、大叶女贞、迎春花、探春花、红枫、红栌、杜仲、黄刺玫、紫花地丁（图 5-6-3）。

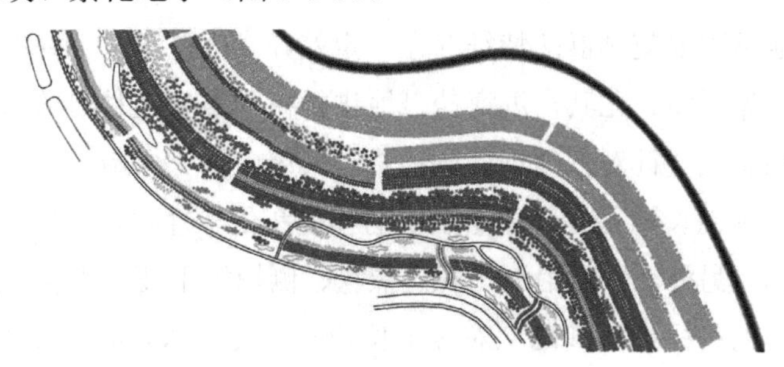

图 5-6-3　侧风地滨海绿地配置模式Ⅱ

7 主要结论

（1）沿海地区植被类型呈现从沿海到内陆的规律性变化。沿海防护林按功能可划分为濒海生态灌草带、主干生态防护林带、多功能混交林带，其结构包含灌木型、乔木型、乔灌复合型、农林复合型四个类型。不同区域内的防护林群落组成存在较大差异，土壤水分和土壤含盐量是制约不同各类型沿海防护林植物生长的重要因素。

（2）沿海地区树种根叶性状体现了与不同立地环境的密切相关型。例如，沿海山丘区树种叶解剖结构主要具有以下特征：叶片上表皮比下表皮厚，叶肉栅栏组织高度发达，栅栏组织/海绵组织比较大，上述叶片解剖性状可为干旱石灰岩山地植被修复树种选择提供一定的参考价值。此外，根系分形和解剖特征也进一步验证了上述树种对干旱胁迫的适应性。滨海地区主要树种根叶功能性状也呈现与盐碱立地条件的良好相关性。这些结果说明，根叶功能性状可作为沿海地区海防林树种选择的重要依据。

（3）沿海地区树种的抗旱、耐盐碱等生理生态特征可为海防林建设树种选择提供可靠依据。对沿海地区主要乡土乔木树种的抗旱生理生态特征的测定表明，臭椿、黄连木、五角枫等生态树种，柿树、花椒、文冠果等经济树种，黄荆、黄栌、连翘等灌木树种均可作为沿海山丘区海防林建设的良好树种，这为滨海山地丘陵区构建乔灌结合的、经济生态型海防林群落提供了依据。对滨海盐碱地主要木本和草本植物耐盐碱能力的测定分析表明，黑松、白蜡、龙柏、大叶女贞、海州常山、法桐、紫薇等乔木树种，金叶女贞、连翘、红叶石楠等灌木，扶芳藤、凌霄、金银花、爬山虎等藤本植物，以及结缕草、萱草等草本植物，均是适宜滨海盐碱地种植。上述结论为拓展海防林建设植物资源具有实践意义。

（4）不同立地类型混交林群落特征存在一定差异，适宜的混交树种有助于提升混交林生产力并改善土壤质量，尤其在滨海盐碱地进行树种混交造林对改善土壤肥力、减轻盐碱伤害具有积极意义。针对低质低效刺槐林，采用白榆、白蜡、臭椿等树种进行混交造林有助于提升林木生长量并改善表层土壤的物理和化学性状，是滨海盐碱地海防林结构优化的典型案例。另外，针对沿海山丘区黑松、侧柏等主要人工林，遵从近自然经营原则，在设计合理的目标林相基础上对各生长阶段的人工林采取适宜的抚育经营作业，有助于提升人工林质量，这可作为滨海山丘区海防林结构优化和质量提升的典型代表。

（5）依据海防林类型划分及滨海地区的环境特征，提供了三种海防林林带配置模式。不同模式适宜的植物资源存在差异，为滨海地区海防林植物选择和配置提供了参考。

第六篇

低山丘陵海防林植被恢复技术研究报告

1 研究背景与意义

1.1 研究背景

党的十八大把生态文明建设作为一项历史任务，纳入了“五位一体”的总布局，并且进一步明确提出，2020 年资源节约型、环境友好型社会建设取得重大进展。森林覆盖率提高，生态系统稳定性增强，人居环境明显改善，并强调当前要抓好“加强森林保护，大力开展植树造林和森林抚育，增加碳汇，保护海洋生态和海洋自然岸线”的重点任务。

山东省位于中国东部沿海、黄河下游，总面积 15.71 万 km^2，大陆海岸线总长度 3216 km，占全国海岸线的 1/6，其中泥质海岸线长 1482 km，砂质海岸线长 920 km，基岩海岸线长 814 km（许景伟等，2007）。全省林地面积为 331.3 万 hm^2，活立木总蓄积量 12 360.7 万 m^3，居全国 20 位之后（吴南等，2014）。

山东省委、省政府高度重视沿海防护林体系建设，根据《全国沿海防护林体系总体规划》，把沿海防护林体系建设工程纳入了《山东省林业发展“十二五”规划纲要》，涉及滨州、东营、潍坊、烟台、威海、青岛、日照、临沂等 8 个市的 47 个县（市、区），旨在完善沿海防护体系，提高综合防护功能，构筑山东省沿海绿色生态屏障。

山东省是我国海洋灾害多发省份，沿海防护林在防灾减灾方面担负着重要角色。沿海防护林建设始于 20 世纪 50 年代，自 1988 年国家实施沿海防护林体系建设工程以来，取得了长足发展，初步构筑起以基干林带为骨干的沿海防护林体系，在促进经济社会发展、保护环境以及防灾减灾等方面发挥着不可替代的作用。近年来，随着沿海地区经济的迅速发展，对沿海防护林建设的标准和要求也越来越高，改善沿海地区生态环境的任务越来越艰巨。目前山东省沿海防护林建设存在诸多问题：一是森林覆盖率低。森林资源发展不平衡，尤其是黄河三角洲地区森林覆盖率不足 10%，与山东省目前 16.7%的森林覆盖率还有很大差距（乔勇进等，2000）。二是林分质量差。目前沿海防护林主要以黑松为主，混交林少，部分林分已进入成、过熟阶段，林木蓄积量增长量仅为 1.4 $m^3/(hm^2 \cdot a)$，为全省平均水平的 45%，树种单一、结构简单、质量差（王贵霞等，2004）。三是部分地段基干林带建设标准低。全省海岸基干林带达标率仅为 40%，还有 1 165.36 km 的基干林带需要加宽和修复（王玉华等，2006）。四是综合防护功能弱。山东省沿海地区水土流失面积占该地区面积的 40%以上，森林综合防护功能低，风、暴、潮等灾害时有发生（王贵霞等，2004）。据不完全统计，1990 年以来，全省沿海地区共遭受风、暴、潮灾害 60 余次，直接经济损失超过百亿元。上述问题严重影响了沿海防护林正常防护功能的发挥，与沿海地区社会经济发展现状极不相称（单奇华等，2012）。

防护林是指为了改良和保持生态环境，从而实现生产生活可持续发展的人工林和天然林，对国家生态安全有着至关重要的作用，可以分为防风固沙林、水土保持林、水源涵养林、护路护岸林、农田防护林和沿海防护林等（单奇华等，2012）。其中，沿海防护林具有保护堤塘海岸、调节温湿度、防风固沙和恢复生境等重要功能（刘逸洁等，2017），是我国“两屏三带”林业部署战略和“十三五”林业生态发展规划的重要部分，沿海防护林体系也是我国正在建设的十大林业生态修复工程之一。

1989 年起，沿海防护林体系工程开始工程试点建设；1991—2000 年，该体系工程被列入全国林业重点工程，在全国进行了全面实施建设；2006 年，国家林业局对沿海防护林体系工程二期工程进行了修编规划，将建设期限延长至 2015 年，并扩大了工程建设范围和内容；2017 年，国家林业局编制印发了《全国沿海防护林体系建设工程规划（2016—2025 年）》，对沿海防护林体系工程的建设提出了新的要求和标准。

相关研究结果表明，我国关于沿海防护林的研究自 20 世纪 80 年代开始进入缓慢发展阶段，21 世纪初进入快速发展阶段（颉洪涛等，2017）。其中，树种选择（关健超等，2017）、防护林建设（马冬菁，2018）和生态效益（邢献予，2017）是沿海防护林研究中的重点问题，土壤微生物（潘雪玉，2018）、立地条件（洪奕丰等，2012）和遥感（彭贤利，2015）等是研究者寻求突破的方向，而基于立地条件研究下的立地类型划分和效益评价等仍未见相关研究报道。综上所述，目前我国沿海防护林建设处于飞速发展阶段，但在科学研究方面仍存在大量空白，急需针对于不同地区的沿海防护林进行相关科学研究，以为沿海防护林建设和森林有序经营提供理论依据和技术支撑。

1.2 研究目的与意义

2012 年 2 月 13 日，财政部代表我国政府与欧洲投资银行（下称欧投行）签署了《中华人民共和国与欧洲投资银行中国林业专项框架贷款协议》。按照协议，欧投行将继续提供贷款用于我国新造防护林、用材林、经济林、森林抚育和低效林改造、森林生态系统可持续发展和生物质能源林基地建设等方面的项目。借此契机，根据国家和山东省林业发展“十二五”规划，选取典型的 15 个县（市、区），申请实施“欧投行贷款山东沿海防护林工程项目”，通过借鉴吸收国际先进造营林技术及管理理念，旨在提升山东沿海生态防护林建设水平及工程项目管理水平，从而达到改善沿海地区生态环境、增加森林碳汇、促进区域经济发展的积极作用。

沿海防护林体系工程是我国 20 世纪末确定的 6 大生态工程之一，对我国生态建设具有重要意义（龚成朝等，2015）。山东省沿海防护林建设成果突出，现已构筑起以基干林带为重点的森林防御体系。

山东省低山丘陵区主要包括石灰岩山地和片麻岩山地，因土层瘠薄、干旱、水土流失严重等问题，沿海防护林建设仍存在植被结构较差、林分结构不合理、造林树种单一、林木成活率低等问题（许景伟等，2008）。为解决沿海防护林现有问题，各级政府、研究机构、学者在适地适树树种选择、立地分类指标体系构建、立地质量评价、困难立地造林技术、造林营林管理等方面做了许多工作。

本研究依托并服务于“欧洲投资银行贷款山东沿海防护林工程项目”中的“低山丘陵沿海防护林植被恢复技术研究（2017—2023年）”，研究对象主要是低山丘陵沿海防护林项目区。该项目区范围主要包含潍坊市和威海市共2个地市的低山丘陵区，主要任务是新建沿海防护林示范区。本研究选择潍坊市的青州市和临朐县作为石灰岩山地沿海防护林项目区典型造林区域，选择威海市的环翠区和乳山市作为片麻岩山地沿海防护林项目区典型造林区域，以4个县（市、区）作为山东低山丘陵沿海防护林项目区典型造林区域进行相关研究。

本研究目的是通过对项目区的立地条件等进行调查研究，基于DEA评价模型和其他评价模型，对不同树种和林分进行评价；造林模型是在汲取山东省先后实施的“沿海防护林体系建设工程”“荒山造林工程”“平原绿化工程”及“沂蒙山区绿化工程”等工程建设中，在防护林树种配置、造林模式、营造林抚育技术等方面取得的成功经验基础上，并充分征求并采纳造林实体的意见，经过专家论证的基础上建立的，主要包括生态型防护林、用材型防护林、经济型防护林和低效改培防护林，依据分类后的低山丘陵区立地类型区和立地类型评价结果，结合不同地区的造林目的，选择出不同立地类型区所适宜的造林模型，以服务于欧投行山东省沿海防护林建设项目，满足项目实施地区植被结构优化和造林技术集成的需要，为实现山东省沿海防护林精准化经营、管理和可持续化发展提供理论支撑，以期改善沿海地区生态环境、增加森林碳汇、促进区域经济发展。

2 研究内容与方法

2.1 研究内容

本课题针对目前山东省沿海防护林建设存在的问题，主要开展以下研究：

（1）山东省典型低山丘陵地区土地立地类型划分

利用现场抽样调查相结合的方法，对山东省典型低山丘陵区立地条件如地理位置、地貌特征（海拔高度、坡向、坡度、坡位）、土壤特征（成土母质、土壤类型、土层厚度、土壤水分和养分）、裸岩裸砂面积占土地面积百分数、植被特征（植被类型、植被覆盖度、群落结构）、人为干扰（开荒、农耕、放牧、采樵）等因子进行调查，同时进行相应的土壤侵蚀、水源涵养、生物多样性等生态因子的调查研究，提出山东省沿海不同低山丘陵立地类型分类依据、方法和体系，对低山丘陵的立地类型和植被类型进行系统分类，以满足项目实施地区植被结构优化和造林技术集成的需要。

（2）低山丘陵植被造林树种选择研究

针对山东省海防林不同低山丘陵立地条件，初步选择优良适生乔灌木树种 10 个左右。通过研究不同树种针的气孔行为和木质部栓塞脆弱性特征进行造林树种选择，进而结合非结构性碳，分析树种长距离水分疏导系统的高效性和安全性策略及碳固定分配策略，对其抗旱性进行综合评价排序，为选择适合山东省海防林的树种提供理论基础。

（3）低山丘陵植被结构优化效益评价

针对低山丘陵海防林保持水土的特殊功能，在不同低山丘陵立地条件下，针对性地开展适合于低山丘陵海防林营建的混交树种、造林密度和乔灌草搭配的研究，在不同立地条件构建不同植被结构模型。根据不同立地条件下成活率、保存率、胸径、树高、冠幅、树种气孔行为和木质部栓塞脆弱性等指标，筛选抗旱的优良树种。根据不同立地和风吹条件下林分稳定性、生物多样性、抗旱效果，筛选适合低山丘陵海防林的造林密度和混交类型。同时研究不同树种、造林密度和乔灌草搭配的蓄水保土效益。最后，对造林林分的效益评价指标，进行综合评价排序及选优，最终筛选出适合于山东省不同低山丘陵立地条件海防林营建的林分植被结构。

2.2　研究方法

2.2.1　立地因子调查、获取与分级

通过研究区林业局等相关部门配合，共获得山东省低山丘陵沿海防护林项目区 4 个示范县市区 406 块实地调查小班数据，其中片麻岩山地 179 块，石灰岩山地 227 块，包括土壤类型、土壤质地、土层厚度、坡向、坡度、坡位、海拔高度等多项立地因子数据，参照相关标准与文献资料等，确定各立地因子的范围，并对其进行分级，总体情况如表 6-2-1 所示。

表 6-2-1　立地因子的范围和分级

立地因子	范围	分级	备注
土壤类型	褐土、棕壤	褐土	石灰岩山地
		棕壤	片麻岩山地
土壤质地	沙质土、重壤土	沙质土	石灰岩山地
		重壤土	石灰岩山地、片麻岩山地
土层厚度	10～60 cm	厚土层	＞30 cm
		薄土层	≤30 cm
坡向	0～360°	阳坡	SW45°～SE45°，SW45°～90°，SE45°～90°
		阴坡	NW45°～90°，NE45°～90°，NW45°～NE45°
坡度	5°～35°	缓坡	5°～20°
		较陡坡	20°～30°
		陡坡	30°～35°
坡位	坡上部	—	—
	坡中部		
	坡下部		
海拔高度	0～815 m	丘陵区	≤500 m
		低山区	＞500 m
林下植被高度	30～60 cm	矮小植被	≤35 cm
		较高植被	＞35 cm
林下植被盖度	20%～60%	低覆盖	≤40%
		高覆盖	＞40%

2.2.1.1 海拔高度

研究区内海拔高度分布范围较为广泛，大致范围为0～815 m，根据地质学范畴定义，一般认为低山海拔在 500～1 000 m，丘陵海拔大致在 0～500 m，本研究中将海拔高度分为2级，即海拔高度≤500 m（丘陵区）和海拔高度在500～1 000 m（低山区）。

2.2.1.2 坡向

野外实地调查过程中，在记录坡向时，均以传统方向对坡向进行定义，致使坡向数据较为复杂，分级较为困难，因此参考相关文献和技术标准（钱拴提等，2003；付满意，2014），以阴阳坡定义坡向，即 SW45°～SE45°为阳坡；SW45°～90°，SE45°～90°为阳坡；NW45°～90°，NE45°～90°为阴坡，NW45°～NE45°为阴坡。

2.2.1.3 坡位

研究区处于低山丘陵退化山地，防护林大多营造于山坡上，通过野外实地调查，将坡位大致分为坡上部、坡中部、坡下部三类。

2.2.1.4 坡度

根据野外调查结果和小班统计数据显示，坡度大致位于 5°～35°的范围内，将坡度分为以下三类：5°～20°缓坡，20°～30°较陡坡，30°～35°陡坡（付满意，2014）。

2.2.1.5 林下植被平均高度和盖度

林下植被状况可以在一定程度上反映某区域内小气候特征（吴克华，2006），本研究中所调查部分林业小班，在获取小气候数据方面存在一定难度，因此选取林下植被特征代表各造林小班的小气候特征。各林地小班中，林下植被多为灌木，种类多样，取林下植被的平均高度为统计数据，范围为30～60 cm，为尽量简化立地类型划分指标体系，将林下植被平均高度分为二级，即矮小植被（平均高≤35 cm）和较高植被（平均高＞35 cm）。植被盖度范围为 20%～60%，将其划分为二级，即低覆盖（植被高度≤40%）和高覆盖（植被高度＞40%）。

2.2.1.6 土壤类型和土壤质地

结合实地调查和造林小班数据，研究区内土壤类型为褐土和棕壤，其中潍坊市内的低山丘陵研究区主要属于石灰岩山地，以褐土为主，威海市内的低山丘陵研究区主要属于片麻岩山地，以棕壤为主。土壤质地主要分为沙质土和重壤土，其中石灰岩两种土壤质地均存在，而片麻岩山地中主要以重壤土为主。

2.2.1.7 土层厚度

野外实地调查结果表明，研究区土层厚度范围为 10～60 cm，因此将其分为二级，即土层厚度≤30 cm，为薄土型；土层厚度＞30 cm，为厚土型（高帅，2014）。

2.2.2 立地分类主导因子确定与 DEA 评价

以往研究中，对于立地分类中主导因子的确定方法多种多样，并不统一，本研究根据多元统计学原理，以各林地小班的海拔高度、坡向、坡位、坡度、林下植被平均高度、林下植被盖度、土壤质地和土层厚度作为统计分析因子，将原始数据进行同向化、Z 型标准化后作为分析数据，运用数据统计分析软件 SPSS 22.0 软件，采用主成分分析法，得出立地类型划分中的主导因子，据此划分沿海防护林立地类型。

DEA 评价模型在林业方面的研究，多常见于农林经济管理方面（Piot-Lepetit I et al，1997；董娅楠等，2018），而本研究中，评价立地质量的基本思想与农林经济管理方面的基本思想基本吻合，即将各立地类型作为评价对象，将立地类型中的立地因子等同于经济管理方面研究中的“投入成本”，将立地类型中的土壤理化性质等同于经济管理方面研究中的“产出效益”，二者之间存在一定的相对有效转化效率，且为多项指标对应多项指标的关系，基于此，选择将 DEA 模型应用于本研究中，通过计算不同立地类型之间，立地因子与土壤理化性质之间的相对有效转化效率，进而排序（匡海波等，2007），完成立地类型评价。

随着不断地应用和发展，DEA 模型的种类也在持续增多，本研究选择应用较为广泛的 BCC 模型作为评价模型。BCC 模型基本原理如下：

假设评价系统中有 n 个待评决策单元 DMU，每个决策单元 DMU 有 q 个投入，同时有 w 个产出，对于 DMU_j，令 X_{ij} 为第 i 个投入指标的投入量，Y_{mj} 为第 m 个产出指标的产出量，且 j=1，2，3，…，n，i=1，2，3，…，q，m=1，2，3，…，w。

则投入导向下的 BCC 模型表达式为

$$
\begin{aligned}
&\min \hat{\theta}. \\
&\text{s.t.} \sum_{j=1}^{n} \mu_j X_{ij} + s_i^{+} = \hat{\theta} X_{ij0},\ \ i = 1, 2, \cdots, q \\
&\sum_{j=1}^{n} \mu_j Y_{mi} - s_m^{-} = Y_{mj0},\ \ m = 1, 2, \cdots,\ w \\
&\sum_{j=1}^{n} \mu_j = 1 \\
&\mu_j \geqslant 0,\ \ j = 1, 2, \cdots,\ n \\
&0 \leqslant \hat{\theta} \leqslant 1,\ \ s_i^{+} \geqslant 0,\ \ s_m^{-} \geqslant 0
\end{aligned}
$$

产出导向下 BBC 模型表达式为

$$
\begin{aligned}
&\max \hat{\varphi}. \\
&\text{s.t.} \sum_{j=1}^{n} \mu_j X_{ij} + s_i^{+} = \hat{\theta} X_{ij0},\ \ i = 1, 2, \cdots,\ q \\
&\sum_{j=1}^{n} \mu_i Y_{mj} - s_m^{-} = Y_{mi0},\ \ m = 1, 2, \cdots,\ w \\
&\mu_j \geqslant 0,\ \ j = 1, 2, \cdots,\ n \\
&\hat{\varphi} \geqslant 1,\ \ s_i^{+} \geqslant 0,\ \ s_m^{-} \geqslant 0
\end{aligned}
$$

式中，$\hat{\theta}$ 表示投入导向下，被评 DMU 的纯技术效率；$1/\hat{\varphi}$ 表示产出导向下，被评 DMU 的纯技术效率；s_i^+ 表示与投入所对应的松弛变量；s_m^- 表示与产出所对应的松弛变量。

本研究中，将 BCC 模型用于立地质量评价，采用间接评价的思想，根据不同立地类型之间的土壤理化性质指标，评价立地质量。因此，将立地类型的立地因子作为投入变量，将土壤理化性质作为产出变量，根据逻辑关系，立地类型中的立地因子主导了“投入—产出”关系，因此进行立地质量评价时，在 BCC 模型的投入导向下进行计算。

在将数据输入模型进行计算前，因指标之间存在量纲等方面的差异，因此需对其进行处理，具体如下：

（1）同向化。按照高优指标（越大越好）保持数值不变，低优指标（越小越好）采用“取倒数”方法转化为高优指标的原则，将产出指标进行同向化处理。本研究中所涉及的土壤容重和土壤电导率为低优指标，需进行同向化处理。

（2）标准化。数据同向化后，投入变量与产出变量之间，各指标数据量纲存在差异，因此为消除量纲所带来的问题，需对数据进行标准化处理。本研究中，采用 SPSS 22.0 中的 Z-score 型标准化方法对数据进行处理。Z-score 标准化公式如下：

$$Z_{ij} = \left(X_{ij} - \tau\right) / \delta$$

式中，Z_{ij} 为标准化后的数据，X_{ij} 为未标准化前数据，τ 为平均数，δ 为标准差。

2.2.3 植被调查与土壤理化性质测定

选取部分林地小班，以野外调查取样结合室内实验分析的方法，测定各样地的土壤含水量、土壤容重、土壤总孔隙度、土壤毛管孔隙度、土壤最大持水率、土壤饱和贮水量、植被盖度、地面盖度、土壤有机质含量、土壤全钾含量、土壤全磷含量、土壤速效磷含量、土壤速效钾含量、土壤 pH 和土壤电导率等土壤理化性质指标。具体方法步骤如下：

（1）林分调查：选择林分小班进行调查，在林地小班内分别设置 3 个 10 m×20 m 的样地，测定树高、胸径、冠幅和郁闭度等，采用目估法测定地面覆盖度和植被覆盖度。

（2）土壤物理性质测定：在样地内均匀选取 5 个测点，用铝盒分别取 0～10 cm、10～20 cm、20～30 cm 土壤样品，用烘干法测定土壤含水量，用 50 cm^3 环刀取土壤样品，环刀法测定土壤容重、总孔隙度、毛管孔隙度、土壤最大持水率、土壤饱和贮水量等，重复 3 次，取平均值。

（3）土壤渗透速率测定。用单环渗透筒法测定土壤的渗速率、稳渗速率，分 0～10 cm、10～20 cm 两层取样，每个不同类型混交林分重复 3 次。

（4）土壤侵蚀量的测定。分别在不同林分试验样地内插入 600 个标尺，测定经过 1 年的径流冲刷而使标尺裸露的高度，计算不同林分类型试验样地和对照样地的侵蚀模数。

（5）土壤化学性质：用重铬酸钾法测定土壤有机质含量，用 0.5 mol/L 碳酸氢钠浸提-钼锑抗比色法测定土壤有效磷（速效磷）含量，用火焰光度计法测定土壤速效钾含量，用硫酸-高氯酸酸溶-钼锑抗比色法测定土壤全磷含量，用氢氧化钠碱熔-火焰光度法测定土壤全钾含量。配置水土质量比为 5∶1 的土壤悬浊液，采用雷磁 DDS-308A 电导率仪测定土壤电导率，采用雷磁 pH 计电位计法测定土壤 pH。

（6）光合参数的测定

试验植株叶片光合参数用 CIRAS-2 便携式光合仪测定，为了减少试验误差，测定时采用 LED 光源，光照强度设置为 1 600 μmol/（m^2·s），测定时间选择晴朗或少云天气 8：30—11：30 这个时间段。测定前保证叶片已充分光诱导完成。

（7）枯落物层蓄积量的测定

在标准地的对角线上均匀布设 3 个 1 m×1 m 的样方，用钢尺测量枯落物的总厚度，未分解层、半分解层和已分解层厚度。将收取的未分解层、半分解层和已分解层的枯落物带回实验室用天平称其鲜重，并用烘箱烘干（采用温度 85℃恒温烘 8 h）称其各自的干物质重，以干物质重量计算积蓄量，每个林分类型重复 3 次。

2.2.4　树木解剖性状的测定

（1）木质部切片制作：将 3 cm 长枝条固定在滑动切片机上进行切片，切片厚度在 18～22 μm，完成后在番红-阿尔新蓝溶液中染色 60～90 s，在不同浓度的乙醇溶液中脱水，在载玻片上固定之后在光学显微镜下观察，在 10 倍物镜下观察当年和上一年的木质部解剖，选区 3～5 个视野拍照。

（2）解剖性状测定：用 LI-3100C 叶面积仪测定叶面积；枝条边材面积用扫描仪测定，边材面积与总叶面积的比值为 Huber 值。NSC 是可溶性糖和淀粉的总和，采用改良的蒽酮-硫酸法测定。导管直径、导管密度、薄壁组织面积等均使用 Image-J 软件测量完成。

2.2.5　效益评价方法

本研究运用层次分析法（AHP）和 TOPSIS 法对不同林分类型进行评价。

层次分析法（Analytic Hierarchy Process，AHP）是将与总决策有关的元素分解成目标、准则、方案等层次，在此基础之上进行定性和定量分析的决策方法。它是一种逻辑的分析方法，能把人的过程层次化、数量化，并运用数学分析、决策或控制提供定量依据。适用于定量或定性兼有的分析，是由于其对人的定性判断起重要作用。对于决策结果直接精确计量的问题，是有效的系统分析和科学的决策方法。层次分析法的特点是在对复杂的决策问题的本质、影响因素及其内在关系等进行深入分析的基础上，利用较少的定量信息使决策的思维过程数学化，从而为多目标、多准则或无结构特性的复杂决策问题提供简便的决策方法。尤其适合于对决策结果难于直接准确计量的场合。

TOPSIS 法是多目标决策分析中常用的方法，该方法相对于专家评分法、综合指数法等更为客观、系统，相对于层次分析法、灰色系统评价法等操作更为简便、计算步骤更为简单，同时具有能够充分利用原始数据、计算过程数据丢失量较小、几何意义直观且不受参考序列选择的干扰等优点，适用范围广泛，尤其多见于卫生医疗、经济管理和工业机械等多个方面。熵权法是一种客观赋权方法，相对于其他定权方法，计算步骤较为简单，可以有效利用指标数据，在较大程度上排除主观因素的影响。

3 研究区概况

山东省内的低山丘陵区主要包括石灰岩山地和片麻岩山地，“欧洲投资银行贷款山东沿海防护林工程项目中的‘低山丘陵沿海防护林植被恢复技术研究’（2017—2020 年）”示范项目区主要位于潍坊市和威海市，结合《山东省林业发展“十二五”规划纲要》中的沿海防护林造林区划范围，本研究中选取潍坊市的青州市和临朐县作为石灰岩山地造林典型区域，选取威海市的环翠区和乳山市作为片麻岩山地造林典型区域（图 6-3-1）。

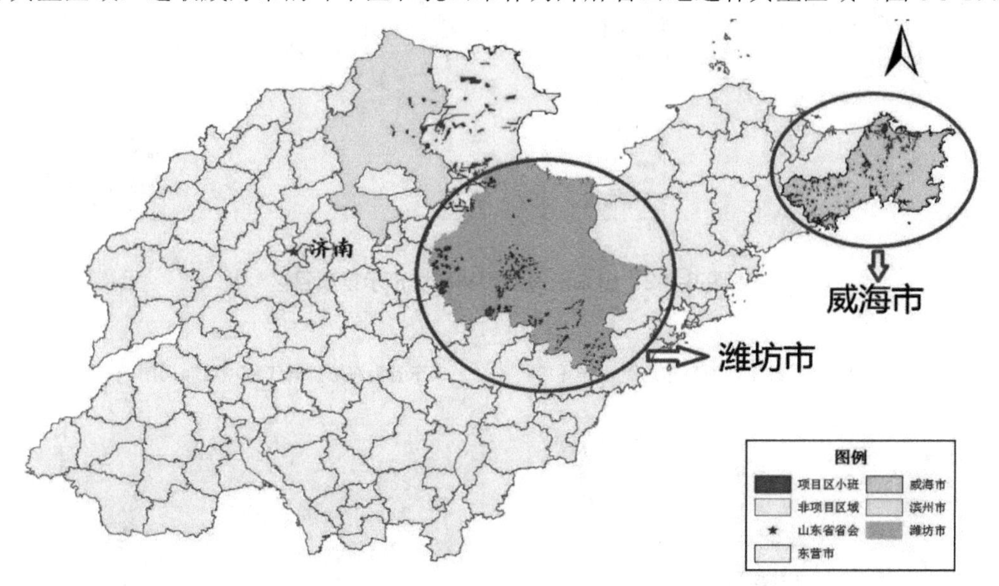

图 6-3-1 山东沿海防护林工程示范区项目布局图

3.1 地理位置

青州市地处潍坊市西部，地理坐标为北纬 36°24'～36°58'，东经 118°10'～118°46'，总面积 1 569 km^2，东接昌乐县，西毗淄博市，北与东营市广饶县相连、南和临朐县接壤。胶济铁路、益临铁路、益羊铁路、济青高速、东红高速、309 国道等交通要道在此交会，是山东省中部的重要交通枢纽（图 6-3-2）。

临朐县位于胶东半岛西部，潍坊市西南部，沂山北麓，弥河上游，东与昌乐县、安丘市毗连，南与沂水、沂源县接壤，北临淄博市、青州市，东经 118°14′～118°49′，北纬 36°04′～36°37′。全县南北长 59 km，东西宽 52 km，总面积 1831 km²，约占全省总面积的 1.2%（图 6-3-2）。

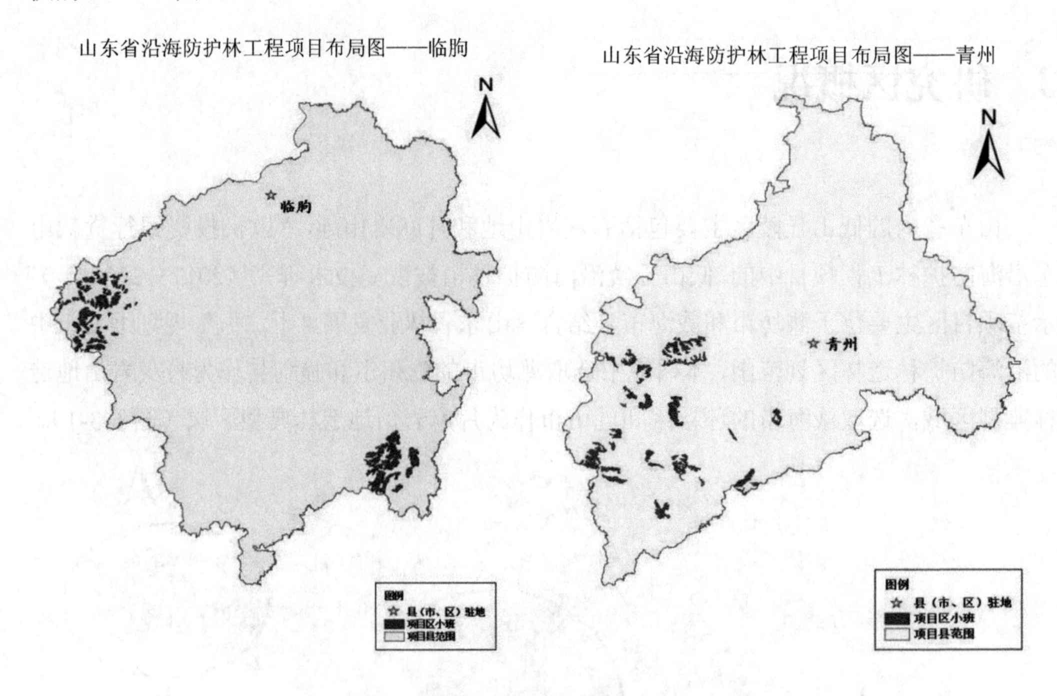

图 6-3-2　山东沿海防护林潍坊市示范项目区

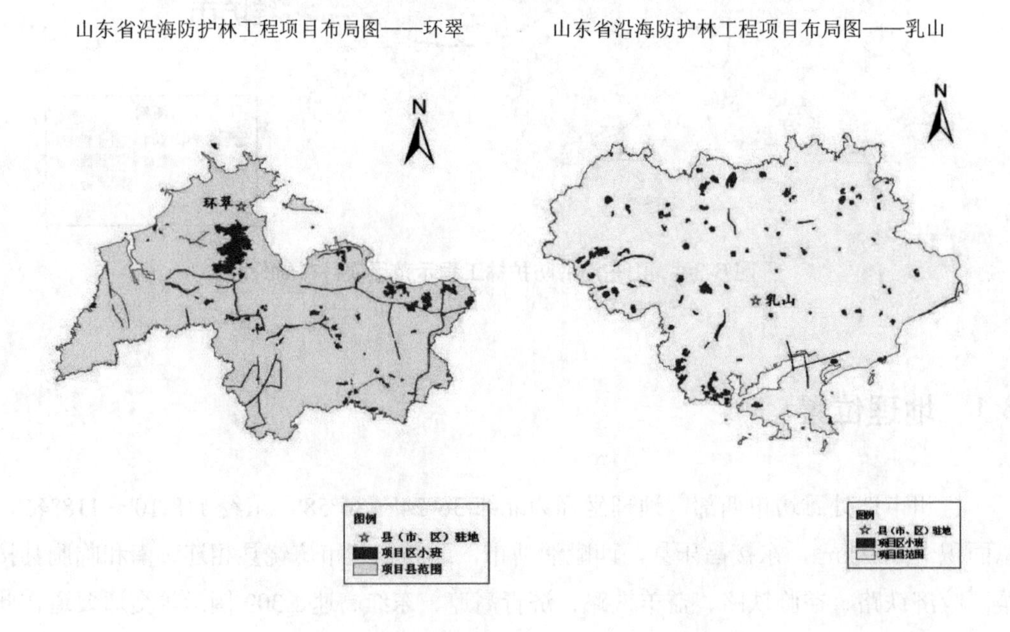

图 6-3-3　山东沿海防护林威海市示范项目区

环翠区位于胶东半岛东北端，处于山东省半岛最东端，隶属于山东省威海市，是威海市政治、经济、文化、科技中心，地理位置位于北纬 37°15′～37°34′，东经 121°51′～122°24′，三面环海，全区总面积 769 km^2；海岸线长 156 km（图 6-3-3）。

乳山市位于山东省半岛东南端，隶属于山东省威海市，其地理坐标为东经 121°11′～121°51′，北纬 36°41′～37°08′。东邻文登区，西接海阳市，北毗烟台市牟平区，南濒黄海，海岸线总长 185.6 km。东西横宽 60 km，南北纵长 48 km，总面积 1 668 km^2（图 6-3-3）。

3.2　地质地貌

青州市西南部为石灰岩低山丘陵区，岩石为石灰岩，面积 747.1 km^2，占总面积的 47.8%，高程多在 150 m 以上，最高点青崖顶海拔 954.3 m，山脉呈西南东北走向；市境东北部为山前平原，面积 696.4 km^2，占总面积的 44.2%，高程 16.2～150 m，最低点在何官镇张高村北；市境东南部为低玄武岩区，面积 125.6 km^2，占总面积的 8%。全市南北高程差为 938.1 m。

临朐县属石灰岩低山丘陵区，岩石为石灰岩，地处沂蒙山区北部边缘，境内丘陵起伏，沟壑纵横，是山地、丘陵、平原相互交错的地区。山地、丘陵面积占总面积的 87.3%，平原占 12.7%。全县平均海拔 250 m，县境内最高点为南部的沂山主峰玉皇顶，海拔 1 031.87 m，最低点在北部的龙岗镇小河圈村，海拔 71.3 m。根据临朐县土壤普查结果，全县可利用土壤面积占全县总面积的 85%。

环翠区属胶东低山丘陵区，岩石为片麻岩，东部和东南部高、西部和西北部低，境内山脉属昆嵛山山系，海拔高度均在 500 m 以下，主峰正棋山海拔高 483 m，是区内最高峰。海岸线蜿蜒曲折，全长 156 km，岬湾交错，滩涂广阔，多为天然良港和天然海水浴场。

乳山属胶东低山丘陵区，岩石为片麻岩，地形复杂，山脉蜿蜒，丘陵起伏，沟壑纵横。境内山区、丘陵、平原相间，地形呈南北纵列，由西向东排为三列。三列山丘之间形成两列谷地，为乳山河、黄垒河之冲积平原，海拔一般在 50 m 以下，地势平坦。

3.3　土壤类型及分布

青州市土壤分为棕壤、褐土、潮土和砂姜黑土四大土类，又可细分为 10 个亚类，15 个土属，57 个土种，土壤分布具有明显的垂直地带性。由于地貌、母质、母岩类型较复杂，主要土类的基层单元分布亦较复杂。

临朐县全县可利用土壤面积占全县总面积的 85%，分为棕壤、褐土、潮土、砂姜黑土 4 个大类，9 个亚类，15 个土种，褐土约占耕地面积的 52%，棕壤占 46%，潮土占

1.2%，砂姜黑土占 0.5%。土壤大都为中、薄层土，厚层土分布面积较少。

环翠区土壤可分为棕壤、潮土、盐土、风沙土四大土类和少量褐土、山地草甸型土，共 1 个亚类，17 个土属，72 个土种。其中以棕壤分布最广。

乳山市土壤共有 4 个土类、8 个亚类、15 个土属、153 个土种。棕壤面积最大，其次是潮土、盐土、褐土。棕壤分布最广，可利用面积 11.95 万 hm^2，占总可利用面积的 86.44%；潮土可利用面积为 1.85 万 hm^2，占总可利用面积的 13.39%；盐土的可利用面积为 212 hm^2，占总可利用面积的 0.15%；褐土的可利用面积仅为 32.8 hm^2，占总可利用面积的 0.02%。

3.4 气候条件

青州市气候属温带季风性气候，年平均气温 12.7℃；年均日照时数 2 608 小时，日照率为 59%；年均降水量 705 mm，70.3%～79.9%的降水集中在 6—9 月，而且山区与平原也具有明显差异，南部山区平均 800 mm，北部平原平均 600 mm；无霜期 150～207 天。大陆性季风气候明显，四季分明。

临朐县属温带大陆性季风气候，气候温和，四季分明，年平均日照时数为 2 558.6 小时，最多为 2 779.3 h，最少为 2 261.1 h，年平均日照百分率为 58%，以五六月最多。年平均气温 12.4℃，年中最热月份为 7 月，月平均气温 26.1℃，最冷月份为 1 月，月平均气温–3.2℃，极度最高气温 40.5℃，极度最低气温–20.9℃。全县多年平均降水量 709.8 mm，主要集中在夏秋两季，年最大降水量 1 432.7 mm，最小降水量 306.4 mm。

环翠区属北温带季风型大陆性气候，年平均气温为 11.4℃，极端最高温度为 38.4℃，极端最低温度为–13.8℃，累计年平均日照为 2 511.5 h，日照率为 57%。初霜期在 11 月上旬，终霜期在 4 月上旬，无霜期 221 d。年平均降水量为 793.2 mm，多集中在夏季。

乳山市属暖温带东亚季风型大陆性气候，四季变化和季风进退都较明显。春季温差较大，夏季高温多雨，秋季凉爽干燥，冬季霜雪寒冷。累年平均气温 11.6℃，极端最高气温 36.7℃，极端最低气温–20.3℃。年平均降水量 838.9 mm，年平均降水日为 88 d，平均相对湿度 72%。历年平均日照时数 2 669 h，年平均无霜期为 204 d。

3.5 植被概况

青州市树种资源较为丰富，据调查全市现有树种资源约 55 科，200 余种（包括变种、变型），仅仰天山就有木本植物 41 科、130 余种，草本植物 800 余种。其中：用材树种主要有刺槐（*Robinia pseudoacacia*）、楸树（*Catalpa bungei*）和臭椿（*Ailanthus altissima*）等；防护林树种有侧柏（*Platycladus orientalis*）、火炬（*Rhus typhina*）；果树树种有苹果

（*Malus pumila*）、桃树（*Amygdalus persica*）和山楂（*Crataegus pinnatifida*）等；草本及花卉植物 1 000 余种，其中天然草本植物有画眉草（*Eragrostis pilosa*）、茜草（*Rubia cordifolia*）和牵牛（*Pharbitis nil*）等。

临朐县属暖温带落叶阔叶林区，共有木本植物 51 科，树种 230 个，主要有刺槐、国槐（*Sophora japonica*）、臭椿、火炬等，其中古稀危树种 16 个，主要树种有银杏（*Ginkgo biloba*）、流苏（*Chionanthus retusus*）、桂花（*Osmanthus fragrans*）等。干鲜果主要树种有李子（*Prunus salicina*）、板栗（*Castanea mollissima*）、葡萄（*Vitis vinifera*）等。

环翠区植物品种繁多，资源丰富。主要绿化树种共计 90 科 262 属 525 种，其中乔木为 218 种、灌木 153 种，主要有：紫穗槐、柽柳（*Tamarix chinensis*）、黄荆、胡枝子（*Lespedeza bicolor*）、野蔷薇（*Rosa multiflora*）等；草本植物 121 种，主要有月见草（*Oenothera biennis*）、结缕草（*Zoysia japonica*）、苜蓿草（*Melilotus officinalis*）等；经济树种主要有苹果、桃、樱桃（*Cerasus pseudocerasus*）、李子、板栗等。

乳山市主要树种和木本植物有 59 科 123 属 246 种（包括水果 3 科 17 种），49 个变种，其中乔木 184 种，灌木 62 种。主要树种有：赤松（*Pinus densiflora*）、刺槐、黑松（*Pinus thunbergii*）、落叶松（*Larix gmelinii*）、银杏等。主要果树有板栗、核桃、梨、桃、杏等。

4 结果与分析

4.1 山东省低山丘陵沿海防护林项目区立地类型划分

4.1.1 山东省低山丘陵沿海防护林项目区立地因子分析

4.1.1.1 石灰岩山地沿海防护林项目区立地因子相关性分析

为进一步检验获取到的数据是否具有可信性，同时为主成分分析的适用性进行分析，需对获取数据进行相关性分析。潍坊市中的研究区主要为临朐县和青州市，属石灰岩山地，造林小班内土壤类型仅有褐土，因此不将其作为因子进行分析，以影响和反映该区沿海防护林林业经营与发展的 8 个立地条件作为分析因子，即海拔、坡向、坡度、坡位、土壤质地、林下植被高度、林下植被盖度、土层厚度。将数据输入至 SPSS 22.0 软件，因定性指标无法被 SPSS 22.0 软件，因此根据立地因子分级结果，对定性指标进行量化赋值，即：土壤质地中，沙质土赋值为 1，重壤土赋值为 2；坡向中，阳坡赋值为 1，阴坡赋值为 2；坡位中，坡上部赋值为 1，坡中部赋值为 2，坡下部赋值为 3。对原始数据进行同向化、Z 型标准化后，在软件中进行 Pearson 双尾相关性检验，结果如表 6-4-1 所示。

表 6-4-1 潍坊市低山区沿海防护林各立地因子之间的相关性

	立地因子	土壤质地	土层厚度	坡向	坡位	坡度	海拔	植被高度	植被盖度
Pearson 相关性	土壤质地	1.000							
	土层厚度	−0.891**	1.000						
	坡向	−0.001	0.063	1.000					
	坡位	−0.544	0.553*	−0.013	1.000				
	坡度	−0.627**	−0.639**	−0.006	0.234	1.000			
	海拔	0.158	−0.028	−0.015	0.371	0.182	1.000		
	植被高度	0.649**	0.598**	0.026	−0.377	−0.375	−0.188	1.000	
	植被盖度	−0.856**	0.749**	0.026	0.481	0.513	−0.137	−0.342	1.000

注：**表示相关性在 0.01 水平上显著（双尾），*表示相关性在 0.05 水平上显著（双尾）。

可以看出，在双尾相关性检验中，土壤质地与土层厚度、坡度、林下植被高度和植被盖度呈极显著关系（$P<0.01$），土层厚度与坡度、林下植被高度和植被高度呈极显著关系（$P<0.01$），土层厚度与坡位之间呈较显著关系（$P<0.05$）。

石灰岩山地中，各立地因子之间具有一定的相关性，且较为符合实际情况，可以证明获取到的数据具有一定可信性，初步符合主成分分析的适用条件。

4.1.1.2 片麻岩山地沿海防护林项目区立地因子相关性分析

威海研究区主要为环翠区和乳山市，属片麻岩山地，因此以该区域作为山东省片麻岩山地沿海防护林的典型研究区域。片麻岩山地造林小班的立地因子与石灰岩山地有所不同，主要差异有：土壤类型仅有棕壤；土壤质地仅有沙质土；地形相对于石灰岩山地更为平坦，部分造林小班无明显坡向和坡位，坡度为 0°。因此，在对片麻岩山地沿海防护林进行多元统计分析时，不将土壤类型及土壤质地作为分析数据，同时将无明显坡向算作阳坡，赋值为 1，无明显坡位算作坡下部，赋值为 3。对原始数据进行同向化、Z 型标准化后，进行 Pearson 双尾相关性检验，结果如表 6-4-2 所示。

表 6-4-2 威海市各立地因子之间的相关性

	立地因子	土层厚度	海拔	坡向	坡位	坡度	植被盖度	平均高度
Pearson 相关性	土层厚度	1						
	海拔高度	0.087	1					
	坡向	0.063	0.272	1				
	坡位	0.594**	0.156	−0.281	1			
	坡度	−0.447*	0.134	0.277	0.008	1		
	植被盖度	0.036	−0.293	−0.068	0.371*	0.282	1	
	植被高度	0.524**	−0.158	−0.200	0.602**	−0.341	0.047	1

注：**表示相关性在 0.01 水平上显著（双尾），*表示相关性在 0.05 水平上显著（双尾）。

可以看出，土层厚度与坡位、土层厚度与植被高度、坡位与植被高度均呈现极显著关系（$P<0.01$），坡位与植被盖度则呈显著关系（$P<0.05$）。

片麻岩山地中，各立地因子之间具有一定的相关性，且较为符合实际情况，可以证明获取到的数据具有一定可信性，初步符合主成分分析的适用条件。

4.1.2 山东省低山丘陵沿海防护林项目区主导因子确定

4.1.2.1 石灰岩山地沿海防护林项目区主导因子确定

主成分分析原理中，若试图对数据提取主成分，降低数据维度，则输入数据需满足 2 项假设，即：输入变量为连续或有序分类变量，本研究中输入变量即为各立地因子，均为有序分类变量，满足假设；输入变量之间存在一定的线性相关关系，本研究中各立地因子之间满足此假设，但仍需进行一定的检验证实。

首先对同向化且标准化后的各分析因子数据进行 KMO 检验和 Bartlett 球形检验，结果如表 6-4-3 所示。KMO 检验系数分布范围为 0～1，既往学者普遍认为，当 KMO 检验系数大于 0.6 时，认为数据样本结构可以满足主成分分析的要求（刘晓蔚，2012；肖芬等，2019）。本研究中，石灰岩山地各立地因子之间 KMO 值为 0.731，且 Bartlett 检验的 Sig.值小于显著性水平 0.001，因此可以运用主成分分析法提取主成分，从而确定划分立地类型主导因子。

表 6-4-3　KMO 与 Bartlett 检验

取样足够度的 Kaiser-Meyer-Olkin 度量	Bartlett 的球形度检验	
	近似卡方	Sig.
0.731	1 143.761	0.000

应用 SPSS 22.0 软件进行主成分分析，输出结果如下。由表 6-4-4 可以看出，经过计算后，输入的全部 8 个立地因子可以被提取成 3 个主成分，第 4 主成分的初始特征值为 0.679，较 1 值偏离较大，且前 3 个主成分累计荷载百分比为 77.048%，即前 3 个主成分可以解释约 80%的信息，在较大程度上代表原有因子（Khaled-Khodja et al，2018）。

表 6-4-4　总方差解释

成分	初始特征值			提取载荷平方和		
	总计	方差百分比%	累计百分比%	总计	方差百分比%	累计百分比%
1	3.878	48.473	48.473	3.878	48.473	48.473
2	1.277	15.965	64.437	1.277	15.965	64.437
3	1.009	12.611	77.048	1.009	12.611	77.048
4	0.679	8.487	85.536			
5	0.500	6.256	91.792			
6	0.442	5.524	97.316			
7	0.168	2.104	99.421			
8	0.046	0.579	100.000			

主成分分析输出碎石图如图 6-4-1 所示。碎石图中，对总体信息解释能力越强的主成分，具有更为大的斜率，而斜率表现平缓的主成分对变异的解释较小（乔虹，2016）。图 6-6-4 中，主成分 1、2 和 3 的斜率较大，且特征值均大于 1，而从第 4 主成分开始，斜率趋向于平缓，特征值小于 1。因此，取前 3 个主成分解释原有总体因子是合理的。

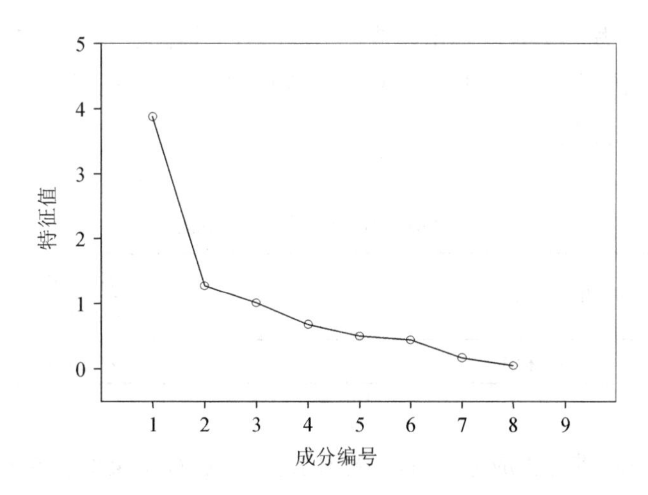

图 6-4-1　石灰岩山地立地因子主成分分析碎石图

旋转后的成分矩阵相较于未旋转成分矩阵而言，各因子荷载分配更为清晰，易于辨析，从旋转后的成分矩阵（表 6-4-5）可以看出，土壤质地与主成分 1 的相关性最强，海拔与主成分 2 的相关性最强，而坡向与主成分 3 的相关性最强。选取各主成分中所占比重相对最大的立地因子作为立地分类的主导因子，即土壤质地、海拔和坡度，且土壤质地＞海拔＞坡向。经过野外实地调查，发现土层厚度是制约研究区造林技术发展的重要因素，也有相关文献研究表明了这一观点，同时，土层厚度因子在主成分 1 中所占比重也较大（0.874），因此将土层厚度也作为石灰岩山地立地分类的主导因子，且土壤质地＞土层厚度＞海拔＞坡向。

表 6-4-5　成分矩阵

立地因子	未旋转成分矩阵			旋转成分矩阵		
	1	2	3	1	2	3
土壤质地	−0.970	−0.103	0.006	−0.970	0.107	0.000
土层厚度	0.903	−0.037	0.067	0.874	−0.227	0.076
坡向	0.019	−0.034	0.994	0.008	−0.006	0.995
坡位	0.665	−0.408	−0.057	0.563	−0.542	−0.038
坡度	0.638	0.568	−0.014	0.745	0.417	−0.026
海拔	−0.256	0.870	0.011	−0.064	0.904	−0.018
植被高度	−0.694	0.057	0.098	−0.666	0.208	0.090
植被盖度	0.851	0.123	0.053	0.857	−0.060	0.057

4.1.2.2　片麻岩山地沿海防护林项目区主导因子确定

将片麻岩山地造林小班数据输入 SPSS 22.0 软件进行 KMO 球形检验与 Bartlett 检

验，结果如表 6-4-6 所示。片麻岩山地造林小班的各立地因子之间 KMO 值为 0.671，且 Bartlett 检验的 Sig.值小于显著性水平 0.001，因此可以以主成分分析为基本原理，确定立地类型划分的主导因子。

表 6-4-6　KMO 与 Bartlett 检验

取样足够度的 Kaiser-Meyer-Olkin 度量	Bartlett 的球形度检验	
	近似卡方	Sig.
0.671	278.608	0.000

通过 SPSS 22.0 进行主成分分析，输出的总方差解释结果如表 6-4-7 所示。可以看出，片麻岩山地各立地因子被统归成 3 个主成分，且 3 个主成分累积方差解释为 69.484%，可约解释原 7 个立地因子的 70%信息，在一定程度上，前 3 个主成分即可代表原有 7 个立地因子。

表 6-4-7　总方差解释

成分	初始特征值			提取载荷平方和		
	总计	方差百分比/%	累计百分比/%	总计	方差百分比/%	累计百分比/%
1	2.543	36.331	36.331	2.543	36.331	36.331
2	1.288	18.403	54.733	1.288	18.403	54.733
3	1.033	14.751	69.484	1.033	14.751	69.484
4	0.806	11.517	81.001			
5	0.650	9.282	90.283			
6	0.372	5.308	95.591			
7	0.309	4.409	100.000			

SPSS 22.0 软件输出的碎石图如图 6-4-2 所示。图中可以看出，前 3 个主成分斜率较大，切特征值均大于 1，而从第 4 主成分开始，斜率趋向平缓，因此取前 3 个主成分作为原 7 个立地因子的总体解释较为合理。

主成分分析输出成分矩阵如表 6-4-8 所示。根据旋转成分矩阵显示，第 1 主成分中，坡度贡献率最大（0.807）；第 2 主成分中，坡向贡献率最大（–0.730）；第 3 主成分中，土层厚度贡献率最大（0.926）。因此，选择坡度、坡向和土层厚度作为片麻岩山地沿海防护林立地类型划分的主导因子，且坡度＞坡向＞土层厚度。

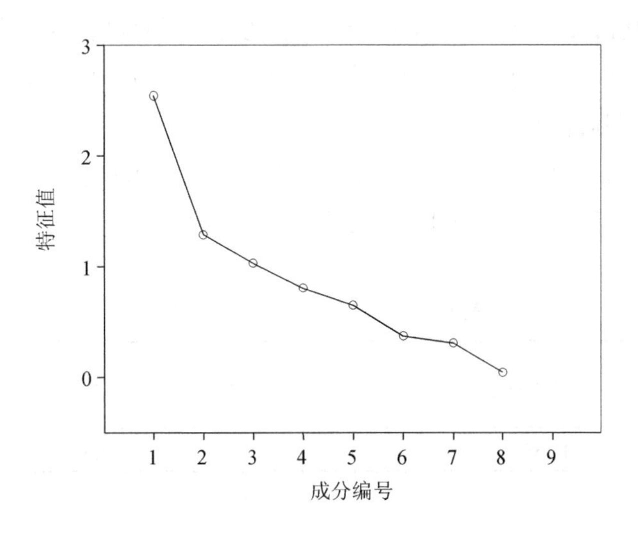

图 6-4-2　片麻岩山地立地因子主成分分析碎石图

表 6-4-8　成分矩阵

立地因子	未旋转成分矩阵			旋转成分矩阵		
	1	2	3	1	2	3
土层厚度	–0.073	0.604	0.698	–0.008	–0.022	0.926
海拔高度	0.783	0.307	–0.023	0.798	–0.237	0.123
坡向	0.487	–0.182	0.596	0.132	–0.730	0.276
坡位	–0.797	0.220	0.070	–0.585	0.525	0.266
坡度	0.862	0.043	–0.221	0.807	–0.316	–0.207
植被盖度	0.259	0.788	–0.302	0.670	0.499	0.284
植被高度	–0.491	0.353	–0.210	–0.181	0.602	0.124

4.1.2.3　低山丘陵沿海防护林项目区主导因子确定

通过上文研究可见，石灰岩山地与片麻岩山地沿海防护林立地划分的主导因子均存在坡向和土层厚度，不同之处在于石灰岩山地的主导因子存在海拔和土壤质地，而片麻岩山地中不存在，片麻岩山地的主导因子存在坡度，而石灰岩山地中不存在。通过对造林小班数据进一步分析发现，石灰岩山地造林小班约有 59%为沙质土，而片麻岩山地造林小班均为沙质土；石灰岩山地造林小班约有 37%属于丘陵，而砂石山造林小班均为丘陵；片麻岩山地造林小班均坡度范围较大，而石灰岩山地造林小班坡度多集中于较陡坡和陡坡范围。以上可表明，就主导因子而言，石灰岩山地和片麻岩山地的造林小班数据之间存在一定的互补性，理论而言可通过合并分析，避免因某一立地因子的分布范围较为广泛，但其在某一范围内的样本所占数量比较小，所带来的数据分析误差。

同时，为简化立地分类工作，满足不同范围的沿海防护林造林需求，将青州市、临朐县、环翠区和乳山市的造林小班数据合并，作为低山丘陵沿海防护林项目区立地类型划分的基础数据，进一步确定主导因子并划分立地类型，以求更为便利、简洁地指导沿海防护林体系的实际营造建设。

KMO 球型检验与 Bartlett 检验结果如表 6-4-9 所示，KMO 值大于 0.6（0.768），Bartlett 检验的 Sig.值小于显著性水平 0.001，可以进行主成分分析。

表 6-4-9 KMO 与 Bartlett 检验

取样足够度的 Kaiser-Meyer-Olkin 度量	Bartlett 的球形度检验	
	近似卡方	Sig.
0.768	2 832.622	0.000

主成分分析输出总方差解释结果如表 6-4-10 所示。可以看出，所选立地因子的 3 个主成分的累积百分比达到 82.931%，且前 3 个主成分的特征值均大于 1，因此可以用前 3 个主成分代表原有立地因子指标。

表 6-4-10 总方差解释

成分	初始特征值			提取载荷平方和		
	总计	方差百分比/%	累计百分比/%	总计	方差百分比/%	累计百分比/%
1	4.107	45.633	45.633	4.107	45.633	45.633
2	2.312	25.693	71.326	2.312	25.693	71.326
3	1.044	11.605	82.931	1.044	11.605	82.931
4	0.501	5.566	88.497			
5	0.366	4.063	92.560			
6	0.307	3.414	95.973			
7	0.178	1.979	97.952			
8	0.124	1.375	99.327			
9	0.061	0.673	100.000			

SPSS 输出主成分分析碎石图如图 6-4-3 所示。由图可知，前 3 主成分特征值均大于 1，且对应斜率较大，从第 3 主成分开始，斜率趋向于平缓，因此取前 3 主成分作为原有立地因子的总体解释较为合理。

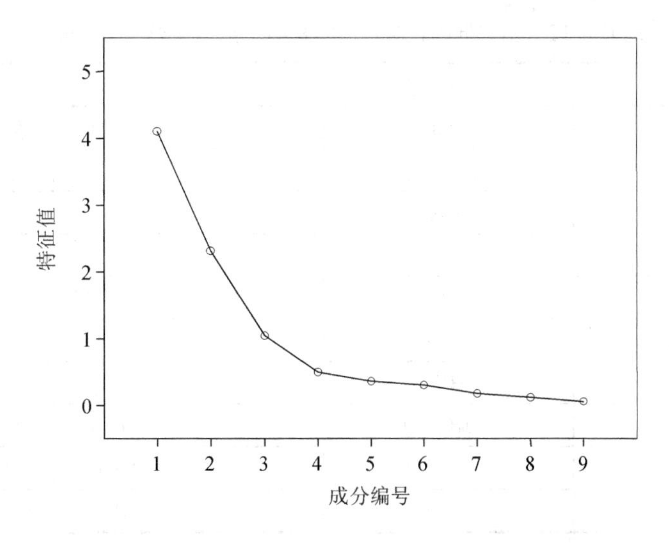

图 6-4-3　低山丘陵区立地因子主成分分析碎石图

主成分分析输出成分矩阵如表 6-4-11 所示。由旋转成分矩阵可知，第 1 主成分中，土壤类型贡献率最大（–0.934），第 2 主成分中土层厚度贡献率最大（0.928），第 3 主成分中坡向贡献率最大（0.977），因此，在对低山丘陵区进行综合立地类型划分时，以土壤类型、土层厚度和坡向作为主导因子，且土壤类型＞土层厚度＞坡向。

表 6-4-11　成分矩阵

立地因子	未旋转成分矩阵			旋转成分矩阵		
	1	2	3	1	2	3
土壤类型	–0.923	0.019	0.149	–0.934	0.06	0.003
土层厚度	0.051	0.927	–0.002	0.09	0.928	0.089
坡向	0.288	0.165	0.932	0.14	0.071	0.977
坡位	–0.664	0.46	–0.099	–0.619	0.504	–0.161
坡度	0.862	0.125	0.009	0.854	0.074	0.156
海拔	0.921	–0.109	–0.094	0.918	–0.153	0.043
植被高度	–0.769	–0.004	–0.012	–0.756	0.041	–0.134
植被盖度	0.707	0.585	–0.184	0.752	0.556	–0.017
土壤质地	0.213	–0.919	0.014	0.167	–0.919	–0.035

综上所述，分别确定了石灰岩山地、片麻岩山地和低山丘陵沿海防护林项目区立地类型划分主导因子，为下一步划分立地类型奠定基础，具体情况如表 6-4-12 所示。

表 6-4-12 山东低山丘陵沿海防护林示范区主导因子及分级

示范区	主导因子	分级
石灰岩山地	土壤质地	沙质土、重壤土
	土层厚度	厚土层、薄土层
	海拔	低山、丘陵
	坡向	阳坡、阴坡
片麻岩山地	坡度	缓坡、较缓坡、陡坡
	坡向	阳坡、阴坡
	土层厚度	厚土层、薄土层
低山丘陵区	土壤类型	褐土、棕壤
	土层厚度	厚土层、薄土层
	坡向	阳坡、阴坡

4.1.3 山东省低山丘陵沿海防护林项目区立地类型的划分

4.1.3.1 山东省低山丘陵沿海防护林项目区立地类型划分的原则

本研究对山东省低山丘陵沿海防护林项目区进行立地类型划分，目的是服务于低山丘陵区沿海防护林事业的建设和发展，为低山丘陵区沿海防护林的生态修复和林业管理提供科学依据，基于此，本研究中立地类型划分原则为：

（1）科学性和客观性原则。根据沿海防护林造林林地所处小班的实际立地条件，以自然因子作为主要立地分类指标，综合考虑各项因子对于沿海防护林建设的影响，科学、客观地选取自然因子。

（2）实用性和简便性原则。沿海防护林的建设是一个长期性事业，在建立沿海防护林立地分类指标体系时，在科学、客观地选取立地指标基础之上，切实考虑所选指标数据的可获取性和易获取性，从而达到简化立地分类工作，使之更为准确、方便、快捷地为后续林业建设和森林经营提供理论支撑。

（3）主导性和多层性原则。影响沿海防护林林业建设的立地条件因子较多，在进行立地类型划分时，应选取主导区域林分生长的因子，避免立地因子之间的重复性，同时应从多角度、多层次考虑分类指标的选取，保证所选指标少而精，所建立的立地类型分类系统简明、准确。

4.1.3.2 山东省低山丘陵沿海防护林项目区立地分类结果

依据上文所述的立地类型划分原则，结合实际情况和前人研究成果，并基于《中国森林立地类型》成果，采用 6 级划分标准，构建山东省低山丘陵沿海防护林项目区立地分类系统，即：立地区域、立地区、立地亚区、立地类型小区、立地类型组、立地类型。

各立地分类等级划分依据如下：

（1）立地区域：按照《中国林业区划》中的分级标准，大概分为东部季风森林立地区域、西北干旱立地区域和青藏高寒立地区域等共计8个区域，分类依据是我国大尺度上的地域不平衡的自然条件，如大地貌、纬度地带性热量差异等，是我国森林立地类型划分中分区单位的一级单位，反映了我国水平地带性上的森林植被类型差异，是森林培育、适宜性经营水平及生产潜力等差异性的综合表现。本研究中所涉及的沿海防护林营造区域隶属于中国森林立地分类系统中的华北暖温带立地区域。

（2）立地区：是我国森林立地分区中的二级单位，主要参考《中国林业区划》中的50个林区分级进行划分，本区在大地貌上基本一致，在森林培育、适宜性经营水平及生产潜力等差异性方面，较立地区域一级更具有一致性。本研究中所涉及的沿海防护林营造区域隶属于鲁中南低山丘陵立地区（石灰岩山地）和辽南鲁东山地丘陵立地区（片麻岩山地）。

（3）立地亚区：在立地范围内较大的地域单位，本区内部仍存在区域一致性，因此根据区内地形地貌、气候等在立地区基础上划分亚区，划分依据大多为大、中地貌、土类差异性或地区气候局部差异性。本研究中所涉及的沿海防护林营造区域隶属于泰山鲁山北部立地亚区（石灰岩山地）和鲁东山地立地亚区（片麻岩山地）。

（4）立地类型小区：是立地类型划分中的一级分类单元，可以根据实际情况，在立地亚区内重复出现，主要依据岩性、小地貌等进行划分，在森林经营方面表现为有较为明确的适宜树种和生产潜力。

（5）立地类型组：是立地类型划分中的二级分类单元，以生态相似性因子或生态限制因子作为划分依据，达到划分立地条件相似区域的目的，从而用以描述不同区域立地生产潜力的差异性，分类依据多为坡位、坡向、地表水、地下水或土壤的理化性质。本研究中，石灰岩山地以土壤质地作为立地类型组的划分因子，而片麻岩山地以坡度作为立地类型组的划分因子，低山丘陵区则是以土壤类型作为立地类型组的划分因子。

（6）立地类型：是立地类型划分中的最小单元，将植被、小地形和土壤等一致的区域组合而建立，多以土壤质量、石砾含量和土层厚度等作为分类依据。

Ⅰ *石灰岩山地沿海防护林项目区立地分类结果*

根据上文所述，石灰岩山地沿海防护林营造区域以土壤质地、海拔和坡向作为主导因子，而土壤质地已划作为立地类型组的划分因子，因此石灰岩山地立地类型以土层厚度、海拔和坡向作为立地类型划分因子，从而划分出16种立地类型，如表6-4-13所示。

根据实际造林小班数据显示，石灰岩山地中，临朐县和青州市所选造林小班的土地类型均为褐土，并无差异，但土壤质地存在较大差异，约有59%的造林小班为沙质土，导致数据经过SPSS分析后，在主成分1中，土壤质地所占比重较大，进一步使得石灰岩山地沿海防护林立地类型结果中，以土壤质地作为立地类型组的划分标准依据。

表 6-4-13　石灰岩山地沿海防护林立地类型

立地区域	立地区	立地亚区	立地类型小区	立地类型组	立地类型
华北暖温带立地区域	鲁中南低山丘陵立地区	泰山鲁山北部立地亚区	石灰岩山地沿海防护林项目区立地类型小区（褐土）	Ⅰ沙质土立地类型组	Ⅰ$_1$薄土丘陵阳坡立地类型
					Ⅰ$_2$薄土丘陵阴坡立地类型
					Ⅰ$_3$薄土低山阳坡立地类型
					Ⅰ$_4$薄土低山阴坡立地类型
					Ⅰ$_5$厚土丘陵阳坡立地类型
					Ⅰ$_6$厚土丘陵阴坡立地类型
					Ⅰ$_7$厚土低山阳坡立地类型
					Ⅰ$_8$厚土低山阴坡立地类型
				Ⅱ重壤土立地类型组	Ⅱ$_1$薄土丘陵阳坡立地类型
					Ⅱ$_2$薄土丘陵阴坡立地类型
					Ⅱ$_3$薄土低山阳坡立地类型
					Ⅱ$_4$薄土低山阴坡立地类型
					Ⅱ$_5$厚土丘陵阳坡立地类型
					Ⅱ$_6$厚土丘陵阴坡立地类型
					Ⅱ$_7$厚土低山阳坡立地类型
					Ⅱ$_8$厚土低山阴坡立地类型

II 片麻岩山地沿海防护林项目区立地分类结果

片麻岩山地沿海防护林营造区域以坡度、坡向和土层厚度作为立地类型划分主导因子，其中坡度已作为立地类型组的划分依据，因此片麻岩山地的立地类型主要以坡向和土层厚度作为划分因子，从而划分出 12 种立地类型，如表 6-4-14 所示。

表 6-4-14　片麻岩山地沿海防护林立地类型

立地区域	立地区	立地亚区	立地类型小区	立地类型组	立地类型
华北暖温带立地区域	辽南鲁东山地丘陵立地区	鲁东山地立地亚区	片麻岩山地沿海防护林项目区立地类型小区（棕壤）	Ⅰ缓坡立地类型组	Ⅰ$_1$阴坡薄土立地类型
					Ⅰ$_2$阴坡厚土立地类型
					Ⅰ$_3$阳坡薄土立地类型
					Ⅰ$_4$阳坡厚土立地类型
				Ⅱ较陡坡立地类型组	Ⅱ$_1$阴坡薄土立地类型
					Ⅱ$_2$阴坡厚土立地类型
					Ⅱ$_3$阳坡薄土立地类型
					Ⅱ$_4$阳坡厚土立地类型
				Ⅲ陡坡立地类型组	Ⅲ$_1$阴坡薄土立地类型
					Ⅲ$_2$阴坡厚土立地类型
					Ⅲ$_3$阳坡薄土立地类型
					Ⅲ$_4$阳坡厚土立地类型

片麻岩山地中，本研究所获取的环翠区和乳山市造林小班的土壤类型均为棕壤，海拔高度均在 0～284 m，并无明显差异，而坡度却有较大差异，因此数据经过分析后得出，海拔并未作为主导因子出现，坡度则作为立地类型组划分的依据出现。

Ⅲ 低山丘陵沿海防护林项目区立地类型结果

山东省低山丘陵区主要可分为石灰岩山地和片麻岩山地，其中石灰岩山地主要以石灰岩为主，片麻岩山地则以片麻岩为主。本研究中，在确定立地分类的主导因子时发现，石灰岩山地沿海防护林的立地划分主导因子相较于片麻岩山地沿海防护林，并无较大差异。因此，为便于实际生产建设的使用，满足不同范围内的山东省低山丘陵区沿海防护林造林需求，更好地服务于实际造林，将石灰岩山地和片麻岩山地的造林小班数据进行合并分析，确定出低山丘陵沿海防护林项目区立地分类主导因子为土壤类型、土层厚度和坡向，从而划分出 8 种立地类型，如表 6-4-15 所示。

表 6-4-15　低山丘陵沿海防护林项目区立地类型

<table>
<tr><th>立地区域</th><th>立地区</th><th>立地亚区</th><th>立地类型小区</th><th>立地类型组</th><th>立地类型</th></tr>
<tr><td rowspan="8">华北暖温带立地区域</td><td rowspan="8">鲁中南低山丘陵和辽南鲁东山地丘陵立地区</td><td rowspan="8">泰山鲁山北部和鲁东山地立地亚区</td><td rowspan="8">山东省低山丘陵沿海防护林项目区立地类型小区</td><td rowspan="4">Ⅰ褐土立地类型组</td><td>$Ⅰ_1$薄土层阳坡立地类型</td></tr>
<tr><td>$Ⅰ_2$薄土层阴坡立地类型</td></tr>
<tr><td>$Ⅰ_3$厚土层阳坡立地类型</td></tr>
<tr><td>$Ⅰ_4$厚土层阴坡立地类型</td></tr>
<tr><td rowspan="4">Ⅱ棕壤立地类型组</td><td>$Ⅱ_1$薄土层阳坡立地类型</td></tr>
<tr><td>$Ⅱ_2$薄土层阴坡立地类型</td></tr>
<tr><td>$Ⅱ_3$厚土层阳坡立地类型</td></tr>
<tr><td>$Ⅱ_4$厚土层阴坡立地类型</td></tr>
</table>

由表 6-4-15 可以看出，低山丘陵沿海防护林项目区中，立地类型组的划分因子为土壤类型，该因子在石灰岩山地和片麻岩山地的立地划分中均未出现，分析其原因，是因为石灰岩山地造林小班的土壤类型均为褐土，而片麻岩山地造林小班的土壤类型均为棕壤，当二者分开进行立地分类时，组间并无差异，而当二者合并分析时，则会导致差异性明显，使得数据分析结果如上文所述。从结果而言，将石灰岩山地和片麻岩山地合并分析，起到了简化立地分类的作用，使得立地类型从石灰岩山地的 18 种和片麻岩山地的 12 种，降为低山丘陵区的 8 种。

4.1.4　山东省低山丘陵沿海防护林项目区立地类型评价

为因地制宜地选择山东省沿海防护林造林树种，在立地类型划分结果的基础之上，对立地类型进行评价，选择各立地类型所适合的造林模型，适地适树地营造沿海防护林，本研究首次引入运筹学中的 DEA 原理，利用 DEA 模型中的典型模型——BCC 模型，对划分完成的立地类型进行评价。

将各立地类型作为评价对象，以间接评价的思想，将立地类型中的立地因子作为投入指标，土壤理化性质作为产出指标，二者之间存在一定的相对有效转化效率，且为多项指标对应多项指标，而立地因子主导了土壤理化性质的改变，即可理解为 BCC 模型中的投入导向，进行计算分析。

采用抽样调查方法，依据立地类型划分结果，对立地类型小班造林区进行野外取样，结合室内实验，测得所取土样的理化性质指标。为避免偶然性，在各立地类型进行取样时存在重复取样，因此取测得土壤理化性质指标的均值，进行同向化、标准化后，作为 DEA 模型原始数据。

根据 DEA 评价模型基本限制条件，样本数量至少为输出指标数量的 2 倍，本研究中，作为输出指标的所测土壤理化性质指标共计 15 个，而立地类型种类作为样本数量，石灰岩山地为 8 个，片麻岩山地为 12 个，低山丘陵区为 8 个。因此，参考相关专业文献，基于主成分分析原理，对立地因子指标和土壤理化性质指标进行降维，以达到 DEA 评价模型的使用条件。

将所测 15 项土壤理化性质输入 SPSS 22.0 软件进行分析时发现，相关系数矩阵为非正定矩阵，即变量之间存在高度的线性相关，无法进行参数估计，因此，将部分重叠指标删除，最终剩余包括土壤容重、总孔隙度、土壤饱和含水量、有机质含量、速效磷含量、速效钾含量、土壤电导率在内的共 7 个指标，作为 DEA 评价模型的输出指标，进行主成分分析。

4.1.4.1 石灰岩山地沿海防护林项目区立地类型评价

石灰岩山地沿海防护林项目区投入指标（立地因子）的主成分分析结果如表 6-4-16～表 6-4-20 所示，得分系数矩阵如表 6-4-16 所示。

表 6-4-16 投入指标的得分系数矩阵

立地因子	主成分		
	1	2	3
土壤质地	−0.262	−0.025	0.006
土层厚度	0.221	−0.076	0.069
坡向	−0.004	0.004	0.986
坡位	0.099	−0.350	−0.045
坡度	0.256	0.398	−0.026
海拔	0.082	0.679	−0.010
植被高度	−0.166	0.085	0.095
植被盖度	0.235	0.049	0.051

将石灰岩山地立地类型土壤理化性质数据输入统计分析软件，进行主成分分析计算，输出结果如表 6-4-17～表 6-4-20 所示。由表 6-4-17 可以得出，石灰岩山地输出指标（土壤理化性质）数据之间，KMO 值大于 0.6（0.717），且 Bartlett 检验值小于 0.001，因此可以通过主成分分析的方法实现数据降维。从表 6-4-16 可以看出，通过主成分分析降维后，可取前 2 个主成分替代原数据，且可代表 87.899%的原数据信息。

表 6-4-17　KMO 与 Bartlett 检验

取样足够度的 Kaiser-Meyer-Olkin 度量	Bartlett　的球形度检验	
	近似卡方	Sig.
0.717	146.578	0.000

表 6-4-18　总方差解释

成分	初始特征值			提取载荷平方和		
	总计	方差百分比/%	累计百分比/%	总计	方差百分比/%	累计百分比/%
1	4.867	69.524	69.524	4.867	69.524	69.524
2	1.279	18.274	87.799	1.279	18.274	87.799
3	0.678	9.691	97.489			
4	0.100	1.429	98.919			
5	0.046	0.655	99.574			
6	0.018	0.250	99.824			
7	0.012	0.176	100.000			

表 6-4-19　成分矩阵

立地因子	未旋转成分矩阵		旋转成分矩阵	
	1	2	1	2
土壤有机质	0.921	−0.291	0.924	0.280
土壤速效磷	0.708	0.680	0.201	0.961
土壤速效钾	0.720	0.668	0.218	0.958
土壤电导率	−0.527	0.447	−0.688	0.072
容重	−0.952	0.142	−0.866	−0.420
总孔隙度	0.959	−0.109	0.853	0.451
土壤饱和含水量	0.946	−0.232	0.912	0.343

表 6-4-20 输出指标的得分系数矩阵

理化性质因子	主成分	
	1	2
土壤有机质	0.285	−0.081
土壤速效磷	−0.180	0.521
土壤速效钾	−0.172	0.514
土壤电导率	−0.287	0.228
容重	−0.224	−0.019
总孔隙度	0.211	0.041
土壤饱和含水量	0.263	−0.040

根据投入指标和输出指标的得分系数矩阵（表 6-4-19、表 6-4-20），用其作为系数，分别与对应变量的标准化后的数据相乘再做和，将投入指标和输出指标分别转换成新的主成分指标 F1、F2、F3 和 G1、G2。由于进行 DEA 评价模型计算时，要求样本数据不得含有 0 值或负值，因此，本研究采用以自然常数 e（约为 2.718 28）为底，各新主成分指标数据为幂的方式，进行数据转换，结果如表 6-4-21 所示。

表 6-4-21 石灰岩山地立地类型主成分指标数据

立地类型组	立地类型	投入指标			输出指标	
		F1	F2	F3	G1	G2
Ⅰ沙质土立地类型组	$Ⅰ_1$薄土丘陵阳坡立地类型	1.896	0.437	0.324	0.556	0.589
	$Ⅰ_2$薄土丘陵阴坡立地类型	1.800	0.473	2.201	0.510	0.408
	$Ⅰ_3$薄土低山阳坡立地类型	4.311	1.846	2.414	0.367	2.014
	$Ⅰ_4$薄土低山阴坡立地类型	2.420	3.157	2.208	0.218	0.344
	$Ⅰ_5$厚土丘陵阳坡立地类型	2.628	0.309	0.368	0.543	2.434
	$Ⅰ_6$厚土丘陵阴坡立地类型	2.509	0.284	2.496	0.295	4.109
	$Ⅰ_7$厚土低山阳坡立地类型	2.756	1.077	0.386	0.488	1.748
	$Ⅰ_8$厚土低山阴坡立地类型	2.680	4.442	0.316	0.487	0.326
Ⅱ重壤土立地类型组	$Ⅱ_1$薄土丘陵阳坡立地类型	0.339	2.656	0.404	2.625	0.270
	$Ⅱ_2$薄土丘陵阴坡立地类型	0.300	0.841	0.403	1.006	2.668
	$Ⅱ_3$薄土低山阳坡立地类型	0.296	0.739	2.766	2.256	0.293
	$Ⅱ_4$薄土低山阴坡立地类型	0.346	1.075	2.521	1.641	1.105
	$Ⅱ_5$厚土丘陵阳坡立地类型	0.524	0.485	0.454	4.089	6.633
	$Ⅱ_6$厚土丘陵阴坡立地类型	0.476	0.835	3.193	4.917	0.984
	$Ⅱ_7$厚土低山阳坡立地类型	0.441	1.461	0.461	2.036	1.033
	$Ⅱ_8$厚土低山阴坡立地类型	0.502	1.878	3.095	2.888	0.668

将投入指标和输出指标数据输入 DEAP 2.1 软件中进行运算分析，算得各样本（立地类型）的效率值，根据效率值大小进行排序，即立地类型质量评价结果，如表 6-4-22 所示。

表 6-4-22　石灰岩山地立地类型评价结果

立地类型组	立地类型	效率值	排序
Ⅰ沙质土立地类型组	$Ⅰ_1$薄土丘陵阳坡立地类型	0.179	10
	$Ⅰ_2$薄土丘陵阴坡立地类型	0.120	12
	$Ⅰ_3$薄土低山阳坡立地类型	0.080	13
	$Ⅰ_4$薄土低山阴坡立地类型	0.012	14
	$Ⅰ_5$厚土丘陵阳坡立地类型	1.000	1
	$Ⅰ_6$厚土丘陵阴坡立地类型	0.589	5
	$Ⅰ_7$厚土低山阳坡立地类型	0.323	9
	$Ⅰ_8$厚土低山阴坡立地类型	0.161	11
Ⅱ重壤土立地类型组	$Ⅱ_1$薄土丘陵阳坡立地类型	0.930	2
	$Ⅱ_2$薄土丘陵阴坡立地类型	0.721	3
	$Ⅱ_3$薄土低山阳坡立地类型	0.717	4
	$Ⅱ_4$薄土低山阴坡立地类型	0.503	8
	$Ⅱ_5$厚土丘陵阳坡立地类型	1.000	1
	$Ⅱ_6$厚土丘陵阴坡立地类型	1.000	1
	$Ⅱ_7$厚土低山阳坡立地类型	0.569	6
	$Ⅱ_8$厚土低山阴坡立地类型	0.560	7

根据野外抽样调查结果表明，立地类型划分结果较为符合实际情况，推导逻辑清晰，具有一定的科学性，而立地类型评价建立在合理的立地分类结果之上，在一定程度上，也可保证其结果相对合理。根据 DEA 评价模型运算结果表明，石灰岩山地沿海防护林各立地类型中，以重壤土厚土层低山阳坡立地类型表现最优，而沙质土薄土层低山阴坡立地类型表现最为一般；重壤土立地类型组整体优于沙质土立地类型组；厚土层的立地类型要优于薄土层的立地类型。评价结果与野外抽样调查结果相吻合，也较为符合实际经验。

4.1.4.2　片麻岩山地沿海防护林项目区立地类型评价

将片麻岩山地投入指标（立地因子）的主成分分析结果如表 6-4-23～表 6-4-25 所示，得分系数矩阵如表 6-4-23 所示。

表 6-4-23 投入指标的得分系数矩阵

立地因子	主成分		
	1	2	3
土层厚度	−0.026	−0.112	0.815
海拔高度	0.371	−0.017	0.117
坡向	−0.089	−0.532	0.315
坡位	−0.205	0.231	0.191
坡度	0.366	−0.039	−0.164
植被盖度	0.456	0.477	0.186
平均高度	0.029	0.388	0.050

将片麻岩山地立地类型土壤理化性质数据输入统计分析软件，进行主成分分析计算，输出结果如表 6-4-24～表 6-4-27 所示。KMO 值大于 0.6（0.662），且 Bartlett 检验值小于 0.001，可使用主成分分析方法进行降维。前 2 主成分累计贡献率为 82.511%，解释比例较大，满足降维需求。

表 6-4-24 KMO 与 Bartlett 检验

取样足够度的 Kaiser-Meyer-Olkin 度量	Bartlett 的球形度检验	
	近似卡方	Sig.
0.662	89.575	0.000

表 6-4-25 总方差解释

成分	初始特征值			提取载荷平方和		
	总计	方差百分比/%	累计百分比/%	总计	方差百分比/%	累计百分比/%
1	4.131	59.021	59.021	4.131	59.021	59.021
2	1.644	23.491	82.511	1.644	23.491	82.511
3	0.751	10.735	93.247			
4	0.371	5.304	98.551			
5	0.071	1.009	99.560			
6	0.028	0.399	99.959			
7	0.003	0.041	100.000			

表 6-4-26　成分矩阵

立地因子	未旋转成分矩阵		旋转成分矩阵	
	1	2	1	2
容重	0.849	−0.416	0.942	0.075
总孔隙度	0.714	−0.250	0.742	0.149
土壤饱和含水量	0.907	−0.388	0.978	0.128
土壤有机质	0.944	0.173	0.724	0.630
土壤速效磷	0.090	0.939	−0.401	0.854
土壤速效钾	0.847	0.414	0.518	0.788
土壤电导率	−0.680	−0.419	−0.372	−0.707

表 6-4-27　输出指标的得分系数矩阵

理化性质因子	主成分	
	1	2
容重	0.306	−0.113
总孔隙度	0.226	−0.043
土壤饱和含水量	0.309	−0.091
土壤有机质	0.143	0.207
土壤速效磷	−0.272	0.502
土壤速效钾	0.048	0.321
土壤电导率	−0.012	−0.303

将投入指标和输出指标的标准化后数据，与二者对应的主成分分析输出得分系数矩阵相乘并求和，算得新主成分矩阵，并进行数据转换，结果为 BCC 模型输入数据，如表 6-4-28 所示。将数据输入至软件 DEAP 2.1 中进行运算，算得石灰岩山地各立地类型的效率值，依据效率值进行立地质量评价排序，结果如表 6-4-29 所示。

可以看出，缓坡阴坡厚土层立地类型、缓坡阳坡厚土层立地类型、较陡坡阴坡厚土层立地类型和较陡坡阳坡厚土层立地类型的立地质量最优，陡坡阴坡薄土层立地类型的立地质量最劣；总体来看，各立地类型组之间的立地质量，缓坡立地类型组＞较陡坡立地类型组＞陡坡立地类型组。评价结果与野外抽样调查结果相吻合，较为符合实际经验。

表 6-4-28 片麻岩山地立地类型主成分指标数据

立地类型组	立地类型	投入指标			输出指标	
		F1	F2	F3	G1	G2
Ⅰ缓坡立地类型组	$Ⅰ_1$阴坡薄土立地类型	2.278	0.312	0.304	0.398	0.812
	$Ⅰ_2$阴坡厚土立地类型	0.320	0.619	3.214	7.485	1.686
	$Ⅰ_3$阳坡薄土立地类型	0.296	4.150	1.069	0.931	1.010
	$Ⅰ_4$阳坡厚土立地类型	0.469	5.124	2.176	6.497	1.472
Ⅱ较陡坡立地类型组	$Ⅱ_1$阴坡薄土立地类型	0.330	0.578	1.593	1.687	0.470
	$Ⅱ_2$阴坡厚土立地类型	2.702	1.959	0.145	0.457	12.227
	$Ⅱ_3$阳坡薄土立地类型	2.123	2.577	0.294	0.619	0.978
	$Ⅱ_4$阳坡厚土立地类型	0.297	0.067	0.274	0.479	0.776
Ⅲ陡坡立地类型组	$Ⅲ_1$阴坡薄土立地类型	2.679	2.133	1.868	1.000	0.351
	$Ⅲ_2$阴坡厚土立地类型	1.220	0.825	3.233	0.536	0.312
	$Ⅲ_3$阳坡薄土立地类型	1.857	0.497	2.931	0.946	0.470
	$Ⅲ_4$阳坡厚土立地类型	2.898	1.424	1.340	0.478	2.186

表 6-4-29 片麻岩山地立地类型评价结果

立地类型组	立地类型	效率值	排序
Ⅰ缓坡立地类型组	$Ⅰ_1$阴坡薄土立地类型	0.542	4
	$Ⅰ_2$阴坡厚土立地类型	1.000	1
	$Ⅰ_3$阳坡薄土立地类型	0.712	2
	$Ⅰ_4$阳坡厚土立地类型	1.000	1
Ⅱ较陡坡立地类型组	$Ⅱ_1$阴坡薄土立地类型	0.446	5
	$Ⅱ_2$阴坡厚土立地类型	1.000	1
	$Ⅱ_3$阳坡薄土立地类型	0.691	3
	$Ⅱ_4$阳坡厚土立地类型	1.000	1
Ⅲ陡坡立地类型组	$Ⅲ_1$阴坡薄土立地类型	0.206	7
	$Ⅲ_2$阴坡厚土立地类型	0.075	9
	$Ⅲ_3$阳坡薄土立地类型	0.179	8
	$Ⅲ_4$阳坡厚土立地类型	0.208	6

4.1.4.3 低山丘陵沿海防护林项目区立地类型评价

将投入指标（立地因子）输入至 SPSS 22.0 软件之中，进行主成分分析。投入指标的主成分分析输出结果——KMO 与 Bartlett 检验、总方差解释和成分矩阵，分别如表 6-4-31～表 6-4-33 所示，碎石图如图 6-4-3 所示，得分系数矩阵如表 6-4-30 所示。

表 6-4-30　投入指标的得分系数矩阵

立地因子	主成分		
	1	2	3
土壤类型	−0.247	0.008	0.121
土层厚度	0.030	0.398	0.036
坡向	−0.088	−0.014	0.988
坡位	−0.134	0.216	−0.111
坡度	0.208	0.041	0.047
海拔	0.235	−0.052	−0.067
植被高度	−0.182	0.010	−0.043
植被盖度	0.212	0.258	−0.141
土壤质地	0.031	−0.400	−0.013

输出指标（土壤理化性质）主成分输出结果如表 6-4-31～表 6-4-34 所示。KMO 球型检验值大于 0.6（0.667），Bartlett 检验的 Sig.值小于 0.001，因此可以进行主成分分析，可取前 2 主成分代替原有输入数据，且累计贡献率达到 86.961%。

根据投入指标和输出指标的得分系数矩阵（表 6-4-30、表 6-4-34），算得成新的主成分指标 F1、F2 和 G1、G2、G3。以自然常数 e（约为 2.718 28）为底，各新主成分指标数据为幂的方式，进行数据转换，算得 BCC 模型输入数据，如表 6-4-35 所示。

表 6-4-31　KMO 与 Bartlett 检验

取样足够度的 Kaiser-Meyer-Olkin 度量	Bartlett 的球形度检验	
	近似卡方	Sig.
0.667	77.675	0.000

表 6-4-32　总方差解释

成分	初始特征值			提取载荷平方和		
	总计	方差百分比/%	累计百分比/%	总计	方差百分比/%	累计百分比/%
1	4.930	70.430	70.430	4.930	70.430	70.430
2	1.157	16.531	86.961	1.157	16.531	86.961
3	0.623	8.895	95.857			
4	0.278	3.973	99.830			
5	0.009	0.132	99.962			
6	0.003	0.037	99.999			
7	0.000	0.001	100.000			

表 6-4-33 成分矩阵

立地因子	未旋转成分矩阵		旋转成分矩阵	
	1	2	1	2
容重	–0.073	0.604	–0.008	–0.022
总孔隙度	0.783	0.307	0.798	–0.237
土壤饱和含水量	0.487	–0.182	0.132	–0.73
土壤有机质含量	–0.797	0.22	–0.585	0.525
土壤速效磷	0.862	0.043	0.807	–0.316
土壤速效钾	0.259	0.788	0.67	0.499
土壤电导率	–0.491	0.353	–0.181	0.602

表 6-4-34 输出指标的得分系数矩阵

理化性质因子	主成分	
	1	2
容重	0.147	–0.223
总孔隙度	0.181	–0.150
土壤饱和含水量	0.167	–0.203
土壤有机质含量	0.216	0.177
土壤速效磷	0.072	0.786
土壤速效钾	0.211	0.278
土壤电导率	–0.184	–0.119

表 6-4-35 低山丘陵区立地类型主成分指标数据

立地类型组	立地类型	投入指标			输出指标	
		F1	F2	F3	G1	G2
Ⅰ褐土立地类型组	$Ⅰ_1$薄土层阳坡立地类型	0.869	1.003	0.41	1.932	1.01
	$Ⅰ_2$薄土层阴坡立地类型	1.047	0.677	0.498	1.851	1.549
	$Ⅰ_3$厚土层阳坡立地类型	0.75	1.033	2.43	3.517	0.364
	$Ⅰ_4$厚土层阴坡立地类型	0.961	0.67	2.995	2.484	0.72
Ⅱ棕壤立地类型组	$Ⅱ_1$薄土层阳坡立地类型	1.517	4.344	0.284	0.26	0.491
	$Ⅱ_2$薄土层阴坡立地类型	1.159	2.337	0.464	0.406	0.759
	$Ⅱ_3$厚土层阳坡立地类型	0.964	2.683	2.329	0.879	9.302
	$Ⅱ_4$厚土层阴坡立地类型	1.143	1.888	2.921	0.345	0.703

表 6-4-36 中的 BCC 模型输出效率值表明，山东省低山丘陵沿海防护林项目区立地类型中，以棕壤厚土层阳坡立地类型为最优，褐土薄土层阴坡立地类型表现相对不佳，效率值仅为 0.392。相对而言，阳坡立地类型效率值较阴坡立地类型更大；厚土层立地

类型效率值较薄土层更大；相同土层厚度、坡向条件下，棕壤立地类型区效率值较褐土立地类型区更大。评价结果与野外抽样调查结果相吻合，也较为符合实际经验。

表 6-4-36　低山丘陵区立地类型评价结果

立地类型组	立地类型	效率值	排序
Ⅰ褐土立地类型组	$Ⅰ_1$薄土层阳坡立地类型	0.517	6
	$Ⅰ_2$薄土层阴坡立地类型	0.392	8
	$Ⅰ_3$厚土层阳坡立地类型	0.864	3
	$Ⅰ_4$厚土层阴坡立地类型	0.841	4
Ⅱ棕壤立地类型组	$Ⅱ_1$薄土层阳坡立地类型	0.679	5
	$Ⅱ_2$薄土层阴坡立地类型	0.442	7
	$Ⅱ_3$厚土层阳坡立地类型	1.000	1
	$Ⅱ_4$厚土层阴坡立地类型	0.978	2

4.1.4.4　低山丘陵沿海防护林项目区不同立地类型适宜造林模型选择

根据不同立地类型的立地条件，选择适宜的造林模型营造防护林，对于进一步促进森林的合理化经营管理和生态环境修复治理起到重要作用。

以可操作性和简易性为基本原则，根据低山丘陵沿海防护林项目区综合立地类型划分的结果（表 6-4-37），从影响林木生长的水、肥、气、热、光等角度进行分析，结合各立地因子之间的相关性分析结果（表 6-4-31、表 6-4-32）和立地类型评价结果（表 6-4-36），以野外实际调查为辅佐，为各立地类型选择适宜的造林模型。立地类型$Ⅰ_1$、$Ⅰ_2$、$Ⅱ_1$和$Ⅱ_2$，土层厚度较薄，均小于 30 cm，位于坡上部，立地条件差，造林难度大，因此可因地制宜、适地适树地营造生态型防护林，在保护原有植被基础之上，形成混交林体系，根据实际立地条件，以侧柏作为主要造林树种，采用块状或带状混交方式；立地类型$Ⅰ_4$和$Ⅱ_4$，土层厚度较厚，位于坡中或坡下部，立地条件相对较好，但位于阴坡坡向，不能满足大多数乔木树种生长、成林所需求的光照和热量等，应适地适树地营造生态型防护林，在保护原有植被林分基础之上，形成多树种、多层次的乔灌混交林，主要造林树种可根据实际情况，选择侧柏、黄栌、刺槐、五角枫、黑松、麻栎等，或选择耐阴经济林树种，如核桃、山楂等，因地制宜地营造经济型防护林；立地类型$Ⅰ_3$和$Ⅱ_3$，立地条件较好，土层厚度较厚，位于坡下部或中下部，位于阳坡，坡度较小，适合营造经济型防护林，在修复生境、蓄水保土、改善环境的同时，提供一定的经济价值，或根据当地经济发展方向，营造用材型防护林，采用集约式单一树种造林，如黑松、麻栎、刺槐、楸树等，在保证生态效益的同时，争取达到经济效益最大化。相关详情见表 6-4-37 所示。

表 6-4-37 低山丘陵沿海防护林项目区立地类型特征及造林模型及推荐树种

立地类型组	立地类型	土层厚度/cm	坡位	坡向	坡度/（°）	海拔高度/m	土壤质地	造林模型	推荐树种
褐土	Ⅰ$_1$薄土层阳坡立地类型	0～21	坡上部	阳坡	28～32	611～748	沙质土	生态型防护林	侧柏、黄荆
	Ⅰ$_2$薄土层阴坡立地类型	0～18	坡上部、坡中部	阴坡	21～35	628～781	沙质土	生态型防护林	侧柏、黄栌、楸树、刺槐、五角枫、君迁子
	Ⅰ$_3$厚土层阳坡立地类型	34～45	坡下部	阳坡	15～19	504～594	重壤土	经济型防护林、用材型防护林	用材林林种为侧柏、刺槐、麻栎等；经济林林种苹果、桃、杏、山杏等
	Ⅰ$_4$厚土层阴坡立地类型	30～40	坡下部	阴坡	11～17	515～566	重壤土	生态型防护林、经济型防护林	生态林林种为侧柏、黄栌；经济林林种为板栗、核桃、枣、柿树
棕壤	Ⅱ$_1$薄土层阳坡立地类型	21～27	坡上部、坡中部	阳坡	8～18	43～117	沙质土	生态型防护林	黑松、胡枝子
	Ⅱ$_2$薄土层阴坡立地类型	15～25	坡上部、坡中部	阴坡	9～16	68～146	沙质土	生态型防护林	黑松、赤松、黄栌、麻栎、楸树、刺槐、紫穗槐
	Ⅱ$_3$厚土层阳坡立地类型	50～58	坡下部	阳坡	5～8	0～56	沙质土	经济型防护林、用材型防护林	用材林林种为黑松、楸树、赤松；经济林林种为板栗、核桃
	Ⅱ$_4$厚土层阴坡立地类型	39～51	坡下部	阴坡	5～8	0～65	沙质土	生态型防护林、经济型防护林	生态林林种为黑松、麻栎；经济林林种为板栗、核桃

4.2 低山丘陵植被造林树种选择研究

全球气候变化导致越来越频繁的干旱事件发生，在世界范围内引起了严重的森林衰败死亡，干旱导致树木死亡的生理学机制和树木应对干旱胁迫的适应机制，成为目前的研究热点。树木对干旱胁迫的适应能力决定了其在生态系统中的分布，其生理性状变化是适应外部环境的客观表达，也与生存策略密切相关。以往学者的研究大多集中在植物生理生化指标对干旱胁迫的响应，包括抗旱性评价，但共生的不同树种间水力输导系统应对干旱的适应策略方面的研究较少。

针对山东省海防林不同低山丘陵立地条件，初步选择优良适生乔灌木树种 10 个左右。通过研究不同树种针的气孔行为和木质部栓塞脆弱性特征进行造林树种选择，进而结合非结构性碳，分析树种长距离水分疏导系统的高效性和安全性策略及碳固定分配策略，对其抗旱性进行综合评价排序，为选择适合山东省海防林的树种提供理论基础。

目前认为干旱导致树木死亡存在两种生理学机制，水力失衡和碳饥饿。水力失衡是严重干旱胁迫下树木的水力运输功能丧失而干化死亡。依据“内聚力——张力”理论（Cohesion-Tension Theory），植物主要是通过蒸腾作用的拉力将植物根部吸收的水分经木质部导管（或管胞）向上运输，水分子依靠内聚力保证导管中的水柱不至于断裂。干旱胁迫时木质部中的张力变大，气体会通过导管（或管胞）上的纹孔进入导管产生栓塞，干旱超过一定阈值时，会出现气穴化，阻断水分运输的连续性，从而影响植物一系列生理活动甚至导致植株死亡。树木木质部输水结构与其抗栓塞能力紧密相关，通过对植物木质部输水结构的研究可以更深入全面地理解植物抗旱性。木质部中的导管或管胞提供输水功能，纤维组织提供支撑功能，而薄壁组织作为木质部中的活细胞提供储存功能。而且近来的微 CT 成像技术表明薄壁组织还对导管的栓塞修复起到重要作用。根据 Hagen–Poiseuille 定律，导管的输水效率与导管直径是四次方关系，与导管密度是累加关系。一般来说，抗旱植物具有小而密的导管，纹孔膜较厚，导水率较低但具有更强的抗栓塞能力；非抗旱树种通常具有较大导管直径和较高的导水率，但是抵抗栓塞能力偏低，因此很多研究发现不同树种间木质部导管存在水分运输的高效性和安全性上的权衡关系，但是 Gleason 等在全球尺度上进行 Meta 分析，发现只存在弱的水力安全-高效权衡。碳饥饿是光合作用等非结构性碳（NSC）供应量小于呼吸作用等 NSC 需求量，低于一定阈值时新陈代谢受限，或者与水力失衡交互导致 NSC 无法分配或利用。NSC 还为栓塞修复提供必不可少的能量和物质，而木质部中的 NSC 主要储存在薄壁组织中。薄壁组织主要分为射线薄壁组织和轴向薄壁组织，轴向薄壁组织根据是否与导管相连，又可分为旁管薄壁组织和离管薄壁组织，而与导管相连的旁管薄壁组织对栓塞修复起重要作用。

华北低山丘陵区土壤贫瘠，干旱缺水，水土流失严重，具有众多的未造林或立地条件差的石质丘陵山地，严重制约着这些未开发山地的生产力。而植被恢复是华北低山丘陵地区生态环境恢复的重要措施，所以采用植物措施对干旱瘠薄山地进行绿化，对改善当地生态环境、固碳增汇有着重要的作用，研究树木的干旱适应策略对华北低山丘陵区植被恢复有重要实践意义。在本研究中，根据以往学者的研究以及实际造林经验将所研究树种选择了抗旱树种（低山丘陵区造林树种）和非抗旱树种（城市绿化树种）两类，其中抗旱树种包括臭椿、黄栌、麻栎、榆树和胡桃，非抗旱树种包括白玉兰、鹅掌楸、紫荆和二球悬铃木。测定了以上10个树种木质部横截面解剖的大量性状指标及NSC浓度，主要研究以下内容：①抗旱树种的木质部导管的解剖特征相较于非抗旱树种有怎样的差异；②这种差异表现出两类树种具有怎样不同的应对干旱的策略。

10个树种木质部横截面解剖图像见图6-4-4。

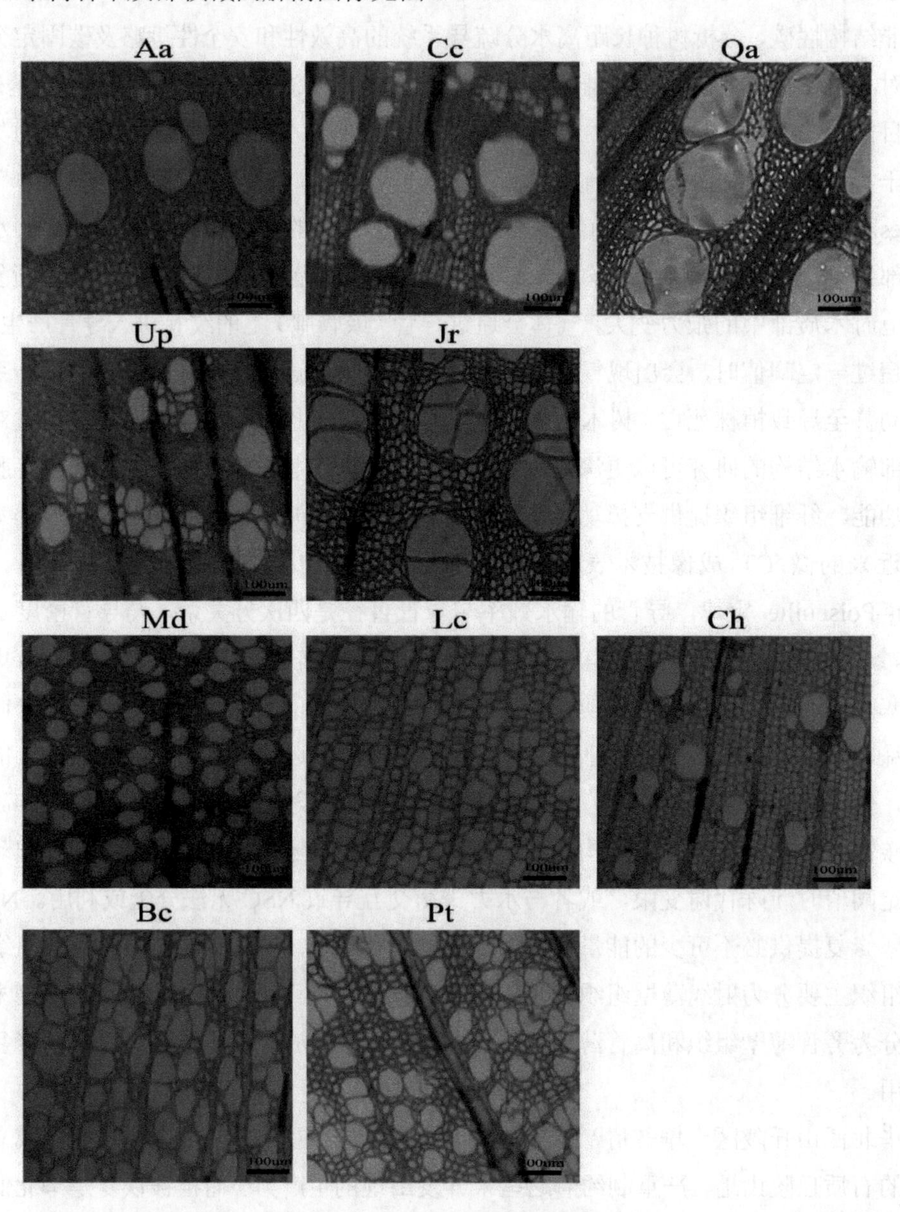

图6-4-4 树种木质部解剖图像

注：图中红色为纤维组织，蓝色为薄壁组织。麻栎的最大导管直径、平均导管直径和导管壁厚度均最大，臭椿、榆树、胡桃的轴向薄壁组织较多；白玉兰、鹅掌楸和紫荆的平均导管直径较小，导管密度较大。

4.2.1　10 个树种的木质部性状变异

所研究的 10 个树种的 16 个木质部性状均有较大变异性。木质部水力相关性状中潜在最大导水率的变异最大；薄壁组织性状中离管薄壁组织比例的变异最大；非结构性碳中可溶性糖的变异最大。组成木质部的三大组织中导管占木质部横截面的比例为 7.68%～25.64%，平均值为 17.93%±5.22%；薄壁组织为 22.10%～38.55%，平均值为 34.45%±4.93%；纤维组织为 43.23%～64.04%，平均值为 50.46%±6.80%（表 6-4-38）。

表 6-4-38　10 个树种的木质部性状变异

分类	特征	单位	平均值	变异系数/%	最大值	最小值
水力性状	潜在最大导水率	kg·m/（mpa·s）	40.85	114.41	162.64	6.63
	Huber 值	mm^2/cm^2	0.01	57.19	0.03	0.01
	导管密度	n/mm^2	103.80	56.17	186.47	15.80
	导管平均直径	μm	49.99	54.26	119.71	25.59
	导管壁厚度	μm	2.34	43.52	4.57	1.43
	最大导管直径	μm	109.64	42.57	199.56	51.91
	导管面积比例	%	17.93	29.11	25.64	7.65
	导管连接度	μm/μm	0.12	20.96	0.16	0.08
薄壁组织	离管薄壁组织比例	%	4.81	64.18	11.00	1.57
	旁管薄壁组织比例	%	8.26	59.94	16.63	0.86
	轴向薄壁组织比例	%	13.06	48.07	21.80	3.55
	射线薄壁组织比例	%	18.39	30.23	29.88	12.66
	薄壁组织比例	%	31.45	15.69	38.55	22.10
非结构性碳	可溶性糖浓度	μg/mg	54.77	51.61	107.33	24.22
	淀粉浓度	μg/mg	165.17	42.63	295.95	58.20
	总 NSC 浓度	μg/mg	219.94	40.30	403.28	90.31

4.2.2　抗旱树种与非抗旱树种非结构性碳（NSC）浓度的差异

不同树种的木质部 NSC 浓度变异较大（变异系数为 40.30%）。麻栎（Qa）的淀粉浓度在 10 个树种中最高，达到 295.95±0.75 μg/mg，是最小的白玉兰（Md）的 5 倍（58.20±0.91 μg/mg）。麻栎的可溶性糖浓度也高于其他所有树种（107.33±2.26 μg/mg）。抗旱树种的淀粉含量极显著高于非抗旱树种（$P<0.01$），可溶性糖浓度无显著差异（$P>0.05$），但抗旱树种的总 NSC 浓度极显著高于非抗旱树种（$P<0.01$）（图 6-4-5）。

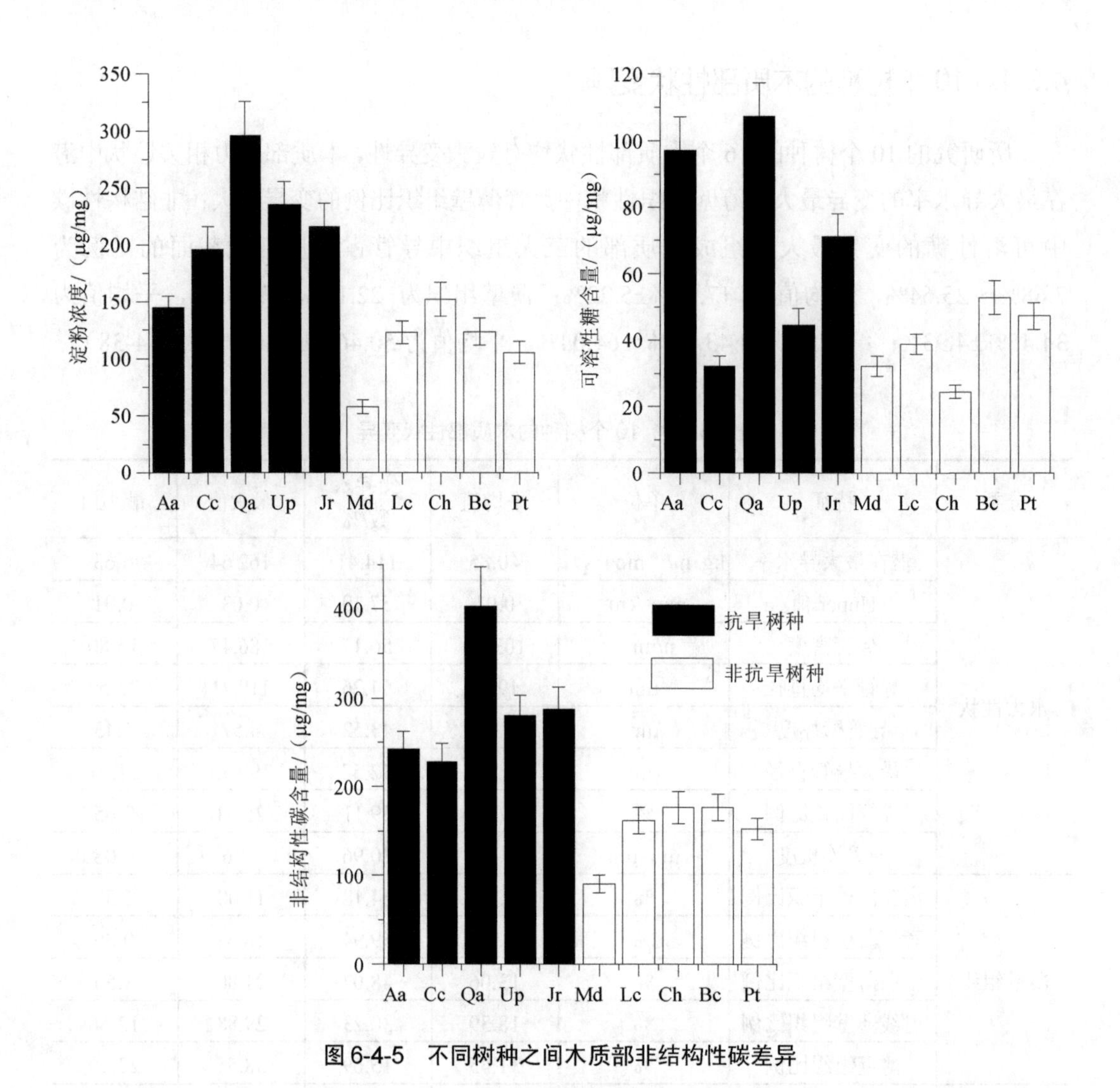

图 6-4-5 不同树种之间木质部非结构性碳差异

4.2.3 抗旱树种与非抗旱树种木质部性状的差异

麻栎（Qa）的平均导管直径和导管壁厚度都是最大，分别为 119.71±21.171 μm，4.57±0.713 μm；榆树（Up）作为抗旱树种中唯一的散孔材，相较于其他环孔材抗旱树种，其导管密度最大（168.76±26.552 μm），而平均导管直径最小（25.59±5.249 μm）。总体比较，抗旱树种的导管壁厚度、最大导管直径、旁管薄壁组织比例、轴向薄壁组织比例均极显著大于非抗旱树种（$P<0.01$）；抗旱树种的平均导管直径、导管密度及其他性状与非抗旱树种并无显著差异（$P>0.05$）（图 6-4-6）。

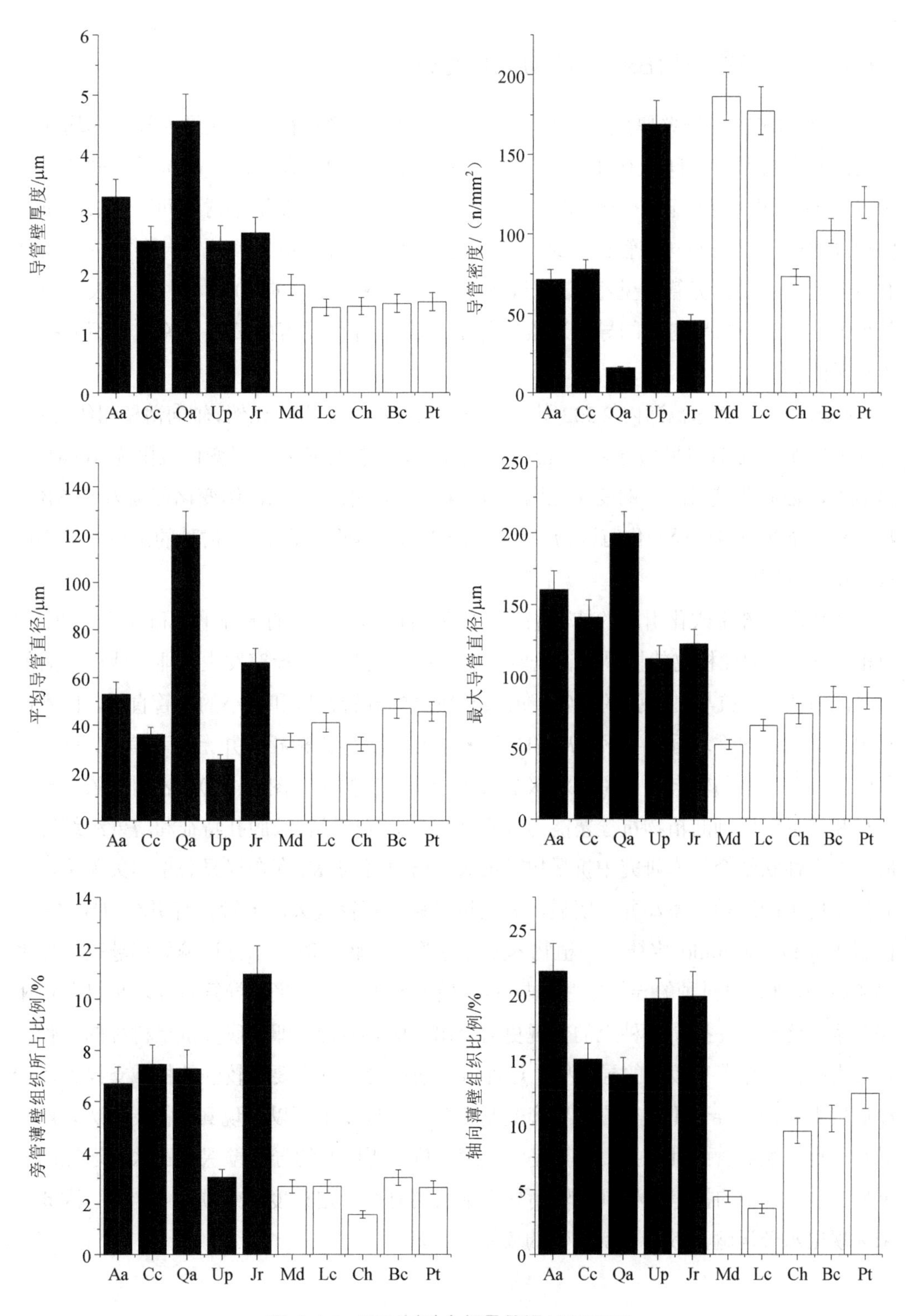

图 6-4-6　不同树种之间导管解剖特征差异

4.2.4 不同树种木质部性状的协同性分析

10 个树种的导管壁厚度与平均导管直径、最大导管直径和潜在最大导水率均显著相关，5 个抗旱树种间也存在这种关系，但非抗旱树种不存在。5 个抗旱树种和所有10 个树种的最大导管直径与潜在最大导水率显著相关，但非抗旱树种间不相关。抗旱树种总薄壁组织比例与旁管薄壁组织面积比例存在显著的正相关关系，表明抗旱树种的薄壁组织主要由旁管薄壁组织主导，5 个非抗旱树种和总的 10 个树种间未表现出现此种关系；5 个抗旱树种的导管连接度与 Huber 值存在显著的负相关关系，而非抗旱树种无此种关系。

Morris 等对全球范围内 2 332 种木本被子植物的薄壁组织比例、轴向薄壁组织比例、射线薄壁组织比例和平均导管直径进行分析，发现总的薄壁组织变化范围为 6.88%～64.20%，轴向薄壁组织比例变化范围为 0～44.10%，射线组织比例变化范围为 5.23%～42.47%；导管平均直径变化范围为 10%～435.12%。本研究的 10 个树种的上述木质部性状均在此范围内。

植物木质部空穴化引起的植物输水功能障碍可影响植物的水分平衡和气孔运动，导致植物死亡，因此植物的抗旱性在一定程度上可以由其抵抗栓塞发生的能力或栓塞后的修复能力决定。抗旱性较强的植物一般具有较大的导管密度和较小的导管直径，但本研究中抗旱树种的平均导管直径、K_p 和导管密度与非抗旱树种相比并无显著差异，抗旱树种的导管壁厚度和轴向薄壁组织均极显著大于非抗旱树种（图 6-4-6），表明仅依靠导管直径和导管密度判断植物抗栓塞能力并不客观，还应与导管纹膜孔特征和薄壁组织等木质部水力性状结合。本研究中抗旱树种最大导管直径与 K_p 存在极显著正相关关系，而非抗旱树种的这种关系却并不明显，表明抗旱树种直径较大的导管具有更高的导水率。根据 Hagen-Poiseuille 定律，当植物木质部导管直径较大时，水分运输效率越高，导水率越高. 本研究中树种的导管壁厚度与 K_p、最大导管直径、平均导管直径均呈显著正相关关系，这一点在抗旱树种上的体现更为突出（图 6-4-7），即本研究抗旱树种的导管直径较大时，其导管有较厚的导管壁，导管内径增加的同时需要有较强的机械支撑力才能保证较大口径的导管不易破裂，导管壁厚度在一定程度上可以体现其机械支撑力，厚的导管壁也影响导管纹孔形态，尤其是纹孔膜厚度，所以厚的导管壁保证了水分运输的安全性。本研究中的抗旱树种具有较高导水率的同时在一定程度上兼顾了安全性，因此并未体现出水分运输高效性与安全性的权衡。

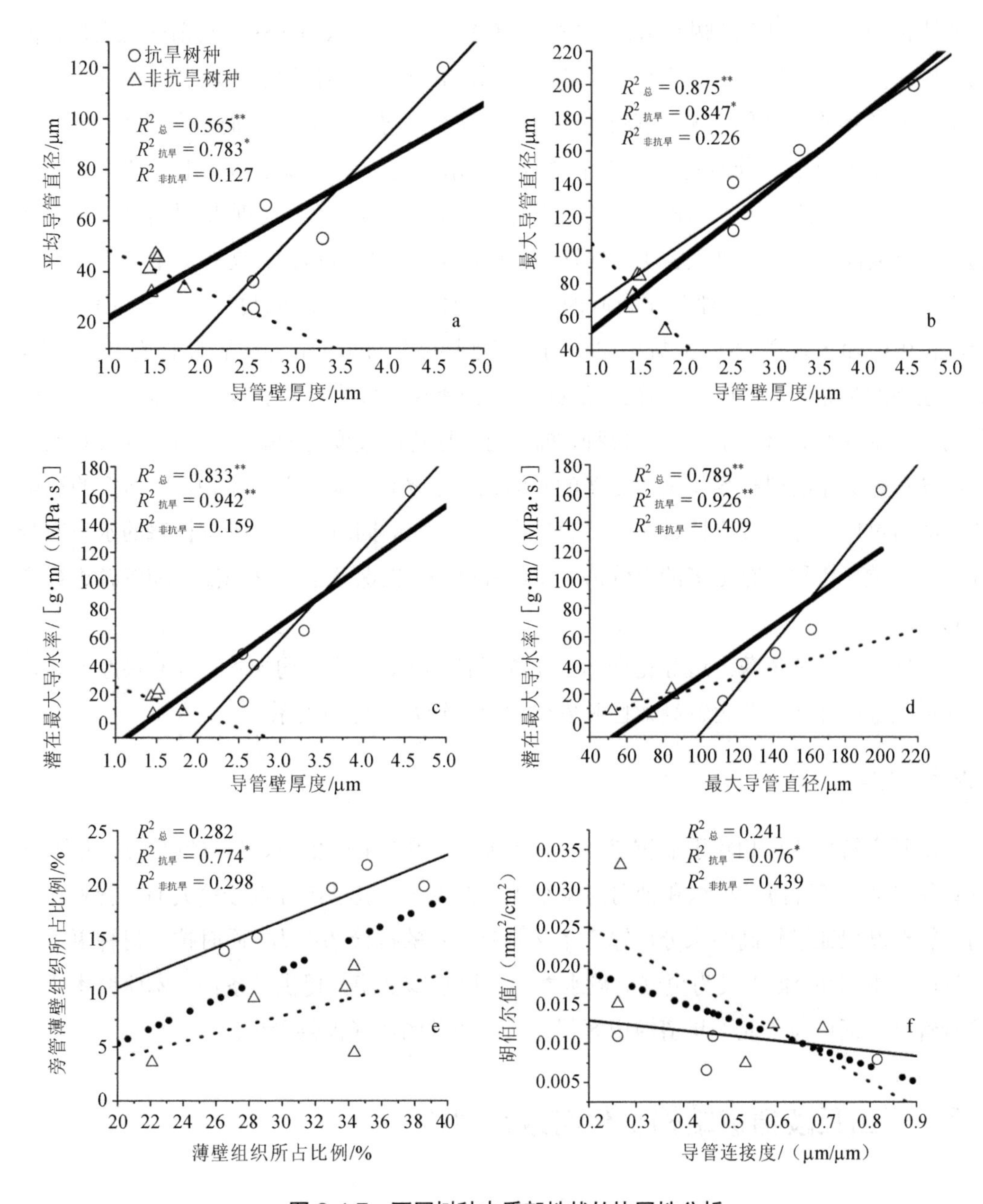

图 6-4-7 不同树种木质部性状的协同性分析

注：实线表明线性关系显著；虚线表明线性关系不显著；粗线表示所有树种指标间的关系。*：$P<0.05$；**：$P<0.01$。

NSC 为植物生长繁殖和新陈代谢提供能量，并被认为对抵抗干扰和干扰后的恢复有重要作用，主要是可溶性糖和淀粉。可溶性糖是植物在长期的干旱环境中重要的渗透调节物质，是植物细胞中浓度较高的一大类物质，有研究表明干旱胁迫会使淀粉也转化为可溶性糖。本研究中抗旱树种的 NSC 浓度极显著高于非抗旱树种，表明具有更高的环境适应性以及较高的碳供应水平。Toshihiro 等发现阔叶植物木质部栓塞修复能力要比针叶树植物强，其原因就是阔叶植物木质部中有较多薄壁组织和NSC。目前研究发现，植物抗栓塞能力与植物茎干的水容存在相关关系，木质部的导管通过吸收旁管薄壁组织中的水分或者离子，改变导管内溶液的渗透势使水分向导管运输，从而缓和导管内张力，达到防栓塞的目的，同时薄壁组织中含有大量水通道蛋白可以参与到木质部栓塞修复中。本研究中的抗旱树种相较于非抗旱树种具有更多薄壁组织，表明抗旱树种具备更强的栓塞修复能力。也有研究表明，导管连接度越大，植物木质部预防张力下导管破裂的能力越大。Huber 值表示维持单位叶面积水分供给所需的枝条边材投入，一定程度反映植物枝条的输水效率。本研究抗旱树种的导管连接度与Huber值存在显著的负相关关系，导管连接度是导管壁厚度与导管直径的比值，两类树种间导管直径无显著差异但抗旱树种的导管壁厚度显著大于非抗旱树种，抗旱树种导管连接度与Huber 值的这种关系或许表明导管壁更厚的树种容易维持更多的叶面积用来光合固碳。总体来说，本研究的抗旱树种即通过厚的导管壁维持最大导管直径和水力效率，同时又保证了抗栓塞的水力安全性，并且抗旱树种具有更多的旁管薄壁组织和 NSC 也保证了足够的能量和资源进行栓塞修复。

麻栎作为干旱瘠薄山地绿化造林的先锋树种，有最大的平均导管直径和最厚的导管壁，反映了麻栎在水分运输高效性和安全性上有较好的协同关系。

4.2.5 小结

本研究抗旱树种相较于非抗旱树种，木质部 NSC 浓度更高、导管壁更厚、最大导管直径更大、旁管薄壁组织和轴向薄壁组织比例更大。抗旱树种直径较大的导管和较厚的导管壁既保证了较高的水分运输效率又具有一定的抗栓塞能力，同时抗旱树种更多的旁管薄壁组织和 NSC 又为更强的贮水能力和栓塞修复能力提供了条件。本研究木质部导管解剖特征可为华北干旱瘠薄山区绿化造林树种的选择提供参考。

4.3 低山丘陵植被结构优化与效益评价

4.3.1 不同林分结构的截水持水效益

林下枯落物层可以起到吸持和拦截降水、抑制降雨侵蚀力和减少径流冲刷的作用，同时林下灌草层对降雨的截留作用可以避免降雨对土壤的直接冲刷，灌草和草本植物根系可以增强土壤的抗冲性和抗蚀性。通过对比不同混交类型林分的林下灌草生物量及枯落物层蓄积量，可以反映出不同混交林截水、持水能力，枯落物层总蓄积量、厚度及林下灌草生物量数值越大，表示林分截水持水效益越高。不同混交林枯落物层总蓄积量和林下灌草生物量如表 6-4-39 所示。各混交林枯落物层总蓄积量和厚度的大小关系呈现一致性，即枯落物层总蓄积量越大，枯落物厚度也越大，石灰岩山地中，侧柏刺槐混交林＞侧柏五角枫混交林＞侧柏臭椿混交林＞侧柏黄栌混交林＞侧柏酸枣混交林＞侧柏荆条混交林；砂石山地中，刺槐麻栎混交林＞刺槐五角枫混交林＞黑松麻栎混交林＞黑松刺槐混交林＞黑松五角枫混交林；总体上，砂石山地中各混交林的枯落物层总蓄积量和厚度大于石灰岩山地的混交林林分。对于林下灌草生物量，石灰岩山地中各混交林分之间的大小关系为侧柏臭椿混交林＞侧柏荆条混交林＞侧柏刺槐混交林＞侧柏酸枣混交林＞侧柏黄栌混交林＞侧柏五角枫混交林，砂石山地中各混交林分之间的大小关系为刺槐麻栎混交林＞刺槐五角枫混交林＞黑松刺槐混交林＞黑松五角枫混交林＞黑松麻栎混交林。

表 6-4-39　不同混交林持水截水效益与保土固碳效益指标

林分类型	成土母质	枯落物层总蓄积量/（t/hm^2）	枯落物层厚度/cm	林下灌草生物量/（t/hm^2）	土壤侵蚀模数/[t/（hm^2·a）]	减蚀量/[t/（hm^2·a）]	碳汇量/（t/hm^2）
侧柏+荆条	石灰岩	5.08	5.2	4.30	4.767	27.40	59.65
侧柏+黄栌	石灰岩	6.42	6.4	3.83	4.377	28.05	97.41
侧柏+五角枫	石灰岩	7.17	6.2	3.64	4.392	25.87	144.97
侧柏+刺槐	石灰岩	8.65	8.0	4.17	1.856	28.41	164.65
侧柏+臭椿	石灰岩	6.32	5.1	4.63	4.816	25.33	123.56
荒草坡对照	石灰岩	0	0	3.55	30.270	0	0
黑松+刺槐	片麻岩	8.69	7.1	4.24	3.25	32.52	150.26
黑松+麻栎	片麻岩	8.91	7.3	4.18	4.19	31.58	149.09
黑松+五角枫	片麻岩	8.49	6.5	4.19	3.40	32.37	128.95
刺槐+麻栎	片麻岩	10.50	9.1	4.30	1.27	34.50	226.41
刺槐+五角枫	片麻岩	9.63	8.1	4.28	1.67	34.10	207.20
荒草坡对照	片麻岩	0	0	3.71	35.77	0	0

注：石灰岩山地乔灌混交林的林下灌草生物量为林下草本植物量，其余混交林的灌草生物量均为灌木生物量与林下草本植物量之和。

4.3.2　不同林分结构的保土固碳效益

林分有减少土壤侵蚀的作用，同时林分碳汇对降低大气中温室气体浓度、减缓全球气候变暖都具有重要意义，因此通过对比不同混交林与空白对照组的土壤侵蚀量和碳汇量，可以直观地反映出不同林分保土固碳效益。对于石灰岩山地，乔灌混交林中侧柏黄栌混交林土壤侵蚀模数最小、减蚀量最大、碳汇量最大，针阔混交林中侧柏刺槐混交林土壤侵蚀模数最小、减蚀量最大、碳汇量最大，侧柏黄栌混交林各项指标要优于侧柏刺槐混交林。对于砂石山地，针阔混交林中黑松刺槐混交林土壤侵蚀模数最小、减蚀量最大、碳汇量最大，阔阔混交林中刺槐麻栎混交林土壤侵蚀模数最小、减蚀量最大、碳汇量最大，刺槐麻栎混交林各项指标要优于黑松刺槐混交林。减蚀量方面，砂石山地混交林要明显大于石灰岩山地；碳汇量方面，同样是砂石山地混交林要大于石灰岩山地，且阔阔混交（砂石山地）>针阔混交（砂石山地）>针阔混交（石灰岩山地）>乔灌混交（石灰岩山地）。

4.3.3 不同林分结构的土壤改良效益

土壤理化性状、土壤水文效益和土壤渗透性三者之间存在相互反映、相互影响的关系。林分对于土壤具有一定的改良作用，改良效益一方面直接体现在林分土壤理化性质中，另一方面则间接体现在土壤的水文效益与渗透能力。土壤的渗透能力可以表现出土壤物理性状的优良状况，土壤理化性状的优劣会直接影响到土壤的渗透能力和持水能力，同时土壤水文效应也主要取决于土壤物理性状，通过对不同林分与空白对照组的土壤理化性质、渗透性和水文效益的差异性，可以反映出不同林分的土壤改良效益，从而进一步对比分析不同林分的生态效益。不同混交林土壤理化性质、渗透性和水文效益如表 6-4-40 所示。

表 6-4-40 不同混交林的土壤理化性质、渗透性和水文效益

林分类型	土壤容重/(g/m^3)	非毛管孔隙度/%	有机质/%	全氮/%	平均渗透速率/(mm/min)	总渗透时间/min	土壤毛管最大持水率/%	土壤饱和贮水量/mm
侧柏+荆条	1.23	10.05	0.89	0.069	6.52	24.45	35.65	133.20
侧柏+酸枣	1.24	10.35	0.88	0.065	6.62	24.89	34.85	133.05
侧柏+黄栌	1.22	10.79	1.01	0.074	7.21	25.30	35.04	133.85
侧柏+五角枫	1.22	10.16	0.94	0.079	8.58	25.43	35.91	161.91
侧柏+刺槐	1.16	11.08	1.14	0.089	9.28	28.50	39.45	170.52
侧柏+臭椿	1.24	9.98	0.87	0.069	7.93	25.30	36.34	163.65
对照	1.33	6.23	0.36	0.029	4.33	17.62	28.12	130.89
黑松+刺槐	1.15	10.39	1.02	0.093	9.57	29.45	46.06	211.88
黑松+麻栎	1.17	10.07	0.95	0.086	8.73	27.41	44.31	207.36
黑松+五角枫	1.19	10.29	0.98	0.088	9.17	28.41	44.18	210.28
刺槐+麻栎	1.09	12.38	1.14	0.097	10.36	30.69	39.72	222.68
刺槐+五角枫	1.11	12.13	1.12	0.097	10.13	30.37	39.04	221.84
对照	1.36	6.73	0.34	0.026	4.56	16.63	27.00	173.80

对于石灰岩山地，乔灌混交林中侧柏黄栌混交林各项指标均为较佳值，针阔混交林中侧柏刺槐混交林各项指标均为较佳值，侧柏臭椿混交林相对较差，同时侧柏刺槐混交林要更优。对于砂石山地，针阔混交林中黑松刺槐混交林各项指标均为较佳值，黑松五角枫混交林相对较差，阔阔混交林中刺槐麻栎混交林各项指标均为较佳值，刺槐五角枫林则相对较差，同时刺槐麻栎混交林要更优于黑松刺槐混交林。从不同混交林与各自对应空白对照的各项指标相对增加值来看，石灰岩地区中侧柏刺槐混交林对于土壤的改良效益较好，砂石山地中则是刺槐麻栎混交林较好。

4.3.4 基于 TOPSIS 法的综合评价

本研究选取枯落物层总蓄积量、枯落物厚度、林下灌草生物总量、土壤容重、土壤非毛管孔隙度、土壤有机质含量、土壤全氮含量、土壤平均渗透速率、土壤入渗总渗透时间、土壤毛管最大持水率、土壤饱和贮水量、林分减蚀量、林分总碳汇量共 13 项指标作为不同混交类型林分生态效益综合评价指标，为修正因立地条件等因素导致的误差，以各混交林分与所对应的空白对照的各项指标差值的绝对值作为原始评价数据。

令 X_{ij} 为第 i 个评价对象的第 j 项指标值，i=1，2，3…，n，j=1，2，3…，m，计算步骤如下：

①将各项指标数值同趋势化处理。高优指标（越大越好）保持数值不变，低优指标（越小越好）采用“取倒数”方法转化为高优指标，形成矩阵 Y_{ij}。本研究中所选取的 13 项指标均为高优指标，因此不做同趋势化处理。

②同趋化数据的规范化。对 Y_{ij} 进行规范化处理，形成 Z_{ij}，公式为

$$Z_{ij} = Y_{ij} \Big/ \sqrt{\sum_{i=1}^{n} Y_{ij}^2}$$

③权重的计算。计算第 j 项指标的熵值 b_j，为

$$b_j = -\sum_{i=1}^{n} Z_{ij} \ln Z_{ij} \Big/ \ln n$$

式中，i=1，2，3，…，m，$0 \leqslant b_{ij} \leqslant 1$ 且 $y_{ij}=0$ 时，$y_{ij}\ln y_{ij}=0$。

④计算第 j 项指标的熵权 w_j，为

$$w_j = (1-b_j) \Big/ (n - \sum_{j=1}^{m} b_j)$$

式中，j=1，2，3，…，n，$0 \leqslant w_j \leqslant 1$ 且 $w_1+w_2+w_3+\cdots w_n=1$。熵值与熵权计算结果如表 6-4-41 所示。

表 6-4-41 各评价指标熵值与权重

指标	枯落物层总蓄积量/（t/hm²）	枯落物层厚度/cm	灌草生物量/（t/hm²）	土壤容重/（g/cm³）	非毛管孔隙度/%	有机质/%	全氮/%	平均渗透速率/（mm/min）	总渗透时间/min	土壤毛管最大持水率/%	土壤饱和贮水量/mm	减蚀量/[t/（hm²·a）]	碳汇量/（t/hm²）
熵值	1.684 1	1.707 0	1.358 7	1.635 3	1.708 4	1.713 7	1.693 6	1.652 3	1.686 6	1.619 7	1.433 3	1.722 7	1.593 9
权重	0.083 3	0.086 1	0.043 7	0.077 4	0.086 3	0.086 9	0.084 5	0.079 5	0.083 6	0.075 5	0.052 8	0.088 0	0.072 3

⑤确定最优方案和最劣方案。以评价对象的第 j 项指标的最大值 Z_{jmax} 和最小值 Z_{jmin} 作为各评价对象的最优方案和最劣方案。

⑥计算每一个评价对象与最优方案的欧式距离 D^+_i 和最劣方案的欧氏距离 D^-_i，

$$D_i^+ = \sqrt{\sum_{j=1}^{m}[w_j(Z_{ij} - Z_{j\max})]^2}$$

$$D_i^- = \sqrt{\sum_{j=1}^{m}[w_j(Z_{ij} - Z_{j\min})]^2}$$

⑦计算各评价对象与最优方案的接近程度 C_i，为

$$C_i = D_i^- \big/ (D_i^+ + D_i^-)$$

⑧将 C_i 值按照大小排序，其值越大表示评价对象的综合评价越高，结果如表 6-4-42 所示。

表 6-4-42 不同混交类型林分 C_i 值与最终排序结果

混交类型	D_+	D_-	C_i	排序
侧柏+荆条	0.049 3	0.026 2	0.346 7	8
侧柏+酸枣	0.047 9	0.024 2	0.335 4	9
侧柏+黄栌	0.041 2	0.027 1	0.397 0	7
侧柏+五角枫	0.048 8	0.019 6	0.286 3	10
侧柏+刺槐	0.033 6	0.035 4	0.513 0	4
侧柏+臭椿	0.050 9	0.016 6	0.245 5	11
黑松+刺槐	0.032 7	0.038 6	0.541 6	3
黑松+麻栎	0.037 4	0.032 3	0.463 6	5
黑松+五角枫	0.037 4	0.031 5	0.457 1	6
刺槐+麻栎	0.026 9	0.049 9	0.649 5	1
刺槐+五角枫	0.028 2	0.045 0	0.615 1	2

TOPSIS 法是系统工程中一种常用的评价方法，本研究为首次引用作生态效益评价，从表 6-6-43 所示结果来看，应用结果较为理想，排序先后大致与各项指标所反映出的顺序一致。在石灰岩山地，乔灌混交模式中，侧柏黄栌混交林排序最佳，针阔混交模式中，侧柏刺槐混交林排序最佳，且侧柏刺槐混交林要优于侧柏黄栌混交林，总体来看针阔混交林要优于乔灌混交林；在砂石山地，针阔混交模式中，黑松刺槐混交林排序位置最为靠前，阔阔混交模式中，刺槐麻栎混交林排序位置最为靠前，且刺槐麻栎混交林要优于黑松刺槐混交林，总体来看阔阔混交林要优于针阔混交林。在所有混交类型中，刺槐麻栎混交林的生态效益最好，砂石山地混交林要优于石灰岩山地混交林，且总体来看，阔阔混交林（砂石山地）>针阔混交林（砂石山地）>乔灌混交林（石灰岩山地）>针阔混交林（砂石山地）。

4.3.5　低山丘陵植被结构优化研究

（1）对于石灰岩山地，乔灌混交林适合栽种侧柏黄栌混交林，针阔混交林适合栽种侧柏刺槐混交林，侧柏刺槐混交林生态效益更高于侧柏黄栌混交林。

（2）对于砂石山地，针灌混交林适合栽种黑松刺槐混交林，阔阔混交林适合栽种刺槐麻栎混交林，刺槐麻栎混交林生态效益更高于黑松刺槐混交林。

5 研究结论

5.1 低山丘陵区立地分类及评价主要研究成果

（1）立地分类主导因子方面：对于石灰岩山地，主导因子重要程度从高至低依次为：土壤质地＞土层厚度＞海拔＞坡向；对于片麻岩山地，主导因子重要程度从高至低依次为坡度＞坡向＞土层厚度；对于低山丘陵区，主导因子重要程度从高至低依次为土壤类型＞土层厚度＞坡向。

（2）依据全国森林立地分类区划原则，结合各区域确定的立地分类主导因子，将石灰岩山地划分为 2 个立地类型组、18 个立地类型；将片麻岩山地划分为 3 个立地类型组、12 个立地类型；将低山丘陵区划分为 2 个立地类型组、8 个立地类型。

（3）立地评价方面：石灰岩山地中，$Ⅰ_5$沙质土厚土层丘陵阳坡立地类型、$Ⅱ_5$重壤土厚土层丘陵阳坡立地类型和$Ⅱ_6$重壤土厚土层丘陵阴坡立地类型表现最优；片麻岩山地中，$Ⅰ_2$缓坡阴坡厚土层立地类型、$Ⅰ_4$缓坡阳坡厚土层立地类型、$Ⅱ_2$较陡坡阴坡厚土层立地类型和$Ⅱ_4$较陡坡阳坡厚土层立地类型表现最优；低山丘陵区中，$Ⅱ_3$棕壤厚土层阳坡立地类型表现最优。

（4）根据立地评价结果，考虑可操作性和简易性原则，为低山丘陵区各立地类型选择适宜造林模型并推荐适宜树种。结果表明，$Ⅰ_3$褐土厚土层阳坡立地类型、$Ⅱ_3$棕壤厚土层阳坡立地类型适合营造经济型防护林或用材型防护林，$Ⅰ_4$褐土厚土层阴坡立地类型、$Ⅱ_4$棕壤厚土层阴坡立地类型适合营造生态型防护林和以耐阴树种为核心的经济型防护林，$Ⅰ_1$褐土薄土层阳坡立地类型、$Ⅰ_2$褐土薄土层阴坡立地类型、$Ⅱ_1$棕壤薄土层阳坡立地类型、$Ⅱ_2$棕壤薄土层阴坡立地类型适合营造生态型防护林。

5.2 低山丘陵植被造林树种选择研究主要研究成果

（1）解剖学特征

本研究抗旱树种相较于非抗旱树种，木质部 NSC 浓度更高、导管壁更厚、最大导管直径更大、旁管薄壁组织和轴向薄壁组织比例更大。抗旱树种直径较大的导管和较厚的导管壁既保证了较高的水分运输效率又具有一定的抗栓塞能力，同时抗旱树种更多的旁管薄壁组织和 NSC 又为更强的贮水能力和栓塞修复能力提供了条件。

（2）树种选择结果

麻栎、臭椿、黄栌、榆树作为干旱瘠薄山地绿化造林的先锋树种，有着较大的平均导管直径和较厚的导管壁，反映了其在水分运输高效性和安全性上有较好的协同关系。本研究木质部导管解剖特征可为华北干旱瘠薄山区绿化造林树种的选择提供参考。

5.3　植被结构优化与效益评价主要研究成果

（1）对于石灰岩山地，乔灌混交林适合栽种侧柏黄栌混交林，针阔混交林适合栽种侧柏刺槐混交林，侧柏刺槐混交林生态效益更高于侧柏黄栌混交林。

（2）对于砂石山地，针灌混交林适合栽种黑松刺槐混交林，阔阔混交林适合栽种刺槐麻栎混交林，刺槐麻栎混交林生态效益更高于黑松刺槐混交林。

（3）对于所有混交类型，刺槐麻栎混交林的生态效益最好，砂石山地混交林要优于石灰岩山地混交林，且总体来看，阔阔混交林（砂石山地）＞针阔混交林（砂石山地）＞乔灌混交林（石灰岩山地）＞针阔混交林（砂石山地）。

参考文献

[1] VERMA S，VARMA A，REXER K H，et al. Piriformospora indica，gen. et sp. nov. a new root-colonizing fungus[J]. Mycologia，1998，90（5）：896-903.

[2] 张文英，汪媛媛，蒿若超，等. 印度梨形孢真菌促进芝麻生长并提高芝麻抗旱性[J]. 中国油料作物学报，2014，36（1）：71-75，83.

[3] TRIVEDI D K，SRIVASTAVA A，VERMA P K，et al. Piriformospora indica：a friend in need is a friend in deed[J]. Journal of Botanical Sciences，2016，5（1）：16-19.

[4] 楼兵干，孙超，蔡大广. 印度梨形孢的多种功能及其应用前景[J]. 植物保护学报，2007，34（6）：653-656.

[5] 宋凤鸣，毛克克，吴铖铖，等. 印度梨形孢的生物学效应及其作用机制[J]. 浙江大学学报（农业与生命科学版），2011，37（1）：1-6.

[6] OELMULLE R，SHERAMETI I，TRIPATHI S，et al. Piriformospora indica，a cultivable root endophyte with multiple biotechnological applications[J]. Symbiosis，2009，49（1）：1-17.

[7] FAKHRO A，ANDRADE-LINARES D R，BARGEN S V，et al. Impact of Piriformospora indica on tomato growth and on interaction with fungal and viral pathogens[J]. Mycorrhiza，2010，20（3）：191-200.

[8] VARMA A，VERMA S，SUDHA，et al. Piriformospora indica，a cultivable plant-growth-promoting root endophyte[J]. Applied & Environmental Microbiology，1999，65（6）：2741-2744.

[9] SHERAMETI I，VENUS Y，DRZEWIECKI C，et al. PYK10，a beta-glucosidase located in the endoplasmatic reticulum，is crucial for the beneficial interaction between Arabidopsis thaliana and the endophytic fungus Piriformospora indica[J]. Plant Journal for Cell & Molecular Biology，2008，54（3）：428-439.

[10] STEIN E，MOLITOR A，KOGEL K H，et al. Systemic resistance in Arabidopsis conferred by the mycorrhizal fungus Piriformospora indica requires jasmonic acid signaling and the cytoplasmic function of NPR1[J]. Plant & Cell Physiology，2008，49（11）：1747-1751.

[11] SUN C，JOHNSON J M，CAI D，et al. Piriformospora indica confers drought tolerance in Chinese cabbage leaves by stimulating antioxidant enzymes，the expression of drought-related genes and the plastid-localized CAS protein[J]. Journal of Plant Physiology，2010，167（12）：1009-1017.

[12] 韩广轩，毛培利，刘苏静，等. 盐分和母树大小对黑松海防林种子萌发和幼苗早期生长的影响[J]. 生态学杂志，2009，28（11）：2171-2176.

[13] BARAZANI O，BENDEROTH M，GROTEN K，et al. Piriformospora indica，and Sebacina vermifera，increase growth performance at the expense of herbivore resistance in Nicotiana attenuate[J]. Oecologia，2005，146（2）：234-243.

[14] RAI M，VARMA A. Arbuscular mycorrhiza-like biotechnological potential of Piriformospora indica，which promotes the growth of Adhatoda vasica Nees[J]. Electronic Journal of Biotechnology，2005，8（1）：107-112.

[15] WALLER F，ACHATZ B，BALTRUSCHAT H，et al. The endophytic fungus Piriformospora indica reprograms barley to salt-stress tolerance，disease resistance，and higher yield[J]. Proceedings of the National Academy of Sciences of the United States of America，2005，102（38）：13386-91.

[16] BALTRUSCHAT H，FODOR J，HARRACH B D，et al. Salt tolerance of barley induced by the root endophyte Piriformospora indica is associated with a strong increase in antioxidants[J]. New Phytologist，2008，180（2）：501-510.

[17] 王风让，毛克克，李国钧，等. 印度梨形孢及其近似种 *Sebacina vermifera* 促进番茄生长发育及磷吸收[J]. 浙江大学学报（农业与生命科学版），2011，37（1）：61-68.

[18] 陈佑源. 印度梨形孢诱导油菜促生、抗逆和菜籽品质性状改善及其机理的初步研究[D]. 杭州：浙江大学，2012.

[19] 常双双，王承南，王森，等. 5 种丛枝菌根真菌对君迁子幼苗光合生长的影响[J]. 经济林研究，2016，34（2）：79-85.

[20] SMITH S E，DAVID READ F. Mycorrhizal Symbiosis（Third Edition）[M]. Chennai：Charon Tec Ltd，2008：1-815.

[21] 杨高文，刘楠，杨鑫，等. 丛枝菌根真菌与个体植物的关系及其对群落生产力和物种多样性的影响[J]. 草业学报，2015，24（6）：188-203.

[22] 王义琴，张慧娟，白克智，等. 分形几何在植物根系研究中的应用[J]. 自然，1999，21（3）：143-145.

[23] 单立山，李毅，董秋莲，等. 红砂根系构型对干旱的生态适应[J]. 中国沙漠，2012，32（5）：1283-1290.

[24] 杨小林，张希明，李义玲，等. 塔克拉玛干沙漠腹地 3 种植物根系构型及其生境适应策略[J]. 植物生态学报，2008，32（6）：1268-1276.

[25] 汪洪，金继运，山内章. 以盒维数法分形分析水稻根系形态特征及初探其与锌吸收积累的关系[J]. 作物学报，2008，34（9）：1637-1643.

[26] FRANKEN P. The plant strengthening root endophyte Piriformospora indica：potential application and the biology behind[J]. Applied Microbiology & Biotechnology，2012，96（6）：1455.

[27] 曹星星. 铁皮石斛病原真菌分离与鉴定及印度梨形孢促生作用研究[D]. 杭州：浙江大学，2015.

[28] 马杰. 印度梨形孢诱导烟草促生、抗病、抗逆作用及其机理的初步研究[D]. 杭州：浙江大学，2012.

[29] SIRRENBERG A，GOEBEL C，GROND S，et al. Piriformospora indica affects plant growth by auxin production[J]. Physiologia Plantarum，2007，131（4）：581-589.

[30] ZHU J，INGRAM P A，BENFEY P N，et al. From lab to field，new approaches to phenotyping root system architecture[J]. Current Opinion in Plant Biology，2011，14（3）：310.

[31] 孙超. 印度梨形孢诱导小白菜抗病、促生、抗逆的作用及其机理的初步研究[D]. 杭州：浙江大学，2010.

[32] 武美燕，蒿若超，张文英，等. 印度梨形孢诱导紫花苜蓿提高抗旱性研究初报[J]. 草地学报，2013，21（6）：1218-1222.

[33] WALK T C，ERP E V，LYNCH J P. Modelling Applicability of Fractal Analysis to Efficiency of Soil Exploration by Roots [J]. Annals of Botany，2004，94（1）：119.

[34] 李雪萍，赵成章，任悦，等. 尕海湿地不同密度条件下垂穗披碱草根系分形结构[J]. 生态学报，2018，38（4）：1-7.

[35] 郗荣庭，张毅萍. 中国核桃[M]. 北京：中国林业出版社，1992：1.

[36] 袁晓龙，王秀茹，郭晓辉，等. 邢台市核桃林水土保持效益分析[J]. 水土保持通报，2015，35（2）：306-312.

[37] 范龙惠，李丕军，刘华，等. 核桃耐涝研究进展及展望[J]. 四川林业科技，2017，38（6）：17-19，93.

[38] 张川红，沈应柏，尹伟伦，等. 盐胁迫对几种苗木生长及光合作用的影响[J]. 林业科学，2002，38（2）：27-31.

[39] 蔡皓炜. 六盘水红心猕猴桃适宜立地类型的划分与应用[D]. 长沙：中南林业科技大学，2016.

[40] 蔡鲁，朱婉芮，王华田，等. 鲁中南山地 6 个造林树种根系形态的比较[J]. 中国水土保持科学，2015，13（2）：83-91.

[41] 陈茜. 漓江流域水陆交错带立地类型划分与评价[D]. 北京：北京林业大学，2013.

[42] 单奇华，张建锋，沈立铭，等. 沿海生态防护林结构与构建技术[J]. 浙江林业科技，2012，32（1）：58-62.

[43] 董娅楠，缪东玲，程宝栋. FDI 对中国林业全要素生产率的影响分析——基于 DEA-Malmquist 指数法[J]. 林业经济，2018，40（4）：39-45.

[44] 杜健. 柚木人工林生长与立地类型研究[D]. 北京：中国林业科学研究院，2016.

[45] 杜健，梁坤南，周再知，等. 云南西双版纳柚木人工林立地类型划分及评价[J]. 林业科学，2016，52（9）：1-10.

[46] 付满意. 梁山慈竹和料慈竹立地类型划分与立地质量评价[D]. 昆明：西南林业大学，2014.

[47] 付晓. 基于 GIS 的森林立地分析与评价研究[D]. 北京：北京林业大学，2003.

[48] 高帅. 滇东南岩溶山地土层厚度空间分布探测技术研究[D]. 昆明：昆明理工大学，2014.

[49] 高智慧. 我省沿海基岩海岸宜林地立地类型的划分[J]. 浙江林业，1996（2）：25.

[50] 高智慧，康志雄，蒋妙定，等. 浙江省沿海基岩海岸宜林地立地类型的划分[J]. 防护林科技，1997（4）：7-10.

[51] 龚成朝，舒相才，韦子荣. 云南省腾冲县新岐社区森林立地类型划分与立地质量评价[J]. 山东林业科技，2015，45（2）：61-65，71.

[52] 关健超，韦立权，陈丽，等. 广西海岸情况及防护林树种选择研究[J]. 山东林业科技，2017，47（3）：85-88.

[53] 韩麟凤，胡承海. 营口地区盐渍土立地条件类型的划分和造林树种的选择[J]. 沈阳农学院学报，1963（4）：45-52.

[54] 郝文康. 立地质量评价[J]. 华东森林经理，1988，2（3）：289-292.

[55] 河南省枫杨研究协作组. 河南省枫杨栽培区区划及立地类型划分[J]. 信阳师范学院学报（自然科学版），1989（4）：375-382.

[56] 洪奕丰，王小明，周本智，等. 闽东沿海防护林台风灾害的影响因子[J]. 生态学杂志，2012，31（4）：781-786.

[57] 黄卓民，杨瑶青. 广西八角立地条件类型划分的初步研究[J]. 广西林业科技，1986（2）：16-24.

[58] 黄利军，胡同泽.基于数据包络法（DEA）的中国西部地区农业生产效率分析[J].农业现代化研究，2006（6）：420-423.

[59] 季碧勇. 基于森林资源连续清查体系的浙江省立地分类与质量评价[D]. 杭州：浙江大学，2014.

[60] 颉洪涛，成向荣，吴统贵，等. 基于文献计量的沿海防护林研究内容分析[J]. 山东农业大学学报（自然科学版），2017，48（3）：365-370.

[61] 匡海波，陈树文. 中国港口生产效率研究与实证[J]. 科研管理，2007，28（5）：170-177.

[62] 雷相东，符利勇，李海奎，等. 基于林分潜在生长量的立地质量评价方法与应用[J]. 林业科学，2018，54（12）：116-126.

[63] 李丹雄，赵廷宁，张艳，等. 太行山北段东麓采石废弃地立地类型划分及评价[J]. 中国水土保持科学，2015，13（2）：112-117.

[64] 李培琳. 浙江省森林立地分类与杉木适宜性研究[D]. 杭州：浙江农林大学，2018.

[65] 李培琳，韦新良，汤孟平. 基于 NFI 和 DEM 数据的浙江森林立地分类研究[J]. 西南林业大学学报（自然科学版），2018，38（3）：137-144.

[66] 李涛. 资源约束下中国碳减排与经济增长的双赢绩效研究——基于非径向 DEA 方法 RAM 模型的测度[J]. 经济学（季刊），2013，12（2）：667-692.

[67] 林文棣. 中国海岸防护林造林地立地类型的分类[J]. 南京林业大学学报（自然科学版），1988（2）：13-21.

[68] 刘廷万. 河北省平原沙荒立地类型的划分要点与适地适树[J]. 河北林业科技，1980（2）：21-22.

[69] 刘晓蔚. 桉树人工林复合经营模式综合效益评价体系构建及综合效益评价[D]. 南宁：广西大学，

2012.

[70] 刘逸洁，李国庆，周越，等. 近 30 年来山东半岛东部沿海防护林动态变化研究[J]. 林业科技，2017，42（2）：56-59.

[71] 刘云浪，龚斌，刘先国. 基于 DEA 非期望产出的中国矿业废水治理效率评价[J]. 环境工程学报，2017，11（4）：2073-2078.

[72] 卢立华，冯益明，农友，等. 基于林班尺度的森林立地类型划分与质量评价[J]. 林业资源管理，2018（2）：48-57.

[73] 罗艳. 基于 DEA 方法的指标选取和环境效率评价研究[D]. 北京：中国科学技术大学，2012.

[74] 骆汉，赵廷宁，谢永生. 华北东部高速公路边坡立地类型划分[J]. 林业科学，2017，53（1）：108-118.

[75] 马得利，孙永康，杨建英，等. 基于无人机遥感技术的废弃采石场立地条件类型划分[J]. 北京林业大学学报，2018，40（9）：90-97.

[76] 马冬菁. 刍议沿海防护林建设面临的问题及对策[J]. 防护林科技，2018（2）：57-58.

[77] 马天晓. 基于人工神经网络的森林立地分类与评价[D]. 郑州：河南农业大学，2006.

[78] 南方十四省区杉木栽培科研协作组. 杉木产区立地类型划分的研究[J]. 林业科学，1981（1）：37-45.

[79] 潘雪玉. 沿海防护林树种促生、耐盐根系真菌筛选及机制初探[D]. 北京：中国林业科学研究院，2018.

[80] 彭贤利. 海坛岛沿海防护林防风固沙效益遥感动态监测及 IDL 实现[D]. 福州：福建师范大学，2015.

[81] 浦瑞良，曾小明，王晓辉，等. 沿海防护林地区立地分类与评价的遥感方法研究[J]. 南京林业大学学报（自然科学版），1990（3）：7-14.

[82] 钱拴提，孙德祥，韩东锋，等. 秦岭山茱萸立地因子主分量分析及立地条件类型分类研究[J]. 西北植物学报，2003，23（6）：916-920.

[83] 乔虹. 产业创新能力的测度与评价[J]. 统计与决策，2016（23）：127-129.

[84] 乔勇进，张敦伦，李东发，等. 山东省沿海防护林建设的现状、问题及对策[J]. 防护林科技，2000（2）：45-48.

[85] 沈国舫，邢北任. 北京市西山地区立地条件类型的划分及适地适树[J]. 林业科技通讯，1980（6）：11-16.

[86] 孙业聚，陈久家，徐瑞武. 我省中东部低山丘陵区造林地立地条件类型的划分及造林技术的探讨[J]. 吉林林业科技，1983（4）：11-19.

[87] 谭启航. 鲁中南干旱瘠薄山地立地类型划分[D]. 泰安：山东农业大学，2014.

[88] 唐诚，王春胜，庞圣江，等. 广西大青山西南桦人工林立地类型划分及评价[J]. 西北林学院学报，2018，33（4）：52-57.

[89] 唐光旭，林小凡. 江西省油茶栽培区划和立地类型划分的研究[J]. 江西林业科技，1988（4）：1-12.

[90] 唐思嘉. 毛竹林立地分类与立地质量评价研究[D]. 杭州：浙江农林大学，2017.

[91] 田淑英，许文立. 基于 DEA 模型的中国林业投入产出效率评价[J].资源科学，2012，34（10）：1944-1950.

[92] 滕维超，万文生，王凌晖. 森林立地分类与质量评价研究进展[J]. 广西农业科学，2009，40（8）：1110-1114.

[93] 王贵霞，李传荣，杨吉华，等. 山东省沿海防护林体系现状及建设对策探讨[J]. 水土保持研究，2004，11（2）：118-120.

[94] 王永昌. 云台山区森林立地分类与植被恢复技术研究[D]. 南京：南京林业大学，2006.

[95] 王玉华，董瑞忠，胡丁猛，等. 山东沿海防护林体系建设的现状与对策[J]. 山东林业科技，2006（4）：82-84.

[96] 魏忠平. 辽宁沿海防护林体系构建技术研究进展[J]. 辽宁林业科技，2015（1）：39-42.

[97] 吴菲. 森林立地分类及质量评价研究综述[J]. 林业科技情报，2010，42（1）：12，14.

[98] 吴克华. 喀斯特地区不同等级石漠化综合治理的生态效应研究[D]. 贵阳：贵州师范大学，2006.

[99] 吴南，鹿永华，王萍萍. 山东省林业产业发展现状与对策研究[J]. 林业经济，2014，36（6）：85-88.

[100] 肖芬，王晓红，王玉勤，等. 27 个木槿品种的数量分类和主成分分析[J/OL]. 中南林业科技大学学报，2019（2）：59-64.

[101] 肖化顺，邵柏. 臭松次生林立地分类研究[J]. 中南林业科技大学学报，2016，36（6）：6-10.

[102] 邢献予. 辽宁省三种海岸类型典型防护林改良土壤效果的研究[D]. 沈阳：沈阳农业大学，2017.

[103] 徐燕千，龙文彬. 珠江三角洲农田防护林主要造林树种的适生特性与树种选择研究[J]. 林业科学，1983（3）：225-234.

[104] 许景伟. 山东沙质海岸防护林体系建设关键技术研究[D]. 北京：北京林业大学，2006.

[105] 许景伟，李传荣，王卫东，等. 论山东沿海防护林体系工程建设[J]. 防护林科技，2007（1）：47-49.

[106] 许景伟，王卫东，王月海. 沿海防护林体系工程建设技术综述[J]. 防护林科技，2008（5）：69-72.

[107] 颜萍，杨益，李莉，等. DEA 法对乌鲁木齐市三级医院 ICU 护理效率的评价[J]. 护理管理杂志，2016，16（5）：305-307.

[108] 杨传强，李士美，孔雨光，等. 山东省松类人工林立地指数表的编制与应用[J]. 林业资源管理，2018（2）：43-47，118.

[109] 殷有，王萌，刘明国，等. 森林立地分类与评价研究[J]. 安徽农业科学，2007，35（19）：5765-5767.

[110] 尹海魁，许皞，李大伟，等. 露天铁矿山典型立地类型划分与主导因子分析[J]. 金属矿山，2016，（6）：173-179.

[111] 余其芬. 造林立地遥感调查及其信息管理系统应用开发的研究[D]. 杨凌：西北农林科技大学，2002.

[112] 俞新妥，何智英，房太金，等. 福建省杉木产区区划和立地条件类型划分研究报告[J]. 福建林学

院科技，1980（1）：14-28，145-155.

[113] 张奇，童纪新.“一带一路”省市城市基础设施利用效率分析——基于 DEA 及 Malmquist 指数模型[J]. 软科学，2016，30（11）：114-117，135.

[114] 张万儒，盛炜彤，蒋有绪，等. 中国森林立地分类系统[J]. 林业科学研究，1992（3）：251-262.

[115] 张小亮. 石灰岩退化山地人工造林的限制因子与调控和改造效果研究[D]. 泰安：山东农业大学，2015.

[116] 张颖，杨桂红，李卓蔚. 基于 DEA 模型的北京林业投入产出效率分析[J]. 北京林业大学学报，2016，38（2）：105-112.

[117] 赵荣慧. 半干旱地造林学[M]. 北京：北京农业大学出版社，1995.

[118] 中国林学会. 造林规划设计[M]. 北京：中国林业出版社，1985.

[119] 中国森林立地分类编写组. 中国森林立地分类[M]. 北京：中国林业出版社，1989.

[120] 中国森林立地类型编写组. 中国森林立地类型[M]. 北京：中国林业出版社，1995.

[121] Andersen P.，Petersen N. C. A procedure for ranking efficient units in data envelopment analysis[J]. INFORMS，1993.

[122] Aparicio J.，José L. Ruiz and Inmaculada Sirvent. Closest targets and minimum distance to the Pareto-efficient frontier in DEA[J]. Journal of Productivity Analysis，2007，28（3）：209-218.

[123] Banker R. D.，Charnes A.，C. W. W. Some models for estimating technical and scale inefficiencies in data envelopment analysis[J]. Management Science，1984，30（9）：1078-1092.

[124] Carmean W. H. Forest site quality evaluation in the United States[J]. Advances in Agronomy，1975，27（C）：209-269.

[125] Charnes A.，Cooper W. W.，Golany B.，et al. Foundations of data envelopment analysis for Pareto-Koopmans efficient empirical production functions[J]. Journal of Econometrics，1985，30（1-2）：91-107.

[126] Charnes A.，Cooper W. W. and Rhodes E.. Measuring the efficiency of decision making units[J]. European Journal of Operational Research，1978，2（6）：429-444.

[127] Cook W. D.，Du J. and Zhu J.. Units invariant DEA when weight restrictions are present：ecological performance of US electricity industry[J]. Annals of Operations Research，2015，255（1-2）：323-346.

[128] Cook W. D.，Harrison J.，Imanirad R.，et al. Data envelopment analysis with nonhomogeneous DMUs[J]. Operations Research，2013，61（3）：666-676.

[129] Cooper W. W.，Park K. S.，Pastor J. T. RAM：a range adjusted measure of inefficiency for use with additive models，and relations to other models and measures in DEA[J]. Journal of Productivity Analysis，1999，11（1）：5-42.

[130] Cooper W. W.，Seiford L. M. Introduction to data envelopment analysis and its uses：with DEA-solver software and references[J]. Interfaces，2006，36（5）：474-475.

[131] Daubenmire F.R. The use of vegetation in assessing the productivity of forest land[J]. The Botanical Review，1976，2（42）：115-143.

[132] Deprins D.，Simar L. and Tulkens H. Measuring labor-efficiency in post offices[J]. Core Discussion Papers Rp，1984：285-309.

[133] Färe R. and Lovell C. A. K. Measuring the technical efficiency of production[J]. Journal of Economic Theory，1978，19（1）：1-162.

[134] Färe R. and Grosskopf S. A nonparametric cost approach to scale efficiency[J]. Journal of Economics，1985，87（4）：594-604.

[135] Green R. H.，Cook W. and Doyle J. A note on the additive data envelopment analysis model[J]. Journal of the Operational Research Society，1997，48（4）：446-448.

[136] Green R. H.，Doyle J. R.，Cook W. D. Preference voting and project ranking using DEA and cross-evaluation[J]. European Journal of Operational Research，1996，90（3）：461-472.

[137] Hasenauer H.，Nemani R. R.，Schadauer K.，et al. Forest growth response to changing climate between 1961 and 1990 in Austria[J]. Forest Ecology & Management，1999，122（3）：209-219.

[138] Khaled-Khodja S.，S. Cherif and G. Durand. Seasonal assessment of metal trace element contamination by PCA in Seybouse wadi（Algeria）[J]. Water Science & Technology：Water Supply，2018，18（6）.

[139] Lozano S.，Adenso-Diaz B. Network DEA-based biobjective optimization of product flows in a supply chain[J]. Annals of Operations Research，2017.

[140] Lyle P. Pre-design evaluation of disused quarries as landfill sites[M]. London：Geological Society of London，1996：123-126.

[141] Mohren G. M. J.，Veen J. R. V. D.. Forest growth in relation to site conditions：application of the model forgro to the solling spruce site[J]. Ecological Modelling，1995，83（1-2）：1-183.

[142] Otay I.，Oztaysi B.，Cevik Onar S.，et al. Multi-expert performance evaluation of healthcare institutions using an integrated intuitionistic fuzzy AHP&DEA methodology[J]. Knowledge-Based Systems，2017：S0950705117303088.

[143] Park S. C.，Lee J. H. Supplier selection and stepwise benchmarking：a new hybrid model using DEA and AHP based on cluster analysis[J]. Journal of the Operational Research Society，2017.

[144] Pastor J. T.，Ruiz J. L. and Sirvent I. An enhanced DEA russell grapH efficiency measure[J]. European Journal of Operational Research，1999，115（3）：596-607.

[145] Piot-Lepetit I.，Vermersch D.，Weaver R. D. Agriculture environmental externalities：DEA evidence for French agriculture[J]. Applied Economics，1997，23（3）：331-338.

[146] Rakhshan S. A. Efficiency ranking of decision making units in data envelopment analysis by using TOPSIS-DEA method[J]. Journal of the Operational Research Society，2017，68（4）：1-13.

[147] Ramann E. Forstliche brdenkunde and standortaehre[M]. Berlin：Julius Springer，1893.

[148] Seiford L. M.，Thrall R. M. Recent developments in DEA：the mathematical programming approach to frontier analysis[J]. Journal of Econometrics，1990，46（1-2）：7-38.

[149] Sexton T. R.，Silkman R. H.，Hogan A. J. Data envelopment analysis：critique and extensions[J]. New Directions for Evaluation，2010，1986（32）：73-105.

[150] Shen G，Moore J. A.，Hatch C. R. The effect of nitrogen fertilization，rock type，and habitat type on individual tree mortality[J]. Forest Science，2001，47（2）：203-213.

[151] Tesch S.D. The evaluation of forest yield determination and site classification[J]. Forest Ecology and Management，1980（3）：169-182.

[152] Tone K. A slacks-based measure of efficiency in data envelopment analysis[J]. European Journal of Operational Research，2001，130（3）：498-509.

[153] Tulkens H. On FDH efficiency analysis：some methodological issues and applications to retail banking，courts，and urban transit[J]. Journal of Productivity Analysis，1993，4（1-2）：183-210.

[154] Ünsal M. G，Nazman E. Investigating socio-economic ranking of cities in Turkey using data envelopment analysis（DEA）and linear discriminant analysis（LDA）[J]. Annals of Operations Research，2018（2）：1-15.

[155] Wei Q.，Zhang J.，Zhang X. An inverse DEA model for inputs/outputs estimate[J]. European Journal of Operational Research，2000，121（1）：151-163.

[156] McDowell N G，Pockman W T，Allen C D，et al. Mechanisms of plant survival and mortality during drought：why do some plants survive while others succumb to drought[J]. New Phytol，2008（178）：719-739.

[157] 王凯，雷虹，刘建华. 春季辽宁西北部主要绿化树种根叶抗旱生理性状评价[J]. 应用生态学报，2016，27（6）：1853-1860.

[158] 吴芹，张光灿，裴斌，等. 3 个树种对不同程度土壤干旱的生理生化响应[J]. 生态学报，2013，33（12）：3648-3656.

[159] 赵文达，杨晓鹏，孙铭，等. 不同扁穗雀麦种质苗期抗旱性鉴定与评价[J]. 草业科学，2018，35（11）：130-137.

[160] 张海娜，鲁向晖，金志农，等. 高温条件下稀土尾砂干旱对 4 种植物生理特性的影响[J]. 生态学报，2019，39（7）：2426-2434.

[161] 蔡建国，章毅，孙欧文，等. 绣球抗旱性综合评价及指标体系构建[J]. 应用生态学报，2018，29（10）：19-26.

[162] 陈志成，刘畅，刘晓静，等. 光强和树体大小对锐齿栎树木水、碳平衡的影响[J]. 林业科学，2017，53（9）：18-25.

[163] Dixon H H，Joly J. On the Ascent of Sap[J]. Proceedings of the Royal Society of London，1973，57（4）：3-5.

[164] Anderegg W R L，Klein T，Bartlett M，et al. Meta-analysis reveals that hydraulic traits explain cross-species patterns of drought-induced tree mortality across the globe[J]. Proc Natl Acad Sci U S A，2016，113（18）：5024-5038.

[165] Wheeler J K，Sperry J S，Hacke U G，et al. Inter-vessel pitting and cavitation in woody Rosaceae and other vesselled plants：a basis for a safety versus efficiency trade-off in xylem transport[J]. Plant Cell and Environment，2005，28（6）：800-812.

[166] Sperry J S，Hacke U G，Pittermann J. Size and function in conifer tracheids and angiosperm vessels[J]. American Journal of Botany，2006，93（10）：1490-1500.

[167] Cai J，Tyree M T. The impact of vessel size on vulnerability curves：data and models for within-species variability in saplings of aspen，Populus tremuloides Michx[J]. Plant Cell & Environment，2010，33（7）：1059-1069.

[168] Holbrook N M，Ahrens E T，Burns M J，et al. In vivo observation of cavitation and embolism repair using magnetic resonance imaging[J]. Plant Physiology，2001，126（1）：27-31.

[169] Berlyn G P. Plant structures：xylem structure and the ascent of sap[J]. Science，1983，222（4623）：500-501.

[170] Larter M，Pfautsch S，Domec J C，et al. Aridity drove the evolution of extreme embolism resistance and the radiation ofconifer genus Callitris[J]. New Phytologist，2017，215（1）：36-48.

[171] Cosme L H M，Schietti J，Flávia R C，et al. The importance of hydraulic architecture to the distribution patterns of trees in a central Amazonian forest[J]. New Phytologist，2017，215（1）：113-125.

[172] 郝广友. 水分条件迥异环境中同属或同种不同生活型热带木本植物的水分和光合生理生态比较研究[D]. 西双版纳热带植物园，2009.

[173] Gleason S M，Westoby M，Jansen S，et al. Weak tradeoff between xylem safety and xylem-specific hydraulic efficiency across the world's woody plant species[J]. The New phytologist，2016，209（1）：123-136.

[174] Morris H，Gillingham M A F，Plavcová L，et al. Vessel diameter is related to amount and spatial arrangement of axial parenchyma in woody angiosperms[J]. Plant Cell & Environment，2018，41（1）：245-260.

[175] 杨吉华，张永涛，孙明高，等. 石灰岩丘陵土壤旱作保水技术的研究[J]. 水土保持学报，2000，14（3）：62.

[176] 杨程. 华北石质山区植被恢复途径的探讨[J]. 长春大学学报，2008，18（6）：95.

[177] 陈志成. 8 个树种对干旱胁迫的生理响应及抗旱性评价[D]. 泰安：山东农业大学，2013.

[178] 叫权平，张文辉，于世川，等. 桥山林区麻栎群落主要乔木种群的种间联结性[J]. 生态学报，2018，38（9）：3165-3174.

[179] 韩东，王浩舟，郑邦友，等. 基于无人机和决策树算法的榆树疏林草原植被类型划分和覆盖度生

长季动态估计[J]. 生态学报，2018，38（18）：6655-6663.

[180] 徐嘉娟，李火根. 鹅掌楸 LcPAT8 基因的克隆及功能初步分析[J]. 林业科学，2017，53（9）：45-54.

[181] Hoch G. Altitudinal increase of mobile carbon pools in Pinus cembra suggests sink limitation of growth at the Swiss treeline[J]. Oikos，2010，98（3）：361-374.

[182] 王学奎. 植物生理生化实验原理和技术.第 2 版[M]. 北京：高等教育出版社，2006：75-77.

[183] Poorter L，Mcdonald I，Alarcón A，et al. The Importance of Wood Traits and Hydraulic Conductance for the Performance and Life History Strategies of 42 Rainforest Tree Species[J]. New Phytologist，2010，185（2）：481-492.

[184] Nardini A，Gullo M A L，Salleo S. Refilling embolized xylem conduits：Is it a matter of phloem unloading？[J]. Plant Science，2011，180（4）：0-611.

[185] Schoonmaker A L，Hacke U G，Usser S M，et al. Hydraulic acclimation to shading in boreal conifers of varying shade tolerance[J]. Plant Cell and Environment，2010，33（3）：382-393.

[186] Stuart S A，Choat B，Martin K C，et al. The role of freezing in setting the latitudinal limits of mangrove forests[J]. New Phytologist，2007，173（3）：576-583.

[187] 徐茜，陈亚宁. 胡杨茎木质部解剖结构与水力特性对干旱胁迫处理的响应[J]. 中国生态农业学报，2012，20（8）：1059-1065.

[188] Wheeler J K，Sperry J S，Hacke U G，et al. Intervessel pitting and cavitation in woody Rosaceae and other vesselled plants：a basis for safety versus efficiency trade-off in xylem transport. Plant，Cell & Environment，2005，28（6）：800-812.

[189] Poorter L，Kitajima K. Carbohydrate storage and light requirements of tropical moist and dry forest tree species[J]. Ecology，2007，88（4）：1000-1011.

[190] Zeppel M J B，Harrison S P，Adams H D，et al. Drought and resprouting plants[J]. New Phytologist，2015，206（2）：583-589.

[191] Mitchell P J，O'Grady A P，Tissue D T，et al. Drought response strategies define the relative contributions of hydraulic dysfunction and carbohydrate depletion during tree mortality[J]. New Phytologist，2013，197（3）：862-872.

[192] Günter H，Christian K . The carbon charging of pines at the climatic treeline：a global comparison[J]. Oecologia，2003，135（1）：10-21.

[193] Umebayashi T，Morita T，Utsumi Y，et al. Spatial distribution of xylem embolisms in the stems of Pinus thunbergii at the threshold of fatal drought stress[J]. Tree physiology，2016，36（10）：1210-1218.

[194] Nardini A，Salleo S，Jansen S. More than just a vulnerable pipeline：xylem physiology in the light of ion-mediated regulation of plant water transport[J]. Journal of Experimental Botany，2011，62（14）：4701-4719.

[195] 冷华妮. 植物栓塞修复机制与质膜内在水通道蛋白基因的克隆、表达和转基因研究[D]. 北京：中

国林业科学研究院，2012.

[196] 李荣. 耐旱树种木质部结构与耐旱性关系研究[D]. 杨凌：西北农林科技大学，2016.

[197] 赵延涛，许洺山，张志浩，等. 浙江天童常绿阔叶林不同演替阶段木本植物的水力结构特征[J]. 植物生态学报，2016，40（2）：116-126.

[198] 张永涛，杨吉华，慕宗昭. 山东退化山地立地分类体系构建及造林模型研究与应用[M]. 北京：电子工业出版社，2016：10-18.